中国公交百面旗帜

Zhongguo Gongjiao Baimian Qizhi

交通运输部道路运输司　编

人民交通出版社
China Communications Press

内 容 提 要

本书分为先进事迹篇和政策篇，主要内容包括全国城市公共交通行业先进企业、线路和个人的优秀事迹与经验介绍，旨在弘扬城市公共交通行业先进的服务与管理理念，展示城市公共交通行业优秀的道德风尚，促进城市公共交通行业整体服务水平的提升。

本书适合城市公共交通行业从业人员及相关管理人员参阅。

图书在版编目（CIP）数据

中国公交百面旗帜 / 交通运输部道路运输司编. —北京：人民交通出版社，2013.2

ISBN 978-7-114-10379-7

Ⅰ. ①中…　Ⅱ. ①交…　Ⅲ. ①城市交通系统 – 公共交通系统 – 交通政策 – 中国②城市交通系统 – 公共交通系统 – 模范企业 – 先进经验 – 中国③城市交通系统 – 公共交通系统 – 先进工作者 – 生平事迹 – 中国　Ⅳ. ①F572②K828.1

中国版本图书馆CIP数据核字（2013）第 033819 号

Zhongguo Gongjiao Baimian Qizhi

书　　名：**中国公交百面旗帜**

著 作 者：交通运输部道路运输司

责任编辑：钟　伟

出版发行：人民交通出版社

地　　址：（100011）北京市朝阳区安定门外外馆斜街 3 号

网　　址：http://www.ccpress.com.cn

销售电话：（010）59757973

总 经 销：人民交通出版社发行部

经　　销：各地新华书店

印　　刷：中国电影出版社印刷厂

开　　本：880 × 1230　1/16

印　　张：26

字　　数：651 千

版　　次：2013 年 2 月　第 1 版

印　　次：2013 年 2 月　第 1 次印刷

书　　号：ISBN 978-7-114-10379-7

印　　数：00001–10000 册

定　　价：98.00 元

前言

城市公共交通是满足广大群众基本出行需求的社会公益性事业和重大民生工程，在当前城镇化、机动化加速发展的形势下，城市公交对于服务经济社会发展，建设生态文明，缓解交通拥堵，具有更加突出的地位和作用。优先发展城市公共交通是深入贯彻落实“以人为本、执政为民”理念，确保广大人民群众出行安全可靠、经济适用、便捷高效的重大战略决策。近年来，我国城市公共交通稳步发展，全国公共汽电车总量突破50万标台，轨道交通运营车辆近1万辆，公共交通年客运量超过780亿人次，有力保障了人民群众的安全便捷出行。2012年12月，国务院印发《国务院关于城市优先发展公共交通的指导意见》（国发〔2012〕64号），为城市公共交通优先发展提供了政策保障，对促进城市公交行业转型升级和可持续发展，进一步提高城市公共交通在国民经济和社会发展以及在城市交通中的重要地位，将产生重大而深远的影响，城市公共交通发展迎来新的战略机遇期。

在全国城市公共交通行业认真贯彻落实《国务院关于城市优先发展公共交通的指导意见》的大背景下，交通运输部道路运输司组织中国道路运输协会城市客运分会和有关企业，编辑完成了《中国公交百面旗帜》一书，收录了2012年交通运输部表彰的全国城市公共交通十佳先进企业、十佳优质服务线路、十佳先进个人和公交行业党的十八大代表、在职全国劳动模范，以及获得国家级先进集体荣誉的企业、线路的优秀事迹和典型经验，共计100篇。这些先进典型和优秀模范，集中体现了公交企业“服务人民、奉献社会”的崇高精神，体现了公交企业“改革创新、奋发图强”的奋斗精神，展现了公交行业广大职工队伍的精神风貌。在他们当中，有“视乘客满意为企业生命力”的济南公共交通总公司，有70余年坚守着“责任、真诚、奉献”精神的北京大1路、城市最美流动风景线的大连快轨3号线，有车厢“微笑天使”杨苗苗、72万公里安全行车的喻春梅、80后青年节油能手丁勇……他们在平凡的岗位中，以自己的实际行动，倾注了对乘客的一片真情，体现了“舍小家，为大家”的高度责任感，深刻诠释了“公交优先就是让百姓优先”的丰富内涵。为他们恪尽职守、无私奉献的高尚品质和精神风貌所感动，向城市公交“百面旗帜”致敬。

国务院印发关于城市优先发展公共交通的指导意见，标志着城市公共交通进入了新的发展阶段，公交企业和公交职工肩负着重大的责任，任务艰巨，使命光荣。希望全行业以城市公交“百面旗帜”为榜样，学习推广他们的先进事迹和经验，进一步形成崇尚先进、学习先进、争当先进的浓厚氛围。城市公交企业要增强全局意识，实干创新，按照建立现代企业制度的要求，深化改革，完善经营机制，强化社会责任；要坚持城市公交的公益性和服务性，加强企业文化建设和车厢文化建设，加强职工的职业道德教育和政治思想教育，培养和造就高素质、讲奉献的公交职工队伍，积极开展服务品牌创建活动，使公交行业涌现出更多更好的品牌线路和服务明星，为广大人民群众提供满意的服务。

《中国公交百面旗帜》编委会

编写领导小组

组　长：李　刚　交通运输部道路运输司司长

副组长：徐亚华　交通运输部道路运输司副司长
　　　　张国光　中国道路运输协会城市客运分会理事长

成　员：蔡团结　交通运输部道路运输司城乡客运管理处处长
　　　　胡剑平　中国道路运输协会城市客运分会秘书长

顾　问：郑树森　中国道路运输协会城市客运分会顾问委员会主任

编写组

组　长：张国光　中国道路运输协会城市客运分会理事长

副组长：胡剑平　中国道路运输协会城市客运分会秘书长

成　员：晏　明　张树人　刘春朝　安　宁　崔树森　黄维乔
　　　　蔡健臣　陈　蛇　隋悦家　刘若兰　张伟雄　陈　兵
　　　　孙卫时　王金荣　黄志耀　彭立煌　吕德育　许　琦
　　　　赵智勇　薛兴海　苗献军　泽　兵　梁国庆　李　明
　　　　朱　明　陆冬青　邱伟方　许　杰　王国军　李永生
　　　　张守军　张启云　王忠福　张玉锁　周　齐　赵俊良
　　　　于秉华　张　平　陈幼林　孔建辉　胡建宁　杜式文
　　　　王梓权　朱植训　贾捷兴　巴振东　吴士涛　李　勇
　　　　李建峰　杨青山　宿中泽　王彤民　孙爱欣　陈立佳
　　　　冯立光　郑　宇　龚露阳

目录

全国城市公共交通十佳先进企业

全国城市公共交通十佳优质服务线路

全国城市公共交通十佳先进个人

城市公共交通行业党的十八大代表

城市公共交通行业部分在职全国劳动模范、五一劳动奖章获得者等先进个人

城市公共交通行业部分五一劳动奖状获得者、全国工人先锋号等先进集体

交通运输部通报表扬的城市公共交通企业

交通运输部通报表扬的城市公共交通线路

交通运输部通报表扬的个人

政策篇

先进事迹篇

打造一流服务品牌　建设现代公交都市

——记全国城市公共交通十佳先进企业河北省石家庄市公交总公司

近年来，在国家城市公交优先发展战略的指引下，石家庄市公交总公司（以下简称石家庄公交）以创建国家“公交都市”示范工程为契机，以打造智能公交、绿色公交、安全公交、文化公交、和谐公交为核心，走出了一条现代公交的奋斗之路，树立了服务百姓、服务社会的崭新形象。

一、企业概况

石家庄公交是市属国有大型企业，始建于1956年。总公司下辖10个运营公司、5个直属单位，运营公司共辖39个运营路队。总公司共有在职员工11882人；运营车辆4033辆，其中天然气公交车2876辆，占总车数的71%，空调车750辆；拥有运营线路209条，其中市区线路130条，组团县（市）公交线路79条。

2012年公司总收入6.16亿元，运客人次达到6.4亿人次。

近年来，公司先后荣获了“全国五一劳动奖状”、“全国精神文明建设工作先进单位”、“中国用户满意鼎”、“全国城市公共交通文明企业”、“全国模范职工之家”、“中国绿色公交优秀贡献企业”、“全国交通运输企业文化建设优秀单位”、“全国军民共建社会主义精神文明先进单位”、“全国城市公共交通十佳先进企业”、“全国交通运输行业文明单位”等荣誉称号。

二、以科技谋发展，努力打造全国一流的“智能公交”

石家庄公交着眼于打造全国一流智能公交，大力应用新科技，先后建成了智能调度、智能收费、智能办公三大系统，有效地提升了企业的现代化管理水平。

投资5000万元建成总公司智能调度中心，面积达1020平方米。智能调度中心应用了先进的投影融合技术和3G网络实时传输技术，集成了GPS卫星定位、智能调度、视频监控、沙盘演示、数据采集、服务热线和视频会议多项功能，可通过5个下属运营公司调度中心、35个调度平台对所有运营车辆实施远程动态监控和调度。在实现精确调度的同时，站调人员减少40%。

总公司到基层单位实现了网络互联、办公自动化。开发了OA自动化办公平台，实现了公司内部公文处理的无纸化办公；开发了公交ERP自动化办公平台，实现了财务、人力资源、运营、车辆保修、供销资料、票务收入、党群工作等管理的自动化办公，大大提高了办公效率。公司拥有零票卡、月票卡、老年卡、士兵卡、纪念卡等IC卡类型，结构已臻完善；同时已经实现的“I码公交公共服务平台”、手机刷卡、与交管部门监控联网等功能成为智能

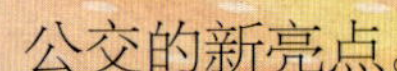

公交的新亮点。

三、应用新能源，努力打造低碳环保的“绿色公交”

石家庄公交坚持以低碳环保为方向，持续不断地研究、应用新能源、新技术，在建设绿色公交方面迈出了实质性的步伐，为建设“天蓝水净、地绿山青”的生态城市、现代省会作出了积极贡献。

2008年以来，由市政府累计投入11.6亿元，石家庄公交共购置天然气公交车2102辆。目前，总公司天然气公交车已达2876辆，占运营车辆总数的71%，主流车型由6～10米柴油车逐步过渡为10～14米天然气车，更加低碳环保。同时，石家庄公交秉承“高配低维”、“高维低修”的理念，先后应用了集中润滑系统、CAN总线、缓速器等多项新技术，着力提高车辆档次，提高乘车舒适性，降低驾驶员劳动强度，降低维修成本，并开展了厂家特邀维护“保姆式”服务。

2009年，石家庄公交在全国首家将车身颜色统一为枣红色和银灰色和谐调，同时将公交车头牌、尾牌统一实行LED，既便于乘客识别，也成为了省会街头一道亮丽的流动风景线。

四、向安全要效益，努力打造以人为本的“安全公交”

石家庄公交始终把人民群众的生命安全放在首位，坚持“安全第一、预防为主、综合治理”的方针，把培训、检查和整治贯穿于安全管理的全过程，形成长效机制。

在制度建设方面，建立了“三级管理、四项落实、五个到位”的安全生产管理体系和自上而下的安全工作责任追究制，实行安全事故“一票否决”；为确保行车安全，实行“点、线、面”全面防控，即对违章多发点进行“点控”，对易发事故的路段进行“线控”，对线路密集、客流较大、车辆混杂的区域进行“面控”；在硬件建设方面，2011年3月建成安全教育基地。教育内容分为基础管理、事故案例和安全防范三个部分，同时具备现场模拟功能，图文并茂、声像齐备，为安全教育培训提供了良好的平台。2011至2012年共组织培训376场次，参培职工达25822人次。安全教育基地先后多次接待了交通运输部、公安部以及省、市各级领导和兄弟公交的视察参观活动，得到了各级领导和同行的肯定和好评。

通过严格的管理考核和责任追究，增强了干部管理人员的责任意识，提高了安全生产的管理水平。公司的事故起数和经济损失连续多年保持了下降态势：2009年各类交通事故111起、经济损失397万元；2010年下降到97起，下降12%，经济损失358万元，下降9.8%；2011年下降到84起，下降13%，经济损失349万元，下降2.5%，安全公交效果显著。

五、以文化树形象，努力打造凝心聚力的“文化公交”

石家庄公交坚持以企业文化建设助推生产发展，不遗余力地把文化建设融入到各项工作当中，逐步提升公交的影响力，较好地实现了“企业发展、文化领航”的目标。

建立企业文化体系。形成了包括精神文化、制度文化、行为文化和物质文化为一体的综合文化体系，总结提炼了“和衷共济、诚信至善、务实创新、追求卓越”的企业精神。

开展职工劳动竞赛，贯穿全年，主题明确，推进企业文化建设。形成了培训、练兵、比武、升级“四位一体”的岗位技能提升模式，使一大批技术能手、能工巧匠脱颖而出，推出创新成果八十多项，其中两项获得国家专利，八项获得市级以上奖励。两名职工被评为河北省和石家庄市“能工巧匠”。

丰富职工文化活动。公司先后建成了企业文化展厅、安全教育基地、职工书屋、职工俱乐部等多位一体的职工文化家园，2013年公司正在筹建“廉政教育基地”、领导关怀和企业荣誉展室。公司组建了百人军乐队、百人大鼓队、百人合唱队及舞龙舞狮队等13支文体团队，坚持开展职工文艺汇演、职工运动会、职工大课堂、全员军训等规模化、经常化的活动，企业的向心力、凝聚力不断增强。

▲石家庄公交天然气新车投入运营启动仪式

六、以服务为根本，努力打造百姓满意的“和谐公交”

石家庄公交始终坚持内强素质、外树形象，打造百姓满意、政府放心的“和谐公交”。

建立完善的现代企业制度，先后推行了无缝隙管理、6S管理（整理、整顿、清扫、清洁、素养、安全）等先进的管理方法，促使企业由规模扩大型向服务延伸型、粗放管理型向科学管理型、劳动密集型向知识密集型的转化。同时大幅提高职工的各项待遇，2012年与2009年相比，职工月人均工资从2131元增长到了2871元，净增740元。职工全身心投入到提高服务水平、打造特色品牌的活动中，先后创建了1路“党员先锋线路”、20路“共青团员线路”、10路“工人标兵线路”、2路“学雷锋示范线路”、快35路“三八红旗线路”五大特色线路和国家级先进线路4条、省市级先进线路14条，形成“百花齐放、春色满园”的新风貌。

结合优化发展环境，提出多项便民举措。实行公交线路延时运营；残疾人、70岁老年人、现役军人、特级教师等10类人员免费乘车；每年召开人大代表、政协委员座谈会；充分利用石家庄日报、石家庄电视台等多家媒体开设征求市民意见专栏；与河北交通广播电台合作开通了《公交先锋》栏目；定期设立公交服务咨询台等。同时开辟了普线、快线、特快线、环线、旅游线路、夜观光线路、空调线路等各类公交线路，受到市民普遍欢迎。特别是2010年以来，根据市政府的统一部署，公交总公司将向四县（市）（鹿泉市、藁城市、正定县、栾城县）通公交、向五大基地（纺织服装基地、生物产业基地、装备制造基地、信息产业基地、化工示范基地）通公交、向社区通公交的“三通”工程列为重点工作，并以四组团公交全覆盖为目标，切实加快了城乡公交一体化的进程。到2012年底，四组团县（市）开通

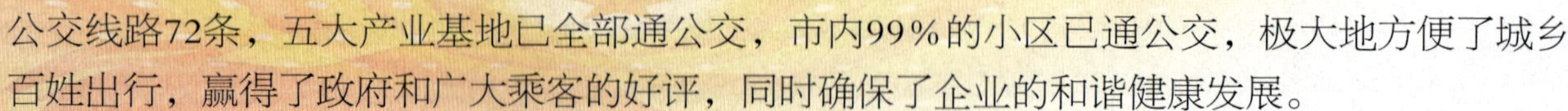

公交线路72条，五大产业基地已全部通公交，市内99%的小区已通公交，极大地方便了城乡百姓出行，赢得了政府和广大乘客的好评，同时确保了企业的和谐健康发展。

七、认真谋划落实，全力配合国家“公交都市”建设

为全面贯彻落实国务院优先发展城市公共交通战略，确立以公共交通为主体的高效、低碳、畅通、安全、和谐的城市交通体系，创建舒适、宜居、幸福城市，更好地满足人民群众出行需求，石家庄市积极争创国家“公交都市”试点城市。2012年10月，交通运输部批准石家庄市为第一批“公交都市”创建城市。

2012年，石家庄公交积极配合市政府及省、市交通运输部门，全力以赴做好建设国家“公交都市”示范工程的申报，起草创建方案，制定创建目标，编制《石家庄市城市公共交通发展规划》等相关工作。同时，抓住石家庄市政府和交通运输部科学研究院（以下简称交科院）签订合作框架协议，以及交科院在石家庄公交设立“城市公共交通实践基地”的有利契机，与交科院、北京清华规划设计院等专家通力合作，推动公交都市建设工作的顺利进行。

2013年至2017年，石家庄市将大力实施“10+1”工程建设，即：常规公交拓展工程、公交优先工程、基础设施配套工程、智能交通发展工程、车辆装备更新工程、快速公交（BRT）实施工程、轨道交通推进工程、道路路网改造工程、步行与自行车系统改善工程、出租汽车提升工程、文明服务提升工程。石家庄的城市公共交通迎来了前所未有的发展机遇。

公交是文明的窗口，公交是城市的名片，石家庄公交将继续拼搏奋进、开拓创新，打造幸福公交，打造美丽公交，实现公交新跨越，再创公交新辉煌！迎接公交事业更加美好的明天！

服务民生　奋进不辍

——记全国城市公共交通十佳先进企业辽宁省大连市公交客运集团有限公司

大连市公交客运集团有限公司（以下简称大连公交）的历史，可以追溯到一百年前。1909年，一条由“满铁”运输部电气作业所经营的有轨电车线路开通了，那时的人们亲切地将有轨电车称为“会跑的小房子”。时至今日，201路、202路有轨电车依然行驶在这座城市的街头，见证着大连公交百年的发展史。

2006年7月，为推进城市公交企业改革，大力发展“政府主导、有序竞争、政策扶持、优先发展”的城市公交管理体系，大连市政府整合大连现代轨道交通有限公司、大连市第一公共汽车公司、大连市第二公共汽车公司、大连市公共汽车联营公司、大连明珠公用卡股份有限公司、大连交通广告有限公司等6家国有公交企业成立大连市公交客运集团有限公司（以下简称大连公交）。公司注册资本46.5亿元，总资产规模68亿元，职工总数13707人，经营范围包括城市轨道交通、有轨电车、无轨电车、快速公交、公共汽车、小公共汽车、旅游客车、出租汽车以及公交IC卡、公交广告、车辆维修、电车制造、房地产开发、旅游酒店等项目。大连公交是当前国内经营交通方式最全面的公交企业。

大连公交现拥有117条公交线路的经营权，其中包括快轨线路1条、快速公交线路1条、旅游线路1条、有轨电车线路2条、无轨电车线路1条、公共汽车线路85条、小公共汽车线路26条，还负责经营瓦房店市的市郊公交线路，承担着城市95％以上的公交客运任务，是大连市城市客运的主力军。

一、以服务民生为导向，着力构建公交新格局

近年来，大连市委、市政府高度重视城市公交发展，积极贯彻落实国家优先发展城市公共交通战略，对公交行业在设施用地、投资安排、路权使用和财税扶持四个方面给予政策固定。唐军书记、李万才市长等市领导还先后多次率队莅临公交集团调研，就政策性补贴、历史债务、职工收入增长等困扰企业发展的难题提出了重要的指导意见和具体的解决办法。市领导的亲切关怀和鼓舞给予了大连公交实现跨越发展的动力。几年来，大连公交通过采取一系列措施，逐步建立起了与城市定位和经济社会发展相适应的先进的公共交通系统，为市民提供了较好水平的交通保障和服务能力。

大连公交成立以来，以改善市民交通出行条件为主线，根据优化中心城区、覆盖偏僻地区、连接远近郊区的原则，不断扩大公交线网覆盖范围，优化公交线路布局，填补线网空白，强化了公交线路与大型居住区、集中就业区和轨道交通线路的衔接。先后对20条公交线路进行了整合，在此基础上新开辟11条、延伸41条、延时27条公交线路，至2012年年底，公交线网密

度由规划前的2.9公里/平方公里提高到目前的3.23公里/平方公里，多层次、一体化的公交线网体系基本形成。

为突破公交运输瓶颈，切实保障公交优先，大连公交在市财政支持下，逐年加大公交基础项目投资建设力度，持续推进公交场站、公交专用道、公交枢纽站、港湾式车站以及轨道交通接驳点的布局和建设。截至2012年年末，已建成12条、总长度56公里的公交专用车道，建成了和平广场等4大公交枢纽站，建成了260余处公交港湾式乘车站，新建了金柳路、二道沟、明珠路等多处公交停车场站，使中心城区公交车站300米覆盖率达到80%，500米覆盖率达到90%，公共电汽车进场率达90%，主干道公交港湾式停靠站设置率为30%，主干道交叉口公交优先通行信号设置比例达到30%。未来五年内，大连公交将计划完成河口软件园、泡崖八区、华林工业园地、后盐快轨站、半岛欣座和南关岭等6处6个公交枢纽站建设，使乘客能够“零距离”换乘公交，切实保障公交路权、时间双优先，让公交成为市民出行的首选。

为进一步提升服务质量，大连公交还不断提升公交信息化和智能化水平，为公交运营注入科技含量，近年来，投资4491万元建设的智能化安全监控中心、运营调度中心、乘客信息服务中心、大连市智能公交调度监控系统陆续投入使用，通过全球卫星定位技术、电子地图技术、无线数字通信技术、闭路电视系统等，形成覆盖快轨交通、快速公交、有轨电车、无轨电车、公共汽车等多种类型交通方式的实时监控、视频监控和运营指挥，进一步提高了公共交通的运营效率和服务水平，实现公交管理向集约化、科学化、智能化方向发展。

二、以亲情服务为理念，倾情打造滨城“流动的家”

作为城市公交企业，从本质上讲就是为乘客服务的，乘客是公交生存之基、活力之源、发展之本。成立伊始，集团公司就把“大连公交，您流动的家”作为服务理念，把倾力打造公交优秀作为工作的重点。通过开展“温暖在车厢，亲情伴您行”、“创先争优”主题活动和创建服务“品牌”线路和“星级”服务明星等系列活动，积极鼓励和倡导员工树立“家”的观念，履行“家”的责任，将人情、友情和亲情融入到公交服务全过程，为乘客提供优质，温馨的服务，使大连公交成为城市一道亮丽的流动风景线。

在服务工作中，大连公交十分重视充分发挥典型示范引领作用，营造学有榜样、比有目标、赶有方向的比学赶超氛围，做到内化于心、外化于行。近两年来，先后选树了跑遍全市的100多条公交线路，一个站点一个站点地核对，亲自绘制出线路清晰、时间准确的“大连公交线路速查简易手册”悬挂在车厢内供乘客查阅的张建辉；五年如一日精心照顾残疾乘客的18路驾驶员于庆斌；“爱乘客、爱车辆、爱环境”的“三爱司机”于忠海；大连市“十行百佳巾帼文明岗”16路三班班长高鹿；“微笑司机”唐学新等一批先进典型，仅2012年上半年被大连市各新闻媒体公开报道的就达18人，他们的事迹十分感人。榜样的力量是无穷的，他们的先进事迹带动了身边的工友，周围的伙伴，使争创优质服务的热潮一浪高过一浪；他们秉承的“乘客第一”的职业观念也在越来越多的公交职工的头脑中打下深深的烙印。同时，媒体的一篇又一篇报道，展现了公交职工可亲可敬的精神风貌，提高了大连公交的美誉度，赢得了社会各界和广大市民对公交的关心、理解和支持，而且进一步激发了公交职工服务乘客，回报社会的工作热忱，产生了内铸企业精神，外塑企业形象的双重效果。2011年，经社会中介机构抽样调查、加权计算，大连公交乘客满意率达94.3%，比上年的93.8%又提高了0.5%。

为了进一步提升服务质量，大连公交还开通了公交服务热线“968600”，接受社会各界投诉、信访件办理。服务热线电话工作开通以来，工作人员热情接待市民的电话咨询、服务指南、业务投诉等问题，并将市民提出的意见和建议归纳，提交大连公交相关部门，为大连公交工作部署及决策提供第一手资料。各运营分公司也根据乘客反映情况，通过增加运营车次、调整行车间隔等方法，尽量满足乘客的乘车需求。2012年，公交服务热线全年话务量约3万余次，办结率达到100%。

三、以轨道交通为支撑，大力构建绿色公交体系

在党的十八大报告中首次把生态文明建设列入“五位一体”的总布局之中，人们对绿色发展的重要性和必要性已上升到一个新的高度。作为大连市重点耗能单位，大连公交始终把节能减排作为一项重要工作来抓，从轨道交通建设、新车环境准入、车用燃料清洁化等方面采取综合措施，在打造“绿色公交”的路上做了大量有益的探索和尝试。

发展城市轨道交通是构建绿色交通体系的重要组成部分。从大连火车站到金石滩的快轨三号线是大连公交第一条城市快速轨道交通线路，也是大连市有史以来一次性投资规模最大的交通基础设施建设项目。自2003年5月1日快轨三号线建成正式通车以来，作为快速、准点、大容量的交通工具，快轨三号线把主城区同开发区、保税区、双D港、金石滩旅游度假区紧密联系起来，推动了先导区和大窑湾港区的建设。2012年，快轨三号线又实施了扩能改造项目，把既有线路最小行车间隔由现在4分钟提高到3分钟，将乘客输送能力提高约33%，有效缓解了快轨乘车难的情况。2012年五一小长假期间，快轨日均载客量达到18万人次，其中，5月1日载客量突破20万人次，达到205787人次，创快轨三号线日载客量历史新高。

▲全国城市公共交通十佳先进企业辽宁省大连市公交客运集团有限公司公交车

至2012年年底，大连公交营运的轨道交通线路有快轨3号线及支线63.4公里，201、202路现代有轨电车线路23.4公里，总计86.8公里，位居国内城市第6名，东北地区首位。总长42公里的河口至旅顺新港的202路轨道线路延伸工程，土建主体工程完成90%，预计2013年年内实现轨通、电通、车通。总长42公里的金州九里至普湾新区城际铁路工程，目前土建主体工程完成35%左右，预计2014年年底建成试通车。到“十二五”末期，随着地铁项目的稳步推进以及重点轨道项目完工，全市轨道交通运营总里程将突破200公里。轨道交通分担率将由目前的15%提高至25%以上，基本形成以轨道交通为骨架，地下、路面、高架桥公交网络有效结合、合理衔接、多向选择、换乘方便的立体公交框架体系。

为努力实现大连市打造低碳城市的目标，大连公交积极推进公交车更新换代，加速推广新能源公交车的示范运行。在市政府财政支持下，大连公交自成立至2012年年底已累计更新车辆1700余辆，目前大连公交拥有公交车辆3778辆，其中，国Ⅲ排放标准的环保客车1448辆，混合动力客车222辆，纯电动汽车26辆，天然气客车76辆，环保节能车型占所有公交车比例为50%左右。预计在“十二五”末期，随着车辆不断更新，大连公交车型结构比例将发生很大变化，LNG天然气公交车将突破1000辆，成为大连公交的主力车型，新能源、清洁能源及达到国Ⅳ排放标准的公交车占运营车辆总数将由50%增加至60%以上，真正形成以清洁能源和新能源车辆

为主，低排放柴油环保公交车为辅的绿色公交体系。

四、以和谐发展为目标，丰富企业文化内涵

大连公交成立以来，紧密结合公交行业特点，以推进公交优先、把企业做到更优秀为理念，坚持围绕中心、服务大局、攻坚克难，积极引导广大党员干部和职工，学理论、提素质、促工作，营造自强、和谐、求实、奉献的企业文化的浓厚氛围。实现了企业与乘客和内部员工的和谐共融。

大连公交着力构筑高标准网络化的党建阵地，在建设共产党人的“精神家园”上下功夫。在公司组建之初，就明确提出要让企业广大党员“学习有场所、活动有阵地”。至2012年年底，大连公交已经建成了15个“党员之家”。近两年来，集团先后投入100多万元，完成了“党员之家”的“二次升级”，真正在标准上有新提升，在内容上有新拓展，做到了“基本场所适用、基本设施完备、基本功能齐全和基本制度规范”，并形成了“三位一体和四级联动”。现在，走进大连公交19个一级“党员之家”和27个二级“党员之家”，都可以看到，党旗、党徽、入党誓词、党员义务等内容全部上墙，报架、书柜、桌椅等设施配备齐全。特别是电脑、投影仪和电子信息查询触摸屏等硬件设施大大提高了“党员之家”的现代化、信息化水平。在此基础上，大连公交紧贴公交企业特点，将企业文化阵地扩大到基层的车队和车厢。有的单位设立了“党员先锋岗”，利用车内灯箱展示车组党员照片和服务承诺，进一步公开亮出党员身份；有的单位利用车载电视循环播放党建宣传片；有的单位则建起党建工作短信平台，定期向党员发送党的知识和党建信息，使企业文化渗透到公交运营的各个环节之中。

公司领导时刻把职工的冷暖放在心上，全心全意为职工服务，各级领导经常深入到职工中，改善职工工作及就餐环境。针对部分线路无职工早餐点的现状，公司千方百计筹集资金，开设早餐点，使司乘一线人员能吃上早餐，精力充沛地投入到工作之中。冬天组织管理人员为职工调度室添置电暖气，微波炉等设施，使职工能够及时取暖，吃上热饮；夏天冒着酷暑为一线人员送去冷饮和矿泉水，使广大职工感受一丝丝清凉。公司领导还坚持与困难职工结对子、定期亲访、了解情况，使职工真切感受到企业的关怀，促进了劳动关系的和谐稳定，形成了职工关心企业、企业关爱职工的和谐氛围。

同心描绘千重景，接力推进万里程。随着城市经济社会建设的不断发展，新的形势和任务对大连公交提出了新的要求。站在历史节点展望明天，大连公交全体员工将用智慧、勤劳、奉献和努力，把党和政府对民生问题的关切切实落实到行动中，惠及到市民中，在服务民生、回报社会的道路上砥砺奋进，高歌前行！

服务民生　幸福员工

——记全国城市公共交通十佳先进企业吉林省长春公交集团

长春市公共交通始于1935年，至今已有77年的历史，期间几经分合。1987年4月，长春市公共汽车公司与电车公司合并成立长春市公共交通总公司；2001年8月长春公共交通集团成立，长春公交进入快速发展时期；2006年8月长春公共交通集团实施资产重组完成企业改制，成为国有控股的城市公共交通企业。目前有23个分（子）公司，员工6822人，线路142条，营运车辆3200辆，年客运量4.8亿人次，主要经营市内公共汽车、有轨电车、郊线汽车、出租车、旅游车、专线班车等，在全市公交分担率占70%，是长春市区客运的主力军。长春公交集团先后被评为长春市文明单位、长春市先进基层党组织、长春市思想政治工作先进单位、长春市宣传工作先进单位、吉林省精神文明建设先进单位、吉林省文明单位、吉林创先争优先进基层党组织、全国城市公共交通十佳先进企业，连续10年被评为长春市市长公开电话标兵单位等。

一、坚持不断提升“硬件”设施和“软件”服务，用“公交优秀”推动“公交优先”，树立公交崭新形象

集团把“服务是公交永恒的主题”当作生命线，不断加强车辆“硬件设施”的提升和培育员工服务的“软件能力”，注重员工的职业道德、个人品德、社会公德、家庭美德的教育和职业技能培训，使员工的整体综合素质快速提高，培养出一支过硬的员工队伍。营运一线员工恪守企业“您的高兴就是我的高兴”的服务理念，把给乘客提供一个热情、文明、安全、方便、快捷、卫生、经济、舒适的乘车环境为己任，着力用“公交优秀”推动“公交优先”政策的落实。从2010年起，长春公交集团每年都更新500辆新车，单车造价100万元的200辆混合动力公交车行驶在长春“名街”人民大街和重庆路“商业金街”上，让春城市民第一次坐上了带有空调的新能源客车；所有公交车上都实行语音报站，有LED显示屏、移动电视等设施，绝大多数线路实现了GPS调度等，集团领导班子曾连续5年被长春市政府嘉奖，这些都创造了长春公交史上的新纪录。从2002年8月1日起，长春公交集团在所有公交线路推行公交IC卡收费系统，使长春公交驶上了数字信息化轨道，实施效果在全国同类城市中是最快、最好的。目前，长春公交IC卡售卡量已达到160万张，市民持长春公交IC卡可以游园、看电影打折、小额购物等，使长春公交IC卡实现了跨领域使用；此外，集团从2007年先后开通了306路、362路、361路、119路、54路等8条通宵公交车线路，填补了吉林省没有通宵车的历史空白，深受广大市民的欢迎。集团先后油改气1800多辆公交车使用清洁环保能源，为长春市的天更蓝、水更清、空气更清新作出了公交人的贡献。集团还率先在长春市主动清除

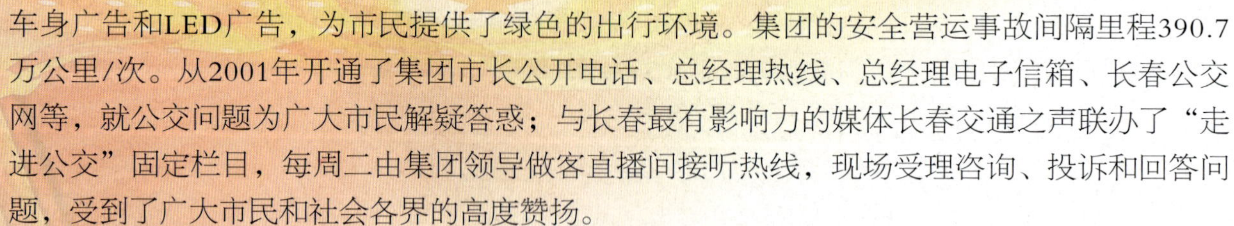

车身广告和LED广告，为市民提供了绿色的出行环境。集团的安全营运事故间隔里程390.7万公里/次。从2001年开通了集团市长公开电话、总经理热线、总经理电子信箱、长春公交网等，就公交问题为广大市民解疑答惑；与长春最有影响力的媒体长春交通之声联办了“走进公交”固定栏目，每周二由集团领导做客直播间接听热线，现场受理咨询、投诉和回答问题，受到了广大市民和社会各界的高度赞扬。

二、注重打造品牌，开展公交特色服务，“主题文化”车厢成为最靓丽的名片

集团坚持打造名人、名车、名线路这一品牌，注重开展公交特色服务，全力做好“大民生”工作。以全国劳模孙倩和聂永军名字命名的“孙倩车队”全国三八文明线和“聂永军路队”在长春家喻户晓，13路的“有奖让座”、6路的服务“三统一”、54路的双语报站等特色服务，不断增加服务工作内涵和拓展服务外延。集团从2002年4月1日起率先在全国同行业开展了“星级服务”，实施星级奖励，定期考核不搞终身制，极大地调动了广大一线驾驶员工作的积极性和主动性。2007年集团独创的“主题文化车厢”服务由62路驾驶员自发创造，通过图文并茂的形式和幽默风趣的语言来传播中华传统美德、吉林省和长春市的历史文化、公交企业文化等内容，使乘客在一路乘车出行时不仅能够心情愉悦，而且还能获得知识、陶冶情操。目前有国学车厢、音乐车厢、二人转车厢、交通车厢、党建车厢、旅游车厢等许多种类。“主题文化车厢”荣获长春市2010年文化建设创新奖。时任长春市市长的崔杰同志曾亲笔批示：主题文化车厢形式很好，希望多看到这样一些创造。2011年4月和6月，中央文明办王世明副主任等领导曾先后两次来到长春公交集团调研观摩主题文化车厢，并给予充分的肯定和高度的评价。截至2012年3月，集团已有306路、17路、54路、61路、9路、16路等83条线路的1500多辆车都配有“主题文化”内容。

三、创新治企理念，营造和谐环境，让员工共享改革发展成果

长春公交集团秉承“员工为本、乘客是天”的治企真谛，坚持“服务民生、发展自己”的工作思路。企业在资金十分紧张的情况下，连续6年为在岗员工普调岗位津贴，不断缩小与长春市人均工资收入水平的差距；坚持实行员工带薪休假和疗养制度，努力做到让员工快乐工作、健康生活；企业按制度办事，不断修订和完善厂规厂法，各项工作执行《长春公交集团管理制度集成》，严格按“流程再造”操作；对员工实行人性化管理，领导干部和管理人员以身作则，做到以理服人，用情感人，对企业文化建设工作起到潜移默化的作用，收到了事半功倍的效果。每一个在岗员工都会在生日那天收到由董事长、总经理、党委书记崔树森亲笔签名的生日贺卡和生日蛋糕。

四、自觉履行社会责任，坚持为社会奉献爱心

长春公交集团广大干部员工在做好车厢内服务的同时，把公交车作为阵地和窗口，将公交人的真情通过车厢延伸到社会，爱岗敬业、无私奉献、讲文明、献爱心的精神已蔚然成风，人人争当文明的传播者和实践者。在“非典”肆虐时期，广大员工仍然坚守岗位，坚持为车厢消毒杀菌，让广大乘客坐上放心车。2011年10月，集团巴士公司62路为老弱病残孕等特殊群体开通了“绿色通道”爱心专乘车，让文明与关爱温暖了整个车厢。362路的员工主动当“代理妈妈”，资助了关月明、刘莎莎等4人完成高中和大学学业。西昌公司全国劳动模范、119路驾驶员聂永军连续14年免费接送长春大学特教学院的残疾大学生寒暑假返乡归校，这已经成为“不变的约会”。东盛公司长春市劳模王雪尧带领17路、238路团员青年去敬老院看望孤寡老人，

使他们真切感受到了公交人的爱心。北达公司开展的“壹元基金”、“微捐”活动资助困难儿童，推动“衣加衣”温暖行动，走进社区扶贫救助、美化长春为母亲河梳妆、清洁公园座椅、宣传无车日乘公交车文明出行等大型公益活动，弘扬雷锋精神，传承中华文明美德。被人们称为“公交最美女驾驶员”的363路驾驶员付秀丽于2012年6月13日，在行车途中突发疾病呼吸困难，但她忍着病痛把车缓慢停在站点，保证了近70名乘客的生命安全，而后她才被送往医院急救，她的恪守职业道德、履行社会责任的行为让人敬佩。

▲长春公交集团董事长崔树森讲解长春公共交通现状

多年来，长春公交集团始终坚持营造发展环境、强化基础建设、规范经营管理、提升营运服务、构建稳定和谐、努力做大做强；不断提升企业核心竞争力、保持持久发展力的不竭动力，坚持企业健康、可持续发展，千方百计为乘客提供更好的服务，竭尽全力为员工谋福祉；广大员工发扬“不惧艰险，创造非凡”的企业精神，实现着“服务百姓，发展公交，富裕职工”的企业共同价值观。现在，长春公交集团全体员工正在国家优先发展城市公共交通政策的指导下，戮力同心，克难攻坚，牢记“热爱祖国、贡献长春、服务乘客、忠诚企业”的企训，为长春公交事业的快速发展、为广大市民过上更加幸福的生活，为建设开放长春、美丽长春、繁荣长春、和谐长春、幸福长春作出更多贡献。

努力打造人民满意的现代化和谐公交

——记全国城市公共交通十佳先进企业江苏省常州市公共交通集团公司

常州市公共交通集团公司（以下简称常州公交集团）是专业从事城市客运的大型国有企业，成立于1960年5月。公司下设10个部门、7个直属单位，有2个股份合作公司。到2012年年底，公司拥有公交车2590辆（3219标台），经营线路197条，线路长度3456公里，在岗职工6071人，线网覆盖市区1872平方公里，全年运营里程1.48亿公里，总客运量4.12亿人次。2010年3月，常州快速公交一号线荣获“第九届中国土木工程詹天佑奖”，成为首个获此殊荣的城市公共交通项目，并入选交通运输部“第四批节能减排示范项目”。2011年4月，在阿联酋迪拜召开的第59届公共交通国际联合大会上，常州公交荣获中国首个“国际推动公共交通贡献大奖”。2012年10月，常州公交集团被交通运输部授予“全国城市公共交通十佳先进企业”，成为地级城市唯一的公交企业获奖代表。

从2007年到2012年，常州市政府用短短6年时间，让一个曾长期被“三难一乱”（乘车难、行车难、停车难、交通秩序乱）问题所困扰的城市，一跃成为交通管理达全国交通畅通工程A类一等管理水平的“不堵之城”，成功跻身于全国优先发展城市公共交通示范城市行列。成绩的取得得益于市委、市政府和社会各界的大力支持，也离不开常州公交集团在不断完善内部管理机制，提高管理效益上开展的实践与探索。

一、建立现代企业制度

随着企业规模的不断扩大，原有的管理体制机制已不能适应发展需求。为此，常州公交集团从改革管理体制和机制入手，依照《公司法》进行了公司制改造，成立了董事会、监事会，完成了法人治理结构改革。同时，制定并规范董事会、监事会、经理层的议事规则和办事程序，使法人治理结构的运行制度化、具体化、流程化，初步建立了“产权清晰、权责明确、管办分开、管理科学”的现代企业制度。

积极开展机构改革，通盘考虑公司行政、党群口和基层单位的部门设置。从理顺工作流程、整合工作资源、提高工作效率的角度，对部门职责进行重新界定和优化重组，形成了行政部、营运发展部、安全保卫部、机务技术部、科技信息部、人力资源部、财务部、监察审计部、组织部、宣传部等10个业务部门。对部门和基层单位进行定员、定岗和定编，并配套编制了岗位人员任职资格，基本理顺了公司管理体制机制。

二、构建科学管理体系

常州公交集团在逐步建立现代企业制度的同时，就如何让制度渗透到企业日常运营管理进行了深入思考。为实现管理的制度化、规范化，常州公交集团积极构建科学管理体系，探索实施“三标一体”的一体化管理体系。“三标一体”就是在2002年实行质量管理体系（ISO 9001:2008）的基础上，整合环境管理体系（ISO 14001:2004）、职业健康安全管理体系（GB/T 28001—2011），纳入一体化贯标体系，形成一套程序文件和操作手册，进行一体化内审、管评和第三方评审。整个体系覆盖公司所有部门和基层单位，通过对管理制度的全面梳理和标准化修编，强化了对服务质量、运营安全、保养修理、节能减排等全方位监管，提高了企业综合管理水平和管理效益。

公司积极履行企业的社会责任。2009年，公司按照社会责任体系（CSA 8000）建立了以“百姓公交、优质公交、绿色公交、平安公交、爱心公交、和谐公交”为主体的社会责任模型，并率先公开发布年度《社会责任报告》，坚持每年向社会公布履行社会责任的情况，获得了常州首批社会责任奖。到2012年，公司社会责任报告连续发布4份，得到了社会各界的充分认可。

三、创新企业管理模式

常州公交集团总部仅300余人，中层以上管理人员不足60人，怎样管理好拥有2590辆公交车、197条线路、线网覆盖常州市区1872平方公里的大型企业？关键在于他们明晰了集团公司职能部门、基层单位和车队这3个层级的重点任务，建立了一套包括目标管理、绩效管理、预算管理、薪酬管理、星级管理在内的管理办法，从而保障了这家拥有7个基层单位、6000多名职工、年客运量超4亿人次的企业的高效运营。

建立绩效考评体系。2007年起，公司实行以基层单位绩效考评、集团部门目标管理、驾乘人员星级管理为主的一体化绩效考评体系，先后成立绩效考评小组和目标考评小组，加强考核，并逐步完善考评指标。目前，公司建立了绩效考评标准公式，对部门、基层单位实行分类考核与动态管理，星级服务从驾乘人员扩展到含修理工、站务员、站服员、乘务员在内的所有一线人员。

建立成本控制体系。2007年，常州公交执行政府低票价政策以来，让利市民近19亿元，面对逐年攀升的燃料成本和人力成本，公司积极开展成本控制，确保正常运营。推动政府出台公交客运服务成本规制方案，配合做好企业经营状况的审核，为公交健康持续发展建立科学的评价体系。在成本规制框架下，推行全面预算管理，建立了以经营预算为基础，经营预算与财务预算、投资预算与资金预算有机结合的全面预算管理模式，加强资金控制的同时确保资金优先使用在保障运营上。

建立服务管理平台。成立公交服务中心，建立了集投诉、建议、咨询为一体的服务平台，在省内率先开通96155热线平台。加强与社会各界多种形式的沟通，通过开通公司网站、印发公司报纸、做客媒体直播室、召开现场座谈会、走进社区新村等方式加强与市民乘客和社会各界的交流对话，共谋提升服务的良方。建立乘客满意度调查制度，委托国家统计局常州调查队每年对公交服务开展满意度调查，自2008年开展首次调查以来，已连续开展了5年，2012年公交满意度达到89.8%，满意率达99%。全面整合票务、安全、服务稽查考核资源，建立了一体化考核模式，加强对服务等内容的监管，确保服务质量的稳定与逐步提高。

开展内部管理改革。实施燃料定额改革，科学核定不同季节每种车型、每条线路的百公里燃料消耗标准，配套管理办法和奖惩细则，仅2012年节约燃料费用1945万元，公司燃料成本下降5%，还形成了驾驶员努力节油的良好氛围。积极向线网优化要效益，科学优化公交线网，

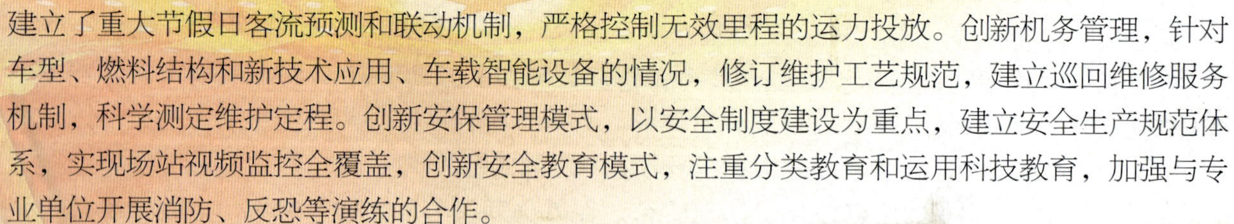

建立了重大节假日客流预测和联动机制，严格控制无效里程的运力投放。创新机务管理，针对车型、燃料结构和新技术应用、车载智能设备的情况，修订维护工艺规范，建立巡回维修服务机制，科学测定维护定程。创新安保管理模式，以安全制度建设为重点，建立安全生产规范体系，实现场站视频监控全覆盖，创新安全教育模式，注重分类教育和运用科技教育，加强与专业单位开展消防、反恐等演练的合作。

四、推动科学技术进步

科技是公交持续健康发展的推动力。长期以来，常州公交集团致力于通过推广运用高科技、新材料、新技术、新工艺、新装备等提升整体科技含量和技术水平，建立了“智能服务、智能车辆、智能场站、智能平台、智能管理”的“智慧公交”体系。

完成信息技术基础建设。完成了2600辆运营车辆车载GPS智能系统和视频监控设备的安装、调试，实现了运营车辆车载智能设备全覆盖。通过有线网络和无线技术，借助光纤、ADSL和WCDMA等多种灵活的组网方式，逐步建立了从集团公司到分公司、车队、停车场、站务点，从车辆、电子站牌、发车屏到数据中心，覆盖全公司的网络系统，实现了39个场站视频安防系统的接入，完成了5000多个站点的数据采集和录入。基本完成了公交调度指挥中心楼宇智能化建设，数据信息中心、调度指挥中心、公众服务中心、应急响应中心等功能一应具备，综合应用平台基础形成。

全面建成智能调度系统。在车载GPS系统基础上，安装1600多套柴油车电子量油设备，实现车载GPS主机与DVR系统、电子量油系统、车内LED显示系统、车辆三牌（头牌、腰牌、尾牌）、IC卡的联动。完成4个标准化分公司调度指挥中心、18个车队、65个站务点智能化设备和系统的建设，安装完成50个发车点的发车屏，建立了“集中监管、分级调度、现场保障”的三级管理模式。

全面建立ERP管理系统。常州公交集团先后自主开发应用了人事管理、工资管理、营收管理、物资管理、运营日报管理、综合统计管理等一系列ERP管理系统，数据准确性和信息规范性不断加强，信息管理体系逐步形成，内部管理系统日趋完善，在企业管理的各个方面发挥了积极有效的作用。2012年完成ERP项目的顶层设计，制定统一规划和分项提升方案。目前新的OA办公系统、基础数据管理系统、人力资源管理系统、票务管理系统等先后应用，机务管理、物资管理、安全管理等进入测试，公司ERP系统应用和整体功能不断得到加强。

全面提升车辆装备水平。2007年以来，公司新增2300多辆空调公交车，全部达到国3以上排放标准，其中545辆为压缩天然气（CNG）车，212辆为无级变速车，200辆为液化天然气（LNG）车，2011年率先在同等规模城市中实现空调公交车全覆盖。对于能耗高的未达报废年限的老旧公交车，积极实施“油改气”和“柴改气”，批量改造成压缩天然气车，减少燃料成本和尾气排放。在新车采购中，建立了《常州公交车辆采购目录》，对车辆设备进行标准化配置，注重全承载、自动灭火机、低地板一级踏步、液力缓速器、空气悬挂、CAN总线等配置，并指导厂家开发车身形象好、车厢空间大、续驶里程长的公交车，进一步降低车门饰板高度和车辆总重量。

五、实施人才强企战略

多年来，公交人才队伍整体素质偏低、人才结构不合理，领军型、高层次、高技能人才不足，修理、运调、服务、科技类专业技术人才缺乏等问题一直成为限制常州公交发展的瓶颈。基于这一认识，常州公交集团决心把人才工作放到企业发展的战略层面来谋划推进，实施人才强企战略。

加大优秀人才引进。编制了公司“十二五”人才发展规划，通过笔试面试择优录用大学生，并通过特殊奖励、公开竞聘队长助理、团总支副书记等形式，为优秀大学生提供加薪升职平台，鼓励大学生留在公交发展。“十一五”以来，共引进优秀大学毕业生152名，重视引进维修、驾驶、科技信息等方面的高技能人才，优化人才队伍结构。同时面向社会公开招聘干部，先后招聘办公室副主任、劳资处副处长、保卫处副处长、团委副书记等4个中层岗位人员，及时为公交发展注入新鲜血液。（注：以上岗位为机构改革前。）

▲2011年6月13日，江苏省省委书记罗志军（中）陪同山西省省委书记袁纯清（右）乘坐常州快速公交

加大专业人才培养。加强与高校的合作，分别与江苏省常州建设高等职业技术学校、常州交通技师学院等院校开展联合办学，充分利用学校专业和师资优势，定单培养公交营运调度、汽车运用等方面的专门人才205人。开展校企联盟合作，与东南大学交通学院签署校企联盟合作协议，开展高层次专业人才的培养，并积极探索挂职锻炼等方式培养人才。

加大职工技能培训。建立职工培训保障机制，通过签订《职工职业培训专项集体协议》将职工的教育培训权用合同形式确定下来。依托公司职工教育培训中心资源，逐步建立起以汽车驾驶员，修理工，调度员初、中、高、技师（高级技师）各等级培训与鉴定为主体，各工种岗位培训、转岗培训、管理培训为补充的职工教育培训体系。目前，公司共有技能人员2647人，技术岗位上岗持证率已达85%，其中高级技师32人，技师91人，高级工288人。对于取得技能等级的，在工资分配上予以相应的补贴，充分调动职工学习技能的积极性。2012年，公司被授予全国职工教育培训示范点荣誉。

六、强化公交文化建设

资源总有枯竭的时候，唯有文化生生不息。近年来，公司重视发挥企业文化感召人、凝聚人的作用，将企业文化建设与职工关爱结合起来，使企业文化常态化、持续化，先后被授予市企业文化职工文化建设示范单位、省创先争优先进基层党组织、省交通运输系统工会工作文化建设示范基地等荣誉，先后培养了全国劳动模范1人、省（部）级劳动模范10人，培养了

"全国五一劳动奖状"、"全国青年文明号"、"全国巾帼文明岗"、"全国工人先锋号"等一批国家级线路，公开出版了《快速公交系统规划与设计》和《常州市公共交通集团公司志（1960～2010）》。

构建了企业文化体系，确立了企业文化发展规划，树立了"真情服务乘客，真诚奉献社会"的核心价值观，确立"爱乘客、爱公交、爱社会"的企业精神。在此基础上，编印了企业文化手册，丰富了以职工文化月为主阵地，公交讲台、青年论坛、道德讲堂、公交艺术团、书画社等为载体的企业文化活动，使企业文化不仅固化于制还外化于行。

真正关心职工，在省内首创工资协商集体合同、职工培训集体合同，建立了职工工资正常增长机制，2007年以来一线职工收入增幅超过95%。同时为每位员工工作期间提供免费工作餐和免费体检，成立公交爱心基金会，对困难职工进行帮扶。同时，注意倾听职工意见，通过职工满意度调查报告，真实了解职工的需求，对职工提出的合理化建议逐一采纳。2012年，职工满意度和满意率分别为72.51%和96.78%，分别达到历史新高。

城市公交得到了党中央、国务院的高度重视，《国务院关于城市优先发展公共交通的指导意见》印发后，公交事业迎来又一轮发展机遇。今后一阶段也是常州公交转型发展、管理再造的重要战略机遇期。常州公交集团将牢牢抓住发展机遇，加大科技投入，强化科学管理，提高运营效能、管理效益，早日建成人民满意的现代化和谐公交，为城市经济社会发展、建设和谐社会作出新的更大的贡献。

文化兴企强品质　科学发展谱新篇

——记全国城市公共交通十佳先进企业浙江省杭州市公共交通集团公司

多年来，在全体员工积极艰苦的努力下，杭州公交集团已发展成为拥有总资产65.35亿元，员工22000余名，公交线路567条，公交车辆7582辆，年客运量13.25亿人次，以公交客运服务为主业，集旅游客运、汽车修理、汽车出租、物业管理、房产开发、广告经营、公共自行车租用服务和开发、汽配（燃料）销售等经营为一体的国有独资企业。在改革发展中，公交集团紧紧围绕“积极构筑杭州特色、‘国内领先，国际一流’、‘五位一体’、‘8+5’品质大公交体系”目标，不断强化企业经营管理，不断提升客运服务能力，不断增强科技创新能力，企业三个文明齐头并进，实现了经营发展上规模，服务质量上水平，文化建设上台阶，企业影响力和社会形象大幅提升，集团公司被全国文明委授予“全国文明单位”荣誉称号。

一、以满足市民乘客出行为出发点，努力提供方便、快捷的客运服务

近年来，杭州公交集团坚持从方便市民出行、缓解城市交通“两难”出发，加快快速公交网络体系建设，初步形成了由5条快速公交线路为骨干，11条支线，9条接驳线，34条可实现同台免费换乘线，日均4万人次享受同台免费换乘的快速公交网络。此外，70周岁以上老年人等9类人群免费乘车等各类公交优惠政策，完成了萧山、余杭、临安、德清的“公交一体化”建设，成功实现了同城同待遇的大公交体系的建设。开通了26条社区通勤高峰快车线，进一步改善市民群众高峰时段公交乘车条件，得到了市民乘客的好评。不断加强服务沟通，通过开通24小时服务热线、杭州公交网站、聘请行风监督员、建立新闻发言人制度、设立公交微博官方平台等形式，广泛搭建与市民乘客和社会各界的沟通渠道，听取和收集民情民意，提升市民乘客对公交服务的满意度，群众对公交的满意率为93.99%。今年以来，杭州公交集团又与杭州移动电视合作，推出一档以向市民乘客传递最新公交实时营运情况，方便市民乘客出行为主要目的的直播节目——新动巴士通，既为市民乘客提供了第一手出行资讯，又打造了企业特色文化精品亮点。

二、以“免费单车”系统建设为突破口，积极打造公交绿色出行品牌

低碳交通是低碳城市建设的重要组成部分，公交集团一直致力打造绿色、环保、低碳的公共交通出行方式。2008年，全公司开发了国内首创的公共自行车交通服务系统（免费单车系统）。四年来，通过完善系统、强化管理，加大沟通等措施，免费单车系统日趋完善，目前，公共自行车服务点已达到2962个，车辆69750辆，服务网点覆盖了全市八城区，日均租用量达25.8万人次，免费租用率在90%以上，免费单车已成为杭州继西湖之后的第二张金名片，对推

进低碳城市建设，缓解交通“两难”，解决“公交最后一公里”作出了积极的贡献。免费单车系统先后获得“杭州市精神文明十件实事”、“浙江省2010年十大民生工程”等荣誉。

三、以“三苦三乐”的公交人文精神为主旨，传承和弘扬企业核心价值观

杭州公交集团坚持从培育“公交优先，公交必须优秀”的核心价值理念出发，大力弘扬公交人“三苦三乐”的人文精神，大力实施思想政治工作“三必谈三必访”、好人好事月度表扬和“喜报送到家”等正向激励机制，推出“谈心室”、“沟通室”、“心理热线”等，拓宽与员工的沟通渠道，使他们感受到企业的人文关怀，激发他们“善待乘客”的工作热情，调动他们文明从业、优质服务的积极性和主动性。

四、以“六杯赛”创建为主载体，广泛开展全员性精神文明创建活动

“六杯赛”（即公仆杯、文明杯、质量杯、科兴杯、创新杯、满意杯）创建机制是杭州公交集团精神文明和企业文化建设的主载体。一直以来，集团坚持每年开展“六杯赛”竞赛活动，坚持把履行社会责任融入到文明创建工作中，主动与千岛湖镇东汉村、文昌镇、桐庐县百江镇等7个村镇开展“结对帮扶”活动，坚持每年开展春风行动“送温暖”工程，集团两级组织在企业政策性亏损的情况下积极筹款，累计向贫困地区、灾区和困难职工捐款300余万元。公交党、团员志愿者组建了公交“巴士先锋”志愿服务队，开展了一系列具有公交特色的志愿服务活动，大力支持关爱农民工志愿服务活动的开展，向中国志愿服务基金会捐款8万元，生动诠释“公交优先就是百姓优先”的企业人本理念。

五、以创建“学习型企业”为契机，不断提升员工文化职能和丰富员工文化生活

近年来，杭州公交集团坚持开展“创建学习型企业，争做知识型职工”、“争当职业技能带头人和标兵”等活动，努力营造“在学中干，在干中学”的良好氛围。集团连续18年开展全员性的技术比武活动，形成了万人练兵、千人参赛、百人标兵的局面，员工学习意识显著增强，业务技能不断提高，爱岗敬业、勤业精业氛围日趋浓厚。进一步加强职工文化建设，大力开展富有公交特色、满足不同文化娱乐爱好者需求的文化体育和娱乐活动。以职工文体协会、职工之家、职工小家为载体，重点抓好“三大赛”（运动会、文艺汇演和技术比武）和“十小赛”（羽毛球、篮球、围棋等竞赛活动）等为主要内容的职工文体活动，多层面、多形式和多内容地组织员工参与文体活动，不断扩大员工参与面，使广大职工的文化生活更加丰富。

六、以“人行横道礼让”为亮点，不断构建具有鲜明公交特征的企业文化体系

文明交通、文明出行是历年来杭州公交集团安全服务工作的重中之重。近年来，杭州公交集团结合自身特点，以公交车“斑马线礼让”作为切入点，通过组织开展“文明从脚下起步”和“文明出行爱心承诺”大型公益活动，组织实施“让座星期一、礼让每一天”和“关爱生命，文明礼让，安全行车”等主题教育，着力培养驾驶员在人行横道前“见人必让、让必彻底”的安全服务文化意识，使“人行横道礼让”成为广大公交车驾驶员的自觉行为，在全国赢得了口碑，也为其他车辆“让行”带来了示范效应。在此基础上，杭州公交集团又进一步推进服务文化、廉政文化等子文化建设，形成了具有鲜明公交特征的企业文化体系，在促进员工文明素质提升和城市交通文明新风形成的同时，也展现了“公交出行，形于外”的文化品牌形象和“公交优秀，秀于内”的思想品质内涵。

党的十八大的胜利召开，掀开了我国社会经济发展的新起点。杭州公交集团将坚持以党的十八大精神为指导，紧紧围绕构建“两富浙江”和建设“和谐幸福杭州”的目标要求，紧紧围绕“惠民利民、服务优质”这一主旨，提升优质服务水平，推进品质公交建设，展现公交行业风采，努力为市民乘客提供方便周到、快速准时、经济舒适、绿色环保、安全可靠的公共交通服务。

▲杭州市快速公交中途站

以乘客满意为出发点
全心全意当好百姓“专职司机”

——记全国城市公共交通十佳先进企业山东省济南市公共交通总公司

山东省济南市公共交通总公司（以下简称济南公交）是市属国有大型一类公益性企业，至今已有60多年的历史。济南公交现有运营车辆4000余部，职工11200余人，运营线路209条，年运营里程1.85亿公里，年客运量8.45亿人次。企业先后荣获“全国五一劳动奖状”、“全国文明单位”、“全国城市公共交通十佳先进企业”等多项荣誉称号和中国质量协会颁发的“中国质量满意鼎”。

“用户满意是企业的生命力”。近年来，济南公交以创建人民满意公交为目标，以乘客满意为工作的出发点和落脚点，全心全意当好百姓的“专职司机”。

一、实施“大公交工程”，提升公交服务保障能力

济南公交坚持城市公交引领城市发展的规划理念，积极实施“大公交工程”。

（一）提升常规公交

按照“建成区适应性发展，新城区引导性发展”的原则，初步建立起干支结合、便捷高效的常规公交网络。截至2013年1月，济南公交线网长度达到1088.7公里，运营线路总长3441.2公里，公交站点2899个，以500米为半径，站点覆盖率达到92.7%。大力发展绿色公交、节能公交，近五年来，购置国Ⅲ以上公交车近1900辆，万人拥有公交车达到18.3标台。

为了更好地满足市民出行需求，适应和引领城市发展，济南公交加快了公交线网的优化改造工作。2009年以来，开辟线路36条，填补公交空白91.1公里，优化调整线路155条次。在全国率先成立了公交领域的专业科研机构——济南公交科学技术研究院，致力于提高公交的科技水平、公共交通的规划设计与TOD发展战略研究。近年来，研究院开展了济南市居民出行调查，承担了济南市“公交都市”战略规划及实施方案研究，为优化公交线网提供技术支持，成果丰硕，效果明显。

（二）发展快速公交（BRT）

2005年，济南市成为美国休利特基金会、派克德基金会与美国能源基金会三个国际基金会联合授予的首个“中国BRT推广项目示范合作城市”。济南公交牢牢抓住机遇，积极推进快速公交项目建设，相继开通了6条快速公交线路，线路总长度76公里，日均运送乘客近25万人次，初步形成了“两横三纵”的快速公交网络，成为国内首个快速公交成网运行的城市。目前，正加快推进二环西路和纬十二路快速公交项目。第十一届全运会期间，济南市在没有轨道

交通的情况下，依托以快速公交为骨干的地面公交系统，圆满完成了公交保障工作，得到各级领导和广大市民的充分肯定。济南快速公交已经成为城市一道亮丽的风景线，并获得山东省人居环境范例奖。

（三）拓展服务内涵

按照群众基本出行、辅助出行、享受出行等不同层次的出行需求，提供个性化特色服务。开通了大站快车、高峰跨线车、学生专线、小区公交、超市班车等便民线路；推出了通勤班车、会展用车、旅游专线等业务，拓展了公交服务领域；整合郊区客运市场，让农村群众和城市居民同享公交出行便利。

坚持以信息技术为依托，加快推动公交由传统运营模式向信息化运营模式转型。建设了乘客信息服务平台，率先大范围使用3G视频监控系统，初步实现了运营管理的可视化、网络化、智能化，公交运行效率不断提高。2010年1月6日，正在中国联通总部视察的中共中央政治局委员、国务院副总理张德江，通过视频听取了济南市公交总公司党委书记、总经理薛兴海关于济南公交信息化建设情况汇报，并对济南公交信息化建设所取得的成绩给予充分肯定，勉励济南公交再接再厉、探索新路、总结新经验。此外，济南公交还依托智能调度技术，在部分线路推出了“守时公交”服务，进一步方便了市民计划出行。目前，有23条线路实现了“定点发车、准时到站”。人民日报报道了该举措，引起社会广泛关注。

（四）承担社会责任

近年来，在运营成本持续上涨的情况下，全市的公交票价一直保持在2001年的水平，群众的人均出行成本仅为0.835元/人次，比省会城市平均数低19%。2008年汶川发生强烈地震后，济南公交迅速组织人员和车辆，承担了为济南市赴川救灾运输车队加油任务，确保了灾区重建的顺利进行，同时积极组织“5·12抗震救灾”捐款活动，济南公交全体职工踊跃捐款113万元。2009年，济南市成功入选国家“十城千辆”节能与新能源汽车示范推广试点城市。在济南市政府大力支持下，截至2013年1月，济南公交累计购进400多辆新能源空调客车（国Ⅳ标准），非空调期平均油耗27.03L/100km，较同类车辆节能30.46%，示范推广效果良好。

二、推行“星级管理、星级服务”，积极探索提高服务质量的有效途径

为了使服务更加规范、标准，管理更加精细、有序，2004年，济南公交全面推行了“星级管理、星级服务”制度。该制度从乘客的出行需求出发，建立起以关键服务质量指标为核心的考评体系，对员工和公交线路分别实行五个等级的服务评价和管理，形成融合星级评定标准、星级晋升降级制度、星级考核奖惩与反馈等在内的体系，将社会需求、企业要求和员工成长愿望有机结合起来，使公交服务管理实现了标准化、规范化。

（一）建立以关键服务质量指标为核心的星级评价体系

形成了涵盖一线员工和各级管理人员的责任考核体系，实行全员服务质量控制，形成人人参与的工作格局。如：对一线员工，选取工作量、车辆状况、车容车貌、服务质量、安全行车等关键指标作为星级标准的考核内容。为了持续提升服务水平，济南公交根据企业发展的需要和员工自我提升的愿望，每年对星级标准进行升级。2009年，济南公交又将“微笑服务”纳入星级考核，进一步丰富了星级管理内容。

（二）实施企业流程再造

为了使这项制度能够顺利实施、全面推行，济南公交对企业组织结构、工作程序等实施

了全面流程再造。在分公司和车队实现了主辅分离、运修分离；进行了薪酬分配及人事制度改革；对机关各部门的工作职责进行了有效整合；成立了制度管理办公室；建立起“一个制度体系、九项工作机制”，形成了济南公交特有的管理模式，推进企业管理向科学化、规范化发展。

（三）加强培训和监督

成立了推进领导小组和稽查大队，增设了服务管理员岗位，强化对服务质量的检查和考核；成立了培训中心，实行岗前培训、脱产轮训等形式对员工进行全面培训；投资600余万元，编著了由12部教材组成的国内首套公交系列培训教材，填补了国内空白。目前，该系列教材已由人民交通出版社正式出版发行。

（四）建立起以正激励为主的激励机制

坚持每月开展一次星级评定，实行动态管理。设立了专项奖励资金，将星级考核结果与职工的收入挂钩，不同的星级享受不同的奖励。由职工对管理人员进行满意度评价，连续三个月满意度达不到70%的要调离管理岗位。对运营公司主要负责人每月进行一次绩效考核，连续三个月绩效达不到考核标准的调离工作岗位。另外，在评选先进、选拔后备管理人员中，也将员工的星级作为重要的参考依据。对基层员工推行星级薪酬制，对管理人员实行绩效考评，真正体现收入与绩效挂钩，充分调动了全体员工争高星的积极性，形成了全员提高服务质量的良好局面。

通过“星级管理、星级服务”制度的实施，形成了自我加压、自我提升、相互监督、规范服务的动态管理新机制。员工的工作热情空前高涨，团队意识明显增强，服务能力和服务水平得到全面提升，乘客满意度由2004年的78.9%提高到2012年的93.13%，平均乘客投诉率下降至6起/百万人次。2012年10月29日，交通运输部部长杨传堂在全国城市公共交通工作会议上讲话时，对济南公交推行“星级管理、星级服务”、不断提高交通服务质量的举措给予了高度评价。

三、推行“情绪管理”，倾力打造安全和谐公交

调查发现，驾驶员因在生活、工作中发生矛盾冲突引发的情绪波动，往往会影响到行车安全和服务质量。为了疏导和调整好一线驾驶员的情绪，济南公交在总结、提升基层车队管理创新经验的基础上，推行了“情绪管理”。“情绪管理”是以确保公交安全、提升公交服务水平为目标，以让员工快乐工作为根本落脚点，对驾驶员有针对性地实行情绪稳定化和情绪调整化管理，形成融合情绪认定、沟通、调整、联动、反馈、培训、激励、奖惩在内的监督管理体系。在推行“情绪管理”中，济南公交主要采取了以下措施：

（一）充实“情绪管理”内容

最初，济南公交推出了员工心情指数“晴雨表”。驾驶员将自己的情绪状态贴到“晴雨表”的相应区域，“晴天”表示状态良好，“雨天”表示状态不佳。车队管理人员可及时了解驾驶员的情绪状态，避免他们带着坏心情上线运营。同时，建立了联动机制，车队每名管理人员都要积极为情绪不佳的员工做思想工作，及时排解不良情绪，解决问题。随着“情绪管理”工作的不断推进，又相继开设了员工情绪调节室、开通了员工心理健康咨询热线、建立了“情绪管理”问题解决档案、实行了“安全红旗车”与“安全操作积分制”等制度，“情绪管理”的内容更加充实，实施更具可操作性和灵活性。

（二）与“星级管理、星级服务”相结合

济南公交把“情绪管理”作为“星级管理、星级服务”制度的细化、深化和“软”化，形成了精神激励和物质激励相结合的激励机制，引导员工以良好的精神状态投入到运营服务中，进一步调动了一线驾驶员的积极性和工作热情。推行“情绪管理”以来，报考四、五星级的人员越来越多，争当高星级驾驶员、争创高星级线路的氛围愈发浓厚。

“情绪管理”把“以人为本”的管理理念和“预防为主、关口前移”的安全管理理念有机结合，丰富了公交安全管理的内涵和科学管理手段。推行“情绪管理”以来，济南公交服务质量持续提高，安全事故起数下降了17%，事故费用支出下降了39%，成效显著。《公交企业以人文关怀为基础的员工情绪管理》荣获2011年国家级企业管理现代化创新成果二等奖。

▲济南市是全国首个实现快速公交独立成网的城市

四、探索行业文化建设，着力构筑文明公交

企业文化以一种以无形的力量蕴藏在员工的思想和行为之中，是现代企业可持续发展的重要精神支柱。济南公交通过导入企业文化，全面提高员工素质和企业形象，为服务质量提升、行业文明建设奠定了坚实的文化基础。

（一）建立和健全公交企业文化体系

济南公交修订完善并由人民交通出版社正式出版了《济南公交文化手册》，较为系统地总结了济南公交企业文化的最新成果，对公司核心价值观、发展战略、行为规范和多方面文化等进行了系统归纳和深层解读，形成了以“让乘客满意、让政府放心、让员工快乐、为社会奉献”为核心的企业文化体系。2010年10月27日，正在济南出席第二届世界农村公路大会并在山东省检查指导工作的国家交通运输部副部长冯正霖一行来济南公交考察工作时指出：“今天来

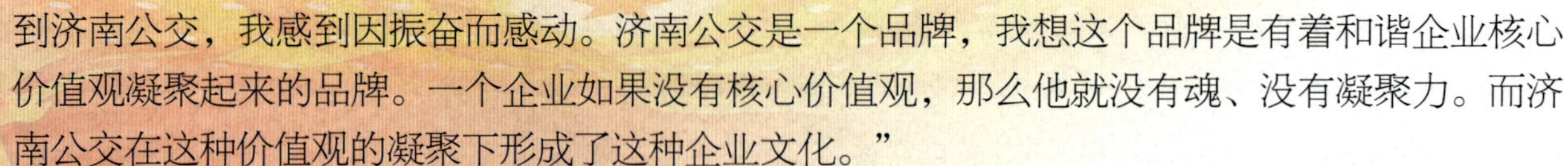

到济南公交，我感到因振奋而感动。济南公交是一个品牌，我想这个品牌是有着和谐企业核心价值观凝聚起来的品牌。一个企业如果没有核心价值观，那么他就没有魂、没有凝聚力。而济南公交在这种价值观的凝聚下形成了这种企业文化。”

（二）探索和加强优秀传统文化应用

2007年以来，济南公交编辑出版了《公交论语》和《公交车厢论语》，将优秀传统文化精髓与企业文化建设有机结合，开展了“《论语》进车厢、进站房、进家庭”等活动，将《论语》中的名言警句制作成精美的展板和宣传画，悬挂在全市4000多辆公交车车厢，使十米车厢成为传文明、提素质、促和谐的重要窗口。此外，还从行业角度对《弟子规》进行阐释，编印了《公交弟子规》。

（三）巩固和拓宽企业文化建设阵地

企业文化对内是一种凝聚力，对外是一种辐射力。济南公交牢牢把握新闻宣传的特点和规律，坚持正确舆论导向，提高公交的美誉度和知名度，为企业发展营造良好的生态环境，逐步形成了以“微笑服务”、“星级管理、星级服务”、“情绪管理”、“公交论语”、“定点发车、准时到站”、济南公交恒通“雷锋车队”等为内容的品牌文化体系。

通过企业文化建设的全面加强，济南公交职工的精神面貌焕然一新，文化建设硕果累累。2009年，济南公交的《公交论语》被评为“济南市优秀企业文化品牌”。2009年3月，十一届全国人大外事委员会主任委员、外交部原部长李肇星在全国“两会”期间，对济南公交的《公交论语》给予高度评价，并欣然题词：“祖国永恒、人民至上”。2009年9月21日，中央文明办专职副主任王世明来济南公交考察企业文化建设工作时，为济南公交的《公交论语》欣然题字：“济南公交论语好”。

城市公共交通是政府为广大群众提供的社会公共服务，服务质量的好坏直接关系到党和政府的形象，影响着城市经济社会发展，也直接体现了一个城市的文明水平。济南公交不断转变思想观念，提升境界标准，把乘客满意作为一切工作的出发点和落脚点，不断推进优质服务品牌建设，不断探索提高公交服务质量的新思路和新方法，以实际行动努力建设人民满意公交，全心全意当好百姓“专职司机”。

立道致远　行公为民
让公交成为百姓出行第一选择

——记全国城市公共交通十佳先进企业河南省郑州市公交总公司

郑州市公交总公司（以下简称郑州公交）成立于1954年，是受政府委托、从事城市公共交通客运服务的国有大型公交企业，主要承担郑州市区及近郊区的城市公共交通客运任务。公司下辖6个运营分公司、2个修理公司以及物业公司、培训中心、结算中心和职工医院等共计12个直属单位。截至2012年年底，郑州公交拥有运营车辆5548台，线路257条，线路长度3881.35公里，日均运营里程72万公里，运送乘客280万人次。企业先后荣获“全国城市公共交通文明企业”、“全国公交系统先进单位”、“河南省文明单位”、“河南省五一劳动奖状”等百余项荣誉称号。2004年郑州公交被授予“中国用户满意鼎”，成为全国公交行业第一个获此殊荣的企业。2012年郑州市入选全国“公交都市”建设示范工程第一批创建城市，与全国其他14个城市共同进入优先发展公共交通“快车道”行列。同时，郑州公交被中华人民共和国交通运输部评为“全国城市公共交通十佳先进企业”。

多年来，郑州公交在“建设大郑州、发展大公交”发展战略指导下，始终坚持“立道致远、行公为民”的核心价值观，认真践行《郑州宣言》的各项要求，践行省委书记卢展工“公交是为民、公交是形象、公交要优先、公交当自强”的指示精神，围绕“方便百姓出行、缓解城市交通拥堵、服务城市发展”这一中心任务，坚持发展、创造满意，着力打造“郑州公交”品牌，为推动郑州市经济社会快速发展作出了积极贡献。

一、加快车辆更新，加大公交场站等基础设施建设，努力提高公交服务社会的能力

郑州公交坚持发展，通过银行贷款、融资租赁等多种形式先后筹措资金用于企业发展，10年来平均年购新车500多台，新开线路20多条，使郑州市万人拥有公交车辆达到16标台。与2002年年底相比，运营车辆净增长164.06%；运营线路增长133.64%；线路长度增长129.90%；年运营里程增长127.35%；客运总量增长192.28%。

大力发展新能源公交车，积极倡导绿色交通。郑州公交坚持环保、节能、舒适的购车方向，车辆中空调车有3266台，占全部运营车辆58.87%，新能源公交车1570台。2010年，郑州市入选由科技部、财政部、国家发改委、工业和信息化部开展的“十城千辆”节能与新能源汽车示范推广应用工程试点城市。

加快公交场站建设，保障公交运营生产需要。郑州公交瞄准全国一流同行，以超前的眼光、意识和理念精心谋划、精心组织、精心设计，积极推进落实，建成投入使用公交场站54

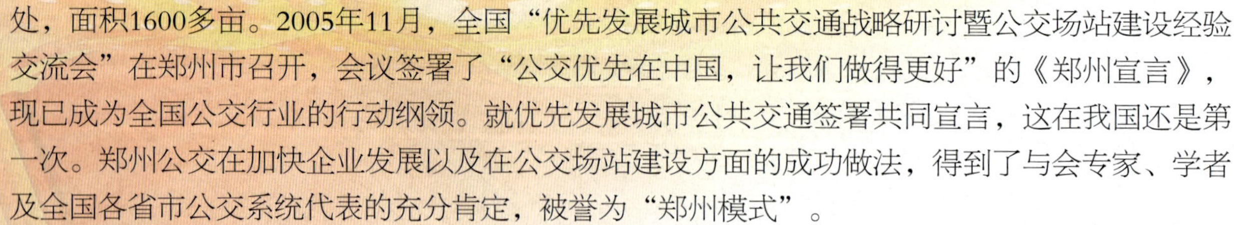

处，面积1600多亩。2005年11月，全国“优先发展城市公共交通战略研讨暨公交场站建设经验交流会”在郑州市召开，会议签署了“公交优先在中国，让我们做得更好”的《郑州宣言》，现已成为全国公交行业的行动纲领。就优先发展城市公共交通签署共同宣言，这在我国还是第一次。郑州公交在加快企业发展以及在公交场站建设方面的成功做法，得到了与会专家、学者及全国各省市公交系统代表的充分肯定，被誉为“郑州模式”。

二、创新运营管理，积极发展快速公交和微型公交系统，满足群众多元化的出行需求

针对复杂多变的道路运营环境和群众多元化的出行需求，郑州公交坚持按照快速线路、主干线路、支线路、微型公交等四维线网结构优化公交线网，常规线路、定制服务、通勤班车、夜班线路等多种生产组织模式相结合，全力保障群众出行刚性和多样化需求。

积极发展快速公交。2009年5月28日郑州市快速公交首期线网正式通车，郑州市成为全国第9个开通快速公交的城市。同时创造了单程线路长度最长，最先在城市中心区域环路上建设，一主八支，主线、支线网一次建成规模最大（线网全长143.8公里），建设周期最短（建设时间共9个月）的四项国内“之最”，先后吸引了200多家国内外城市来郑交流和学习。同时，快速公交首期项目成功申报CDM（清洁发展机制）项目，已经国家发改委审查通过，并在联合国注册成功。经过3年的运营，郑州快速公交线网已经拥有“一主十二支”13条线路，车辆460台，日均客流量由开通当天的9万人次增长到日均52万人次，成为国内客运量增长最快的快速公交项目。实施同站台免费换乘，从开通至今乘客因免费换乘而减少出行费用达1亿元以上。快速公交受到了广大市民的高度评价和欢迎，不断吸引着越来越多的市民选择快速公交出行，使城市公交在城市交通中主体地位日益凸显，当选为“感动中原60年60人60事”活动中的60事之一。快速公交公司先后获得“全国工人先锋号”、“河南省工人先锋号”、“郑州市青年文明号”、“郑州市五一劳动奖状”等一系列荣誉称号。目前快速公交拓展工程正在进行，快速公交服务范围将进一步扩大。

积极发展微型公交线路，建立区域公交与常规公交相结合的公交体系，先后开通了42条微型公交线路，增加了100多处“扬手招呼站”，重点解决了市民“最后一公里”及背街小巷的居民出行问题。

积极开展公交定制服务。仅2012年郑州公交就为企事业单位开展定制服务17967趟次，为大专院校安排定制服务车辆8297趟次，其他定制服务近3754趟次，实现了公交服务的多元化和个性化。

三、不断深化内部改革，科技创新，增强企业核心竞争力，让市民充分享受科技公交带来的便利和成果

郑州公交领导班子始终坚持内部改革创新，以构建企业内部市场经营机制为切入点，建立了干部能上能下、职工能进能出、工资能高能低，岗位靠竞争、收入凭贡献的劳动用工制度、干部聘用制度、工资分配制度和以运营为核算中心的运、修、供、后勤保障等单位间相互独立、业务关联的内部市场经济关系。

加大科技投入和智能公交建设，持续提高公交服务的科技含量。构建了以IC卡电子收费系统、公交城域网、郑州公交网（含GIS电子地图）、手机公交网、综合信息管理系统、GPS智能调度管理系统、客服热线系统、视频监控系统（含3G视频传输）8个子系统为核心的企业信息化系统架构。实现了人力资源、运营生产、车辆设备、材料管理、车辆维修、计划统计、档案管理、办公自动化等各种管理信息的快速收集、存储、处理，实现了跨单位、跨部门、多层次的信息交流和资源共享。

GPS公交智能调度系统已经全部用于公交运营生产，实现了全程可视化监控、智能调度、分段超速报警、双向免提通话、自动报站和车辆满载率统计等功能，实现了手机公交、电子站牌，客服中心和公交网“四位一体”公交信息服务，使城市公交服务得到超前发展。

公交客服中心实现了24小时全天候沟通服务，全年热线接听量120万人次。IC卡发行量已达到449万多张，银行自助充值、在线和脱机充值等多种形式充值网点1100多个。成立了IC中心清算平台，与全省17个地市公交企业结成了互联互通联盟，郑州、开封、许昌、焦作等4市已实现了公交一卡通，可以异地刷卡乘车。地铁开通后，公交IC卡可迅即实现一卡通功能。郑州公交智能发展水平处于全国公交同行前列，也因此成为全国智能交通专业委员会主任单位。

四、坚持以人为本，让利于民，让市民充分享受改革发展惠民的成果

从1997年开始，郑州公交就为60岁以上老年人提供免费乘车服务。目前老年乘车卡办理量达到35万张，每年免费乘车的老年乘客达7700余万人次。老年乘车证办卡时间最早、办卡年龄最低，居全国同行业之首。

为进一步降低群众出行成本，2001年郑州公交线路全部完成了无人售票的推广和应用。2001年8月建成并启用公交IC卡电子收费系统。自2010年8月1日起，公交空调车票价和四环以内1.5元票价线路相继降为1元。在此基础上原公交IC卡各种折扣不变、60岁以上老年人、盲人、伤残军警免费乘车、快速公交主支线同站台免费换乘，从而将公交票价最低降至0.25元/人次。票价下调后，仅2011年郑州公交全年让利即达3.3亿元，客运量整体增长了14.79%，是全国公交票价最低、优惠力度最大的城市之一，为市民提供了最经济的出行条件。

▲2010年8月河南省省委书记卢展工乘坐郑州公交车

五、延伸服务内涵，塑造优秀形象，国家、省、市服务明星、先进集体不胜枚举

“线路有终点，服务无止境”。郑州公交不断用新的模式和载体来延伸服务内涵，认真践行“服务为本、乘客至上”服务理念，向“公交优秀”迈进。灵活培训方式，提高职工素质。立足企业实际，围绕如何做好“公交优秀”，编印了《公交职工职业道德读本》、《汽车驾驶员读本》等；拍摄了《公交职工职业道德》、《公交车长职业道德》等教学片；坚持组织安全管理人员、投诉主管、驾调人员等不同层面人员学习班，使普及性培训与专项培训、岗位技能培训和综合素质培训有机结合，切实提高培训效果。为每位职工建立服务档案，进行跟踪考核，定期对驾驶员服务状况进行分析。结合职工业务技能、服务水平的提高，组织经常性的岗位竞赛、技术“比武”，使职工职业素质在实践中得到提高。自2009年开始，对全体车长轮流进行客运服务资格培训，每期7～10天，实行全脱产集中封闭培训。培训内容包括军训、服务规范、礼仪、安全驾驶、汽车技术使用及技能提升等方面，公交车长服务能力、服务水平和综合素质得到全面提升。

坚持“温馨伴您同行”的服务理念，把创造满意作为服务质量的标准和实质内涵，持续开展了“三无线路”、“星级服务”、争创“精品线路”、“品牌车组”、“品牌站台”、“共产党员示范岗”等服务活动，并对“星级服务”公交优秀全息管理体系不断完善和深化，努力实现服务过程程序化、服务管理规范化、服务质量标准化的目标，推动公交服务由“满意型”向“感动型”转变，践行公交企业在《郑州宣言》中对社会所做的庄严承诺。

全面推广“首站站立迎客”、“逢站有迎词”、“进站顺序靠边”等服务形式；持续延伸服务，定期组织青年志愿者，走上街头，解答乘客问询，到各大站点疏导客流；开通“爱心巴士”流动充值服务车，走街串巷，到商场、进社区上门服务；建立了公交网站，升级改造了公交客服中心，开通了电话、传真、电子邮件、互联网等多种沟通渠道，全天24小时受理乘客的咨询、建议和投诉。同时自觉向社会作出承诺，公开接受乘客监督，开展社会评议活动，真心实意听取广大市民和乘客的呼声，设身处地为群众排忧解难，用真情为广大乘客服务。

坚持典型引路，示范先行，先后有92个线路和班组分别获得省、市五一文明奖、青年文明号等荣誉；104路被评为“全国城市公共交通文明线路”、“全国巾帼文明岗”、“全国交通建设工人先锋号”和“全国用户满意服务明星班组”；104路、97路、9路、26路、60路、快速公交等被评为“全国工人先锋号”。

六、加强企业文化建设，积极实施企业文化建设战略，打造“郑州公交”服务品牌

坚持把企业文化战略作为企业发展战略的重要组成部分，根据公益性和服务性的先天特质，形成了郑州公交追求卓越的企业文化理念体系。

坚持企业文化建设与企业发展战略目标同步规划、同步安排、同步实施的“三同步”原则，通过对企业文化建设进行专题咨询和高规格策划，不断规范企业理念识别系统、行为文化体系和形象识别系统，逐步形成了企业核心价值观和企业使命、愿景、企业精神、经营理念等九大理念为要素的价值体系。形成了全体员工行为规范和社交礼仪行为规范、管理团队行为规范、车长岗位工作规范等四大行为规范和企业标识视觉基础设计系统和企业形象视觉应用设计系统等，编制了《郑州公交企业文化手册》，职工人手一本，邀请国内名牌大学博士、教授和有关专家专门培训和灌输，建立了总公司、基层单位、队科三级企业文化网络体系，设立了三级企业文化宣传员等，设立了企业文化室和文化走廊，企业文化作为企业的价值系统，为企业发展提供源源不断的精神动力，其导向、凝聚、激励和辐射功能得到了充分发挥并日益凸显。郑州公交先后获得了“中国文化管理示范单位”、“建国60周年中国企业文化十佳单位”、“全国交通运输企业文化建设优秀单位”、“中国城市公交行业企业文化建设示范单位”等多项荣誉。

郑州公交的发展和取得的成绩得到了各级政府和社会各界的广泛认可，也得到了广大同行的一致好评。2010年8月17日，河南省省委书记卢展工亲自到郑州公交慰问广大公交职工，并召开座谈会，对郑州公交的发展给予了充分的肯定。当前，郑州市正在积极进行国家“公交都市”示范城市创建工作，郑州公交将进一步解放思想，开拓创新，努力践行“公交是为民、公交是形象、公交要优先、公交当自强”的指示精神，为广大人民群众和城市经济、社会发展提供安全、方便、快捷、舒适、经济的城市公共交通服务，提高公交出行分担率，为郑州“公交都市”示范城市创建工作，郑州都市区建设、中原经济区建设作出新的贡献！

创建国际一流企业　当好行业排头兵

——记全国城市公共交通十佳先进企业广东省深圳巴士集团股份有限公司

深圳巴士集团自2004年组建了深圳市国有控股的中外合资股份制公司以来，已发展为国内最大的按现代企业管理制度运作的公交企业之一。截至2012年年底，集团总资产达33亿元，员工24000人，营运车辆6600辆；开行327条公交线路，线网总长为6280公里，特区内500米公交覆盖率达100%；日均营运里程约120万公里；日均客运量约260万人次，约占深圳市常规公交市场份额的50%。

一、发展历程

深圳巴士集团股份有限公司（以下简称巴士集团）前身是创建于1975年的宝安县深圳镇公共汽车公司，2004年改制为深圳巴士集团股份有限公司。巴士集团获得多项行业第一：

（1）1992年，开通国内第一条无人售票线路；

（2）1993年，成为国内首家实行大巴专营的公交企业；

（3）1996年，在国内率先使用公交非接触式IC卡系统，引领全国公交行业收费模式变革；

（4）2004年，成为国内规模最大、运作最成功的中外合资公交企业；

（5）2009年，成为国内首批明确新能源战略并开始规模化投放新能源公交车辆的公交企业；

（6）2010年，控股成立世界首家纯电动出租汽车企业。

二、政策环境

深圳市委、市政府历来重视公交工作，是落实“公交优先”的典范。

（1）2006年，深圳市成为全国十一个“优先发展城市公共交通示范城市”之一。

（2）2007年，深圳市在国内率先进行公交特许经营改革，将38家公交企业整合为3家企业，形成深圳巴士集团、东部公交和西部公汽“三足鼎立”的市场格局。

（3）2007年，深圳市出台《深圳市人民政府关于优先发展城市公共交通的实施意见》，提出未来深圳将构筑国际水平、一体化的公共交通体系，确立公共交通在城市客运体系中的主导地位。

（4）2007年年底，深圳市积极出台公交票价优惠政策。

（5）2008年，深圳市在国内率先推出公交财政补贴及成本规制政策，出台《2008年度深圳公交成本规制操作方案》。

（6）2010年11月，深圳市和交通运输部签署了“共建国家公交都市示范城市”的《框架协议》，到2015年，深圳将基本建成具有国际水准的“公交都市”，形成以轨道交通为骨架、常规公交为网络、慢行交通为延伸的一体化城市公共交通服务网络。

三、持续导入先进管理理念，建设高品质公交

巴士集团拥有现代化的企业治理结构，多年来一直重视规范化管理，在行业内最早通过ISO 9001质量管理和14001环境管理体系认证。

巴士集团通过价值链分析，将市场调研及服务策划、线网建设、线路运营、驾乘服务、顾客服务作为内部管理的核心过程（价值创造过程），同时分析核心过程中的资源支持要素，定位为支持过程。

巴士集团在35年的发展历程中形成三大核心竞争力：

（1）企业文化培育的创新能力；

（2）高效的营运组织能力；

（3）主动式顾客服务能力。

在深圳成本规制政策下，重视把控经营成本，促进企业资产效益提升。巴士集团在国内公交企业中最早导入卓越绩效准则，2009年获得福田区区长奖；以香港九龙巴士、新加坡巴士为标杆，全面开展对标管理。集团大力开展信息化建设，推动传统公交向科技公交转变。巴士集团实行全面预算管理，严格考核，近年来预算偏差率均控制在5%以内。集团坚持创新驱动，三次荣获国家级企业管理现代化创新成果二等奖；2012年申报的项目获得了国家级企业管理现代化创新成果一等奖。

四、以创建公交都市为契机，打造品质公交

“服务为根”是巴士集团核心价值观的首要核心要素。集团树立了“以人为本、以客为尊”的服务理念，建立了完善的顾客服务系统，推行主动式顾客服务，不断提升顾客满意度和契合度。

巴士集团始终以市民满意为使命，着力打造高品质的公交服务。①着力推进“快、干、支”三层次公交线网建设，特许经营区域内500米站点覆盖率达到100%。②集团始终以顾客为关注焦点，国内首次把民意车厢开进社区，国内首创“巴士之友”组织，乘客满意度连续三年保持在85%以上，服务质量考核达到优秀。③铁腕抓安全，连续三年实现有责零亡人事故；服务质量考核达到优秀。④建立企业年度社会责任履行情况发布机制，在国内公交行业率先发布年度社会责任报告书。⑤集团顺应地铁成网运营，大规模优化线网资源、运力资源，拓展支线与快线资源，优化调整“大、小、新”车型结构，实施一线一营运方案，无缝衔接地铁，逐步实现常规公交与地铁共存发展。

五、创建低碳先锋企业，建设绿色公交

巴士集团着力打造低碳先锋公交企业，创造性地提出新能源汽车融资租赁、管理、运营新模式，截至目前集团已投放各类新能源和清洁能源车辆合计2080辆（含纯电动出租），成为全球最大的新能源公交运营企业。结合区域特许经营政策优化资源配置，把握成本规制政策谋求主营业务发展，拓展支线与快线资源，优化调整“大、小、新”车型结构，逐步实现常规公交与地铁共存发展。成立首家纯电动出租车公司——鹏程电动出租车公司，获得800辆纯电动出租车牌照指标，实现了纯电动出租车的大规模应用。

（1）2006年，集团通过了ISO 14001环境质量体系认证。

（2）2008年，获得“中国城市公共交通节能减排优秀企业奖”。

（3）2009年，集团有20条线路被确认为“绿色公交线路”，占全市72%。

（4）2010年，荣获“中国绿色公交卓越贡献企业”。

（5）2010年，巴士集团控股成立全球第一家纯电动出租车公司，与比亚迪、南方电网等企业深度合作。

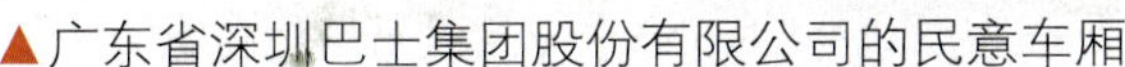
▲广东省深圳巴士集团股份有限公司的民意车厢

六、提升管理信息化，建设智能公交

深圳巴士集团结合国内外公交智能化发展趋势，以发展的眼光和战略定位，投入大量人力、物力、财力建设智能公交系统，探讨远程集中的营运调度组织模式，建成了集综合数据共享、远程智能调度、多途径综合监控、应急指挥于一体的智能公交系统。2010年正式成立深圳巴士集团智能调度中心，当年实现约700辆车的远程调度，全集团100%的公交车辆实现GPS定位监控。

按照信息采集、信息处理、信息发布三层架构，公交信息系统的整体框架包括一个数据中心、五类采集来源、三类应用系统。

按照信息化整体框架，巴士集团建成的智能公交系统主要包括综合数据平台、智能调度系统、综合监控平台、应急指挥系统四大功能板块。“十二五”期间，巴士集团将持续丰富智能公交系统功能，实现全集团约5000辆车的智能调度全覆盖。

七、以文化建设引领企业发展，建设和谐公交

巴士集团的企业使命是“为市民提供安全、便捷、环保、舒适的公交服务，做到公交优秀”，通过35年公交管理实践，确立了“创建国际一流最具品牌影响力的公交企业”的企业愿景，形成了“服务为根、效益为本、持续创新、追求卓越”的核心价值体系。

集团制定了《企业文化与品牌建设五年规划》，在全国公交行业中率先推广员工情绪管理，提升员工契合度。集团持续开展“创先争优”活动，将企业文化建设与集团经营管理进一

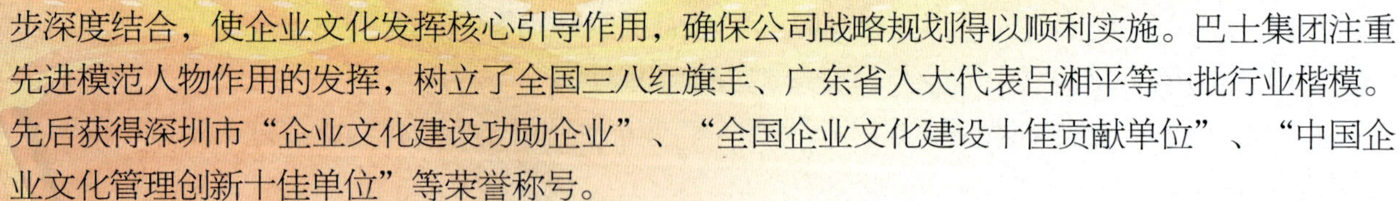

步深度结合，使企业文化发挥核心引导作用，确保公司战略规划得以顺利实施。巴士集团注重先进模范人物作用的发挥，树立了全国三八红旗手、广东省人大代表吕湘平等一批行业楷模。先后获得深圳市“企业文化建设功勋企业”、“全国企业文化建设十佳贡献单位”、“中国企业文化管理创新十佳单位”等荣誉称号。

八、未来战略规划

根据市国资国企“十二五”规划目标，深圳巴士集团“十二五”发展目标是：“五至十年发展成为全球一流的公交企业”。具体实施策略是“做强主业，做大非主业，培育利润增长点”。具体做法为：坚持公交营运服务为主业，认真履行社会责任，加强同政府、公众等利益相关方的沟通，做强主业。拓展产业链，发展城际公交和旅游运输业务。以发展总部经济为依托，不断培育公司的利润增长点。

为了山城有坦途 构建重庆轨道新生活

——记全国城市公共交通十佳先进企业重庆市轨道交通（集团）有限公司

重庆市轨道交通（集团）有限公司（以下简称重庆市轨道交通集团）创建于1992年，是集城市轨道交通建设、运营和资源开发为一体的市属国有企业，是重庆城市公共交通建设运营的主力军。重庆市轨道交通集团现有资产500多亿元，职工1万余人。为了缓解城市交通拥堵、改善城市人居环境，落实国务院关于建设资源节约型和环境友好型社会的要求及市第四次党代会提出的加快轨道交通建设，完善公共交通体系的任务，重庆市轨道交通集团以“轨道新城市，便捷生活圈”为企业愿景，积极发展以网络化建设、网络化运营和网络化资源开发为一体的绿色环保轨道交通系统。2012年，重庆轨道交通六号线及一、三号线延伸段相继开通，形成了由地铁、轻轨不同制式组成的轨道交通四线联网换乘的网络化运营格局，并以“安全、准点、舒适、环保”的优点，成为广大市民出行的重要交通方式。

一、环保交通，优质服务，有效改善市民出行条件

重庆是有名的“山城”，弯多、坡陡，“乘车难”全国闻名。重庆轨道交通集团历经数十年，调查、研究、引进了在国外成功运行40多年的跨座式单轨交通系统，于2005年6月率先建成通车了国内首条跨座式单轨——重庆轻轨，使重庆成为西部第一个拥有轨道交通的城市。2012年，随着重庆轨道交通六号线“五里店—礼嘉”段、一号线“沙坪坝—大学城”段、三号线“二塘—鱼洞”段相继投入试运营，重庆轨道交通建成总里程达到143公里，运营里程131公里，直追北京、上海、广州、深圳、天津等国家级的中心城市和世界级的大都市，名列中西部第一，全国第五，这是重庆轨道交通建设的重大成就，为重庆市的交通改善奠定了基础。

截至2012年年底，重庆轨道交通已累计运送乘客2.4亿乘次，最大日客运量突破114万人次，日均客流65.5万乘次，列车运行图兑现率达99.97%以上，线网最小发车间隔3分30秒；日均换乘客流达19.37万乘次，换乘系数达到1.34，在全国MOPES排名中名列第六，各项运营服务与管理指标名列国内前茅，线网对走廊沿线公交客流量分担率已达33%，缓解主城交通压力作用十分明显。乘客满意率达87.3%，客运服务受到媒体、市民和社会各界好评，社会形象突出。

二、加快建设，完善体系，科学持续发展轨道交通

为了落实国务院《关于实施城市公共交通优先发展战略的指导意见》和重庆市第四次党代会提出的“加快轨道交通建设，完善公共交通体系”的具体任务。2012年，重庆轨道交通有序开展的“四线七段”123公里在建规模位居中西部第一，并率先在地铁建设中使用对居民和环境影响小的TBM施工技术，建成世界最长的跨座式单轨线路—轻轨三号线，并在三号线首次大量采用门型墩钢结构横梁、增加防护架等安全施工措施，新线同站台8个方向换乘、站台之间

1分钟内换乘的设计理念更具有优越性，新线车站、六号线车场建筑设计引入绿色环保理念。目前，重庆城市轨道交通第二轮建设规划（2012—2020年）已经得到了国家发改委的批复，至2015年年底预计可形成208公里运营线路，至2020年建设约400公里轨道网，形成与城市发展同步，与交通需求协调的轨道交通网络化运营并实现网络化资源集约化经营。

三、完善机制，高效运行，确保建设运营优质发展

重庆轨道交通集团安全生产质量责任制度明确，各类安全、质量管理条例贯彻到位，落实到运营、建设一线。近年来，集团新制定和完善安全质量管理制度188部。仅2012年，新增、修订应急预案165项，推进完成《重庆市轨道交通条例》立法及《重庆市轨道交通乘坐规则》颁布工作，成立网络化突发事故应急组织，建立494人的安全管理队伍和168人的行政执法队伍。全面开展各类反恐及应急演练2424次，组织内部员工、参建单位开展建设、运营安全质量培训逾10万人次，干部“一岗双责”安全、质量督查542次，执法巡查6233次，安全隐患限期整治率达100%。圆满完成网络化运营安全生产任务。在全国安全检查工作中，轨道交通安全质量管理工作得到了交通运输部及住房和城乡建设部领导的高度评价。

四、科技创新，产业发展，提高国企竞争力

轨道交通具有资产密集、技术密集、自动化程度高、安全要求高、社会责任大等特点。重庆轨道交通集团认真贯彻重庆市委、市政府关于建立轨道交通产业的决策，在重庆轨道交通国产化、产业化工作中，积极组织开展研究、学习、消化、吸收、创新，不断推进国产化的研究工作，掌握了PC轨道梁系统、道岔系统、车辆转向架系统等“三个关键技术”，攻克了PC轨道梁模具的国产化、PC轨道梁的施工测量及安装、架桥机的研制、道岔机电控制系统技术以及车辆转向架系统的国产化等“五大技术难题”。完成跨座式单轨交通装备关键技术研发及产业化项目管理及研发，形成了工程示范基地、整车生产基地1个，整车国产化率已经达到90%，首辆国产单轨列车已投入试验。主编的《跨座式单轨交通设计规范》、《跨座式单轨交通施工及验收规范》等5项技术规范已成为国家标准，发布了81个运营企业标准，企业技术标准32项，申报和获权专利35项，并正在编制国家标准《城市轨道交通桥梁设计规范》、《重庆市轨道交通无障碍设施设计规范》，主编及发布的国家标准数量居全国同行之首，逐步建立了企业国内跨座式单轨权威地位。“都市快轨”S-Bahn钢梁试验线项目的产业化研究已经开始，届时重庆在独家拥有单轨技术的同时又将率先在国内拥有S-Bahn技术，为不断丰富重庆轨道交通产业内容，打造全国领先的轨道交通产业基地，对调整城市产业结构具有积极的促进作用。

重庆轨道交通集团在实现轨道交通本土化，打造重庆轨道交通产业，辐射西南，使重庆轨道逐步成为西部乃至国内轨道交通的高地的同时，积极开发海外市场，让轨道行业率先走出了国门，向印度、韩国、阿联酋等国家输出了单轨技术和工程建设，牵头引进世界认证权威——劳氏认证机构参与投资组建西南首家城市轨道交通独立第三方安全评估机构，为重庆本地造轨道交通产品走出海外提供了认证保障，完善产业链结构，使重庆本地造轨道交通产品具备向海外拓展的关键条件，为加快重庆经济发展作出突出贡献。

五、优秀文化，凝聚人心，展示国企窗口形象

安全、准点、快捷的大运量轨道交通不仅是城市骨干客运交通工具，也是弘扬城市文化、展现城市文明的重要窗口和载体。重庆轨道交通集团倾力打造具有重庆特色的轨道“线路文

化”，以各种艺术形式赋予每条线路不同的文化内涵，已经开通运营的一号线主题为“人文风情”，二号线主题为“巴渝文化”，三号线主题为“寻常百姓”，六号线主题为“巴山渝水”。三号线红旗河沟站4幅文化墙、五里店站24根柱体“巴山渝水”主题文化、一号线涂鸦艺术车站等文化建设，丰富了轨道文化内涵，扩大了轨道影响力，彰显国企风采。创办发行的重庆首份地铁报——《都市热报》每天免费赠阅量超过15万份，已成为轨道地铁族的精神粮食，为乘客提供免费阅读的同时，弘扬了主流文化，引导着城市文明，倡导文明出行。

重庆轨道交通集团结合企业20年的发展历史，提炼形成了适合公司新形势的以“责任文化”为核心的价值理念：牢记岗位责任、维护团队荣誉、践行为民宗旨。强调个人责任，体现令行禁止的执行力；倡导团队荣誉，体现同舟共济的凝聚力；注重企业宗旨，体现和谐共享的家庭感。传承和发扬“为了山城有坦途、勇做轨道螺丝钉”的奉献精神，培育出企业与员工共同的价值观。统一员工思想，引领员工向打造轨道经济带、铸建轨道生活圈，推进网络化运营、网络化建设、网络资源开发“三位一体”紧密协调可持续发展的新目标迈进。

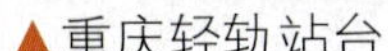
▲重庆轻轨站台

六、管理创新，培养人才，提升国企软实力

轨道交通具有系统技术复杂，多专业协同程度高，安全责任重大、队伍年轻化等特点。为保证轨道交通事业的可持续性发展，重庆轨道交通集团不断完善“三重一大”等现代企业管理制度，管理团队决策民主、团结实干、廉洁勤政。重视各类人才的培养，加强学习阵地建设，打造学习型企业，将培训作为员工最大的福利，不断提高员工综合素质。构建了一支拥有2000余名党员、3000多名专业骨干和100多名国内外专家的年轻化、专业化、高素质优秀团队，搭建了国际“博士后工作站”、“院士工作站”、“技能人才大师工作室”、“两江学者工作室”等高端人才成长通道和基地。集团荣获了“国家技能人才培养杰出贡献奖”，职业技能鉴定所被推荐为国家级职业技能鉴定示范所（全国地铁行业仅有的两家之一），为轨道事业快速发展提供了制度和人才保障。

重庆轨道交通集团在党的建设和精神文明建设管理过程中，以全方位的探索、创新保障轨道交通提速建设、优质服务更上新台阶。集团坚持以科学发展观统揽全局，深入学习宣传贯彻

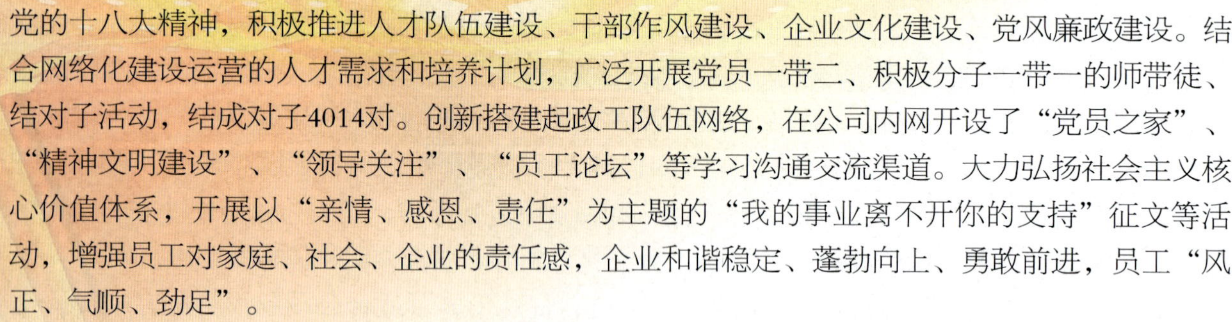

党的十八大精神，积极推进人才队伍建设、干部作风建设、企业文化建设、党风廉政建设。结合网络化建设运营的人才需求和培养计划，广泛开展党员一带二、积极分子一带一的师带徒、结对子活动，结成对子4014对。创新搭建起政工队伍网络，在公司内网开设了“党员之家”、“精神文明建设”、“领导关注”、“员工论坛”等学习沟通交流渠道。大力弘扬社会主义核心价值体系，开展以“亲情、感恩、责任”为主题的“我的事业离不开你的支持”征文等活动，增强员工对家庭、社会、企业的责任感，企业和谐稳定、蓬勃向上、勇敢前进，员工“风正、气顺、劲足”。

七、助推巫溪，勇担责任，彰显国企社会形象

重庆轨道交通集团认真落实重庆市委、市政府助推区县的任务，对口帮扶重庆最边远、最贫困、交通最不方便的巫溪县，从2008年6月至今，按照重庆市委、市政协和国资委的要求，助推巫溪社会经济发展，积极联络国内外知名专家学者、国际咨询公司，引智力、做规划，帮助巫溪完成了城市发展规划、旅游资源开发建议等多个咨询报告，积极推动巫溪交通及铁路建设，为巫溪争取政策支持，集团原党委书记、董事长沈晓阳同志先后十余次陪同专家深入巫溪，与巫溪共商发展大计，受到了巫溪人民的好评，被评为“2010年度感动巫溪十大人物”。

经过20年的发展，重庆轨道交通已经迈进网络化时代。重庆轨道交通集团先后荣获“全国文明单位”、“全国城市公共交通十佳企业”、“中国人居环境范例奖”、“全国‘讲理想、比奉献’活动先进集体”、“第八届詹天佑工程大奖”、“国家优质工程银奖”、“国家引智示范单位”、“国家技能人才培育突出贡献奖”、“全国青年文明号”等国家级荣誉30项；“重庆市先进基层党组织”、“市级党建示范点”、“五一劳动奖状”、“国企贡献奖”等各类市级及单项集体荣誉235项。获得“全国劳动模范”、“全国三八红旗手”等国家荣誉18人次，“重庆市优秀共产党员”、“重庆市劳动模范”等各类市级及单项荣誉284人次。

“为了山城有坦途！”重庆轨道交通集团继续以开放的姿态、昂扬的斗志，牢牢抓住国家优先发展公共交通的重要历史机遇，充分发挥聪明才智，凝心聚力、开拓创新，全力推进轨道交通建设、运营、经营目标实现，切实提高管理水平，倾心服务全市百姓，全面促进企业各项工作再上新台阶，为加快推进轨道交通网络建设、完善公共交通体系，为重庆市社会经济发展作出新的更大贡献！

百舸争流勇当先　傲立潮头竞风流

——记全国城市公共交通十佳先进企业新疆乌鲁木齐市公交集团有限公司

乌鲁木齐市公交集团有限公司（以下简称乌鲁木齐公交）在西部边城犹如一颗璀璨的明珠，备受全国公交行业的关注。尤其在2011年，乌鲁木齐市市委、市政府实施“民生改善年”，以“新疆效率”加强城市公交事业的发展，惠及民生，出台了公交企业7项优惠政策，其中提高公交车驾驶员工资，月薪酬不低于4800元，解决公交职工住房等措施，给公交企业发展带来生机。

近年来，乌鲁木齐公交紧紧围绕管理、经营和服务三个重点，大力实施“公交优先，企业优秀”品牌战略，与时俱进、开拓创新，积极创建全国文明公交企业，有力地推进了公司的发展，各项工作取得了新成绩，为促进乌鲁木齐市经济发展、提升城市功能、方便市民出行发挥了积极作用。

乌鲁木齐公交始建于1953年。2011年4月，在乌鲁木齐市政府实施公交资源整合，优化公交线网工作后，公司接收了全市11家民营公交企业的28条线路、848辆公交车。到2012年12月底，公司拥有从业人员7681人、运营车辆2476辆、运营线路86条，线长1452.6公里、线网长502.9公里，成为城市客运市场中服务功能齐全、专业技术力量雄厚的大型国有公交企业。截至2012年年底，公交车专用道241.5公里，较上年增长50.9%，基本形成了快速公交环状网络与常规公交有效衔接的公交客运模式，初步实现了布局合理、结构优化、方便快捷、安全畅通的城乡公交客运一体化目标。企业先后获得全国城市公共交通系统优质服务竞赛优胜企业、全国公用行业规范化服务优秀单位、自治区“天山杯”、新疆城市交通系统优质服务竞赛优胜企业、国家经贸委和中国科协联合颁发的“千厂千会协作行动优秀成果奖”、乌鲁木齐市“民族团结进步先进集体”、“群众满意好班子”、“创先争优先进基层党组织”等多项殊荣。907路荣获“全国三八红旗集体”、“全国女职工文明标兵岗”、“全国城市公共交通文明线路”称号。104路、59路等线路曾被自治区、市评为“文明线路”、“工人先锋号”、“巾帼示范线路”。

一、加强企业管理，促进企业健康有序发展

2011年，乌鲁木齐市《城市公交行业成本规制及财政补贴暂行办法》正式实施。按照公交行业成本规制原则和要求，企业加强了成本控制和管理。公司强化财务全面预算控制，完善经营核算管理细则，加强财务“事先预算、事中控制、事后监管”系统管理工作。建立健全单车成本核算制度，实行微机化管理，完善车辆技术管理体系。加强成本费

用规制项目管理和成本费用项目目标值的预控，在规制的工资总额标准、社保基金及住房公积金、车辆修理费标准值、燃料用量标准值等10项标准中，严把考核关，确保不突破标准值。

同时，加大企业基础管理，提高职工综合素质。依靠完善企业管理制度、管理程序、管理目标和管理责任，形成良好的运行机制。通过加强企业复合型管理人才的培养工作，尤其对一线驾驶员、汽车修理工等专业技能人员在职业道德、技能操作、业务素质等方面进行全方位提升，为他们积极创造发展平台，注重少数民族职工的培养选拔，实现了企业提出的"感情、事业、待遇三个留人"目标。提高人力资源利用率和综合劳动生产水平。结合人员总规划、职务编制规划、人员配置规划、人员供给补充规划、人才分配规划、人力资源政策规划等逐步量化，通过人力资源动态信息管理平台，完善人力资源的基础管理、绩效考核、招聘培训和薪酬福利的管理，实现了企业人力资源管理现代化、信息化、科学化、规范化建设目标。

二、更新发展思路，确立品牌服务目标

长期以来，公司以百姓满意为第一衡量标准，实施了"公交优先，企业优秀"、"创先争优，创建文明公交企业"公交品牌战略。在总结以往"三新"服务、"五项服务承诺"、优质服务零投诉和安全运营向零目标靠近的"双零"服务经验基础上，突出了"热心、爱心、诚心、服务贴心"的"四心"服务理念，打造了一批"双零"经营部、"文明车队"、"文明线路"、"文明班组"等明星队伍，涌现出了具有地域特色的"907路雪莲花女子规范化服务线路"、"501路咱爸咱妈敬老专线"、"10路好巴郎民族团结线路"等公交品牌。近年来，公司还积极推进"创先争优，创建全国文明公交企业"活动，加强对了对驾乘人员的职业道德和技术技能培训，严格执行《公共交通驾驶员、乘务人员职业道德规范》，发挥了"星级驾驶员"、"文明公交车"、"文明公交线路"和"文明公交驾驶员"的引领示范作用。

公司坚持"民生优先、群众第一"标准，切实保障市民出行。围绕乌鲁木齐的城市建设发展规划和优先发展公共交通的契机，初步建成了以大容量快速公交为骨干，常规公交核心线路、基本线路为主体，支线线路为补充的多层次的、功能清晰、服务完善的一体化公共交通线网结构。在2011年冬运服务中，公司克服寒冬影响，积极开展"抗严寒，保运营"活动，实施"暖心行动、惠及百姓"措施，有效地缓解了市民乘车难等问题。同时，以"双控（控投诉、控违章）、双优（服务优、操作优）、双满意（乘客满意、政府满意）"为目标，提升了企业服务质量。尤其是362辆BRT公交车，以占全市公交车约10%的运力，完成了全市20%的客流，2012年"六一"国际儿童节创下了运送乘客55.7万人次的纪录。为让更多的居民享受到城市公交服务，公司还将促进城乡统筹发展、解决农场郊区群众"出行难"作为己任，2011年12月开通了八钢小客专线，配备了30辆金杯面包车、15辆帕萨特轿车运营，受到沿线市民的好评。

三、不断丰富企业品牌内涵，实现企业整体素质的提升

品牌是旗帜，品牌是形象。在服务措施上换位思考，从乘客角度出发，公司规范了服务标准，修订并规范出台了《营运服务考核办法》、《星级驾驶员暂行管理办法》、《BRT运营服务规范》、《公交集团职工管理暂行办法》、《公交集团岗位考核细则》、《服务信访

管理办法》等一系列管理制度，使文明服务工作有章可循。车队还结合自身特点，在公交车上推出了特色服务措施，新增了“爱心座”、“扶手爱心护套”、“温暖坐垫”等人性化服务设施。907、104、59路等文明线路还推出了“您好，欢迎乘坐！”等温馨服务用语。为不断改进公交服务质量，公司领导经常深入车场、调度站、BRT站台一线搭乘公交车调研，了解、掌握乘客的意见和建议。同时，聘请了27名社会监督员，每月进行行风评议。通过开展“四心服务”活动，公交车上的好人好事层出不穷，涌现出了驾驶员王紫莲见义勇为舍身扑救一私家车火灾，驾驶员郭春被推荐为“孝老爱亲”模范候选人，王继权、吾普尔、薄怀、艾依先木古丽等同志拾金不昧、见义勇为、助人为乐等先进事迹，乘客们广泛称赞：“雷锋就在我们身边。”

集团公司班子领导常说，只有标准，没有考核，标准就是一纸空文。为牵住“牛鼻子”，确保各项工作落到实处，企业实施了党政综合目标责任制，每季度进行综合目标考核。同时，通过稽查大队、安全服务监控中心和乘客服务中心，每月不定期地对服务规范、车辆卫生、正班正点等方面情况进行监控、检查、通报，将其作为文明车组、文明线路、文明驾驶员星级考评和综合奖励的依据。对被考核评定的星级驾驶员，每月给予50～800元的奖励。此举激励了运营人员服务优中创优、优中争优，促进了公司的品牌服务建设。

▲乌鲁木齐市公交集团有限公司党委书记马成群与参加普法知识竞赛的公司代表队选手

四、加大综合设施投入力度，为服务品牌提供硬件支持，提升公交服务水平

服务是内涵，硬件是实力。公司领导深深认识到，只有做到“软硬”兼施，才能全面提高企业服务水平。3年来，公司更新购置712辆公交车，对老旧公交车进行替换。其中，2012年投入5600余万元，更新了114辆常规环保公交车，新增了90辆BRT快速公交车。

几年来，公司投入6000多万元，建设了“GPS智能调度”、“3G视频监控”、“场站视频监控巡更系统”和“BRT运营智能系统”等智能调度三级平台，对线路、车辆、站点等进行集中监控管理和远程调配，实现对公共交通运营车辆的客流、位置、速度、安全、运行状态等信息的“可视化监控”和科学合理的调度指挥，确保了城市公交线路运营体系的平稳、协调、安全、快捷。目前，公司2400多辆公交车、530辆公交出租车和562处车站，31处夜间停车场均安装了终端设备。运用全球定位方法，实施车载电脑语音报站器自动报站。在600多辆公交车上安装了车载电视，播放文明礼让等宣传节目。在BRT站台建立了免费无线上网、智能电子站牌和公交换乘查询等信息服务系统，全方位、多形式、多角度地向市民提供车辆运行、站点客流、道路拥堵和出行换乘等信息的贴心服务。

2012年4月，建立的乘客服务中心，设立了4690460“1号10机”的客服电话，实施内部信访“三级”管理，提高了办结效率。同时，向社会公布了总经理、副总经理以及车队长的96部手机电话。开通了“乌鲁木齐公交集团微博”和“总经理信箱”。建立了数字城市12319电话二级平台，回复率、满意率达100%，成绩在全市名列前茅。这些看得见、听得着的科技服务，让广大乘客感受到“智能公交、科技公交、数字公交”的优势。

近年来，企业还加快了公交场站建设，更新了站棚、站牌。在红二电、八道湾、碱泉街、二宫乡建设了公交停车场，新增停车面积14.64万平方米；对市区站点设置护栏，划定上客区、下客区进行规范化乘车；对全市1700块站牌进行更换，增加了宣传内容；在BRT站台设置了触摸屏等人性化设施。为方便乘客购卡充值，分别在邮局、社区利安电超市、BRT站台内设立了300多处公交IC卡充值服务点。

五、坚持和谐聚力，打造边城公交企业文化

城市公交作为公用事业，要想持久发展，必须坚持以人为本。只有调动广大职工积极性，各项工作才有动力。受惠于政府多项优惠措施扶持，公交职工的幸福指数不断上升，职工工作热情高涨。尤其是公司人均薪酬待遇由2010年的1825元/月增加到2011年的3503元/月，增长了91.9%。其中驾驶员薪酬人均执行不低于4800元/月标准后，极大提升了公交车驾驶员岗位的吸引力，稳定了职工队伍，促进了公交企业稳步健康持续发展。这些年，广大干部职工在生活福利、工资待遇、子女就业、职工疗养等方面，深深感受到了党和政府、企业的关心和爱护，大家感慨地说道：“这都是国家优先发展城市公共交通事业为我们带来的幸福感啊！”

这些年，公司在“内强素质，外树形象”上狠下功夫，开展了“立足岗位作贡献，我为公交添光彩”、“如何当好车队长”等主题大讨论。开展了“安全知识竞赛”、“劳动技能竞赛”、“星级驾驶员考核”、“庆五一，迎五四”文艺汇演、职工大合唱、职工趣味运动会等活动。大张旗鼓地表彰好人好事、先进个人，使他们精神上得到鼓励，物质上得到实惠。对协助公安部门破获公交车流窜扒窃集团分子的905路驾驶员张保峰给予物质奖励；将优质服务安全工作突出的自治区级劳动模范、309路驾驶员李新民作为全公司学习的榜样。让大家学有榜样，赶有典型，形成了人人争当先进、争当服务标兵的良性竞争机制，使职工树立了“企兴我荣，企衰我耻”的主人翁思想，真正感受到“以厂为家”的温暖，振奋了职工的工作后劲。

六、履行公交社会责任，坚持把社会效益放在第一位

勇于承担社会责任是乌鲁木齐公交优良的传统。每逢重大节日、活动，公司都要投入大量人力、物力、财力实施“一车一保”、“一站双保”等安保防范措施，确保车辆、站点安全。在中国-亚欧博览会期间，公司抽调200余台技术装备优良的车辆，在园区内免费运送参会代表和观众。每年寒暑假抽调200台车接送6000余名新疆派送到内地学习的少数民族学生。

乌鲁木齐市市委、市政府也对国有公交给予厚望。市领导视察交通工作时指示："楼盘建到哪，公交线路就要通到哪！"公司加强公交线网的开通，对冷僻线精心培育，合理搭配运力，保证线路正常运行。同时，对全疆65岁以上的老年人、盲人、伤残军警人员和1.2米以下儿童实行免费乘车。在养老院门前设置"敬老招呼站"，以方便老年人乘车。对适龄小学生和购买月票的群体，实行乘车优惠和开通学生专线接送车服务。公交集团为政府分了忧，受到了社会好评。

随着服务水平的不断提升，乌鲁木齐公交以"百舸争流勇当先，傲立潮头竞风流"的英姿，成为呼唤市民自觉遵守社会公德的宣传车、倡导人人讲文明的播种车，使乌鲁木齐市文明形象的流动窗口更加靓丽，以此为基础，乌鲁木齐公交将推动边城公交事业走出一条讲文明、树新风、创品牌、促发展的前进之路。

争创优质服务品牌　建设优秀服务团队
实现一路领先

——记全国城市公共交通十佳优质服务线路北京公交集团公司1路

1路，隶属北京公交集团公司第六客运分公司，成立于1935年9月5日，是北京公交集团公司开通时间较早、影响力较大、知名度较高的线路。1路全线行驶在长安街上，途经中南海、天安门、王府井等首都政治要地和繁华地区，线路总长24.8公里，被人们赋予“国门第一路”的称号，先后被授予“全国五一劳动奖状”、“全国工人先锋号线路”、“首都劳动奖状”，被中央组织部授予“全国创先争优先进基层党组织”荣誉称号，被交通运输部授予“全国十佳优质服务线路”荣誉称号。

多年来，1路车队员工始终以争创“首都公交代表队”为奋斗目标，坚守着“责任、真诚、奉献”的1路精神，形成了以“清醒的政治意识，强烈的责任意识，科学的创新意识，领先的服务意识，昂扬的争先意识”为管理内涵的“长安街意识”和以“真情服务创精品，公交优秀我领先”为核心的“首都公交代表队”服务理念，开展了以“十领先”标准为重点的服务品牌实践活动，得到了上级领导和广大乘客的好评。

一、牢记政治责任，明确服务定位，形成全员共识

1路行驶在国门第一街，对内代表着首都，对外代表着国家形象。“1路”本身作为首都公交线路序列的起点，各项工作更应做到“一路领先”，用领先的管理理念、服务标准起到示范作用，达到优质服务的最高目标。

通过多年的培训教育和日常的工作，1路车队的员工深深地懂得：1路是政治线路，备受各级领导和社会关注，长安街上无小事。只有用领先的服务才能当好排头兵。车队根据政治线路的定位，提炼了1路精神，编写了车队誓词，通过大屏幕、宣传栏广泛宣传；每次重大活动前，管理人员都会带领党员宣读党员誓词，与全体员工宣读车队誓词；车队开展了“一种信任叫责任、一种荣誉叫奉献”的感恩教育活动，每次集体活动前大家齐唱“感恩的心”，感谢同志、感谢企业、感谢亲人，在职工中形成了关心集体，热爱车队，以队为家，团结向上的正风正气。职工们也把和谐团结的氛围带到了自己的工作岗位，小小的车厢里，看到乘客需求，职工们会及时地为乘客提供服务，一点一滴都体现着公交员工的真情真意，小小车厢谱写着大社会的和谐之曲。

近年来，1路车队建立了展室、荣誉室及党建园地、文化橱窗、宣传园地等宣传栏，形象生动地描述了1路的历史进程和发展现状，展示了北京公交的良好形象，成为北京公交集团公司的最好代言，也成为了企业的职工教育基地。

通过主题教育，职工岗位意识、责任意识有了明显的提高，职工爱队如爱家，通过自己的方式为车队做有益的事情。乘务员高俊霞就是一个典型：两年来，她每天都会注意收集车厢内的塑料瓶，下班后还到站台捡瓶子，卖废品的收入近千元，全部用于购买小刷子、纳米布等刷车用具，无偿给其他乘务人员使用。每名1路职工都有这样的认识：在长安街工作，标准和要求会更加严格，工作也更加辛苦。但职工都很理解，队伍非常稳定，职工们都为是“公交代表队”的一员感到光荣与骄傲。

二、“十领先”精品服务实践活动，建设乘客满意的服务品牌

1路作为北京公交集团公司最具影响力的线路，多年来，车队通过提高全员文明素质，引导职工积极践行“一心为乘客，服务最光荣”的行业精神，创新服务理念，以“运营秩序优良领先、文明行车安全领先、车厢服务温馨领先、重点照顾周到领先、服装配饰优美领先、车容设施规范领先、信息服务应用领先、节能减排措施领先、场站文化建设领先、乘客评价满意领先”的“十领先”服务标准为特色，提出了“服务乘客真心、解答询问耐心、照顾周到热心、执行标准恒心、接受监督虚心”、“一张笑脸迎乘客、一声提示保安全、一句敬语暖人心、一把搀扶乐助人、一块抹布净车厢，一腔热情献公交”为内容的“五个心”、“六个一”的服务方法，从衣着发式、坐姿手势、宣传用语、车厢环境等各个方面，力求规范标准，整齐划一，人人一个样，车车一个样，时时一个样，突出长安街上“大1路”的服务特色。车队教育广大干部职工：工作要在细微之处见真情，服务之中树形象。车队员工还创新了很多服务方法，例如：示意服务——乘务员到站立席，进出站伸手45度角示意安全；贴心服务——乘务员走下票台，到有需求的乘客身边提供服务；延伸服务——走出车厢，徒步调查沿线单位门牌号码，以备乘客之需；预告服务——把升降旗时间、国家大剧院演出剧目、首都博物馆展览项目等加入到宣传用语中；监督服务——将“十领先”工作标准在车厢中公示，让乘客监督。车队还提出了“乘客是服务质量的评判员”，车厢服务的好坏要由乘客来决定。管理人员上车上站台直接访问乘客，征询意见，对当班司乘的服务作出评价。

在“十领先”标准的带动下，1路车队逐步成为具有管理理念创新、组织保障有力、服务标准领先、运营便捷有序、科技运用先进、员工素质最优的精品线路，在首都窗口行业中发挥了引领和示范作用，推动了建设“人民群众满意公交”目标的实现。

三、文化领航，凝心聚力，铸造优秀品牌团队

1路车队注重文化建设，通过“以文化人，以文育人”的活动，用公交乐于奉献、肯于吃苦、甘于平凡、勇于助人的优秀文化塑造自己，营造了良好的文化氛围。

通过开展多种贴近职工的文化教育和实践活动，点点滴滴起到润物无声的作用。选择名人名言和员工心语制成镜框，挂在醒目的地方，把车队的先进人物事迹、照片放在宣传栏中供大家学习；车队建立了展室、荣誉室、党建园地、文化橱窗、宣传园地等，作为弘扬优秀文化、传承优秀理念的宣传教育阵地。

面对众多的社会活动，1路车队千方百计地让每位员工都有展示自己的机会，开展了“我是培训小教员”和“我是展室讲解员”活动；把表扬信编成小故事或小品，在职工会上进行宣讲或表演，激发员工的潜能，锻炼能力，提高自我。

1路车队注重用良好的文化氛围去感染和熏陶员工。饮水机上、休息室内、餐桌旁，甚

至是员工的衣柜上，车队都会想办法写上一点寄语、一段祝福，一句提示，甚至是一句真诚的道歉。车队还提出了“做文明有礼的1路人”的号召，做有品位的公交员工。在这样的环境中工作、成长，铸就了一支优秀的员工队伍。在1路，车队每名员工都用规范的职业着装、饱满的工作热情、优质的出行服务，展示出首都公交的良好形象，成为长安街上一道亮丽的风景。

四、发挥支部堡垒作用，营造良好工作氛围

争创品牌团队，坚强的领导班子是核心。1路车队本着让员工做什么，管理人员先做到的原则，首先争创车队管理品牌。车队班子提出了树立管理人员的四个形象，即：高标准争创一流的形象；求真务实不断创新的形象；严于律己廉政勤政的形象；关心职工密切联系群众的形象，努力将车队党支部打造成为支部堡垒聚力最佳、党员先锋作用最佳、管理机制创新最佳、贴近员工服务最佳、文化阵地建设最佳、文明和谐氛围最佳的基层为民服务创先争优模范支部。

1路车队党支部在推进“十领先”工作中，充分发挥战斗堡垒作用，全体党员佩戴党徽上岗；每月公布党员生产大账，让职工监督评判；开展了“创精品服务党旗红”主题实践活动，提出了创建“壹拾百”创先争优示范工程，在6个党小组中创建1个示范党小组，在49个党员车组中创建10个党员示范车组，在170名党团员中创建100个党团员示范岗；117名党员与178名群众结成互帮互学对子，并以照片的形式公示。

1路车队党支部还加强了对管理人员日常行为规范的考核，制定了管理人员岗位工作程序和行为规范，对管理人员的着装、言谈、举止都有明确的规定要求。例如：在员工面前不吸烟，与员工谈话使用管理语言，员工进办公室管理人员起立迎送等明文规定。

在工作中还特别注意从小处入手，提出了“五小”工作法：讲清小道理、关心小问题、开展小活动、做好小事情、选树小人物，精耕细作，触动心灵。班子成员还定期对员工进行家访，上门慰问，提出了“三必访”的要求：职工家庭有了困难必访、职工思想有了波动必访、职工工作有了问题必访。职工们真切地感到车队是一个温暖的大家庭。

五、文明促开和谐花，一路故事一路情

形式多样的主题实践活动，推动了1路车队各项工作的开展，培养造就出安全行车近90万公里、北京市劳动模范马庆双，“微笑天使”、最年轻的劳动模范赵影，被乘客誉为“电台播音员”的乘务员关连明，被网友称为“最感人的公交女售票员”的高辉，“会说话的乘务员”张燏等一批先进典型，也涌现无数为民服务的典型事例。“全心全意为乘客服务”，已成为每名1路人的工作准则，一个个动人的故事谱写出“大1路”的和谐之歌，传递着一路真情。

每个1路乘务员手中都有一份1路车“一次出乘流程”，不仅每站地都要报站名、车站周边的商业网点、旅游景点，还要报换乘车的公交线路，更要做好相关的宣传工作。仅从靛厂新村到四惠站一趟车，乘务员就要说77次“乘客您好”。有的乘务员一天要跑3个来回，每个班都要说462遍“乘客您好”，4000余字的“一次出乘流程”每天都要说6遍，工作8小时至少要说近3万字的话。

1路车队员工的真情付出感动了万千乘客，很多“大1路”司乘人员都有自己的铁杆粉丝。驾驶员马庆双也不例外。“马粉”刘静说：“端着一杯热咖啡上马师傅的车，都不用担心它

洒出来。”稳是马师傅一生的职业追求。54岁的马师傅开“大1路”32年了，安全驾驶90万公里。1路车24.8公里长的路况都装在他心里：“宝莲路口交通环境不好，即便没有行人也要慢行车；工会大楼前的井盖最多，有十多个；军博站附近的坑洼路面多；木樨地站的柏油路有几道车辙——是太阳晒的……这些沟沟坎坎都在公交专用道上，到了地方现打轮那可来不及了，乘客肯定会左右摇摆，可直接开过去，乘客又会前仰后合。我都是提前二三十米就把车拐好了，躲着井盖和坑洼地儿走，或者干脆瞄准了车辙，拐进‘轨道’里。由于采取措施早，乘客一般不会察觉到路况有问题。”“我跟马师傅搭档这么多年，从来没听过他按喇叭催促前面的车。”乘务员何婕说，“马师傅说，如果能走，前面的车自然会走，不能走，按喇叭也没有用，倒给路上的交通添乱，也让前面的司机心烦。开车最怕心烦意乱。”这一句话足见“大1路”驾驶员的“车品”。让马师傅欣慰的事是，1路车队成立了“马庆双创新工作室”，30年开车的宝贵经验得以在全车队传承和发扬。别看是京城著名的老驾驶员，马庆双却有个让人不理解的工作原则——除了“大1路”，退休前不动别的车。他家里的车都买了好几年了，一家人出门都是闺女开车。“我不开车是怕违章——再好的驾驶员，只要是出门在外都避免不了违章。”马师傅说，违章事儿小，毁了他“大1路”驾驶员的名誉事大。“与其增加违章的几率，咱不如等到了退休了再碰私家车——这是我的工作原则。”闺女说：“‘大1路’的方向盘就是我爸的命，比什么都重要。”

▲北京公交集团公司1路车队职工打造“神州第一街，领先大1路”品牌启动大会

行走在长安街，“大1路”人一丝不苟地坚守着以人为本、乘客至上的服务理念。夏天给赶火车的客人送上的凉扇、冬天为大爷大妈铺好的棉垫，雨天递给抱小孩妇女的雨伞，雪天从自家带来细盐撒在上下车的台阶上，工装兜里时刻装着哄孩子玩的糖块，百宝箱里有给购物的旅客准备的胶带，“两会”期间自发去天安门各个站台维持秩序……这些平凡小事坚持做了十几年，传递了最质朴的爱心，营造了最和谐的氛围，让“大1路”成为流动的温馨之家。这些平凡中表达的真情，被乘客以最传统的表扬信的方式再现，传递了当下生活中

人们十分渴求的温暖和欣慰。2012年，1路车队共收到乘客表扬3901件，媒体表扬131件，乘客满意度达到99.01％。2012年母亲节，1路职工在车厢里宣传中华美德、尊老爱幼、孝敬父母，感动了许多乘客。这一天车队收到了33封表扬信信件，其中著名诗人芦自强给党员郭秀芬送来赞颂诗篇“北京名片大1路，长安大道贯通送，厚德就从细微处，两个极端有出处，七十老翁急提笔，举起双手鼓与呼，小诗一首难推敲，来日再见雷锋出，向大1路的母亲们敬献”。著名书法家启功的侄子寿健给党员绍宝云送来表扬大字报，称大1路的服务堪称北京之最。曾有乘客这样赞誉1路——京城窗口非一般，温馨提示颇耐烦，沿线风光逐简介，一路和谐天地宽。

这里有一群乘客的贴心人

——记全国城市公共交通十佳优质服务线路上海浦东上南公交786路

一位盲人乘客因行动不便经常错过末班车，得悉这一消息后，上海浦东上南公交786路的驾驶员们主动将末班车时间推迟3分钟，风雨无阻守候这位盲人达3年之久。最近，这则感人的消息被人用微博“挖出”，两天之内引发50万人关于爱心、人性和温暖的大讨论。讨论地域从浦东、上海扩大到了全国，甚至海外。网友评论道：公共服务的人性化，不是嘴上说说，不是自我标榜，需要换位思考的具体实践，需要对每一个弱势群体的关心，让老百姓感受到温暖和积极的正能量。

2012年10月29日，在全国城市公共交通工作会议上，上海浦东公交上南公司786路被授予“全国城市公共交通十佳优质服务线路”称号。81岁的胡耀祖告诉记者：“这条线路就应该有这个荣誉，因为有一群时刻想着我们乘客的员工。”

786路是上海市第一条途经卢浦大桥、连接浦东浦西的线路，将浦东昌里地区、上南地区大部分居住小区，浦西打浦桥居住商业区、淮海路商业区串联起来，每天的客流量达到1.5万人次。

上下班、走亲访友、购物等，形形色色的乘客需求，786路和所有的公交线路一样；但是和其他公交线路不一样的是，786路上有一群把乘客的需求真正看作是自己的需求、设身处地为乘客着想、甘做乘客贴心人的人。

786路取得过的荣誉有：

（1）2007—2009年上海市交港局文明排队乘车示范站；

（2）2009—2012年上海市品牌线路；

（3）2009—2012年上海市浦东新区工人先锋号；

（4）2010年786路昌里路终点站被评为“巾帼文明示范岗”；

（5）2011年786路线一班先进班组；

（6）2012年，786路荣获“全国城市公共交通十佳优质服务线路”称号。

一、班次跟着乘客走

随着浦东建设的不断发展，上南、昌里地区居民不断增加，轨道交通7号、8号两条线路尚未开通，居民的出行主要依赖单一的地面交通出行。每天1.5万人次的客流量，仅仅依靠增加运能已经远远不能满足居民出行的需要，更何况786路高峰客流单向性情况比较严重。

看着每天早高峰时段乘客排着长队、望眼欲穿地等候车辆的情形，786路车队的干部、特别是车辆调度人员心急如焚。如何让乘客能够及时得到疏散？答案只有一个：调整现有的营运方式。

调整营运方式，就意味着调度人员的工作量将大大增加。为了让乘客及时疏散，再大的困难也难不倒心系乘客的786路人。

2007年起，区间车、大站车、直放车等各种调度方式相继出现在786路。稍有公交营运知识的人都知道，区间车、大站车、直放车的调度，考验着调度人员的智慧，既要保证前后车辆的间距，又要确保运能得到充分的利用。为了保证各种调度方式运用自如，786路主调度员瞿雪琳带领其他调度人员每月2～3次上线路观察运量，平时加强与驾驶员的沟通，了解线路状况。看着车站上等车的乘客人数不断减少，看着乘客脸上不断露出惬意的笑容，786路的员工体验到了一种成就感和幸福感。公交从业人员和乘客的心在这里得到了融合。

▲全国城市公共交通十佳优质服务线路上海浦东上南公交786路

二、微型“P+R”让乘客候车更方便

记者在采访时看到，786路昌里路终点站，从车辆停放处朝里数起，“坐队”、“站队”划分清晰，在最里面，60米的长廊里整齐地停放着几十辆自行车。原来，这就是让乘客戏称为微型“P+R”的自行车和公交车换乘点。

2007年，786路昌里路终点站是一个临时的调度亭，这里人车混杂，公交车停靠处上班族的自行车乱停乱放，乘客上车要穿行于自行车和公交车之间，险象环生，尤其在雨天，人车矛盾尤为突出，为此乘客意见不断。

如此混乱的场面，让786路的员工看得胆战心惊，但苦于场地等因素，只能尽自己最大的努力，每天高峰时段派人员驻守现场维持秩序。当年，结合站点改造，上南公司听取了786路车队建设自行车换乘公交车“P+R”停车场的建议。

从此，公交车、自行车、乘客实现了真正意义上的分流，从根本上解决了人车混杂的问题，为乘客安全乘车提供了保证。现如今，每天早上乘客将自行车停放在规定的位置，直接进入候车长廊；当夜幕降临，上班族从停车长廊里取出各自的自行车高兴地回家，此情此景，就像迁徙的候鸟一样温馨。

三、好事做到乘客的心坎里

乘客乘坐公交车，想的是安全、便捷、舒适，786路的员工深谙此道、心领神会。他们在营运服务的每个环节、员工服务的举手投足之间，时刻想着乘客。

“P+R”停车长廊建成后，每天7:00至17:00，派专职人员为长廊提供保洁服务，确保场地清洁。

在昌里路站，增设“绿色通道”，确保老年乘客和需要提供特殊服务的乘客优先上车。

结合公交行风建设，每月1次在车站设立评议台，每年2次走访街道居委会或请评议员到车队，近距离听取乘客的建议。多样化调度就是在听取了乘客的建议后实施的。

在公交车上为乘客提供个性化服务，是786路人的一项“独门绝技”。在重庆南路“恒康盲人诊所”工作的施女士等两人每天晚上22:50下班，要在3分钟内赶乘22:53分的末班车几乎不可能。2008年4月，施女士抱着试试看的心情，向786路车队反映了此情况。让她没想到的是，几天以后，施女士明显感到在黑夜里有一辆公交车在车站上等她们。原来，786路车队在接到该意见后，主动上门征求施女士的意见。回到车队，在车队领导的提议下，开展“蒙上你的眼睛换位思考”活动，40多位职工用布条蒙上眼睛，体验了一把盲人的感觉。最终，16辆车的32位驾驶员表示，要让盲人的手杖成为我们公交车的站牌。于是，他们主动将末班车延迟3分钟发车。这一举措一直坚持了3年，直到那两位盲人不再乘坐786路车。

四、全能型土木工程师

驾驶员陈玉玲，是一个把车队当成家的人。13年来，很少有人看见他休息。他告诉记者由于家里不需要他承担家务，所以车队就成了他的另一个家。只要车队有事，休息在家的他接到电话就会赶来；平时有空就帮着车队搞搞卫生；遇到路阻，他二话不说，继续营运；服务工作上他无投诉、无事故，安全行车50万公里。在他连续多年担任班组长期间，他处处为职工、为企业着想，有着高度的工作责任感。夏季他冒着40度的高温，带领班组成员加大对车辆的清洁。冬季夜间又义务参加公司机务值班，以保证第二天的早出场任务和乘客的满意出行。他在家庭的大力支持下，休息日里站点上也总能看到他的身影，大到职工的工作态度，小到调度室的小修小弄，班组成员称他为“全能型土木工程师”。

有一天，班长陈玉玲在执勤时，中午时分车开到卢湾区复兴路和瑞金路的交叉路口时，看到两位老人，一位老先生坐在轮椅上，另一位老阿姨手扶轮椅在站台上守候，小陈跳下车问了缘由，原来是他俩刚从医院出来要乘786路回家，可惜不能走上去，小陈马上抱起老先生上车并安排好座位，再下车搬轮椅，搀扶着老阿姨上车，到了昌里小区终点站，小陈再抱老人下车并将其放在轮椅上。老夫妇俩见到小陈这样热情的服务非常感激。

可以说拾金不昧、扶老携幼等好人好事在786路上随处可见。

五、爱车、节油好手江耀东

786路爱车惜车、安全行车好手江耀东，创造了离合器片营运32万公里的记录。2012年5月的一天，786路WOA–95号公交车来到上南公交修理公司更换离合器片，当维修人员对拆下的离合器片进行信息登记时，大家有点震惊，这块离合器片陪伴95号车跑了32万公里。

32万公里，创下了公交车离合器片的使用记录。大家请教驾驶员江耀东秘诀，他笑道：“简单得很，把自己驾驶的公交车当‘朋友’，时刻牢记我们背负着乘客的信任和托付。”

除了按时完成车辆例行维护外，他每天上下班和空闲时间都要对车辆进行检查和维护，

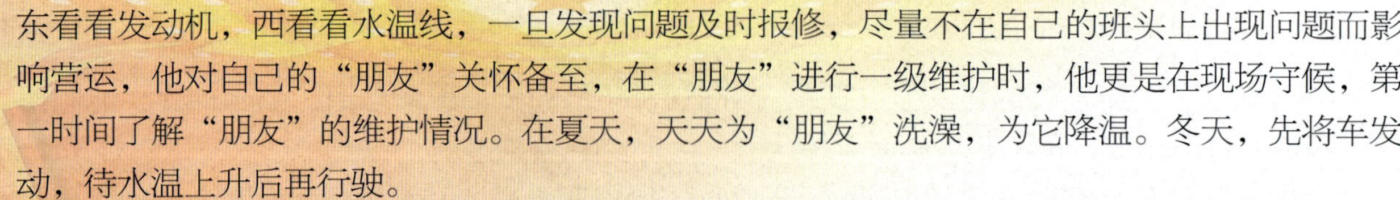

东看看发动机，西看看水温线，一旦发现问题及时报修，尽量不在自己的班头上出现问题而影响营运，他对自己的“朋友”关怀备至，在“朋友”进行一级维护时，他更是在现场守候，第一时间了解“朋友”的维护情况。在夏天，天天为“朋友”洗澡，为它降温。冬天，先将车发动，待水温上升后再行驶。

爱车惜车的江耀东在安全行车、规范操作方面更有一套。他开车稳稳当当，坚持“三不”——不超速、不闯红灯、不乱鸣号，他自从进入公交行业至今安全行驶里程已有50万公里。

在他的带领下，如今786路驾驶员都养成了爱车惜车、安全行车的良好习惯，以便为市民出行提供安全、舒适、便捷的乘车环境。

六、美誉度来自辛勤的汗水和付出

有耕耘就有收获。786路人一流的服务换来了乘客的高度肯定，2009年成为上海市公交品牌线路，当年被评为“公交文明乘车示范点”；2010年成为浦东新区“工人先锋号”线路。这一切的背后，是全体786路员工辛勤的汗水和无私的奉献。

主调度员瞿雪琳，是一位有着27年工作生涯的老公交。2000年出任调度员岗位，为了尽快适应工作岗位，她一面学习岗位技能，一面利用业余时间上线路了解实际路况对车辆运行的影响。然而，人们只看见她在营运一线忙里忙外，却不知道她的丈夫是一个患尿毒症的病人，每周都要到医院治疗，这都需要她无微不至的照顾。

786路实施多样化调度后，作为此项工作的主要实施者，小瞿更忙碌了，既要及时了解车辆的运行现状，又要准确把握车辆的调放时机，这一切就需要她放弃更多的休息时间上线路。家庭、车队，就像两个都不能放弃的“孩子”，需要精心呵护，她就只能把自己的休息时间一再压缩。

记者在采访时，不时有驾驶员向胡耀祖打招呼，81岁的胡老伯也能叫出这些驾驶员中多人的姓名。驾驶员和乘客的情感之深可见一斑。

正是有了这样一群默默奉献、平凡朴实的人，786路的乘客才能享受到让人羡慕的一流的服务；正是有了786路员工辛勤的付出和不懈的努力，才会有乘客和公交员工心与心的相通。

难怪胡老伯告诉记者：“786路的员工是一群乘客的贴心人。”

做人民满意的城市公共交通系统的先行者

——记全国城市公共交通十佳优质服务线路福建省厦门市快速公交线路

厦门市快速公交运营有限公司成立于2008年5月，8月31日正式通车运行，现有3条BRT线路，岛内全程行驶于高架线上，售票采用地铁模式，是全国首个真正实现专用道的城市公共交通企业，同时沿途开通了11条以BRT线各主要站点为始末站、呈鱼骨状分布的链接线，实现了常规公交与BRT线路间的无缝换乘。截至2012年年底，公司车辆运营里程高达9667万公里，客运量超过4.48亿人次，充分体现了快速公交专用道的优势，并以安全、快捷、优质、舒适的高品质交通服务迅速成为厦门市民出行的首选代步工具。公司成立4年多来，获得“厦门市五一劳动奖状”、“厦门市厂务公开工作示范单位”、“福建省交通运输厅2009—2011年度安全行车无伤亡事故先进单位”等多项省、市级荣誉，并有多条线路、车组、班组被评为省、市级工人先锋号、青年文明号、巾帼文明岗、青年文明线路、五型班组等先进集体；多名员工被评为“厦门市身边好司机”、“福建省安全行车百万公里五星级驾驶员”和“厦门市优秀青年志愿者”、“厦门市十佳外来务工青年”。

一、以7%的车辆承担全市近15%的公交客运量，车辆满载率高达130%

公司现有车辆270台，占全市公交车辆的7%，但日均客运量却高达33.5万人次，占到了全市公交客运量的近15%。特别是2012年，客流量更是超过1.2亿人次，满载率超过了130%，这种高效的运力发挥在全国公交行业也是绝无仅有的，而这一目标的实现仅仅用了不到5年的时间，在城市公共交通发展史上具有里程碑式的重要意义。

二、专用道优势明显，准点率和乘客满意度超过99%，平均运行速度处于行业领先水平

与常规公交相比，快速公交全程行驶于专用道上，不受红绿灯控制，最高限速60公里/小时，其平均运行速度达到了30公里/小时，相当于常规公交的两倍，与全国其他城市公交15～20公里/小时的平均运行速度相比，仍然高居前列，且由于其售票过程是在站台上完成，减少了上车售票环节，大大缩短了车辆停靠站时间，为准点行车提供了强大支持，仅2012年共发车172万班，发车准点率高达99.5%。公司成立至今，未发生任何有责投诉事件，真正实现了“让政府放心、让市民满意”的经营方针和“温馨车厢、流动家园”的服务理念。

三、注重安全管理，保持良好安全生产局面

作为客运单位，安全是企业永远的主旋律，而对于行驶在距离地面以上最高处达9米的公交车而言，安全的地位更是可想而知。为促进公司始终保持良好的安全生产局面，公司设置了专门的安全管理机构、配备了专职安全管理人员，而且设立了安全专项资金，在人力、物力

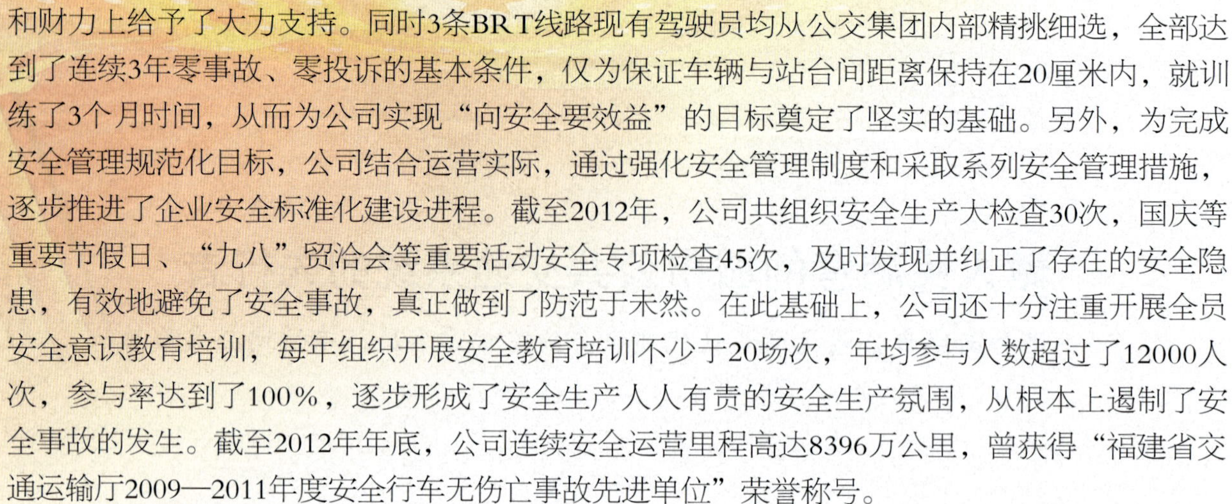

和财力上给予了大力支持。同时3条BRT线路现有驾驶员均从公交集团内部精挑细选，全部达到了连续3年零事故、零投诉的基本条件，仅为保证车辆与站台间距离保持在20厘米内，就训练了3个月时间，从而为公司实现“向安全要效益”的目标奠定了坚实的基础。另外，为完成安全管理规范化目标，公司结合运营实际，通过强化安全管理制度和采取系列安全管理措施，逐步推进了企业安全标准化建设进程。截至2012年，公司共组织安全生产大检查30次，国庆等重要节假日、“九八”贸洽会等重要活动安全专项检查45次，及时发现并纠正了存在的安全隐患，有效地避免了安全事故，真正做到了防范于未然。在此基础上，公司还十分注重开展全员安全意识教育培训，每年组织开展安全教育培训不少于20场次，年均参与人数超过了12000人次，参与率达到了100%，逐步形成了安全生产人人有责的安全生产氛围，从根本上遏制了安全事故的发生。截至2012年年底，公司连续安全运营里程高达8396万公里，曾获得“福建省交通运输厅2009—2011年度安全行车无伤亡事故先进单位”荣誉称号。

四、创新引领智能公交、绿色公交发展潮流

在调度监控中心，我们能亲身感受到科技公交带来的新变化，这里汇集了当今城市公交所有的科技元素：智能化考勤系统、语音对讲系统、GPS轨迹跟踪图、速度变化图、实时视频以及各站台车辆运行状态LED告示牌等，每一项软硬件的更新变化都彰显了科技的力量。目前，公司所有车辆均配备了GPS系统和监控系统，而且正常使用率均达到100%，同时车辆还配备了行车记录仪即所谓的车用“黑匣子”、车门与站台安全门联动系统、报站器与车门联动系统等高新技术，使科技公交逐步成为城市公交今后发展的主导，实现了进一步降低员工劳动强度、便利市民出行和安全行车的目的。

相关资料显示，全球1/4以上的城市大气污染源于汽车尾气，汽车噪声污染也日趋严重。作为倡导绿色出行的先行模范，快速公交的环保理念在车辆和运能上得到了完美体现，其车辆设计充分考虑了“以人为本、低碳环保”的构想，不仅全部采用无级变速和德国环保型欧Ⅳ电控发动机，实现了整车燃油经济性、动力性、车内外噪声、驾乘舒适性、安全可靠性、维修简便性等的最佳匹配效果，而且具备了低地板、大开门、大容量等特点，在保证车辆发挥最大运力、达到人均出行最低排放量的同时，以准点、舒适的运行吸引了更多人选择公交出行，使公交出行占有率得到了较大幅度的提升。

五、企业文化建设“以人为本”，员工企业幸福指数高达98%

公司成立4年多来，始终把加强企业文化建设纳入经营管理的全过程，把培育团队精神、思想道德素质和企业共同价值认同感、归属感作为培训教育的主线贯穿于每一次培训中，并收到了良好效果。仅2011年，公司就组织了各类培训15场，参与人数超过8000人次，尤其是组织了156名驾驶员参加高级驾驶员培训和11人参加厦门市技术技能竞赛，一些人取得了高级驾驶员证书或技师资格证书，企业员工综合素质得到明显提升。同时，为丰富广大员工业余生活，与员工共享发展成果，公司还投入了大量资金建设了健身运动中心、室内篮球场以及职工书屋等文娱设施，并把道德品质教育融入日常生活，让员工充分体验到了企业如家的温馨和明白做事先做人的道理，公司也先后被评为“厦门市合格职工之家”、“福建省先进职工之家”等，在2011年进行的员工企业幸福指数调查中，总评指数超过98%。

六、抓住机遇主动调整，建立现代企业制度

快速公交是一种新型的城市公共交通工具，对国内交通行业来说，可借鉴的经验有限，

尤其是厦门快速公交，高架运营模式更是全国首创，一切都只能是摸着石头过河。公司从成立之初，即紧紧抓住政府发展城市公共交通的机遇，确立了“不等不靠、有为有位”的观念，主动应变、主动调整，通过导入ISO质量管理体系通过ISO 9001:2008质量管理认证，逐步建立了权责明晰、规范有序的现代企业制度，并培育了一支团结实干、廉洁勤政的领导干部队伍，同时以职代会为主要形式加强企务公开和决策监督，不断强化民主管理，遇重大经营决策集体协商讨论，有效杜绝“一言堂”导致的经营方向重大偏离现象。公司还十分重视员工福利待遇和劳动保护工作，除按时足额发放工资，保证有足够的休息休假外，防暑降温费、劳动防护用品等一项都不落下，仅员工年收入一项，年均增长幅度即超过15%，高于厦门市平均工资增长幅度；劳动保护用品年平均投入超过100万元。

▲行驶于高架专用道上的快速公交车

七、三公里内起步价仅为0.3元，公交公益性明显

厦门快速公交作为一种与地铁类似的高品质交通服务，车辆主要零配件全部采用进口配置，按理其票价应远远高于常规公交，但为改善城市交通状况，大力发展城市公交，目前实行3公里起步价仅为0.3元的低票价运营模式，且全年票价一致，不区分空调车与非空调车，同时刷E通卡还可打九折。这种低票价与单车196万的高配置相比，体现了政府的惠民政策。不仅如此，遇重大活动，尤其是“九八”贸洽会、大客流疏散、春运等特殊时期，公司还主动承担起大量政策性任务，勇于履行社会责任，充分体现公交的公益性。

巾帼之花　花开正艳

——记全国城市公共交通十佳优质服务线路江西省南昌市公共交通总公司2/22路

南昌市公共交通总公司2／22路于1950年组建公司时期开通，是一条历史悠久、文化底蕴丰厚的公交线路，它见证了南昌公交的创业、发展、壮大。该线路由南昌火车站始发，分内、外线环形贯穿于八一广场、中山路、阳明路等人流密集的繁华街道。全程线路13.6公里，营运车辆60辆，现有职工115人，均为女驾驶员。曾先后荣获“全国三八红旗集体”、“全国职业道德百佳班组”、“全国巾帼文明线路”、“全国青年文明号车组”等光荣称号，并涌现出全国劳动模范喻春梅、省五一劳动奖章获得者林秀兰等一批标兵，同时该线路年年被总公司评为班组建设先进单位，职工之家先进单位。

2012年4月，2/22路以创新服务为新的起点，推出南昌第一条“纯女子驾驶员公交精品线”，并以女性特有的柔性为服务特色，成为南昌公交着力打造“文明公交、平安公交、时尚公交、温馨公交”服务品牌的首批精品线路。2/22路女子精品线的推出，不仅赢得了媒体、社会各界和广大市民的普遍称赞，也为南昌公交在营运服务的标准化、规范化、制度化建设上树立起新的“标杆”。

一、不断创新服务内涵，树立良好的企业形象

开展规范化服务，创新服务工作内涵。该线路在服务中提出了“一切为了乘客和为了乘客的一切”的口号，并倡导“三心、四多、五个一”服务工作法，“三心”：开车细心，服务用心，待客热心；“四多”：多说一句，多看一眼，多想一点，多体贴一点；“五个一”：服务态度一个样，服务质量一个样，服务要求一个样，规范操作一个样，文明行车一个样。

2011年9月率先开展首末站“站立式”微笑服务，并根据全部为女驾驶员的特点，在外形上加以规范，要求所有驾驶员统一戴贝雷帽、头花、白手套以及化淡妆上岗。如今的2／22路已经成为南昌城的一道流动的亮丽风景线。

构建和谐社会，争做文明使者。2/22路始终将“当好文明司机、开好文明车辆、争创文明线路、培养文明乘客”作为工作重点，从抓微笑服务入手着力提高员工的服务素质。在遇到需要关爱的乘客时，驾驶员多一点耐心等候，多一点爱心关怀，做好主动上前搀扶，车辆平稳起步，让市民感受无微不至的文明服务和关怀。同时，该线路还经常组织驾驶员参加社会关爱活动，向社会传递正能量。驾驶员们经常利用闲暇时间，组织大家一起走进敬老院，为他们打扫卫生，向孤寡老人送上健康的祝福。

此外，该线路驾驶员还积极做到一声（乘客询问有回声）；二讲（讲普通话，讲文明用

语）；三禁（禁止讲服务忌语，禁止拒载月票乘客，禁止招手即停）；四报（报路别方向、预报站名、报换乘线路、到站报站名）；五照顾（设置老年乘客专座，动员提醒给老、幼、病、残、孕乘客让座）。通过一系列文明用语和文明行动，在车厢内形成“人人为我，我为人人”的文明乘车氛围。

▲2005年江西省南昌市公共交通总公司2路获得“全国巾帼文明岗”称号

随着倡导文明乘车理念的深入，公交车上礼貌让座、搀扶老人等文明现象已蔚然成风。

打造具有公交特色的车厢文化。文化是一座城市的灵魂，没有文化的城市便没有生机与活力。公交车作为城市中一道流动的风景线，理应成为传承文化的载体。在打造精品线的过程中，2/22路引进“车厢文化”概念，以期通过车厢弘扬文化，浸润人的心灵。

据介绍，该线路以每5～10辆车为一组，推出多个文化主题内容车厢，包括国学车厢、雷锋车厢、南昌景点车厢、低碳生活车厢、文明出行车厢，每个主题车厢文化都各具特色。

其中，国学车厢主要是引用《论语》、《弟子规》等著作的经典名句，从学习、奉献、修养、处事、和谐、服务等方面进行阐述和注解，引导大家对国学精粹的理解和传承；雷锋车厢是以雷锋语录的形式倡导和引领良好的社会风尚，传承雷锋精神；南昌景点车厢以介绍南昌历史文化景点为主题，展现南昌城市风貌，文化历史底蕴；低碳生活车厢以图文并茂的形式宣传节能减排，倡导人们低碳生活，绿色出行；文明出行车厢以介绍交通安全小知识的方式，倡导市民摒弃陋习，文明出行。

如今，2/22路的每个车厢都是流动的文化传播地，每个车厢都是引领时尚的坐标，市民在享受舒适的乘车体验时，也能通过公交车厢文化的魅力，让自己的精神文化得到升华。同时，车上还配备了淡红色的爱心便民袋，内放报纸、防暑降温药、针线等物品，为乘客在乘车途中提供了更多的选择和方便。

二、坚持人性化管理，不断完善管理制度

完善各项制度，打造最佳管理模式车队。该线路结合实际工作制订和完善了一系列规章制

度以及各岗位职责和考核办法。让员工在日常工作中有章可循、严格自律、促进各项工作的落实。制定了线路日常管理工作奖惩制度，责任到人，分工明确；下发安全管理意见、建议征集表，发动全体职工深入探讨反思安全管理、制度等存在的漏洞和不足；进一步强化安全风险预测预控意识，遇恶劣天气，坚持发信息及时进行提醒，并组织线路全体管理人员到危险路段靠前指挥；为及时了解驾驶员的心情，在调度室设置一张晴雨表，由管理人员及时对驾驶员进行谈心沟通；安全日常管理采取的措施主要是对出现的事故做到“四不放过”，即：未分析原因不放过；当事人未处理不放过；周边人未受教育不放过；当事人未受教育不放过。认真落实“心态平和、全神贯注、规范操作、准确判断、正确处置”二十字安全要诀教育驾驶员。通过采取一系列有效的管理措施，保证了车队历年来完成累计安全行驶1948.38万公里，百万公里事故率为3.27起。在机务方面，车队针对耗油较高的车辆进行重点跟踪，分析具体原因，并进行帮教。“三大消耗”控制在计划内，为企业一年节约维修费达12.24多万元，节约燃油26.64万元。

加大服务礼仪培训力度，在不断提升礼仪形象和服务水平上狠下功夫。按照总公司的精品线服务要求严格进行规范；邀请旅游商贸学院礼仪老师从2012年3月份开始每月对线路一线驾驶员和站管人员进行礼仪形象和礼仪服务指导，采取讲大课及现场指导等多种形式在现有基础上进一步提升。就从如何规范着装，日常的礼貌用语，练好站姿坐姿等基本功开始，礼貌用语要求驾驶员学三种语言，即普通话、英语和哑语。礼仪服务以如何引导驾驶员主动、热情周到的服务为重点。采取走出去参观学习的方式。分批安排线路管理人员及驾驶员到南昌航空公司学习和感受空姐的服务，另外还选拔一批优秀驾驶员赴省外城市公交公司交流，比如济南等公交公司考察学习。

三、注重企业文化建设增强团队精神

加强班组建设，增强企业的凝聚力和向心力。一是班组建设始终与生产经营相结合。广泛开展综合劳动竞赛活动，技术比武，岗位练兵，生产技术研讨会，生产经营分析会，在班组中形成一种互相促进奋发向上的氛围；二是建立和健全了班组建设民主管理制度。如例会制度、学习制度、交流制度、个人档案和考核制度，从而保证了班组建设有章可循、有据可查；三是，班组建设与关心职工生活密切相结合。着力为职工办实事、办好事、为职工排忧解难，做到“第一知情人、第一报告人、第一帮助人、第一责任人”。班组成员们还定期的开展献爱心活动，自发的筹款给儿童村的小朋友们送去节日的祝福，儿童村的孩子们都称她们为：漂亮的驾驶员妈妈。

办好职工之家陶冶职工情操。为了给职工提供一个舒适的工作环境和互相交流的平台，2／22路办起了职工之家，丰富了职工的文化生活。增进了职工之间的感情，强化了职工的生产协作意识，增强了团队的凝聚力。职工生日时，“小家”为他们送上一份甜美的生日蛋糕；职工有困难时，“小家”伸出援助之手；职工生病时，“小家”及时看望。每位员工以自己的真心、热情来为“小家”营造一个温馨的环境。

加强思想政治教育工作，不断提升该线职工集体荣誉感和争先创优的意识以及保持好的心态，是日常工作强有力的思想动力。邀请作家陈永林为线路职工讲励志课；邀请相关院校政治老师每季度为职工上思想教育课，重点从人生观、世界观、价值观方面引导；支部书记和线路管理人员每月为职工上思想教育课，并与职工谈心；在线路推行情绪管理六部曲，即倾听—调查—辅导—沟通—学习—鼓励。

大力培养员工对企业的忠诚度，发扬员工的主人翁精神。一是加强对员工的思想教育。用

科学的方法帮助员工树立正确的世界观、人生观和价值观，用现代知识去启发影响教育、发挥员工的聪明才智，展现团队精神。二是鼓励员工自学成才。车队开展了读书活动，建立了学习园地宣传栏，要求员工写心得笔记、开展不同形式的座谈讨论，开展不同类型的知识竞赛，大力营造浓厚的学习氛围。三是大胆为员工搭建舞台，让他们有施展才华的机会。大力培养中层后备干部和管理人员后备队伍建设，激发他们的创新意识和创造力。四是大力推进具有公交特色的企业文化，树立以人为中心的管理思想。五是有效的激励，让员工充分展示自己的身心潜能，充分认识到自己内部的能量和魅力。

一朵巾帼之花只散发出淡淡的清香，也毫不起眼；但是一群巾帼之花将花开艳丽，花开正浓，巾帼车队的路将越走越宽，越走越好……

一路风雨一路歌

——记全国城市公共交通十佳优质服务线路
湖南省常德市公共交通总公司1路

古老而美丽的湖南常德城有一道被广大乘客广为称颂的亮丽的流动风景线，她就是湖南常德市公共交通总公司（以下简称常德公交）1路线。该线车容美观、设施先进、秩序优良，驾驶员个个统一着装，挂牌上岗，服务规范，数年如一日地在13米车厢内播洒着缕缕文明春风，她正是常德精神“德行天下，和谐奋进”的真实写照。

1路线开通于1968年，是常德市第一条公交线路，全线22辆高档豪华空调大巴车，由50名优秀驾驶员组成，其中党员7人，团员14人，担负着全市最繁华的人民路东西往返的营运任务，全程10公里，沿途停靠23个站点，年营运收入700多万元。

1路线于1996年实行无人售票，是常德市第一条无人售票车线路，该线自推行无人售票车起，常德公交对该线实行星级达标服务管理以来，全线驾驶员积极投入到星级达标服务活动中，以安全行车无事故，优质服务无纠纷为目标，取得了可喜的成绩。他们满载着对乘客的深情厚意，热忱为乘客服务，播洒着爱的春风，奉献着爱的真情，赢得了广大乘客的好评和领导的赞许，已步入全国先进公交线路行列。1997年9月，该线被团市委评为市级“青年文明号线路”；1998年3月，该线被团省委评为省级“青年文明号线路”；2003年3月，该线被团中央授予“全国青年文明号线路”的荣誉称号；该线路年年被公司评为红旗线路；并多次受到省建筑工会、省市总工会、市主管单位等部门的表扬。2008年，该线被全国总工会评为“工人先锋号线路”。

一、抓管理，学技术，安全驾驶争一流

1路线是客流量最大，线路最长的一条线路，它的主干线是人民路，贯穿常德市城区东西，每月客流量达60多万人次，途经最繁华的步行街商业区、娱乐场和多所大、中、小学校。特别是1996年，该线首次推行无人售票业务以后，驾驶员和乘务人员整体服务水平、服务技能一年胜过一年。近年来，城市交通道路环境虽然有了很大的改善，但1路线的路况不是很好，加之路程远、车辆又有13米长，客流量大，还是无人售票线，这就要求全体驾驶员不仅要有高度的责任心、过硬的驾驶技能，而且要有良好的心理素质，要克服道路狭窄，人员拥挤不堪等困难，既要当好驾驶员又要当好乘务员；更要营造安全正点、温馨舒适的乘车环境。每年，常德公交都对该线路的驾驶员进行安全教育和职业道德培训。每季度对他们进行技术比武和绩效考核，驾驶员实行优胜劣汰制。长期的营运实践中，全线驾驶员自觉坚持3个先行（先让、先慢、先停），4个不开（不开英雄车、不开赌气车、不开带病车、不开安全设施不全的车），5

个不超车（急转弯不超车、丁字路口不超车、交叉路口不超车、上下班时不超车、学校门口不超车）。因此多年来，在1路线上从未出现过一起重大交通事故。

在近几年的“百日安全竞赛”中，1路线成绩始终是名列前茅。特别要指出发生在2012年3月的一件事情，那就是1路线优秀女驾驶员陈学科的感人事迹。一天，陈学科开着公交车穿梭于人民路，每一趟车上都挤满乘客，下午四时许，当车辆行驶至青年路时，陈学科感觉到车厢里好像有一股东西烧焦的气味，紧接着，她往后看见一股黑烟弥漫在车厢里。陈学科马上意识到可能是车上电路出现故障，并可能有起火的情况发生。当时，满车的乘客都惊慌失措，有的喊“起火了！”有的尖叫“车子会不会爆炸呀？”……车厢里顿时乱成了一锅粥。有小孩的哭声，有大人的喊叫声，还有的乘客准备砸窗户。此时的陈学科临危不乱，她果断地打开车门，然后拿起扬声器沉着地对乘客说道：“乘客朋友们放心，车辆只是出现了一点小小的故障，请大家不要惊慌，请大家一个接一个地按秩序下车，尤其请照顾好老人和抱小孩的乘客。”在陈学科的引导下，乘客们有序地从前后门下了车，不到两分钟时间，车上的乘客就全部下车转移到了安全的地方。而陈学科迅速地跑到车厢的着火处，检查着火的原因。原来是两根电线搭铁起火而旁边正有一根油管，如果火源烧到油管，那后果将不堪设想。她顾不得多想，快速地用手拔掉了那两根燃着火的电线，然后拿出车上备用灭火器，用最快的速度扑灭了火源。当时，几十名乘客目睹了这精彩的瞬间。乘客们不约而同伸出大拇指，夸陈学科是一位舍身救火的女英雄。而当看到乘客们都安全地转乘了后车，自己驾驶的公交车也安然无恙地停在路边时，陈学科脸上才露出了欣慰的笑容。就是在这样的先进人物、先进事迹地感召下，1路线22辆公交车50位驾驶员中形成了良好的学先进、赶先进的氛围。

二、讲奉献，比效益，优质服务树形象

在1路线上，青年员工占总人数的60%，为了充分调动青年员工的工作积极性和进取精神，公司采用了灵活多样的形式，开展各种活动，在潜移默化中，提高他们的服务意识和服务技能。通过读书、读报、政治学习等形式，对员工们进行世界观、道德观以及审美观等知识的传授；通过理论知识、技能知识、服务技巧等授课，提高他们的工作能力和服务水平；为增强车组人员与乘客沟通的能力，公司多次对车组人员就普通话，简单的英语口语进行辅导，尤其难能可贵的是驾驶员熊莲英，坚持一个月用业余时间往返10里路到市制钉厂向聋哑师傅请教，并结合书本自学，掌握了许多哑语手势，她还热心地向线路上其他驾驶员传授自己辛苦学来的哑语。目前，全线驾驶员不仅都能说一口自然、流利的普通话，而且还能用简单的英语和哑语与乘客交流。此外公司利用生活会、黑板报、《公交之声》对党的方针政策、企业文化、公司动态等适时进行宣传，帮助员工树立主人翁意识，增强主人翁责任感，提高工作热情；开展扶贫助教、学雷锋等活动，给他们以启迪，让他们自己通过实践来认识自我，找准自己的奋斗目标，积极主动地投入到工作中去。为了更好地为市民营造一种文明和谐的车厢氛围，常德公交在每辆公交车上都张贴了“创文明城市，做文明市民”的标语和“德行天下，和谐奋进”的常德精神词，并率先在1路车上配备了爱心药箱和爱心伞，制作并张贴有文明用语、线路示意图、乘客乘车规则和服务承诺牌；为了给特殊群体提供更多乘车方便，创造良好的乘车环境，1路车设置了“老弱病残孕”专座，并要求驾乘人员及时提示车内乘客为特殊人群让座。1路车安装有全程GPS定位监控器和中英双语自动报站器，让乘客有一种坐上1路车就如同回到家的感觉。在行车过程中，全线驾驶员始终把乘客当亲人，把所有的爱倾注到乘客身上。1路线劳模驾驶员陈折峰同志是一位文质彬彬的小伙子，在13米车厢里，陈折峰和他的同事们总是把乘

客当亲人一样对待。有一次，陈折峰驾驶车辆刚在老年病医院站台停稳，等车的人一拥而上，互不相让地挤上车，抢座位。一位刚从医院出来，一手拄着拐杖，一手提着药袋的老人被挤在一边，不停地摇头。见到这情景，陈折峰一言不发，走下车去将老人扶了上来。车上的乘客看到这一幕，原本喧闹的车厢突然静了下来，紧接着就有几个人同时站起来让座。一个小小的举动，无声胜有声，撞击着每一个人的心灵。正是因为以陈折峰为代表的1路线驾驶员始终坚持以情感人、以理服人的文明服务方式，所以其所在车组、所在线路长期保持着一种文明和谐的车厢环境。

多年来，1路线车组人员优质服务、安全驾驶、拾金不昧的优秀事迹层出不穷，从1路线上培养出一大批先进人物，例如：省劳模杨新伟、陈学科、陈哲峰，市级百岗明星尹红，市劳动模范熊连英，市五一先锋陈爱明，市十佳驾驶员刘真勇等。

三、树典型，传帮带，团结协作创和谐

1路线开通40多年来，驾乘人员换了一批又一批，但不管人员怎样变换，不换的是他们始终保留着团结协作、共同进步的优良传统和作风。特别是近几年，1路线驾驶员们在公司的号召下，他们积极响应并参加公司党委开展的创先争优活动，公司工会开展的争创“优质文明示范线路”、争当“安全标兵、优质服务标兵”、争创“工人先锋号”活动，他们在公司举办的“爱党、爱国、爱公司、爱岗敬业”的演讲比赛中，均取得了很好的成绩。为树立企业品牌，打造全新的服务形象，常德公交还组织了1路线员工上岗宣誓仪式，统一着装、统一标识、统一文明语言、统一服务规范。面对社会庄严宣誓；他们时刻牢记“一人一车代表公交形象，一言一行事关公交声誉”；用先进的标准严格要求自己，爱岗敬业，热情服务。还通过规范服务用语比赛，组织学习普通话、英语口语、哑语等形式，提高全体驾驶员的服务技能和服务水平，大大调动了1路线驾驶员们的工作积极性。在实际工作中，驾驶员相互帮助，相互配合。在行车过程中，前面车出了故障，后面的车就主动停车转运前面车的乘客，从不计较收入和报酬。线路上驾驶员紧张，驾驶员就主动走双班。发现突然情况后，随喊随到，保障线路车辆按需要正点运营。

通过带动1路线整体服务水平的提高，常德公交还采取了由一人带动一车，由一车带动一线，由一线带动整个公司的办法；开展了驾乘人员之间，车组之间，线路之间的“比营收、比服务、比安全、比团结”等系列活动。在1路线员工郭建军的母亲重病期间，面对巨额的医疗费他束手无策时，是1路线全体员工自发“你五十我一百”的带动下，公司员工纷纷为他捐款达万余元，解了他的燃眉之急。

几年来，1路线全体车组人员积极参加各

类活动，2008年汶川大地震，1路线员工积极响应公司号召，捐款近5千元。近两年来据不完全统计，1路线为社会承担公益贡献近800万元。此外，还多次为希望工程捐款，参加“夕阳红”敬老院、南下老红军家送温暖活动，在社区开展志愿者活动，参与了历年来市委党代会、政府经济工作会议、人大和政协会议接待用车工作……

服务见真情，真情见业绩。公交车虽小，但也能折射出公交人的精神风貌，更能折射出新时期公交人的道德风范。1路线有这样一批批齐心协力、奋发图强、开拓进取的优秀员工，一定会创建出更多的工人先锋号线路；一定会谱写出更加优美动听的乐章；一定会创造出常德公交更加辉煌的明天！

▼湖南省常德市投入营运的1路线公交车

历经锤炼 铸就品牌

——记全国城市公共交通十佳优质服务线路广西南宁市公共交通总公司5路线

南宁市公共交通总公司有这样一条线路，用奋进与发展履行责任，在细微之处尽善尽美，彰显优秀；有这样一群公交驾驶人，用热忱与坚守书写感动，让平凡人生绽放光彩，实现价值。这就是南宁市公共交通总公司5路线，也是南宁市唯一一条全国公共交通文明线路。

一、孕育文明之花的沃土

40多年，日月如梭，5路线的职工换了一批又一批，变的是日新月异的沿途景致，是来去匆匆的市民乘客，而不变的是5路线职工热忱待客、周到服务、甘于奉献的拳拳赤诚之心。他们用平凡的坚守、朴实的行动实践着公交人的服务承诺，以多问一句，多帮一把，多提醒一声等温暖人心的言行传递着对乘客的关心和帮助，铸就了5路线闪光的服务品牌，收获了累累硕果。

目前5路线共有文明号车组6个，其中包括全国“巾帼文明示范岗”1个、广西壮族自治区“青年文明号”1个、南宁市“青年文明号”2个、南宁市“巾帼文明示范岗”1个、公司“先锋文明号”1个。先进人物不断涌现，何少平荣获全国城市公交客车节油技能大赛“节油标兵”称号，黄翠娥被评为广西壮族自治区劳动模范，此外，有127人次先后荣获南宁市先进生产工作者，南宁市交通运输系统先进生产工作者、优秀共产党员、综合治理先进个人，南宁市公共交通总公司先进生产工作者、安全行车先进个人等荣誉。这，不仅是一个先进人物辈出的群体，也是一支技术一流、素质优良、作风过硬的职工队伍。目前，5路线有职工81人，其中驾驶员78人，获技师职业资格证书的10人，约占驾驶员人数的13%；获高级驾驶员资格的24人，约占31%；获中级驾驶员资格的15人，约占19%，获初级驾驶员资格的7人，约占9%。这支队伍以对工作的无比热忱和执着进取的精神，在5路线形成了积极向上、奋勇争先，互帮互助、敬业奉献的良好职业氛围。5路线也因此获得南宁市先进集体、南宁市文明示范窗口、南宁市交通行业先进单位、南宁市交通系统公共汽车行业文明示范线路、公交行业“服务南博会、创建文明城”优质服务竞赛活动文明服务示范线路等一系列荣誉，并连续多年获评为南宁市公共交通总公司先进线路，成为绿城南宁一道亮丽的风景线。

二、服务社会的诚信集体

城市公共交通是公益性极强的行业，5路线的职工始终牢记“为市民服务、为社会服务”的宗旨，用诚信履行承诺，用奋进创造卓越。经过多年的发展，5路线由最初几台运营

车辆、几名驾驶员发展成为一条线长18公里，运营车辆45辆、驾驶员78名，日均送客约2.5万人次的公交线路。

为服务城市发展的需要，5路线自2009年以来实施了两次调整。2009年1月22日，5路线终点站由南建白沙路口延伸至那洪富源路口，并开行服务至南建白沙路口的5路区间线，线路的延伸和运营模式的增加较好配合了城市的发展，为延伸路段片区居民的出行提供了极大的便利。2012年9月22日，5路线终点站再次延伸至洪运公交车场，线路长度较两次调整前增加8公里，周转时间由原来的约100分钟增加至现在的约140分钟，驾驶员的工作量和难度明显增加。由于洪运公交车场仍在建设当中，调度室、休息室等硬件设施没有投入使用，条件非常艰苦，5路线公交车驾驶员秉承服务社会、服务城市发展和服务市民出行的宗旨，默默克服种种困难，用心实践服务承诺，以诚信履行职责，做到了开好每一转车，服务好每一位乘客，得到了市民的广泛赞誉。

5路线作为南宁市公共交通总公司的文明服务先锋线路，还承担着许多政府公务活动的交通运输任务。中国—东盟博览会落户南宁后，每届中国—东盟博览会召开期间，南宁市公共交通总公司都指定在5路线抽调车辆接送会展中心、民歌广场的工作人员，担负起接送参会工作人员的重任。5路线接受任务的同志，每天凌晨4点起床，5点准时把车停在指定地点等候，晚12时又按时把人送回，送完人并把车放回车队后回到家，已经是凌晨2点多钟了，但他们每次都做到万无一失，圆满完成上级交给的任务。凭着一次次出色的表现，5路线树立了良好的口碑，成为一个能打硬仗、敢打硬仗，随时能完成急、难、险、重任务的坚强集体。

不仅是在完成重大任务中讲求信誉，就是在服务普通市民乘客中，5路线的驾驶员也能做到乘客至上，服务第一。有一年高考，车队派5路线的驾驶员运送沛鸿中学的学生参加高考，在送完人回到车队后，驾驶员发现车上有一张高考准考证，这肯定是某位考生不小心掉在车上的，一想到这个证件的重要性，驾驶员焦急万分，在向车队汇报并征得队长同意后，赶忙打“摩的”将准考证送到那位考生手中。

而广西石化技校的农振才老师给5路线的评价则是：“如果人们问起我坐5路车的感受，我伸出两个手指：‘耶！’，或说‘5路，好样的！’”因工作关系，农老师长期乘坐5路线，几次亲身经历让他对5路车驾驶员的服务佩服得五体投地。一次是他上车投币，即将把5元钱投入钱箱时，司机师傅及时提醒他钱投多了；另一次是他把一本教案和一瓶药忘在了车上，虽然价格不贵，但却是急用的东西，因此他抱着试试看的心理，从5路终点站一路问到起点站，沿途得到了5路车其他师傅们的热情帮助，并完好无损地拿回了所失的物品。他在给5路线的感谢信中写道“5路人是明明白白地替乘客着想的人，是实实在在地急乘客所急的人，是任劳任怨为人民办实事的人。5路人的精神在于团结互助，在于乘客至上。”在信的最后，他给予了5路线高度的赞誉：“5路，营造南宁形象之路，营造和谐社会之路。”

三、锐意进取的开拓者

多年来，5路线职工秉持“乘客至上，服务第一”的宗旨，用心服务乘客，面对城市的快速发展和市民出行需求的不断增长，他们从不满足已有的成绩和荣誉，而是紧跟时代步伐，创新思路，锐意开拓，不断寻求进步，更好地为城市发展和市民出行服务。

在提升优质服务水平的探索中，5路线紧紧围绕“打造公交服务品牌，建设首府和谐公交”的目标，结合公交行业开展的“先锋示范城”、“绿城公交先锋行”、“公交优秀、党员争先”等主题实践活动，在驾驶员中开展细节服务竞赛和星级服务评比活动，倡导文明礼仪进车厢、进线路、进班组，推行以“真情服务、周到服务、温馨服务”和“不抛站、不夹人、不吵架”为主要内容的“三服务三承诺”，用心打造“真情满车厢，5路创先锋”服务品牌。5路线更加注重发挥党员职工在优质服务工作中的先锋示范作用，通过在共产党员驾驶的公交车上张贴“党员先锋岗”标牌、党员佩戴党徽，让党员身份亮出来、形象树起来。5路线驾驶员在品牌创建活动中积极行动，创新服务思路，在公交车厢内设置了便民药箱，购买花藤装扮车厢，营造温馨美观的车厢环境，乘客好评如潮，在社会上产生了热烈反响。5路线职工“以人为本”的服务理念，使市民的公交出行体验更舒心，在小车厢里树起了大示范，成为其他线路职工争相学习的榜样。

5路线全体职工还积极投入到创先争优活动中，立足行业特点开展文明排队日、党员奉献日等志愿服务活动，向市民发放《公交出行手册》，提供乘车咨询，帮助行动不便的乘客等，在活动中增强服务意识和责任担当，提升品牌美誉度，树立起良好形象。在其所属的南宁市公共交通总公司一公司每年开展的“精品文明号”争创活动中，5路线车组年年榜上有名，成为名副其实的精品服务品牌。

2012年5月，南宁市道路运输管理处与南宁市公共交通总公司携手开展先锋示范线路共建活动，选定5路线作为首条创建线路。创建5路先锋示范线紧紧围绕“打造公交先锋示范品牌，为市民提供安全、便捷、舒适的出行环境”为目标，以“公交优秀、党员争先”为品牌主题，以“一车一亮点，创建品牌线”为品牌理念，通过创建先锋示范品牌活动，争创“五个一流”（即一流硬件、一流服务、一流管理、一流业绩、一流成效），积极发挥党员的模范带头作用，不断提升5路线驾驶员的服务质量和技术水平。2012年7月，5路线首次大规模更新车辆，全部车辆均为高档次空调车辆，其中20台为新购双层巴士，成为南宁市公共交通总公司首批投入双层巴士运营的线路之一，营运车辆实现了“一流硬件”的目标。

2012年8月，5路线率先在公交车上公布车队书记的联系电话，市民乘客可以通过直接拨打车队书记电话，反映公交车驾驶员的服务行为，进一步开拓了服务反馈渠道，增强了5路线的服务能力。一系列服务管理的探索和创新，使5路线职工的服务意识走在行业前列，服务方式的不断开拓和完善，使5路线职工的服务水平也节节攀升，成为行业的榜样。

四、城市精神的传播者

“能帮就帮”是南宁人引以为傲的城市精神，作为全国公共交通文明线路集体，5路线职工有着强烈的自豪感和责任感，他们将优质服务放在首位，把“能帮就帮”的城市精神贯穿始终。

2010年12月6日，5路线驾驶员雷春强正在营运当中，车上一位孕妇突然临产。“孕妇要生了，很危险！”车上有乘客喊道，但是120急救电话拨打不通，车里乱作一团。正在开车的雷春强看在眼里，急在心里，在对车上乘客做好解释工作后，立即调转车头把孕妇送到了医院，孕妇被送到医院后15分钟左右，顺利地产下一名男婴，脱离了险境。

80岁高龄的庞东大爷家住亭洪路供电局宿舍，自2005年患病偏瘫后，他经常和老伴坐5路车到医院做康复治疗，无论坐上5路线哪一位驾驶员的车，驾驶员都热心地搀扶他上下车，几年如一日，5路线职工的热心帮助让老人又感激又感动，多次送来感谢信，并在南宁市供电局离退办书记黎晓敏的陪同下给5路线送去一面写着“爱岗敬业，爱老助残”的锦旗。近一两年来，庞东大爷因年岁已高，行动不方便，很少乘坐公交车了，可是他却忘不了曾热心帮助他的5路线驾驶员们。2011年9月16日是老人的生日，他的儿女特地在酒店订了一间卡拉OK包厢，邀请5路线的驾驶员们为老人庆祝生日。在生日宴上，庞大爷动情地说："5路线的驾驶员就像他的亲人一样。"

▲南宁市公共交通总公司5路线空调双层公交车

2011年9月的一天，在那洪富源路口，一位中年妇女搀扶一位白发苍苍的老人上了5路车后，又忧心忡忡地下了车，5路线驾驶员朱英看在眼里，上前询问缘由，原来老人要到5路线终点站，但年岁已高，经常健忘，而中年妇女又没有时间陪同老人乘车，因此心里很担心。朱英便主动说："阿姨您放心，我一定把大爷安全送到。"一路上，她密切关注老人的动态，最后将老人安全地送达目的地。2012年5月，朱英因工作需要暂时调到调度岗位，她见到在始发站台上候车的一位乘客脸色苍白，热心地将身体不适的乘客扶到调度室照料，她的热心帮助让乘客赞不绝口。

2012年7月19日上午，5路线公交车驾驶员曾长承驾驶车辆营运至"星光福建路口"站时，看到一个约6岁的小男孩独自上车，就细心地问他要去哪里、在哪个站下车，小男孩却一问三不知。曾长承猜想他应该是与大人走散了，于是又试着打听其家人和住址，可是除了知道小孩家住"大塘"外，没有问出其他有用的信息。为了确保小孩的安全，曾长承将他带回了车队，又给他买来牛奶和盒饭。在车队和民警的帮助下，当天下午4时许，小男孩终于找到了家人。

5路线驾驶员把乘客的利益放在首位，身体力行地让乘客坐上安全车、放心车、舒心车。每年，5路线收到的乘客来信、来电和登报表扬多达几十件次，在南宁市公交线路中名列前茅，电视台还做了一期专题为《5路车，个个好样的》，热情报道了5路线驾驶员热心服务乘客的感人事迹，引起了社会的热烈反响。

五、团结奉献的大家庭

5路线就像一个和睦的大家庭，洋溢着欢笑和亲情，谁有个病痛或不舒服，打个电话，在家休息的同车组同事就会立即赶到顶班；哪位职工遇到了困难，大家都会热心主动帮忙；谁家有喜事，也会立即收到大家的祝福。5路线的职工在工作中也互帮互助，积极完成公司下达的各项生产任务，营运里程、工作车率、车厢服务、车厢卫生合格率均超额完成指标定额。多年来无行车重大责任事故、火灾及设备事故发生。

5路线职工还热心公益活动，乐于奉献。多年来，他们积极为灾区捐款、捐物，到市福利院看望残疾儿童，为贫困生捐资助学，参与购买爱心香蕉、爱心葫芦瓜等献爱心活动，在公交行业中起到示范带头作用，为树立公交良好形象作出了积极的贡献。

“公交线路有终点，为民服务没有终点。”5路线的全体职工历经锤炼，练就出过硬的驾驶技术、服务技巧，练就出诚挚的爱心和坚实的团结协作精神，用热忱和坚守在十米车厢里演绎精彩、传播温暖，铸就南宁公交响当当的优质服务品牌。

创行业品牌　树文明新风

——记全国城市公共交通十佳优质服务线路海南省海口市公共交通集团有限公司4路

海口市公共交通总公司（原海口市公共汽车公司）成立于1951年6月，现为海口市公共交通集团有限公司旗下一家规模最大的公益性国有公交企业。先后荣获全国服务类用户满意工程先进单位、中国低碳公交先进企业和全国交通运输节能减排优秀贡献企业等数十项荣誉称号。4路是公司1951年成立时开创的海口市第一条公交线路，有62年的光荣历史。线路贯通海口市国贸—府城繁华地段，是海口市客流量最多、道路最繁华的一条主干道。该线路现有节能与新能源环保空调大巴车40辆，驾驶员84名，线路全程28.5公里。月营运收入120万元，月营运里程21万公里，月客运量138万人次，月周转量2208万人公里。几十年来，该线路肩负着海口市区市民的安全出行，为海口市的经济社会发展作出巨大的贡献。特别是近年来，在省市各级政府、市公交集团党委的领导下，公司始终把“星级服务”与文明创建公交行风建设紧密结合，注重树立“人文公交”。公司4路，以海南国际旅游岛建设打造海口“四宜”城市为工作目标，以“创优质服务”、“一流团队”、“公交样板线路”为抓手，在“争星创优、文明公交”和“比安全、比服务、比效益”等创建系列活动中，出色地完成了上级交给的各项任务，多次受到了上级主管部门的表彰和嘉奖及市民的好评，谱写了一曲公交人“奉献社会，服务市民”的颂歌。

一、坚持“争星创优”活动，狠抓品牌线路建设

任重道远，目标明确。公交行业是城市服务窗口，面对建设海南国际旅游岛的需要，做好公交行业的服务工作义不容辞。在市公交集团党委的领导下，4路管理层及员工从经营管理战略出发，通过“争星创优、文明公交”活动，狠抓品牌线路建设，决心把车组打造成为公交系统优质高效服务线路品牌。树立行业标杆，规范服务标准，以点带面，把公交服务工作推上新的台阶。

加强驾驶员队伍培训，提高员工素质。坚持“以人为本”，把加强学习、提高员工素质放在首要位置是4路领导始终坚持的管理方式。从抓思想品德、职业教育、树立正确的人生观入手，引导全体员工爱岗敬业，进一步增强他们的责任感，激发他们的工作热情和服务意识。近几年来，每年安排驾驶员进行10期安全防范知识、驾驶技能培训；6期文明礼仪、文明用语培训。通过培训学习，使全体驾驶员了解和撑握公司制定的《驾驶员手册》，海口的风物志趣和地理位置业务知识，职业素养有了质的飞跃。近几年来，线路前后有6名优秀员工从驾驶员岗位上被提拔到线长、副经理管理岗位上。在公司驾驶员评比中，先后有25名

"安全驾驶、服务优质"的驾驶员被评为星级驾驶员；有925人次获得各项奖励。线路在对优秀员工进行表彰和被提拔任用的同时，对个别违规违章，纪律松散的驾驶员按规定进行处罚和人性化的回炉培训教育，使每一位驾驶员服务态度端正，求真务实，踏实工作，综合素质不断提高。

二、树立主人翁精神，为市民提供优质服务

规范操作，安全驾驶。驾驶公交车安全是首选。该线路长期坚持安全教育，建立安全行车及文明行车规范。每周五下午进行安全教育例会，对本周工作案例进行点评分析，使驾驶员能遵守交通安全法规，依序进站上下旅客，杜绝闯红灯、行车吸烟、打手机等现象。2010年全线安全行车事故率仅为0.03起/万公里，市民投诉率0.01起/万公里，大大低于行业标准。近年来，公交安全运营，优质服务水平有了很大的提高。

文明礼貌，热情服务。4路全体员工在工作中牢记"奉献社会，服务市民"的宗旨，向李素丽学习，讲求文明服务，争创百佳文明驾驶员，车厢中始终使用十字文明用语，把爱心和辛勤挥洒在车厢中，热情为"老、弱、病、残、孕"及抱小孩的乘客服务，情暖车厢。2010年，陈文奋等10多位驾驶员得到了多位乘客的来信表扬。2011年至2012年期间，每月有20多名驾驶员被市公交集团评为三星级驾驶员；同时4路被市交通局、市公交集团分别授予"文明线路"称号。

车容整洁，环境舒适。为广大市民提供舒适整洁的乘车环境，是公交人的职责，它体现公交人的职业道德准则。出车前，路线保洁员认真检查车容车貌，发现卫生死角及时清理，保持车厢内外干净、整洁。行车中，车厢始终保持温度在26℃。每周四进行全线车辆卫生检查，评比奖励，使之形成风气，形成制度。该线路在公司车辆卫生评比中多次荣获第一名。

方便快捷，准点运行。为使4路车辆快捷准点运营，保持车况良好，线路坚持车辆出车前、行驶中、回场后的检查制度，发现问题及时报修，保障了车辆的出勤率，车辆完好率达93％以上。4路首末班车发班时间从早上5:30至晚上11:00，派车间隔为2～3分钟。就这样，4路全体员工年复一年，日复一日奋战在平凡的岗位上，默默付出辛勤的劳动。2010年10月8日早上，海口遭遇60年来的强降雨天气，海口大部分道路"汪洋"一片，公交线路基本"瘫痪"。而4路全体驾驶员依然准点到达工作岗位，及时把滞留市民安全的送达目的地。他们在自然灾害面前不畏困难，敢为人先的精神，受到上级交通主管部门的表扬和嘉奖。

三、团结互助，奉献"爱心"

4路是一个优秀团队，工作生活中互助互爱。2010年10月8日，海口遭遇60年来的强降雨灾害，多位职工受到灾害天气影响，家庭经济损失惨重，公司工会领导和线路负责人得知这一情况后，及时发动广大员工，向受灾害职工捐款捐物，为他们排忧解难。他们在灾害面前毫不畏惧，仍坚持在自己的工作岗位上为市民出行服务。在奉献爱心方面，该线路员工先后有541人次向灾区人民及同仁黄文兴、梁红英、周明等多位患重症病困难职工捐款20770元。

四、节能减耗，讲求效益

经济效益是每个企业生存的头等大事，然而，4路车组全体员工是在强调社会效益的同时，力求通过降低生产成本，节能减耗来实现经济效益的。他们在生产营运中，潜心摸索节能减耗技术，力求降低生产成本，从我做起，从点滴做起，全体驾驶员相互交流探讨节能减耗技术，摸索出了一套可行的节油方式，2010年全线车辆节省燃油近2万升，节约配件价值近5万

元。大大降低线路经营成本，提高了经济效益，有力地推动了企业的创新发展。

▲海南省海口市公交4路积极开展满意公交服务，创建公交样板线路

4路车组全体员工的共同努力，得到了上级组织和领导的肯定。先后获得的荣誉如下：国家部委级劳动模范1名、海南省人大代表1名、海口市劳动模范3名、市三八红旗手2名；省三八红旗手1名；星级驾驶员22名。2007年，4路车组在海口市首次开展公交样板线路评比中荣获第一名；2010年以来，4路车组被海口市交通局、市公交集团多次授予“文明线路”；被省、市妇联分别授予“巾国文明岗”、“三八红旗集体”；被省、市总工会分别授予“工人先锋号”等荣誉称号。4路车组在服务中播撒文明；在运行中构建和谐，实现了从市级到省级，再到全国城市公共交通十佳优质服务线路的跨越历程，成为海口公交的一张名片。

贵阳公交15路　“娘子军”当家

——记全国城市公共交通十佳优质服务线路贵州省贵阳市公交（集团）有限公司15路女子线路

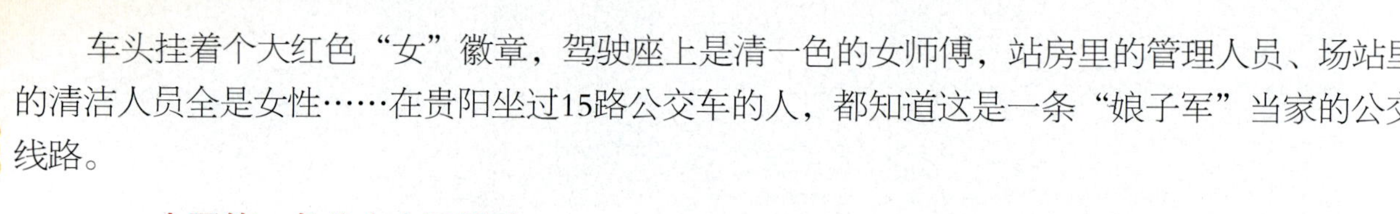

车头挂着个大红色“女”徽章，驾驶座上是清一色的女师傅，站房里的管理人员、场站里的清洁人员全是女性……在贵阳坐过15路公交车的人，都知道这是一条“娘子军”当家的公交线路。

一、全国第一条公交女子线路

1999年9月1日，当时的贵阳市公交（集团）有限公司（以下简称贵阳公交集团）为了“展现公交女子的风采”，从贵阳公交一线驾驶员中将优秀的女驾驶员选出来，组成15路公交女子线路，当时的队伍有40名驾驶员，平均年龄在30岁左右，最大的已经上了40岁，最小的是才刚刚拿到A照的24岁小姑娘。在被男驾驶员“统治”的公交一线工作，这支队伍是全国唯一的公交女子线路。

现在贵阳公交云岩分公司15车队队长张莉和管理员张路群，同是第一批女子线路成员。她们回忆，当时的队员有的退休，有的调任到其他岗位，现在一直留在线路上的只有三人。但不停有新的女驾驶员加入15路，这条线路仍然保持清一色“娘子军”。

“女子线路存在13年，很多驾驶员从小姑娘都变成妈妈了。”张路群笑说，13年来，不少驾驶员的人生轨迹有变化，但女子公交线路的传统和特色还是一直在保持。

现在，当年的公交女子线路现有管理人员、清洁人员、一线驾驶员共50名，掌握着18台公交车的一线生产营运。

二、优秀的公交线路

公交车驾驶员，每天同样的线路，同样繁琐枯燥无味的生活，工作性质的简单重复，还有一些开车过程中可能发生的不开心事情，这样一个在大多数人看来，只有男性才能扛得住的工作，女性驾驶员做起来有些不一样的体会，她们说，工作的时候都把自己当“爷们儿”，同样也可以很优秀。

据相关数据显示，15路女子线路在2011年全年安全行驶公里94.61万公里，完成票款收入647.99万元，职工累计加班800多天，更关键的是，全年无一起有责投诉，乘客满意度调查中获得95%的满意率。她们还是贵阳公交第一条开设高峰区间车的线路，第一条在营运服务线路中推出《平均正点考核法》，并率先做到引导乘客有序排队乘车的标准化服务线路。

13年来，公交女子线路获得荣誉无数：全国“巾帼文明示范岗”、全国总工会“全国先进女职工集团”、全国“文明线路”、全国“女职工建功立业标兵岗”、全国“职工职业道德建设百佳班组”等。

▲贵阳公交集团15路女子驾驶员

三、“温情”的公交线路

创下多个“第一”的同时，在每天反反复复的开车过程中，15的车厢总是因为女性驾驶员的关系更加温情。作为贵阳公交第一条在车厢内增设敬老专座的线路，女师傅们总是对需要帮助的乘客有更多的关怀。她们总是比男驾驶员更细心，能够发现走丢在车上的老人和小孩。

2012年5月，驾驶员吴继红开着车在线路上正常营运。车厢内的一位老人家坐了个来回都没有下车，还反复在车厢内走动。吴继红一想，老人可能是迷路了，不知道在哪里下车。反复询问“老人家你要到哪里”都没有得到回答后，她更肯定了自己的想法。怕老人摔倒，她赶紧让老人找个离驾驶座最近的位置坐下。一路留心到主站南馨苑，吴继红将老人请到站房，反复询问家庭住址和儿女电话无果，最后只能求救于警方和媒体，帮老人找到了家人。老人的儿女次日将锦旗送到了车队。

现在的15路驾驶员中，大多都已经是妈妈。这支由“妈妈”组成的车队，是贵阳公交里出了名的“捡小孩”线路。一些单独出行然后迷路的孩子，或者大人下车因故将孩子遗忘在车上的，因为不清楚是不是有大人带领，所以经常会被驾驶员所忽略。但只要发生在15路的车厢里，孩子最终都被女驾驶员们安然无恙送回到家长身边。

队长张莉说，女驾驶员在岗位上充分体现了女性的温柔和耐心，所以线路很温馨。任何新生事物的发展过程实则就是一个扬长避短、自我完善的过程。如何有别于其他线路、体现出女子线路的特点来？关键在服务与亲情。众所周知，若论服务质量，“空姐”是最好的，当你还在为追求“一流”苦苦爬涉时，人家已经飞行在“以一流追求完美，以特色追求创新”的蓝天上。什么是差距？这就叫差距！为了迅速成为全国公交的品牌，女子线路立足高起点、高标准、高质量，争创“一流”，以“空姐”为榜样，拜“空姐”为师是最佳的途径与选择。

2002年12月21日，在市委、市政府、省妇联以及集团公司、民航公司领导的努力促合下，“蓝天”和“大地”、民航与公交终于结成了“对子”，开始并肩打造城市一流公交品牌。瞧，女子线路的姐妹们从站立服务的规范姿态到恰到好处的微笑；从改“贵北话”为标准的普通话到恭迎乘客时上身倾斜的尺度等，无一不在“空姐”们的指导下严加练习，直到心领神会。借他山之石攻己之玉，加上自身不断地追求与创新，女子线路开始驶入一条充分展示自我

“窗口”形象的快车道。

亲情，是“融让梨，香温席”的千古美谈，是雨天妈妈为我们撑起的一片蓝天，是寂寞时友人的安慰和关怀，是潜意识下的扶老携幼……时代飞速发展，亲情却以不同的载体延续着不变。在10米车厢里凝聚着15路的爱，几年来，15路赢得“捡小孩专业户”的美称，先后为六七个小孩和两位老人找到失散的家人。当看到孩子和老人脸上的笑容时，她们也笑了。2004年，在市妇联、共青团联合发起的“仁爱帮扶”结对子活动中，她们以车队的名义捐助了2名失学儿童。在“六一”儿童节来临之际，15路的妈妈们又带上礼物到儿童福利新村和孤残儿童一起过儿童节，给孩子们带去世间那份不可言语的爱。在女子线路拾金不昧就是一种习以为常的自觉与习惯，无论是乘客遗失的衣物、提包还是手机、现金及存折，只要是女子车队的姐妹们拾到，就一定能“完璧归赵”。

四、她们付出了很多

公交车驾驶员，作为一个关系到市民出行的关键职业，几乎没有假期，一天“七对七”的枯燥工作，不仅在女性生理特征方面需要克服比男驾驶员更多的问题，而且由于女性在家庭地位的重要性，这些一天在线路上跑着没时间照顾家人的女师傅们，在平衡工作和家庭两者关系之间，已经为人妻为人母的她们付出了不少心力。

下午14点，烈日炎炎，地表温度达到一天的最大值。天誉城，15路的公交场站，车刚停下，有十来分钟的休息时间，女驾驶员下车赶紧取出自己带来的饭菜，简单温热了之后，“不顾形象”地吃起来。她们笑称：“十个驾驶员九个有胃病。”

吃饭不规律在她们看来没什么问题，关键是自己没时间照顾家中的老人和孩子，对此她们感到十分内疚。管理员张路群说，驾驶员余长菊休完产假回到岗位上班，因为家里没有老人能够帮忙照顾孩子，都是由老公带着孩子来到站队，她在休息间隔给孩子喂奶。每天收班很晚回到家喂奶才能睡觉。13年来，她们每天重复着起动车子、开关车门、踩刹车的动作，行驶在这不变的线路上载着乘客走进新的一天。当她们手握方向盘的时候，心里装着的只有乘客。何燕，女子线路的一名驾驶员，不善于言语，由于工作的需要她上的是单班，母亲生病住院一直在重症监护病房，每天的探病时间只有半小时，20多天来，她每天就请半小时假，赶到医院看一眼自己生病的母亲，然后匆匆赶回来继续跑车。后来大伙知道了责怪她，她却说：“我只是觉得不想让姐妹们担心，不想耽误工作而已，再说，我们车队每一位驾驶员都是这样的，工作起来都顾不上家人，都挺不容易的。”安全标兵罗德娟，2007年到女子线路，家住息烽，5年里她回家的次数举止可数，工作之余帮助他人是她唯一的爱好，车队的姐妹哪个生病了，她总是积极得与其他同事一起去探望。车队工作有难处，同事有困难，她总是第一个伸出援手，驾驶员马丽萍因生病住院不能上班，只差二十几趟车就可以完成生产任务，罗德娟得知这一情况后主动联系在住院的马丽萍并及时到医院拿到马丽萍的卡利用自己的休息天帮她完成了任务。在年迈的妈妈面前，也许她们不是一个孝顺的女儿，在孩子面前，也许她不是一个称职的妈妈，在丈夫面前，她们没能更多地为他们分担。但，她们一定是全心全意为乘客的公交车驾驶员。

微笑是感动、是愉快、是感恩、是欣慰；微笑是一种自信，是一种坚强，更是一种职业风度，乘客的微笑是她们最大的期待，乘客的微笑是她们最执着的目标。从打造和谐车厢到实现人际的和谐，她们正用优质的服务、执着的追求、纯朴的感情构建着和谐的每一天。在她们心中永远装的是乘客，15路延伸到哪里，真情与和谐就会绽放到哪里……

传承古城好风尚　铸就西安公交服务优质品牌

——记全国城市公共交通十佳优质服务线路陕西省西安市公共交通总公司43路

在古城西安，43路优质服务的事迹家喻户晓，他们这个群体秉承的服务理念已经深深地融入到每一位员工的行为之中，他们已不是一个线路的象征，他们所代表的是西安国家化大都市的形象。

多少年来，43路一直坚持“服务为本，乘客至上”的服务宗旨，每天承载着4.69万人次的市民出行，提供文明、优质、快捷、舒适的服务，是义不容辞的职责。在荣获“全国工人先锋号”称号以后，43路的全体职工不满足、不停步，精心组织运营生产，以满腔的工作热情和强烈的责任感，努力实现自我超越；在服务上不断创新，积极向着更高目标进取。2008年至2010年被西安市交通运输系统评为“规范化线路”。2010年5月荣获陕西省政府授予的“人民群众满意窗口单位”称号。2012年10月荣获“全国十佳城市公共交通优质服务线路”称号。

一、创新服务，塑造品牌

2008年12月，西安市公共交通总公司（以下简称西安市公交总公司）实施“星级化管理”以来，43路率先走在总公司的最前列，以争创高星级线路为目标，推行独具特色的“五心”服务：严格执行计划，行驶完线路全程，让乘客宽心；确保安全行车，避免事故，让乘客安心；上车主动问候，微笑迎宾，让乘客暖心；杜绝违章违纪，消灭投诉，让乘客顺心；照顾弱势群体，尊老爱幼，让乘客放心。

把乘客的需要放在首位是43路打造服务精品，创建服务品牌的服务宗旨。2009年，43路在驾驶员中推行航空式服务：统一着装、佩证上岗，始发站开门下车迎客，主动开口说好迎宾语，热情礼貌待客，遇到五种弱势群体主动询问、帮助寻找座位，微笑面对每一位上车的乘客，把每一位上车的乘客当作亲人来对待。在这个先进的团队中，有众多的“明星”：全国创先争优优秀党员王曼利，西安市职业模范带头人焦高安，总公司巾帼服务明星驾驶员陈桂香，还涌现出多名西安市文明市民标兵以及公交总公司安全、生产、服务标兵及技术能手；全国青年文明号车组、新职工车组、夫妻车组、兄弟车组等。他们与众职工一起为43路增添了许多华丽的篇章。

在大家的辛勤努力下，43路曾多次被评为五星级线路。仅2011年43路星级驾驶员达到61人次，全年驾驶员上星率达到86%，线路星级39颗，位居总公司前列。不但赢得市民的认同，更使之成为西安公交的一面旗帜。

二、扎实管理，安全为重

安全、准点、迅速、舒适的乘车环境是城市公交的基本要求。43路在安全管理中通过多种方式对职工进行安全意识、法规的教育，按月制定安全网络工作安排，开展“安全警示教育”，提高职工的安全意识。每周两次安全活动，并将每周五定为43路的车场日。在车辆日常维护的基础上，对每部车辆安全机件、卫生进行检查。每月进行4次车辆安全机件检查，被检查人员覆盖面达100%。每月班组评比，奖优罚差，促进安全行车工作，使安全行车工作不断深入人心，安全意识不断增长，安全行车能力不断增强，安全行车综合水平进一步提高。43路车辆车容车貌、机件性能良好，在城投公司、总公司的多次安全机件检查中受到好评。在43路全体干群的共同努力下，2011年43路安全里行驶里程221.1万公里，事故率0.0104/万车公里。

43路长期开展“创建学习型班组，争做知识型职工”活动，结合路队管理细化网络班制度，强化服务的理念，努力提高职工素质。为确保43路职工人人技能过关，线路还组织职工将所学的理论知识付于行动，开展岗位大练兵活动，并邀请专业人士给予点评，使职工从理论操作和整体素质上有所提高。在西安市总工会举办的西安市职工高技能人才技能大赛活动中，43路驾驶员赵丽祥、曹晓云取得了优异的成绩，驾驶员焦高安在大赛中荣获“西安市技术标兵”称号，并被授予“西安市职工职业技能带头人”。43路还通过开展“一个人带动一个组、一个组带动一条线路”活动，党员车组、荣誉车组与一般车组“结对子”活动，使43路职工学知识、学技能的氛围日益高涨，大家相互影响，相互促进，提高了职工队伍的整体素质，推动了路队整体工作上水平。43路在工作中非常注重传、帮、带，技术标兵焦高安主动将自己积累多年的节能经验传授给年轻的职工。在这个集体中，以焦高安、王曼利、李刚为首的老、中、青三代驾驶员经常切磋修车技术，成立“抢修小组”，利用工余时间在线路上巡视，看到哪辆车坏了，就及时前去维修，以减少抛锚时间，确保市民乘车。并且，焦高安还利用业余时间帮助亏油车辆的驾驶员调车、修车，使43路的车辆总耗油量降低，2011年全年节油率达到1.39%。

三、模范引领，团队创优

总公司标兵彭春梅是西安公交43路的带头人，工作以点带面齐抓共管，充分发挥女干部特点，善于从细节挖掘驾驶员、调度员的潜力。在她的带领下，使43路一直走在总公司的最前列。全国创先争优优秀党员、陕西省劳动模范王曼利工作20多年来，她为乘客带来真诚周到的服务和无微不至的关怀，被人们誉为“盲人的眼睛、病人的护士、乘客的贴心人、老百姓的亲闺女”。2011年以全年星级颗数55颗的成绩被总公司聘任为星级带头人。在总公司开展了“高星级带头人授技艺活动”中，她所带的10名徒弟在原来的基础上服务水平显著提高，其中两名徒弟被聘为2012年二公司的星级带教人。西安市职业技能带头人焦高安十几年如一日，始终微笑面对每一位乘客，在工作中坚持文明规范服务，礼貌待客，从不忽视每一个服务对象，他把一腔服务热情倾注给了公交事业。总公司巾帼明星陈桂香，在营运途中发现一位女乘客晕倒在车厢内，生命垂危。在这紧要关头她一方面向车上乘客求助，另一方面及时拨打120急救电话，由于她发现及时，措施得力，使乘客的生命及时得到了救治。调度员王惠敏、赵宇是43路的四星级调度员，为做好一线指挥员，她们常常利用业余时间上街观察客流，并为车队制订新的行车计划提供可靠依据。43路正是有了这样的好带头人和一支素质好、觉悟高的团结队伍，才能获得众多的荣誉，才能积极推进各项活动的广泛开展。2011年43路服务合格率达100%，车厢整洁合格率达100%，热线投诉率降至0.02件/百万人次，投诉率大大低于公司的标准要求。

四、真情服务，快乐奉献

2012年在市政府的支持下，全新的43路空调车于3月12日以“43路爱心大巴”命名上线运营，以崭新的姿态提供给乘客更优质的服务和舒适的乘车环境。桃李不言，下自成蹊。西安公交43路的整体素质的不断提高，发生在43路线上可歌可泣的感人事迹层出不穷，那些“爱心大巴”背后的故事也充分展示了公交人的优良品质！

29岁脑病患者王萌萌，定期需要到西安电力医院脑病科康复中心治疗，当第一个早班驾驶员陈桂香发现这位坐轮椅的特殊乘客后，西安公交43路的40名驾驶员，一个接一个，自觉地加入到帮助她的行列。在长达两年的漫漫求医路上，与王萌萌素不相识的43路驾驶员像亲人一样将她扶上抱下，百般呵护，帮助她树立起战胜病魔的信心和勇气，用实际行动演绎了一段人间真情。中央电视台新闻频道、陕西电视1台、西安电视台、《三秦都市报》、《华商报》、《劳动者报》、《陕西工人报社》等媒体都分别进行宣传报道，引起社会各界的极大关注，产生强烈社会反响。

2012年1月21日，临近除夕，王曼利自费为车厢新增的“爱心坐垫”，使车厢充满了温馨的气息。自从车上布置了棉坐垫后，车上的乘客留言本上好评不断。86岁高龄的解长峰老人，是43路的一名老乘客，因为在乘坐43路时，经常受到驾驶员们的亲切照顾，对43路尤为关注。当谢长峰老人看到“爱心坐垫”报道后，慕名来到43路调度站，将他自己编写的《陕西名胜概览》一书送给王曼利，又特意坐了一圈车，亲自感受“爱心坐垫”的温暖。此后，老人对43路便有着如同亲人般的信任。2012年重阳节前夕，为了感谢43路职工对他的细心照顾，解长峰老人给43路彭队长打了电话，说是要特地将自己所编著的书籍赠给43路。为了不辜负老人的一片心意，43路在重阳节特意开展了“你让座，我送书”活动，对在公交车上主动为老年人让座的乘客赠送书籍，倡导文明和谐的公交车厢文化。此项活动受到广大乘客的赞扬和支持，也得到多家媒体的宣传报道。

▲陕西省西安市公交总公司43路首条奥运专线开通

西安公交43路就是这样一支团结协作的职工队伍，一支充满朝气的职工队伍，一支敢想敢做的职工队伍。他们用自己的实际行动，把理想的赞歌书写在工人先锋号那面鲜红的旗帜上，在公交这条流动的风景线上，愿为古城精神文明建设增辉，愿为构建和谐社会，为公交事业大发展谱写更新更华丽的篇章！

一路称心　一路舒心　一路放心

——记全国城市公共交通十佳优质服务线路甘肃省兰州市公交集团公司1路

始建于1954年的兰州公交1路线，是贯穿兰州东西的一条主干线路，承担着兰州西站至兰州车站的客运任务。多年来，该线路职工在集团公司和客运公司的正确领导下，在广大市民的热情支持下，经过数代公交人的不懈努力，经历了从无到有，从小到大，由弱到强的艰辛历程。从运行初期的6台车27人，发展到2012年的50台车，职工105人。

1路线是兰州公交最早的线路之一，具有悠久的历史和光荣传统，半个多世纪来，始终站在城市客运战线的最前列，承载着兰州市东西主干线的客运任务，为城市发展和经济建设发挥着十分重要的作用，为市民们的工作、学习、生活提供了便利的交通条件，在广大市民的心目中占有重要的位置和信誉。特别是近年来，面对陈旧传统的服务模式与现代文明日益突出的矛盾，1路线全体干部职工用邓小平理论武装头脑，更新思想，转变观念；贯彻落实“三个代表”重要思想，求真务实，开拓进取；严格执行集团公司制定的各项工作方针，服从大局，争创一流，在集团和客运公司的正确领导下，以全国劳动模范郝晓玲为榜样，以高度的主人翁责任感和使命感为动力，团结协作，爱岗敬业，无私奉献，不断探索客运市场经济规律，以ISO 9000国际质量管理程序严格控制车队每一个环节，加大硬件建设投资，提升车辆品质，改善乘车环境，强化职工教育，提高整体素质，服务于社会，服务于乘客，使车队向竞争激烈的客运市场迈出了坚实的步伐，取得了社会效益和经济效益双丰收，赢得了广大市民的青睐，为兰州市公交集团公司树立起了榜样带头作用。

进入2010年，兰州公交集团开始在各条公交线路逐步推行GPS车辆调度系统，为1路线配备了GPS导航系统和终端系统，使1路率先实行了现代化的高效管理和车辆指挥。2010年年底，在兰州市委、市政府的支持下，1路线全线更换了50辆空调客车，并于2011年1月正式运营，此举使1路线成为了兰州市唯一的一条空调公交线路，车厢文化和安全设施焕然一新，为兰州市民提供了更加舒适、温馨、便捷、安全的乘车环境。在半个世纪的风雨沧桑中，1路线的全体职工前赴后继，把“青春献公交，文明献社会”作为工作的出发点和落脚点，结合窗口行业的特点，响亮地提出了乘坐1路公交车“一路称心、一路舒心、一路放心”的口号。综合运用教育、管理、监督等手段，引导职工树立正确的职业理想，养成良好的职业习惯，由点连线，从而在全线路形成了“热爱本职、忠于职守、文明待客、热情服务”的道德风尚。

作为兰州公交战线的一面旗帜，1路公交车队播洒着文明服务的新风。乘上1路公交车，您就会发现车厢内外整洁明亮，座椅干净无尘，就连发动机都擦得一尘不染。乘车时您听那“请”字当先，“谢”字收尾，提醒乘客当心车辆起步，车辆转弯等服务用语时，总是让您心里热乎乎的。

2008年酷暑的一天下午，一位乘客在乘车的过程中，突然癫痫病发作，脸色苍白，口吐白沫，手足痉挛。驾驶员发现后，马上征求周围乘客的理解和配合，把病人及时送到医院治疗，并很快通知了病人家属。一切安排妥当后，他才拖着疲惫的身子，在夜幕中走向了回家的路。

几十平米的车厢不是一个大的空间，然而，却什么样的事情都能碰到。在天津上大学的小李长途辗转到了兰州火车站，年轻的女孩子第一次独自外出求学，想到即将与父母团聚，心情的放松使女孩长途跋涉的疲惫涌上来，上车后就陷入昏昏欲睡的状态。公交车到终点站后，小李迷迷糊糊地随着人流下了车，1小时后才发现随身携带的笔记本电脑已经找不到踪影，心急如焚的小李抱着一线希望来到1路线的终点站询问，站员告诉她，好心的驾驶员已经把捡到的笔记本交到了站点，焦急的小李顿时松了一口气，要知道，家在农村的父母为了让她能够有一台笔记本电脑不知道要起早贪黑多久，如果真的丢失了，要怎么向家人交待……这样的感人事例多不胜数，在车队办公室的墙上，悬挂着一面“人间自有真情在”的锦旗，说起这面锦旗的来历，还有着一段感人的故事。那是2012年元月临近春节的一个寒冷的晚上，1路1620号驾驶员马军将车行至终点站后，发现一位青年男乘客未下车，上前查看才发现乘客已经处于昏迷不醒的状态，马军立即报告了站点当班何队长，经过检查，发现乘客由于酗酒导致昏迷不醒，情况紧急，马军与何队长立即将其送至兰州市陆军总医院抢救，随后及时联系到了乘客的家属，当他的父母赶到医院时，乘客由于救助及时已经安全脱离了生命危险，白发苍苍的老人感激地拉着驾驶员的手，一直不停地在说：“谢谢、谢谢你们救了我的儿子。”激动的泪水盈于眼眶。而此时，时钟已经悄悄指向了凌晨。

“真没想到，我的订婚金戒指在半个钟头内就能找回来，真是太感谢1路公交车的工作人员了……”乘客史先生从外地回兰州，不慎将装有订婚戒指的手提包遗失在公交车上，当他从1路公交车队书记手里接过失而复得的手提包时激动地说。事情的原委是这样的：3月29日上午，史先生从广州乘火车回到兰州，由于长时间乘车太累，上了公交车就睡着了，下车时不慎将提包忘记在车上，当时并未觉察。回到家想给女朋友一个惊喜时，才发现手提包不见了。包里装有钱包、订婚金戒指、身份证、银行卡等重要物品。焦急中，史先生打车赶到公交车终点站，得知失物已经被保洁员交到了调度站，并完好地交给了史先生。

50多年来，兰州公交1路线始终保持着广泛的先进性和代表性，孕育出了大批的先进模范人物，20世纪50年代的潘世贤、王国川；60年代的曹桂兰；80年代的余复兴；90年代的全国劳动模范郝晓玲、何璟，以及获得全国“节油王”称号至今仍然坚持生产一线的老驾驶员乔凯同志。说起乔凯，作为一名有着20多年党龄的老同志，多年来，时时处处以实际行动体现着党员的先锋模范带头作用，不计个人得失，一心一意做好传、帮、带的工作，特别是重点帮助年轻驾驶员提高操作技能。在乔凯看来，这是一名老驾驶员应尽的义务，能够当上师傅是一种光荣。去年以来，集团公司实行了联产计酬，鼓励全体驾驶员以安全为本，努力做好安全行车、优质服务。乔凯作为联产小组长，深深感到了自身责任的重要，为此，他坚持对自己所负责的联产小组的每辆车、每个驾驶员都做到，平时关心他们的生产生活情况，对车辆技术方面有问题存在超气的，他言传身教，把自己所知道的节油经验和驾驶技术无偿的教给其他人，使大家都迅速提高了技能，创造了明显的经济效益，受到了同事们的广泛赞扬和真心敬佩。从2006年以来，乔凯同志已经节气2万多立方米，成为全公司当之无愧的“节油王”。

“创精品、树品牌”是集团公司进入21世纪提出的优质服务战略思想，1路线全体职工将这一战略思想贯穿到工作中，落实在行动上，勇敢地站在争先创优的前列，大力推行郝晓玲同志的“三心”服务法，换位思考、宽容理解、亲情礼帮，把优质服务工作推向新的领域，将服务品牌引入客运市场，用精品线路树企业形象，以品牌效应提高“两个”效益，取得了显著成效。1996年建成标准化文明样板线路，被评为兰州市精神文明建设十大实事之一；1999年被兰州市窗口行业精神文明办评为“兰州市窗口行业优质服务示范单位”；2002年被百万市民评公交评为“星级线路”；2003年被兰州市总工会授予“全国劳动模范郝晓玲服务精品线”；2004年度又被甘肃省妇女联合会评为“甘肃省三八红旗集体”；2007年被共青团甘肃省委命名为“青年文明号”线路。1089号车2008年被中华全国总工会命名为“工人先锋号”车组，2009年5月6日1路线被中华全国总工会命名为“工人先锋号”线路等殊荣。

▲甘肃省兰州公交集团1路全线更换空调车“整装待发”

从过去到现在，1路公交车队全体员工时刻铭记：以共铸诚信为信念，团结一心、开拓进取，发扬公交“团结、拼搏、力争、奉献”的企业精神，以崭新的精神风貌、一流的服务质量为广大市民提供优质、安全、舒适、温馨、便捷的乘车环境，努力为兰州市的经济建设和精神文明建设发展发挥公交“城市动脉”的应有作用。

传承百年事业　谱写公交新篇

——记全国城市公共交通十佳先进个人天津市公交集团党委书记、董事长于秉华

于秉华，男，汉族，祖籍山东，1957年8月出生于天津，中共党员，研究生学历，思想政治工作研究员，现任天津市公交集团党委书记、董事长。1975年12月参加工作，1977年7月加入中国共产党，历任天津市公交三厂团委副书记，50路、8路车队党支部书记，天津市公共交通一公司党委副书记、经理，天津市公共客运管理处处长，天津市客运交通管理办公室常务副主任、机关党委书记；2003年9月任天津市公交集团党委副书记、总经理，2007年1月任天津市公交集团党委书记、董事长至今。天津市第九届、第十届党代会代表。

天津，这座有着600年历史的文化名城，蕴育了传承百年的公交事业。进入新世纪，在天津公交百年华诞前夕，她迎回了公交的优秀子弟——于秉华，他带领着天津公交人从“十五”走向“十二五”，赋予了公共交通这个百年老字号新的活力，为天津这座美丽的城市续写着辉煌的乐章。

于秉华18岁离开校园被分配到天津公交，从乘务员到集团董事长，天津公交事业占据了他至今38年职业生涯的全部，天津公交的改革发展也倾注了他全部的心血。他带领着他的团队实现了天津公交从低到高、从小到大、由弱到强的转变，完成了传统公交向现代公交的华丽转身，开启了公交企业由一元专业化向多元产业化转变的序幕，为两万天津公交人描绘了百亿企业集团的蓝图，创造了天津公交新世纪的美丽史话。

一、深孚众望的回归

2003年，是天津公交最后一轮运营体制改革的关键一年。这一年，天津市公共交通集团（控股）有限公司正式挂牌，市委市政府打破市场垄断，引进竞争机制，赋予了国有公交企业更多经营管理的自主权。同一年，一场突如其来的“非典”肆虐神州大地，也使天津市的公交客运市场受到巨大冲击，客运人次急剧减少，与此同时，燃油价格和生产原材料价格不断上涨，给企业经营带来严重的经济困难；职工收入连续多年低水平增长，与全市平均水平差距不断拉大。公交职工期望出现能够带着他们走出困境的领路人。

这一年9月，离开公交企业整四年，已任天津市客运交通管理办公室常务副主任、机关党委书记的于秉华听从组织和内心的召唤，义无反顾地回到了处于困境中的天津公交，受任公交集团总经理。

再度回到培养锻炼自己、使自己成长的这片公交土地工作，那一张张熟悉的面孔、一双双期待的目光、一声声振奋的呼喊、一句句质朴的语言，让这份他难以割舍的公交情缘绽放出来，他有足够的信心来彻底改变公交旧貌，展现一个全新的现代化公交。

面对困局，于秉华做好了迎战各种困难的准备，坚定了改变旧公交的信念和决心，坚持从突破思想瓶颈入手，广泛借鉴国内外公交发展的成功经验，提出“必须跳出公交看公交，立足全市发展大局定位公交”的改革发展思路，积极引导公交集团各级领导干部结合天津实际，确定了“五化改造”的发展思路和目标。

2004年4月，以庆祝天津公交成立一百周年为契机，全面推进专业化改革，逐步将公交广告、物资供应、场站管理等分散附着在公交运营主业上的延伸产业剥离出来，整合成若干板块，实施集约化管理。运营主业方面，着力打造了集团、二级公司和中心车队的两级法人、三级运营管理体系，形成了主导产业可持续发展的重要保障。2005年8月，进一步将公交集团所属六个运营公司的物资采购和供应系统整合，组建了多元化的公交物资有限公司，对配件和燃、润油实施集中采购，使200余种配件采购价格平均下降15%，每年燃油采购价格与市场销售价格相比至少节省资金1500多万元，有效地降低了经营成本。同年12月份成立了公交物业管理有限公司，对部分新建场站进行了接管，实现了产权集中管理到位，为公交场站经营搭建了平台。新组建的公交广告有限公司，集中经营集团全部运营车辆、场站的广告资源，积极规划广告开发方案，并与十几家广告商洽谈了合作意向，广告业务逐渐扩展，在亏损比较严重的情况下，实现正循环，摆脱了困境。

2006年底，天津公交集团全年经营总收入完成7.91亿元，较2003年的4.25亿元增加86.12%，同时，职工工资连续三年实现两位数增长。公交运营主业日均运营收入由2003年的99万元，上升到192万元，增幅达到94%。实践证明，于秉华和天津公交人走上了一条适合天津城市定位、具有天津公交特色的科学发展之路。2006年，于秉华被评为天津市优秀企业家。

二、新世纪的再次创业

2007年初，于秉华转任天津市公交集团党委书记、董事长，正式成为天津公交这个百年老字号的掌门人。刚届知天命之年的于秉华非常清楚地意识到，他们这一代的公交领导干部，既要对百年的天津公交事业和几代的公交先辈负责任，又要承担起重新振兴公交的历史使命。

2007年7月，天津市委市政府确立了迎奥运二十项民心工程，围绕“大力发展城市公交，为市民提供方便快捷的乘车服务”，对天津公交提出了五个方面的硬任务，其改革层次之深、涉及面之广、投资之大、标准之高、时间之紧，前所未有。

在严峻的挑战和压力面前，于秉华又一次把思想解放摆在了首要位置。他认真研读党的十七大和市第十次党代会精神，总结城市公交发展的一般规律，着眼于未来五年城市的发展，提出了“公交发展要主动融入城市发展大局”的总体思路，确定了“打造中心城区公交高端服务网、组建滨海新区公交国家队、建设社会主义新农村公交样板县”的三大发展战略，提出要以迎奥运为契机，以公交为窗口，让百姓看到天津城市建设的大变化，看到市委市政府关注和解决民生问题、加快城市发展的实际行动，对外展示天津的发展速度、发展水平和城市的崭新形象。

只争朝夕是于秉华的办事风格，定了就干是于秉华的一贯作风。2007年9月，整合天津公交在滨海新区的线路资源，组建了天津滨海公共交通有限公司。适应天津滨海新区的开发开放步伐，超前规划了滨海新区公交线网布局，陆续开通20余条线路、配置300余部运营车辆，辐射滨海新区所辖各行政区，架设起了沟通中心城区和滨海新区的流动桥梁。

在优化滨海新区线网的同时，确立了“先点后线、由线带面、从外而内”的发展思路，组织实施了“先区县城镇覆盖，后区县间互通，再城乡联网突破”的三步走发展规划。2007年10月天津公交集团与武清区政府签订了《加快区域公共交通发展的战略合作协议书》，确立了双方合作区内公共交通的发展方向，同时在协议中也明确了武清区政府在场站建设、经营补贴等方面给予天津公交的政策支持。2007年12月，开通了3条公交运营线路，配备国Ⅲ排放标准公交车辆36部，率先实现了远郊区县国有公交运营的突破，并以成熟的管理、优秀的品牌、一流的服务迅速在区内获得了良好的社会声誉。随后陆续在静海、津南、宁河、宝坻、汉沽等区县城区开通公交线路。2010年1月，以蓟县城区四条公交线路的开通为标志，天津公交实现了各区县国有公交运营全覆盖。截至2010年年底，天津公交在各区县城区开通公交运营线路156条，线路总长度4989公里，投入国Ⅲ投放标准公交车辆1491部，日行驶里程27.8万公里，日客运量达到50万人次。

▲全国城市公共交通十佳先进个人天津市公交集团党委书记、董事长于秉华

思路上的创新和实践中的勤奋，为天津公交带来了经济效益和社会效益的双丰收。2010年，全集团经营总收入达到了16.56亿元，是2006年总收入的1.86倍，职工人均收入是2006年的1.74倍。在2010年12月，公交集团被天津市文明委授予“天津市创建文明行业先进单位”荣誉称号。

三、多元产业化中的提升

虽然“十一五”期间天津公交的改革发展取得了显著成就，但自2008年以来，天津市公交优先政策受政府财政能力制约，优先发展公交的配套政策难以在短期内形成完整体系并全部落实到位，公交运营各方面成本急剧上升，经济压力巨大。要保住得来不易的发展成果，要赶上城市的发展速度，要毫不动摇地增加职工收入，天津公交必须另辟新径。

思路决定出路。于秉华又一个对天津公交集团各产业进行细化的思路重磅出炉：依据产业分工和产业定位，划分了三大产业圈——公交客运产业圈、服务保障产业圈、市场创效产业圈。特别强调公交运营是核心，为市民提供优质的出行服务，是国有公交企业的政治责任，要坚定不移地提高服务水平，提升社会载体功能；强调客车修保、物资、物业、IC卡营销、职业教育等产业是运营主业的支撑，在保障运营的前提下，还要不断提高市场化水平，逐步由依附型转向创效型；强调汽车销售、旅游、公交广告、实业开发等新兴市场型产业是延伸，要以提高增收创效水平为目标，逐步实现对公交运营主业的反哺。

长风破浪会有时，直挂云帆济沧海。“十二五”开局仅两年，天津公交大幅度增加运营主业的硬件投入，提升社会功能。共更新、新增车辆2700部，车辆总数达到7000部，新能源车辆达到300余部。同时，延伸产业以项目为带动，取得了实质性突破。2011年，汽车销售产业实现产值4.5亿元，并签约上海大众、一汽大众奥迪和上海通用别克，着力打造天津公交长江汽车城、北辰汽车城和静海汽车城，东风标致和上海大众4S店实现当年建设、当年竣工、当年运行，2012年实现产值5.5亿元；与多家企业竞争，成功入资控股天津中国青年旅行社，使旅游产业整体实力跨上了一个大台阶，实现了旅游品牌的高端化发展；盘活天津客车装配厂生产资质，与比亚迪公司签订了合资组建大客车生产企业的合作协议，促使该项目落户天津武清汽车产业园。

于秉华所实施的产业化发展思路，为天津公交描绘了灿烂的前景；实践成果的取得，更加坚定了天津公交人的信心，开创了天津公交前所未有的新局面。

四、打造魅力无限的天津公交

于秉华提出，公交企业改革发展成功与否，最终要看市民乘客是否满意，企业职工是否满意。2008年，天津公交开展了“迎奥运奋战300天，全面提高运营服务水平”活动。2009年开展了“迎建国60年奋战300天满意在公交”活动。2010年，开展了“创建天津市文明行业”活动。2011年，开展了全国公交“十城双创”活动。在天津市统计局调查总队2010年的满意度测评中，市民乘客对公交的满意度达到98.5%；同年，被天津市工商业联合会、天津市企业联合会、天津日报社联合推选为2011年度“城市民生贡献奖”；2011年12月天津市公交集团被中央文明委授予“全国文明单位”荣誉称号，成功实现了天津公交精神文明建设的又一次新跨越。

在推动企业改革发展，提高市民乘客满意度的同时，于秉华与领导班子也竭尽所能地提高职工收益，改善职工待遇。职工年人均收入连续8年实现两位数增长，与全市平均水平的差距不断缩小；几年来，公交集团积极筹措资金，不断加快和改善职工生产生活条件，进一步加强职工小食堂建设，解决了1万多名外勤职工的就餐问题；同时每年组织职工集中疗养、体检，开展形式多样的职工文体活动，充实了公交职工精神世界，丰富了职工业余文化生活，真正使职工共享企业改革发展成果。

回顾以往，天津公交从实行无人售票到实施推墙下海，在摆脱计划经济束缚的过程中，就已经开始了对未来发展道路的思考；从实行三轮改革到实施减员增效，公交职工经受了改革带来的强烈阵痛，在市场经济的轨道上开始了艰难跋涉；“十一五”以来，从实施“专业化改造”到实施“产业化发展”，实现了天津公交企业经营结构的深刻变革，确立并形成了产业化发展的全新格局和全新思路。

总结这些成绩，于秉华认为：“关键在于我们始终脚踏实地地推进思想解放、理论创新和实践探索；在于面对各种艰难险阻始终保持昂扬向上的锐气、敢打必胜的信心和百折不挠的韧劲；在于始终坚持立足全市发展大局、立足行业发展的最新成果，科学谋划企业的发展方向、发展目标和发展路径。”

展望未来五年，于秉华带领天津公交人确定了新的发展方向：以打造百亿集团为方向，大力推进集团产业化发展和多元化发展，到2016年形成更加完整的产业链，各产业全面建立起规模化、集约化、品牌化的发展模式，使天津公交集团经济总量、综合实力达到国内同行业一流水平。到2016年，天津市公交集团力争达到“16118”发展目标：公交车辆按标准台计算达到10000标台，较2011年增加2738标台，增幅为38%；客运量增幅为60%；达到15亿人次，较2011年增加5.2亿人次；总收入达到100亿元，较2011年增加79亿元，增幅为380%；职工年人均收入较2011年实现翻一番。到2016年从业人员年均收入达到市社会平均水平，驾驶员年均收入达到市在岗职工平均水平；总资产达到80亿元，较2011年增加41.5亿元，增幅为108%。

于秉华的事迹平凡而精彩，平凡，是他长期默默无闻地为天津公交事业的发展与繁荣奉献着自己的青春人生；在这平凡的背后是数不清的精彩，是他对公交企业的挚爱，更是一腔腔的爱民情怀，更是一段段感人至深的敬业故事。

任重而道远。于秉华说：“天津公交的发展是我们站在公交前辈的肩膀上，领导干部有合力，职工群众有动力，上下拧在一起拼搏奋斗的结果。在新的平台上，我们要创出新的业绩，实现新的发展，打造新的辉煌。”我们相信在他的带领下，通过18000多名员工的共同努力，天津公交一定会续写新的篇章。

笑迎乘客　爱洒车厢　情系公交

——记全国城市公共交通十佳先进个人、
党的十八大代表山西省太原公交820路驾驶员安建香

“您好，欢迎乘车！”笑容灿烂，声音清脆，服务贴心，是安建香给人留下的第一印象。自1990年21岁参加工作以来，就没有离开过驾驶员的岗位。22年来，她以人为本、微笑服务，把乘客当亲人；她讲究方法、灵活服务，用真情感动人；她以诚相待、文明服务，让车厢更和谐；她得理让人、以礼服人，使工作更贴心；她肩负使命、心系民生，为公交更优秀。多年来，她先后荣获国家、省、市多项荣誉。2002年获太原市“先进生产者”、“巾帼岗位能手”、“三八红旗手”等称号。2005年荣记山西省个人一等功。2008年获山西省“十大文明形象大使”称号。2009年获山西省“五一劳动奖章”。2010年获山西省“五一巾帼奖”；同年4月，荣获“全国劳动模范”殊荣。2012年6月，安建香当选为党的十八大代表；同年10月，荣获全国城市公共交通“十佳先进个人”称号。

一、以人为本、微笑服务，她把乘客当亲人

安建香所在的820路，从南到北，设站27个，途经9个小学，11所中学，10家医院，5个超市。从繁华的商业街服装城到城乡结合部赵庄，来回要过34个红灯，拐28个弯。客流量大，特需乘客又多。多年来，她笑迎乘客，把乘客当亲人。

2007年11月，五一路小学严璐璐同学的妈妈给车队寄来一封信，信里还有女儿的一篇获奖作文。在这篇作文里，她讲述了这样一件事情：4月18日，女儿从五一路小学一上车，突然感到肚子一阵剧烈疼痛，豆大的汗珠直往外冒。看到这种情况，安建香马上安慰孩子：“宝贝，别害怕。”边说边拨打了120。车到山大二院，救护车也已赶到，孩子被及时送到了医院。在作文里，这位小朋友说，安建香的微笑就像妈妈一样，给人以温暖。在来信中，这位家长说，她非常感谢安建香，并不仅仅是因为安建香为她女儿做的事，更为重要的是，她感受到了公交人一颗真诚为乘客的心。

2011年2月16日，正月十四晚上。从火车站上来一位80多岁的老人。安建香将老人扶到座位上，问他要去哪儿时，老人却说不出来，只是一直喊“饿、饿”。看到老人神志不太清楚，为避免他发生意外，安建香将他拉回了车队，给他买来了两个面包、一袋牛奶，在递这些食物时，安建香看到他肩膀处缝着一个布条，上面写着姓名和电话号码，通过电话，安建香联系到了他的家人。事后，老人的儿子将一幅画送到了车队，画面上是一片金灿灿的向日葵。他说，如果所有人都能像安建香一样，内心充满了阳光，这个世界将会到处都是爱！

2012年1月4日，安建香的车行到中心医院站，看到一位盲人手持着棍子摸索着要上车，她

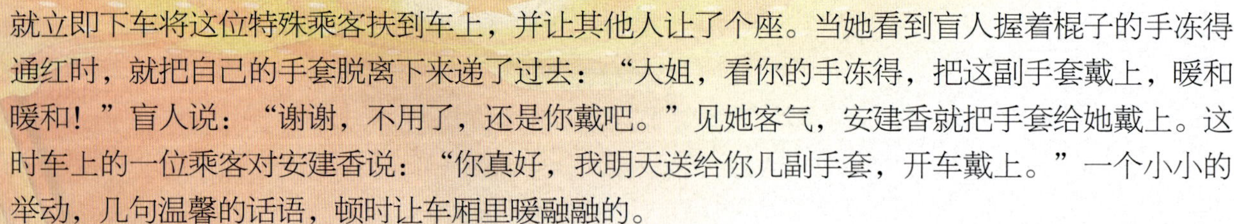

就立即下车将这位特殊乘客扶到车上，并让其他人让了个座。当她看到盲人握着棍子的手冻得通红时，就把自己的手套脱离下来递了过去："大姐，看你的手冻得，把这副手套戴上，暖和暖和！"盲人说："谢谢，不用了，还是你戴吧。"见她客气，安建香就把手套给她戴上。这时车上的一位乘客对安建香说："你真好，我明天送给你几副手套，开车戴上。"一个小小的举动，几句温馨的话语，顿时让车厢里暖融融的。

二、讲究方法、灵活服务，她用真情感动人

在安建香看来，车厢服务是一门综合艺术，既要有娴熟的驾驶技术，还要有恰到好处的语言艺术。既要有与乘客之间的真情互动，还要善于察言观色，考虑他们需要什么样的服务。她说，驾驶员不单单是开车、监票，还是一个主持人、播音员，甚至是心理专家。

2002年12月26日，从赵庄站上来10多位带着行李的乘客。安建香开门迎客，招呼他们购买了行李票。为了不影响其他乘客上车，安建香微笑着说："师傅们，请把行李放到后面。"不料，其中一个人瞪了一眼说："我们买了行李票，放哪儿都行！"安建香起身拉住手刹，走到车厢后排，先让两位乘客坐在前面，然后转身说："师傅们，你们行李多，放到后面下车方便。"边说边帮着搬起了行李。看着驾驶员这么客气，这个人又喊了声："大家快动手吧，驾驶员这么好，咱们还能不给大家行个方便？"很快，行李就整整齐齐放到了车厢后面。

2005年7月18日，从胜利街上来一对夫妇，看到男的一脸痛苦的样子，安建香便关切地问有没有需要帮助的，妻子对安建香说："师傅，我丈夫刚做完手术，你能不能开慢点？"话音刚落，一位乘客大声说："这车又不是救护车，大家都有事，想稳打的去。"安建香说："大嫂你放心，我尽量开稳点儿。"随后她又对乘客们说："我替这位大嫂谢谢大家了！"后头这句话让其他乘客再没人吭声了。下车时，还有人一起帮着大嫂把他丈夫扶下了车。

2010年12月3日，从大北门上来一位女乘客，带着一个孩子，投了一块钱就往里走，看到这个孩子挺高了，应该购票了，安建香便提醒这位女士该为孩子买票了。这位乘客大声说："我的孩子从来没买过票，怎么上了你的车就得买票？"安建香笑着说："孩子在母亲的眼里永远都小，可她一天天在长高呀，大人是孩子的榜样，那有儿童标志，你让孩子量一下，够高了就补一张票，不够的话，我给您道歉，好不好！"这位乘客看了看，不好意思地说："还真是长高了！"然后就补了一块钱。

三、以诚相待、文明服务，她让车厢更和谐

从事驾驶员工作以来，风里来，雨里去，安建香始终如一地把语言文明、行为文明、仪态文明作为行动指南，用自己的辛勤汗水和文明举止，踏踏实实地履行自己的职责，感染每一位乘客。

2011年2月26日中午，从胜利桥东上来一帮酒气熏天的乘客，其中一个人明显喝多了。安建香连忙给他落实了座位，开车了，让他们买票，其中一个说："等会儿，着急甚？等我们站稳了。"可走了一站地，安建香再次提醒他们，那个喝醉的乘客说："我早就买了，你没看见？"安建香劝了几句，其中一个人投了钱，便嘴里不干不净地骂了起来。这还没完，几个人又开始在车厢里故意东倒西歪，一会儿踩住别人的脚，一会又倒在别人身上，还说车开得不稳。安建香将车停在路边，站起来微笑着说："师傅们，朋友们聚在一起，免不了多喝几杯，你们站在车厢里，肯定感觉不舒服，我给你们找个座位吧！"这时已有人让出了座，还有人指责起这几个人。在这之后，那几个人自感没趣，再没吱声。

2012年5月20日早晨第二趟车，从五一大楼上来几位女乘客，其中一位比较胖。车刚一起步，她没有站好扶稳，轻轻地摔了一跤，于是安建香赶紧停车将她扶了起来，并安排座位，同时连声道歉："对不起，大姐，我的车没有开好，摔着没有？"胖女士说："没事，是我没扶好。"可和这位女士同行的人却大声嚷了起来："你怎么开的车，会不会开车，把人都摔了。"接着骂声不断。车上的人都看到了事情的全过程，很多人都指责这几个人："你们太不像话了，人家司机起步已经很稳了，你们上车只顾着聊天，没有扶好才摔倒了，还大吵大叫，影响了安全，谁负责！"到二院，几个人下去后，一位乘客对安建香说："你真有涵养！"

2012年6月10日，安建香遇到这样一件事情：当她到了中心医院站时，上来一个小伙子，嘴里叼着烟，安建香对他说："师傅，请把烟灭了，谢谢！"话音刚落，烟头却扔在了车厢的地板上。安建香看了看，没说一句话，停车拉住手刹，弯下腰拾起了烟头。她捡烟头的同时，那个扔烟头的小伙子赶快过来，非常不好意思地说："我来吧，我来吧。"事后，安建香表示，要用行动感染乘客，唤起乘客的良知，使乘客意识到坐车也要讲文明。

▲太原公交820路驾驶员安建香在工作中笑迎乘客，照顾特需

四、得理让人、以礼服人，她使工作更贴心

面对不同性别、不同年龄、不同职业、不同性情的乘客，安建香有时通过摆事实讲道理加以说服，有时以诚恳的态度、委婉的语调加以劝说，有时则得理让人、以礼服人，把工作做得更贴心。她说，只要我们深深爱上这一职业，全身心地投入到工作中去，工作就会越干越好。

2011年8月2日，骄阳似火。安建香的车到了工具厂站，有一位男青年拎着一桶油漆要上车。考虑到油漆属易燃危险品，眼下又是炎热夏季，安建香劝他别上车。谁知他竟气势汹汹地往车前一站，说今天不让上车，这车甭想开走。安建香就下车微笑着对他说："师傅，油漆属危险物品，您如果带着上车，会危及到其他乘客的安全，希望您能理解并给予配合，这样吧，你想别的办法，钱我出行吗？"他一听，立刻说："不麻烦了，我自己解决吧！"就这样，安建香通过真诚的微笑和说理，赢得了乘客的理解和配合。

2012年6月7日，正值高峰时间。有位老人上了安建香的车，像往日一样，安建香开始动员乘客给老人让座，车厢里的乘客较多，安建香就动员紧挨着自己的一位年轻人让座，没想到这位乘客很不高兴地说："凭什么叫我让，我也是买了票的！"安建香笑着对他说："师傅，下次要是您带着父母坐我的车，我也一定给您找座位，好吗？"这位乘客愣了一下，站起身来，连连说："好，好，我让。"安建香用诚恳的态度，让年轻人为老人让了座位。

2012年5月15日，一个装扮入时的女乘客一上车后就说："哎，我没零钱，放五块，一会有人上来我收四块。"安建香说："最好能让车上的人帮你换一下，现在刷卡的人比较多，不好收钱。"女乘客说："我已经放进去了，反正我要收。"可偏不凑巧，到了终点站，她也没收齐四块钱。于是，她就冲安建香大喊，话特别难听，又吐了一口，一个泡泡糖还粘在了安建香的胳膊上。安建香看了她一眼，没有吭声，拿出卫生纸擦了擦。事后，一位乘客问安建香的涵养从哪里来，安建香说："人难免一时冲动，给乘客台阶下，我们服务就会上一个台阶。"

五、肩负使命、心系民生，她为公交更优秀

2012年6月18日，安建香当选为党的十八大代表。从北京归来，她满含深情地说："党的十八大代表，多么神圣的称号，我将永远珍惜这份荣誉。今后，我要牢记共产党员的使命，绝不辜负党代表的职责，在公交车驾驶员这个平凡的岗位上，作出自己应有的贡献！"

2012年11月8日，首都北京。作为全省交通系统的唯一代表，安建香光荣地出席了党的十八大会议，她聆听讲话、审议报告、认真履职……有幸参加这一盛会，不仅给她留下了珍贵的记忆，更为她人生经历增添了一笔重要的财富，还为她今后的工作指明了方向。

如今的安建香，除了日常工作外，宣讲党的十八大精神已成为她的一项光荣任务。为了宣讲好党的十八大报告，只有高中文化程度的她，经过反复学习，把党的十八大报告归纳为"九个好"：大会主题突出得好，伟大旗帜高举得好，五年工作回顾得好，宝贵经验总结得好，小康目标明确得好，宏伟蓝图描绘得好，党的建设强调得好，民生问题关注得好，伟大号召发起得好。她还把参加党的十八大会议的点点滴滴写成笔记，厚厚的有一万多字。她说："这些笔记不仅是我第一次参加党的盛会的纪念，而且有助于我更好地学习领会党的十八大精神。"

在宣讲党的十八大精神时，安建香除了讲述党的十八大报告的新观点、新论断、新思想以外，还结合自身工作讲了"建设美丽太原"的想法。她说，城市公交具有运输能力大、集约高效和节能环保的特点，优先发展城市公交是缓解城市交通拥堵的根本出路，也是构建资源节约型、环境友好型社会的战略选择。而今，太原已成为全国"公交都市"首批试点城市，今后太原公交将会有"五个更"的变化，即公交车更多、性能更好、线路设计更人性化、乘车环境更舒适、市民更愿意选择公交出行。"我将为建设美丽太原贡献自己的力量！"安建香充满信心地说。

以人为本　热情温馨　真诚待客

——记全国城市公共交通十佳先进个人内蒙古鄂尔多斯市天安公交公司驾驶员李庆普

鄂尔多斯市天安公交公司成立于1993年，当时仅拥有公交车辆4台，运营线路2条，经过18年的持续发展，现已发展成为以城市公共交通运营为主业，涉及广告传媒、天然气销售、旅游、酒店、驾校、煤炭运销、企事业通勤及商务旅游车辆租赁等多个领域为一体的大型民营企业。公司现拥有公交线路31条，营运车辆500多台，职工1000多人，年客运量达5900万人次，拥有资产总额数亿元，现已成为具有较强行业影响力的知名企业。

为提升城市品位，天安公交公司分别于2010年新购进100台、2011年新购进60台高档新型环保公交车，投入运营后受到广大市民的一致好评，树立了良好的公交新形象。同时公司启动了智能公交候车厅、智能电子站牌以及10万平米的公交场站建设工程，届时将更好的改善居民的出行条件，提升城市品位。2010年，在市政府建设大公交政策的指导下，天安公交公司获得东胜城区30平方公里范围内城乡公交的经营权；2011年，天安公交公司又获得了康巴什公交和伊旗公交的经营权，从而实现了东胜区、康巴什新区、伊旗的三区连通，极大地方便了市民的出行。

天安公交公司经过多年的发展、沉淀，多次受到上级党政主管部门的表彰奖励，涌现出一批先进个人和劳动模范，全国城市公共交通十佳先进个人李庆普同志就是其中之一。

一、平凡岗位，不懈追求

翻开李庆普同志那厚厚的个人档案，“鄂尔多斯市优秀驾驶员”、“东胜区团委十佳驾驶员”“职业道德模范”、“优秀职工”、“安全标兵”、“节气标兵”、“文明客运驾驶员”、“鄂尔多斯市文明礼仪标兵”等荣誉称号映入眼帘，他于1999年2月到天安公交公司工作，在迎来送往的十米车厢里，辛勤耕耘了13个春秋，连续多年被评为优秀工作者，13年来他心系公交、立足本职、爱岗敬业，工作中彰显劳动模范本色，行事间尽展公交人风采。

1999年，伴随着天安公交公司大发展的势头，从上岗的那一天起，李庆普就暗暗告诫自己：要干一行爱一行，用自己的满腔热情为乘客服务。他满怀着对公交事业的热爱与憧憬，以及为人民服务的责任与光荣，在十米车厢辛勤工作、默默奉献，一干就是13年。十年如一日，一心扑在工作上，早上班，迟下班，满勤满趟尽职尽责，无论三九严寒、高温酷暑，他总是提前40分钟到岗，认真检查车况和油电气路，拧紧每一颗螺丝钉，以消除故障隐患，保持车辆性能完好。下班后，还要围着车辆转几转，敲敲轮胎，看看发动机，关紧天窗、门窗，确定车辆一切正常才回家休息，“每天收车后不看看车况，第二天出车心里头老觉得不踏实”，李庆普常常把这句话挂在嘴边。为做到安全行车，杜绝行车事故发生，他经常和大家交流安全行车驾驶经验，并且通过自己的领悟，摸索出了一套自身的驾驶经验。他默默无闻，整日奋战在自己的工作岗位上，每天穿梭于城市的大街小巷。夏天，顶着车内40多度的高温，呼吸着车内浑浊的空气，仍清楚地报着每一个站名及讲解着沿线的风景名胜，同时耐心地疏导乘客；冬天，冒着零下20多度气温仍坚持用水擦洗车辆。艰苦的工作环境磨砺了他那坚强的意志，乘客的信赖和支持成就了他不怕困难、扎实肯干的务实作风。

▲内蒙古鄂尔多斯市天安公交公司驾驶员李庆普积极清洁车厢卫生，为乘客提供良好的乘车环境

二、热情温馨，真诚待客

在运营服务中，李庆普视乘客为家人，热情主动、细致入微。车辆进站后，他总要观察一下有无“老弱病残孕”和抱小孩的乘客上车，尽量将车停在他们身边，并友好动员其他乘客让座，耐心等待他们扶好坐稳后才起步行车；对行走困难的乘客，搀上扶下，或请同车乘客代为照顾；下雨天，路边有积水，停站时他尽量避开水洼地，以避免上下车乘客弄湿鞋袜；每趟车他都规范使用报站器，准确报清行车路线、方向、到达站，提前预报下一站和转乘线路，及时疏导乘客文明乘车，互助友爱，提醒乘客注意安全；对乘客的咨询，他有问必答，百问不烦。他以实际行动，诠释着自己的服务理念，用真情对待每一位乘客，以微笑拉近与乘客的距离，把车厢营造成如家般温暖，让温馨洒满车厢每个角落。

与人为善的李庆普同志，在同事中威望很高。但他并不倨傲，见人总是满脸笑容，同事遇到什么难事，总是会伸出援助之手，新同事有不懂的问题，都乐于去请教他，实习的驾驶员更是抢着要跟他实习……所以“李师傅”就成了大家寻求帮助的一个代名词。

三、安全服务铭记于心

“安全”对于公交车驾驶员来说就是第一责任。从1999年开始工作以来，李庆普所驾驶的车辆连续安全运行82万公里，13年间车辆无任何责任事故，下线率几乎为零，这样成绩的取得离不开他那精湛的驾驶技术，更离不开他及时到位的日常维护。

13年来，他在十米车厢默默耕耘、无私奉献，赢得了广大乘客的信赖和支持。但他仍然谦虚谨慎、戒骄戒躁，要求自己的工作百尺竿头，更进一步。李庆普的工作是平凡的，既没有激动的豪言壮语，也没有惊天动地的壮举，他始终坚持一步一个脚印，干一行爱一行，像一棵朴实无华的小草默默地奉献着自己，点缀着社会，在十米车厢内抒写着新一代公交人的风采。

爱岗敬业 无私奉献

——记全国城市公共交通十佳先进个人黑龙江省哈尔滨市公共汽车总公司3路驾驶员谭湘

在我们的城市中，有着这样的一群人。他们，永远风雨守候，行止之间，拨动着城市的脉搏；他们，牢记安全至上，快慢之间，激发着城市的活力；他们，坚持倾情服务，进退之间，承载着城市的希望。他们是我们生活中最常见到，也是最常被我们忽略的人，他们就是坚守在城市各条线路上的公交车驾驶员们。正是他们无数个日夜的辛苦付出，默默之中，保障了老百姓每一天平安便捷的出行。他们，一直都在我们的身边，用自己的节奏守候着这座城市。谭湘，一个普通的共产党员，一个看似柔弱却在平凡的岗位上取得了不平凡成绩的一个公交车驾驶员，就是"他们"当中的典型代表。

谭湘，哈尔滨市公共汽车总公司（以下简称哈尔滨公汽总公司）3路2058号"共产党员先锋岗"车组驾驶员，从事公交车驾驶员工作20年，她工作勤勤恳恳，任劳任怨，牢记服务宗旨，被广大乘客亲切的称为"年轻人的朋友"、"老年人的儿女"、"小朋友的阿姨"、"外地人的向导"。她用自己的"爱心、耐心、热心"，撑起了一片爱的天空，用自己的实际行动诠释了一名公交人爱岗敬业、无私奉献的企业精神，为广大的公交车驾驶员树立了良好的学习榜样。

谭湘所在的2058号"共产党员先锋岗"车组，是一个有着悠久历史和光荣传统的公交车组，自从1976年2058车组获得"全国五一劳动奖状"至今，它已经走过30多年的风雨历程，它经历了车辆的更新和人员的调整，但它依然一如既往的行驶在繁华的街头，承担着迎来送往的社会责任，传承着"服务百姓、奉献社会"的公交精神。多年来，2058车组培养和诞生了王永华、吕郁、李敏杰、谭湘等多位全国劳动模范以及省、市劳动模范，他们用辛勤的汗水和青春为市民提供优质高效的服务，时至今日，2058号车组依然是哈尔滨市唯一一辆曾荣获"全国五一劳动奖状"的公交车组，唯一一辆换车不换号的公交车组。

谭湘1993年参加工作，一直在生产一线从事驾驶员工作，她驾驶经验丰富，服务乘客热情周到，对待工作认真踏实，处处以身作则，时刻以党员的标准严格要求自己，诠释了"一名党员一份责任，一名党员一面旗帜"的优秀品质。作为公交车驾驶员，爱车是本分，谭湘始终把安全行车放在首位，因为行车安全不仅关系到企业的利益和社会的责任，更关系到广大乘客的切身利益，在一切"以人为本"的今天，最大程度的保证乘客的乘车安全是工作中的重中之重。每天工作中她都要做好发车前、运行中、收车后的各项检查工作，油、水、电、轮胎螺栓等所有细节都不放过，发现车辆故障就及时到维修车间进行维修，确保车辆处于最佳工作状态。例如：每天检查车辆轮胎气压情况，如果胎压不足，就及时添加充气，因为合理的胎压和车辆的节油有很大的关系。运行中如果发现车辆的滑行距离明显缩短，车辆就有可能存在制动拖滞的情况，就要及时修理。空气滤清器如果过脏，就会使进气量不足，造成燃油浪费。还有一些发动机动力不足，离合器打滑，转向沉重等故障，通过细心观察都能及时发现，将这些故障及时的修复，坚决不让带病车辆出库运行，确保车辆的各方面技术指标达到良好。

日常行车中，谭湘始终秉承“安全第一，服务至上”的理念，遵章守驾，文明礼让。20年来，累计安全行车70余万公里无事故，相当于地球到月球的一个来回，是当之无愧的安全生产标兵。多次获得市交通运输局及总公司的文明驾驶员，优秀驾驶员等称号。

多年的驾车经历，谭湘不仅安全行车，礼貌行车，尽量不多踩一脚加速踏板，不踩错一脚制动，在长期的工作磨练中，谭湘还总结出了几点驾驶公交车节约燃气的方法。首先就是多注意发动机的转速，根据不同的转速适当加速；第二就是控制好转速后还要选对挡位运行。汽车运行中，挡位的选择和换挡时机的选择也是节约燃气的一个重点，同样行驶条件下，高挡位比低挡位省油，所以正常道路运行时，尽可能使用高挡位，尽量避免低挡位高速运行，也就是我们常说的低挡位猛踩加速踏板运行，换挡时要手轻脚快，这样就可以缩短换挡时车辆的行驶距离，达到节油的目的。三是多注意路面情况，少制动是公交车节油的上策。根据信号灯的转换来控制车速，将被动变为主动，避免紧急制动。四是要养成良好的驾车习惯，避免频繁的变速，急加速，猛转转向盘等不良驾车习惯，而且还容易引发交通事故。由于多年养成的良好驾车习惯，使谭湘的燃气节约量在车队都是名列前茅，十几年来，她累计节约燃油和燃气18250余升，按现行的燃气价格，折合人民币110000余元。她就把多年的行车经验和复杂路况的驾车经验都毫无保留的传授给车队的新学员，使车队的年轻驾驶员无论是在车辆维护还是如何节气方面都有了很大进步，间接的促进了车队的各项运营管理工作。2058号车里配备有齐全的工具箱，里面工具一应俱全，无论那位驾驶员有需要，她都会拿出合适的工具来帮助他们维修。在2007年的总公司职工岗位技术比武中她获得第二名的好成绩，还在2009年的第十一届职工技术运动会上，荣获了先进技术能手的光荣称号。

▲黑龙江省哈尔滨市公共汽车总公司3路驾驶员谭湘清洁车窗

作为公交车驾驶员仅仅能保证乘客的安全出行是远远不够的，还要在安全的基础上努力为乘客营造舒适、温馨、整洁的乘车环境，每天谭湘在做好出车前的各项安全检查工作后，还要做好车辆的卫生工作，车厢的地板围板，前后风挡玻璃等，每天都是忙的大汗淋漓，甚至连吃饭都顾不上。冬天为扶手缝上绒布套，准备好细盐洒在车厢的地板上，保持车辆地板不结冰。为了扩大宣传面，经过向上级请示，她还制作了明亮醒目的LED灯箱，很好的宣传了企业精神和公交精神，成为街头的一道风景线。她利用业余时间，对三路车的线路走向，各个站台周围的商服网点，学校医院，厂矿企业，进行了大量的走访记录，饿了就啃两口面包，渴了就喝几口在家里带来的凉开水；孩子上学放学没人接送，老人生病也不能及时照顾，赶上冬天下雪的时候，筋疲力尽的回到家天都已经黑了。在没有任何绘画基础的情况下，靠着这样的执着付

出，终于制成了一张不让乘客走冤枉路，不浪费时间的3路汽车沿路导向图，给乘客带来了很大的便利。同时也在具体的服务乘客过程中很好的应用了导向图的优势。在长期的为乘客服务的过程中，她养成了“不急不躁，心平气和”的工作心态，与乘客和谐相处，对待乘客“请”字当头，“谢”不离口；见到年纪大的主动起身搀扶一把，主动为乘客介绍换乘车辆，主动打招呼为弱势群体落实座位，主动征求乘客意见，积极改进。在不断的工作中，谭湘还总结出一套服务心得，那就是“六巧”和“九心”。“六巧”即：语言巧服务、季节巧服务、行为巧服务、亲情巧服务、态度巧服务、手势巧服务；“九心”即：观察细心、道歉诚心、服务热心、乘车舒心、解释耐心、遇事关心、开车专心、工作有心、上班开心。

2012年9月1日，公交3路更换了30辆崭新的豪华客车。新车临上线的头一天，车队领导和部分驾驶员一直留在车库内对新车进行着最后的上牌照、安装卡机等工作，谭湘收车回到库内都已经是深夜十一点钟，看到队长和驾驶员忙碌的身影，她又自告奋勇要留下来帮忙，队长看到她已经工作了一整天的疲惫身体，就劝她回家休息。可是第二天早上，她仅仅睡了3个小时就又坐上通勤车来到库里，帮助驾驶员熟悉新车的使用性能，车上车下的忙碌着，还帮助卫生员擦车搞卫生，忙得连早饭都没有吃，一直忙到车辆都顺畅运行，一切都按部就班她才回家休息。新车使用的是压缩天然气，由于现有的加气设备无论从设备质量还是数量上都难以满足快速增加的车辆速度，所以车辆每天收车后的燃气加注都是一个比较突出的问题。谭湘经常不顾一天工作下来的辛苦，帮助车队义务加注燃气，常常要忙到后半夜一两点钟才能到家，最晚一次到家都已经是第二天的三点钟了。面对爱人的担心和疑问，她笑笑说：“我是共产党员！”

新车上线后配备了先进的电脑报站系统，可谭湘认为，电脑语音报站虽然规范标准，但是缺少了和乘客之间的交流和沟通，也缺少了一点人和人之间的亲情，所以她在规范使用报站器的同时，还坚持用耳麦进行人工服务，及时提醒后面的乘客到站下车，为外地的乘客答疑解惑，甚至听到乘客因为不熟悉站台站点相互询问的时候也会“插嘴”进去，告诉乘客正确的换乘路线和地点，经常被乘客点头称赞。许多经常乘坐三路车的老乘客都和谭湘成了朋友，一位阿姨，每次见到谭湘都会热情和她打招呼：“小谭你好啊，工作还顺利吧？”一位每天乘坐三路车的聋哑少年，每次乘坐谭湘的车都会对她竖起大拇指微笑着。一位老大爷在乘坐谭湘的车后还在打听三路车还有没有2058这个车组了，当他知道这就是2058车的时候，连声说道：“太好了，太好了，一看你就知道是2058的好接班人，好好干啊孩子。”面对乘客的热情和鼓励，谭湘的心里充满了自豪和快乐。

在“创先争优，争创共产党员先锋岗”的活动中，谭湘不仅在工作上争先进，做表率，比贡献，还经常利用休息时间，利用业余时间来做义工，同自己的实际行动带动家人和周围的人。作为红十字会的一名志愿者，她经常为敬老院的老人们包饺子、洗头、洗脚、换洗衣服和喂老人吃饭。帮助行动不便的老人上厕所，还定期的帮助敬老院擦玻璃，搞卫生，打扫房间，只要是力所能及的事情，她从来都不怕脏不嫌累，她还和爱人定期的为老人们理发，刮胡子，成为敬老院里老人们的贴心人。每次来到敬老院，老人们都像看到自己儿女一样的高兴，拉着她的手问东问西，拿出自己不舍得吃的东西硬往她的手里塞。从2005年8月到2010年3月，她累计无偿献血4次，共计1600毫升。2009年大冬会期间，她参加由生活报组织的“擦净城市的脸”大型公益活动，擦拭街头的护栏和栏杆。她还经常参加到江畔公园拾垃圾、清理小广告的公益活动。她还为西部贫困山区的孩子邮寄衣物，在今年925文艺广播主办的“春雨”助学活动中，还资助了一名贫困小学生，为了孩子的教育能有连续性，她还和这名小学生签订了帮扶协议，每年资助这名学生学费直到高中毕业。她和爱人都是工薪阶层，女儿今年刚刚考上大

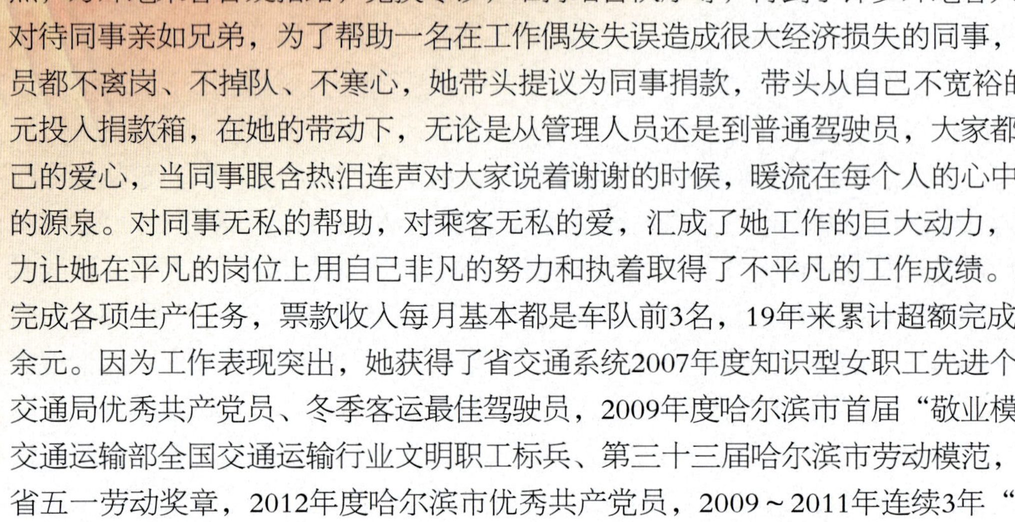

学，每年学费和孩子的生活费对这个普通家庭来说都是不轻松的一笔支出，可她还是尽力地在帮助别的孩子，因为她知道，无论多穷都不能穷教育，用自己有限的力量来帮助一个孩子有受教育的权利，是她义不容辞的责任。作为一名公交行业的五星级驾驶员，她在星级驾驶员当中提议并组建了一支公交星级驾驶员志愿服务队，利用大家休班的时间来到火车站等繁华公交站点，为外地乘客答疑指路，兑换零钞，维持站台秩序等，得到了许多外地客人的一致好评。她对待同事亲如兄弟，为了帮助一名在工作偶发失误造成很大经济损失的同事，为了让每个驾驶员都不离岗、不掉队、不寒心，她带头提议为同事捐款，带头从自己不宽裕的工资中拿出100元投入捐款箱，在她的带动下，无论是从管理人员还是到普通驾驶员，大家都纷纷的献出了自己的爱心，当同事眼含热泪连声对大家说着谢谢的时候，暖流在每个人的心中流淌，那就是爱的源泉。对同事无私的帮助，对乘客无私的爱，汇成了她工作的巨大动力，而这种巨大的动力让她在平凡的岗位上用自己非凡的努力和执着取得了不平凡的工作成绩。她每个月都超额完成各项生产任务，票款收入每月基本都是车队前3名，19年来累计超额完成票款收入220000余元。因为工作表现突出，她获得了省交通系统2007年度知识型女职工先进个人，2008年度市交通局优秀共产党员、冬季客运最佳驾驶员，2009年度哈尔滨市首届“敬业模范”，2010年度交通运输部全国交通运输行业文明职工标兵、第三十三届哈尔滨市劳动模范，2011年度黑龙江省五一劳动奖章，2012年度哈尔滨市优秀共产党员，2009~2011年连续3年“最佳优质服务之星”等荣誉称号。2012年10月，在深圳召开的全国城市公共交通会议上，谭湘被光荣评为“全国城市公共交通十佳先进个人”。

面对荣誉、鲜花和掌声，谭湘的心里很平静，但同时也觉得肩上的责任和担子更重了，面对各种采访和被越来越多的乘客认出来，她觉得她只是做了一个公交车驾驶员应该做的分内工作，因为她深深地懂得，荣誉的取得并不是她一个人的功劳，那是全市上万名公交从业人员取得的荣誉，她代表的不仅仅是个人，更是代表着哈尔滨公汽总公司这个光荣的集体，代表着哈尔滨所有的公交人日复一日，年复一年的艰苦付出。她要珍惜荣誉，更要把这荣誉当成是前进的动力。

公共交通服务的主体是乘客，正是乘客的期待让她的每一次出发和抵达准时无误；正是百姓的信赖让她的每一次起步和停站平稳安全；也正是肩上的责任让她在一次次疲倦和委屈时，给心加满“油”、把身体充好“电”，握紧手中的转向盘，载着乘客，一路向前！

微笑服务　快乐奉献

——记全国城市公共交通十佳先进个人、党的十八大代表安徽省蚌埠市公交集团107路驾驶员杨苗苗

苗苗语：你把工作当事业，就会有使不完的劲；你把乘客当家人，就会在服务中享受快乐。

在安徽蚌埠，提起“微笑天使”杨苗苗，那可是有口皆碑。她把平凡的岗位作为事业的舞台，以甜美的微笑、真情的服务，架筑通往乘客心灵的桥梁，在日复一日的迎来送往中，实现着自己入党时的誓言：“工作创一流，奉献在公交，做乘客满意的驾驶员，让党徽在十米车厢闪光！”

一、心系乘客，工作尽职尽责

▲杨苗苗微笑服务

1994年，18岁的杨苗苗怀揣青春的梦想，走上了公交车驾驶员岗位。从此，她以车为家，一心扑在工作上，早上班，迟下班，任劳任怨。18年没有请过一天病事假，没有因个人原因少跑一趟车。无论三九严寒、高温酷暑，她都提前半小时到岗，认真检查车况和油电气路，拧紧每一颗螺丝钉，以消除故障隐患，保持车辆性能完好。下班后，还要围着车辆转几圈，敲敲轮胎，看看发动机，关紧天窗、门窗，确定车辆一切正常后才回家休息。

为了给乘客创造舒适的乘车环境，她精心整饰车辆，保持良好的车容车貌，坚持车辆一趟一扫，稍有空闲，就擦玻璃、拖地板、抹顶棚……洗刷车辆后，及时擦净座椅水渍，始终保持车厢整洁、玻璃明亮。

为了提高服务水平，她翻地图、查资料、走街串巷，考察、了解蚌埠商业旅游景点和名优产品，熟悉沿线主要企事业单位、新建居民小区的地理位置，考察客流情况。主动与乘客交朋友，分析琢磨不同乘客的心理状态；请亲戚、同学上车体验，帮助查找服务差距；以父母、爱人、妹妹为乘客，演练文明服务用语；向聋哑学校老师和外地亲戚请教，学习哑语、方言。2010年，在第三届中国花鼓灯艺术节期间，一位外地乘客上了杨苗苗的车，询问蚌埠有什么景点，怎么坐车。杨苗苗微笑着向他介绍了张公山公园、淮河文化广场、桥头公园等多个景点的地理位置和乘车路线，还祝愿他在蚌埠游玩愉快。事后，这位乘客给公交热线打来电话说：

"我是准备来蚌投资的厦门客商，去过很多城市，这是我遇到的最热心、服务最周到的公交车驾驶员。从这位驾驶员身上我看到了蚌埠的投资环境，坚定了我来蚌埠投资发展的信心。"

为了工作，杨苗苗一次次推迟婚期，32岁才当上妈妈。孩子刚满4个月，就毅然回到工作岗位。哺乳期间，每天都是母亲将孩子送到车场，利用班间小憩时间，匆匆喂上几口。2009年春节前夕，蚌埠大雪纷飞，不满周岁的孩子突然高烧40度，被父母送进医院。当天正值杨苗苗上中班，晚上10点她才得知消息，便匆匆赶到医院。凌晨4点又含泪吻别孩子赶往车场。她说："节日期间客流量大，营运紧张，自己作为共产党员，关键时刻不能掉链子。"

二、情洒车厢，服务热心用心

杨苗苗18年如一日，将乘客需求当成自己的追求，将一腔真情融入到为乘客服务之中，把小小车厢营造成精神文明的宣传阵地，传播爱心的乘客之家。

上班族最急的是按时上班，等车的乘客都希望快点挤上车，上了车又希望赶快关门开车。杨苗苗将心比心，尽量满载，准点运行。对已上车的乘客耐心疏导"大家都急着上班，请再往前走一步，谢谢合作！"；对车下的乘客诚恳劝导"车上实在太挤了，请再等会儿，坐下班车吧，全车的乘客都会感谢你的！"因此，杨苗苗的车高峰时也能保证准点运行。

老、弱、病、残、孕和抱小孩的乘客怕挤、怕摔、怕碰着，车辆进站时，她总是尽量将车停在他们身边，友好动员其他乘客让座，耐心等待他们扶好坐稳后才起步行车。对行走困难的乘客，她总是搀上扶下，或请同车乘客代为照顾。一天，杨苗苗的车从终点站上完客起步时，从后视镜里发现一位双目失明的老妇人摸索着向车子走来，她赶忙停车迎上前去搀扶，为其安排了座位。老人下车时，她又将其扶下车送到人行道上，提醒老人一定要注意安全。老人家非常感动，让自己的老伴专程赶到蚌埠公交集团，要当面谢谢这位好心的姑娘。

遇到个别不文明乘客，她坚持以理服人、以情感人、得理让人，以自己的文明行为感化乘客、净化车风。她认为：人都是有自尊的，不能得理不让人，以牙还牙就会激化矛盾，既影响自己的工作，也影响企业形象；宽容一点，大度一点，就会化干戈为玉帛，何乐而不为呢！你给乘客一个台阶下，你的服务就上了一个新台阶。一次，一位40多岁的女乘客刷卡没刷上，就径直往里走。杨苗苗提示她重新刷一次，那位乘客气呼呼地把卡抵到杨苗苗面前："你怎么知道我没刷上？我刷过了，别找事！"杨苗苗耐心解释，月票卡如果刷过了，在5分钟之内，同一部刷卡机是刷不上第2次的。当杨苗苗接过她的卡，并代为刷上去之后，没想到那位女士竟挥舞着拳头朝杨苗苗的头部猛打了一下，嘴里脏言秽语，骂骂咧咧。其他乘客看不下去了，纷纷指责那位女士，并要打110报警。杨苗苗却平静地为女乘客解围："谢谢大家对我工作的支持。这位大姐可能今天心情不好，相信她以后不会这样的！"女乘客愣了一下，没再说什么。杨苗苗忍着委屈继续开车。一位乘客不解地问杨苗苗："她那样待你，你怎么还为她说话？"杨苗苗坦诚回答："宽以待人、得理让人，是我应该履行的职业道德。"

三、好学善研，不断创新进取

"学习是进步的阶梯，进取是生命的动力，出色的工作源于学习，精彩的人生需要进取。"这是杨苗苗10年前在读书演讲中的激昂话语。杨苗苗酷爱学习，不间断地为自己"加油"、"充电"。攻读了大量理论书籍和驾驶、维修、乘务心理学等业务书籍及法律法规知识，积极参加各种读书演讲、知识竞赛，并自学取得安徽财经大学经济管理专科和党校本科学历。

公交运行，安全重于泰山。建设低碳公交，节能减排是重要的一环。为了保证安全行车、节能降耗，杨苗苗虚心向老师傅学习驾驶技巧、修车技术和节能诀窍，随身携带“小本本”，随时记录自己不清楚、不明白的问题和遇到的难题，记录别人的先进做法和经验。如车辆进站时，如何踩刹车乘客站得更稳；车辆转弯时，打多少方向能减少车辆振动，乘客不会有倾斜感觉；车辆行驶中，如何保持匀速避免急刹车；车辆在什么状态下最节油等。外出开会、学习，自由活动时间几乎全泡在公交车上，一点一滴学兄弟公交之长，补自己之短。在北京开会期间，她利用短暂的会间休息，前往北京公交集团向李素丽求教，学习服务技巧。她还前往武汉公交，实地学习全国“十大节能王”王静的“节油法”和为乘客服务的经验。

曾经有同事对她说：“女孩子不用学修车。”但她认为驾驶员不论男女，如果会修车，小问题就可以随时解决，不至于耽误一车乘客的时间。她坚持在修理工师傅的指导下，自己动手排除车辆油、电路故障，多次被电火灼伤手指，被工具划伤手臂，终于用斑斑伤痕换回一身过硬的快速排障技能。一个雪后清晨，她在出车前的例行“三检”时，发现车辆气管被冻，这势必造成气压下降，刹车失灵。于是她毫不犹豫地钻进车底，躺在结冰的地面上排除故障。地面的寒气很快传遍全身，冷彻骨髓的感觉是常人难以想像的。凭着强烈的责任感和坚定的毅力，她坚持着用冻僵的双手排除了故障。当她艰难地从车下爬出时，头发竟和地上的冰冻在了一起。

行车途中，她给自己约法三章：文明行车、礼让三先；不开赌气车、不开英雄车、不开病车上路；集中精力，谨慎驾驶，不抢点、不压点、不违章。18年来，杨苗苗先后换过三次车，不论是新车、旧车、柴油车、汽油车，她都精心摸索车辆性能，不断进行小技小改，定期清洗化油器、滤清器，调整气门间隙等，保持车辆始终处于最佳状态。并探索出40字“安全操作技巧”，即勤查车况，紧固保养；谨慎驾驶，眼观四方；中速行驶，低速进站；停稳开门，关门起步；礼让三先，合理避险。总结出36字“节能三字经”，即爱学习，常技改，勤保养；稳起步，轻加油，速换挡；匀车速，巧滑行，缓进站；多观察，预避险，不争抢。杨苗苗创造出18年安全行车无事故、节油节气月月名列前茅的骄人成绩。

四、团结群众，共同创先争优

杨苗苗深知，一个人的能力是有限的，万众一心才能耕耘出满园春色。她经常挤出时间，手把手教新驾驶员如何安全行车、规范操作、文明服务，满腔热情地向同事们传授安全知识、节油技巧和服务经验，她的徒弟们大多成为驾驶员中的骨干，80%跨进先进行列。

2009年7月，蚌埠公交集团对杨苗苗在工作实践中形成的一套服务程序和规范，进行了整理、归纳，总结出8条“苗苗服务规范”，在公司各条线路中，开展了“推行苗苗服务规范，创建苗苗班（车）组、苗苗线路”活动，并将杨苗苗所在车组正式命名为“苗苗车组”。公司上下迅速掀起践行苗苗服务规范，争创苗苗车组，争当苗苗式服务明星的热潮。群体创优的良好效应，使杨苗苗更深刻地感受到集体的智慧和团队的力量，也更深切地体会到作为“领头雁”的责任和压力。在集团党委和所在党支部的支持下，杨苗苗牵头成立了“苗苗工作室”。杨苗苗更忙了，车场上下随时可见她忙碌的身影。

一些驾驶员不爱说话，文明疏导总觉得不好意思张口，杨苗苗一个个跟车辅导，现场教他们如何灵活运用文明用语。有些车耗油量大，难以迈进苗苗车组行列，杨苗苗主动找驾驶员聊天，与他们一起整修车辆，清洗滤清器，使其变成节油车。有的苗苗车组因违章或事故被摘牌，车组人员思想消沉，工作干劲不高，杨苗苗真诚地开导他们：“人无完人，都有失误的时候，只要自己正确对待，就能再创佳绩。”鼓励他们吸取教训，重振雄风，争取早日回到苗苗车组行列。

2011年1月，集团公司从各条线路“苗苗模范车组”中，挑选了以杨苗苗为代表的40名优秀驾驶员，组建了苗苗线路。在坚强的创优团队中，杨苗苗带领众多“苗苗”立足岗位、真情服务、比学赶帮、创新创优，苗苗线路成为珠城一道亮丽的风景线。苗苗服务规范推行3年多来，蚌埠公交社会满意率大幅提升，服务投诉较活动前同期下降63.4%，表扬上升347.6%。

五、助人为乐，彰显大爱无疆

杨苗苗乐于助人，爱心无限。一位老大爷晨练时晕倒在路旁，杨苗苗热情救助；一位老大娘被车撞伤，杨苗苗喊来家人将其送到医院；集团公司和社会上开展的多种捐款献爱心活动，杨苗苗带头参与，慷慨解囊。

2006年11月，杨苗苗在报纸上看到一则关于贫困地区一些孩子渴望上学，又无钱上学的消息，心里非常难过，觉得自己应该为祖国的花朵献上一份爱心。她立即给希望工程汇去500元，与舒城县柏村乡马松小学一名二年级贫困小学生结对救助。她说：“钱虽少，却是我的一份心意。”从此以后，每年她都给希望工程汇去钱款，并多次为灾区孩子寄去爱心书包，为固镇县连城小学困难学生送去学习用品和助学金。2012年，蚌埠公交集团以杨苗苗的名字命名，成立了“苗苗助学基金”，以汇集社会各界爱心力量，帮助更多的贫困孩子完成学业。

杨苗苗的邻居中有一位残疾女孩，非常自卑，她对生活失去了信心，产生了轻生的念头。杨苗苗经常与她谈心，讲身残志不残的人物事迹，经常给她送吃送穿，鼓励她学习电脑知识，陪她看电影、逛公园、接触社会、接触人群，使她逐步恢复了生活的信心，增强了奋斗的信念。该女孩现已找到一份满意的工作，并且有了一个美满幸福的家庭，一个活泼可爱的小宝宝，一家三口其乐融融。她非常感谢杨苗苗的关心帮助，常对爱人说：“杨姐是天下最大的好人，要记住杨姐的恩德。”

杨苗苗用对待自己亲人般的态度对待乘客，乘客也把她当亲人。上下班途中，常有人热情地向她问好，老年人总是闺女长闺女短的称呼她。车厢意见簿上密密麻麻地写满了乘客的赞誉、感谢和鼓励，小朋友们更是喜欢苗苗阿姨，上学放学等乘苗苗阿姨的车，有的还跑到终点站，让苗苗阿姨在自己的小本本上签名。2010年夏天，杨苗苗因感冒嗓子有些嘶哑，常坐她车外出锻炼的一位老人，不声不响地将一包胖大海放在她的驾驶台上。有一年的中秋节，一位聋哑女孩比划着“我喜欢你”的手势，硬将一块月饼塞到杨苗苗怀里。参加党的十八大归来，杨苗苗的“粉丝”更多了，大专院校、企事业单位纷纷邀请她作报告、谈体会。

18年辛勤的汗水换来丰硕成果，杨苗苗的规范服务、亲情服务、用心服务，得到了社会的认可，赢得了乘客赞誉。18年来，她安全行车80万公里无事故，节约燃油7万余升；营运收入60余万元，超额完成指标30%；服务乘客200余万人次无投诉，车厢服务合格率、车辆整洁合格率、行车准点率始终保持100%。18年来，她被授予“珠城十大女杰”、“蚌埠市十大杰出青年”、“安徽省劳动模范”、“全国城市公交十佳先进个人”、“敬业奉献中国好人”、“全国五一劳动奖章”、“全国创先争优优秀共产党员”等30多项荣誉称号，2012年又光荣当选党的十八大代表。她所在的苗苗车组、苗苗班组、苗苗线路，相继被命名为蚌埠市“行业服务品牌”、省交通运输行业“温馨之家”、“安徽省文明窗口”、“全国三八红旗集体”、“全国五一巾帼标兵岗”、“全国工人先锋号”。

爱岗敬业　无私奉献

——记全国城市公共交通十佳先进个人山东省济南市公共交通总公司吴倩

吴倩，中国劳动关系学院2007级劳模班学员，现为济南市公共交通总公司恒通出租公司副经理。自1993年加入济南公交以来，吴倩就爱上了公交，无论是作为乘务员、驾驶员、管理人员还是如今公司的一名干部，始终不变的是对公交事业的热爱和执着，始终不变的是如何为企业和公交事业的发展尽心尽力的决心和勇气。20多年来，她先后荣获“济南十大文明市民”、“山东省劳动模范”、“全国五一劳动奖章”、“全国十佳城市公共交通先进个人”等称号，如今作为一名全国劳动模范，全国人大代表，她感觉到压力，更感受到动力，为百姓服务，为公交发展，她一直在努力着。

▲吴倩2007年当选第十一届全国人大代表

一、全心全意为乘客服务

1993年，从职业高中毕业后，她进入了公交公司，在基层车队一干就是15年。公交车驾驶员是个平凡的职业，但是要做好却很不容易，尤其是要自己面对各种各样的乘客，处理各种各样的突发情况，当时年仅18岁的她，有委屈，有泪水，但是也有成长的快乐。她虚心好学，有干劲，认准的事情一定要做好，正是这种不服输、敢打敢拼的性格帮助她很快成为车队的标兵。

在吴倩眼里，车就是她的战友，是有感情、懂道理的武器。每天出车之前，她总是提前赶到车队，认真地擦车、检查部件，力求把所有隐患都扼杀在摇篮中。寒冬酷暑，她经常像小伙子一样钻车底，检修保养车辆，弄得满身油泥而毫无怨言。收车之后，吴倩也并不急着回家，而是不顾疲劳，留在车上打扫卫生，整理物品，车身、内壁、玻璃、座椅、地板，每一个角落不放过。

作为驾驶员，要懂点技术，才能更好地用好自己的车，才能保障乘客的安全。她明白这个道理，虽然只有高中文化水平，但是只要加强学习一定不会比别人差。所以，她经常在业余时间翻阅专业书籍，并虚心向维修人员请教，提高对车辆故障的判断、排除能力。

二、全面提升自身素质

当人大代表不是简单的举手表态拥护，必须行使自己的权利和义务，要对需要表决的内容真正了解后再表态。作为一名新当选的全国人大代表，吴倩感到身上的责任重大。看到身边那么多的优秀代表，每个人都有她学习的地方，为此，她暗下决心，一定要努力学习，提高自身素质，为企业的进步作出自己的应有贡献。

在中国劳动关系学院老师、同学的帮助下，她制订学习计划，系统学习文化知识，同时积极参加人大组织的培训活动，学习先进的经验，提高自我认识。会议期间，跟随领导考察了北京公交集团的BRT运营情况，并亲自乘坐了BRT公交车。当时济南还没有BRT，作为一名公交员工，内心很是激动，同时更升腾起用自己微薄的力量、为济南公交事业的发展尽一份力的激情和动力。

三、忠实履行人大代表职责

自2007年7月成为全国人大代表以后，她始终不忘自己来自基层公交的身份。“心系公交、服务百姓、奉献社会”，这十二个字自始至终是她履行全国人大代表神圣职责的宗旨。2008年至2011年，吴倩不断调整自己的工作思路，从如何做一名合格的人大代表到如何更好地为企业发展和百姓出行服务出发，努力提出有分量、有水平的“建议”。在本职岗位上实现自己的人生价值，“线路是有终点的，但是为百姓服务是没有终点站的”，吴倩是这么说的，也是这么做的。

2009年，她提出了关于将驾驶员列为特殊工种的建议，希望能给驾驶员退休年龄、福利待遇方面有一些政策支持，从而更好地保障他们的权利，提高福利待遇，更好地推动城市公共交通服务的发展；2010年，她提出了关于切实解决我国大城市交通拥堵状况的建议，希望有效控制城市交通需求的增长，提高城市交通供给能力、切实有效地缓解交通拥堵，改善我国大中城市交通环境，解决市民出行难等问题。2011年调研时，吴倩发现资金渠道不稳定、投入总量不足是造成我国城市公共交通发展滞后的重要因素，于是提出了关于设立城市公共交通发展专项资金的建议，建议中央政府要像对待公共医疗、义务教育等事业一样，建立专项资金资助城市公交发展，为百姓提供基本出行服务。通过中央和省级财政建立城市公共交通的专项资金、拓宽城市政府公共交通投入渠道、加大对城市公交企业的税费扶持力度等三种形式，解决公交企业经营困难、职工待遇低下、行业队伍不稳定等问题，促进城市公交的快速发展。2012年，在大量调研的基础上，她又提出了加快出台《关于实施城市公共交通优先发展战略的指导意见》和《城市公共交通条例》的建议以及关于提高城市交通管理水平，提升公共交通效率的建议，通过深化以人为本，公交优先的管理理念，加快公交专用道建设，保障公交专用，建设公交信号优先系统，大力发展智能交通，科学规划，加强相关法规建设，从而提高城市交通管理水平，提升公共交通效率。吴倩提出关于将城市公交的发展列入政府考核的建议，已经被国家采纳。

四、积极参与“公交都市”示范城市申建工作

从2010年开始，“公交都市”这个概念逐步走进吴倩的心里。公交优先这个战略，近些年来一直引导着城市公交的发展，但是因为现实情况的制约，有些落实得好，有些还不够到位，甚至有些只是停留在口头上。通过调研，她认识到，推进“公交都市”建设不但与优先发展城市公共交通是一脉相承的，还将是贯彻落实城市公共交通优先发展战略的重要载体。

从国际经验来看，一个成功的“公交都市”不仅有良好的出行机动性，而且还能支持更大的政策性目标，即促进城市的可持续发展、提高出行的可达性、建设更宜居的城市和提升

城市的竞争力。同时“公交都市”的建设也是破解交通拥堵问题，让我们的天更蓝水更绿的最直接、最有效的一种方式。在2011年第十一届全国人大四次会议上，吴倩提出了关于将济南列入公交都市试点城市的建议，得到交通运输部的高度重视。交通运输部道路运输司对此建议在2011年的3月14日给予书面答复，其中第三项就是让济南市提出建设国家公交都市的具体方案，由吴倩来转告地方交通运输部门，并向当地政府报告，如方案可行，便将济南列为国家“公交都市”建设示范城市。接到交通运输部的答复函后，她逐级汇报，和企业领导们一起，制定出济南公交都市的方案，为此王岐山副总理来到山东团与代表讨论报告时，吴倩向王岐山同志介绍了济南公交的情况，诉说了济南公交人的辛苦，同时汇报了济南申建“公交都市”试点城市的思路，一方面想听总理的指示，另一方面想请总理推荐一位交通方面的专家，给济南“公交都市”方案把脉审查。王岐山副总理推荐了北京市政协副主席赵文芝（赵副主席原来是北京公交集团董事长，后在北京交委任职过主任，是经验丰富的国内交通专家）。会后，吴倩先后两次到北京请教，赵主席亲自接待并邀请其他国内交通方面的专家对济南“公交都市”方案进行论证，为此后的申建工作打下了良好的理论基础。2012年10月30日，济南已正式成为国家“公交都市”第一批创建城市。

五、立足岗位作贡献

“我是一名公交职工。”这是吴倩经常说到的话语，话语里面洋溢的是自豪，是责任，是对这份工作的眷爱。无论在公交的任何岗位，有爱和责任在心间，就会义无反顾，勇往直前；就会不计得失，忘我奉献；就会快乐工作，工作快乐。

吴倩用她28年的兢兢业业践行了济南公交“让乘客满意、让政府放心、让员工快乐、为社会奉献”的企业核心价值观，也践行着做人做事的准则。梅花香自苦寒来，她一直坚信，只要大家齐心协力，真心真意，城市公交的未来一定会更加美好！她会跟随着企业在这条道路上坚定地走下去。

为老百姓当好一辈子的“专职司机”

——记全国城市公共交通十佳先进个人湖北省武汉市公交531路驾驶员张兵

开车26年，运送420多万人次乘客，零投诉。

驾车160多万次经过红绿灯路口，零违章。

行车80多万公里，零事故。

这不是数字游戏，这是一个普通公交车驾驶员书写的真实记录。创造这一奇迹的是被人称为史上“最牛公交司机”——武汉市公交集团第三营运公司531路驾驶员张兵。

从“零”开始，终成为“零”，量虽未变，却有了质的升华。这三个打不破的“零”记录，熔铸的是公交车驾驶员张兵的一份信念、一份责任、一份艰辛、一份坚守、一份爱心、一份情怀。

一、一杯水中见功夫

听闻武汉公交出了一个“牛司机”，开车的时候车上的水杯基本不洒出水，湖北省公安交管局局长马国宪要亲自探个究竟。2011年11月25日，马国宪一行坐上张兵的车。张兵的驾驶台上放了一塑料杯水。一路上，进站、起步、停车、换挡，张兵的车开得不急不快、收放自如。车行驶到终点，水杯里的水几乎没溅出来。亲身体验到张兵的“平稳功”的马国宪感叹道：“如果开车都像张兵那样文明礼让，扎实稳当，将会避免多少交通事故！”

一杯水中见真功夫。张兵开车的“平稳功”居然源于一块豆腐。2001年春的一天，一位老乘客买完菜乘坐张兵的车，谁知半路上突然冲出一辆“麻木”（湖北地区对三轮摩托车的俗称）横穿马路，张兵忙一脚急刹……事后，老乘客下车时嘟囔着抱怨买的豆腐都摔破了。摔破了豆腐虽然是小事，但自尊心强的张兵记在了心里，他最怕听到乘客不满意的话。

怎样能避免这种事情再发生呢？张兵开始揣摩。他想到了一个苛刻的训练方法，把随身带的喝水杯换成没盖的，出车时装一满杯水放在驾驶台上，一旦车行驶得不平稳，杯中水洒完了，就罚自己到终点后没水喝。

531路沿途经过好几个繁华商圈，人多车多，还有不少路段正在施工。全程有36个红绿灯、7个拐弯处，还要上下桥，路况相当复杂。要在复杂的路况下把车开得平稳、不洒水谈何容易。起初，张兵的车还没走出三站路，一杯水就洒得差不多了。情急之下，张兵赖在车队里一位老师傅那学技术。老师傅一语点破要领：要在排挡、踩离合器和踩刹车的配合细节上下功夫。

张兵将老师傅的话牢记在心。通过练技术的过程，张兵摸索出了一套安全行车的经验：开车时要眼观八路，多观察行车路况，遇到情况先让、先慢、先停，做到文明行车、安全行车。

苦练一年多后，张兵的车技大有进步。在武汉市第十五届驾驶员职业技能大赛上，张兵脱

颖而出，取得了第二名的好成绩。

尽管车技达到了一流，但张兵从不炫技、不飙车，始终保持中速行驶，低速进站；从不随意变道，从不突然加速或刹车；在通过红绿灯路口时，不违规、不抢灯通行。有的乘客埋怨张兵的车开得慢，但张兵不为所动，稳字当先。同事李国庆说：“公交车司机开车容易着急，着急了就容易出错。我们最多可以坚持三、五年不违章，张兵能坚持26年，真不简单！”

二、服务好每一位乘客，用心比技术更重要

1999年10月的一天，一位拄着拐杖的老人准备上张兵的车。张兵看他行动不便就忙起身扶他上车，并动员乘客给老人让座，还询问老人在哪一站下车，叮嘱老人车停稳以后再起身下车。过了两站，老人准备下车时，塞给张兵一个小纸团，上面写着“请车队领导表扬这个司机”。顿时，张兵感到心头一热，这些对他来说只是举手之劳，却被这位老人如此看重。这件事让张兵感触很深，他体会到，服务好每一位乘客，用心比技术更重要。

相比较在车技上下的功夫，张兵在服务顾客上下的功夫更多。张兵利用业余时间自学了《服务心理学》、手语及简单的英语、日语对话，练就了一眼就能看出乘客需求的服务功夫，通过乘客一个眼神、一个动作，就能读懂他们的服务需求，在细节中追求服务的完美。

见过张兵的乘客，都有一个共同的印象：阳光。阳光从张兵的心底透射出来，洋溢在张兵的脸上。微笑是最美的语言，温馨了一车的乘客。只要坐进他的车，就会时时听到亲切而温和的男中音：“莫急，扶稳了！”、“不要慌，慢慢下！”

531路老年乘客多，张兵对老年乘客悉心照顾，态度温和，结识了一帮老年粉丝，专挑他的车坐。有一次，家住易家墩的刘婆婆上了张兵的车，在刷老年免费乘车卡的时候“卡壳”了，没刷响。刘婆婆心里着急，生怕别人怀疑老年证是假的、想逃票，后面等着上车的人也开始催个不停，刘婆婆尴尬得不知所措。这时，张兵却面带笑容地说：“婆婆，您老人家莫急，先上来找个位置坐着吧！”说完，还号召车厢里的乘客给刘婆婆让座，让刘婆婆十分感动。从此，刘婆婆成了张兵的车上的常客。

在531路汉南四村车站，附近一所中学放学后，大量学生上车的时候蜂拥而上、嬉笑打闹，存在很大的安全隐患。出于对学生安全考虑，张兵专门找到学校，向校领导建议组织学生排队乘车、错时搭车。学校领导对这个主动找上门送安全服务的驾驶员表示感谢，采纳了张兵的建议。从此，该校学生安全意识大大提高，排队上车文明有序。

531路沿线有一个聋哑学校，常有聋哑孩子上车。为了便于和聋哑孩子交流，张兵专程请教过聋校的老师，学习一些常见手语，如“你好”、“往这边走”等。几个简单的肢体语言，让这些聋哑孩子感受到了这位驾驶员叔叔的尊重和体贴。2011年，张兵将获得的1.5万元奖金买了100个书包，捐给聋校的贫困学生，并在书包上印上了“文明出行”四个字，意在提醒学生和过往驾驶员文明出行、安全行车。

张兵对乘客，有一种亲情式的责任感。他的用心服务，换来的是乘客发自内心的赞美。“坐张兵开的车，能被尊重和呵护，让人感觉很幸福！”这是一位乘客说出的真切感受。有乘客这样评价张兵：他已经把做好服务的每一个细节变成了一种习惯，不是刻意的表现，而是自然的流露。

三、坚守，在十米车厢

开公交车是个又忙又累的苦差，加班是家常便饭，节假日也几乎没有休息时间。收入低、

责任重、压力大，有些驾驶员坚持不了几年就跳槽了。然而，张兵在这个岗位上一呆就是26年。20多年的执着和坚守，青春无悔，人生无怨。

张兵和公交从小就结了缘，母亲曾是一位公交车驾驶员。读小学时，张兵的理想就是像母亲一样当一名公交车驾驶员。儿时的他天真的以为，开公交车每天可以饱览武汉三镇的风光。1986年，满怀向往的张兵开始走上了公交车驾驶员的岗位。然而，铺在张兵脚下的不是坦途和一路风光。等待他的是单调、劳累、忙碌的工作，低等的收入，还有乘客的责难……

因为热爱，所以执着。多年来，张兵始终坚守在岗位上，几乎没请过假、掉过班，被同事称为出勤率最高的“勤务兵”。风里来、雨里去，日复一日，年复一年，重复着一段路，张兵坚持开好每一趟车，进好每一个站，用好每一脚油门，服务好每一名乘客。遇到高峰时段、突发情况、同事请假等，经常需要有人顶班，张兵总是随叫随到，从不推辞，是一个不折不扣的“铁兵”。

对工作，对乘客，张兵自感问心无愧；但是提起家庭，他一脸的愧疚。结婚20年来，张兵的妻子对他抱怨最多的就是，张兵从来没带她出过远门，没走出过武汉市。这么多年，有人见过张兵掉了三次泪：第一次是他儿子没能考上大学，张兵觉得是自己平时太忙，对儿子的学习疏于辅导帮助造成的，对儿子有太多的愧疚；第二次是他生病卧床3年的父亲临终时，张兵正奔忙在驾驶岗位上，他为没能送父亲最后一程而落泪；第三次是他生日，有位乘客专程为他送来了蛋糕，他为乘客对公交人的理解而热泪盈眶。

其实，凭借张兵的技术，他曾经有机会摆脱这份工作。张兵带过一个徒弟，离开公交后在沿海开了一家运输公司。2004年，徒弟盛情邀请张兵去开车，一个月的工资至少五六千元，比张兵的收入翻了好几番。这是一份不小的诱惑。去还是留？张兵为此失眠了好几个晚上。最终，张兵还是选择留下来。他说舍不得，舍不得开了多年的爱车，舍不得熟悉的同事，更舍不得那些曾给他成就感、信赖他的乘客。

如今，张兵的一家三代仍挤住在四十平米的房子里，张兵仍坚守在十米车厢里。对于张兵来说，这两个“家”虽说空间都不大，但自己觉得充实。

四、“车辆医生”和“节油能手”

在车队，张兵是线路员工身边的“车辆医生”。线路员工车辆遇到了故障，他们不找技工先找张兵去“帮忙看一下”。张兵总是热心快肠，随叫随到。经过一番“望、闻、问、切”之后，张兵每每手到“病”除，排除了故障，为同事解决了不少难题。同事李成金回忆，有个周末傍晚，有台车动不了，技工都修不好，只好搬来“救兵”张兵，他一直忙到晚上12点才修好。张兵的“医术”和“医德”让大家啧啧称赞。

张兵的“妙手回春”，来自于平时的勤学好问、刻苦钻研。张兵常利用业余时间学习、研究车辆构造。2003年，汽油车改装成燃气车，开了一段时间，张兵发现车辆的动力没以前大，耗气量增加。下了早班后，张兵找到民生燃气公司向工程师请教。张兵花了一个下午时间，跟着燃气公司的工程师学习蒸发器拆、装和清洗，请教预防“路堵”的方法，等他学会了，已是晚上7点多，双手甚至已被清洗剂洗白了。

2010年改开欧III标准的柴油空调车后，张兵又钻研起柴油机的工作原理来。不到3个月，张兵对柴油车上各个部件了如指掌，小故障隐患基本能够判断并自己排除。

常年的行车过程中，张兵养成了车辆保养的好习惯：除了严格对车辆进行“十检”外，每跑完一趟车，“围车一转，上车一看”，对车辆进行全面“体检”。看车是否有漏油、漏水

的现象，轮胎胎压是否正常，闻轮毂是否有异味，听车辆运转是否有异响，摸轮毂等部位温度是否正常，摇乘客座椅或扶手螺丝是否松动……一番排查下来，不仅使车辆保持良好的技术状况，也防患于未然，避免车辆因故障路抛，为乘客安全顺畅出行提供了保障。

在车队，代班驾驶员都爱开张兵开的491号车，不但开起来特别顺手，还特能省油。为了把车调试到最佳状况，把单车燃耗降到最低，张兵着实下了一番功夫琢磨。他思考着如何结合线路运营特点最大限度地发挥车辆动力、挖掘节油潜力。当他意识到发动机工况好是车辆运行的根本，他就坚持精心保养发动机，使发动机易于起动，运行平稳；为了避免多踩油门，他甚至还记住了几个繁华路口红绿灯的时间，到了路口根据信号灯的秒数控制好车速，避免频繁停车起步增加油耗。张兵开的车离合器、刹车鼓等易损耗部件到6万公里、两个周期以上才更换一次，基本上都比别人多用一个周期。张兵每年节油平均达1500余升，成为武汉公交行业的“节油能手”。

五、青春，在岗位上闪光

成为公交行业的“排头兵”后，张兵意识到，作为一名共产党员，应该发挥先锋模范带头作用，带出一批技术尖兵、服务标兵、节能精兵。

不管是在上班当中，还是在工作之余，张兵对同事都悉心指导、耐心帮助。张兵的一言一行，是活教材、有感召力。学习张兵，成为大家自觉的行动。在张兵的影响和帮助下，小队的一批年轻驾驶员成长为优秀驾驶员。

▲湖北省武汉市公交531路驾驶员张兵

2010年4月，公交公司开展创先争优活动，张兵的班组带头在站头、车厢承诺“三零四一”（做到零违章、零投诉、零事故，开好每一趟单边、进好每一个站点、用好每一脚油门、服务好每一名乘客）工作目标，“三零四一”工作法在全公司推行得有声有色，带动了一群、影响了一片。在张兵的示范带领下，531路公交线成为代表武汉市公交行业文明服务最高标准的五星级公交线路之一。武汉公交系统涌现了十几个“张兵小组”，上百名“张兵”式的标兵。越来越多的公交车驾驶员加入到争创“三零”新纪录的行列，“四好”工作法成为武汉公交最具影响力的服务品牌。一批公交文明示范线和公交服务明星脱颖而出。

桃李不言，下自成蹊。近年来，张兵先后获得武汉市劳动模范、武汉市优秀共产党员、“全省交通运输服务明星”、全省首个“文明交通之星”、“楚天年度敬业人物”等多项殊荣。

张兵，从一个默默无闻的公交车驾驶员，成为湖北交通运输行业创先争优、为民服务的楷模。在张兵身上，体现出了一种“非常之精神”，让人感动，催人奋进。

在公交车驾驶员岗位上，奉献过，舍弃过，也得到过，张兵无怨无悔。他表示，自己只是公交队伍里的一个普通的小兵，来自老百姓，服务老百姓，他还要为老百姓当好一辈子的“专职司机”！

爱岗敬业　真诚奉献

——记全国城市公共交通十佳先进个人四川省自贡市公交集团公司驾驶员朱红

朱红同志是自贡市公交集团公司宇星运业有限公司“共产党员号”车组、党员示范岗的驾驶员。自1994年参加工作以来，她以高度的责任心和敬业精神忙碌在营运生产一线，工作兢兢业业，任劳任怨，没有发生过一起交通事故，没有引起一件乘客投诉，没有一次迟到，成为公司的生产骨干、先进典型，从2008年至今安全驾车行驶23.9万公里，实现客运产值65.6万元，在员工中起到了积极的先锋模范作用。先后荣获诸多荣誉，曾获市级优秀共产党员、劳动模范，四川省“五一劳动奖章”、“职业道德十佳标兵”等，2008年被授予“盐都十大杰出女性”，2009年被授予“自贡市三八红旗手”，2010年获自贡市“十百千”活动“十大学习典型”，2011年7月评为“四川省优秀共产党员”。

一、用爱扮靓车厢，回报社会

作为公交车驾驶员，37岁的朱红无论在哪条线路上，都以女性独有的认真细致对待所开的每一辆车。从31路的4008号车到33路4079号、4166号再到现在的4266号“共产党员号”车组，每一辆车只要交到朱红手上不管是车外还是车内，不论是座椅还是引擎都是全线最干净、最整洁的车辆，被驾驶员推选为“爱车标兵”。从事过3年售票工作、15年驾驶工作的朱红对公交车在安全、服务方面有更深刻的理解。车辆运行中以安全、平稳的驾驶，细致、耐心的解释，亲切的微笑、温馨的服务让乘客倍感温暖。在2007年，朱红向集团公司爱心基金捐资1200元，这是公司爱心基金成立以来收到的数额最大的一笔个人捐赠，在汶川地震、青海玉树地震及公司内部为困难员工的历次捐款行动中，朱红都主动以自己的实际行动率先在线路上捐款，起到了应有的先锋示范作用，在2011年因获得省级优秀党员称号受到表彰后，朱红又再次向集团公司爱心基金捐款1000元。由于朱红的带动作用，在线路中凡是受到表彰的员工，都会自发主动的用奖励金为线路员工买上些零食或早餐，同事们在分享中体现线路互助互爱的整体观念与团队精神。

二、用心干好工作，奉献青春

作为公交员工，朱红不仅将自己的本职工作干得很出色，更爱动脑筋，积极为公司提出合理化建议。33路终点站掉头需要倒车，在雨天，由于挡风玻璃上有污物看不清，她主动反映情况，建议安装倒车语音提示器。工作中，她主动帮助、团结同事，为线路打扫现场及厕所卫生、下雨天帮其他驾驶员洗车、替身体不好的驾驶员走班等，特别是在2011年，为迎接“优美环境城市”的两次检查工作及公交车车容车貌的整治行动中，公司要求车内地板、两侧墙板及顶棚、天窗都要做到整洁亮丽，朱红不仅将自己驾驶的车辆整理干净，还积极主动利用下班时间帮助同事清洁车内卫生，同事们问她这样不累吗？朱红说："累与不累，取决于自己的心态，做自己愿意做和喜欢做的事情，累也是一种享受、一种快乐！"朱红就是这样快乐地享受着工作。

公司在2010年初开展了"迎省运，展公交风采，做文明使者"的活动，在车容车貌、文明服务的提升上都有更高的要求。在这次"迎省运"活动过程中，朱红同志所在的车组成为了执行运输任务的服务车组之一，运送的是职业中学的学生，由于学生们年龄小、行动活跃，时常需要维持秩序，及时询问人是否到齐等，在最热的七八月份，"省运会"节目排练改在夜间进行，朱红同志经常是在深夜一两点才回家，虽然很辛苦，可看着那些同样为"省运会"表演的孩子们，朱红同志觉得这是作为公交人、作为自贡人的骄傲，能为"省运会"服务很欣慰。

▲全国城市公共交通十佳先进个人四川省自贡市公交集团公司驾驶员朱红在工作岗位上

在生活中，朱红是一位有着11岁女儿的母亲。当提及孩子，朱红总是歉疚地笑着说："好在孩子有奶奶、外婆帮衬着，不然会饿饭的。"的确，丈夫同样身为公交车驾驶员，小两口对女儿的关心、照顾实在太少，哪怕在孩子发烧生病时，朱红也没有请过假，起早贪黑，工作时间长是每个公交车驾驶员必须面对的。作为女性的朱红，硬是把这份艰巨的工作完成得相当出色，令许多男同事们佩服、称道。

三、用责任守护平安

朱红，不仅是一名优秀的公交员工、共产党员，还是33路的安全监督员。为此，她身上的担子更重、责任更大。常与线管员联系，沟通线路上出现的新情况。哪里有堵车、哪个时间段客流增加或减少、哪些路段易被驾驶员忽视产生违法行为或危险等，不仅提出问题，还积极提出解决办法。33路延伸至山水名苑掉头后，朱红主动建议能否在终点站36路线管员登记时间，多一道监督环节，对车速、车距都有益。一次某驾驶员车速偏快并故意不保持车距，朱红看见后先是在运行中提醒，随后又到现场当面指出这种行为的错误，此驾驶员不服地说："你凭啥子管我？""就凭车前摆放的安全值日车牌，我就有责任制止这样损坏公司形象的行为。"朱红的回答义正词严，让人肃然起敬。2012年伊始公司召集安全监督员提建议意见，朱红为公司提出了3条中肯、可行的意见：一是为方便乘客识别的线路标识；二是针对实习驾驶员的安全建议；三是影响公司形象的驾驶员习惯的改进问题，意见切实可行，关于线路的建议已被公司采纳实施，体现的是员工热爱企业、维护公司利益的大局意识，体现的是一名优秀员工为企业发展所思所想的能动性。

四、用行动，树党员形象

作为一线工作的共产党员，朱红深知一言一行必须符合党员的标准。朱红随时严格要求自己，别人每天擦一次车，她擦两次，并且轮胎也会洗干净；其他驾驶员在走班中途去加气、洗车，可她总会利用下班时间进行。在工作中，朱红积极主动，只要是现场需要车或哪个车临时坏了，朱红总能及时顶上，从无二话，努力提高运营班次，增加产值，增收节支，降低消耗。翻阅员工个人台账，朱红在出勤、产值、班次上在公司名列前茅。朱红上班比别人早，下班比别人晚，一丝不苟地做好“三勤三俭”；运行中她始终能以不快不慢的中速行驶，保证乘坐的舒适性，遵守道路交通安全法已成为她的行车习惯。作为共产党员的朱红在个人的心得体会中写到：“要积极勤奋地努力工作，爱岗敬业，时刻保持、体现一名共产党员的先进性，全心全意地为市民、乘客服好务，恪尽职守，勤奋工作，踏实做人，为公交集团公司创造安全、和谐、健康、快乐的新公交尽一份力量。”她是这样写的，工作中是这样做的，真正以一个共产党员的先锋形象影响、带动着一条线、一群人，为公交在市民中树立了良好的服务形象。

五、用真诚助人为乐

朱红同志乐于助人不仅体现在生活中，更体现在对乘客的服务工作中。每次有老年乘客时，她总是特别照顾，33路沙湾站经常有一位七八十岁的老人，专门等着朱红驾驶的车坐，每次见他在站上朱红都会有意识地停在他面前，等他坐好后才起步，一次老人上车时见朱红笑咪咪地招呼他慢点时，老人一高兴跟大家说：“这个司机心好，会长命百岁的！”线路中曾有一位临时工保洁员林姐，家庭非常困难，在她生病时朱红在线路上组织大家为她捐款2000余元，春节期间，朱红又将公司慰问劳动模范的米和油转送给她，为了不让她尴尬还善意地说是单位上发的，朱红就是这样细心地默默奉献着。

生活中的朱红，会主动护送不识路的七旬老人找到女儿家，也会带着眼睛不好的陌生老人去找牙医等，这是朱红对路人的真实行为，从这些普通的、简单的好事当中，让她真实地感受到了那句“助人为快乐之本”的含义，她说：“我的为人处事之道就是真诚相待、豁达相交，用我的行动去感染人，怀着感恩的心去对待身边的每一位朋友、亲人、同事、乘客，用自己的勤奋工作和无私奉献，回报社会所有人的恩惠！”

朱红在平凡的岗位上抒写着自己的青春，在公交车驾驶员职业生涯中树立起一名爱岗敬业的优秀员工、一名严以律己的优秀共产党员的先锋形象，她的先进事迹曾多次被市级报纸专题刊载表彰，2012年10月朱红同志被评为全国城市公共交通十佳先进个人。

情满十米车厢　爱洒高原古城

——记全国城市公共交通十佳先进个人青海省西宁市公共交通有限责任公司驾驶员宋爱萍

宋爱萍同志是西宁市公共交通有限责任公司4路的一名普通驾驶员，1987年参加工作，1999年5月光荣加入中国共产党。自参加工作以来，在乘务员、驾驶员等平凡的工作岗位上，二十多年如一日，爱岗敬业、任劳任怨、真情服务、爱洒高原。她通过长期不懈的努力，取得了许多骄人的成绩，赢得了西宁市民的高度称赞，获得了众多的荣誉。2008年2月获得交通部“全国交通行业文明职工标兵”称号；2008年3月获得青海省“巾帼建功标兵”称号；2011年6月获得青海省“优秀共产党员”称号；2012年3月获得青海省“三八红旗手”称号；2012年7月当选为青海省第十二次党代会代表；2012年10月获得交通运输部全国城市公共交通“十佳先进个人”称号。还多次获得西宁市交通局、西宁市公交公司授予的“优秀共产党员”、“十大优质服务标兵”、“先进个人”等荣誉称号。在如此众多的荣誉光环面前，她淡泊名利，不骄不躁，每当站在领奖台上时，她说的一句话就是“荣誉成绩只能代表过去，不断进步才是我的追求”。

一、树立正确的人生观、价值观

宋爱萍自1987年参加工作以来，不断追求进步，加强理论学习，坚定信念，用正确的人生观、价值观来指导自己的人生实践。始终保持共产党员的先进性，发扬工人阶级吃苦耐劳的奉献精神，逐步将自己塑造成为“有理想、有道德、有纪律、有文化”的四有职工的典范。她始终保持良好的精神状态和高度的责任心、满腔的工作热情、精益求精的劳动技能。她不为公司外面高收入的工作岗位所诱惑，始终坚守在劳动强度大、工作心理压力大、劳动报酬低的公交车驾驶员岗位。看到身边的同事一个个另谋较高收入的工作岗位时，她不为所动，反而真情实意地劝说同事们留下，并乐观地说：“公司的困难是暂时的，靠我们共同的努力，肯定会迎来美好的未来。我的人生理想就是在公交战线上作奉献，做一个生活和事业的强者，对工作干一行、爱一行、钻一行，直到干出一番事业来。”这就是一个优秀共产党员，一个先进工作者的人生观、价值观。

二、情满车厢，爱洒高原

宋爱萍在平凡的驾驶员岗位上，把理想、人生追求和对公交事业的热爱，凝聚成一股强大的工作动力，把满腔热情倾注在“十米车厢”，将文明礼貌、真情服务的一片丹心播撒在高原古城。在二十多年暑往寒来、披星戴月的日子里，她视工作如生命，视乘客为亲人，一心扑在

工作上。她所在的4路路线长、站点多，途经城市郊区，乘客多为学生、郊区的菜农、进城务工的农民工兄弟，且乘客常携带农副产品进城，给4路公交车车厢内的秩序、卫生、安全带来隐患，驾驶员拒载、服务态度不好的现象时有发生，乘客的服务投诉也较多，驾驶员与乘客的矛盾日益激化。针对这些情况，宋爱萍同志除积极协助公司推行整改措施外，她用自己耐心细致、热情周到的服务，很快赢得了沿线广大乘客的一致好评，用真情促进了广大乘客文明礼貌乘车的自觉性，进而带动了4路公交线路全体同事的服务热情，服务质量大幅提升。她靠的是一句贴心的问候和微笑的真诚服务，是温馨的车厢主题文化宣传、安全提示、安全操作规程。乘客在车厢内不站稳不扶好不开车，遇到携带农副产品上车的乘客，不是简单的拒绝，而是耐心细致地劝说，一时劝说不通的，尽量动员车内的乘客礼让给予方便。到达终点站后，她顾不上喝一口水，与保洁组的同志们及时清扫车厢。她用真情感动了广大乘客，赢得广大乘客的理解和支持，努力实现了和谐的乘车环境和融洽的乘车关系。多年来，她的车组受到沿线乘客广泛好评，西宁人都知道有一个热情服务的驾驶员宋爱萍。在上下班高峰时期，因客流大、换乘率高，时常出现唯恐挤不进车厢耽误上下班的乘客，其中极少数乘客对驾驶员恶语相加，遇到这种情况，她总是温而不怒，依旧面露微笑，尽量招呼车内的乘客往里挤一下，让等候的乘客上车，缓释他们急躁的情绪。当看到这些乘客没有耽误上班时间，她会有一种小小的事业成就感，在平凡的岗位上辛苦工作并快乐着！

十米公交车厢犹如一个“大家庭”。如果说宋爱萍对工作如夏天般热情的话，那么，她身边的每一位乘客则分享着这份温暖。在她驾驶的公交车厢里，有时也会在乘客之间发生矛盾，她不是听之任之，而是春风细雨般地劝解调和，发生矛盾的双方很快会心悦诚服地息事宁人，使广大乘客有一个温馨和谐的乘车环境。公交车厢是一个流动的文明服务窗口单位，市政府在大力推介西宁市为“大美青海”旅游城市品牌时，十分重视城市公交的窗口服务效应。在西宁市创建“文明城市”、“卫生城市”、“畅通工程”中，她作为文明窗口单位的一员，积极响应、以身作则，认真执行政府、企业下达的文明服务公约、市民道德公约。带头维护一个城市、一个企业的形象。凡乘坐过她驾驶的公交车的外地游客，无不为她文明礼貌的服务态度所感动，经常打电话赞扬、写信表扬，她为提升西宁市的综合服务水平作出了积极的贡献，受到的众多荣誉称号当之无愧。在二十多年的公交车营运服务中，宋爱萍不知多少次在车厢内救起晕倒的乘客，不知多少次送迷路的老人、小孩回家，不知多少次送还乘客遗失的财物，不知多少次给乘客指示换乘的车站、目的地，她的这些点点滴滴的小事迹虽然平凡，却也折射着伟大。“一个人做点好事并不难，难的是一辈子做好事”，宋爱萍就是这样一个公交战线上的好人。

三、苦练技术，安全责任重于天

宋爱萍同志十分爱惜车辆，犹如战士爱枪一样。她每天在出车前、收车后都要仔细检查车辆的安全技术状况，如制动、传动、轮胎、燃气管线等装置。平时一有时间就对车辆勤保养、勤检修、勤维护，她的车组始终保持整装待发的状态，她所驾驶的青A-20253号车，服役时间长达八年，机器老化严重，但她每天例行的保养工作做得一丝不苟，哪怕一点点无关紧要的小毛病，她都会及时排除、从不拖延。在她的精心保养、精细化操作下，车辆从未在营运途中出现过故障，耽误过乘客的乘车时间，保证了车辆的安全性能、完好率和出车率，年年完成营运、安全、收入等考核指标。2012年她完成营运收入10.5万元，占计划的118％，运营里程4.5万公里，占计划140％，材料、燃气损耗低于定额，创下了连续行车二十年无事故的安全记录。在她的车厢内从未发生过一起因驾驶员操作不当而引起的乘客摔伤事故，“安全出效益”得到了很好的体现。

2012年9月，公交公司更新了407台公交车，她所在的4路车全部更换了新车，但由于驾驶员短缺，公司有部分车辆需要单班驾驶员上岗，劳动强度成倍增加，每天工作10个小时以上，她从不计较个人所得，毅然担负起了单班行车的任务，一般的公交车因停车修理、驾驶员休息等原因，出车率只能保持在85％左右，而她克服常人难以承受的困难，从未请过一天病、事假，出车率始终保持在98％以上。

▲全国城市公共交通十佳先进个人宋爱萍

宋爱萍同志之所以在工作中取得较好的成绩，除了她认真负责、爱岗敬业的工作态度外，还与她过硬的技术本领是分不开的。每当公司举办新材料、新设备技术性能、操作规程讲座时，她都牺牲很有限的休息时间前来听课、认真学习，回去后反复练习、弄懂原理、熟悉操作规程。因此，她保持二十年无事故的安全纪录也是勤学苦练的必然结果。不论公司每年开展“安康杯”优质服务竞赛，还是“节能减排”、“十二五巾帼建功立业”的竞赛活动，她都能出色发挥模范带头作用。

“宝剑锋从磨砺出，梅花香自苦寒来”。宋爱萍同志用真情服务谱写着她平凡的一生，诠释着全心全意为人民服务的真谛。她播撒着辛劳、汗水、责任和爱心的种子，收获的是来自高原古城人民的衷心赞誉和一份和谐，一份幸福!

行车有始末　服务无终点

——记全国城市公共交通十佳先进个人宁夏银川市
公共交通公司1路驾驶员杨秀玉

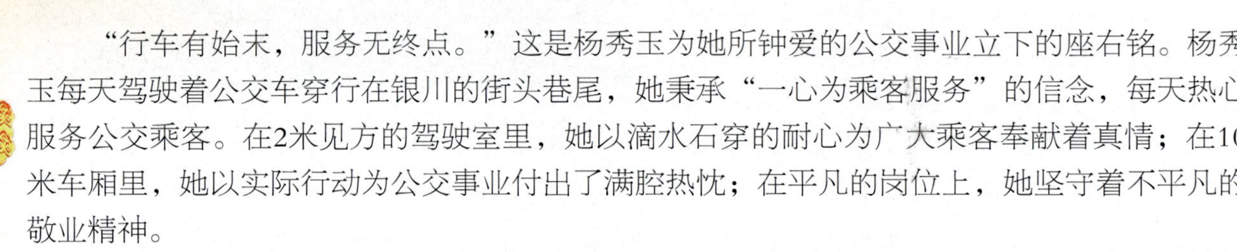

“行车有始末，服务无终点。”这是杨秀玉为她所钟爱的公交事业立下的座右铭。杨秀玉每天驾驶着公交车穿行在银川的街头巷尾，她秉承“一心为乘客服务”的信念，每天热心服务公交乘客。在2米见方的驾驶室里，她以滴水石穿的耐心为广大乘客奉献着真情；在10米车厢里，她以实际行动为公交事业付出了满腔热忱；在平凡的岗位上，她坚守着不平凡的敬业精神。

杨秀玉同志多次被国家相关部委及自治区、银川市等单位评为先进工作者和优秀共产党员：1995年她所在的车组被团中央授予了“青年文明号”称号；2008年被评为银川市优秀共产党员；2011年被评为自治区优秀共产党员；2011年当选为银川市第十三次党代会代表；2012年被评为自治区“三八红旗手”，2012年8月作为银川市“创先争优优秀共产党员”代表参加全市“创先争优”先进事迹巡回演讲，2012年10月被交通运输部评为全国公交行业“十佳先进个人”称号。杨秀玉说：“我没做什么丰功伟绩，这些荣誉都是大家给的。”而广大乘客正是她努力工作的见证人。

一、无惧风雨敢做排头兵

多年来，杨秀玉同志始终以公司利益为重，时刻把握好手中的方向盘，心系乘客、全心全意为广大乘客服务。在她的心中，小小的车厢不仅是她的工作平台，更是她服务乘客、丰富人生价值的大舞台。

无论是做乘务员还是当驾驶员，杨秀玉始终铭记工作职责，从不懈怠。杨秀玉曾当过8年乘务员，直至1992年才被调到驾驶员岗位。在工作中，她发现有些驾驶员在驾驶车辆时思想麻痹、开斗气车，在服务中对乘客出言不逊、态度生硬。要想改变这种现状，她觉得，一定要从自己做起，在工作中注意言行态度，于是她边开车边报站，为服务乘客做到尽善尽美。起初，有些同事不理解杨秀玉过度热情的工作方式，在一旁说风凉话，认为杨秀玉是在乘客面前低三下四、故意讨好乘客，失去了人格，但杨秀玉从不理会风言风语，她坚持：只要自己做的无愧于心，总会得到大家的认同。

她所工作的公交1路是连接银川火车站和汽车站的一条重要线路，线路上车流大、客源复杂，车厢内拥挤的乘客考验着这一线路的公交车驾驶员。杨秀玉觉得，仅凭耐心是不够的，她还利用业余时间熟悉沿线的机关、企业、医院、学校等地理位置，把自己变成了银川市的一张活地图。每当遇到外地乘客，她都主动询问：“您到哪下车？”到站时还会主动提示乘客做好

下车准备。对那些老年乘客、抱小孩乘客或者是孕妇等特殊乘客，她都会倾情相助，不厌其烦地提示乘客为他们让座，直至他们安稳地就坐，她才关门起步。

她的一举一动感动着每位乘客。有一次，她驾车至终点火车站，乘客们都已下车，她便利用休息时间擦拭工作台。此时，她看见车厢前门有一名妇女正在准备把两个大包往肩上搭，她便赶忙去搭了一把手，扛包的妇女抬头看了杨秀玉一眼，忽然把包袱搁地上，紧紧拉着杨秀玉的手说："是你！对对对，就是你！"杨秀玉奇怪地问："大姐，您是不是认错人了？"这位妇女激动地说："俺没有认错人，上次你帮俺把一个大包提到长途汽车站里，俺还没来得及谢你，你说到点该去开车了。"听到这里，她才隐约回想起有这么一回事。妇女边说边蹲下身，从包中捧出花生放到工作台上，杨秀玉怎么拦也拦不住。这是多么动人的画面呀!

杨秀玉也曾多次将拾到的钱物交还到失主的手中。这样的好事杨秀玉不知做了多少次，热心肠的她都认为那是举手之劳。她处处以身作则，为全线路乃至全公司作出了表率，使职工比有模范、学有典型、赶有先进、帮有对象、干有动力，从而以点带面，促进了整个车组、整条线路服务水平的提高。

二、忍让服务感动乘客

"忍让服务"是公交车驾驶员必须具备的基本功，遇上不讲理的乘客，忍让是一种修养和境界。有时候，高峰时间遇上堵车，乘客等车时间久了，上车后情绪非常激动，甚至出言不逊，杨秀玉非常理解乘客上班赶时间急切的心情，就尽量疏导乘客，减少站台滞留时间。2009年，黄河路改造，1路线改线运行，车辆停靠在临时站台，有些乘客不理解，上车就冲着杨秀玉发火，她却依然面带笑容，耐心解释，反复宣传，尽量化解乘客的积怨。还有一次，一位醉醺醺的男乘客上车出示过期证件，杨秀玉提醒他证件过期了，乘客又从衣兜里拿出证件贴在她脸上，并且不依不饶，一路上破口大骂，她没有争辩，这时，乘客们纷纷为她主持公道，一起指责骂人的乘客，当时杨秀玉非常感动，乘客的理解和支持是她做好服务工作的不竭动力。

银川公交也有一条"打不还口、骂不还手"规定，尤其亲情服务是要求所有驾驶员要照顾好上车的"大叔、大妈、大哥、大姐和小宝贝"。有一次，杨秀玉在营运服务过程中，车辆缓缓进站，杨秀玉提前口头报站两次，又使用语音报站器播报站名，请乘客提前换乘，待所有乘客下车后，杨秀玉才起动车辆前行，这时一位男乘客嚷嚷着要下车，她边驾驶车辆边向这位乘客解释乘坐公交车注意的事项，可是乘客哪里听得进去，不仅辱骂并撕破她的衣服，并动手打人，致使车辆无法前行，相持半个多小时，杨秀玉始终坚持说服教育，骂不还口、打不还手。车上有位老大爷也不停地劝说那位无理取闹的男乘客，并对杨秀玉竖起了大拇指，最后，在大多数乘客的支持下，杨秀玉才起动车辆，平稳前行，安全地完成了运营任务，这是杨秀玉乃至整个银川公交公司人忍让服务、人性化服务的真实写照。

三、精心呵护好搭档

公交车就是驾驶员每日的好搭档，只有车辆性能正常，驾驶起来才能安全平稳。杨秀玉是个细心人，每天都会提前到岗30分钟，仔细做好车辆例检工作。

前几年，还在驾驶老1路的她看到同事们节油，她心里也痒痒：什么时候我的这辆"老兄弟"不超油反节油呢？1路线从南门到火车站共23个站点，一个来回就2个小时，进站、出站、遇到红绿灯等，起步近40次，随时都有可能遇到紧急情况，稍不留意，就会多费一脚油。从此，杨秀玉车上留心想，车下仔细问，常与有经验的老师傅们交流驾驶中的操作问题，查找自己的不足，吸取别人的驾驶、节油经验。经过实践，她找到了节油的小窍门，那就是：一要有预见性，看清来往车辆、行人动态和路况，尽量避免紧急刹车；二要轻踩油门、缓抬离合器、慢慢加油；三要进站提前减速，平稳避让。为了让车始终保持良好的车辆性能，她经常学一些修理技术，洗洗化油器，看看油、气路的贯通情况。在老1路时，每个月杨秀玉都是节油前几名。

她热爱本职工作，爱护车辆胜过爱护自己，对车辆始终坚持勤检修、勤保养，出车前和收车后都要仔细检查车辆的安全性能，发现故障，及时排除，不论春夏秋冬、不论严寒酷暑、不管时间多晚，她从不马虎，从不间断。她经常利用终点等待发车的时间把车辆的刹车、转向、灯光一一检查好，坚决不开带病车，这是杨秀玉注重行车安全的第一道防线。她的第二道防线是提高驾驶技能，防止突然情况发生。一次，她开车至新城中站时，一名骑自行车的行人突然拐入主行道，车上的人见状惊讶的叫了起来，眼看一起事故就要发生。杨秀玉通过自己的驾驶技巧稳稳的将车刹住，车上的乘客竟然没有感觉到闪动。而骑车人吓得一脸汗，不好意思地道歉。车上乘客竖起了大拇指说："亏得司机早有准备，才避免一起事故，那位骑自行车的人真该回家包饺子。"杨秀玉安全行车20年，在行车中遵章守纪，无违章、无肇事，多次被驾协评为优秀驾驶员，这可不是一件简单的事。20年的马达轰鸣包含着杨秀玉一颗爱生命、爱乘客、爱企业的主人翁之心。

工欲善其事，必先利其器。别看杨秀玉是位女驾驶员，但她懂得，要做一名合格的驾驶员，就要刻苦地钻研修理技术和驾驶技术，只有具备过硬的本领，才能减少修理时间，才能节省燃料、多创效益，才能为乘客提供更加优质的服务。她利用业余时间学习有关技术知识，虚心向修理师傅学习技术，向老驾驶员师傅请教节气方法，功夫不负有心人，杨秀玉成为了一个多面手。她凭着娴熟的修理技术和驾驶技术，琢磨出了一套车辆维护方法，有效地保证了车辆的安全运行，并大大降低了维修成本。每年她都能超额完成各项运营和服务指标，她所驾驶的车节气、票款收入和服务合格率也名列前茅。她就是这样，把一颗忠于党、忠于人民、忠于社会的赤子之心，全部倾注在爱公交、干公交上，兢兢业业工作，默默无私奉献，朴实平凡，永不满足，用自己的实际行动展示着公交职工文明服务的风采。

四、真诚服务爱洒车厢

为了提升车厢的文化氛围，让乘客走进公交车感受到公交服务工作的品位，在10米车厢里，杨秀玉总是把乘客当作家人一样对待。

为了使服务有新意、工作有创意，她与车组人员用心琢磨，自掏腰包在驾驶座椅背后设置了一个写有"满意在车厢"的便民栏，栏内装有杂志、针线包、纯净水、手纸、雨伞、还有药品急救包等。并在车厢内专门设置了乘客意见簿，倾听、征求乘客对公交服务及线路发展的意见和要求，并能及时反馈给公司领导，使公司能及时了解乘客心声和服务中存在的问题，科学布局线网、方便乘客乘车，不断提高服务水平。她利用业余时间先后整理了《银川市地图册》、《银川市旅游区简介》、《银川公交线路换乘册》等，在她的车上任何时候都是窗明几净，不留任何死角，工作台、座椅靠背、扶手吊环样样干净，总能让乘客有耳目一新的感受。

为了提醒乘客文明乘车，用服务语言烘托车厢气氛，她总结了几条服务用语以备遇红灯时使用，其间有各种问候语，包括节假日时祝乘客节日快乐的语言，还有查验乘车卡后，积极向乘客宣传的语言等。一次，一位带着5岁孩子乘车的女乘客，提着装满孩子衣物的塑料袋挤上了车，不小心袋子被挂了一下，孩子的衣物全部撒了出来，零零碎碎散落了一地，正当她一筹莫展的时候，杨秀玉告诉她："便民袋里有大塑料袋，你可以用来装衣物。"女乘客非常感激，不停地说谢谢，杨秀玉只是微微笑着说："不客气。"

工作中她细心地观察乘客对服务工作的需求，比如中午的时候乘客坐车都有倦意，并且劳累了一上午需要安静地休息一会儿，这时她驾驶车辆的动作更加温柔，油门轻踩慢踏，方向轻打慢回，不必要时不使用语音报站系统，尽量减少较大的振动和噪音，在她的带动下，大声说话的也少了许多，车厢气氛一时自然而恬静。一份耕耘，一份收获，28年来，杨秀玉的用心和热心赢来了乘客们的赞许。各种的表扬信件从不同的地方飞来，新闻媒体多次对她的先进事行过报道，她和她的车组经常被评为素质强、技术硬的能手，她因此成为银川公交优秀典范之一。

近年来，银川公交公司坚持科学发展观，在"优先发展城市公交"的大好机遇下，杨秀玉坚持自己的理念，她清楚地意识到公交是城市的"窗口"，要建立文明的城市就要建好文明的"窗口"。她积极投身于公司"精神文明建设"、"党员三亮三创"、"一创双争"等争做模范党员的宣传和创建活动中，通过对创先争优活动广泛参与，不断提高自身业务素质、不断加强道德修养，并深刻认识到公交"星级服务"的现实意义，从而把自己的思想转化为实际行动。她时常以换位法去服务乘客，她想：假如我们不在公交车上上班，也是每天和上班族一样挤公交车上下班，我们的心情和他们其实是一样的，如果我们驾驶人员话难听、脸难看，肯定会发生不必要的麻烦，那样就有悖优质服务的初衷；但如果我们心平气和，语气柔和，就会减少一起投诉，那么我们的社会服务承诺就会得以落实，如果大家都能达到"星级服务"，所有乘客都愿意乘坐优质服务车，必然会使公交的社会效益和经济效益双丰收。杨秀玉不断总结过去，以诚信对待乘客、以真心服务乘客，助人为乐，规范服务标准，通过车厢传播精神文明，在不断加强职业道德建设的同时，立足岗位建功立业，以模范党员的标准和新的工作姿态去争取更加辉煌的明天，去实践人生的真正价值。

▲全国城市公共交通十佳先进个人宁夏回族自治区银川市公共交通公司1路驾驶员杨秀玉

杨秀玉每天迎来送往着不同的乘客，重复着起步、停车、疏导乘客等平凡工作，就是在这平凡的工作中，杨秀玉同志用自己的行动践行着"乘客至上，服务为本"的服务宗旨，为乘客提供温馨的服务。28年来，她用奉献诠释着人生的真谛，把汗水洒在车厢，营造安全、舒适的乘车环境，把关爱献给乘客，温暖着千千万万乘客的心田。

做一个快乐的传递者

——记党的十八大代表上海巴士二汽49路分公司党支部书记马卫星

原以为，已囊括市人大代表、全国劳动模范、党的十八大代表等众多荣誉、常在媒体前亮相的马卫星，肯定是出口成章满口豪言壮语，可当被问及她有什么愿望时，她却淡然一笑说，希望自己能够健康快乐地生活。希望不仅自己快乐，还能让身边的人快乐，做一个快乐的传递者。

简简单单，朴朴实实，就像她的为人。

其实，这哪里是简单呢？自己乐而天下乐，不正是和谐社会的最高境界吗？

一、假如我是乘客

马卫星的父母是知青，安徽发大水的那年，她跟着母亲一起住进外婆家。一段时间后，母亲打算回家，可外婆却说，根据政策，知青子女到龄就可以回上海，卫星就别走了，在上海找个工作，以后你们退休了回来也方便。

于是，马卫星就这样留在了上海。那年，她刚满16岁。

1991年12月，马卫星进了公交二汽公司49路车队，做乘务员。上班第一天，外婆送出老远，一路叮嘱说，要好好做噢。马卫星答应着，心想："上班了，就是大人了，我一定要好好做，让父母放心，让外婆放心。"

想好好做，跟能不能做好，不是一回事。

20世纪90年代初，乘公交还是非常艰难的。挤，挤得一平方要站7个人，挤得售票员换班时只能从车窗里爬着出去。要是天热，车上没有空调，站在这么拥挤的环境里，再加上堵车，乘客们的怨气可想而知，所以，乘务员常成为他们的出气筒。乘客上车了，叫他们出示月票，他们会发牢骚；交通状况不好，车晚点了，他们也发牢骚；车挤，车下的人上不来，但车内的人就是不肯挪动一下；老人上车了，想请大家让个座，可是千呼万唤，就是没人理睬。那年月，公交行业的职工是非常辛苦的，上早班的，2:30就要起床，3:00就要坐上场里的交通车，做好车辆的清洁才能出车。但马卫星怕的不是辛苦，而是受委屈，经常一圈跑下来到了终点站，她就会忍不住趴在桌上哭上一会。

这些情况都被领导看在眼里了。

49路是一条从1989年便行驶在"先进轨迹"上的线路，是上海最早开始倡导新风车、星级职工的公交线路之一，有着很好的传统。车队的领导、带班的师傅对这些孩子们都很关心，知道知青子女的父母都不在身边，过年了，或是过生日了，就会把大家拢在一起，吃顿年夜饭，或是过个集体生日，还经常跟他们聊天，让他们上别的车观摩老师傅们的工作。起初，马卫星只是模仿老师傅们的工作方法，渐渐地她发现，一辆车就是一个流动的小社会，车上的环境是动态的，所以乘务员的服务也不能一成不变。马卫星开始琢磨，为什么喊乘客出示月票乘客不肯配合呢？假如我是乘客，车那么挤，根本腾不出手来，乘务员再一个劲地催着拿月票，是不是也会恼火呢？假如我是乘客，下夜班已经很累了，好容易坐上一个位置，是不是也不愿让座呢？换位思考，帮助马卫星找到了问题的症结。

49路行驶在汉口路到上海体育馆之间，与其他公交路线最大的不同在于，经过的医院有13家之多，位于东安路的青松城老干部活动中心，又是离休干部经常活动的场所，老人、病人、外地人多，成为这条路线的一个显著特点，为"老弱病残孕及怀抱小孩者"落实座位，也成为49路服务的难点和重点。

渐渐地，马卫星悟出了一个道理：动员乘客让座仅仅有责任心是远远不够的，它还是一门服务艺术，既要有因人而异的方式方法，也要有恰到好处的动作要领和语言感染力，更要有整个车厢乘务员与乘客之间，乘客与乘客之间的真情互动。她总结提炼出了为需要帮助的乘客落实座位的"五种操作法"，即留座法、领座法、代抱法、夸张法和致谢法。有一次，一位80多岁高龄的老人上了车，马卫星不再简单地请大家让座，而是招呼道："谁为这位老寿星让个座，沾一份长寿的光啊？"顿时，几位乘客同时起身让座。还有一次，一位抱小孩的乘客上了车，但座位上的乘客见状纷纷"闭目养神"，马卫星从乘客手中抱过孩子，说："大家看看，这宝宝长得多漂亮。"不少乘客睁开了眼睛。她又不失时机地走到一位中年女子面前说："让这位阿姨抱抱，谢谢阿姨哦。"那位妇女立即愉快地接过了孩子。

马卫星为需要帮助的乘客落实座位的"五种操作法"在上海公交行业全面推广，她的头像被贴在车厢里，"做好事，并不难，只要你肯站起来。"也成为大家耳熟能详的服务格言，并因此提高了整个行业的文明程度。

她的热诚服务也得到了乘客的回馈：一个在书店工作的营业员知道马卫星正在参加自学考试，特地为她送来教科书，祝她考试成功；一位被马卫星服务深深打动的老乘客为她送来了胖大海，"让这位辛勤服务的乘务员小姐保养好喉咙"；还有一位外地乘客写来了表扬信，称"只要踏上49路，就感到特别亲切。"

1994年，由马卫星与其他5名青年职工组成的PC50号车组首次被命名为上海市"共青团号"，1995年，又成为"全国青年文明号"。

二、莫以善小而不为

马卫星自创了很多服务格言，譬如，"我的服务过程，您的满意历程"，再譬如，"用心换理解，用情换满意"，这些格言贴在车厢里，但更多地落实在她的行动上。

找钱，是件再小不过的事，马卫星却十分留意，要是男士是从皮夹子里掏出的钱，她会尽量找给他新一点的纸币，倘若女士是从零钱包里掏出的钱，那么找她硬币就无妨了。天冷，戴眼镜的乘客一走进温暖的车厢，镜片会蒙上一层雾气，马卫星便会立即递上一张纸巾，让乘客擦拭一下；下雨天，她会准备一些塑料袋，让乘客放伞，省得把水蹭到别人身上……

随着公交事业的发展，越来越多的优秀青年走上了管理岗位，到了2003年，原先跟马卫星在一辆车上的那5位同事，都先后离开一线。有人替马卫星抱不平，觉得以她的工作成绩，早就应该提干了，可马卫星却不以为然。她清楚地记得，有个老师傅第二天就要退休了，只剩下最后两圈时，她手中指示转弯、慢行的小旗子丢了，按理说没有旗子用手指示一下也可以，但那位师傅却坚持要站内的管理人员为她重配一把旗子。那位师傅工作了一辈子，从来没得到过什么荣誉，但她的敬业精神，那种善始善终的责任感，却深深打动了马卫星，十几年了都还记着。所以她说："在一线工作，是个很好的历练，我喜欢。"

已是上海市劳动模范和上海市"十大杰出青年"的马卫星，不再满足于售清车票、报清站名、动员让座这些基本服务，而希望在更多的领域里，为乘客出行提供方便，让服务上台阶。

城市变化日新月异，为摸清49路沿线的情况，2003年，马卫星开始骑着自行车走街串巷进行摸底调查。正当酷暑，一个站一个站地转，摸门牌、踩步点，很热，也很累，但马卫星乐此不疲，摸清情况后再认真地记在《工作手册》上。一个半月下来，《工作手册》写满了，上面密密麻麻地收集了各种各样的资料：每个站点附近的企事业单位、主要景观、购物场所和公交换乘路线，就连沿线的15个转弯路口和上下行89只红绿灯数字也都作了精确统计。经过整理汇编而成的《49路服务指南》，现已成为乘务员天天和乘客打交道的"指路人"。

49路沿线医院多，外地病人到上海大医院求诊最担心乘过站、最怕走冤枉路，马卫星对49路沿线各家医院的走向了如指掌，如外地病人到华山医院看病，马卫星会告诉他们，在常熟路站下车往回走，看到华山路再左转弯，3分钟就能到达；又如到五官科医院看病，马卫星会告诉他们，在淮海中路站下车后，先到桃江路再转弯到汾阳路大约5分钟的路程；要是到上海儿科医院看病，马卫星会提醒他们，从汉口路方向去儿科医院是枫林路站下，从上海体育馆方向去儿科医院要走小木桥路……不久，马卫星又将目光瞄准了身背沉重书包上学的小学生，提出要为他们"减负"：动员乘客为小学生让座；利用方便钩在车厢内适当地方挂上书包，或安排适当位置摆放等，使上车的学生轻松了许多，这一做法，受到了社会和家长的一致好评。

2005年，车队成立了由马卫星牵头的"马卫星服务技艺研讨小组"，用团队的智慧，攻克服务中的难关，提高服务质量。

公交"一卡通"在全市推广使用后，出现了很多因刷卡而引起的投诉，马卫星和她的同伴们根据不同乘客对使用"一卡通"的要求和心态，总结出代看法、重试法、辅导法、主动法、唱额法、婉言法、指引法和信任法等8种操作方式，在49路汉口路站和上海体育馆站调度室张贴，积极引导乘客正确使用。遇到老弱病残孕等5种乘客，马卫星会代刷卡后将"一卡通"高举，让持卡人看到，余额报好后再给他；对已坐在座位上的年轻人，马卫星承诺帮他们看好座位，让他们放心去刷；车厢拥挤时，对从前门上来又不急于下车的乘客，在乘客到站之前，提醒他们不要忘了到后门刷卡，这些做法，避免了以往卡调错、金额搞错等情况的发生，由"一卡通"引发的乘客批评投诉，至此归结为零。

莫以善小而不为，马卫星说自己做的都是些小事，但这些小事却如和煦春风，温暖了车厢这个小世界，也和谐了车厢外的大社会。

三、有爱，就有力量

马卫星是个懂得感恩的人，嘴上挂着的，都是别人的好。

2006年，马卫星离开工作了14年的售票员岗位，成为49路车队的经理助理。刚开始很不适应，支部书记徐妹华以前是搞业务的，她很用心地带教，让马卫星每个岗位都去走一遍，怎么调度，怎么派班，怎么出场管理，慢慢熟悉业务之间的衔接。马卫星最怕的就是开会，以前只

要坐着听，现在则要站着说。面对那么多同事，她不知该讲什么，又该怎么讲。但班子成员都在帮她，给她创造机会，让她发言、演讲、四处去做报告，终于让她度过了这个难关。她感激地说："我们这个车队班子真好啊。"

2008年，马卫星成为第13届上海市人大代表，在一次小组讨论会上，她向对面的俞正声书记提出了两个提议：一是公交职工的待遇太低，很多年没有增加过工资；二是公交职工很辛苦，很多年没有领导来慰问。俞正声书记很关心地询问了很多细节，当晚的新闻联播就以"俞书记关心公交改革"的标题，播出了俞书记和马卫星的对话。24小时后，俞正声书记带着一帮人前往车队亲切探望了马卫星和她的司乘同行，听取了他们对公交服务的意见和建议。不久，公交改革的进程加快，职工待遇得到了大幅度提升。很多同行打电话对马卫星表示感谢，可马卫星说："这不是我的功劳，是我们这个政府好啊！"

马卫星有一个温暖的家，丈夫是上海市公用事业学校的老师，还有个10岁的儿子。为了提高自己的综合素质，马卫星上了中专上大专，上了大专上本科，现在研究生又即将毕业了。她工作忙，又有那么多的社会活动，还要读书，所以带孩子做饭全靠她的婆婆。婆婆知道当先进就要付出，所以她总是对马卫星说，别给组织找麻烦。自己生病了，把孙子托付给邻居，一个人上医院吊水，还不让邻居告诉马卫星。马卫星上早班，到车队的交通车站点要走十来分钟，冬季凌晨，走在空无一人的街上，马卫星总有点胆怯，可是不知从什么时候开始，到了点婆婆就在门口等她，一直把她送到车站。所以每当别人夸马卫星，说她公而忘私，无私奉献时，她就会说："不是我有多高尚，多无私，是我婆婆好，是我这个家好啊！"

马卫星说，服务，是永无止境的。譬如，老年人免费乘车曾经引起很多争议，也给司乘人员带来很多困惑，马卫星和她的同事们利用自己的业余时间，先后走访市老干部活动中心、沿线的枫林街道和古美街道，召开老年乘客专题座谈会，征求社区居民尤其是老年乘客对服务工

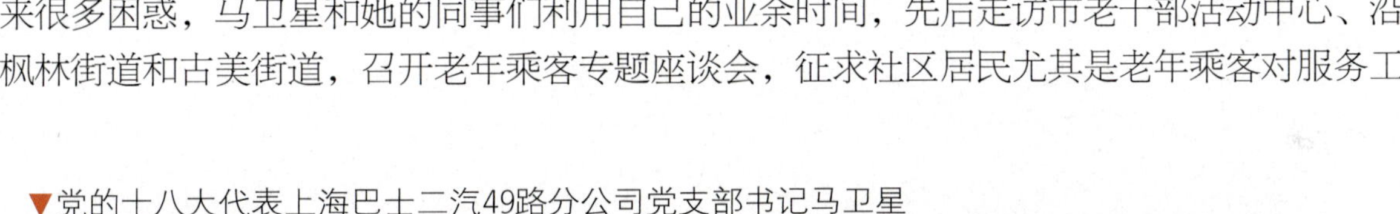

▼党的十八大代表上海巴士二汽49路分公司党支部书记马卫星

作的建议以及老年乘客乘车的需求，并在日常服务实践的基础上，总结出了操作性强的服务老年乘客的“六个一”规范操作法。

有人给马卫星发微博说：“经常看到赶车的人大老远奔着停靠的公交车飞奔而来，跑得那叫一个凌乱！相信司机通过后视镜也能看到，可是总会有个别司机就是不愿意多等那么十几秒带上飞奔的乘客，果断关门开车！剩下乘客苦苦在后面大喊——‘师傅’，赶时间的人都伤不起啊，呼吁师傅多照顾这些苦苦追赶的‘八戒’们。”话说得很幽默，但马卫星却没有一笑而过，她在此基础上提出的“你赶我等，你行我让”工作法，已被巴士公司作为一种行为规范。

当上了党的十八大代表，马卫星比以前更忙了，要参加市里的代表培训，要学习党史及相关知识，要参加调研，搜集党员所思所想。她还组织拍摄了一部“乘坐49路车，感受城市发展变化”的专题片，记录了外滩、人民广场、上海展览中心、衡山路等线路经过的重要景观今昔的变化，在车上滚动播放。可是，每周总有一天，人们还是能在车站上看到马卫星忙碌的身影。

她在微博上说，我们是一群巴士公交劳模，我们热爱乘客，热爱公交，热爱上海。

是啊，有爱，就会有力量！

心中有爱　脚下有路

——记党的十八大代表湖北省武汉公交578路驾驶员王静

人生一世，应该有自己的位置，我的位置就在十米车厢。

——王静

王静，578路驾驶员。在578路站房里，醒目地挂着王静与习近平总书记两次握手的照片。每每提到此事，王静都会激动地说："我觉得自己真的很幸福！"2008年，这位远近皆知的武汉公交"节油大王"进京参加全国人大会议，与当时的国家副主席习近平第一次握手；2012年出席党的十八大期间，再次与习近平握手。

两次握手，时隔四年。四年里，王静被评为"全国十大节油王"。"王静工作法"作为国家交通运输部节能减排项目在全国范围内推广。王静应邀到全国各地讲座交流已达100余场次，为交通行业节能减排工作作出突出的贡献。

四年后再次进京，王静亲耳聆听了党代会关于推进生态文明，建设美丽中国的声音。王静在回答媒体采访时曾激动地说："这次大会，我最关注生态文明建设。"她认为，大会报告中提到的推进绿色发展、循环发展、低碳发展，给公交行业带来了良好的发展机遇。她将不辜负各级领导和公交人的期望，为建设美丽公交事业再作贡献。

王静所在的578路从汉阳门到东湖，一个来回33公里。王静每天周而复始，风雨兼程，在这条路上，她已经行驶了23年。这段路，印记了王静的人生轨迹。平凡的王静创造了几个不平凡的记录：安全行车65万公里，节油4.5万余升，发动机运行40万公里无大修。因为这几个记录，王静成了新闻人物。她从一个默默无闻的公交车驾驶员脱颖而出，成为"全国十大节油王"、全国技术能手、全国三八红旗手、全国人大代表。

尽管众多的荣誉光环笼罩在王静身上，她并没有褪掉一名普通驾驶员的本色。从1988年到现在，开了20多年公交车的王静没有厌倦感，依然难舍她手中的方向盘。在王静眼里，手中的汽车方向盘就是人生的方向盘。干一行，爱一行，爱一行就要干好一行。

一、把乘客当亲人，把行人当亲人

在公交578路，许多乘客称呼王静为"甜妹子"。王静的"甜"，来自于她亲切的笑容、轻柔的语气、亲和的态度。

王静在接受媒体采访时说过："我认为在我们公交车上，要将乘客当亲人看待。如果你把市民当亲人，把老人当父母，把中年人当兄弟姐妹，那么你就觉得这一切都是应该做的，自己的服务也会做到位，最重要的是工作会变得快乐。"

把乘客当亲人，把行人当亲人。王静推行的是一种牵挂式的服务：有老人上车，她心里就惦记着他是否有座位，及时提醒乘客让座；当行人在车前过马路或者与骑自行车的路人并行时，她心里也会惦记着他们的安全，担心出现意外。王静开车，不是一心专用，而是一心多用，她时刻关注着车里车外的行车环境，始终将车掌控在安全平稳的状态。

真情服务，精益求精。为了提升广大乘客对公交服务的满意度，王静将服务当成一门艺术，精心钻研，用心揣摩。王静常换位思考，运用所学的心理学知识，掌握乘客心理，热情主动。如遇到外地乘客，她往往会主动问询对方去处，及时提醒乘客下车。对乘客多微笑，少责备；讲求语言艺术，尽量用柔和的语气和沟通技巧，拉近和乘客之间的距离，建立和谐的司乘关系。“有一次，在中南路站有位拄着拐杖的老年乘客上了我的车，车上有空座他都不坐，当时觉得有点奇怪。通过交谈，我才得知这位老人患有风湿性关节炎，每天要到中南医院做理疗，为了上下车方便有座位也不坐。后来，只要遇到这位老人乘车时，我都会将车停得尽量离他近一点，上下车时就会动员乘客帮忙搀扶一把。提醒乘客给他让座。从此，这位老人每次乘车，都专门等着坐我的车。我觉得这是对我的信任，自己也觉得很欣慰。”

“微笑多一点、嘴巴甜一点、语气柔一点、度量大一点、仪表美一点、服务好一点”，王静在实践中总结出的“六个一点”优质服务法，如雨润花开，温馨着车厢。

二、为乘客优质服务，安全是首要保障

2012年11月21日，湖北省、武汉市两级媒体《湖北日报》《楚天都市报》《长江日报》都在头版头条刊发了《公交车上问民生》的新闻，湖北电视台、武汉电视台、荆楚网等媒体也作了同题新闻。

原来，王静在出席党的十八大期间，代表全省公交行业干部职工诚挚地邀请李鸿忠书记、王国生省长到公交走走看看。对此，李书记深表赞许：“很好！王静，你所在的是哪条线路？”王静告诉书记，她开的是578路，从武昌临江大道一直到东湖梨园，沿途经过省委、省政府。鸿忠书记说：“好！我回去以后有机会去去，我乘车能免费吗？”当时王静连忙说：“书记！您还年轻，按政策65岁才能办证免费乘车。”

没想到，李书记真的到了578路坐了王静开的车，并在车上现场办公。坐了王静开的车，李书记夸道：“车开得又稳又好，辛苦了！”并寄语王静：“你的岗位虽然平凡，但意义十分重大，像你这样，立足本职工作岗位，把自己的活干好做精，让老百姓出行平安舒服，本身就是民生工作的一部分，就是在向老百姓传递党和政府的温暖。”

许多坐过王静车子的乘客都有一个共同的感受，那就是：稳当。有一位经常坐王静车的老乘客，对王静开车的那份细致赞不绝口：“王师傅的车，一路上不管是红灯，还是进站，总是刚好滑行到位，竟然能够不踩一脚急刹车。王师傅开车不急不慢，从不抢道，坐王师傅的车，心里踏实！”

一直以来，王静将安全意识深深扎根在脑海里，牢牢拴在方向盘上。处处小心、时时留意。开一辈子安全车，是她最坚定的目标。为确保安全行车，王静经常告诫自己，要保持一种心平气和、不急不躁的心态，养成文明行车，礼让三先的好习惯。平时每次出车前，她一定会认真检查车辆的状况，确保安全上路；行驶途中，严格遵守交通规则，随时观察行人、车辆和道路情况，不随便超车，不违规变道；遇到人行横道、红绿灯的地方，一定会提前减速，避免急刹车，保证乘客安全。

从汉阳门到东湖梨园，一个来回105分钟跑下来，进站、遇到红绿灯等，共需起步200余

次，王静始终坚持“平稳些、再平稳些”的信条。正如不少乘客对王静开车评价那样——“安全到家、舒适到家”。

“不违规操作、不疲劳驾驶、不开带病车，好习惯、好心情、好性格”。王静总结出的这套“安全驾驶法”，没有过多的技巧，靠的是几十年如一日认认真真、一丝不苟地去践行。

三、要想开好车，就练硬本领

要想开好车，还需要先了解车，维护好车。为此，王静养成了爱学习的好习惯。向书本学，向同事学，勤学加好问，琢磨加总结，硬是把汽车的构造和维护知识摸熟摸透，提高了汽车驾驶水平和修车技术，成了公交行业的行家里手。

在王静看来，光开好车还不够。如果能在提高汽车的性能同时节油降耗，提高营运效益，将会是一笔不错的经济账。

▲2012年11月20日，湖北省省委书记李鸿忠乘坐王静的车体验民生并看望公交员工

当初，正是凭着一股子钻研劲儿，王静就琢磨着如何在节油降耗上下功夫。渐渐地，在开车过程中，王静摸索总结出了一套简单易行的操作方法：“一查，二看，三配合，慢起步，柔进挡，中速行，缓进站”的十九字行车口诀。这套方法简单易学，节油效果明显。王静一举成为“全国十大节油王”。有人作过这样的统计：20多年来，王静节省下来的汽油，足以使一辆小轿车围绕地球跑15圈！

成为“节油王”后，王静毫无保留，把自己的节油小窍门手把手教给了同事们。并不厌其烦，经常给同事们灌输节油的意识，鼓励大家持之以恒，养成节油的好习惯。王静从自己一个人节油，到通过传、帮、带同事和同行们一起节油。在王静的影响下，武汉公交五公司已建立76个王静工作小组。一时间，“节油王”王静的节油经四处开花结果，所产生的经济效益和社会效益无法估量。

2007年，578路的车辆初改用天然气，大家操作起来不习惯。为此，王静反复琢磨出了一套“油改气”的操作要领。王静又从“节油王”变成了“节气王”，公司规定行驶100公里天

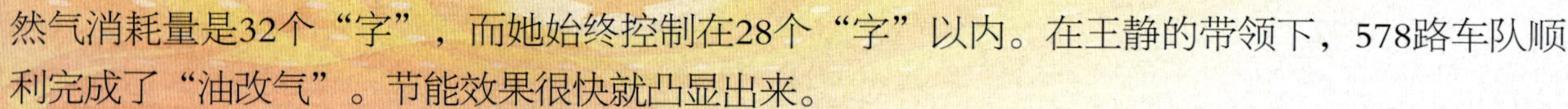

然气消耗量是32个“字”，而她始终控制在28个“字”以内。在王静的带领下，578路车队顺利完成了“油改气”。节能效果很快就凸显出来。

四、推行王静工作法，效力节能减排

2008年，湖北省交通厅将王静的服务经验、节能技巧总结成“王静工作法”，并将其作为节能减排项目上报至国家交通运输部。从“节油王”到“节气王”，王静始终坚持工作创新，践行节能降耗理念。王静的先进事迹得到各级媒体宣传报道，引起广泛关注。“王静工作法”在湖北交通运输行业被当成活教材全面学习推广，“王静效应”在不断扩大。

出名后的王静成了大忙人，应邀到处讲座交流。从市内到省内，从省内到省外，王静每到一处，都是现身说法，不但传经送宝，细致讲解汽车节能技巧，而且呼吁大家从小事做起，从每天做起，身体力行，践行节能减排。王静的讲座朴实而不乏精彩，所到之处，反响很大。几年来，王静进行的各类讲座交流活动已达到100场，为推动全国交通行业节能减排工作作出了应有的贡献。

当选全国人大代表后，王静的肩上又多了一份社会责任。她关心、参与的事越来越多了。节假休息日，王静和单位同事一起经常从事志愿者服务。有一次，王静和同事们开着公交车，将一批残疾人专程义务送到东西湖慈惠农场，让不方便出门的残疾人呼吸到郊外的新鲜空气，开开心心游玩了一趟。为别人服务，给别人快乐，一点一滴总关情，多年来，王静始终保持着一颗素朴而美丽的爱心。

心中有爱，脚下有路。10米车厢是王静流动的人生舞台。在这个舞台上，王静用青春、汗水、爱心，演绎了一部精彩的人生交响曲。当上了党的十八大代表的王静表示：作为一名普通的公交车驾驶员，最大的追求是开好车，服好务，为“两型社会”建设多作一点贡献！

满载真情　播撒文明

——记党的十八大代表北京公交集团公司104路（快车）驾驶员刘美莲

刘美莲，是北京公交集团公司电车客运分公司104路（快车）驾驶员。自1995年来到北京公交集团公司参加工作以来，连续3年获得“北京市经济技术创新标兵”荣誉称号；2007年，荣获“首都劳动奖章”荣誉称号；2008年，荣获“奥运立功首都劳动奖章”；2009年，荣获“全国五一劳动奖章”；2010年，被授予“全国劳动模范”荣誉称号，并在人民大会堂受到了国家领导人的亲切接见；2012年，刘美莲同志又光荣当选了党的十八大代表。

作为无人售票线路的驾驶员，刘美莲多年来主动细心揣摩安全行车与同时做好车厢服务工作的关系，把良好的车厢服务作为保障行车安全的“助推器”。她反复摸索车厢服务经验，总结出了“三心、三勤、三主动”的服务方法，“三心”，即：对外地乘客耐心、对老弱乘客关心、对问询乘客热心；“三勤”，即：脑勤多思，眼勤多看，耳勤多听；“三主动”，即：主动问候乘客、主动扶老携幼、主动排忧解难。同时，针对老年乘客出行的特点，她还就如何照顾好老年乘客总结出了“五要”的服务方法：一是进站时细观察，看到有老年乘客候车要心中有数；二是老年乘客上车勤提醒，请老人当心慢走；三是车厢里热情招呼，及时帮助落实座位，同时询问下车地点；四是行驶途中多小心，尽量避免急刹车；五是等候老年乘客下车时要耐心，确保车辆停稳再招呼老人下车。刘美莲用心、用情服务于每一名乘客，始终把保证乘客安全、热情周到服务贯穿于工作始终。

一、敬业爱岗，甘于奉献

刘美莲从幼年时就非常羡慕公交车驾驶员，感觉公交车女驾驶员尤其神气。可当她当上一名公交车驾驶员后才真正体会到每天早出晚归、风吹日晒、放弃节假日的辛劳，体会到有时还要承受个别乘客不理解的委屈，但这些都没有影响她对本职工作的热爱和对理想信念的追求。刘美莲热爱公交、甘于奉献，她把乘客当成亲人、把车厢当成自己的第二个家、把工作当作享受和快乐的事。十多年来，她出满勤、走满趟，从未迟到过一次，也从未休过一天病事假。

刘美莲刚刚从事驾驶工作时，为了方便照顾年幼的孩子，爱人联系给她调去一家公司做文秘工作。到了办手续那天，车队领导问：“美莲，咱们朝夕相处这么多年，亲如兄弟姐妹，你真舍得车队、舍得大家、舍得乘客么？”一席话将刘美莲说哭了。她真舍不下！她一步步走到今天，被乘客誉为“最喜爱的驾驶员”，从运营服务工作中体会到了作为一名公交员工的快乐与幸福、人生的充实与价值。刘美莲最终选择留在了自己眷恋的公交车驾驶员岗位，同事称赞她为“甘心坐驾驶舱，不愿坐办公椅的公交人”。

2003年，刘美莲光荣地加入了中国共产党，此后她更加严格要求自己，努力践行“为人民服务”的宗旨。在日常工作中，她主动向新职工传授安全行车、节油、服务乘客的工作体会和方法，对家有难事的职工给予力所能及的帮助，并慷慨地拿出自己的部分劳模津贴为车队300多名职工购买了擦车布，为104路（快车）30部运营车辆制作了统一规范的区间车牌，为每部运营车配备了废纸篓。为了向建党90年华诞献礼，刘美莲向车队全体党员发出倡议：佩戴党徽上岗，努力创先争优，承诺“五带头”。她的倡议得到了车队党支部和全体党员的积极响应。

十多年如一日的工作中，刘美莲坚持每天至少提前半小时到岗打扫车辆卫生，爱人和儿子也常常到车队帮她擦车。同事们经常不解地问她：“车队不是有保洁员吗，干嘛还自己干，上一天班多累呀。”刘美莲总是笑着回答：“自己擦出来干净，而且心里踏实，还可以腾出保洁工的时间去擦别人的车。”目前，在刘美莲的带动下，104路（快车）车队用业余时间打扫车辆卫生的职工越来越多，大家每天比谁的车擦得更亮、比谁的机件卫生更干净，在车队悄然形成了敬业爱岗、以队为家的良好气氛，车队运营车辆的整洁水平有了明显提高。

2008年她为制作到达各体育场馆的乘车线路图沿途一站一站走访，顾不上照料年幼的儿子；为了工作，最疼爱她的爷爷弥留之际也未能见上一面，这让刘美莲终生遗憾，但她从未因为个人原因影响工作，为全体员工作出了表率。

二、安全行车，文明服务

104路（快车）途经王府井、北京站等繁华路段，客流量大，外埠乘客多，大小路口近120个，信号灯56个，机动车与非机动车并行的地段有6处，道路情况比较复杂。15年来，刘美莲每天行驶百余公里，重复进出站200多次，安全行驶里程30多万公里，运送乘客200多万人次，没有出现过一次交通违章，没有发生一次哪怕是小到刮蹭的交通事故。之所以能够做到这一点，是因为刘美莲时刻想着人民群众的生命安危，坚持做到“礼让三先、不争不抢、文明驾驶”。

安全行车绝不是从脚踩油门的那一刻算起的，而是要确保安全不分车上车下。一个冬天的早晨，天刚蒙蒙亮，刘美莲认真做着出车前的安全检查，隐约听到车底下传出“沙、沙”声，不敢有丝毫大意，她立刻弯腰仔细查看，只见一个脚穿白皮鞋、脸上蒙着白塑料袋的妇女躺在车下。刘美莲立即向车队领导报告，并和同事一起将这位欲寻短见的河北妇女从车下拉了出来。现场围观的路人纷纷感慨道：“要不是这位女司机心细，她就没命了！”在和同事、路人一起对这位河北的大姐进行了耐心开导后，刘美莲给了她100元路费，让这位妇女踏上了回家的旅途。事后，刘美莲越想越后怕，当时如果有一丁点儿疏忽，后果不堪设想。

文明服务需要从小事做起。一次，刘美莲驾车从安定门出站时，用余光看到一位身着白色连衣裙的姑娘骑车从胡同里拐出。由于当时刚刚下过大雨，为了躲闪路边的积水，姑娘慌乱地使劲摇晃车把。见此情景，并排而行的刘美莲把车速放得很慢、很慢，直到她安全通过。事后，那位姑娘给车队寄来了一封热情洋溢的表扬信，写道：“那天，是我第一次去见男朋友，唯恐地上的积水弄脏了衣裙，多亏遇到了好司机，她主动将车速降得很低，直到我顺利通过，由此我看到她和外表一样美丽的心灵。”

三、贴心服务，满载真情

关注乘客需求，努力提升服务水平。2009年，北京市政府出台了65岁本市老年人免费乘坐公交车的惠民政策，乘公交车的老年乘客有所增加。作为无人售票线路的驾驶员，怎样才能确保老年乘客乘车安全，成为刘美莲的一件心事，她以宣传文明乘车、尊老爱幼为内容精心设计制作了“爱心座套”，每个座套上都写上一些贴心话，比如：“大爷，您坐这儿，文明就这么简单”、“帮助他人，快乐自己”、“我们都有老的一天”、“抱小孩的乘客真不容易”等，引起乘客的共鸣，进一步营造了文明乘车的氛围。刘美莲将乘客的点滴需求都当作大事对待，寒冷的冬日，她为每个座椅配上爱心棉垫；炎热的夏天，她为乘客备好小凉扇；雨雪天，准备了爱心伞；平日里，准备了《导乘手册》、针线包、方便钩、创可贴、晕车药等。举动虽小，却传播了文明，营造了和谐。

看到不少乘客从国展家乐福购物后大包、小包拿着很费劲，细心的刘美莲特意准备了宽胶带。一天，一位大妈拖着一小车木板，上车后松松散散地洒落一地，刘美莲主动拿出胶条帮助她缠捆好，大妈感动地说：“真是好闺女，这家里的儿子都指不上。”刘美莲笑着说：“举手之劳，这是我应该做的。”小事见真情，一车的乘客投来了赞许的目光。还有一次，两位操着浓重东北口音的老大娘从和平里上车说是要到北京站赶火车，车行驶到王府井时突然大雨滂沱，刘美莲主动给他们送上“爱心伞”，二老因不能归还非要交款购买。刘美莲谢绝道：“这真没几个钱，也不算什么，您就当是收下北京公交人的一份心意吧。”刘美莲的辛苦和付出得到了乘客的认可，乘客们把她的车喻为“舒适温馨的家”。

▲全国劳动模范北京公交集团公司104路（快车）驾驶员刘美莲在工作之余清洁车辆

送人玫瑰，手留余香。不少老年乘客都与刘美莲结缘。一次，刘美莲的嗓子哑得说不出话，多年受她照顾的乘客张大妈特意给她端来了一大瓶精心熬制的绿豆汤。大妈说：“姑娘，你赶紧喝点去去火，我天天给你送，直到你嗓子好了。”家住和平里干休所的杨玉德老伯常坐刘美莲的车，他告诉刘美莲：“干休所的老同志都说，就是多等几分钟也愿意乘98216号车，因为你‘行车最安全、服务最热情、车厢最干净、长得最漂亮’。”刘美莲不但人长得美，言行更美，不少乘客亲切地称她的车为“公交美眉车”。

四、播撒文明，营造和谐

刘美莲努力营造车厢和谐温馨的氛围，树立了首都公交良好的社会形象。为了让乘客乘车有宾至如归的温馨感，她开动脑筋，精心装扮车厢，营造和谐氛围。追随着奥运的节拍，刘美莲把不足20米的车厢作为释放奥运情怀的平台，围绕宣传奥运、服务奥运不断创新。2001年北京申奥成功，她在车厢进行了"英语长廊-奔向2008"的主题宣传，为乘客学英语提供方便；2003年她在车上设置了"文明车厢爱心座"，为提升文明素质加油助威；2004年她用"绿色草坪"和"垂吊的绿色树叶"装扮车厢，给乘客带来了"绿色"和"环保"的启迪；2005年她将奥运吉祥物五个可爱"福娃"宝宝请进车厢；2008年她制作了31个奥运场馆及公交车到达的线路图，方便了来自各地的游客。"非典"肆虐京城时，她精心布置"千纸鹤祝福平安"宣传环境；汶川地震后，她推出"珍爱生命，学会应对突发灾难"专题宣传；近两年，又以低碳生活绿色出行为主题宣传环保知识……

刘美莲锲而不舍地利用小小的车厢播撒文明、营造和谐，树立了首都公交良好的社会形象。各种新闻媒体对美莲的车厢宣传给予大量报道，《北京日报》《北京晚报》《北京新闻热线》《北京七日七频道》等多家主流媒体百余次登载宣传她的"作品"。北京地坛小学特意请美莲做"绿色奥运你我他"专题宣讲，多次邀请她参加该校几次大规模的环保宣传活动，并聘请刘美莲担任了地坛小学的校外辅导员。

公交优先服务必须优秀，因为公交是首都的窗口，公交的形象代表的是北京的形象。刘美莲就是这样恪尽职守，在平凡的岗位上作出了不平凡的业绩，成为首都公交的一张名片、乘客心目中的贴心人。一些常坐她车的老乘客说："美莲是我们最喜爱的驾驶员，是我们的好朋友和一家人。"

2012年11月，作为11万首都公交员工的代表，刘美莲同志光荣地当选为党的十八大代表。刘美莲感到自己手中的方向盘分量更重、肩上的责任更加神圣。刘美莲说的好："公交的线路有终点，但安全行车、文明服务没有终点，我人生的追求没有止境。为了让乘客安全、快捷、方便、舒适地出行，为了建设人民群众满意公交，我将继续安全行车、优质服务，继续奔行在繁忙的公交线路上！"

公交服务没有“终点站”

——记党的十八大代表云南省昆明市公交集团61路驾驶员李新萍

李新萍，女，汉族，1970年1月出生，大专，1990年2月参加工作，2004年6月加入中国共产党。1990年2月至1995年10月担任昆明公交集团的乘务员；1995年11月至2011年2月转岗担任昆明公交集团驾驶员；2011年3月至2011年12月任昆明新世界第一巴士服务有限责任公司女工委主任；2012年1月至今，任昆明公交十三车队驾驶员、党支部书记。

22年来，李新萍同志坚持以马列主义、毛泽东思想和邓小平理论为指导，牢固树立正确的世界观、人生观、价值观，把远大理想同实际工作有机结合起来，全心全意为乘客、为员工服务。无论是当乘务员或是驾驶员，还是当公司女工委主任或现在的党支部书记，她都能干一行、爱一行、钻一行。她用对公交事业的执著、热爱和追求，对每一位乘客都热情周到、耐心细致地服务，对集体和同志非常关心。她在平凡的岗位上默默耕耘、无私奉献，用真诚、爱心、汗水、辛劳赢得广大乘客的一致好评和普遍赞誉。从她的身上体现出昆明公交员工崭新的精神风貌和社会价值。在各级领导的关心、帮助、培养下，李新萍努力工作，荣获多种奖项：1999年荣获“昆明市百佳服务明星”称号；2002年被评为“昆明市优秀文明市民”；2007年荣获“全国五一劳动奖章”和“云南省爱岗敬业模范”；2010年被授予“全国劳动模范”光荣称号。2010年4月25日，原昆明新巴公司领导亲自把李新萍送上了赴京领奖的飞机，并于27日参加了在人民大会堂举行的“2010年全国劳动模范和先进工作者表彰大会”，胡锦涛总书记在会上做了重要讲话。李新萍说：“那一刻我真正体会到了作为一名普通劳动者的光荣和自豪，感到心潮澎湃、思绪万千……”

一、于细微处见真情

城市公交企业是向社会提供重要公共产品和服务的行业，是重要的社会文明窗口，具有公益性、社会性、时代性、服务性的特征，公交企业驾驶员工作的内涵就是一种对社会的奉献精神。公交企业的工作效率和服务水平，代表着企业的形象，反映着一个城市的文明程度，影响着党和政府的声誉。李新萍同志深切体会到，公交车驾驶虽然是一个平凡的职业，但公交服务联系着千家万户，与人民群众的生产、生活息息相关，而公交服务水平又是靠企业中每一个员工的日常工作来体现的。公交车的“十米车厢”，是一个展示公交形象的“窗口”，是一个反映城市精神文明的“小舞台”。特别是在日趋竞争激烈的客运市场，只有靠文明、规范的服务来打造企业核心竞争力，才能赢得乘客、赢得市场、赢得企业的生存与发展空间。她在不断总结、积累车厢服务工作经验、特点的基础上，探索出车厢服务的“三多”，即：见到有乘客跑来时多等一会；见乘客有困难时多帮一帮；乘客上下车时多问一问。她坚持“高标准，严要求”，从小事做起，注意服务过程中的每一个细节，坚持不懈地服务好每一位乘客。

有一天，天气较闷热，李新萍驾驶车辆行进到北京路口等信号灯时，突然听到“扑通”一声，回头一看，只见一位30多岁的妇女从座位上摔倒在车厢的地板上，周围的乘客都闪到了一旁，李新萍一时之间不知所措，急忙把车靠边停下，快步走过去，只见那位妇女脸色惨白。李新萍一边招呼车上的乘客帮她一起把这位妇女扶到座位上，一边打电话叫120救护车，并向车上的乘客说：“车上有位病人需要救助，要耽误大家一点时间了，非常抱歉！”。很快救护车到了，那位妇女苏醒过来对医生说：“是老毛病犯了，血糖低，不用去医院，休息一会儿就好了”。听她这么一说李新萍悬着的心平静了许多，凭着多年的工作经验，血糖低吃点糖就没事了，李新萍急忙跑到附近的小卖部，买了一瓶水及一些糖，递给那位妇女。当那位妇女从李新萍手里接过糖和水时，激动地连声说道：“谢谢你，师傅！”李新萍把那位妇女交给120的医生后，又回到了自己的驾驶岗位上。这时，车上的乘客对李新萍都竖起大拇指，不停地称赞到：“昆明公交驾驶员真了不起！”第二天这位妇女在家人的陪伴下，将一面写有“危难见真情、友爱是一家”十个大字的锦旗送到车队表扬李新萍助人为乐的事时，车队才知道在李新萍所驾驶的车上发生的一幕。

在一个很平常的下午，天下着雨，李新萍驾驶公交车从机场返回到金星立交桥车站时，车内已没有乘客。李新萍习惯性地环视了车内情况，突然看到在右边第三排座位下，有一个厚厚实实的信封掉在车厢的地板上。李新萍警觉起来，因为公司要求每位驾驶员每趟车回场都要检查车上有无危险物品及乘客遗留物。到站时李新萍小心翼翼地把信封捡起来看了看，发现信封里装着一张机票，一本户口簿及部分证明，机票是第二天早上8点的航班。李新萍心想到丢失机票的乘客一定很着急，回到车队后，立刻把信封交给了车队领导。因为一时无法与失主取得联系，车队领导只有求助《春城晚报》热线帮助查找，晚报记者马上与昆明机场联系，几经周折最终查到了订票人的联系方式，经过一番爱心接力，车队终于与失主取得了联系，晚上8时左右，失主何小姐与记者一起赶到车队调度室，取回机票，并连声道谢，当场拿出300块钱要酬谢李新萍，李新萍婉言谢绝了，因为李新萍觉得这是应该做的，也是一名公交车驾驶员基本的职业操守。

在李新萍的车厢里，随时准备着一桶清水，只要有时间，她就擦洗车辆，打扫车厢卫生，为防止乘客向车内外扔杂物，她还自己购买了纸篓供乘客使用，她还准备了方便袋、当日报纸、市区旅游图、便民小药箱等，每天当班时以微笑和周到的服务迎接每一位乘客；在这南来北往的流动公交车厢里，有来自不同地区、不同年龄的乘客，面对说着不同方言的乘客，李新萍总是用亲切甜美的普通活一遍又一遍播报着即将到达的前方车站站名和转乘其他线路的公交车，并重点介绍车站附近的旅游、购物、商业、金融、学校、医院等网点，为广大乘客提供尽可能多的服务和帮助；对于行车途中遇到的一些突发事情，李新萍都会耐心地向乘客解释清楚，并用诚恳的语气通过报话器以求得乘客的谅解、支持和帮助；为了使乘客乘车有一种安全感、温馨感，针对老、弱、病、残、孕和怀抱婴幼儿的六种特殊乘客，李新萍总是把车开得慢一些、稳一些，并用平和的口吻进行安全乘车宣传、动员乘客让座；当遇到一些特殊问题需要向乘客解释时，李新萍又总是以委婉的言语既提醒了乘客，又得到乘客的理解和配合，使优质服务和运营效益同步提高；在整个行车服务过程中，李新萍还会结合行车中的实际情况，有针对性地进行服务宣传，把优质服务、温馨服务、和谐服务的内涵和理念不断延伸……

也是很平常的一天晚上，李新萍驾驶着61路车在赵家堆车站上下乘客时，突然闻到了一股刺鼻的异味，听到车里的乘客大声抱怨，原来是车上的一位乘客酒喝多了，李新萍赶快从杂物箱里拿出了一个塑料袋子递给这位乘客，就在这时，这位乘客猛地吐了起来，污物刚好吐到李新萍的手臂上，这时，车厢里的乘客都注视着事态的变化。李新萍什么话也没有说，用纸擦了擦，还把卷纸递给了这位醉酒的乘客，一边用拖把将车厢地板上的污物拖干净，一边问他是否好些，他一下愣住了，李新萍的行动感动了他，他不好意思地说："今天晚上高兴和朋友多喝了几盅，没想到给你添麻烦了，真是对不起！"这时，车上的乘客议论开了，大家都说这位女驾驶员真是好心人！是啊，如果我们真正懂得了"服务人民、奉献社会"的含义；如果我们每一个公交人记住了"服务为本、乘客至上"的服务宗旨；如果我们每一个公交人用真情架起一道与乘客相互沟通、理解的桥梁；如果我们每一个公交人在复杂拥挤的道路上行车时，能够放下各种大大小小的烦恼和琐事、摆正心态；如果我们每一个公交人时刻牢记"安全第一"的重要性，那么，每当我们在"十米车厢"中为广大市民服务时，我们就能忘却所有的不快和时常受到的委屈，每当我们在节假日坚守岗位时，我们就不再遗憾无法与家人共叙天伦，满载人民对万家团圆的祝福。公交车是一个城市的窗口，敬业奉献是公交人对所居住城市投注的一种深沉而质朴的爱。多年来，广大公交战线员工，急乘客所急，想乘客所想，为广大乘客提供了一个情真意浓、温馨和谐的乘车环境，也赢得了社会各界和广大乘客的高度赞誉。昆明公交集团有很多"青年文明号"、"工人先锋号"、"巾帼文明示范岗"、"共产党员车组"，也有一代接一代的劳模、标兵和优秀工作者，他们和所有爱岗敬业的公交车驾驶员一起，用实际行动肩负起安全行车、优质服务的重任，为广大市民提供经济、安全、方便、快捷、舒适的公交服务，肩负起城市公交出行的光荣使命。

李新萍同志说，社会是一个大家庭，我们在服务工作中要学会换位思考，只有这样才能了解并掌握乘客的心理和需求，把服务工作从被动服务变为主动服务。只有用自己的爱心和细心，才能换来乘客的称心和舒心，才能赢得乘客的理解和支持。她用大爱诠释着平常又不平凡的工作。

二、安全服务铭刻于心

公交车驾驶员既要确保行车安全、疏导上车，又要搞好宣传服务，劳动强度大，工作十分辛苦。李新萍同志作为一名普普通通的公交车女驾驶员，与全体员工一道，用自己的辛勤劳动保证着城市交通大动脉和"生命线工程"的畅通，为春城市民和中外嘉宾提供着安全便捷、优质高效的公交服务。她二十年如一日奔波在上班的路上，下班后拖着疲惫的身躯返回家中。无论是春夏秋冬，还是酷暑严寒，年复一年、日复一日地坚守在"服务人民、奉献社会"的工作岗位上，特别是在举国欢庆、万家团圆的节假日，在大街小巷穿梭忙碌的公交车上，总能看到她熟悉的身影。

安全行车是公交企业赖以生存和发展的生命线。李新萍同志认真分析沿途经过的复杂和危险路段；在吸取身边安全行车经验和教训的基础上，总结出安全行车的三点经验，即：集中精力勤观察、处理情况先慢行、遵章守纪不抢行，这让广大乘客坐上公交车有一种安全感。她时刻牢记自己肩上的责任，把国家财产和人民群众的安危放在心上，把广大乘客的信任和公交企业的信誉放在心上，自觉争做遵章守纪、安全行车的楷模。多年来的安全行车先进表彰大会上，李新萍同志以安全行车、无任何大小责任事故的显著成绩多次荣获集团公司"安全标兵"称号。

三、苦练内功强素质

在工作实践中，李新萍深切体会到，要搞好自己的本职工作，做好公交服务，没有良好的职业道德和高超的专业技能作支撑是不可能的。公交车驾驶员工作看似简单平凡，甚至有点单调乏味，但要做好也并非易事。只有不断地适应形势的发展，按照昆明公交集团“五不七要”、“双百”、“两率”文明规范服务要求，经常“充电、加油”，刻苦钻研业务技术，提高自身素质，掌握好全心全意为乘客服务的本领，才能成为一名合格的公交车驾驶员。

李新萍努力克服学习基础差、家庭负担重等困难，利用业余时间到云南师范大学补习班学习英语。经过近一年的刻苦学习，她已能够使用简单的英语对话，行车服务中能运用英语报站宣传。有一位外国妇女怀抱小孩并携带较多行李在机场站牌候车时，她就用英语问对方到什么地方，对方说要到昆湖饭店，由于语言不通已经等了很长时间。她主动帮忙把行李拿上车，并告诉外国游客到站会通知她，叫外国游客不要着急，并告之下车后的注意事项。那位外宾听后非常激动，连声称谢说：“你真热情，我不会忘记你的，我心里真甜。”车厢内乘客听到她用英语与外国乘客对话都向她投来羡慕的目光。

▲党的十八大代表云南省昆明市公交集团61路驾驶员李新萍在工作中

她在认真做好安全行车、提供优质服务、圆满完成领导交办的任务的同时，还认真保养和爱护车辆，坚持“八查”，做好例保工作，虚心向老师傅学习行车经验和修车技术，边学边干边钻研，为了学习有时连饭都顾不上吃。她所保管的车辆性能始终保持良好状态，节约了大量的油料和原材料。2002年，她考入中共云南省委党校大专班学习，为不断提高为人民服务的本领继续深造。

四、榜样的力量是无穷的

李新萍同志的成长过程，离不开昆明公交集团历届领导干部的关心、帮助、支持和培养。在各级党组织和同志们的支持下，经过不断的努力，李新萍同志的思想政治素质得到不断提高，取得了显著的成绩，并于2004年光荣地加入了中国共产党。她认识到，个人的能力是有限的，全体员工团结形成的力量才是无穷的。她以身作则，率先垂范，用自己的先锋模范作用影响和带动周围的员工，形成“磁场效应”，增强了车队的凝聚力和向心力。她多次荣获“青年文明号”、“巾帼示范岗”、“工人先锋号”等荣誉。在她的带动下，集团内形成了一个比先进、学先进、赶先进、帮后进、超先进的良好氛围，为集团创建全国文明单位作出了积极的贡献。李新萍所在的十三车队也连年被评为市政公用局、国资委“先进党支部”、昆明公交集团“先进车队”。

2012年6月28日，云南省党代表会议选举产生出席党的十八大代表47名，李新萍同志光荣当选。当她得知自己当选党代表时，她表示要把关注老百姓出行、关注交通拥堵问题带到大会上。荣誉意味着更大的责任，李新萍同志表示，在今后的工作中，一定不会辜负党和政府的殷切期望和公司领导的培养与信任，继续弘扬工人阶级的伟大品格，在市委、市政府和昆明公交集团、昆明公交城市巴士有限责任公司党委领导下，坚定理想信念，当好党的十八大代表，服务于云南和现代新昆明的建设；继续自觉站在时代前列，振奋精神，团结奋斗；继续发扬“敢为人先、勇争第一、开拓创新、勇挑重担”的昆明精神，用自己的实际行动团结、引领同事们为昆明公交事业作出更大的贡献。

用真情谱写平凡人生

——记党的十八大代表浙江省金华市公交公司金建婵

金建婵同志是金华市公交队伍乃至浙江省公交行业中的佼佼者，曾先后荣获“浙江省劳动模范”、“全国先进女职工”、“市企业党员技术标兵”、“市十大优秀青年”等荣誉称号。2012年光荣当选为党的十八大代表，这份不平凡的历史使命和责任让她感受到了用真情谱写平凡人生的可贵和可爱。在会议期间，她的认真和敬业让时任浙江省委书记的赵洪祝同志两次点名表扬；在会议之外，她的代表性和特殊性让她频频在舆论上发出基层一线的心声；在会议以后，她的执着和追求促使她以瘦小的身躯整整宣贯了26场党的十八大精神学习交流。纵观金建婵同志，在她的身上总是有一种平凡的真情在流动。

自19岁成为金华市公交公司（以下简称金华公交）一名普通的乘务员以来，在车厢这个小社会里，经历十八年的风风雨雨，十八年的酸甜苦辣，她养成了自尊、自爱、自强、自立的品格，铸就了坚韧不拔的毅力。她说：“为了乘客的信任和理解，我要时刻把乘客放在心上。”十多年来，她坚持用辛勤和青春塑造公交形象，用融融真情温暖车厢，文明春风也从这里荡漾开来，传遍大地。

一、岗位作奉献，真情为他人

只要人们一提起这个个子不高、小巧玲珑、待人亲切和善的金建婵，金华公交无人不知，甚至金华市民中也有许多人熟悉她。十八年来，她在不断的奉献中执着地追求自我价值的体现。她说：“我们的服务宗旨就是为乘客提供安全、方便、准点、舒适的乘车环境，只有付出真情、真心、真爱，才能创出优质的服务。”她总是以勤快的举止、真诚的态度、周全的服务让乘客满意。她建议对公交车厢进行定期消毒，这在全国公交行业中也是为数不多的；用哑语、外语服务，这在金华市服务行业中也是首创；经过提炼，她结合创建历史文化名城的实际编制了导游式服务用语；为了营造良好的乘车环境，她把车厢装扮成小家庭、装了放音机播放着悠扬的音乐；她根据不同乘客的需求，设置了便民架；逢年过节给乘客送祝福，为乘客送去了方便与温暖，这一切靠的就是她一颗普通的心焕发出来的金子般的真情。

她用真情温暖着车厢，化解着一个个矛盾，传播着文明和友谊。有一次，车子刚从中医总院站点起步，她忽然看见一中年妇女气喘吁吁地赶来，忙让驾驶员停车，一边向她招呼：“别着急，我们等您。”这位妇女赶到上车时，一不小心，脚扭伤了。上车后不住地抱怨：“明明见我跑来，还要开车！看，脚扭了不是！”她连连道歉：“刚才没能注意到您，是我的错，让您扭了脚，真是对不起！”说着，便给她找了座位，拿着红花油、药棉，给她揉搓，一边关切地问：“好点了吗？下车后去医院看看。”一边顺手给她贴上了止痛膏。下车时，这位女乘客愧疚地说："不怪你，都怪我自己心急。没事，我自己是医生。你们真有修养，我们医务工作者真该向你们学习。"

她的优质服务得到了领导的肯定、乘客的赞许和同事的好评，曾被金华日报、金华晚报、金华电视台多次肯定报道，并先后两次分别在金华经济广播电台《青春旋律》和《周末有约》中作专题报道。在她的带动下，8路被评为"全国职工职业道德百佳班组"、"国家级青年文明号线路"、"省级文明服务示范岗"和"市级集体劳模"。

二、刻苦探索，苦练本领

一份耕耘一份收获，金建婵不断探索，不断学习，努力掌握服务用语，她发音不准，就反复练习、不断地矫正，并取得了普通话二级证书；练了发音，还练语调，做到亲切柔和，脱口而出；学会了规范用语又自编了各种情况下的礼貌用语；练习了普通话，又力求熟悉本地的方言。她和乘务员姐妹们还学习了哑语、英语等服务用语，使特殊的乘客也能享受到文明的服务。为了掌握沿线情况，她经常利用休息时间走街串巷，了解沿线情况，记住一些小街小巷的名字、新村门牌号的走向、市政建设的变化等情况，成了沿线的活地图。她还利用一切机会学习文化知识充实自己，为更好地服务乘客打好基础，同时她还充分发挥先进模范带头作用，连年被各地公交聘为乘务员培训教员。

1996年，她赴京亲身感受李素丽的优质服务后，对公交服务的内涵有了更深的理解，她把在北京的所见所闻、李素丽的服务方法和服务用语汇编成材料并结合金华公交实际情况应用到工作中，并带头在全体乘务员中推广、普及。为了推动整个公交的文明优质服务，她建议公司领导创建了金华公交第一个"乘务员之家"，和广大乘务员共同探讨乘客的心理需求、乘务员的语言艺术和自我心理调节方法，共同探讨如何创造优质服务的新境界。金建婵讲述了自己经历的成功处理车厢特殊矛盾的例子。一次，一对青年在车上吃糖炒栗子，随吃随扔，满地都是，直说吧，怕乘客尴尬引起投诉；不说吧，公司的规章制度不允许，金建婵灵机一动，递过去一只塑料袋笑着说："栗子真香，凉了味道就差远了。你们就把壳丢在袋中，下车后我来收拾吧。"就是这只小小的充满爱心的塑料袋使得许多新乘务员受益匪浅。乘务员们高兴地说："我们有了'乘务员之家'后，工作中遇到的问题和烦恼可以讲出来了，她使我们都能以最好的心态去提供更优质的服务。"在历次省公交协会公交服务明星示范演示活动中她都荣获一等或二等奖。

三、奉献爱心，回报社会

金建婵说："我们付出的爱是真诚的，但仅仅针对乘客还不够，我们的服务应该从车厢延伸到社会。"她和同事经常利用业余时间扶贫帮困，她为园丁新村傅开清老人解决了一些生活疑难琐事，他的家在她们巧手打扮下变得窗明几净；她还倡导参与了市妇联组织的"春蕾助学"活动，为武义白姆乡张玉小朋友捐资助学，送去学费和书包；她曾与南市街88岁高龄的孤寡老人叶娇凤结成帮困对子，经常嘘寒问暖，送上大米和食用油。满头银发的叶奶奶笑着说："好！好！太谢谢你们啦！你们对我比亲儿女还亲呀！"金建婵和她的同事们看在眼里，乐在心里，她们决定，要把这个优良传统代代相传。

金建婵同志的事迹在全市广泛传播开来。省环境综合整治检查组的同志暗访时，在车上征询乘客的意见，乘客中有一位是某学校的校长，他说："我到过很多城市，金华的8路1-003号车组的服务态度是最令人满意的，如果推选全国青年文明车组，不但我投他们一票，我们全家都投赞成票。”原浙江省建设厅副厅长张耀深在我市城市综合治理检查时听闻她的事迹后，谢绝了所有新闻单位的随同采访，以普通乘客的身份乘坐了金建婵的8路公交车，感受了她的周到热情的服务后，临下车时郑重地递上自己的名片，满含深情地握着金建婵的手说：“这是我的名片，谢谢你为我们城市文明建设作出一份贡献。”金建婵就是这样在平凡的工作岗位上用真情、爱心和青春谱写了一曲不平凡的文明之歌。

四、敬业守诚，不懈努力，一片丹心献公交

在管理岗位上，金建婵继续发挥着表率作用。在各项工作中，她做到加班加点第一个到位，集中学习第一个到场，急难任务第一个先上，在同事心目中树立了敢于吃苦、勤奋工作的良好形象。在具体工作中，她以职责为己任，本着对企业、对乘客、对员工高度负责的精神，结合多年在一线的经验，总结出一套教学和处理投诉的好方法。她不断研究新课题、学习新科技，没有现成的教材，就通过分析工作中的各种事例，总结出司乘工作的规律。比如公交工作要有以人为本的意识、真情服务的意识、规范服务的意识、建设精神文明的意识、推动经济发展的意识；在待人处事中要以理服人、得理让人、礼貌说理、坚持原则；处理矛盾要进行换位思考，要有宽容的心态，要努力化解矛盾。她还制定了一系列优质服务规范，编写了文明服务用语、文明导游服务用语，提出了建议性服务意见等，明显地提高了广大职工的业务和思想素质。此外，她还组织司乘人员开展“塞车堵车怎么办”、“汽车着火如何应急”、“突发病人如何救护”、“有扒手上了车该如何对付”等专题讨论，通过切实的讨论，相互交流共享了经验，提高了司乘人员的实际工作能力和应变能力。

▲党的十八大代表浙江省金华市公交公司金建婵

五、处处都是宣讲阵地，甘当义务宣讲员

从北京回来以后，金建婵立即投入到宣贯党的十八大精神工作中来。在短短的一个半月，她跑遍了金华市8个县市的交通系统，深入政府机关和大专院校，走进居民区，时时不忘宣贯党的十八大精神。她每晚到家附近的公园去锻炼，随身带着参加党的十八大时做的笔记，连续4天向小区居民宣讲党的十八大精神。“哎，我看了十八大报告，里面说到2020年，我们的人

均收入要翻番。”一名退休职工一见到金建婵，就赶紧来打招呼。周围的人也呼啦啦地靠拢，来听金建婵的讲解。对此，金建婵早早就做好了“功课”。“‘两个翻番’是一个全国目标，特别是对于低收入群体，国家会加大再分配调节力度，使他们的收入增长，相信低收入群增长得比较多。”社会保障、医疗、民生……这些是人们最关注的话题，周围人你一言我一语向金建婵询问，听着金建婵的详细讲解，个个脸上露出了笑容。

金建婵的宣讲，之所以有很多人不但愿意听，而且爱听，秘密就在她的那个笔记本上。本子里，她早就详细地划分了宣讲的人群、关注的重点、该怎么宣讲。因此，每次宣讲，她总是会得到人们的关注，用她的话说，就是：“做好了这些，处处都是宣讲十八大的地方。”

除了社区宣讲，金建婵还认真地在公司内宣讲。金华公交公司有2000多名员工，只要有空，她就会向周围的人宣讲党的十八大精神。上下楼梯、食堂吃饭、办公室里……处处都变成了金建婵的宣讲场所。

“由心而生，由感而发，宣讲才能打动人。”金建婵说，个人能力有限，但她一定会利用各种机会、各种场合将党的十八大精神传达到周围每个人，让大家都能更深入地领会党的十八大精神。

公交线路有起终点　为人民服务没有终点

——记全国劳动模范浙江省杭州市公交集团28路驾驶员孔胜东

一天，一辆公交车徐徐驶入浙大站，车上有位乘客告知当班驾驶员，有位乘客晕车了，将车厢内吐得一塌糊涂。当时车上人很多，只见驾驶员一声不吭，麻利地从包中拿出两块新毛巾，用手将凳上、地板上的呕吐物仔细擦拭干净，并用塑料袋将毛巾及呕吐物包扎起来，扔进垃圾桶，又继续他的驾驶工作。他的举动，感动了车上所有的乘客。这位驾驶员就是全国劳动模范、浙江省优秀共产党员、浙江省首届道德模范、杭州市首届十大平民英雄、党的十七大代表……杭州公交集团28路驾驶员——孔胜东同志。

孔胜东，1982年加入公交工作，1992年入党，先后担任过机修钳工、乘务员、驾驶员，但他不管从事何种职业，只要一走上那个岗位，就用全身的精力和情感投入、做好工作。虽然至今仍是一名普通的公交车驾驶员，但他却凭着对工作的无比热爱，对事业的执着追求，以优异的内在精神与品质得到百姓的认同。他是一名普通员工，却在纷繁复杂的世事中找到人生定位，并为此努力工作和生活。

创先争优活动开展以来，孔胜东与支部班子一起，带领广大党员围绕企业中心工作开展活动，自觉接受乘客、员工的监督，起好带头示范作用，充分发挥了支部的战斗堡垒作用和党员的先锋模范作用。他所在的线路先后荣获“全国三八红旗集体”、“全国工人先锋号”等荣誉称号。

一、“公交是城市文明的窗口，只要为公众服务这颗心不变，还是能干出好成绩。”

孔胜东常说：“在外国人面前，我代表中国；在中国人面前，我代表杭州；在杭州人面前，我代表公交。”乘客是他的服务对象，处处为乘客着想，就是他的工作准则。在工作中，他始终坚持做到六个一样：即外地乘客与本地乘客一个样；人多人少一个样；检查与不检查一个样；领导在与领导不在一个样；白天和晚上一个样；日日月月年年一个样。他时刻把乘客放在心上，主动揣摩乘客心理，做到关门之前看一看，发现赶来乘客等一等，对行动不便的乘客扶一扶，对外地乘客主动问一问。回答乘客提问耐心和气，不厌其烦，碰到带小孩的乘客，总是再三关照注意安全。他不仅在车厢里为乘客提供免费阅览的报纸及自己设计的沿线导乘图和车辆转换示意图、小药箱、扇子、晕车袋、雨披、雨伞等便民物品，而且别出心裁地在车厢内布置了花束和彩带。他根据不同年龄、不同层次乘客的特点，做好针对性服务，实行老年乘客特殊服务，年幼乘客照顾服务，病残乘客周到服务，外地乘客耐心服务。他说，不管乘客带着什么心情搭上车，都要让他们感到舒心，感到生活有诚挚美好的一面，要让他们有一种宾至如归的感觉。“放心车”、“雷锋车”就是乘客们用自己的语言给孔胜东的车封的“称号”。

二、“公交线路有起点和终点，为人民服务只有起点，没有终点，为乘客提供最大的方便就是我最大的快乐。”

他是这么说的，也一直为此而努力着。

28路是一条连接火车东站、汽车东站、住宅区、商业区、文教区及风景旅游区的主要市区路线，交通繁忙、客流量大，乘客层次参差不齐，特别是外地乘客较多，他们大多不太了解无人售票车的乘车规则，对换乘点也不清楚。针对这种情况，孔胜东总是不厌其烦地向乘客宣传乘车规则，介绍沿线的商场、风景点，告诉乘客如何换乘其他车辆，乘客们乘上他的车，就像回到了自己家里一样亲切、舒心。

从1999年6月开始，孔胜东自己出钱购买了不锈钢茶水桶，安放在车上，每天在家里把水烧开带到车上，供乘客免费饮用，至今已用掉一次性茶杯60000多只，茶叶100余斤。赴京参加全国劳动模范表彰大会回来的第二天，他办的第一件事就是赶到中山中路羊坝头的炊具专卖店，花了320元买了一只不锈钢茶桶，一上班就带到自己驾驶的28路车上，换下那只已有些陈旧的茶水桶。

像这样的例子举不胜举，孔胜东从事行车服务20年来，他先后收到各类表扬信（电）近4000件，乘客们亲切地称他的车是真正的“乘客之家”。

三、“如果有个人目的来服务，那这些工作是搞不好的。只有一心一意奉献市民，才能把各项工作做好。”

工作之余，孔胜东用自己做过修理工的一技之长，为社会干好事。他发现杭城夜晚修自行车的摊位很少，市民修车非常困难。没过多久，杭州市的中山北路和百井坊巷的交叉口竖起了“共青团员义务修车点”的大红横幅，这个横幅一挂就是21个春秋。

从此，无论酷暑严寒、刮风下雨还是过年过节，每逢周六晚上7点到10点，一个熟悉的身影总会准时出现，一边拿着工具忙碌，一边微笑着和附近熟识的居民打招呼。在这21个年头里，他不仅没有收过一分钱修理费，而且还从自己的收入中贴上小配件和用电的费用。附近的居民和不少骑车路过的市民都已经养成了习惯，凡是自行车、电动车出了什么问题，都会去那里找孔胜东。1995年春节，孔胜东父亲病重，医生接连开出三张病危通知单。老人没有别的要求，只希望儿子能在病榻前陪伴三天，孔胜东下决心满足老父这小小心愿，在医院陪了两天，第三天恰逢周末，别人劝他就不要“摆摊”了，但孔胜东想着自己是一名党员，为民服务断了线就会失信于群众，他带着一颗牵挂的心又准时出现在修车摊前。父亲去世的第二天是周六，他实在抽不出身去“摆摊”，就在办完丧事后自觉补上了一个晚班。尽管他什么都没说，但臂上的黑纱，还是让过路的人们动容。

20多年来，多少个周末夜晚，什么样的节日都遇到过，既有大年三十、正月初一这样的传统佳节，也有“五一”劳动节、“十一”国庆节等重大节日，还有自己和妻子、女儿的生日，但孔胜东没歇过一次“摊”，就是新婚的第二天，适逢周末，他照样出“摊”。26年了，岁月可以改变生命的状态，但他那颗为人民服务的心没有变，那句“义务修车”的诺言没有变。唯一改变的是他的“共青团员义务修车点”变成了“共产党员义务修车点”。26年来，他送走了不知多少焦急而来、满意而去的夜行人。他的热忱感动了许多人，他的事迹也带动了许多人，单位里经常有许多同事跑到义务修车点帮忙，有时忙不过来，就连附近一些摊主也主动来帮助修理。26年来孔胜东共为民义务修车27000余辆。

2001年年底，孔胜东家的旧房拆迁了，当邻居渐渐淡忘时，那盏为民修车的灯却没有随着淡忘而熄灭。还是那地方，还是那时间，他总是骑着车准时到来，点亮那盏灯默默地修着自行车。毕竟不在家门口，为赶时间，他下班后总是在家胡乱扒几口饭就匆匆赶来为民服务。20多年来，他成了家，有了孩子，当了驾驶员，工作越来越忙，生活的担子越来越重，但他总是说："事情多了，时间不够用，但为民服务的时间不能少，为群众排忧解难的承诺不能变。"

2002年10月17日，孔胜东又在天水街道仓桥社区门口设立了"共产党员特别承诺服务箱"，对残疾人员、单亲家庭、特困职工和下岗职工实行上门免费修车服务，他们可以将自己的需要写在纸条上投入服务箱内，每周四的晚上，孔胜东准会开箱取出纸条，按照地址上门服务。一直坚持至今。

▲孔胜东在日常行车中做好有声服务，方便乘客换乘

"一个人做一件好事并不难，难的是一辈子做好事。"孔胜东做到了，26年来，他放弃了很多，他妻子曾说过："结婚十几年来，他从来没陪我去看过一场电影。"他女儿在日记中写道："出生到现在爸爸从没有时间带我到儿童公园。我最大的心愿是爸爸能带我到儿童公园去一趟。"他连女儿这小小的要求都无法满足。他说："我愧对我的家人，但只要群众满意了，这对我来说就是最大的欣慰。"他得到了群众的众多赞誉。

"我是一名普通的职工，只是做了一些平凡的工作，而组织上给了我这么高的荣誉，我一定要以此作为人生新的起点，把科学发展观落实到自己的工作中，一切从零开始，做到四个不变：为民服务的思想不变，敬业爱岗的态度不变，奉献社会的精神不变，吃苦耐劳的作风不变。珍惜荣誉，不为声誉所累，更好地掌握全心全意为人民服务的本领，以实际行动自觉争做'三个代表'的实践者。"这就是孔胜东爱岗敬业、无私奉献的心声与写照。

日出日落，有一种精神不落。孔胜东身上闪烁的正是一位共产党员的人格光辉，他无悔的追求正是共产党人党性的真实体现。

车厢中的美丽人生

——记全国劳动模范山东省青岛公交集团宏达巴士公司304路乘务员刘艺

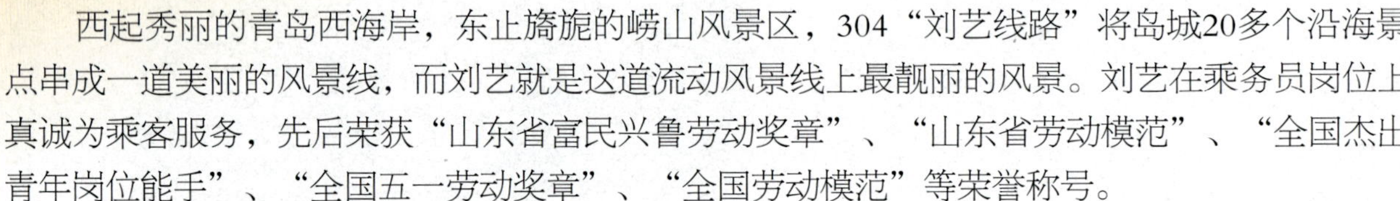

西起秀丽的青岛西海岸，东止旖旎的崂山风景区，304“刘艺线路”将岛城20多个沿海景点串成一道美丽的风景线，而刘艺就是这道流动风景线上最靓丽的风景。刘艺在乘务员岗位上真诚为乘客服务，先后荣获“山东省富民兴鲁劳动奖章”、“山东省劳动模范”、“全国杰出青年岗位能手”、“全国五一劳动奖章”、“全国劳动模范”等荣誉称号。

一、公交沃土蕴奇葩

“小荷才露尖尖角”。1994年，由北京等八城市联合举办的全国“青年文明号”服务技能交流会在上海召开，作为参选城市之一的青岛公交将此重任交给了刘艺，这对于一名参加工作仅有一年的新乘务员来说是压力重重。永无退缩的刘艺苦练基本功，虚心向师傅们请教。经过精心准备，她在售票技能、语言表达、礼仪待客等方面的完美展示，得到各方面高度评价。为使自己获得全面提高，刘艺虚心向张蓉、张丽霞等多位全国劳模请教，取众家之长，补己之短。在年终评比中，刘艺以突出的表现，在工作仅一年半的时间内，被破格评为集团公司劳动模范。

二、平凡车厢展才华

“付公交车票价，享导游式服务”。304路线途经诸多著名景点，中外游客众多，是岛城文明的一个窗口。为此，刘艺主动提出在乘务员中成立服务艺术探讨小组，揣摩乘客心理，探讨语言艺术，学习哑语知识，拓展服务技能。她们利用业余时间查阅资料、请教行家，尽快掌握了304路沿线的主要景点、风俗人情，并在服务过程中帮助乘客设计游览线路、向乘客介绍景点、解答乘客咨询等，使旅途充满欢乐；为使乘客少走路，刘艺语言艺术小组的成员徒步走遍沿途54个站点，摸清200多个路名，熟记130多条公交线路的首末车时间、起止站点，被乘客称为“活地图”。一次刘艺在售票时了解到一位西安来的乘客想去游览崂山，可他预定的返程车票时间就在5个小时后，于是刘艺画了一张崂山景点简易线路图，注明几个主要景点的大体游览时间，并帮他设计出用时最短的旅游路线。这位游客感慨地说：“青岛的乘务员不简单，今天幸亏碰上你，不然只能带着遗憾回家。”

三、特需服务赢赞誉

“不断提高服务质量，满足不同乘客的乘车需求”是刘艺对乘务工作的不懈追求。近几年来，来青岛的外国游客越来越多，为不断提升服务水准，刘艺在规范服务、微笑服务的基础上又钻研导游式服务、知识服务和双语服务，并利用业余时间进修英语口语，如车上有外国乘

客，她就用英文报站。一次，刘艺所在的车刚到流清河站，见一个外国人拿着一张地图正与几个村民着急地打着手势。她赶紧过去用英文询问，并用英语介绍沿途景点。下车时，外国乘客备受感动，送给刘艺一张印有柏林风景的明信片，动情地说："We're friends forever（我们永远是朋友）."

为让聋哑乘客体会到"付公交票价，享导游式服务"，刘艺来到聋哑学校学习手语知识。经过不懈努力，刘艺很快便学会用手语服务聋哑乘客。2006年元旦，一位聋哑学生冒雪等到刘艺的车，把一张贺年卡送给她。出人意料的是当刘艺打开贺卡时，竟然响起一串美妙的音乐。看着聋哑学生兴奋的笑脸，她明白，虽然他们生活在无声的世界里，他们也会用音乐向自己传递着真挚的友谊。

四、刘艺线路美名扬

304路线乘务员大部分是年轻人，其服务经验、业务技能参差不齐。在车队党支部的指导下，刘艺先后与车队16名乘务员签定导师带徒协议书，工作之余逐车示范指导，交流思想，传授业务技能，并研究礼仪服务，专程邀请旅游学校的老师走进车厢为驾乘人员做指导，从乘客心理、语言艺术、服务技巧、换位服务、文明服务等方面分课题研讨，使304路线的服务水平得到很大提升。2006年11月29日，304路线被公司命名为"刘艺线路"，成为全国公交系统首条以个人名字命名的公交线路。

五、创新服务无止境

"服务无止境，创新无止境"。刘艺时刻提醒自己：面对乘客，就是面对自己的亲人；踏上车厢，就是踏上人生的课堂。一次，从火车站上来一位拿着许多行李的男青年，刘艺主动下车帮他把行李一件件拿上车并找地方安置好。在买票的时候男青年面露难色的说："乘务员小姐，我是个打工的，身上没钱了，能不能照顾一下？"刘艺听后微笑着说："好吧，出门在外难免遇到困难，等有机会乘坐我的车时再补上吧。"男青年听后十分感激。事后，刘艺说："公交车其实就是社会的一个缩影，各阶层的人都能遇到，一个为城市建设付出辛勤汗水的打工者，因为没钱买票就被我们歧视或被赶下车，既伤了他的自尊，又违背我们的职业道德。一张车票是有价的，而岛城公交乘务员的声誉是无价的。面对这样的弱势群体，我们的服务更应该人性化、亲情化。"

为使服务工作更具针对性，刘艺根据多年实践经验总结出"车厢服务工作二十法"。如"五要"（即：态度要和蔼、语言要亲切、声音要柔和、照顾要主动、送票要到手）；"五勤"（即：手勤、眼勤、嘴勤、耳勤、腿勤）；"六情"（即：班前好心情、迎客要热情、待客要友情、帮客要真情、工作要钟情、车厢有温情）；"七心"（即：对待乘客要关心、帮助乘客要诚心、观察乘客要细心、解答乘客问题要耐心、服务之中要贴心、乘客批评要虚心、乘客满意才舒心）。而且还要针对不同的乘客注意做到：你粗暴、我礼貌；你发火、我耐心；你冷淡、我热情；你无理、我周到。将普通的乘务工作演绎成一种艺术，用优质的服务打动乘客，用不懈的努力感染乘客。刘艺的工作方法已成为青岛公交的教材，为推动公交服务发挥了积极有效的作用。

六、延伸服务献爱心

"我们送给乘客的不仅是关心，还有一份来自社会的亲情。"一次，刘艺发现一位大娘神色恍惚，几次询问她去哪儿时，她总是问刘艺："到站了？"刘艺担心她是与儿女怄气离家出走，决定送她回家。可大娘说不出确切住址，只凭着记忆找路，就这样从下午4点一直找到晚上7点多，在邹县路8号院里的一间老式平房前，老人停下了脚步，推开房门刘艺看到不足8平米的屋内，家具破旧、凌乱不堪，原来大娘是一个孤寡老人。为防止老人再次走失，刘艺把大娘的门牌号和自己家的电话号码记在两张纸上，放进老人衣兜。刘艺之后了解到，大娘因家中屡遭变故，逐渐形成自闭心理，不与邻居们来往。于是，刘艺和团支部委员常带着青年团员去看望她，并几次接到电话送迷路的大娘回家。天气好时，刘艺团队的成员们就带着大娘乘车去崂山，去沿海看风景。逢年过节，她们给大娘拆洗衣被、包饺子，共度佳节。每次大娘都兴奋地说："闺女来啦，闺女来啦！"邻居们也羡慕大娘晚年好福气。

▲全国劳动模范山东省青岛公交集团宏达巴士公司304路乘务员刘艺在工作中

七、默默坚守终不悔

"用一颗恒心去热爱自己的工作"。2008年夏季的一天，一位青年人上车见到刘艺，惊讶地问："真没想到这么多年了，还能在车上见到您！"见刘艺一时记不起来，他告诉刘艺以前在二中上学时候常坐她的车，刘艺的乘务工作给他留下很深的印象。如今他从日本学成回来，创办了自己的公司，他诚恳地邀请刘艺到他的公司做事，却得到刘艺如下的回答："乘务员的工作虽然辛苦，却能让我感到快乐，对我而言，让每一位乘客满意是我最大的快乐。"

"车辆运行有终点，为乘客服务每一站都是新的起点"是刘艺的座右铭。20年来，刘艺把10米车厢当成自己人生的舞台，以服务乘客为己任，将"让每一位乘客满意"作为追求目标，让生命在公交岗位上闪光升华。

平凡岗位　灿烂人生

——记全国劳动模范北京公交集团公司保修分公司关月钢

北京公交集团公司保修分公司全国劳动模范关月钢，1981年，从北京公交技校毕业，分配到公交保修五厂，从此，就与首都公交保修企业结下了“不解之缘”。30多年来，他将自己深深的爱倾注在保修工作的岗位。自1996年起连续16年被评为公交集团公司先进个人、优秀共产党员。2000年被北京市政府授予“北京劳动模范”的称号，2005年被国务院授予“全国劳动模范”的光荣称号。他用真心、真爱、真情谱写了一曲曲无私奉献的赞歌，职工们称赞他是爱岗敬业、无私奉献、勤奋耕耘的“老黄牛”；一线驾乘人员赞誉他是“公交车辆的保护神”。

一、公交车辆安全行驶的保护神

关月钢在首都公交系统是出了名的“超级明星”，以他名字命名的全国劳动模范关月钢技术保障小分队活跃在首都公交保障的第一线。哪里竖起了“全国劳模关月钢技术保障小分队”的队旗，哪里就意味着公交线路的保障任务最艰巨。正是因为这面特殊队旗的飘扬，也让无数的公交驾乘人员心里多了一份“踏实”，一份“安心”。经过关月钢检测、维修过的公交车辆，没有一辆发生过中途坏车，没有一辆因车质问题致使运营一线驾驶员不满意。在他参加工作的30多年里，维修过的公交车辆近5万辆次。想要达到这两项纪录，不是一般人能够做到的，因为那需要强烈的责任心和精湛的技术，这让他身边的同事们赞叹不已。这两项记录至今在公交保修五厂无人能够打破。

“重点线路保障一定要交给我们小分队，我们保证线路早、晚高峰期间，车辆正常发出，运力充足!”每年两节、两运、两会前夕，关月钢都会主动向厂领导申请带领小分队到运力集中、市民反映强烈的重点线路完成车辆保障任务。有人不理解说：“这是费力不讨好。”面对这些话语，他总是淡淡地一笑说：“我不能愧对劳动模范这个称号。”2012年7月21日，一场罕见的特大暴雨袭击京城，由于降雨量大，市区多处路面、立交桥严重积水，给公交车辆行驶造成了严重的影响。关月钢冒着瓢泼大雨，艰难地骑车从家里赶到了厂里，厂领导看着衣服、鞋子被淋透的他，感动万分。而他的第一句话就是：“您分派任务吧。”当听到抢修指挥电台中调度员紧张的呼叫声：“车辆发生故障抛锚在立交桥下，请紧急救援。”他立即抢过救援车钥匙，迅速赶到故障车停驶现场，立交桥下的公交车因积水没过发动机，无法起动，一车乘客在焦急地等待。孩子的哭声，乘客的责怪声，让现场一片混乱，交警、驾乘人员在紧张地安抚着乘客情绪。在这种情况，他立即实施救援，但是，这辆公交车因拖车钩断裂，无法正常牵引，唯一的办法就是把钢丝绳套在车桥上，进行拖移，车桥位于车厢下部，当时已被积水淹没，他二话没说背起拖车用的钢丝绳，憋足一口气，一个猛子扎了下去，此时惊呼声一片。他在满是泥沙和污物的脏水中，凭着直觉和经验摸索着，顾不得头部与车底硬物的碰撞，顾不上钢丝绳上锋利的矛刺划出的一道道血口，终于将钢丝绳准确的套牢在了车桥上，将故障车拖离了积水区。而他却疲惫得坐在了湿漉漉的路沿上。随着一个小伙子“哥们真牛”的呼喊声，围观的群众和车上的乘客们爆发出了热烈的掌声。

奥运会那年，奥运车辆的安全运营成为各方关注的焦点。关月钢带领小分队，每天凌晨4点准备好保障设施，实施车辆出车前检查；夜晚12点，当奥运车辆停驶后，他又和队员们开始了对车辆进行收车后的检查。在奥运会场馆烟花绽放，比赛场馆不绝于耳的加油声中，他和队员们怀着一份对奥运会的祝福默默坚守在奥运车辆停车场站。连续16天的奥运保障工作，他没有休息过一天，没有一次在舒适的床铺睡过，也没有漏检过一辆公交车，疲惫写在已经近50岁年龄的脸上，但是，他始终保持着连年轻人都钦佩的战斗力。

从2007年开始，关月钢担任了车辆调试组组长。这个工作非常繁琐，需要对进出厂车辆进行整体性能的检测和复查，这就要求维修者要有娴熟的技术和业务能力。在车辆调试中他是出了名的“较真”，对车辆维修标准达到了近乎苛刻的地步。2010年清明节，为方便市民祭奠，公交集团开通多条扫墓专线。通惠陵园专线一辆运营车正在起动准备出发，途经此处的关月钢听到这辆车发动机声音有异响，他急忙赶过去对驾驶员师傅说：“师傅，这辆车声音好像不正常，我帮您检查一下吧。”驾驶员回答道：“没事，这车就是有点声音大，估计问题不大，马上就要到发车时间了，等这趟回来吧。”而关月钢却执着地要求检查，他麻利地打开机器盖儿，拿出工具，在机器上轻轻地敲了几下，侧耳认真地听了听，便用扳手对气门间隙进行了调整，然后要求驾驶员再起动，发动机声音立即恢复正常。驾驶员没想到故障在短短的5分钟内就排除了，竖起了大拇指。

眼角的皱纹、手上的疤痕、指甲里洗不去的黑色痕迹都是关月钢辛勤工作的见证。在无数个车辆保障的日日夜夜里，他以一份保证市民平安出行的强烈责任感，为践行公交优先、服务优秀的承诺作出了贡献。

二、殚精竭虑，孜孜追求，为建设科技公交不懈努力

2008年，公交车辆更新换代，达到欧Ⅳ、欧Ⅴ标准的车辆成为了公交线路行驶的“主角”，降低了公交车辆的污染排放。新型发动机全部采用电控技术，新技术的应用，使北京公交进入了一个崭新的时期。但是，由于这些公交车辆技术含量高、维修经验匮乏，车辆的维护成为了一项难题。关月钢为了适应新车型的维护需要，利用工余和业余时间自学新车型维修知识。休息时间，他还拿着技术书籍，在发动机、底盘部位徘徊，边看边琢磨，就像入了魔。他给自己立下了“对公交新车型的主要技术要达到半年通、一年精”的工作目标，并总结出了适合新车型维护需要的“听、检、断、试、查”新五字工作法。

一天，关月钢正在对车辆进行调试，班组的职工焦急地找到他，说有一辆公交车驾驶员报修“不着车”，但是反复检查却都找不到故障点。他经过对各部电控模块的检查，利用专用检测设备对故障进行综合判断，根据自己所积累的技术知识，对故障点进行了断定，确定了故障点是发动机与变速器通信线路接口插头发生了松动，于是将该插口重新插牢，一个不显眼，而又难找的软故障，靠着他长期的技术积累，即刻消除了。

30多年来，他坚持在车辆调试中突出一个“细”字；在质量验收中体现一个“精”字；在为运营一线服务中讲究一个“实”字，在保驾护航中充满一个“情”字。因为他多年来的突出表现和精湛的技术，被公交保修分公司聘为了“首席技师”。2012年成立了以他名字命名的

“关月钢技师工作室”。在隆重的挂牌仪式上，他郑重承诺“每年解决至少一项技术革新项目”。他与厂技术部门通力协作，积极参与新型综合检测仪的研发工作，收集、汇编第一手检测数据，逐项对检测内容进行分解、分析。在此基础上，通过上路检测等方式，与发动机性能参数进行综合对照、比较，对检测效能进行及时更正，确保各项技术参数准确、无误。最终研制成的发动机检测设备，集成了康明斯、依维柯两种发动机的参数，采用全中文菜单式操作，简便易学；从车辆上直接取电，消除了频繁充电的弊端；进入检测系统迅速、快捷，检测速度显著提高。与其他专业厂家提供的检测设备相比，成本费用大幅度降低，不用再交付其他费用，是原费用支出的六分之一。

▲全国劳动模范北京公交集团公司保修分公司关月钢

“关月钢技师工作室”正式挂牌后，开始对公交发动机综合检测仪进行升级改造。随着研发的深入，艾里逊变速器、CAN总线、依卡露斯铰接盘、OBD检测系统等高新技术陆续纳入该设备检测范畴，使之真正成为了公共交通车辆多用途、专用、综合检测设备。该套检测设备在世界同类产品中处于领先水平，在公交车辆维护实践过程中，充分适应了发动机快速检测、快速维修的需要。该套发动机检测设备的研发成功，填补了发动机检测的空白，弥补了北京公交系统检测设备不足、功能分散、操作不便等诸多不足，标志着北京公交检测设备已经达到了国际先进水平。

关月钢把学到的维修技术、小窍门无私地拿出来与身边的同事们分享。他在班组小课堂上为职工讲解新车型维护的重点环节，以及对车辆故障快速判断的小窍门，耐心地回答年轻职工回答的问题。有人说他“傻”，他却说：“一花独放不是春，百花齐放春满园。”他用获得的奖金购买了专业技术书籍和资料，让大家学习技术。青年职工感慨得说：“我们在关师傅身上不仅学到了知识，更学到了如何做人。”

三、劳模就应该是一盏灯、一面旗帜

有人给关月钢算过一笔账：参加工作以来，平均每年104个周六日，每个周末至少一天义务奉献。节假日从不休满，总有一两天到厂。每天早上7点以前到岗，将需维护的车辆开入保养库房，提前做好车辆维护前的准备工作。工作到晚上7点以后才休息。30多年来，关月钢义务坚守岗位1560余天，无偿工作了4年多的时间，这还没有算上重要节日和临时任务保障。

关月钢坦言他心里有愧疚，这份愧疚来自家人。80多岁的老父亲长期患有心脏病、脑血栓、糖尿病，需要照顾。姐姐和妻子知道他工作忙，就主动承担起了照顾父亲的责任。2010年5月，老人再一次突发心脏病，被120急救车送往阜外医院，焦急万分的姐姐马上电话通知关月钢。当时他正趴在公交车的下面检修油电线路管线，急得他猛抬头，头部重重地磕在了钢梁上，他哽咽着对姐姐说：“修完这部车我就去医院。”当关月钢赶到医院时，老父亲已送进了重症监护室，看到惊吓过度的姐姐和疲惫不堪的爱人，他的泪水再也按捺不住，像个孩子一样嚎啕大哭。

在节日里人们围坐在桌前，与家人团聚、举杯庆祝的时候；当灿烂的烟花盛开在星空，路边孩子的脸上露出灿烂微笑的时候；坚守在工作岗位上的关月钢倍加思念自己的亲人。在保障的间歇给家里打个电话，向年迈的父母问候，听听妻子赌气的话语和孩子的叮咛，这对于关月

钢来说都是一种享受。他说："这辈子，我无怨无悔，看到马路上公交车安全行驶是我最大的快乐。在公交保修工作的每一天，心里总有一份沉甸甸的责任。再说了我既是党员又是劳模，劳模就应该是一盏灯、一面旗帜，就应该服务在公交车辆安全行驶的最前沿。"

随着公交保修企业的不断发展壮大，80后、90后的青年职工逐渐成为了生产上的主力，关月钢时刻注意他们的思想动态，利用班后的业余时间，和他们多沟通、多交流，以一名老公交、老党员的身份向他们宣传企业精神，并以实际行动实践着敬业爱岗的职业操守，起到了很好的传、帮、带作用。他常说："用力去做，只能达到称职，而用心去做，才能达到优秀。优质服务不仅靠我、靠你，还需要靠大家。'服务为本、运营至上'是我们保修职工不变的誓言，永恒的追求。"

关月钢是一个平凡的人，是保修战线一名普通的保修工。他少言寡语，不善言辞。但他是一个让人钦佩、受人爱待的人。他虽然没有创造出惊天动地的伟业，但他热爱公交保修岗位，用理想和信念，彰显出新时期公交保修职工爱岗敬业、无私奉献、开拓创新、锐意进取的时代精神。

平凡岗位　非凡成绩

——记全国劳动模范北京市交通服务热线主任李素丽

李素丽，一个大江南北家喻户晓的名字，一位在平凡的乘务员岗位上取得不凡成绩的模范劳动者。1981年参加工作以来，她从原北京市公共交通总公司第一公共汽车公司第一运营分公司21路的一名普通乘务员，成长为现在的北京交通服务热线管理中心主任，32年来，她用真情和汗水创造出了精湛、一流的艺术化服务，在普通的工作岗位上取得了不平凡的业绩，成为了北京公交窗口品质服务的形象代表。

一、从平凡岗位走出的劳动模范

李素丽同志在从事乘务员的工作中，岗位作奉献，真情为他人，用真情架起了一座与乘客相互理解的桥梁，把微笑送给四面八方，被广大群众誉为“老人的拐杖，盲人的眼睛，乘客的向导，病人的护士，群众的贴心人”，体现了公交“一心为乘客，服务最光荣”的行业精神。她常说：“我为我的职业、我的岗位自豪，是它给了我每天都能向他人奉献真情的机会，让我每一天都感到充实。”

李素丽在继承北京公交几代人服务经验的基础上，创造了李素丽“四心”服务法，即：热心服务、细心服务、诚心服务、恒心服务。抱着发掘乐趣、享受工作的态度，李素丽努力将乘务员工作做到尽善尽美：老幼病残孕乘客最怕摔倒和磕磕碰碰，她就主动搀扶他们上下车；上班族匆匆忙忙赶时间上班，她会把车门多开一会儿等候他们；遇到堵车，她就拿出报纸、杂志给乘客看，以缓解他们焦急的心情；看到有人晕车或不舒服想吐，她会及时地送上一个塑料袋；抱小孩的乘客一时找不到座位，李素丽就拿出常备在售票台抽屉里的小棉垫，垫在售票台上，让孩子坐在上面；下大雨时，她会把靠近车门的车窗打开，伸出伞遮在上车前脱掉雨衣、收拢雨伞的乘客头上。李素丽习惯在车厢里穿行售票，尽管总是挤得一身汗，可她说：“辛苦我一个，方便众乘客。”她以强烈的首都意识、服务意识和公交窗口意识，在三尺票台和车厢服务中，把党的关怀、社会主义道德风尚，传送到了每位乘客的心坎上，净化着社会风气和人们的心灵，把流动的车厢变成了展示首都精神文明的窗口。

为了提高服务技能，李素丽刻苦学习文化知识，认真学习英语、哑语，并努力钻研心理学、语言学，利用业余时间走访大街小巷，潜心研究各种乘客心理和需求，有针对性地为不同乘客提供满意周到的服务。她亲切、诚恳、朴实、大方、得体的服务，使平凡的售票工作升华为一种艺术化的服务。李素丽说：“不管是你选择岗位，还是岗位选择了你，你一定要在这个岗位上做到最好，拿它当一种乐趣。我觉得只要你认真、刻苦、有勇气，就没有迈不过去的坎。”

卓越源于细节。正是十多年坚持在工作中始终充满热情并注重细节，李素丽为乘务员这个职业赋予了生动鲜活的色彩。荣誉纷至沓来：1992年，她荣获“首都劳动奖章”；1993年获“全国五一劳动奖章”和“全国优秀乘务员”称号；1996年先后荣获“五四奖章”、“全国三八红旗手”、“全国职业道德标兵”和“全国优秀共产党员”等荣誉称号；1999年荣获“首都楷模”称号；2000年被评为“全国劳动模范”。1997年和2002年李素丽同志光荣地出席了中国共产党第十五次全国代表大会和第十六次全国代表大会，受到了江泽民、胡锦涛、李鹏等党和国家领导人的亲切接见。

一时间，李素丽的事迹全国皆知，几乎每一辆公共汽车上都贴出了“学习李素丽，服务创一流”的标语，李素丽事迹报告会全国开讲，李素丽这阵春风也温暖了无数人的心。有乘客为了见到李素丽本人，专门守候好几天，就为乘坐一趟李素丽值岗的公交车；还有热心的老人给李素丽送来了胖大海、菊花等润嗓的礼物。据同事们说，在延庆、平谷等地的农村，带有鲜明时代烙印的计划生育标语被“学习李素丽，岗位做奉献，真情为他人”等标志着时代新风尚的口号所取代；碰到当地刚放学的小学生，连他们都知道北京有个特别优秀的乘务员叫李素丽。

“用力去做只能达到称职，用心去做才能达到优秀。普通平凡的事情要往好去做，是没有止境的。”正如李素丽在一次公开演讲中所提到的“用心”，这恰是区分普通和优秀的分水岭。

二、从劳动模范到勤奋好学的管理者

1998年，由于工作需要李素丽同志到北京市公交总公司服务协调处工作，负责新组建的“北京公交李素丽服务热线”，走上了管理岗位。然而，对乘务员这个职业的感情、对乘客的感情却深深地在她心底里扎下了根，她多次在公开场合表达过自己对18年乘务员生涯的感恩。“我永远都不会忘记那些大爷大妈用疼爱的眼神看着我笑的画面，永远都不会忘记孩子们坐上我车时可爱的模样。”

刚刚调至新岗位的李素丽对工作一时摸不着头脑，她心急如焚，着急上火，甚至连续几个星期吃降火药，通过向老员工和老领导取经，她对管理工作渐渐形成了认识。“做管理工作，你的决策力、应变能力、沟通交流能力，方方面面的能力都要去提高，否则怎么办呢？缺什么补什么。做热线工作，如果对硬件、软件这些东西不懂，你就没法跟开发商去谈软件的开发。”新的工作又激发了李素丽新一轮提升自身素质的渴求。2000年，年近四十岁的李素丽重新捧起了书本，她将几乎所有的周末和业余时间都用在了学习上。功夫不负有心人，5年后，李素丽不仅拿到了北京市委党校的思想政治工作与管理的研究生学位，而且还拿到了北京交通大学电子工程专业的信息工程硕士学位。此外，她还考取了高级职业指导师、高级企业培训师等职称，进一步提高了管理能力，提升自身综合素质。

三、成为年轻人的良师益友

2008年，北京市在原“李素丽服务热线”的基础上，通过两次升级，整合了全市五大交通领域（公交、地铁、市政交通IC卡、省际长途、高速公路），开通了北京交通服务热线，李素丽同志担任北京交通服务热线管理中心主任。

作为一个平均年龄还不到30岁的团队的管理者，与年轻员工交流沟通、为他们的成长成

才把舵是李素丽工作的核心，她说自己比较欣赏年轻人。“现在的年轻人有志向、有远大的抱负、知识面也很广，他们的热情和朝气也会感染你。”“现在，人的世界观、价值观变了，年轻人跟我们那会儿也不一样，我年轻时人与人之间很简单、很淳朴，没有很多外在附加的条件。以前领导要求什么，我们一定会实实在在去做，现在只能说大家会‘灵活掌握’，但我觉得这是好事，毕竟社会在进步，人的意识也在进步。”在谈到年轻团队的管理时，李素丽这样说。“我觉得要学会欣赏他们，当好‘船长、兄长和校长’，要给他们当好掌舵人，让他们在前进的路上少走弯路，这也是一个责任。在带年轻员工的过程中，我做的更多的是教他们做人，‘只有做好人，才能做好事’。”

▲李素丽在北京交通服务热线指导职工工作

在日常工作中，李素丽通过自己的言传身教，带动年轻的接线员。学会对着电话微笑就是这些姑娘们必修的第一课。李素丽提出，虽然不能与顾客面对面，但仍然要微笑着服务。姑娘们开始不太理解，认为接电话只要声音柔和就行了。但李素丽说，笑和不笑的结果绝对不一样，虽然乘客看不到你的笑脸，但他们一定会感觉到你是否温暖亲切。随后的日子里，李素丽让她们在面前放上一个镜子，镜面上写着“今天你微笑了吗”。

面对繁重的工作和重要的岗位，她要求大家要树立牢固的“服务意识、窗口意识、首都意识、大局意识、品牌意识”。她常对大家说：公交是窗口，热线就应该是窗口的窗口。百姓在没出行之前，所享受公交第一人的服务有可能就是热线的接线员。如果我们意识不强、服务不好、水平不高、语言生硬、处理问题不妥的话，就会给企业造成影响，使企业的形象受到损害。因为，公交服务热线，一头连着党和政府、连着企业；一头连着百姓、连着职工。所以，热线工作不仅重要，而且责任重大。为了规范职工的职业行为，培养大家为乘客服务的自觉性。几年来，热线在遵循“规范化、科学化、艺术化和人性化”的管理原则的同时，还建立健全了各项管理制度和考核机制，完善了基础台账近百本，完善了信息管理制度、信息综合分析、信访人员例会制度及投诉公式制度。先后出台了《接线员职业道德规范》、《服务精神》、《服务宗旨》、《服务目标》、《服务理念》等规定，结合热线都是女孩子的特点，出台了《热线为人处事原则》和《热线光荣传统》。并在接线员中开展了“三个争当”和“四个学会”等一系列主题教育活动。使热线工作逐步走上了规范化的管理轨道。大家在一个相互监督、共同努力、共同促进的环境中不断取得进步，呈现出了“比、学、赶、帮、超”的良好局面。

十几年来，交通服务热线先后获得全国妇联授予的“全国巾帼文明示范岗”，团中央授予的“青年文明号”先进集体，北京市政府授予的“劳模集体”，市总工会授予的“首都劳动奖状”和“优秀班组”，团市委授予的“青年文明号”等近二十项市级以上荣誉。此外，以提供优秀公共服务而荣当劳动模范的李素丽还在全国各地带徒弟，北京公交乘务员、全国劳动模范刘俊华和公交乘务员、北京市劳动模范张鹊鸣是其中的杰出代表。“我现在每年都在收徒弟，这么多年了，后起之秀也不少，有的徒弟已经走上中级、高级管理岗位。”

四、帮助别人快乐自己，让自己永远青春

从最初的“北京公交李素丽服务热线”到如今的“北京交通服务热线”，“96166热线”规模不断扩大，目前拥有坐席50个，中继线180条，接线员120名，日最高来电42936个。尽管热线服务的本职是提供交通出行咨询服务，但是由于李素丽乐于助人的声名远扬，十几年以来，拨打热线寻求解决生活烦恼的求助者不计其数，这其中有找对象的、有解决家庭纠纷的、有教育不好孩子的。对于这些“琐事”和“家务事”，李素丽一直都力所能及提供帮助。

热线开通后的第七天，晚上十点多，一位男乘客来电话咨询西城区少年科技馆的线路。接线员一时答不上来，遭到男乘客的责备。于是她让对方留下电话，待找到答案后再回复他。没想到男乘客厉声责备道：“你们是干什么吃的，李素丽在不在？李素丽热线就应该百问不倒。”接线员挂下电话后，忙翻看北京市地图和手头所有资料，都没有找到。这时已经是深夜十一点多了，接线员拨通了李素丽家的电话，李素丽很快说出了西城区少年科技馆的准确位置和乘车线路。接线员又立即拨通了那名男乘客的电话，告诉了他准确的乘车线路。对方激动地说：“没想到，李素丽服务热线这么负责，真是名不虚传啊！”当班接线员事后得知，李素丽平时对北京地理环境非常留心，她有一个“随身本”，不论走到哪，都将附近的单位、胡同、大厦等公交线路记在本子上。从此以后，接线员带着“随身本”在业余时间走访线路便成为热线的好传统并流传开来。

热线开通后的第一个春节，一位乘客刚30岁就患上了乳腺癌，做切除手术接受化疗之后，头发都没了，想找李素丽聊聊。李素丽接过电话，真诚地安慰她，给她讲生命的意义，讲抗癌明星的故事。李素丽还与接线员两次到这位乘客家中看望她，帮她树立战胜疾病的信心。现在这位乘客生活得非常好，重新走上了工作岗位。“我觉得特别好，多做些爱心事、多做些公益事，让人永远年轻，特别好！你帮助别人，快乐自己嘛。别人心情愉悦了，你自己也心情好。所以多帮助别人，你就永远年轻、漂亮、美丽。”在李素丽的带领下，热线的100多名女员工每年织100件毛衣送给孤儿院的孤残儿童，李素丽的个人爱心行为演化成集体的公益，已经坚持了将近十年，爱心的能量和感染力就是如此巨大。

找李素丽帮忙的人如此之多，李素丽却从未感到厌倦，她说：“力所能及。不管是大人还是孩子、学校还是单位，只要是我能够做的，我肯定第一时间解决。”除了人大代表、全国妇女代表这样的正式身份，李素丽还被聘为一些高校的辅导员、成长导师。

“其实在我们的学习生活和工作中，只要你具备足够的自信心，加之数倍、百倍、千倍、万倍的努力，你一定会在岗位上成才，因为自信会让你在工作上表现得更好。”在一场报告会上，李素丽这样说，“自信是你走向成功的基础。在具备了自信的基础上，还要有一种责任感，要不断加强学习、挑战自己、超越自己，做时代的佼佼者，成功一定会属于你。”

李素丽常说：“帮助别人，快乐自己。一个人要乐于伸出援手，对素不相识的人有爱心、对社会有爱心。爱其实是一种责任，是一种胸怀、是一种境界、是一种力量、是一种和谐、是一个人走向成功的基石。”

乐观、自信、热情、上进，李素丽作为北京公交的一面旗帜，正是通过这些优秀的品质，感染着周围的人，创造着快乐劳动的氛围，让自己的人生在平凡的岗位上闪光。

他用真诚诠释劳模精神

——记全国劳动模范安徽省合肥公交集团驾驶员李祥斌

什么是爱岗敬业？什么是劳模精神？合肥公交集团驾驶员李祥斌用他近20年的工作业绩，给了我们最好的诠释。

李祥斌，1993年以农民工的身份应聘到合肥公交集团公司从事公交车驾驶员工作。现为快速公交1号线033号车驾驶员。

20年来，李祥斌同志恪守“服务第一、乘客至上”的企业经营宗旨；奉行“以乘客满意为工作追求”的文明服务理念，想乘客所想、急乘客所急，为乘客提供安全、文明、舒适、准点的乘车环境。在枯燥辛苦的公交车驾驶岗位上始终如一地服务乘客，把乘客当亲人，热情为乘客排忧解难，遇到纠纷总是以情感人，从不与乘客发生不必要的争执，用朴实的感情为乘客送去温暖。

20年来，李祥斌坚守企业“中速行驶、准点营运、不争不抢、照前顾后”的行车要求，从未发生过一起交通事故，没有给人民群众的生命安全带来任何损失，表现了公交职工孜孜以求的优秀职业素养。

20年来，李祥斌关心集体比关心自己的家还要多，爱护车子就像爱护自己的孩子一样。每天出车前，下班后，他都要对车辆进行认真的检查，做好例行维护工作，发现故障及时排除，确保车辆技术状况保持良好。特别是在车辆发动机的维护上狠下功夫，做到一听声音、二摸水温、三查机油、四看火头，较好地延长了发动机的使用寿命、保证了乘客安全、准点出行。他的一言一行，无不促进着公交集团两个效益的提高，无不彰显着公交人团结、奉献、求实、创新的企业精神。

20年来，无论在哪个车队、哪条线路工作，李祥斌都无怨无悔、任劳任怨，保质保量完成各项客运服务指标和任务，用真情为公交文明窗口赢得荣誉，为自己的人生书写辉煌，得到领导和身边同事的好评。

20年来，最艰苦的线路，他主动请缨；最耗油的车辆，他主动驾驭；最破旧的车辆，还是他主动揽下。曾经在9个月里，他征服过10台“油老虎”车及破旧车辆，成为企业增产节约能手。

20年中，李祥斌安全行车近百万公里，节约油料19800多升，节约修理费用38万元，提合理化建议980多条。公交集团收到乘客和媒体夸奖李祥斌的来信来电有1500多篇次。

20年中，他连续5年夺得集团营收状元、5次夺得安全行车标兵、6次被评为节油能手，没有花过1分钱的事故费用。10次被集团公司评为“十佳”驾驶员、2次荣获市“百佳”驾驶员称号、6次荣获企业劳动模范、5次荣获“爱车标兵”和“学习李素丽先进个人”称号，2001年当

选合肥市工会十三大代表，2005年荣获“合肥市劳动模范”称号、2006年被评为安徽省模范文明职工，同年加入党组织，2007年荣获“安徽省劳动模范”称号，2008年当选省人大代表和北京奥运火炬手，2009年被列为全国职工职业道德“十佳”标兵候选人，2010年当选“全国劳动模范”，获得“中国好人榜诚实守信好人”称号，成为合肥公交人学习的楷模、信得过的楷模、引以为荣的楷模，成为合肥公交9000名职工的一面旗帜。

一、每天提前到岗半小时

在担任公交车驾驶员的18年里，每个早班，李祥斌都坚持凌晨4点起床上班，保证有半个小时的提前量赶到停车场。利用这半个小时，他打扫车辆卫生，检查、维护车辆性能状况。有时忙完自己车上的事，他还帮助同车队驾驶员检查车辆、打扫车辆卫生。遇到新手当班，他又主动告知行车中需要注意的事项，时常还帮助年轻驾驶员预热车辆、检修故障、排除安全隐患。

每个晚班，车辆进场时间不管多晚、天气不管多么恶劣，李祥斌都要坚持对车辆进行维护、加足燃料。对行车中出现的车辆机械问题逐一检修，自己检修不好的故障，他就和专职修理工一起，看人家是如何解决问题的。通过眼看、手动、脑子想来学习，经常连晚饭都顾不上吃，一忙就忙到深更半夜才回家。

2008年4月1日，合肥公交集团开通了快速公交2号线，使用的全是车身长达18米的新型车。这种车的体积和性能都较为特殊，难于驾驶。为保证新车型顺利投入运营，给合肥公交再添一道亮丽的风景，集团调集了一批平时思想作风踏实、车辆驾驶技术过硬的驾驶员承担公交快速2号线的开辟任务，李祥斌也被抽调到了快2线担任驾驶工作。从此，李祥斌每天上班的时间又比以前提早了一刻钟，他把更多的时间和精力投入在了公交车上。他说：“只有这样在车上多花些时间，才能更多地学习和掌握透新车型的技术性能，才能更好地保证行车安全，才能给乘客提供舒适、安全的乘车环境，才能给乘客提供高质量的公交服务，为公交的优良形象增光添彩。”

二、助人为乐捐款过万

在关心集体、帮助同事的同时，李祥斌还立足公交，把公交人服务乘客的精神延伸到更广的社会领域。2008年夏天，得知公交老年护理院有位纸箱厂退休的80多岁老人瘫痪在床，家里无人照料，他就接连利用下班后的时间买上水果和从家里带去适合老人的饭菜送给老人，还在病房帮助老人整理卫生，给老人喂饭喂药和按摩身体，在医生和护士间传为佳话。

汶川大地震救援期间，他迅速通过工会组织联系，积极报名前往灾区救援。在愿望没有实现的情况下，他一次就捐献了5000元现金；5月27日在参加全市奥运火炬手的封闭培训班上，得知市里有“迎奥运火炬、为灾区捐款”活动，他又请假1小时前往活动地点捐款3000元；在参加建党87周年纪念活动中，李祥斌再次向汶川灾区捐款2000元。他说：“我向灾区捐款，既是表达我个人对灾区人民的一点爱心，同时也是表达我们全体公交人的一点心意。”每年的慈善捐款日，李祥斌也总是最早把钱款送到车队。

三、当好乘客活地图

公交车上每天都有许多乘客会向当班的驾驶员问路，李祥斌上班的第一天就被乘客的问路问得十分紧张，有些地方他也确实不太清楚，答复不了乘客的问询他从心里感到十分不安，请车上乘客帮助解答也是很不圆满。一天他在书报亭看到有合肥市区旅游交通图，一下就来了灵感，他想有这样一张地图不就能够解决众多的乘客问路问题吗，于是他就买了一张合肥交通旅游图，反复地阅读和熟记着每一条道路，以及周边标志性建筑和重要厂矿机关学校。凭着这张地图，李祥斌为南来北往的乘客热情解答了无数的问询，还多次将走失的老人和孩子送回家，送到焦急的亲人身边。

随着合肥大建设的深入进行，合肥的道路建设“一天一变”，李祥斌也特别留意购买最新版的合肥道路交通地图。为了给乘客提供准确的问询，李祥斌不仅身边常备着合肥地图，每次出门上街也十分留心沿途的地名。一次他和孩子出去办事，路过新安江路时想起有位乘客问过新安江支路怎么乘车，当时他对所谓的支路不太清楚，给乘客的答复不甚圆满，于是他拉着孩子拐上了新安江支路，对所谓的支路概念作了实地了解。凭着这样的敬业精神，李祥斌不断加深了对合肥大街小巷的熟悉程度，对自己线路沿途单位地名位置和转乘线路的熟悉程度更是了如指掌。工作中随时都能比较准确地解答乘客的询问，以过硬的功夫热情为乘客排忧解难，被人们亲切地誉为“活地图”。

四、安全行车不带手机

有一年冬天的下午，李祥斌的车刚刚驶入站内，他的弟弟就气冲冲地走上车来，质问他为何一直不接电话，全家人找他都快找疯了。原来，李师傅年近八旬的父亲，因雪天路滑不幸摔断了双腿，急需送往医院。作为家中的长子，几兄弟第一个想到的是李祥斌，无奈打了十几个电话都无人接听，于时只好打车先将老人送往医院，再来找告之李祥斌。

熟悉李祥斌的领导和同事都知道，李祥斌自开上公交车以后，对公交行车安全的重要性有着高度的认识，他说：“公交车的安全不仅关系到自己和自己家庭的利益，也关系到他人和他人家庭的利益，更关系到整个公交行业的声誉。因此我对自己有一个特别的规定，那就是当班时不带手机上岗，不因电话影响开车，确保行车安全。”凭着这种高度的安全意识，李祥斌在他长达18年的行车记录中，创下了近百万公里安全行车无事故的骄人成绩。18年中，由他带出来的学员，也都先后成为公交营运线路上的安全行车能手。

五、自费备置爱心雨伞

为乘客提供特色服务，是李祥斌长期以来默默坚守的工作。到公交车上工作后，李祥斌发现一到雨雪天气，总是有乘客因为没有雨具而无法下车，他看在眼里，记在心上。于是他自费购买了一些雨伞，放在他的车上，遇到需要雨伞的乘客，他就主动借给乘客。在他的车上还有很多的特色服务，雨水淋到座位上了，他会为乘客递上抹布；乘客晕车呕吐，他会递上方便袋；乘客携带物品太多，他会递上小绳子，甚至帮乘客扎紧物品；遇到乘客忘带零钱，他会用自己的钱帮乘客投币；站台上有雨水，他会把车子停在没有积水的地方方便乘客上下车。每到冬天，他还自费制作公交车扶手、座位布套和海绵垫，使乘客在寒冷的冬天一上车就感受到春天般的温暖。一个个细小的举动、一次次真诚的关爱，李祥斌赢得了众多乘客的赞誉和信赖，赢得了组织上的关注和肯定，一项项荣誉称号和奖牌也都挂到了李祥斌的身上。

六、首创公交志愿服务队

2006年以来，李祥斌先后在235路、901路和快速公交1号线三条重要线路担任驾驶工作，这三条线路的终点站都设在市中心的繁华地段，平时客流量就大，到了节假日更是客流蜂拥，

乘车秩序相对混乱。李祥斌看在眼里，记在心里，慢慢就有了组织维护公交乘车秩序志愿服务队的想法。他把这个想法告诉车队领导后，立即得到领导的支持。于是，李祥斌就积极与车队和线路上热心公益活动的同事联系、谋划起组建志愿服务队工作。很快就建立了一支有十多人参加的服务队。双休和节假日期间，以及雨雪冰冻等恶劣天气气候下，他们都会利用下班后的时间，佩戴袖标和小红旗，在市府广场、省博物馆、小花园、火车站等客流密集的公交站点宣传和维持乘车秩序，为保障乘客安全和公交车辆畅通发挥了积极作用。由李祥斌首创的公交志愿者服务活动目前已在全市公交普及和推广，为公交和全市的文明建设作出显著贡献，得到市民好评和各级领导的肯定。

七、参政议政维护职工利益

无论是作为企业的职工代表还是作为省人大代表，李祥斌积极参政议政，努力学习党的方针政策和国家的法律法规，为企业发展出谋划策，积极维护企业和职工的合法权益，成为具有较强责任意识、参与意识、监督意识、法律意识的优秀职工代表和人大代表，处处体现了他的优秀政治素养和主人翁精神。

▲全国劳动模范安徽省合肥公交集团驾驶员李祥斌在工作中

每年的职代会和人代会前，他都利用工余时间，在职工中了解大家的所思所想、到集团各部门了解企业生产经营存在的问题和困难，对掌握的情况进行认真分析总结，为公交的科学发展和市民出行的方便、快捷，集思广益、创新工作思路、找寻工作方法。近年来结合合肥的“大建设”和现代化滨湖大城市的建设，李祥斌就公交如何积极跟进城市的发展，如何增加公交线路、车辆、场站投入，满足市民出行需要，以及如何改善公交职工恶劣工作环境、合理提高职工过低的工资和福利待遇等问题，写出大量的提案，分别提交给了企业职代会和省人代会。同时在历次职代会和人代会上，李祥斌还积极在代表中反映公交企业的服务理念和企业在既要企业化又要公益性等选择中存在的困难，向代表宣传国家和各地优先发展公交和落实公交优先政策的具体做法。在李祥斌的积极努力下，他的提案得到上级领导和社会各界的重视，市委、市政府、市人大、市政协，以及主管公交的国资、交通、建设等部门也都先后到公交调研和解决实际问题，为公交的线网优化、车辆配置、经营手段、政策性亏损补贴、职工福利待遇改善等作出了积极的贡献，得到广大公交干部和职工的信任和好评。

八载春秋写辉煌

——记全国劳动模范河北省石家庄市公交总公司总经理张玉锁

张玉锁同志自2004年开始担任石家庄市公共交通总公司（以下简称石家庄公交）总经理，到2012年年底的8年中，他同班子成员一道真抓实干，求真务实，创造了石家庄公交历史上的一个奇迹、一段耀眼的辉煌。公司先后荣获了“全国模范职工之家”、“全国城市公共交通文明企业”、“中国用户满意鼎”、“全国五一劳动奖状”、“全国城市公共交通十佳先进企业”等国家级荣誉称号。他本人先后荣获“石家庄市劳动模范”、“河北省劳动模范”，2010年被国务院授予“全国劳动模范”荣誉称号。

一、真抓实干，大胆管理求发展

作为一名领导干部，特别是行政一把手，张玉锁同志严格要求自己，时时处处起模范带头作用。8年中，他走遍了公司的每个基层单位，39个路队、209条线路都留下了他的足迹，不断的思考转化成为他提高管理水平的动力。

（一）推行无缝隙管理

实施管理模式由粗放型、经验型向精细化、人性化、制度化转变。企业经营管理的改进，重点体现为“一改革、两调整、三清理、四集中、五坚持”。一改革：即对公司三级管理机构和干部编制进行“缩水”，总公司机关由原来12个处室合并调整为9个处室；分公司科室由原6个科室合并为4个科室，机构共精简了16个，全公司干部编制减少了160多人，精简了33%，提高了工作效率。两调整：调整运营公司的生产经营区域，实行路队和线路就近管理，优化运营资源配置；调整生产管理单位。三清理：清理企业劳动力；清理职工乘车证；清理积压事故借款，强化资金管理。四集中：一是集中财务结算，总公司成立财务资金收付中心，有效避免了“小金库”与“账外账”等现象；二是集中包车经营，逐步向专业化、规模化、市场化、品牌化方向发展；三是集中职工社会保险管理，由总公司统一管理，避免不规范和手册丢损；四是集中材料购配管理，减少材料库存和资金积压，形成初具规模的物资供应基地。五坚持：一是坚持权力运行的监控机制，建立“三重一大”防控措施，从源头上预防和制止腐败；二是坚持工程项目、大宗物品采购的招投标制度，避免暗箱操作；三是坚持合同和资金使用的审核审批制度，有效控制和规范资金的使用；四是坚持厂务公开制度；五是坚持职代会制度，重大问题和涉及职工切身利益的内容都要经过职代会通过，维护职工的利益。

（二）推行“6S管理”

“6S管理”是现代企业行之有效的现场管理理念和方法，其作用是：提高效率，保证质量，使工作环境整洁有序，预防为主，保证安全。包括：整理、整顿、清扫、清洁、素养、安全共6项内容。从2012年开始，张玉锁同志倡导公司管理的进一步深化和细节改进，由工会组织从最基层的班组管理开始，逐步渗透到公司上下的所有管理层面和每个岗位。公司先后组织了“6S管理”咨询专家讲课、现场指导、体验式拓展训练、经验交流、对比展示、考核评比等方式，使公司从环境到人的整体面貌焕然一新。

二、开拓创新，以科技求发展

随着石家庄城市建设的日新月异，城市规模不断扩大，旧的管理模式已不适应现代公交的发展。张玉锁同志和领导班子超前谋划，结合公交的现状，大胆地进行智能化管理的探索，公司先后建成了智能调度、智能收费、智能办公三大系统，有效地提升了企业的现代化管理水平。

▲河北省石家庄市公交总公司总经理张玉锁

（一）智能调度系统

智能调度系统工程从2005年12月启动，2006年投入使用，经过几次升级改造，2011年年初总公司高标准的智能调度中心建成，集成了GPS卫星定位、智能调度、视频监控、沙盘演示、数据采集、服务热线和视频会议多项功能；2012年公司与交管部门联网，实现了利用车载3G视频，掌握路况信息；在中山路、裕华路设置了62组电子站牌，同步显示公交车辆的到站信息，还可以通过站牌和车厢内的“i码公交公共服务平台”查询公交信息，成为便民新亮点。

（二）智能收费系统

到2012年年底，石家庄公交IC卡的发行量已经累计达到200多万张，日均使用量达到了80多万人次。2012年石家庄公交与中国移动合作实施手机一卡通项目，实现了手机刷卡、手机支付功能，11月19日已经正式试用，截至12月底手机刷卡达3.97万人次，标志着石家庄公交迈入了全新、方便、快捷的手机刷卡时代。

（三）智能办公系统

2006年总公司与各基层单位之间建立了互联网络。先后开发了OA自动化办公平台，实现了公司内部公文处理的无纸化办公；开发了公交ERP自动化办公平台，实现了财务、人力资源、运营、车辆保修、供销领料、票务收入、党群工作等管理的自动化办公，大大提高了办公效率。

三、以人为本，便民惠民求发展

（一）落实政府的惠民工程

张玉锁同志带领干部职工抢抓机遇，在“抓特色、创品牌、上水平、树形象”等工作思路的引领下，积极推进城乡公交一体化，改善市民的乘车条件，加快建设公交场站，取得了明显的成效。从2004年至2012年共开辟线路157条，有效填补了城市部分区域的公交空白，扩大了公交服务空间和覆盖面积，公交线路总数达209条。为满足市民的乘车需求，公司开辟了普线、快线、特快线、环线、旅游线路、夜观光线路，并统一了所有公交车车身颜色，逐步取消了中巴车，全部更换为大车，采取政府投资和自筹资金的方式，共购置大容量、大载体、环保公交车3366辆，2012年年底公交车达到4033辆。通过政府投入、世行贷款、公司自筹等形式筹集资金加快场站建设。先后建成谈固公交枢纽站、西王公交枢纽站、南焦停车场、南位停车场等。为市民乘车和换乘提供了便利，提高了车辆的舒适度，基本解决了城乡百姓乘车难的问题。

（二）提出多项便民举措

坚持以人为本，服务百姓，公司实行了残疾人、伤残军人、现役军人以及70岁以上老年人等10类免费乘车服务；配合夜经济发展，延长公交车的运营时间；增加公交服务热线座席、开通劳动模范热线，解答乘客问询；与河北交通广播电台合作开通了《公交先锋》栏目，播报公交新闻；打造特色的公交服务品牌，创建了一大批国家、省、市级“青年文明号”、“工人先锋号”、“巾帼建功文明岗”线路和车组，提高了服务水平。

四、开展“三心工程”，以和谐求发展

企业的发展离不开职工的理解、参与和支持。几年来，张玉锁同志全心全意依靠职工办企业，尊重职工民主权利，关心职工生活，努力为职工办实事办好事，深受广大职工爱戴。

（一）通过“三心工程”凝聚职工

他把“得民心”作为企业发展的基础。倡导“公交为乘客服务、干部为职工服务、机关为基层服务”的管理理念，激发了干部职工为企业发展建功立业、服务市民、服务乘客的工作热情。把“暖人心”作为企业发展的核心，通过献爱心、送温暖等活动走访老职工、老干部，走访慰问特困职工，每逢节日为他们送去慰问品，通过心贴心、知民难、解民忧、办实事，使职工的心和公司紧紧连在了一起，企业的向心力不断增强，形成了人人献计献策，关心企业发展的良好氛围。把“聚人心”作为培育企业精神的关键。在实践中培育和形成了“和衷共济、诚信至善、务实创新、追求卓越”的企业精神，带出了一个心往一处想、劲往一处使、团结战斗、求真务实的领导班子，带出了一支不怕吃苦、善打硬仗的11800多人的职工队伍。

（二）内外和谐促发展

他倡导成立了公司的百人大鼓队、百人腰鼓队、百人军乐队、舞龙舞狮队、职工合唱团等13支文体团队，丰富职工的文化生活，树立公司的形象，提高石家庄公交的影响力。

他坚持工资福利向一线倾斜的政策，到2012年企业职工平均月工资达到2871元，比2003年增加了2040元。2012年企业总资产达到17.44亿元，比2003年增加15.04亿元；年总收入达到6.16亿元，比2003年增加了4.88亿元。企业发展实现了大的跨越，创造了一个又一个辉煌的成绩。

张玉锁同志以其突出的表现和卓越的贡献，塑造了石家庄公交的崭新形象，在他和总公司班子的带领下，全体干部职工凝心聚力、奋力拼搏、满怀豪情地为把企业做大、做强、做优、做美，为建设幸福石家庄而努力奋斗。

天津公交8路的爱心车夫

——记全国劳动模范天津市公交集团公司8路车队驾驶员张建生

张建生，男，汉族，大学本科，1966年11月出生，1993年5月加入中国共产党，1987年12月参加工作，现任天津市公交集团公司8路车队驾驶员。

张建生从事驾驶工作25年来，数十年如一日，在平凡的岗位上取得了不平凡的业绩，25年安全行车无事故。安全里程达百万公里，以实际行动为广大职工群众做出了榜样，被广大乘客称赞为“公交的活雷锋”、“乘客的贴心人”。先后三次荣获“天津市劳动模范”称号，多次荣获“天津市五一劳动奖章”；2007年荣获“天津市职工职业道德十佳标兵”和“全国城市公共交通先进个人”称号；2008年当选“天津市道德模范”；2009年荣获“全国五一劳动奖章”；2010年荣获“天津市服务标兵”、“全国劳动模范”称号；2011年荣获“全国职工职业道德建设标兵个人”称号；2012年荣获“天津市优秀共产党员”称号。

一、真情服务暖人心

张建生把公交车驾驶员的职业道德淋漓尽致地体现于平凡的工作岗位之中。他坚持以乘客满意作为自己最大的追求，以一片真情营造车厢和谐。他对乘客的爱心体现在每一个细微之处，坚持“一言一语暖乘客心坎，一举一动对乘客负责，一心一意为乘客着想，一点一滴解乘客所难”。在终点站他提前将乘客请上车等候发车；雨大进站，提前降速避免积水溅到候车乘客身上，停车时尽量贴近站台并躲避有积水的地方，方便乘客一步上下；夏天他为车上配置了遮阳帘、小凉扇；冬季，他又给特需席铺上了棉坐垫，给门上金属扶手装上了扶手套，为台阶配置了防滑垫；车厢内的拉手上也布满了他与乘客无声交流的心语，比如：“爱心传递温暖，文明如沐春风”、“谦让是一种风度，礼貌是一种修养”、“让出的是座位，得到的是尊重”。自备的便民服务箱里有雨伞、创可贴、清凉油、救心丸、呕吐袋、塑料兜、乘车指南等。他自己动手画图制表，制作了“特模八路便民服务手册”，并自费印制了2000册赠送给市民乘客，被广大乘客赞誉为8路车厢的“换乘宝典”。

2012年夏天，一位大爷向他借水喝药。他的大玻璃杯里是很浓的茶水，能提神儿，却不宜服药。大爷失望地回到座位上。怎么才能帮老人的急需呢？行车到甘肃路，他停车请乘客稍等一会儿，飞快跑到小卖部，买了一瓶矿泉水递给大爷，大爷感动得连连道谢，乘客都说师傅真好。从那儿以后，他的车上又多了一个暖水瓶，还有一摞小纸杯。

对乘客的关爱，实际上也是一种情感的沟通，这种互动更是他做好服务的动力。一次，一位孕妇上车，张建生为她找了座位，车行至途中天下起大雨，到了终点站，雨还是下个不停，看到孕妇焦急的神情，张建生忙把自己的雨伞递给她，孕妇说：“您把伞给我，您怎么办？”张建生说：“开车不用伞，下车跑两步，您就放心用吧。”孕妇这才打着伞走了。第二天，在爱人的陪同下，她专程到终点站，将雨伞交给站员，请站员一定转达谢意，还送来一篓苹果。张建生上班后得知此事，想到：自己只做了一点小事，乘客这样感谢我，我有什么理由不为他们多想一些、多做一些呢？从此他的车上又增添了一次性雨衣和便民伞，为更多乘客提供方便。

二、言传身教作表率

张建生在平凡的工作岗位上无私地奉献着人生，他用楷模的作用感染着他人。夏天，他利用公休替间歇；冬天，他积极参加保出库；雨雪特殊天气时，他总是第一个来到车队辅导新学员；当体育中心有活动时，他延时连班疏散客流，每年奉献达千余小时。2013年1月3日，天津遇到了几十年罕见的大雪，正在公休的张建生，清晨起来发现外面漫天白雪，就主动赶到车队，帮助清扫场院积雪，上车辅导学员安全驾驶，下午正准备回家之时，车队又接到了天津站打来的紧急电话，由于大部分火车晚点，天津站客流出现了井喷，需紧急加派车辆。他二话没说，就驾车上路参加运营，直到晚上9点多才收车。

一花独放不是春，万紫千红春满园。身为8路车队驾驶员队伍中的带头人，张建生所想的是：公交8路车队是天津公交企业的领头羊，要向着更高更远的目标前进，必须依靠一支优秀的团队，我是劳动模范，一定要用自己的行动带出更多的优秀员工。为了车队的发展后继有人，他把带好徒弟、授艺传德视为应尽的义务。他毫无保留地向徒弟传思想，教技术。他把徒弟们当成自己的兄弟姐妹，他们的工作、生活都在他的心里惦记着，雨雪天气，他提前逐人打电话嘱咐安全，提醒行车注意事项，下了班跟着徒弟一起运营，为他们的安全行驶保驾护航；徒弟们车费油了，他跟车辅导，并亲自驾车做示范；徒弟和乘客发生矛盾了，他认真帮助分析，查找原因，帮助徒弟提高服务技能；车辆清洁质量差，他带领徒弟一起干，教他们清洁车辆的环节步骤；徒弟跟父母发生矛盾了，他去家里做工作……有一位新学员在与其他职工见习过程中，由于自身思想压力较大，很长时间不能够定员，准备申请辞职，失去了工作的信心，张建生主动要求与他谈心，查找他思想上的症结，要求到自己车上见习，经过张建生从思想上的减负，到驾驶技术上的认真传授，使他重新鼓起了勇气，很快就能够胜任驾驶员的工作，现在已成为车队一名生产骨干，用他父亲的话说：是8路车队给了我孩子生活的信心，是8路车队为我孩子的生活增添了情趣。是张建生使我的孩子没有被改革的大潮击垮淘汰。

在紧张忙碌的工作之余，他在车队成立了张建生服务研讨小组，对百名徒弟搞好“传、帮、带”，针对老年人免费乘车这一惠民政策，他带领徒弟们潜心研究出老年人乘车30种服务方法，受到老年乘客的称赞。他用自己的一言一行感染者并带动着每一位新职工。截至目前，他带过的徒弟已有百余人，他们中有市级劳动模范、公司团委书记、管理干部、优秀党员，更多的成为各车队的骨干，其中已有16人入党，并全部迈入各级先进行列，成为服务工作中的生力军。

三、延伸服务作贡献

“服务人民，奉献社会”是张建生多年来践行的服务理念，在做好本岗工作的同时，他还将爱心奉献延伸到了车厢之外。他热心公益事业，兼任天津理工大学、天津师范大学、天津外国语学院和新华中学校外辅导员，鼓励学生们努力学习，树立远大理想；他组织职工去阳光老人院服务；带头到车队认养的水舞广场5000平方米绿地义务劳动；并和多名聋哑人、盲人成为朋友，为他们提供力所能及的帮助。2004年，车队与《今晚报》共同举办残疾人畅游津门公益活动，残疾人张华看到报道后，给车队寄来一封信，提出想要参加这次活动，张建生见到这封信后，主动要求活动中由他来照顾这位素未谋面的大姐，活动当天张建生背着大姐下楼，抬着轮椅上车，每到一处景点还耐心地为她讲解拍照，张大姐非常高兴，激动地说道：“由于双腿残疾和年龄的增大，我整整20多年没有出过门了，每天活动的空间就是从屋内到平台，哪怕到楼下坐一会儿都成了奢望，没想到这辈子还有机会能逛逛天津城，亲眼看看家乡这些年来翻天覆地的变化。”听着大姐的话，张建生心中也是百感交集，当即表示：“大姐您放心，今后我们会经常来照顾您。”此后6年多的时间里，无论是春夏秋冬，无论工作多么紧张，无论是张华大姐住在家里或是养老院，张建生都没有间断对她的帮扶，带大姐游览津城，帮大姐归置家务，都成为了他业余时间的一项任务。2011年的10月17日这一天，张建生特意带着他的两个徒弟一起来到了养老院。“张大姐，在天安门参加国庆游行的渤海号彩车正在公开展示，今天我们歇班晚上来接您，去看看彩车的夜景。”细心的张建生说明来意后，还不忘叮嘱大姐：“现在室内室外的温差大了，尤其是晚上，出门还是要多穿些衣服。”此时，虽然还没有见到国庆彩车，张大姐却已经被这突如其来的惊喜感动得眼眶有些湿润了。当他们来到流光溢彩缤纷夺目的彩车前，张建生推着张大姐绕着美丽的“渤海号”不知转了多少圈。大姐边听边看边激动地说：“真是太美了，太漂亮了！”后来，张大姐专门托人给8路车队送来了感谢信和印有“关怀备至　胜似亲人”的锦旗。在信中她饱含深情地说道：“我有这样一个不是亲人却胜似亲人的公交车驾驶员弟弟，他用爱给了我无限温暖，感谢建生，感谢他的徒弟。同样也感谢无数个像你们一样用情暖心用爱奉献的天津公交人。”

▲天津公交8路车队驾驶员张建生在工作中

2011年国庆节，有个小伙子从上海过来看他。小伙子是聋哑残障人，在天津上学时，每天乘车张建生给了他不少帮助，小伙子一度厌学，情绪低落，简单的口语无法深入交流，他们就“笔谈”，你写一句，我写一句。小伙子恢复信心，完成了学业。后来，他们全家迁居上海，两个人一直保持着联系，小伙子找到工作，给他发短信报喜。他说，收到短信我高兴了好几天！一个残障孩子，不简单啊……

几年来，张建生自费订购报纸，供乘客阅读；开通了“建生服务热线”，畅通与乘客交流渠道；在车厢增添天津地区电话册，公示了火车、长途首发时刻表，与残疾人建立帮扶关系，将“迎奥运文明出行”、“建国60年社会巨变”、“文明礼仪服务十二个环节标准”、“学习践行雷锋精神”、“宣传学习贯彻党的十八大精神”等宣传内容进车厢……，营造和谐氛围。他的工作得到了社会的认可，天津师范大学城市与环境管理学院、天津外国语学院东方语言系、天津城市建设管理学院、新华中学等聘请他为校外辅导员，公交技师学院聘请他为兼职讲师。新闻媒体先后报道了他的事迹，《今晚报》“身边文明365”两次对张建生的细微服务进行了宣传，《天津日报》超阅版以“公交8路的爱心车夫”为题，对他的事迹进行了整版的报道。

1亿秒平安的背后

——记全国劳动模范北京市地铁运营有限公司电客司机张晓雨

安全行车84万公里，相当于绕地球行驶21圈，这一地铁安全行车里程最高记录的创造者就是北京市地铁有限公司运营二分公司电客司机张晓雨。从1975年参加工作以来，张晓雨在地铁司机的岗位上已经度过了38个寒暑。38年来，他驾驶过的车型不断更新，列车前行的轨迹不断延伸……1995年，实现了安全行车50万公里；2000年，安全行车达到60万公里；2004年则创造了安全行车70万公里的业绩；到2008年3月31日，又成为地铁行业突破80万公里大关的第一人。

他曾先后被评为“地铁职工职业道德明星”、“精神文明十佳标兵”、“市经济技术创新标兵”、“市城建工委优秀共产党员”、“北京奥运会‘微笑服务大使’”、“北京国企十大明星”、“全国劳动模范”；荣获北京地铁首届“金手柄奖”、“市优秀司售人员”、“市国资委优秀共产党员十大英才”、“全国城市公共交通先进个人”等光荣称号及“北京市劳动技术能手”和“高级技师”证书；他的事迹在《人民日报》、《光明日报》、《工人日报》、《解放军报》、《经济日报》、《农民日报》、《北京日报》、《北京青年报》，以及中央电视台、中国教育电视台、北京电视台、新华网等多家媒体上宣传报道。

一、学无止境、勇攀高峰的榜样

1975年，张晓雨进入北京地铁成为一名电客司机。当时，作为一名地铁司机开车不是难事，而应急故障处理才是大难题。使用的车辆都是60年代上线的老车，大病小灾不断。要保证正常运营，就要求司机练就应急处理列车故障的过硬本领。一次收车回库，张晓雨发现有节车出现了电路故障，判断可能是主保险烧损，检修的技术能手只用5分钟就将问题解决了，张晓雨暗自佩服的同时下定决心：好好钻研修车技术，做地铁列车的“活图纸”！他从技术和检修部门借来图纸和各种有关资料，从新学员那儿借来技校的讲义进行自学。功夫不负有心人，通过自学不断充电、不断学习，张晓雨在处理日常行车故障更加得心应手，人人称赞他为地铁列车的“活图纸”。

二、安全行车、优质服务的标兵

“千里之行始于足下，万里平安系于刹那”。38年来，张晓雨凭着高度的责任心，始终坚持“规章制度是保证运营的生命线”信念，模范执行《乘务员一日标准化作业规范》中的各种要求，认真观察每一个信号，做好每一个驾驶动作。地铁列车每天在线上行驶，每个班次要按图行车180公里，一个班次下来就要推拉牵引、制动手柄200余次；指挥各种信号、道岔并进行呼唤确认600余次；上下开关车门、监护乘降150余次。

作为一名电客司机，张晓雨清楚自己的工作关系着千家万户的幸福平安，容不得有丝毫的麻痹大意，身为一名共产党员更是在工作中不断发挥先锋模范作用。凭着高度的责任感，凭着对规章制度的正确理解，他把规章制度融入到每一个技术动作、每一个服务行为当中。作为首都服务行业的窗口，张晓雨时刻把“为乘客提供优质服务”作为工作的重要内容：夏季到来，他适时开启空调，为乘客送去凉爽；冬季到来，他利用列车入库调头的机会，打开风扇更换车厢内空气，为下一批乘客创造良好的乘车环境；车门发生故障，他及时进行处理，来不及处理就挂好“车门有故障”提示牌来提醒乘客注意，防止因车门故障而影响乘客上下车；自动广播出现故障，他就不厌其烦地进行人工报站，并编写出人工广播文明用语手册，引导乘客正确乘坐。工作中无一起服务纠纷，无一次违章违纪作业，无一次责任行车事故。张晓雨本着认真负责、一丝不苟的工作态度和严细求实、持之以恒的工作作风创造了84万公里安全无事故的记录，是当之无愧的标兵。

三、迎难而上、自我突破的模范

每当面临困难的时候，张晓雨都高标准地灵活克服解决。他总说：“党把我提炼成一粒金子，我就必须充分发挥一粒金子的价值；党把我锻造成一颗螺钉，我就必须牢固地拧在‘地铁运营安全稳定’这条没有尽头的道床上，保证这方天地的每日平安。”1999年，具有国际先进水平的VVVF车开始应用于地铁复八线。张晓雨从古城运用车间调到全部使用新车的四惠运用车间，对于他来说这是一次大挑战，V车与过去任何一种车相比，差别很大，特别是采用了计算机控制。不惑之年的他对电脑认识很“文盲”，与他同台竞争上岗的却都是年轻司机，他们对电脑驾轻就熟；另外，张晓雨当时已保持了60万公里的安全行驶记录，即便竞争后能上岗，全新的机车也比不上他驾驶老型号车对“安全行驶”有把握。为了尽快改变25年的驾驶习惯，张晓雨经常边看电视，边一遍遍练习拉杆的操纵方法，甚至吃饭时也拿着筷子练。一番苦练后他不但熟练地操作了V车，而且顺利地刷新了平安行驶70万公里的记录。

四、钻研业务、培养新人的导师

38年来，张晓雨通过学习和工作，积累了很多有价值的技术经验，多次参与了各种车辆教材的编写和修订，《乘务员学习手册》、《电动客车应急故障处理》、《BD二型、VVVF车风路系统管路图》、《VVVF车理论知识题库》、《VVVF车应急故障处理办法》……一本本厚重的列车原理及使用说明，渗透了三十多年的心血与笔耕的汗水，为他人的技术学习提供了详实的借鉴和参考。

他根据运营工作的新变化、新要求，经过反复论证和实地检验，编写出了《VVVF电动列车制动作业操纵流程表》。按照该流程作业，不仅可以改善列车起步制动不平稳的现象，而且在正常运营条件下，能保证列车定位停车，并明显降低列车机械磨损和能源消耗。张晓雨从车辆结构、原理入手，提出“加装开门按钮磁铁护垫，防止错开列车车门”和“一线贯通后特殊地段操纵办法”等多项合理化建议和经济创新技术成果。2004年公司从社会招聘了一批新乘务员，张晓雨重新完善了《1号线电动客车应急故障处理办法》，利用休息时间帮助新乘务员提高综合技术水平。此外，张晓雨根据北京地铁发展的新形势、新特点通过多渠道了解国际同行业发展新趋势、管理新经验、车辆新技术和行车新方法，不断摸索着更安全、更科学、更合理的电动列车司机工作方法。如今，他投身于电动列车司机的培训工作，用38年的经验培养一批又一批新地铁人，不仅体现出一名电动列车司机技师广博的专业知识，更反映出他大公无私、爱岗敬业的奉献精神。

作为全国劳模、全国地铁安全行车第一人、安全标兵、市级优秀共产党员、市级技协先进个人、北京市经济技术创新标兵、北京市劳动技术能手，高级技师，尽管张晓雨已成为北京地铁的知名人物，但却依然保持严谨的品行和低调的作风：每个班次，他都准时到达工作岗位，穿戴整齐，认真检查必备的行车用品，听取值班员布置的运营任务；每次轮乘，他都严格按照标准化的规定执行标准化作业流程；每当有同志向他请教技术问题，他总耐心地答疑解惑。

▲北京市地铁运营有限公司运营二分公司电客司机张晓雨在工作岗位上

把38年的点滴小事串联在一起，一名共产党员言行一致、锐意进取的光辉形象呈现在我们眼前。张晓雨的精神影响着一代又一代地铁员工，他的经验、事迹在员工中广泛推广。在地铁电动列车司机这个平凡的工作岗位上，张晓雨一步一个脚印，为地铁事业奉献着一腔赤诚，为广大乘客提供文明、优质的服务，为明天更辉煌的成绩而不懈奋斗着……

聂永军和他的“春城第一车”

——记全国劳动模范吉林省长春公交集团119路驾驶员聂永军

聂永军是长春公交集团西昌公司119路一名普通的驾驶员，全国劳动模范。在20年车厢服务工作中，他把全心全意为人民服务的宗旨作为自己永远不变的追求，把自己融入车厢，一步一个脚印地去实现理想，成为新时期长春公交战线的楷模。他用真诚、爱心、勤奋、奉献谱写了一曲公交人“不惧艰险、创造非凡”的时代颂歌。他先后被评为长春市特等劳动模范、长春市优秀共产党员、第六届长春市十大杰出青年、长春市金牌工人、吉林省劳动模范、第四届吉林省十大杰出青年、吉林省第十一届人大代表、中国青年志愿服务金奖的获得者、感动吉林慈善奖十大新闻人物、2008北京奥运会火炬传递手、全国五一劳动奖章获得者，2010年又光荣地被评为全国劳动模范。

聂永军出生在一个农民家庭。8岁那年成为唐山大地震的幸存者，是党和政府把他培养大。1993年春，聂永军带着乡村泥土的芳香、带着农民纯真、质朴的爱，来到了长春公交，当上了一名驾驶员。他非常珍惜这份来之不易的工作，他说，他要用自己的实际行动来报答党和政府的养育之恩。他要用自己的爱心去回报社会。对车原本一窍不通的他，面对车内各种繁琐复杂的零件设备，他凭着那股倔劲和韧劲，不断地刻苦钻研，使自己的驾车技术日臻成熟。他还自学修理知识，逐渐掌握修车技巧，对一些常见故障都能及时地排除。开车20年来，他从没因车辆故障欠过车次，从不前撵后压，确保正点行车安全无事故。

聂永军常说：他来到这个世上，只要能为他人做些力所能及的事情就是他最大的快乐，他别无所求。随着公交改革的不断深入，车队在承包的基础上又实行了大包，他和妻子共同承包一辆119路专线车。在别人眼里，专线车就是赚钱车。钱对聂永军来说太重要了，租房需要钱，孩子看病需要钱，赡养老母亲还需要钱，可他却没有把钱看得很重。他知道，激烈的客运市场竞争，就是服务的竞争，服务的好坏直接影响到今后公交生存发展的大计，他不能被眼前的利益所迷惑。他要走出一条自己的品牌之路。他根据季节的不同，对车厢的服务设施和项目进行了随时更换。夏季，他自费400多元购置了窗帘、小凉垫、小凉扇；冬季，他又出资800多元缝制了棉坐垫和棉坐套。他还根据乘客的不同需求，在车厢内备置了方便袋、交通图、医药箱、暖水壶等便利设施。聂永军虽然文化水平不高，但他勤于用脑、善于观察，他发现冬天的棉垫尽管保暖，但不能驱寒，于是他又萌发了在车上安装土暖气的想法，他和车组的同事自费买来了暖风机和30米长的胶皮管和暖气片，并利用发动机水箱里的热水，在座椅下安装了两组暖气片，使冬天的车厢温度比以往提高了5℃。他的这一发明获得了长春市科技创新成果发明奖，为长春公交争得了荣誉。

为解除抱小孩乘客乘车时疲劳，让孩子有个休息的地方，他自己动手焊制了一个婴儿床，妻子又缝制了小棉被和小枕头。他还自行设计研究制造了电子线路示意图，使乘客无论白天或晚上乘车，对行车的方位和前方停车站的站名一目了然。聂永军又制作改装了电子显示牌及多功能电子表和绿色环保垃圾箱。许多乘客都说他的车越来越像一个流动的家，都亲切地称他的车是“春城第一车”。

聂永军也深知，一个人的能量毕竟是有限的，他决心把自己多年积累起来的服务经验在各条运营线路上推广，多涌现出一些深受乘客欢迎的“乘客之家”。2002年1月，在集团领导的支持下，聂永军积极倡导，首批八辆“乘客之家”包车组诞生了。在“乘客之家”的命名大会上，集团公司董事长崔树森高度赞誉聂永军“乘客之家”是联结乘客与公交人的纽带和桥梁，是长春公交的光荣，极大的鼓舞和激励了“乘客之家”包车组的驾乘人员们。在工作中，他们以聂永军为榜样，在各自的运营线路上，真情待客，甘于奉献，为乘客营造了一个和谐、温馨、舒适、整洁的乘车环境。他们在服务上创优质，在经营上创效益，走出了一条公交服务品牌之路，也成为长春公交运营一线的领头雁。在公交集团举办的创“星级服务”活动中，聂永军又带头勇闯英语关，率先进入“五星级驾驶员”的行列。

在普通而平凡的人生中，难能可贵的是始终如一的勇于进取，聂永军就是这样的人。自己文化底子薄，他就抓紧一切时间进行学习，到学校去进修，掌握科学知识使聂永军又一次证明了自己人生的价值。聂永军车上的服务设施有二项荣获吉林省职工成果发明奖、三项荣获长春市创新创效成果奖。集团公司把他多年来在工作中的经验，提炼归纳为一套完整的具有代表性的《聂永军工作法》，包括：“一种精神”，即“不惧艰险，创造非凡”的企业精神。“两个牢记”：要牢记乘客至上，服务第一；要牢记乘客满意是我们的追求。“三个检查”：出车前坚持做到油、气、电路检查，“三清、八盖”检查；车辆行驶中做到一听、二看、三闻；收车后，坚持做好车厢内部安全隐患检查，排查车辆是否存在故障隐患，保证第二天正常出车。“四个保证”：保证正常的运行时间，不压车、不撵车、不违章，文明驾驶车辆；保证轻柔挂挡、慢抬离合器踏板、轻踩加速踏板、平稳起车、匀速行驶，进出站慢行；保证认真检查、及时维护车辆，不开带病车上线运营；保证全面实施驾驶操作规程，掌握车辆的各项性能，确保行车安全。“五个做到”：做到爱岗敬业有诚心——恪尽职守、珍惜岗位、真心实意完成本职工作。脚踏实地以企为家，忠诚企业实现共荣；做到车厢服务有创新——与时俱进创新车厢文化，依据季节提供便民设施。打造良好的公交品牌，尽展公交变化发展；做到帮助乘客有爱心——把问候、微笑、帮扶贯穿在车厢服务的细节中，让乘客感受到人与人之间和社会的温暖；做到化解矛盾有耐心——在化解车厢突发矛盾和误解时，采取灵活、耐心、细致的技巧，消除矛盾促进和解，增进驾乘之间的理解和友好；做到传播文明有热心——公共交通是城市文明的窗口，展示美德传播文明，是行业人员义不容辞的责任，代表着城市的风貌和精神。集团及时总结整理并推广了《聂永军工作法》，极大地推动了长春公交战线的整体服务水平。现在，《聂永军工作法》已经成为长春公交各个岗位员工学习的必修课。

工作之余，聂永军处处以雷锋为榜样，奉献公交人的爱心。遇到和亲人走散的老大娘身上没钱，他就亲自送大娘回家；看到一个清贫的农民为上学的女儿来长春借钱没找到亲属，他当即拿出身上仅有的170元钱，为他的女儿交付了学费，并坚持在每学期开学前把50元学费寄给那个渴望读书的孩子。有一次，聂永军的车上上来一位抱小孩的妇女，孩子当时脸色苍白，好像生病了，聂永军经过询问了解到，她从外地来长春找丈夫，结果不但没找到丈夫，孩子也摔伤了。为了给孩子看病花光了钱，她连家都回不去了。聂永军二话没说，立即掏出50元钱交给这位妇女，同时，又号召车上的乘客们捐款，捧着手里的200多元钱，这位妇女感动得泪流满面。20年来，聂永军还坚持每年的三月五日中国“青年志愿者”服务日这一天，到市郊大屯孤儿学校看望孩子们，并自费为孩子们购买学习用品、小食品等。让孤儿们感到孤儿不孤，感受到社会主义大家庭的温暖。

2008年夏天的一日，聂永军收到了一封公主岭市民马旭亮的来信，信中说：“在报纸上我看到了你的事迹后非常受感动，我知道你是个热心人，我想请你帮我寻找离家出走的媳妇。”在车上为乘客温馨服务，聂永军是内行，而帮人找媳妇的事，他还是头一回遇到。他利用业余时间先后走访了56家职业介绍所、房屋中介和劳务市场等，并在城市晚报刊登了寻人启事，功夫不负有心人，在他的热心帮助下，马旭亮终于找到了离失多时的媳妇，使一家人得以重新团聚。马旭亮为表达感激之情，特意制作了一面锦旗，送到了公交集团，锦旗上面整齐的绣着八个字：“助人为乐，品德高尚”。

有一次，聂永军从媒体得知长春大学特教学院的残疾学生每年返乡需要帮助，他想，我是公交人，有责任为他们献出一份爱心，在领导的支持下，他与特教学院取得了联系，主动要求免费接送残疾学生返乡。每次接送，他都要把双腿残疾的同学背上背下，再帮他们把大大小小的包裹搬进车厢，每一次都是从早晨天刚亮忙到晚上天黑，把100多名残疾学生平平安安地送出去或接回来。当他们得知聂永军每次接送他们都要影响400多元营运收入时，聋哑学生们一起打出了手势，对聂永军表示了深深的敬佩和感激。这个倾注了他挚爱深情的公益活动从1998年开始一直延续至今，而每一年寒暑假的接送，聂永军都要损失近千元，他仍然无怨无悔。当长春大学的领导把一面印有“情满车厢，爱心永驻”的锦旗送到聂永军手中时，他激动的心情溢以言表，他说，他一定会把这件事继续做下去……

▲全国劳动模范吉林省长春公交集团119路驾驶员聂永军

在聂永军的人生天平上，砝码始终是放在事业这一边，对他来说，事业就是永不停歇的追求。非典疫情在长春出现后，聂永军立即投身到抗击非典的战役中，为让乘客有良好卫生的乘车环境，他苦思冥想，研制出了一种新的车厢消毒设备，——高压自动喷雾器，只要用脚一踩气压踏板，药雾就会自动喷洒出来，可随时消毒净化空气。这项发明一经使用立即得了乘客们的一致好评，乘客纷纷写信或打电话，高度赞誉聂永军的这一举措，称他是抗非典一线的英雄卫士。一位乘客在来信中说，“在平日的工作中，我们不知道谁是共产党员，但在关键时刻，走在最前面的一定是共产党员。”

聂永军在自己的平凡岗位上，把对党、对社会、对公交这片沃土的热爱，凝聚在岗位的无私奉献上。他的付出和贡献，他不求索取的精神感动着身边的所有人，集团领导看在眼里，记在心上，并给予他特殊的关照，奖励他一套住房，他终于有了一个属于自己的家。又为他同在公交的患病爱人重新调整了工作，还给聂永军换置了一台崭新的豪华大客车，聂永军常说："我给乘客一个温馨的家，领导和组织又给了我一个温暖的家，党对我的恩情我将生生世世永不忘。"

人们常说，家是人生温暖的港湾，母亲是儿女永远的牵挂。聂永军因为工作繁忙已经好久没和老母亲见面了。2010年春节正赶上聂永军休息，他终于可以带着妻儿回家乡看母亲了，母亲听说儿子要回来乐得合不上嘴。老人家一一准备好东西，就等儿子回家过年了，就在聂永军要踏上回家路途时，听说年三十晚上发末班车的驾驶员病了，聂永军毅然找到车队领导，主动要替发末班车。当时车队领导考虑他几年没回家，说什么也不让他替。聂永军说："我是一名共产党员，共产党员就要在组织最需要的时候冲锋在前，请领导放心，我会安排好自己的家事。"质朴的话语让在场的所有人无不为之感动。

长春公交这块肥沃的土地培育了聂永军，使他茁壮成长；是企业蓬勃向上、创先争优的良好氛围，加快了他奋发向上的步伐；是春城百姓的关心和支持让他的"春城第一车"走到了今天。

聂永军的人生是普通而平凡的，可是他热爱生活、积极进取、乐于奉献，始终如一地把爱融入自己的工作岗位，融入生活中的每一个过程，这种爱本身就是伟大而非凡的。而他也把这种爱深深地刻在了自己人生每一个坚实的脚印中，他和他的"春城第一车"正伴随着城市的发展和公交事业的繁荣，实现着梦想和追求，快乐着自己也温暖着他人……

长春公交航母的"领航人"

——记全国劳动模范吉林省长春公交集团董事长崔树森

"把人生当征程。生活不是活着，是奋进，是不惧艰险，创造非凡。"这是长春公交集团董事长、总经理、党委书记崔树森所信奉的人生格言。这个在长春出租车行业工作12年和车有着不解之缘的人，在执掌长春公交集团帅印的12年里，一心扑在公交这片热土上，不辞辛苦地耕耘着、创造着、奉献着。他率领管理团队和广大员工发扬"不惧艰险，创造非凡"的企业精神，使企业步入服务优秀、经营规范、管理有序、快速发展、良性循环的轨道，创造出一个又一个不平凡的业绩。耳闻目睹长春公交的这些巨变，人们第一个想到的就是长春公交的领头人崔树森。崔树森这位长春市连续五届人大代表、长春市有特殊贡献专家、全国劳动模范，正一步一个脚印地实践着自己的入党誓言：为党和人民的事业奋斗不息，战斗不止……

一、积极探索企业改革发展之路，大胆创新，重振公交雄风

2001年1月17日，崔树森受市委、市政府的指派，临危受命，这个在全国出租车行业创造出"三个之最"神话、赫赫有名的行家里手担起了经营滑入低谷、举步维艰的长春公交总公司经理的重任。面对各级领导的殷切关怀和支持，面对濒临崩溃边缘的老国企，面对全体干部员工的热切期望，崔树森以共产党员的高度责任感和使命感，怀着对党的事业和人民利益的满腔赤诚，在员工大会上发出铮铮誓言："我既然来到了公交，就把心融入公交，把身家性命交给公交，一定把公交搞好，对党、对政府、对市民、对公交人有一个交代。把公交这个国有大企业带出低谷，实现良性循环，是我义不容辞的历史使命。"他带领班子成员深入基层调查研究，对公交的现状和存在问题的成因进行了认真分析，提出只有走改革这"华山一条路"，才能彻底解决公交的问题。同时确立了"抓住机遇，克服困难，冲出低谷，再造辉煌"的发展战略和"三年冲出低谷，五年良性循环"的奋斗目标。从此，他就像壮士出征一样，与领导班子一起带领万名员工走上了调整、改革、振兴、发展的艰难二次创业的征程。

崔树森以一个现代企业家的超人胆识，和公司领导班子一起科学、果断地制定改革发展新举措。大胆地采用合资、合作等多种方式，先后筹集资金4亿多元，陆续更新改造车辆2000多台，每一台运营车都是统一玫瑰红色、车体都有"红三角"厂徽明显标识，向市场主动出击，以优质的服务、优质的车辆、优良的秩序，把被"抢"走的乘客"请"回来。先后开通了236路、160路、80环线、60环线等，更新改造了13路、6路、306路、62路、362路等线路，牢牢地占据了长春市城区客运的主导地位，令春城百姓有一种"忽如一夜春风来"的感觉。在他的大力推动下，从2010年起长春市政府每年投入新车500多辆，使长春公交集团运营线路上车辆80%都是新车；现在，不少线路上行驶的都是空调车。2011年冬季，集团在全市4096辆公交车

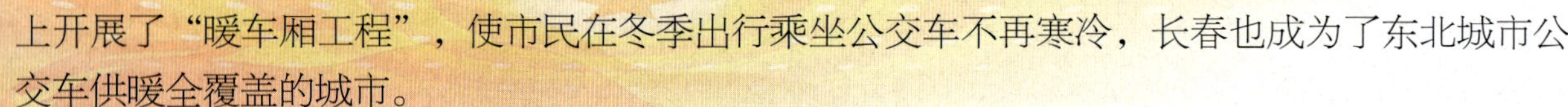

上开展了“暖车厢工程”，使市民在冬季出行乘坐公交车不再寒冷，长春也成为了东北城市公交车供暖全覆盖的城市。

二、初步建立现代企业制度，实行规范化经营管理，打造公交航母

长春公交在全面实施改革的进程中，崔树森和领导班子得到了市委、市政府等上级领导高度重视和强有力地支持。2001年8月9日，长春公共交通集团成立，同年10月，经过崔树森的积极努力和政府有关部门的支持，原长春市城市小公共管理办公室，划归到长春公交集团的旗帜下，搭上了公交航母共同发展的快车。崔树森和领导班子积极贯彻实施《企业法》、《公司法》，使企业取得了良好发展。2006年8月8日，这是一个具有里程碑意义的日子，长春公交集团暨长春公共交通（集团）有限责任公司正式挂牌成立，这标志着长春公交现代企业制度的经营体制和管理格局基本形成。在体制创新、机制创新、管理创新全面铺开的同时，崔树森和领导班子以干部制度、用工制度、分配制度为重点在集团内实行全方位、大刀阔斧地改革。设置了集团、分（子）公司、车队的管理模式，大幅度削减管理人员，机关干部由200多人减少到69人。在用工和分配制度上实行一人多岗和岗变薪变的绩效工资制度，废除“大锅饭”，分配上向苦、累、险以及责任人和基层倾斜。在干部制度上废除了“终身制”，实行干部竞聘上岗、轮岗，充分调动了广大干部员工的积极性和责任心。

崔树森认为一个企业不能永远靠外力支撑，应培植在资本、产业、资源管理等方面的自生能力。2001年12月30日代表集团班子与市政府签订了长春公交史上第一个为期五年的《企业经营责任书》。随后他与23个基层单位签订了经营责任书，实行“分灶吃饭”，增强自我造血、自我生存的能力。企业连续5年全面完成了与市政府签订了《企业经营责任书》的经营指标，每年市政府奖励集团领导班子50万元，这在长春市国有企业中是第一次。目前，长春公交集团资产达到11亿元，营运线路142条，营运车辆3200台，票款收入连续多年突破2亿多元，这些都创造了长春公交史上的新纪录。

三、创新服务理念，打造名人、名车、名线路，用高科技武装公交，用“公交优秀”推动“公交优先”

崔树森经常在各种会议、场合中反复强调：公交是政府的公交，是老百姓的公交；公交服务是政府形象的体现，是名副其实的大民生；公交服务的好坏，老百姓最有发言权。从2001年起，长春公交集团开始实施名人、名车、名线路服务战略，并确立了“您的高兴、就是我的高兴”服务理念，开展了抓服务、树形象、打造品牌等一系列服务工程。在借鉴宾馆餐饮业星级管理的模式和经验的基础上，2002年4月1日率先推出了在运营一线实行“星级服务”的重大举措，把评星定级与驾驶员乘务员的工资挂钩，极大地调动了驾驶员乘务员的积极性，使整体服务水平明显提升。集团自我加压，自念“紧箍咒”，解散内部稽查队，把公交的服务完全置于全社会监督之下。先后开设了总经理热线电话、市长公开电话、总经理电子信箱、长春公交集团网等，就公交问题为广大市民解疑答惑。从2005年起与长春“交通之声”联办“走进公交”固定栏目，每周二由崔树森或主管运营工作的领导做客直播间接听热线，现场受理咨询、投诉和回答问题，受到了广大市民和乘客的高度赞扬。2001年以全国劳模孙倩名字命名的13路“孙倩车队”和2007年以全国劳模聂永军名字命名的119路“聂永军路队”，实现了物质资源与精神资源的最佳配置，开创了全国同行业中发挥名人效应的历史先河，在春城家喻户晓。2009年5月，100名公交督导员在火车站、红旗街、重庆路等50个繁华公交站点为市民提供免费咨询、

导乘、维持秩序等服务，使公交服务由车上延伸到车下，引导乘客自觉排队乘车已经成为春城一道风景，为长春市的文明形象增添了光彩。

在崔树森全面统筹和大力推动下，经过短短半年时间，2002年8月1日，长春公交IC卡收费系统正式开通，在政府没有投入一分钱的情况下，在所属线路的公交车上全面安装了IC卡收费系统，使用了几十年的板式月票同时取消，使票制改革取得了历史性的突破。长春公交实施IC卡荣膺“2002年度长春市十大新闻”。目前，长春公交IC卡售卡量已达到160多万张，市民持长春公交IC卡可以游园、看电影打折、小额购物等，使长春公交IC卡实现了跨领域使用。目前，所有运营车辆都实现了电子语音报站，绝大多数车厢都有LED显示屏、GPS调度、移动电视等高科技设备，不断提高公交车的档次。

▲长春公交领航人崔树森

四、增强经营管理透明度，营造和谐环境，让员工共享改革发展成果

“一个人的利益与一万名员工的利益，与百万老百姓的乘车需要相比，太渺小了，个人只有融入工作中，才能显现个人生命的价值。看到公交人生活得好一点，市民出乘更方便，自己的生命会变得更有意义。”这是崔树森经常说的一段话。崔树森虽然是党政一把手，但他的民主意识强，注重充分发挥领导班子的整体功能，从不搞一言堂，广泛听取和采纳别人的正确意见。“越大的事越要上会研究，越难的事越要集思广益。”坚持厂务公开，民主议事，这已成为公交集团班子一条不成文的规矩。特别是事关企业发展和员工切身利益的事，大的动作、大的投资、大的生产计划都要经过股东会、董事会、职代会讨论通过；中层干部人事选拔任用、轮岗等都在集团党政联席会上讨论、研究、表决通过；每次的总经理会议都以会议纪要的形式下发传达到基层，使员工及时了解企业的形势和发展方向，知晓企业目前正在做什么。长春公交集团连续多年被评为长春市厂务公开先进单位。崔树森始终坚持“两手抓，两手都要硬”的方针，在研究制定企业生产经营目标的同时，也研究制定企业精神文明建设责任目标，两项任务同布置、同落实、同检查、同表彰。每次到基层进行调查或检查工作时，他都要给干部员工讲企业的形势，讲企业文化培育，讲思想政治工作，讲员工队伍建设。遇到基层单位和员工有困难时，能解决的当场拍板，一时解决不了的，他都要耐心细致地说明原因。他认为，只有这样，才能把领导班子的意志变为职工的行动。

崔树森和领导班子秉承“员工为本、乘客是天”的治企真谛，坚持“服务民生、发展自己”的工作思路，全面树立企业发展依靠员工、企业发展为了员工的思想，让全体员工共享企业改革发展成果，真心实意为保障员工利益做实事、办好事。企业在资金十分紧张的情况下，连续6年为在岗员工普调了岗位津贴，不断缩小与长春市人均工资收入水平的差距；坚持实行员工带薪休假和疗养制度，努力做到让员工快乐工作、健康生活。“做公交人光荣，坐公交车舒适”，这是长春公交人和长春广大市民亲眼见证长春公交快速发展的真实感受。

五、坚持依法治企、以德治企，用自己的人格的魅力率先垂范

崔树森作为长春公交的领头人，他一直都在奔忙着，为了公交事业，为了近万名公交员工，为了百万乘客，更为了一个共产党人的信念和追求。崔树森每天的工作都很繁重，但他仍然抓紧时间不断给自己“充电”：学习马克思主义理论、毛泽东思想、邓小平理论、“三个代表”重要思想和科学发展观，学习企业管理和时下最前沿的新知识。他说学习的目的是要提高自己的思想水平和理论水平，提高决策的科学性、正确性，提高认识问题的准确性，使决策符合客观发展规律，符合长春公交的发展，符合广大干部员工的愿望。

崔树森常常以“其身正，不令则行，其身不正，有令不从”的古训警诫自己。作为企业一把手，要求别人做的，自己首先做到，要求别人不做的，自己首先不做。这是他给自己立下的“规矩”。在长春公交IC卡工程筹备运作中，他先后16次召开总经理办公会听取进展情况，就连他生病在医院里输液，他还坚持用手机保持联络指导工作。在他的影响和感染下，负责IC卡工作的集团两位副总都坚持带病工作不休息，全力以赴忙工程。他还用自己的人格魅力征服了合作伙伴珠海亿达公司的老总，垫付了首期IC卡工程款1000多万元，企业没拿一分钱，“零”首付就顺利实施长春公交IC卡收费系统。崔树森经常深入车厢、站点、调度室，进行走访调研与员工座谈，为决策出台掌握第一手资料。员工家的红白喜事，只要他知道都去参加送去问候和温暖，而当他唯一的儿子结婚时却没告知公交员工前去祝贺。2012年10月1日，崔树森带上公交人的理想以全国劳动模范代表身份参加国庆献花篮仪式。面对组织上给予的荣誉，他把这份荣耀和兴奋传达给长春公交全体员工，使这份荣誉化为广大公交人奋力拼搏、不断进取的强大动力。他以自己独特的人格魅力和率先垂范的实际行动，不仅使领导班子空前团结，而且赢得了干部员工的信任和敬重，使企业的凝聚力和战斗力与日骤增。

多年来，崔树森率领长春公交人秉承“热爱祖国、贡献长春、服务乘客、忠诚企业”的企训，创造了长春公交史上从未有过的辉煌业绩。长春公交集团先后被评为长春市文明单位、长春市先进基层党组织、长春市思想政治工作先进单位、长春市宣传工作先进单位、连续10年被评为长春市市长公开电话标兵单位、吉林省精神文明建设先进单位、吉林省文明单位、吉林省创先争优先进基层党组织、全国城市公共交通十佳先进企业等。崔树森并没有为眼前所取得的成绩沾沾自喜，他清醒地告诉自己和干部员工：发展才是硬道理，企业如果不继续深化改革、快速发展，已取得的成绩就会毁掉，冲出谷底还可能再跌入深渊。对于长春公交的未来，他和领导班子设计着这样一幅发展蓝图：五年内运营车辆翻一番，实现市民万人拥有公交车15标台；在长春市所有的小区、新区、旅游区都通有公交车，市民步行不超过500米就可以乘上公交车；在主要公交线路上形成高档、中档、普通车型的梯次运营结构，实现GPS卫星定位，公交人提前进入小康水平……现在，长春公交集团这艘航母在崔树森和集团领导班子的引领下，正沿着既定的方向，加足马力，乘风破浪，驶向长春公交灿烂辉煌的明天。

负重开拓的领军者

——记全国劳动模范辽宁省大连市公交客运集团有限公司、大连地铁运营有限公司董事长隋悦家

隋悦家同志现任大连市公交客运集团有限公司、大连地铁运营有限公司董事长，大连市人大常委会成员，市人大城乡建设与环境保护委员会委员。2006年7月，大连市委、市政府决定组建公交集团，隋悦家同志受命出任大连市公交客运集团有限公司董事长、总经理，担负起整合全市公交资源，满足市民出行需求的重担。

集团公司成立以来，隋悦家带领集团公司的领导班子，以科学发展观为指导，围绕“公交优秀，公交优先”的发展理念，紧抓国家大力发展城市公共交通的机遇，率领13000多名公交职工凝心聚力，锐意进取，不断优化公交线网布局，扎实做好客运服务工作，大力发展绿色公交体系，建设和完善大运量公交系统和城市轨道交通系统，保持了高水平的交通保障和服务能力，为市民出行提供了安全快捷、准时方便的一流服务。

为解决我市公交线路重复系数高、运力资源浪费严重等问题，隋悦家提出了“科学、合理、经济、适度”的发展理念，根据优化中心城区、覆盖偏僻地区、连接远近郊区的原则，对城市公交线网进行了科学调整，先后对20条公交线路进行了整合，在此基础上新开辟11条、延伸41条、延时27条公交线路，使公交线网密度由规划前的2.9公里/平方公里提高到目前的3.23公里/平方公里，使中心城区公交500米覆盖率达到80%以上。

为了进一步提升服务质量，集团公司不断整合各类公交方式，做好地下和地面、大容量和中低容量、机动化和非机动化交通的有机结合和有效衔接，促进公交多模式、一体化格局的形成。一方面，随着地铁和轻轨线扩能改造项目的逐步推进，强化轨道交通和常规公交运营一体化，通过整合轨道交通和接驳公交线路的运营计划和时刻表，提高接驳公交线网的直达性和发车频率，尽量做到使乘客零距离换乘。另一方面，加大公交枢纽站的建设，完善轨道交通未覆盖地区公交干线网络，力争在“十二五”期间形成以地铁、轻轨等大运量轨道交通为骨干，新能源公共汽电车等中运量公共交通为主体的覆盖全域、资源共享、合理衔接、换乘方便的公交网络。目前，大连城市公共交通出行分担率达到45%，市民满意率高达94.3%，均保持全国同行业领先。

近年来，私家车数量的剧增给城市交通秩序带来了不利的影响，也给公司的客运量及客运收入带来了严峻挑战。隋悦家充分发挥聪明才智，不等不靠，不给政府增加负担，主副业并举。一方面充分挖掘企业内部潜力，广泛开展“增收节支、增产节约”活动增加收入、降低成本；另一方面广开门路，盘活企业存量资产，采取土地置换等措施增加三产收入，确保职工工资收入的增长，提高在职和离退休职工的各项福利待遇，得到了广大职工的高度评价。

隋悦家同志到任后，以对国家和人民生命财产高度负责的态度，强化安全生产工作，他始终强调，作为交通运输企业，保证安全是我们的责任和发展的基石，要深刻把握交通运输安全生产的新形势新特点，切实提升安全管理水平。在工作中，集团公司坚持“安全第一，预防为主”的思想，认真落实安全、消防、综治责任制，构建了横向到边、纵向到底的安全生产管理体系，使安全管理工作真正做到任务到位、责任到位、效果到位。6年多来，集团公司安全、综治、消防形势总体表现平稳，未发生伤亡事故、重大治安案件、安全行车特大事故，安全行车间隔里程150万公里，为企业发展和社会稳定创造了和谐的氛围。

为实现集团公司的可持续发展，隋悦家十分注重交通基础工程的规划建设，积极争取国家投资补助资金，推进轨道工程进度，着力改善城市交通布局和市民的出行条件。快轨三号线是大连首条城市轨道交通线路，全长49.038公里，投资21.6亿元，是大连市城市基础设施建设中投资最大的重点工程。由于快轨三号线投资大，融资是一项非常重要的工作，资金短缺将无法保证工程建设的正常进行。隋悦家知难而上，发扬敢打硬仗、善打硬仗的精神，五次奔波于国家开发银行进行沟通和洽谈，在他的不懈努力下，终于和国家开发银行签订了10.8亿元的贷款协议，使困扰着快轨三号线工程建设的关键问题得到很好的解决。快轨三号线技术含量高、难度大，人才是关键，隋悦家在对现有工程技术人员、技术力量合理利用的基础上，求贤若渴，亲赴天津铁三院，为快轨三号线聘请总工程师，还向社会公开招聘各类急需的工程技术人才27名。为培养各类专业人才，亲自组织安排有关人员对北京、上海地铁公司运营管理进行调研，在充分掌握情况后，制订出切实可行的培训方案，使快轨三号线在时间紧、资金少、任务重的条件下顺利实现开通运营。2007年12月30日，201路有轨电车改扩建工程竣工，并与先期通车的203路贯通运营；2008年1月18日，我市第一条快速公交示范线路建成通车，这也是我国东北地区第一条快速公交线路；2008年年底，快轨三号线支线金州九里至开发区高架轻轨线路正式运营。2009年，旅顺南路快轨交通和地铁1、2号线投入建设。2010年，金州九里至普兰店的快轨交通投入建设。“十二五”期间，集团公司还将进一步加大轨道交通的建设力度，力争在“十二五”末期，实现我市轨道通车总里程达到250公里以上，日均载客量突破70万人次，轨道交通出行占公交出行的20%以上。

隋悦家非常重视公交科技进步工作，几年来，集团公司不断加大资金投入，积极利用先进科技改造传统公交管理模式。投资2000余万元建设“大连市智能公交调度监控系统”，利用了全球卫星定位技术、电子地图技术、无线数字通信技术、闭路电视系统等，形成覆盖快轨交通、快速公交、有轨电车、无轨电车、公共汽车等多种类型交通方式的实时监控、视频监控和运营指挥，为市民提供了准时、便捷的服务。

隋悦家积极响应国家“十二五”节能减排总体规划和新能源汽车产业政策，审时度势，紧跟时代发展步伐，在社会各界的帮助和支持下，因势利导，多方筹资，大力构建绿色公交体系，为低碳公交出行提供了有力保障。2012年全年集团公司投入2.31亿元，更新车辆512辆。目前，集团公司共拥有国III排放环保客车1500辆，混合动力客车252辆、纯电动客车36辆、天然气车辆76辆，占所有公交车比例为50%左右。在“十二五”期间，集团公司将进一步提升环保车辆所占比例，推动引进燃料最清洁、碳排放最低的LNG新型环保汽车1000辆，作为公交车主要车型上线行驶，逐步使大连公交车形成以清洁能源和新能源车辆为主，低排放柴油环保公交车为辅的“绿色公交”示范体系。

隋悦家十分重视干部职工思想政治工作和企业文化建设。坚持和完善“党务公开”、“政务公开”、“厂务公开”、“办事公开”制度，切实发挥职工代表民主管理、民主监督、民主决策作用，保障职工的合法权益。并积极创造条件，进一步改善职工的工作环境和业余文化生活，在职工就餐、食堂服务、改善职工休息条件、丰富职工文化体育活动以及扶贫帮困上下功夫，下气力。集团公司在资金紧张的情况下，投入大量资金修缮了职工工作间、食堂、淋浴室、更衣室、卫生间、门卫室，解决了职工早餐难的问题；连续两年为5198名职工拨款投保了“女性安康保险”、进行“两病”普查；为困难职工8975人次发放救济金126.8万元；为困难职工子女发放助学资金6.1万元；今年春节前夕，为74名身患癌症职工每人发放5000元补助。一系列的关爱行动，在职工中引起了极大反响，更促进了职工队伍的和谐稳定。

▲全国劳动模范大连公交客运集团有限公司、大连地铁运营有限公司董事长隋悦家

作为大连市人大常委会组成人员，在做好本职工作的同时，隋悦家同志认真履行代表职责，积极参政议政，发挥代表作用。他潜心研究城市公交发展前景，从城市公交规划发展等方面提出了自己的意见和建议，几年来提交代表建议达30余件，其中《关于我市轨道交通建设与运营管理立法的议案》被确立为大连市人大2012年1号议案，引起了市相关部门及社会各界的广泛关注和重视，并得以顺利通过实施，为大连地铁的运营奠定了良好的法律基础。

在事业的道路上，他不断地追求，永不停步，迈出了坚实的足迹。他的业绩得到了集团职工和社会的广泛认同，先后荣获“全国五一劳动奖章”、“全国劳动模范”、“辽宁省特等劳动模范”、“大连市特等劳动模范”等多次多项荣誉。

柔情奉献乘客　爱心构建和谐

——记全国劳动模范江西省南昌市公共交通总公司2路驾驶员喻春梅

喻春梅，女，1964年出生，中共党员，南昌市公共交通总公司一分公司2路驾驶员。2路担负着南昌市最繁华路段的客运任务，穿行在人流密集的市区中心，是全市公交开班时间最早、收班时间最晚、发车班次最多的线路。而喻春梅从售票员到驾驶员，一干就是28个春秋。工作中，她把乘客当亲人，在她的车上，感受到的是舒适温馨，体会到的是细致关爱，享受到的是宾至如归。她从未接到一起投诉，受到乘客赞扬数不胜数。她把安全驾驶作为自己的座右铭，在驾驶员岗位上安全行驶72万公里，月月超额完成生产任务，从未发生一起交通事故。出色的工作表现和规范的服务态度使她连年被评为市政公用事业管理局特级劳模、安全质量标兵、规范化服务先进个人等。2006年荣获“江西省五一劳动奖章”，2008年被选为“北京奥运火炬手”，2009年荣获“全国五一劳动奖章”，2010年更是被评为“全国劳动模范”。

一、“做任何事情，用力去做只能称职，用心去做才能达到优秀”

在长期的工作实践中，喻春梅形成了独具特色的“四心”服务，一热心：对乘客多看一眼、多问一句、多帮一把；二细心：细心观察乘客动态、细心检查车辆状况；三诚心：爱岗敬业、忠于职守、诚心诚意、优质服务；四恒心：加强学习、持之以恒、精益求精、脚踏实地做好工作。在小小的车厢里，喻春梅用爱心诚意对待每一位乘客，把车厢营造的如同家一般温暖。

去年国庆节的一天，车上上来一位打工女孩，当她掏钱买票时，却发现钱丢了。女孩脸色突变，紧张而慌乱地在包里翻找，喻春梅见状赶忙安慰女孩：“别着急，看是不是把钱放在别处了？”听了这话，女孩的心踏实了许多，但遗失的钱却最终还是没有找到。此时，车已到达火车站，只剩下女孩一人。喻春梅仔细询问原委，女孩赶忙哭诉自己连回家的路费都没有了。听了女孩的遭遇，她一边安慰，一边从衣袋里拿出50元钱塞给女孩，女孩先是惊愕，而后感激地握着她的手，边哭边说：“谢谢大姐，我永远也忘不了你。”

在为老、弱、病、残、孕等特殊乘客服务时，她首先想到的是安全，如何更加细心地照顾他们。一次，喻春梅驾驶的车辆正要离站起动时，她从后视镜中看到一位正过马路的老太太颤巍巍地追着车赶来，考虑到公交站台附近车辆较多而老人又顾及不过来，喻春梅连忙从车窗探出头对着老太太大声喊：“您慢点！小心车！我会等！”老太太上车后，她又赶紧动员其他乘客让座。老人非常感动，连声道谢，而车上乘客也连连称赞：坐这样的车，心里舒服。

火车站附近外地问路的人特别多，喻春梅利用业余时间走街串巷，熟记市区街道地名及厂矿、企事业单位的地址等，成为公司里有名的“活地图”。对于每条新开辟的公交线路，她都

及时进行调查，并把这些当作是自己的一项分内工作。她在小小的车厢里创造了独具特色的柔性化服务，自己拿钱买来彩带、花束，装点车厢，张贴沿线景点的图纸，还在车上配备了塑料袋、方便钩、爱心伞等物品，以便乘客不时之需。乘客走进她的车厢，都能感受到一种温暖。她的柔性化服务总让人如沐春风，对每一位上车的乘客都面带微笑；遇到不讲理的人，她总能巧妙化解。由于她服务态度热情周到，每年受到媒体报道及乘客来信、来电、送锦旗表扬有上百余次。

二、"生活的意义，在于怎样对待工作、怎样在工作中发掘美的闪光点"

由售票员到电车驾驶员，由电车驾驶员到汽车驾驶员，喻春梅牺牲无数假日，以超常的毅力，不断提高自身业务素质。平时，她买来《车辆驾驶与维修》等专业书籍，悉心研读《电车硅整流技术》。每次轮到她的车辆维护和大修，她都必到现场与修理工一道拆部件、排故障，把理论与实践结合起来，以掌握更多维修技能。

去年春节前一天，喻春梅满载急切回家过年的乘客，刚到西湖商厦，车辆突然断电停驶，喻春梅赶紧将车辆靠边停稳。如果临时叫维修工到场，至少需要半个多小时。喻春梅凭经验判断出是电车集电头的问题，为了不耽误乘客时间，她赶紧爬上车顶，利用平时学到的维修知识，自己动手快速解决问题，正焦急等待的乘客们面对这位腼腆温柔的女驾驶员，都一直投以赞赏的目光。

2路赣A09903号车自2006年3月份起投入营运，一直呈亏油状态，经多次驾驶员调整，状况都没得到有效改进。关键时刻，喻春梅让出驾驶多年的节油车，主动接手这一难题。通过一段时间的运行摸索，细心的喻春梅发现车辆发动机存在问题并及时进厂报修，调整了气门间隙，校正了点火正时。在车辆维护时，她还陪同修理厂师傅对车辆进行全面认真维护，经过一段时间的努力，当年的"油老虎"变成节油车，至2008年10月份止，共累计节油317升。

喻春梅始终坚持"安全生产、预防在先"的原则，养成了爱车、护车、安全行车的良好习惯。她每天都提前20分钟上班，打扫车厢卫生，仔细检查车况，做好出车前的例行维护，正因为这种谨慎的工作态度，在26年的驾驶工作中，她从未出现过违规操作，也从未发生过一起交通事故，创下了安全行驶72万公里的佳绩。

三、"暖厩岂养千里马，花盆难育万年松"

喻春梅常说："作为一名公交人，就要全心全意为企业作贡献；作为一名劳模，就要成为职工的一面旗帜；作为一名党员，就要对自己的工作高度负责。她从不肯向困难低头，时刻在工作中发挥模范带头作用，以实际行动激励身边人。"

2006年初，由于城市道路建设规划要求，2路公交车辆大部分须由电车改为汽车，而原有的电车驾驶员必须增考大客驾照。消息传来，职工思想产生很大波动，很多年纪稍大的女同志害怕学不会而不愿报名参加。在这关键时刻，喻春梅没有退缩，她第一个站出来报名，并不断鼓励身边的同事一起参加。培训非常辛苦，既要学技术又不能耽误日常车辆运营，喻春梅只能利用业余时间刻苦训练。她的行动给全队树立了榜样，并带动大家转变观念，树立信心。作为第一批培训出来的汽车驾驶员，她还无条件地为后来参加培训的人员顶班，解决她们的后顾之忧。仅6个月的培训期间里，她为车队其他驾驶员顶班86次，累计工作103小时。

2008年6月，公交221路增加车辆并延伸了线路，因该线工作时间长且路况复杂，很多驾驶员都纷纷避开，不愿意到这条线来。喻春梅知道后，主动请缨，来到221路上全天班。她的做法感动了车队很多人，先后有5位党、团员骨干也主动要求加入，从而支援了221路营运队伍，确保线路正常营运，为企业解决了实际困难。

四、“我只是立足本职岗位，做了应做的事，尽了应尽的职责”

与其他行业不一样的是，公共交通是城市公用事业的一部分，特殊的社会服务性，决定了公交车驾驶员岗位没有节假日的概念。寒暑交替、风雨无阻，投身公交就注定要比别人付出更多。和所有职业女性一样，喻春梅不光是企业员工，还是家庭主妇，是丈夫的妻子、孩子的母亲。她和丈夫都是公交人，但20多年来，喻春梅同志从未因私事向车队请过一天假，每个月出勤率均是100%。

▲2010年全国劳动模范喻春梅载誉归来

喻春梅不仅是生产能手，也是企业和社会公益活动的积极参与者。她多次为病患职工及家庭经济困难的同事捐款捐物，并带领2路职工定期为市社会福利院、“SOS”儿童村捐款捐物，充分展示了公交人关注社会、关心集体、关爱他人的精神风貌。

30年来，喻春梅在公交前线上执着地坚守着，青春年华一点点流逝，而她的理想和热情却始终是火热的。一桩桩平凡得不能再平凡的事情，折射出了她对公交事业的热爱和对乘客的真情，她用实际行动诠释了自己对“劳动最光荣”的深刻理解。

喻春梅说：“我只是立足本职岗位，做了应做的事，尽了应尽的职责。”但她的一言一行，体现出了她对公交事业的执着热爱、对乘客服务的热心真诚，她所做的每一件事，都融入城市公交的交响曲，成为这乐章中一个个最和谐的音符。

把乘客满意作为最高追求

——记全国劳动模范山东省济南市交通运输局副局长、济南市公共交通总公司党委书记、总经理薛兴海

济南市公共交通总公司（以下简称济南公交）是市属国有大型一类公益性企业，至今已有60多年的历史，截至2013年1月，拥有职工11200余人，运营车辆4300多部，公交线路209条，线路总长3518.7公里，日均运送乘客240多万人次，较好地满足了市民群众出行需求。

企业发展壮大的背后总有一位非凡的领路人。薛兴海，现任济南市交通运输局副局长、公交总公司党委书记、总经理。他把乘客满意作为最高追求，团结带领职工以科学发展观为指导，大力实施优先发展公共交通战略，积极申建“公交都市”示范城市，不断提升公交服务水平，认真践行“让乘客满意，让政府放心，让员工快乐，为社会奉献”的企业核心价值观，为济南市经济社会发展作出了积极贡献。

一、坚持公交优先理念，履行社会公益职能

“树立科学理念是做好工作的前提和基础”，这是薛兴海经常提起的一句话。工作中，他带领广大职工以新的理念、新的思路引领新的实践，以新的境界、新的作风把握新机遇，迎接新挑战。

以解放思想提升境界为先导。按照优先发展城市公交的要求，薛兴海顺应形势新变化和群众新期待，不断解放思想，提升境界，切实增强大局意识、责任意识和服务意识。他带领济南公交坚持高起点规划、高标准建设、高水平管理，不断丰富服务内涵、创新服务方式、完善服务网络、拓宽服务领域，着力提升服务保障整体水平，加快公交事业发展步伐。

坚持公共交通的社会公益性。薛兴海坚持将服务社会、服务民生作为企业的使命，在运营成本持续上涨的情况下，全市的公交票价一直保持在2001年的水平，群众的人均出行成本仅为0.835元/人次，比省会城市平均数低19%。2008年汶川发生强烈地震后，济南公交迅速组织人员和车辆，承担了为济南市赴川救灾运输车队加油任务，确保了灾区重建的顺利进行，同时积极组织“5·12抗震救灾”捐款活动，济南公交全体职工踊跃捐款113万元。2009年，济南市成功入选国家“十城千辆”节能与新能源汽车示范推广试点城市。在济南市政府大力支持下，截至2013年1月，济南公交累计购进400多辆新能源空调客车（国Ⅳ标准），非空调期平均油耗27.03升/100公里，较同类车辆节能30.46%，示范推广效果良好。第十一届全运会期间，累计投入公交车辆35300班次，安全运送运动员、教练员和工作人员等227.2万人次，确保了赛事需求和市民正常出行，创造了在没有轨道交通支持的情况下，45分钟疏散3.8万名观众的全国新纪录，圆满完成了公交服务保障任务。

二、加快基础设施建设，夯实公交发展基础

薛兴海把加强基础设施建设作为公交发展的突破口，新建扩建公交场站，更新扩充车辆装备，全面提高了公交服务保障能力，夯实了公交服务品牌提升发展的基础。

加快公交场站建设。近年来，在济南市委、市政府的支持下，薛兴海带领济南公交一班人加快公交停车场站的建设和改造步伐，场站数量从2006年的72个增加到2012年的82个，场站面积从2006年的53.3万平方米增加到2012年的98.1万平方米。

加快公交专用道建设。济南市现有公交专用道19条，专用道长度由2006年的63.14公里增加到2012年的112.32公里，公交车速由原来的平均12～15公里/小时提高到平均18～19公里/小时，BRT专用道平均运行速度为22公里/小时，为市民出行节省了时间成本。

加大人防、物防、技防工作力度。薛兴海强调“安全就是效益、安全就是稳定、安全就是和谐”，先后投资1500万元建成了30台撬装式加油站，确保重点要害部位安全；投入160万元对2000辆未设计安装发动机舱自动灭火装置的车辆进行加装；投资1000余万元建设完成了场站安防监控、巡更系统；投资1200万元对现有电车整流站进行改造，改善了电车运行安全状况。总公司连续四年蝉联“全国‘安康杯’竞赛活动优胜企业”。

三、调整优化公交线网，满足乘客出行需求

“以乘客出行需求为服务导向，让乘客有尊严乘车”是薛兴海对公交工作总结出的基本要领。近年来，在他的带领下，济南公交坚持城市公交引领城市发展的规划理念，不断优化线网，创新服务内涵，满足市民出行需求。

优化公交线网。2009年以来，为满足乘客出行需求，济南公交新开线路36条，填补公交空白91.1公里，优化调整线路155条次。截至2012年，公司拥有公交线路209条，线路总长3518.7公里，线网长度1083.3公里，基本满足了市民的出行需求。

创新服务形式。为满足乘客多元化乘车需求，薛兴海创新服务形式，相继推出快速公交、小区公交、学生专线车、大站快车、高峰跨线车等新型服务；有效整合城乡客运市场，促进公交服务向农村延伸，使城乡居民群众共享出行便利；相继开通6条BRT线路，初步形成“两纵三横”的快速公交网络，使济南成为国内首座实现快速公交独立成网的城市。

首创“守时公交”。2012年5月，薛兴海在全国首推“守时公交”，面向社会发放《济南公交便民服务手册》，公开发布20条郊区线路出行时刻表，承诺到站时间前后误差不超过1分钟，使市民出行可计划，乘车有尊严，服务上水平，此举引起新闻媒体广泛关注，《人民日报》、新华社等中央媒体和人民网、新华网等各大网站刊发稿件100余篇，提升了企业品质和社会形象。

四、以乘客满意为目标，创建优质服务品牌

薛兴海常说：“乘客是我们的衣食父母，公交企业应该为乘客服好务。”他秉承“心系乘客、服务一流”的服务理念，积极推进管理创新和服务创新，用温馨的服务创建公交优质服务品牌。

推行“星级管理、星级服务”制度。2004年，上任不久，薛兴海即在全国同行业率先推行了“星级管理、星级服务”制度，建立了以规范服务和安全运营等关键指标为主要内容的服务质量考评体系，对驾乘人员和公交线路分别实行五个等级的星级服务评价和管理，并对其进行逐年升级，使自我加压、自我约束、自我提升成为全体职工的自觉行为，职工的服务

意识、服务水平明显提升。截至2013年1月，济南公交的服务合格率达到97.20%，乘客满意度平均达到93.13%。

开展“微笑服务”活动。薛兴海把“微笑服务”作为提高服务质量，展示济南公交和济南城市形象的突破口。2009年3月30日，山东省召开“迎全运”动员誓师大会，薛兴海代表全省窗口行业发言时提出，积极创建“微笑服务”品牌，号召广大公交职工做文明风尚的传播者、文明行为的示范者、文明礼仪的践行者和文明秩序的维护者。开展了“微笑服务迎全运、文明行车铸品牌”、“温馨公交系乘客、微笑服务铸品牌”等系列活动，将微笑服务纳入驾驶员星级考核标准。

▲2010年，济南市公交总公司党委书记、总经理薛兴海获“全国劳动模范”荣誉称号

活动开展以来，公交服务质量和服务水平不断提升。如今公交人对乘客的热情服务，不只是挂在脸上的微笑，更化为尽心竭力为乘客排忧解难的自觉行动。2010年9月，第七届中国公民道德论坛在济南举行，济南公交代表全市窗口行业进行微笑服务展示，受到与会领导和来宾的好评。

五、狠抓节能减排工作，着力打造绿色公交

薛兴海多次提到，公交姓“公”，社会效益第一。他坚持把节能减排工作作为一项长期的系统工程来抓，实施“车辆装备提升”和“绿色公交建设”两大工程，提升车辆装备和节能减排水平。

提升车辆装备水平。按照“高配低维、安全可靠、经济适用、节能环保”的标准和要求，2007年以来，公司筹资9.1亿元，购置新型公交车1665部，大修车辆1330部，淘汰车况差、排放不达标、已无修复价值的营运车辆1489部。整治冒黑烟车辆1618部，投资1430万元将国Ⅱ发动机改造为国Ⅲ发动机341部。

加快绿色公交建设。薛兴海带领济南公交一班人完成了《济南市工况下代用燃料汽车运行考核研究》和《济南市新能源汽车大规模示范运行》两项国家“863”科技项目；投资3000万元建成了洪楼、石门等4座CNG加气站；投资5400万元进行CNG（压缩天然气）单燃料公交车的研究和推广应用；积极参加国家“十城千辆”节能与新能源汽车推广应用活动，购置混合动力新能源汽车，节能效果显著。

建立健全管理机制。按照“运修分离、主辅分离”的思路，公司把财务、维修、物资管理、场站管理和车辆保洁从各运营公司分离出来，实行专业化管理。逐级成立了节能减排领导小组，全面推行“节能环保单程操作法”，严格规范驾驶员操作行为，将节能减排工作与“星级管理、星级服务”制度相挂钩，公交能耗定额更趋合理，效益显著，公司先后荣获“中国城市公共交通节能减排优秀企业”、“中国绿色公交卓越贡献奖”等多项荣誉称号。

六、加大科技创新力度，提升科学管理水平

科技是第一生产力，创新是企业发展的助推器。薛兴海敏锐地捕捉到新形势下企业发展的有利契机，大力实施科技兴企战略，推进信息化建设，促进企业可持续、健康发展。

加快智能公交建设。2009年，在薛兴海的大力倡导下，济南公交以迎办全运会为契机，加快实施智能公交建设。在2000余部公交车上安装了3G设备，将3G监控系统与GPS智能调度系统、公交电子站牌有机结合，从根本上改变传统的调度方式，改善了群众的公共安全环境；建立了公交手机短信换乘查询系统，方便了乘客出行；建立了指挥中心电子巡更、监控功能，提高了公交应急指挥能力。

提升科学管理水平。薛兴海带领济南公交一班人发挥信息平台的作用，完成了物资管理系统、热线话务系统、IC卡加油系统等多个系统数据及管理的对接工作；开发了视频会议系统，实现各级管理组织的互动和沟通。截至2013年1月，总公司信息平台已发展成为融合企业信息、运营生产、安全管理、后方保障、乘客服务、基础设施六个子平台的多应用为一体的大型共享信息平台，企业信息化正向深度应用和成熟应用发展。2010年1月6日，正在中国联通总部视察的中共中央政治局委员、国务院副总理张德江，通过视频听取了薛兴海关于济南公交信息化建设情况汇报，并对济南公交信息化建设所取得的成绩给予充分肯定，勉励济南公交再接再厉，为全国公交事业的发展探索新路、总结新经验。

七、开展文明创建活动，促进企业和谐发展

俗话说政通人和，但只有人和才能政通，作为逾万人的企业一把手，薛兴海心里比谁都明白这句话。他在公司范围内广泛开展文明创建活动，以文明创建促进企业和谐发展。

围绕经营抓党建。薛兴海认为，一个支部就是一个堡垒，一名党员就是一面旗帜。他坚持把党建工作同营运、安全、服务等工作同布置、同落实，围绕经营抓党建，抓好党建促发展。开展了“创先争优”、“我为党旗添光彩”、“党员示范岗”、创建“优秀基层党委”和“五好党支部”等活动，探索基层党委和支部工作与企业营运生产实际相结合的激励机制，每月对党委和支部工作进行检查考核，注重培养典型，发展典型，以典型促发展，充分发挥党员先锋模范作用和党组织战斗堡垒作用。济南公交的“创先争优”工作得到中组部副部长、中央创先争优活动领导小组办公室主任王秦丰同志的肯定。总公司被评为山东省优秀基层党组织，所属第二汽车公司被授予“全国先进基层党组织”荣誉称号。

加强企业文化建设。薛兴海深知，良好的企业风貌源于企业文化的积淀。长期以来，他将企业文化建设作为凝心聚力的一项系统工程来抓，将其纳入到年度目标管理考核中，健全组织领导机构，设置企业文化部，负责制订企业文化建设长远规划和年度工作实施方案，逐渐形成一级抓一级、层层抓落实的企业文化建设格局。在多年的管理实践中，他逐步总结提炼出“开拓、务实、诚信、和谐”的企业精神，“心系乘客、服务一流”的服务理念和“让乘客满意、让政府放心、让员工快乐、为社会奉献”的企业核心价值观，使职工从中获得了一种团结向上的精神力量，增强了企业的凝聚力。加强了对职工的社会公德、职业道德、家庭美德、个人品德的全方位培训，推进“四德工程”建设；他亲自担任总策划并由人民交通出版社出版了《济南公交文化手册》；创办了“济南公交报”、“济南公交网”，在公交车载移动电视开辟了《济南公交之窗》栏目；他把传统文化与现代企业文化相结合，策划出版了《公交论语》和《公交车厢论语》，开展了“《论语》进车厢、进站房、进家庭”等活动，将《论语》中的名言警句制作成精美的展板、宣传画，悬挂在全市4000多辆公交车车厢，使十米车厢成为传文明、提素质、促和谐的重要窗口。

改革人事制度。薛兴海认为，事业成败，关键在人。按照“德才兼备、以德为先”的用人标准，坚持“公开、公平、公正”选拔人才。2006年实行人事制度改革以来，先后组织六次一

般管理岗位后备管理人员选聘，六次科级管理人员选聘，三次处级管理人员选聘，共有3904人参加考试，625人进入考察范围，446人走上各级管理岗位，为企业发展注入了不竭的动力。在2012年的科级管理人员竞聘上岗工作中，采用了“无领导小组讨论”、“人机对话”等多种先进的方式对竞聘人员进行综合测试。建立了后备管理人员“人才库”，为想干事、能干事的职工提供了一个展示才能的平台，营造了蓬勃向上和干事创业的良好风气。

实行“情绪管理”。为做好企业的思想政治工作，薛兴海围绕“情绪管理”做文章、下功夫，实行了动态管理形式，通过制作驾驶员心情指数“晴雨表”、建立“BRT驿站”、引进“人体生物钟”三节律观察和防控机制等形式，各职能人员提前做好心理疏导和引导工作，使全体职工能够在舒心、快乐的氛围下开展工作。

推行“暖心工程”。薛兴海常说：“企业只有把职工当成自己的儿女，职工才能真正把企业当成家。”他提出为车队配建小食堂、小澡堂和活动室，配置空调、电视和取暖设备，为员工提供一个舒适、温馨的工作、休息环境；每年为职工进行健康查体，为一线驾驶员、修理工发放高温补贴、冬运补贴和福利，还拨出近百万元专款为每位职工过生日；建立健全帮困扶贫机制，对困难职工实行动态管理，切实为职工办实事、解难题。近年来，职工思想稳定，秩序良好，济南公交被评为山东省劳动关系和谐企业。

近年来，在薛兴海的带领下，济南公交事业蓬勃发展，公司先后荣获“全国五一劳动奖状”、“全国文明单位”、“全国城市公共交通十佳先进企业”等多项荣誉称号。他当选为省、市人大代表，先后荣获“中国经济百名杰出人物”、“山东省富民兴鲁劳动奖状”、“山东省劳动模范”、“山东改革开放30年（公共事业）十大杰出典型人物”、“第十一届全运会保障任务一等功”、“中国城市公共交通领域技术能手”、“全国劳动模范”等荣誉称号。

一个公交车驾驶员的人生坐标

——记全国五一劳动奖章获得者山西省太原市公交电车分公司101路驾驶员马云风

“各位乘客，大家好！欢迎您乘坐101路电车226号电车，当您在乘车中有什么困难和要求，我会热心为您提供帮助。我们的服务就是让您在这短暂的行程中拥有一个轻松、愉快、和谐的乘车环境，祝您一路顺风！”马云风每次发车前，都微笑着向上车的乘客说，话语亲切而不做作。在这辆“共产党员示范车”上，看上去身材柔弱的她，总是真诚地面对每位乘客，她让温暖随着流动的窗口，流淌在每一个人的心中。朴实无华的她，二十年如一日，勤勤恳恳、脚踏实地地工作，用真情和爱心去呵护乘客，一丝不苟地把这种信念定格在自己的人生坐标上。

一、魅力微笑，脚踏实地

1985年，年轻、富有朝气的马云风进入太原公交总公司电车公司。她从乘务员做起，八年后，考试合格，走上了梦寐以求的公交车驾驶员岗位。

事实上，公交车驾驶员非常辛苦，更多的烦恼来自乘客的不理解。面对困难，她没有退缩。1998年，太原公交公司党委提出了“微笑服务，占领市场”的经营策略，要求大家在运行服务中对乘客使用“您好，欢迎乘车！”等服务用语，做好“为特需乘客落实座位”等具体事项。为练好基本功，马云风照镜子，对口型，练语气，看表情。她的努力换来乘客们的认可。

夏日，气候反复无常，最炎热时候，人们在车厢里透不过来气，很多人显得烦躁不安。此时，马云风尽量让自己的声音柔和些，把车开得平稳些，希望能减少一些炎热带给乘客的烦闷。一次，从柳南站上来了一位女士，怀里抱着个两岁左右的男孩，马云风把母子俩安排在前排就坐。因为天太热，车还没走多远，孩子就大哭起来，任凭母亲怎样哄逗，他就是哭个不停。孩子的哭声加剧了车厢里乘客们的烦躁情绪，大家都七嘴八舌的埋怨起来，女士的眼里含满了委屈的泪水。见此情景，马云风把车停靠在路边，从书包里找了一只棒棒糖，递到孩子跟前，孩子不哭了，大伙儿也都踏实了。

因为热爱这个岗位，马云风像对待自己的家一样爱护车厢。226号电车车厢总人觉得舒心，地板扶手一尘不染，车身风挡窗明几净。逢年过节，马云风会在车厢里挂上一串串红灯笼，使整个车厢平添一种喜气祥和的氛围。每逢儿童节，她还会在车厢里粘上各种卡通贴画，不少小朋友都舍不得下车。

此外，101路电车运行在解放路，沿线有许多中转线路，常有外地乘客拿着大件行李去火车站。每每看到这个情景，马云风就帮他们把行李抬到车上并安顿好，到站再提醒他们下车。

她总说出门在外不容易，应该让外地人在刚踏入这个城市时，就感受到太原人的热情、感受到这座城市的可爱。

面对乘客的赞扬，马云风并未满足。她说："随着城市文明的进步，和人们生活水平的不断提高，乘客对我们的服务提出了更高的渴望和需求。如何满足乘客的这些愿望，成为我们服务的新课题。"

二、关爱特需，厚待一份

一个大冷天，几位从早市采购回来的老年人上了马云风的车。这些老年人每天都出来买水果和蔬菜，看到他们吃力地拎着大包小包的东西，马云风赶忙起身帮忙。有一位大爷买的东西太多、太沉，把袋子都撑破了，水果洒落满地，一时竟不知如何是好。见此情景，马云风忙把自己装饭盒的袋子腾出来，帮老人捡起地上的水果，装进袋子里。

就是这样，马云风在运行中注意做到照顾特需，做到"厚待一份，多帮一把。"碰到老人坐车，她总是先搀上来，再找个座位，等坐稳后再起步。在实验中学站，一位70多岁的老大娘常带着一大堆小商品坐车。看到老人上车了，马云风就帮她把东西提上来，并千方百计帮她找座位坐下。时间长了，她知道老人的老伴早逝，无儿无女，靠摆地摊为生。有很多次，当马云风把老人安顿好后，老人的眼里都闪着感激的泪花。对一位孤寡老人而言，一句问候、一个座位就能让人感到世间的温暖。

在工作中，马云风非常细心地关注乘客的动态，对不同乘客的不同需求给予不同的帮助。她说："看到老人那种无奈和束手无策的神情，深受触动，只要出车，我就会带上一包塑料袋，以备乘客急需时使用。"

一天，她驾车行驶在冰雪路上，快进实验中学站时，站台不远处一位七旬老人往站台上走。看到老人既胆怯又心急赶车的样子，马云风缓缓地将车停靠在老人跟前，然后敏捷地下车，将老人扶上车，然后安排老人坐下。但在问清老人的下车站点后，才知道老人上错车了。为了让老人不再走冤枉路，马云风决定让老人再坐两站，然后换乘另一路车。到了中心医院站，马云风看到有一辆820路中巴快进站了，就向乘客解释："大家请稍等一下，这位大娘坐错车了，我把她送到对面车上，耽误大家一会儿，不好意思啊。"乘客们也都被她的细致工作感动，并不介意多等一会儿。

三、心有集体，敢为人先

2001年，党组织发展马云风入党。马云风决定倍加努力地工作，不辜负组织的期望。此后，在热情服务乘客的同时，她常帮车队同志们干活。盛夏酷暑，她给车队的每一个驾驶员买回来凉垫；雨雪天气，她帮助洗车工冲洗车辆。十年来，每隔半月，她就和几个同事利用业余时间，把车队所有车辆上的座套、窗帘、POS机护套拆下来，清洗干净。换了新车后，细心的她想起车辆运行中，许多乘客常常问时间，而车上又没有挂钟，她就买了20块石英表，给每辆车上都装了一块。

2003年3月，马云风和两位驾驶员利用业余时间，到公交站台上擦洗站牌。活动间隙中，他们看到很多初次来太原的外地人在车站一脸茫然，一问才知道，他们不了解行车线路。于是，他们三个人不时为人们介绍南来北往的公交线路，不经意间当上了"义务指路人"。之后，他们坚持利用周末和业余时间，在车站义务为群众指路，维持秩序。谁也没想到，他们的行动引发了太原公交有史以来一次影响最大、范围最广、持续时间最长的"我为乘客当向导"

志愿服务行动。

在社会公益活动中，马云风积极参与，走在了前头。2003年，“非典”期间，马云风积极报名，到第四人民医院参加义务劳动，同时在“印尼海啸”、“见义勇为”等各项捐款中，她也积极捐助。

马云风的“微笑服务”从车厢走向了站台，从公交延伸到了社会，得到乘客的广泛赞扬，马云风的事迹不胫而走。太原工商银行迎泽支行便邀请她到单位作报告。支行行长听完报告时讲到：“公交车驾驶员们风里来雨里去，条件那么艰苦，还能有这样好的服务，相比之下，我们银行职员坐在宽敞明亮的营业大厅里，风吹不着，雨打不着，但我们的服务和他们相比，相差甚远。”

▲太原市公交电车分公司101路驾驶员马云风

马云风优秀的表现和优异的成绩赢得了人们的肯定，她先后获得了“太原市青年优质服务岗位能手”、“太原市先进生产者”、“太原市率先发展青年排头兵”、“山西省杰出青年服务创新能手”、“太原市优秀共产党员”和“山西省劳动模范”等多项殊荣。2008年4月，马云风荣获“全国五一劳动奖章”。

平凡孕育快乐果　“窗口”绽放文明花

——记全国五一劳动奖章获得者广西南宁市公共交通总公司营运服务部服务管理员农向华

农向华，广西南宁市公共交通总公司营运服务部服务管理员。工作16年，入党10年，做过驾驶员、调度员，获得过国家、广西、南宁市和公司的许多荣誉。荣获“全国五一劳动奖章”，当选党的十七大代表，被评为“广西壮族自治区劳动模范”、“全国城市公共交通先进个人”、“全国三八红旗手”，连续多年被评为南宁市先进生产工作者。

一、巾帼之花，硕果累累

1996年7月，19岁的农向华踏出校门，走上公交车驾驶员岗位，在驾驶员这个平凡而艰苦的工作岗位上恪尽职守，用甜美的笑容、温馨的语言、体贴的行为赢得众多乘客的喜爱和称赞，积累了丰富的经验，迅速成为公交队伍中的先锋模范。2002年，她光荣地加入中国共产党，2009年7月被提拔为公司营运服务部服务管理员。2004年被评为“南宁市劳动模范”；2005年被评为“广西壮族自治区劳动模范”；2006年被评为“全国城市公共交通先进个人”，并光荣当选南宁市第十次、广西壮族自治区第九次党代表大会代表和党的十七大代表；2007年被评为“第六届南宁市十大杰出青年”；2008年被评为“感动南宁——文明和谐十佳企业员工”、“广西五四青年奖章标兵”、“全国三八红旗手”，并荣获“全国五一劳动奖章”；2011年被评为“南宁市2009—2010年度优秀共产党员”、“广西壮族自治区优秀共产党员”。

二、爱岗敬业，无私奉献

1996年7月，农向华从南宁市建设技工学校毕业后，成为了南宁市公共交通总公司9路公共汽车线路的一名驾驶员。公交车驾驶员工作辛苦，岗位平凡，每天面对不同的乘客和复杂的交通环境，周而复始，枯燥乏味。但农向华始终记着自己刚开始参加工作的时候，妈妈跟她说过的一句话：“三百六十行，行行出状元。做公交车驾驶员也可以作出一番不平凡的事业来。”她相信：只要用心，平凡的岗位也能创造快乐！

她从小父亲就去世，母亲给予了她们兄妹无限的关爱。但由于公交车驾驶员工作的特殊性，逢年过节就是公交人最繁忙的时候，从事驾驶员工作后，她一直都坚守岗位，没有跟自己的母亲吃过一次年夜饭。2001年她母亲不幸去世，这成了农向华心中永远的遗憾。此后每年春节，轮到农向华休息时，她便主动和同车组的工友换班，让同事回去吃年夜饭，不让她的遗憾在别人身上重演，圆他人的团圆梦。

公司培养了她，而她也不忘回报。南宁夏天高温酷热，为让驾驶员们享受清凉，她主动用公司奖励给她的劳动模范奖金购买了一台空调，安装在车队调度室，再次为大家奉献了自己的爱心，农向华的勤奋、善良赢得了工友和乘客的赞扬。

三、用心服务，以心换心

公交车驾驶员的工作是在线路上周而复始地运送乘客，工作重复单调，容易让人厌倦，然而农向华总是时刻牢记“全心全意为乘客服务”的宗旨，以微笑面对每一位乘客，热情地为乘客服务，感染身边的人。人们感受最深的是农向华对乘客那份持之以恒的真心、细心、热情，看见抱小孩的乘客、行动不便的老人和残疾人，她会马上走出驾驶室搀扶上下，遇到乘客身体不舒服，她会送上药品，为了让乘客在短暂的乘车过程中体会到回家的感觉，她把车开得平稳而安全，给乘客创造舒适、安全的乘车环境。

农向华还特别注意不同乘客的心理特点，做到“具体乘客，具体服务”：上班族熟悉环境，只求准时准点，行车时就要尽量做到不压时、不压站；学生天性好动，注意提醒安全；外地乘客人生地不熟，回答问题不厌其烦；“六种人”（老、弱、病、残、孕、幼）身体不便，需要重点照顾，帮忙找座位。为此，她以北京的李素丽为学习榜样，不断总结服务经验，把服务升华为一门艺术。

四、文明驾驶，安全行车

农向华特别注重安全行车，每一个环节她都认认真真去做，吹滤清器、拧螺丝等例保工作样样不差，不嫌脏、不怕累。每天出车前，她先检查车况是否安全，确保车辆的状态良好。收车后，又仔细检查一次，发现问题，就及时报修。为做好安全工作，她还向精通车辆维修技术的老驾驶员冯志通虚心讨教，认真学习车辆的维护知识和驾驶技巧，使自己的技术水平得到了很大的提高。

公交人常说：“马达一响，集中思想，车子一动，想到群众。”的确，公共汽车里载着数十个乘客，行驶在大街小巷上，市区车水马龙，人来人往，一不小心，就可能换来血的代价。她开车时时警惕，小心翼翼，并且不断总结出一些安全经验，比如不与货车争速、注意出租车急停、看到老人耳目不灵提前防范、儿童活泼好动防止突然蹿出。开车10多年来，她没有发生过任何行车事故，每年都获得南宁市公共交通总公司“安全生产先进个人”称号。

五、诚实谦虚，追求上进

农向华的爷爷是革命烈士，父母生前也都是党员，亲人的影响使她对党充满感情。2002年6月，她光荣地加入了中国共产党，入党后，她以更高标准严格要求自己，在她的带领下，她所在的车组以优异的服务质量成为青年文明号中最鲜亮的一面旗帜。

城市公交是一个窗口服务行业，公交车驾驶员就是这个“窗口”的形象，直接体现了窗口的亮丽程度。作为一名公交车驾驶员，有较高文化水平和良好道德修养显得更为重要。当今社会发展日新月异，光凭热情是不够的，必须不断学习，充实和丰富自己，提高服务本领，才能跟上时代前进的步伐。从区党校大专班毕业后，农向华又报考了北京航空航天大学经济管理专业本科班，不断利用业余时间读书充实自己。为服务好“中国——东盟博览会”，农向华还和全体公交车驾驶员一样学起了英语，她特别投入，学得细、学得深、学得积极主动，除完成教材内容外，她还把9路线沿途的重要站点、各大商业、旅游场所英文名称牢记心中，并能用英语宣传，解答乘客提问。

六、坚持不懈，精益求精

2009年7月，农向华被提拔为公司营运服务部服务管理员，主要负责管理公交服务热线和社会监督员联络工作。为适应从驾驶员岗位到管理岗位的转变，她主动谦逊地向同事学习，认真翻阅学习管理制度，很快适应了新工作。在新岗位上，她认真处理每个来电、每次来访、每封来信，认真查找每一个投诉的原因，及时给乘客满意的答复，三年多来，共处理来信、来访、来电82080件（次），办结率达到100%。一次，有位外地来的乘客在乘坐公交车时不慎把装有重要文件和现金的背包遗失在车上，在人生地不熟的异乡丢了东西，这名乘客十分着急，最后抱着试一试的心态拨打了南宁公交服务热线，农向华在了解情况后，先安慰乘客不要着急，然后马上通过GPS调度中心查找乘客当时所乘坐的车辆，最后联系到驾驶员，顺利地帮乘客找回丢失的背包，并把它亲自送回到乘客手中，受到乘客的称赞。

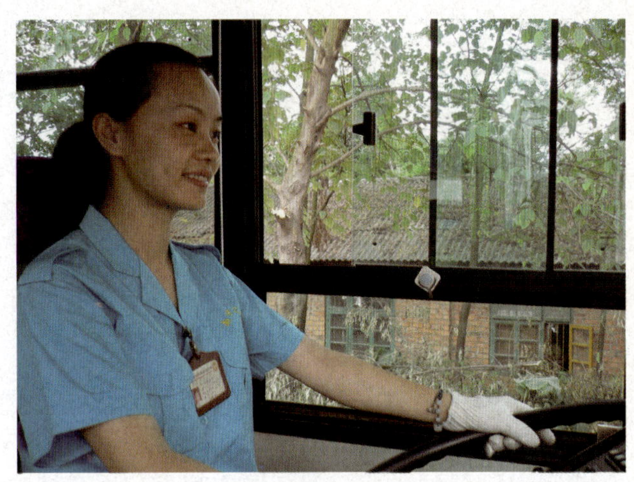

▲农向华在公交车驾驶员岗位上爱岗敬业，真诚热情地为乘客提供周到的服务

一日，农向华突然接到一份从市里传真来的乘客投诉反馈单，乘客李先生投诉一位公交车驾驶员和一位接线员的服务态度不够热情。这是农向华走上服务管理员岗位以来第一次遇到的棘手问题。“一定要妥善处理这件事，不能影响乘客对我们的信任”，她立即来到公司服务热线处，认真翻听当时的录音，特别留意对话和解答的细节。了解事情的原委后，她赶紧打电话给李先生，这次通话时长达40分钟，但大部分时间是她倾听对方的诉求，解释和道歉只有少部分的时间。从事服务行业十几年，她深深知道，投诉方有许多心里话，要先安抚好对方的情绪才好沟通。但是这次沟通没有让事情得到圆满解决，李先生要求她再听当时录音，过后再联系。虽然第一次通话遭遇失败，但农向华没有气馁，一方面，她反思自己作为管理人员，没有严格要求下属，导致乘客误解；另一方面，她反思自己在解释工作中是否也存在令乘客误解的地方。为了教育接线员加强优质服务、提升服务意识，她还和接线员一起学习了服务工作规章制度和业务知识。经过充分的准备，第二天上午她再次拨通了李先生的电话，以最诚恳的态度与李先生沟通，这次沟通又长达半小时。中途有段小插曲：李先生因工作繁忙，通话暂停了七八分钟。电话这头，农向华依然拿着话筒，一直耐心等候。就这样，谈话由不和谐到和谐，最后，两人竟像老朋友般聊了起来，谈话过程非常愉快。最后，李先生以一句“我对你的善后服务态度和处理结果感到很满意”，给这件颇费周折的事件画上圆满的句号。

无论是在基层营运岗位，还是在管理岗位，农向华都始终坚持“全心全意为乘客服务”的思想，把最真诚、最热情、最细心的一面奉献给乘客，充分展示了南宁公交人的美好形象，并在不同的岗位上辛勤耕耘，诠释责任和价值，充分发挥共产党员的先锋模范带头作用，成为公交服务领域里播撒和谐馨香的“文明之花”！

老百姓的需要　就是我们公交发展的方向

——记全国五一劳动奖章获得者四川省都江堰市城市公交有限责任公司董事长欧云南

都江堰市城市公交有限责任公司（以下简称都江堰公交）董事长欧云南，是一个豁达大度，办事雷厉风行，慎于言而敏于行的人。他不仅是都江堰公交的董事长，还兼任成都市个体经营经济协会副会长、都江堰市第十三届政协常委、都江堰市个体私营经济协会会长、都江堰市工商联（商会）副会长等职务，他还曾获得“全国五一劳动奖章”、“四川省劳动模范”等殊荣。作为都江堰市城市公交行业杰出的“领头雁”，欧董事长勇于探索，敢于创新，将自己满腔热情倾注在都江堰市公交事业中。

一、从“小”做起

1995年8月，具有川西人朴实热情和开拓精神的欧云南，在历史文化名城都江堰市创办了全国第一家民营城市公交企业——都江堰市巴士有限责任公司，当地人称为“小公交公司”，其运行线路也被称为“小一路”、“小二路”、“小三路”。一个“小”字，充分体现了公司开办之初的寒酸、窘迫和艰难。最初只有一条由城区到蒲阳镇的运行线路、4辆小型客车和11名员工，即使票价低廉（上车一元），沿路“招手即停”，随上随下，乘客也不多。但是，性格倔强的欧云南却没有气馁，他认定随着地方经济和城市规模的快速发展，公交事业必定具有广阔的市场发展前景。于是，他便“内抓管理，外树形象”，全面整顿企业，开始了一系列的规范化运作，开始了从“小”到“大”的蚕蛹似的蜕变。

（一）以人为本发展企业，努力为职工营造“公司大家庭”的温暖气氛

作为一家民营企业，怎样保护、调动和发挥职工的积极性和创造性是企业发展的关键，也是企业发展的核心竞争力。欧云南把职工民主参与、民主管理工作落到实处，把维护职工群众的合法权益当作自己的天职。2001年，他率先在民营企业中推行厂务公开制度，与职工签定了集体劳动合同，为职工购买了养老保险、综合保险和工伤保险，形成了充满人文关怀的企业文化。

一家有难大家帮。长期以来，欧云南始终坚持“五访问”制度，即职工及家属住院必访问、生活困难必访问、家庭纠纷必访问、天灾人祸必访问、红白喜事必访问。公司经常深入开展“关心扶助送温暖”活动，每年的“三八节”，他都亲自为女职工把鲜花及水果送到班车上，致以节日慰问；在每个员工的生日，他都要在电视台点歌祝贺；职工子女凡考上大学的，他都要捐赠1000元的助学费，并将职工、孩子请到一起召开座谈会，使全体员工真正感受到了“公司大家庭”的温暖和关怀。

（二）积极发挥工会作用，在企业切实开展“工建”和“党建”活动，全心全意依靠职工共建社会主义“三个文明”

都江堰市巴士有限责任公司是成都市总工会在民营企业开展工会工作的试点单位，按照上级工会关于“以工建促党建、以党建带工建、党工共建”的要求，于1999年先后建立了工会组织、党组织和团组织，有正式党员18人，预备党员4名，党员积极分子3人，团员36人。自建立工会以来，欧云南始终坚持“以人为本，以法为准，以德为先，制度管人，职责管事，全心全意依靠职工办企业”的方针，充分发挥工会作用，建立职代会制度，发挥职工在企业民主管理中的积极作用。同时，通过职代会制定企业管理条例143条，为公司注入了新的活力，有力地促进了公司的发展，为在民营企业中如何开展工会与党建工作进行了有益的探索和尝试，为建设社会主义物质文明、政治文明和精神文明作出了突出贡献。

▲欧云南同志荣获“全国五一劳动奖章”

（三）传承爱心，真诚回报社会，积极投身公益事业，用实际行动展现民营企业家的高风亮节和社会主义制度的优越性

欧云南是个有良心、有社会责任感的企业家，企业发展壮大后，他经常在思考如何“饮水思源”、如何“传承爱心，回报社会”，为当地的经济发展和社会稳定繁荣作贡献。

多年来，欧云南还长期资助贫困学生；先后为希望工程、安身工程、畅通工程、绿化工程捐资8万余元；2000年，在公司成立5周年庆典之际，他为两河乡的贫困学校、学生捐资1万余元、书包60套；2003年“五一劳动节”前夕，欧云南领导的巴士公司获得“五一劳动奖状”的殊荣，为回报社会，奉献爱心，他号召全公司员工以“扶贫济困”这种独特的方式来庆祝奖状的获得，向都江堰市天马镇、驾虹乡、安龙乡22户贫困户共捐资3.4万元，其中他捐资1.6万元；2004年5月，欧云南荣获“成都市劳动模范”，他用自己获得的奖金为幸福镇万寿村76名农村妇女开办了“家政培训班”，开通了都江堰市幸福镇培训与就业的“畅通工程”，76名培训合格人员90%走上新的就业岗位。

欧云南就是这样从“小”做起，在“小”中起飞，脚踏实地，不断探索进取，努力发展企业，努力传承爱心，真诚回报社会。在他的带动和领导下，当初小小的巴士公司得到了巨大的发展，截至2008年，巴士公司已经发展成为都江堰市公交战线的明星企业，拥有运行车辆36台、职工187人，固定资产达500余万元，每年上缴各种税费120余万元，为都江堰市的经济发展和公交发展作出了突出贡献。欧云南1999年被评为“成都市十佳文明市民”，2002年、2003年被评为“成都市维护社会稳定工作先进个人”，先后当选成都市工商业联合会执委，成都市私营企业协会理事，都江堰市十一届政协常委，都江堰市商会副会长，成都市政协委员，2003年获四川省十大创业英才优秀奖，2004年荣获四川省非公有制企业推行厂务公开加强职工民主管理工作“先进个人”，成都市2003—2004年度“十佳思想政治工作者”称号，巴士公司2003年荣获中华全国总工会“全国五一劳动奖状”殊荣。

二、在“整合”中做大做强

都江堰市在“5·12”汶川大地震中饱经灾难，遭受重创，公交企业也同样如此。经过三年艰苦卓绝的灾后重建，都江堰市的城市规模急剧扩大，基础设施建设和城市面貌焕然一新，城乡一体化发展步伐大大加快，人民群众对公交出行的需要和要求也不断提高。

都江堰市的公交运营曾呈现“四足鼎立”的局面：除了欧云南所在的巴士公司外，另外还有3家企业——都江堰市公共交通有限公司、都江堰市吉达公交有限公司、都江堰市鹤翔公交有限公司。如何整合都江堰市的公交资源，如何建设与崭新城市功能配套的完备完善的优质公交运营服务体系，进一步满足群众的出行需求，进一步树立都江堰市历史文化名城和国际旅游城市的品牌形象，这是都江堰市委、市政府在灾后重建工作一直思考的问题，也是都江堰市公交事业发展亟需面对、亟需解决的重大问题。

（一）积极贯彻落实政府的决策部署，知难而上，勇挑重担，开创城市公交发展新局面

2010年12月2日，都江堰市人民政府第71次常务会议作出决议：将都江堰市的4家公交企业进行全面整顿整合，统一成立都江堰市城市公交有限责任公司，并由欧云南担任该公司董事长，具体负责该公司的整合、筹备以及新线路、新站点的开行开设事务。

企业合并不是一件简单的事情，但欧云南没有回避，更没有退缩，而是顾全大局，勇于承担，逆难而上，通过反复研究，多次座谈，积极与另外3家公交企业交流沟通，对各企业员工进行大量的耐心细致的解释工作，并克服重重困难及各企业内部差异性极大的阻力，最终达成了共谋生存发展、优先优质发展公交事业的共识，于2011年1月正式成立了都江堰市城市公交有限责任公司。同年5月，整合工作顺利完成。公司新增加了10条线路，更新和增加高档空调车123台，公交线路覆盖了所有安置点、学校、医院、社区及机关办事机构，公交线网里程达到265公里，月客运量逾越336万人次，极大提高了城市功能以及公共交通的输送能力，开创了公交发展的新局面。

（二）完善规章制度，提升运营服务的科技含量，为老百姓打造一个安全舒适的乘车环境

整合后，公司建立和完善了各项规章制度，对线路、车辆、人员进行优化和调整，严格统一管理，统一规范着装，提升了服务质量，主城区和城市主要干道上全部使用高档空调车，乘客乘坐公交车的安全性和舒适性得到提高，城市形象也得到进一步提升，受到广大市民和乘客的一致好评。公司按现代化管理模式和公交企业发展的需要，投入大量资金建立了GPS、3G实时传输智能调度系统，车载视频监控，刷卡机等先进设备，对每一台公交车的运行及车辆运载轨迹、安全行驶等进行实时监控，通过硬盘录像为交通安全提供依据，以保障乘车安全，极大地提高了公司的调度能力和运营管理水平，节约了人力资源成本，提高了企业经济效益，为企业的科学化管理打下了坚实的基础。

三、老百姓的需要就是我们公交发展的方向

2012年，四川省委、省政府在全省开展“城乡环境综合整治”工作，都江堰市委、市政府也掀起了创建“文明城市”的高潮。但是，由于地震遗留的三轮车问题却很难得到根治：城市扩大，居住小区分散，都江堰市的公共交通系统虽然进行了全面整合，重新规划布置了线路，但不少背街小巷还是无法覆盖，群众出行有困难，三轮车还有市场。三轮车的存在，不仅影响都江堰市的交通畅通，影响都江堰市的国际旅游城市形象，还严重影响到城乡环境综合整治工作，影响到都江堰市的“文明城市”创建工作。在此情况下，素有政治头脑和社会责任感的欧

云南，再次挺身而出，率先提出了“老百姓的需要，就是我们公交发展的方向”的口号，决心寻找一个切实可行的办法，彻底解决老百姓出行难的问题，为都江堰市的“城乡综合环境整治”和“文明城市”建设作出了贡献。

（一）密切配合政府的决策部署和中心工作，急政府所急，想群众所想，开阔视野，创新思维，开创“惠民小公交”服务系统

为了配合政府彻底解决三轮车遗留问题，欧云南亲自带队或者组织专人，先后到常州市等公交较为发达的城市去考察学习，最后决定购置5米长的小型公交车，开行“惠民小公交”。回到都江堰市后，欧云南又要求公司运调部门组织专业人员，对城区的所有居住小区以及各条背街小巷进行了细致的实地调查，并在调查的基础上，合理设计运行路线，将20多个居住小区和数百条背街小巷像蜘蛛牵线搭网一样纵横交错地连接起来，特别是在站点的设置上更是精益求精，最短的线路设置了21个站点，最长的线路设置了32个站点，全面覆盖了大型公交车无法到达的背街小巷。2012年2月15日，“惠民小公交”正式开行，市民一出家门就坐上了公交车，大力解决了群众最后一公里的出行问题，深受广大人民群众的欢迎和好评，得到了上级交通管理部门和都江堰市委、市政府的充分肯定。

（二）高举民生旗帜，创新实行IC卡优惠乘车制度，把惠民政策进行到底

欧云南认为：坚持城市公交优先，本质上就是坚持“百姓优先”；在公交上惠民，本质上就是改善民生。都江堰公交不仅在“惠民小公交”上安装了卫星定位及3G实时监控系统，实行全面的科学管理和安全运营，同时还安装了刷卡机，对持公交IC卡的乘客进行优惠服务。

IC卡分三种：一是普通卡，八折优惠；二是学生卡，五折优惠，三是本市70岁以上老年卡，免费乘车。并将IC卡发售地点由原来的3个，增添到16个，遍布城区，极大地方便了群众就近办卡。截至到2012年年底，公司已办理普通卡70000张左右，学生卡9810张，老年卡17000张，日刷卡达到6万人次，为大力改善都江堰市的百姓出行和人民群众生活，作出了巨大的贡献。

（三）在赞扬声中不骄傲不自满，虚心听取群众建议，不断调整和完善运营线路，全面提高服务水平和服务质量，努力建设“美丽公交”

城市公交的完善与发展，不仅能提升城市的综合竞争力，还体现了一个城市的发展质量和文明程度。都江堰市的“惠民小公交”开行后，得到了广大市民的高度赞扬，有不少市民给市长写信，称赞这一举措，称赞“惠民小公交”：“小小公交穿街忙，方便群众不怕累。准班正点好舒服，交通秩序大家扬。”目前，“惠民小公交”已成为都江堰市民最追捧的乘车工具，被市民在网上亲切地称为“卖萌小公交”（意即乖巧漂亮），成为穿行于都江堰市区一道美丽的风景。

党的十八大明确提出了“全面建成小康社会”和建设“美丽中国”的战略构想。公交发展和公交惠民，无疑是建成“小康社会”和建设“美丽中国”的一个重要部分。相信都江堰公交在欧云南等民营企业家的带领下，会越走越好，做大做强，焕发出“美丽公交”的动人光彩！

平凡岗位作贡献　心系乘客献真情

——记全国五一劳动奖章获得者河南省郑州市
公交总公司205路驾驶员徐亚平

徐亚平，男，中共党员，现为郑州市公交总公司205路驾驶员。在他不断充实服务理念内涵的驾驶生涯和车厢服务中，27年如一日，始终以无私的工作态度和忘我的敬业精神在自己平凡的岗位上默默无闻地奉献着，坚持用热情的笑脸、真诚的话语、周到的服务和细致的关怀与乘客架起相互理解和沟通的桥梁，让自己成为了“老人的拐杖、盲人的眼睛、外地人的向导、病人的护士、群众的贴心人”，是河南的“明星车长”，被誉为河南无人售票时代的李素丽。先后获得了“郑州市文明市民”、“郑州市遵守职业道德十佳标兵”、“河南省五一劳动奖章”、“全国五一劳动奖章”、“全国优秀工会积极分子”等几十项荣誉称号，被选为郑州市人大代表，并参加了2008年北京奥运会郑州段火炬传递。2012年在全国城市公共交通工作会议上受到交通运输部表扬。他的事迹曾多次被省内外媒体报道，让无数人感动。郑州警花曾专门到其车上进行学习，市委书记曾号召全市驾驶员向其学习。高大、赤诚、崇高、进取等一切关于人格力量的形容词，都能在他身上找到具体的注解。细致入微、孜孜不倦地为乘客提供更加优质的服务，是其永不间断的追求。

一、干一行、爱一行，不同的岗位上作出不平凡的业绩

1985年底，徐亚平复员后被分配到郑州市公交总公司工作，成了一名乘务员，从此他便与公交车结下了不解之缘。上车第一天，驾驶员师傅就意味深长地说：“亚平，在公交车上工作既单调又乏味，你从部队转到地方，又是党员，意味着一个党员的党性还要加上一个特殊的标准，就是看是否热爱这项工作。车上累，可是也需要人，谁要是在这车厢里能干出成绩，就是对乘客的热爱和党的事业的贡献。”当晚他就在日记中写道：“干好本职工作首先要有正确的人生观、价值观，摆正自己的人生定位，不能好高骛远。每个人都有美好的理想，但是现实和理想总是有差距的，我要以平常心对待。既然选择了这份职业，就不要三心二意。群众是通过身边的一个个党员来认识党的，作为一名党员我要用实际行动为党的形象增添光彩。”于是从第一天开始他就积极向先进乘务员学习，全身心投入到工作中，不仅售票速度快、无差错，服务也很亲切、热情而周到。他很快熟悉了车辆途经的所有站点、可换乘车次及沿途所有街道、单位和场所，边售票边为乘客介绍情况、解答问题，得到了人们的肯定，在乘务员岗位的几年里他多次被评为先进工作者。因表现突出，后来他被选拔培训为一名驾驶员，在驾驶员岗位近20年来，他一直牢记当初的这番话，把工作伊始的感悟扎扎实实地践行在岗位上，平凡之中作贡献，立足岗位、服务群众、心系乘客，用自己实际的行动彰显了一个共产党员的光辉。

二、肯钻研，爱创新，不断探索出公交服务的新思路、新模式

工作中徐亚平深知要做一名优秀的驾驶员不仅要有良好的职业素养、娴熟的业务技能，还要具有过硬的综合能力。为此他不断研究新时期车厢服务的新方式，提出“完善自我，为服务注入灵魂”的服务宗旨，为全体驾驶员树立了标杆。

他首推公交车双语服务，利用业务时间参加了短期英语培训班，努力攻克英语关，使自己的英语更规范。有位河南大学老教授深有感触地说：“省会公交驾驶员能这样流利地用英语服务，那可是郑州公交的新亮点啊!”

为了使车厢服务更具人性化，他还学习了心理学，提出了车厢服务的“换位思维法”，并根据多年的车厢服务经验，总结出了在无人售票情况下驾驶员服务百例，提出采用暗示法比用直接的方法更为艺术和有效。他总结出的“你发火我耐心，你烦躁我冷静，你粗暴我礼貌”等对待不文明乘客的方法在线路上推广，使广大驾驶员对服务有了更感性的认识，车厢服务上了一个新水平。比如：一位抱小孩的妇女坐了一位姑娘让的座位后却毫无感谢之意，姑娘十分生气。这时候他利用停站时会对孩子说：“小朋友真乖，阿姨上了一天班，这么累了还让座给你，还不谢谢阿姨。”孩子母亲一听，感到自己失礼了，立即道谢，姑娘的气也消了。还有一次，2名女乘客带了4个小孩上车后未主动给孩子投币，徐亚平主动向其宣传公司的票务规章制度，每名乘客只能携带1名不足1.2米的孩子乘坐，超过1名按超过人数投币，让其再投2元。可2名女乘客说：“我们每次坐车也没有投过钱，就你认真。”言语中带着讽刺，并在车后骂骂咧咧。他轻声轻语向她解释，可两名女乘客就是不投币，说话也更加难听……这时车上几名乘客站了出来说：“人家驾驶员已经给你们解释半天了，你们不投币还骂人，也太不象话了。”自觉理亏的2名女乘客掏出2元钱投进了投币箱。车辆到达终点站时，徐亚平下车帮助她们把孩子抱下车，其中1名女乘客感动得对他说了声“对不起”。

他首创了首站站立问好和逢站问候服务。“您好，欢迎乘坐205路”，“小朋友，注意安全”，“老人家，您慢点走”，“抱小孩的同志，请当心”，平均每天要向近千名乘客问好，一说就是365天，一说就是十几年。有人曾问他，每天要多说那么多话，不感到麻烦吗，他回答说：“一声问候，不是一句简单的话，而是对乘客的尊重，车厢虽小却是一个传播精神文明的窗口。”

被誉为公交“活地图”。服务无止境，徐亚平给自己提出了更高的要求，不仅将本线路的沿途换乘和地理情况了如指掌，而且利用业余时间对其他线路换乘和经过的各大商场进行了调研，做到乘客有问必答、有求必应，被乘客誉为“活地图”。一次，一位外地乘客询问乘205路到妇幼医院有多远，他说：“您只要走430步就到了。”还有一次，一名老太太上车就四处张望，徐亚平细声询问：“老人家，你去哪里？”老人要去医学院。“这里没有直达车，你只能转车，到时我通知你。”车子到达大石桥站，他起身告诉老太太，到路口可以换乘104路到医学院。“你这个小伙子真不错。”老太拿着包笑着下车了。在徐亚平的车上我们经常能听到这样的对话，他始终把乘客当自己的亲人，用“心”去服务，用“情”来沟通，把“爱”洒满车厢。

细心服务，被誉为乘客的贴心人。针对205路老年乘客多的特点，他总结出了“三先”（先问候、先找座位、先提醒下车位置）、“三心”（热心帮助、细心照顾、诚心服务）、“三稳”（车辆起步稳、行车稳、停车稳）等服务方法，提出了操作性强的服务老年乘客的“六个一”规范操作法：相遇老人时体现一种尊重；提供服务时传递一份真情；需要搀扶时伸

出一双援手；车辆运行时招呼一声安全；条件允许时落实一个座位；解答问讯时表达一片热心。每当进站，他都把上车车门对准老人，尽量不让老人多走一步；看到行动不便的老人，立即下车搀扶、帮助，有的乘客甚至是他背上车的。郑州人都还记得这样的情景，一位年逾古稀的老大妈站在路边眼含热泪，颤颤巍巍向徐亚平的车深深地鞠躬。步履艰难的她是被徐亚平背上车，又背到路边的。过往路人无不为之动容。另外，在他的车上我们还能经常看到公交服务探索出的“小果实”：三伏天为乘客准备了面巾纸、仁丹；为晕车的乘客准备好晕车药和方便袋；下雨天为乘客准备雨伞和一次性雨披；为腿脚不方便的乘客准备拐杖。这点点滴滴无不汇聚着他全心全意为乘客服务的一份真心。一位外地乘客在给徐亚平的来信中说：“因为你，我选择205路——温馨和真情；因为205路，我选择郑州公交——文明的窗口。”这是乘客对他服务的认同，也是乘客对205路乃至郑州公交的认同。

乐于助人，是乐善好施的好人。徐亚平在工作之外，他还是公司的党员志愿者，经常利用业余时间参加公司组织的各种公益活动，到客流量较大的站台开展扶老携幼活动等。同时他乐于助人，乘客有困难，他总是毫不犹豫地帮忙，因乘客上车没有零钱，他每个月都要为乘客投上二三十元钱，对困难同事职工，时常予以资助。一次他在行车时，发现一辆行驶中的小车从发动机处直往下掉火苗，他二话不说，直接超过并拦下那辆车，抄起自己的灭火器就跑了过去，用灭火器向冒火处猛喷。在用光两个灭火器后，最终扑灭了火焰。小车驾驶员激动地拉着徐亚平的手：“要不是你，我的这台车就报废了，搞不好还会车毁人亡。谢谢你啊好同志。”还有一次，他收车时捡到一个包，在跑了一天车、身体极度疲惫的情况下，他根据包里的线索，推着自行车走街串巷，直到找到失主。而这样的事例还有很多很多……

三、钻研车辆驾驶技能，保障车辆行驶安全

行车安全关系到每位乘客的切身利益，徐亚平时刻牢记文明行车、安全第一的要求，不断向老同志请教，向书本学习。徐亚平对自己运营线路的路段、时段、站点的客流、车流特点了如指掌，每天200多次进出站，2000多次接合离合器、换挡，3000余次技术要领和动作，次次都完成得规范准确、一丝不苟。徐亚平还潜心钻研修理和保养技术，系统地掌握了修理、保养的基本经验和汽车构造。他能非常利落地拆装汽车分电器、清洗化油器等一般驾驶员很难做到的技能，对车辆运行中出现的修理、保养问题能独立自行处理。他经常在忙碌了一天后仍在停车场调试机器、钻研技术，学习并帮助排除各种故障。

多年来，他已数不清放弃了多少休息日和与家人团聚的机会，把本属于自己的时间，全部奉献给了自己所热爱的岗位和事业。他认为驾驶工作看似简单，实际上有很大的学问，关键是能否“钻”进去。正是这种不断的探索与追求，他多次荣获总公司标兵驾驶员称号。

四、“传、帮、带”，带出一批岗位服务明星

多年的驾驶工作使徐亚平练就了一身过硬的本领，在坚持做好自己工作同时，他还坚持“传、帮、带”，注意带好身边的新学员，传授经验、上车指导、发现问题、帮助解决。2010年冬季的一天，徐亚平本应公休，但在凌晨5点他就来到了车队，站在新学员张洪的座旁，对其指导操作。经过指导，张洪迈出了在恶劣天气下独自驾驶运营的第一步。徐亚华认为，车长的技能一方面是学习，重要的是实践，只有在恶劣的环境中亲自实践，才能练就真正本领。

修订后的《中华人民共和国道路交通安全法》出台以后，为了便于掌握新法律条款与205

路沿途的关系，徐亚平利用业余时间走遍了整个线路，研究新法在205路沿途的注意事项。他绘制了205路安全行车地段图，归纳了沿途事故多发地段、交通警示地段、高峰堵塞地段，及不同峰段的客流变化及驾驶对策并提交车队，为打造车队一流的安全管理工作创造了条件。他常说："是205路造就了我，我要用加倍努力的工作带动更多的人，履行我的责任。"

▲郑州公交205路驾驶员徐亚平荣获"全国五一劳动奖章"

27年的风风雨雨，27年的艰苦磨砺，徐亚平由一名新进职工成为生产骨干，获得了大量的荣誉。但面对荣誉，他始终认为荣誉不是一个终点，而是一个新的起点。他认为自己只是做了自己应该做的事。他总是说："我做的都是些小事情，没什么可说的。"他做的事情虽小，但这点点滴滴小事汇集起来，形成一股暖流，从他的身上辐射到车厢，又从车厢辐射到我们的社会。他所到之处，总有他帮助过的老人在路旁向他微笑招手；有他帮助过的老大妈，今天给他送包子、明天送矿泉水；一位年轻的母亲，目睹了他的热情服务，专门在暑假给孩子办了月票，让孩子没事就去坐他的车，"我就是想让孩子受受徐师傅的熏陶，从小养成文明礼貌、乐于助人的好习惯。"公交车厢已成为城市精神文明建设的流动窗口。

在巴渝大地唱响公交颂歌

——记全国五一劳动奖章获得者重庆市公共电车公司团委副书记蒋代娟

蒋代娟，女，1981年10月出生，中共党员，现任重庆市公共电车公司团委副书记。自1998年参加工作以来，她坚持以“服务乘客，奉献社会”为宗旨，在平凡的岗位上认真践行全心全意为乘客服务的工作宗旨，努力把自己锻炼成为了一名蜚声巴渝的优秀公交人。

从事乘务工作时，她始终以全国公交楷模李素丽“岗位作奉献，真情为他人”的精神鞭策自己，在三尺票台默默耕耘，用自己火热的青春在十米车厢谱写出一曲曲新世纪的文明颂歌，得到了各级组织和沿线市民的广泛好评。2002年她当选为重庆市青年岗位能手及市第二次团代会代表；2005年，荣获“全国交通系统劳动模范”称号；2006年，被评为重庆市文明市民，8月获得第二届“人人重庆，微笑传递”全市客运服务行业冠军；2007年5月荣膺“全国五一劳动奖章”，并光荣当选市第三次党代会代表，2008年6月，当选共青团十六大代表，并在团十六届二中全会上成功递补为团中央委员，2008北京奥运火炬传递手，重庆市第三届青年联合会委员，465线2005年被团市委、市交委联合授予创建青年文明号10周年优秀成果奖。由于表现突出，她的事迹被各大新闻媒体广为报道，这一系列成绩的背后无不凝聚着其辛勤的付出。

一、立足本职，爱岗敬业

因为热爱所以奉献，在平凡的公交战线上，蒋代娟用自己的诚实劳动构建起一道靓丽的流动风景。一踏进其工作的车厢，整洁的环境、明亮的车窗、洁白的头套，让人倍感温馨。无论是鲜艳夺目的花瓣、清新凉爽的柳枝、热情似火的中国结还是纷纷飘落的“雪花”，一年四季轮回竟相洋溢在十米车厢中。每一处细微的车厢装扮无不诠释着和谐社会构建的内涵。

用力去做只能做到合格，用心去做才能达到优秀。蒋代娟时刻牢记使命，以实际行动充分展示着公交职工“服务人民，奉献社会”的道德风貌。对工作一丝不苟，认真负责，为保持车厢卫生，经常是下班后还在清扫保洁；别人洗车厢一般都用抹布，而她却用钢丝球来擦洗。所以，其工作达标率一贯名列前茅。多年来，在她的带领下，其所在的车组，年年超额完成生产任务，从未发生过任何投诉和大小纠纷。一枝独秀不是春，百花齐放春满园，她还积极团结帮助进步青年钻研业务技能，在她的帮助和指导下，所在路队6名乘务员先后被公司评为“十佳”和“优胜”乘务员称号，壮大了全国青年文明号队伍。

服务只有起点，满意没有终点。因此，蒋代娟以特色服务情满车厢，通过向乘客发放服务承诺卡和微笑卡；在十米车厢倡导八荣八耻新风；强化“上车就是回家的开始，乘车享有回家的温馨”的工作理念，突出服务人性化，用明媚的微笑搭建起与乘客心与心沟通的桥梁。

公交客运，酸甜苦辣尽在不言中。一次，当她的车从龙湖花园行至上清寺时，一对前往解放碑的年轻情侣上了车。车辆出站后，乘客掏出3元钱购票，可高级车的起步价是每人2元，乘客不理解，准备强行下车。出于职业习惯，蒋代娟急忙拉住他们，以免行进的车辆急刹时乘客摔伤。“啪”一记重重的耳光却打在了她的脸上，为了避免以非对非，她强压住心中的怒火和委屈，告诉乘客：“两位，很抱歉，如果需要下车，请在下一站。乘车途中安全要紧。”“年轻人，真不讲道理，人家乘务员一片好心，怎么能够打人呢？”“就是，太没得素质了。”在全车乘客的谴责声中，那两个年轻人惭愧地低下了头，灰溜溜地在下一站下了车。社会进步，荣辱与共，文明乘车，人人有责，蒋代娟用公交职工特有的淳朴营造出和谐的乘车氛围，让十米车厢成为了折射城市精神文明的窗口。

二、心系乘客，服务入微

作为一名公交乘务员，她时刻不忘自己的岗位职责，全力满足每一位乘客的需要，把乘客的满意作为永远不懈的追求。火炉重庆连晴高温，一个炎热的中午，一位妇女怀抱着生病的婴儿乘车去医院，由于车内外温差较大，这位妇女害怕孩子经受不住车内较低的空调温度导致病情加重，非常着急，一切都被细心的蒋代娟看在眼里。她当即从便民箱中拿出一张毛巾被给婴儿盖上，并亲切地说：“别担心，孩子会好的。”这时，焦急的妈妈嘴角似乎露出了一丝笑容。顿时，全车的乘客向她投去了赞许的目光。“真是航空式服务，超值享受”，一位乘客感叹地说道。

一次，一位老乘客乘坐她的车，发现蒋代娟声音嘶哑讲话困难，第二天还专程等了两个多小时，为她送来润喉片，让蒋代娟非常感动。那位老乘客感慨地说：“坐车时，你对我们都那么好，关心是应该的……”她心系乘客，总是想乘客所想，急乘客所急。为方便乘客，夏天在车上配备藿香正气液、仁丹等解暑药。雨天为保证乘坐安全，以免雨水滴落在车厢内造成溜滑，蒋代娟自费购买了雨伞带，营造舒适的乘车环境。

三、与时俱进，精于技能

千锤百炼方能造就过硬的业务素质。为掌握娴熟的车厢宣传技艺，蒋代娟苦练“三语”（普通话、英语、哑语）基本功。由于从小在重庆郊县长大，普通话根底较差，刚上车时，她一张口宣传，生硬、“椒盐”的普通话便冒了出来，常被乘客取笑。为了练就标准的普通话，她把宣传用语写在纸上，逐字逐句逐行地查字典标注正确读音，从语气、语调、轻声、儿话音等方面不断进行强化。功夫不负有心人，现在其普通话水平已达到国家二级甲等，并准备继续向一级乙等冲刺。为尽快提高英语会话能力，她还专门利用休息时间向专业老师求教，回家后照着镜子对口型、练发音，使英语口语水平得到长足的进步。为尽快掌握车厢哑语手势，她主动到聋哑学校学习，回家后刻苦练习。现在，其三语（英语、哑语、普通话）成绩连年蝉联公司第一名，在全公交系统服务技能对抗赛上独占鳌头，为树立企业形象立下了汗马功劳。2009年4月，公司还以她的名字设立了“蒋代娟”服务技能培训中心，负责对全司员工的服务意识、业务技能、企业文化等进行系统培训，并将自己多年的工作方法进行总结和提炼，形成规范完善的蒋代娟服务工作法。

面对城市公交客运的新要求，她不断完善服务艺术，并经常到民航等服务行业和同行业先进车组观摩学习，对照查找服务差距，从而使工作方法日趋尽善尽美，服务技能在同行业中首屈一指。为提高自身文化修养，技校毕业的她利用业余时间勤学不辍，在顺利完成大专学历后她又继续报读中央党校经济管理本科学习。

平时，她还以强烈的社会责任感主动参与各种志愿服务活动。多次在全市各地、各行业及社区巡回演讲，传播公交文明，展示公交服务风采，受到团中央领导的亲切接见。在重庆百年难遇的高温面前，她不但坚守一线，还积极参与赈灾义演，为灾区人民踊跃献爱心。

作为一名团干部，她还加强对团内知识和团干部工作职责的熟悉和掌握，及时对团员进行摸底调查，掌握一手资料，引导团员青年围绕企业生产经营开展工作，坚持以青年文明号为载体，团结带领465线全国青年文明号集体成为行业中的领头羊，大力开展爱国主义教育和主题团日活动，组织青年志愿者在各大站点、社区、街道设立便民服务台，向市民提供乘车咨询并征集建议，为改善公交服务质量提供了有利的依据。2012年，蒋代娟被团市委评为“优秀团干部”。她还主动深入基层，了解团员青年关心、关注的焦点、热点问题，认真履行团中央委员的职责。

▲电车公司欢送全国五一劳动奖章获得者蒋代娟

蒋代娟同志把对岗位的热爱化作旺盛的工作动力，矢志扎根公交，义无反顾地投身重庆公交新一轮改革大潮，在全面建设和谐社会的进程中，在新的工作岗位上，她将努力以科学发展观的理念指导工作，高擎全国五四红旗团委旗帜，深入基层服务青年，带领广大团员青年为实现小康公交、和谐公交而努力奋斗。

承载甘霖泽万民　服务民生谱和谐

——记全国五一劳动奖状获得者广西南宁市公共交通总公司

每天，一辆辆清洁漂亮的公交车穿梭于绿城南宁，已然成为城市中一道亮丽的风景线。南宁市公共交通总公司（以下简称南宁公交）是南宁市最大的国有公交客运企业，自1960年创立以来，始终坚持以人为本，努力发展城市公共交通事业，致力于为市民出行提供安全、舒适、便捷的交通服务。经过多年不懈的努力，企业由小变大，由弱变强，服务城市发展和市民出行的能力不断提升。截至2012年年底，南宁公交拥有总资产6.06亿元、职工3559人、营运线路85条、营运车辆1412辆、线路长度1367.2公里、日均客运量81万人次。公司先后荣获“全国五一劳动奖状”、“中国城市公共交通节能减排先进企业”、“广西五一劳动奖状”、“广西优秀企业”等多项荣誉称号。

栉风沐雨五十载，南宁公交秉承着“服务为民”的理念，以独特的公交文化散发和传递着这个城市的味道，承载甘霖，纵横绿城，惠泽万民。

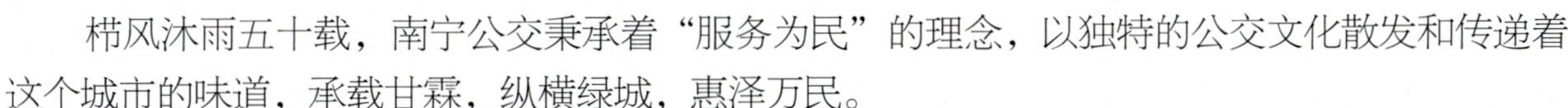

一、强大企业，肩负社会职责

南宁公交注重社会效益和绿色经营，以“城市发展和市民出行需要”为根本立足点，积极履行社会责任，充分发挥公交运营和国有企业的优势，用辛勤、用汗水、用责任、用智慧诠释平安公交文化，用卓越的作为演绎一个负责任企业的高贵品质，彰显了国企本色。

（一）增强线网服务能力

近年来，南宁公交充分发扬行业公益性，以满足百姓公交出行需求为出发点，积极开通新线路，大力优化调整线网，加强公交线路的串联和驳接，线网服务能力不断增强。2012年优化调整线路13条，在人力、资金不足的情况下，千方百计克服困难，新开辟了6条公交线路，解决了物流保税区、富士康工业园、华南城、五合大学城的公交服务问题，为南宁市招商引资创造了更好的交通环境。截至2012年年底，南宁公交营运线路发展至85条，较之成立之初的5条营运线路，增长了16倍；营运车辆发展为1412辆，较之成立之初的15辆营运车辆，增长了93倍；线路总长度达1367.2公里，与成立之初的26.3公里相比，增长了约51倍。线网分布公交站点共计1800多个，中心城区公交站点500米覆盖率达到90%以上。

（二）优化公交出行环境

服务是企业的立身之本，南宁公交人紧抓“服务”这一核心，加大公交硬件建设力度，优化公交出行环境。通过自筹资金加快车辆更新，新购置了一批大容量、大功率、低地板、低排量的豪华型公共汽车。自2008年以来，新购车辆全部达到国Ⅲ以上排放标准。南宁公交落实为民办实事项目，自2010年以来加大了对空调公交车的投入力度，空调车所占比例大幅增长，截至2012年年底，空调公交车所占比例达23%。2012年，南宁公交投入运营首批双层空调公交车辆，车辆档次进一步提升。

随着公交线路的不断开辟和车辆的迅速增加，南宁公交积极自筹资金加大公交驳接站和公交场站的建设力度。2004年以来，安吉、金桥、琅东等3个大型公交驳接站相继投入使用，实现了公交驳接站和客运站的无缝式衔接；东盟公交首末站、五一停车场、高新东停车场、洪运停车场等新场站的投入，进一步改善了公交客运环境。截至2012年年底，南宁公交已有停车场站23个，面积约30万平方米。2012年，为配合客运站外迁的西乡塘公交驳接站正在建设中，该公交驳接站的投入使用，将为乘客提供更加便捷、舒适的出行服务。

▲南宁市公共交通总公司建设的安吉公交驳接站

近年来，南宁公交大力实施“科技兴企”战略，不断强化技术创新和技术应用，从增加服务手段的科技含量入手，全面提高服务水平。实施IC卡收费系统；在公交车上安装使用电子发光路牌、车载显示器、后门乘客报警装置等先进仪器；在全部线路上推广使用GPS智能调度系统；在公交车车厢内安装车载移动电视、GPS电子路牌系统，逐步提高了服务的科技含量，乘车环境更加舒适。2011年、2012年，南宁公交落实在公交车上安装车载视频监控系统的为民办实事项目，加强对公交车上乘客动态、治安情况以及驾驶员驾驶操作行为的全程监控。截至2012年年底，已安装视频监控系统的公交车达1004辆，市民出行的安全系数进一步增强。同时，南宁公交利用GPS调度系统提高调度灵活性，缩短市民高峰候车时间，在重大节假日和大型活动期间，采取适当延长线路营运时间和开设临时专线、区间车、大站快车等措施，努力为市民提供便捷的公交出行服务。

（三）积极履行社会责任

这几年，南宁公交的生存与发展遭遇了燃油价格持续高涨、城市公交客运市场无序竞争、私人汽车和电动自行车数量急剧膨胀等带来的种种压力和困难。尤其在生产经营成本持续攀升、经营资金严重短缺等困境下，南宁公交人依然团结拼搏、开拓进取，为政府分忧，为群众解难，为职工谋福祉，主动承担为南宁市孤寡、离退休、盲残等特殊群体共14万多人提供免费乘车公益服务。

南宁公交还积极组织职工参与社会主义新农村建设，努力回馈社会。派专人到马山县永州镇大旺村开展扶贫帮困工作，为当地五保户购买电视机、打水井、装修房屋；为学校修建厕所；为贫困学生购买学习、生活、体育用品；为村委会捐赠书架；开展送文化下乡活动，为当

地农民群众送去精彩的文艺演出和农业、法律等图书，丰富农民群众的业余文化生活。南宁公交人富于爱心，乐于奉献，多年来积极开展学雷锋活动、踊跃为灾区捐款捐物、到福利院慰问孤儿、为贫困学子捐资助学、向农民工捐款等爱心活动……持续不断的善举，彰显了南宁公交人“一方有难、八方支援”、扶危济困的优良传统，也树立起南宁公交美好的社会形象。

二、增色绿城，展示公交形象

多年来，南宁公交秉承“乘客至上，服务第一”的宗旨，定位“政府放心，市民满意”这一目标，大力开展优质服务竞赛活动，推行星级服务管理，推动服务工作向标准化、规范化发展，在点点滴滴中履行“城市名片”的职责，提高整体服务水平，擦亮绿城服务窗口，展示首府公交形象。

（一）开展创先争优活动，推动服务品牌创建

南宁公交紧紧围绕“打造公交服务品牌，建设首府和谐公交”的目标，通过创建青年文明号、党员先锋示范岗、基层党建示范点，大力开展“绿城公交先锋行”、“奉献真情，关爱老人”、“创建先锋示范城”等主题活动，并将“团结和谐，爱国奉献，开放包容，创新争先”的广西精神和“能帮就帮，敢做善成”的南宁精神融入职工教育和公交先锋示范体系创建过程中，推动创先争优活动不断深入，广大驾驶员文明服务、优质服务的意识和能力进一步加强。2012年，南宁公交共收到乘客来信、来电、登报表扬1816件（次）。驾驶员的优质服务深入人心，得到了社会和广大市民的普遍认可，9路驾驶员刘秋华被评为“先锋力量——南宁市创先争优十大先锋人物”、“全市创先争优优秀共产党员”、“2010—2012年全区国有企业创先争优十大先锋人物”、“全区创先争优优秀共产党员”；5路线被交通运输部授予“全国城市公共交通十佳优质服务线路”荣誉称号。

（二）便捷服务渠道，践行服务承诺

为提高服务管理水平，南宁公交积极组织实施“啄木鸟”工程、主动邀请乘客为公交服务“挑刺”、把关，将企业的服务工作置于乘客和社会舆论的监督之下。2004年开设了南宁市首家公交企业服务热线，为乘客提供咨询、投诉服务；2009年8月，南宁公交又推行社会监督员检查考核制度，向社会公开聘请100多名乘客对驾驶员服务质量进行全方位监督，同时开始推行以“真情服务、周到服务、温馨服务”和“不抛站、不夹人、不吵架”为主要内容的“三服务三承诺”活动；2012年，南宁公交又创新地实施了“车队书记公开电话”的做法，进一步拓宽了服务信息反馈渠道，提高了基层应对处置服务纠纷的能力。

南宁公交在拓展服务反馈渠道的同时，坚持“有诺必践，违诺必究，有诉必处，有处必果”的诚信宗旨，就公交的服务质量、营运质量及管理质量广泛接受社会监督员和乘客的监督和评议，对服务投诉做到件件有落实、有整改、有反馈，办结率年年达100%。2012年，社会监督员检查车辆2760台次，抽检车厢服务质量1020人次，服务质量合格率为99.7%；处理群众来信、来电、媒体报道及上级部门转办事务共24732件（次）。通过强化服务管理，南宁公交人的服务意识不断增强，服务品质得到全方位提升。

（三）强化规范管理，注重教育激励

南宁公交出台驾驶员星级服务等级评定办法，建立文明安全行车管理机制，形成考评结果与收入分配、表彰奖励相挂钩的管理制度；通过长期组织全体驾驶员进行岗位培训和教育培训，提高广大驾乘人员思想道德素质、技术业务素质，不断强化驾驶员的优质服务意识，增强

文明行车、规范服务的自觉性和积极性。

平安相伴、幸福相随。公交安全事关千家万户，南宁公交在经营活动中坚持把“生命、安全”、“遵纪守法”放在首位，制定安全管理目标，健全安全生产责任体系，通过落实覆盖全公司的三级安全管理网络（即总公司安工委、基层单位安工委、车队车间安全员），明确目标，分清职责，使安全工作真正落到实处；强化安全班组建设，实行安全班组奖励制度，推动班组安全建设持续深入开展，让安全意识时刻深居人心；与中国移动联手开通企信通，借助这一新平台，对安全管理人员进行安全提示，丰富安全管理渠道；重点推进安全文化建设，利用内部报刊、板报等编印宣传安全资料；强化安全生产教育，通过开展各项安全生产竞赛活动和专项整治活动，狠抓隐患排查，驾驶员安全、文明行车意识不断增强，南宁公交安全生产形势保持良好发展态势，促进了经济效益和社会效益双双稳步提高。

三、和谐“大家”，凝聚发展动力

和谐企业、和谐社会一直是南宁公交人致力构建的憧憬蓝图。长期以来，南宁公交人切实加强服务基层力度，关注民生，努力营造人企“大家”和谐良好的氛围，增强职工归属感、幸福感。

南宁公交在管理中始终坚持以人为本，领导班子深入生产一线，近距离倾听职工心声，关心职工疾苦，为职工解决生产、生活难题，办实事、办好事。南宁公交非常注重保护职工的合法权益，建立健全劳动合同、集体合同、劳动争议调解等劳动保障制度；落实职工带薪年休假制度；抓好集体合同、工资合同和女职工权益保护专项协议的履行兑现监督工作；按时、足额为职工缴纳各项社会保险和住房公积金；还建立职工互助补充保险基金会，采取给职工出一半保费的办法广泛动员职工参加重大疾病医疗互助保险活动，为职工建立多重生活保障体系。在经营资金困难的情况下，南宁公交仍然千方百计筹措资金改善职工待遇，实行公交车驾驶员、后勤人员、修理工上班期间免费就餐的制度，并不断提高免费就餐标准，给职工发放降温费、清凉饮料，为减缓物价上涨压力，适时推进工资分配方案改革，确保职工收入水平稳步提高。由于公交车驾驶员劳动强度大、风险高、工作辛苦，南宁公交常常请来心理专家，为驾驶员做心理疏导，让他们时刻以饱满健康的身心投入到工作中去。

“以人为本，关注基层、关爱职工”的管理理念，让南宁公交上下洋溢着民主、团结、和谐、奋进的浓郁气息，拥有着强大的向心力、凝聚力。在南宁公交人的不懈努力下，南宁公交获得了不俗的成绩和荣誉：从1997年起，连续多年荣获振兴南宁“创新经济效益杯”金杯奖；分别于2000年、2003年获南宁市委、市政府授予的“明星企业”荣誉称号；1998年、1999年、2001年、2003年、2004年、2005年、2007年、2008年均被评为“南宁市先进单位”，并先后荣获“广西五一劳动奖状”、“广西优秀企业”、“广西民族团结进步先进集体”、“广西壮族自治区先进基层党组织”、“南宁市红旗基层党组织”、“南宁市十佳诚信企业”、“南宁市重合同守信用企业”、“南宁市思想政治工作先进集体”等荣誉；2009年被评为“中国城市公共交通节能减排先进企业”；2012年，荣获“全国五一劳动奖状”殊荣。

用真诚喜迎四方宾客，用微笑传递绿城魅力，用温馨播撒文明种子。南宁公交人坚守在城市流动的窗口，忠诚职责，规范行车，诚信服务，让乘客随时随地如沐春风，快乐出行。

和谐发展　安全永恒

——记全国五一劳动奖状获得者河北省唐山市公共交通总公司

唐山市公共交通总公司（以下简称唐山公交）成立于1963年4月，是拥有50年历史的市属国有企业。多年来，企业一直以“和谐发展、安全永恒”为主题，从保护职工生命安全、保护生产力、维护企业改革、发展和稳定大局的高度出发，把抓好全国“安康杯”竞赛活动列为企业经营管理的一项重要内容。自2000年开始，每年都要紧紧围绕活动主题，创造性地开展安全活动，在保障安全生产持续、稳定发展的同时，取得了显著成绩，共获得4个省级、1个市级优胜单位荣誉称号，特别是在2005年至今已连续6年荣获全国“安康杯”竞赛优胜单位称号。2012年6月，唐山公交凭借多年在安全生产工作中所取得的突出成绩，被中华全国总工会授予“全国五一劳动奖状”。

▲河北省唐山公交获得“全国五一劳动奖状”

一、以安全生产为中心，推动企业稳定发展

唐山公交是一个有着6600多名职工的大型企业，下设7个营运分公司、1个修理公司、1个物业公司和多个三产单位。近年来随着城市建设脚步的不断加快，企业的发展速度也达到了前所未有的水平，线路总数达到139条，截至2012年年底，营运车辆激增到2159标台。在运营服务能力显著提高的同时，安全生产工作同样是企业发展的一项首要任务。企业领导深刻认识到做好安全工作的重要性，不仅逐步建立起了一套完整科学的安全工作管理体系，而且每年都要认真组织开展安全生产竞赛，作为推动企业安全生产工作顺利完成的有效载体。

强有力的组织领导是公交企业开展安全生产各项活动的关键。唐山公交成立了以总经理赵俊良任组长的安全领导小组。以“两个提高——提高管理人员安全技术和管理水平、提高职工安全生产知识水平和自我保护意识；两个为零——死亡事故为零、重伤事故为零；3个加强——加强安全管理、加强工会群众监督、加强安全生产知识培训”为安全生产目标，把公司所属各单位划分为不同的安全生产责任区，实行领导分工负责制，每一位安全生产领导小组成员，都要对本责任区内的安全生产工作负责。每一个安全生产责任区也都要根据本单位、本部门的生产实际成立领导小组，制定实施细则。各级领导的高度重视为企业的安全管理奠定了良好的组织基础。唐山公交安全领导小组将企业每年度的安全工作计划和开展安全竞赛活动目标有机结合起来，根据企业实际情况，认真研究制订周密的活动方案，确定不同的活动主题，列出每项活动实施的详细措施，检查落实人员及相应的考核办法，做到“五化”，即安全管理目标化、安全项目系列化、安全内容多样化、安全检查制度化、安全考核规范化。全体干部职工在企业安全领导小组的统一领导下，抓竞赛形成合力，保安全形成氛围。从组织领导到舆论宣传、方案落实到效果的检验等方面都实现了统筹安排，有序推进，收到了良好的效果。

二、以安全生产为载体，推动企业文化进步

职工是企业安全生产的主体。抓好企业安全生产作为一项长期性、群众性的工作，必须依靠广大公交职工的高度重视和积极参与，才能把活动真正抓细、抓实。近年来，唐山公交通过多种宣传途径广泛开展职工安全知识培训，进一步增强广大职工的安全生产意识，广泛调动了全体职工安全生产的自觉性，从而在企业内部形成“人人关心安全、人人重视安全”的浓厚氛围。

（一）广泛宣传，加强企业安全意识

唐山公交通过召开安全生产动员大会及形式多样的安全生产竞赛活动，根据上级指示精神，进行全员发动，利用横幅、标语、简报、黑板报等形式，对企业安全的指导思想、意义，尤其是对“落实安全规章制度，强化安全防范措施”和“我要安全，我懂安全，人人尽责，确保安全”等安全工作主题进行了广泛宣传。统一印制“安全管理”宣传标语，公布了安全服务监督电话，并邀请乘客监督。各营运公司还分别为各个站点配置了电视机、影碟机等设备，播放一些重大安全事故录像、安全知识讲座等。影像设备对职工的安全教育起到了更为直观和显著的作用。每个路队配置一块黑板，作为安全生产宣传栏，每月内容改换两期，主要介绍安全行车常识，通报违章违纪现象，分析典型事故案例。

（二）强化职工安全意识，科学开展安全教育

为了保证安全教育和培训工作的有效性，唐山公交致力于把安全关口前移，加强预防，对驾驶员实行分类指导。根据驾龄、上月事故隐患和安全事故发生起数等具体指标将驾驶员分为放心、较放心、不放心、最不放心四类。对于不放心驾驶员，建立详细的安全档案，一人一档，分类管理。对于最不放心驾驶员，企业决定实行专人负责，通过家访、谈心等形式进行一对一的帮扶。利用安全行车座谈会、经验介绍会、家长亲属座谈会，认真做好事故预防工作，用各种典型事故案例剖析违章操作的侥幸心理和麻痹大意思想，将雨雪天气和冰雪道路上发生的交通事故作为重点案例进行图解分析，把事故易发地段标在安全警示图上，让驾驶员牢固树立安全第一、预防为主的思想，形成集中精力、谨慎驾驶的良好作风。企业职工尤其是一线驾乘人员实现了从被动到主动的转变：从“要我安全”到“我要安全”的转变，从“工作专心”到“工作精心”的转变。始终坚持把安全文化建设与安全运营生产有机结合起来，编写《唐山

公交安全文化手册》，发到每一个干部职工手中，从安全理念、安全管理、安全案例分析等方面全方位诠释唐山公交的安全工作。

三、以安全生产为目标，推动企业制度完善

唐山公交积极探索适应公交企业安全管理的新方法、新思路，是有声有色地开展企业安全生产活动的不竭源泉。

（一）安全生产齐抓共管，逐步形成良好局面

唐山公交每年都要总结上年度实施全员安全生产责任制的经验，大力推行该项工作，把安全责任全面分解到各营运公司、路队、班组和每位职工。为了进一步加强各级安全生产责任制的落实，不仅各分公司主要负责人要与企业主要负责人签订安全生产责任书，全体职工也签订了安全责任书，明确了各级领导和普通职工在安全生产工作方面的责任，形成了主要领导亲自抓、分管领导具体抓、职能部门认真抓的良好局面，真正做到了齐抓共管，层层落实的工作机制，从而把事故防范的责任落实到每一个岗位、每一位职工。

（二）安全管理狠抓重点，杜绝重大事故发生

除营运生产外，唐山公交还将修理公司、车间、油库和加油站等同时列为安全生产的重点，并在醒目位置都张贴了《安全生产工作条例》。每年各营运公司都要组织消防事故预防应急演练，提高职工的消防安全意识。每一年的3、6、9、12月份，都要对安全生产工作进行深入地隐患排查治理。主要检查安全制度和规定是否健全完善，安全责任制是否落实到人，各种安全设备和安全设施（油库、仓库、用电设备、灭火器）是否存在事故隐患，全公司范围内容易发生安全事故的单位和部门都制订了应急处理预案。公司领导们经常定时组织相关部门深入一线严格检查安全制度和操作规章落实情况，对发现的问题责成有关单位和部门限期整改解决，并于第二周对整改落实情况再次进行检查。

（三）强化责任落实，不断提高安全管理水平

随着安全意识的不断增强，唐山公交领导要求公司各部门、所属单位不断加大对安全管理制度和岗位责任制的检查力度，并制定了《党政领导班子成员落实安全管理一岗双责实施意见》，要求机关管理人员每周一次上线检查，纠正违章。为使安全生产进一步落到实处，还专门制定出了严格的安全生产奖惩标准，逐级签订安全生产目标责任书。对于因违章造成的交通事故或发生事故不按规定上报的违规现象，除对肇事者安排待岗学习，给予经济处罚外，还将对有关部门和单位给予通报批评。

（四）做好后勤工作，全力保障一线安全运行

在生活上，唐山公交领导班子千方百计改善职工的工作环境。每年的11月15日至次年的3月15日的冬运期间，都要组织“早餐竞赛”，职工的早餐全部做到了免费就餐，各路队都配有食谱，保证职工吃热、吃饱、吃好，激发了广大职工安全生产、安全运营的工作热情。夏季组织开展到一线“送凉爽”活动，发放矿泉水、毛巾、防暑降温药品等。在企业经费紧张的情况下，仍连续几年安排一线驾乘人员夏季休假，确保了一线职工以饱满的精神状态投入生产中。

（五）开拓创新，开展创建“安全营运生产先进班组”活动

2011年，唐山公交在各营运公司、修理公司和物业公司中广泛开展了创建“安全营运生产先进班组”评选活动，通过开展这样的活动，以“安全生产先进班组”带动全公司整体安全

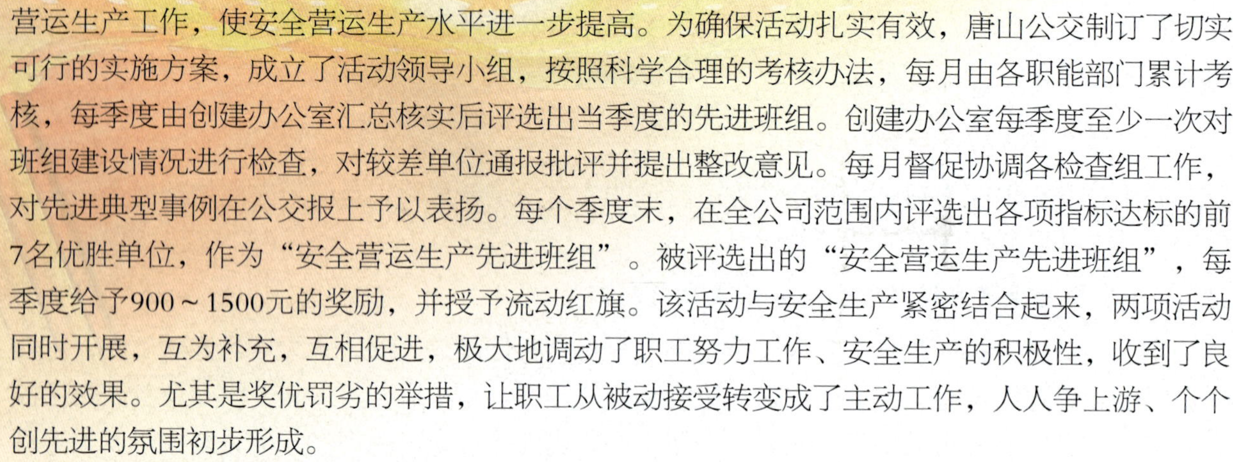

营运生产工作，使安全营运生产水平进一步提高。为确保活动扎实有效，唐山公交制订了切实可行的实施方案，成立了活动领导小组，按照科学合理的考核办法，每月由各职能部门累计考核，每季度由创建办公室汇总核实后评选出当季度的先进班组。创建办公室每季度至少一次对班组建设情况进行检查，对较差单位通报批评并提出整改意见。每月督促协调各检查组工作，对先进典型事例在公交报上予以表扬。每个季度末，在全公司范围内评选出各项指标达标的前7名优胜单位，作为“安全营运生产先进班组”。被评选出的“安全营运生产先进班组”，每季度给予900～1500元的奖励，并授予流动红旗。该活动与安全生产紧密结合起来，两项活动同时开展，互为补充，互相促进，极大地调动了职工努力工作、安全生产的积极性，收到了良好的效果。尤其是奖优罚劣的举措，让职工从被动接受转变成了主动工作，人人争上游、个个创先进的氛围初步形成。

四、以安全生产为动力，推动企业人文关怀

公交企业不仅承担着城市交通出行的重要任务，而且随着城市道路交通环境的日益复杂化以及乘客对公交服务越来越高的要求，广大公交职工尤其是一线驾乘人员在更好地完成本职工作的同时也因此承担了较大的心理压力。尤其是近年来，我国曾发生多起公交车驾驶员因心理压力超负荷而引发的猝死悲剧，都充分说明重视公交员工的心理健康问题已经到了刻不容缓的地步。正是在这样一种情况下，2011年4月8日，在唐山市委、市总工会领导的关怀和大力支持下，唐山公交与河北联合大学心理学院联合成立了“唐山公交心理辅导中心暨河北联合大学心理健康教育基地”。唐山市市委常委、宣传部长郭彦洪，市总工会常务副主席杨桂茹，河北联合大学校长、党委副书记袁聚祥等有关领导亲自参加了中心成立揭牌仪式。杨桂茹对中心的成立给予了高度评价和肯定，认为此项举措首开了唐山市企业在新时期关注员工身心健康、维护员工权益、抓好员工队伍建设的先河，是全体唐山公交员工的福祉。中心成立后，坚持“以人为本，促进发展，立足教育，重在预防”的理念，秉承“关注公交职工心理发展，促进公交职工心理健康”的宗旨，以宣传普及心理健康知识、提升公交职工心理素质、提高唐山公交职工心理健康为已任，运用心理学的理论知识和技术力量，通过心理咨询培训、心理测试辅导、心理健康讲座和团队活动等方式，解决广大职工的心理困惑，排除心理压力，帮助干部职工以快乐、自信、健康的心态，投入到生产和生活中去。中心成立不到一年的时间内，先后组织开展了员工心理拓展训练32次，参训人员达到300余人次；举办了稽查大队、治安办、事故处、保卫部、城管中队5个执法部门心理辅导讲座；对个别员工进行专项心理疏导数次。这些活动的开展使广大职工心态得到调适、意志品质得到提升、潜能得到开发，心理疏导转化为了现实的生产力，为企业的发展壮大打造了一个具有人文精神的健康环境。

经过唐山公交多年来狠抓安全生产责任落实，连续7年较好地完成了各项安全生产指标，自2005年起至今，安全事故间隔里程均达到221万公里/次以上，一直高于国家标准。

唐山公交始终坚持并倡导“安全第一、预防为主、综合治理”的企业方针。随着公交企业安全生产形势的不断发展变化，将不断深入探索新形式下的新方法、新途径，不断对安全标准、要求进行完善和规范化，求真务实，与时俱进，在继承中发展，在发展中创新，确保公交企业全面完成各项安全生产工作目标。

风景这边独好

——记全国五一劳动奖状获得者山西省太原公共交通集团公司

在太原城繁华的街道上，在滚滚车流中，新颖漂亮的公交车已成为一大亮点。熟悉这座城市的人都知道，太原市的公交事业近年来发展迅猛，仅仅是2012年，全市就新增600辆空调公交车，新开线路15条，调整、延伸线路9条。市区至阳曲、清徐等县区新开通的3条公交线路让村民们笑逐颜开。

欣喜的背后，是艰难的征程。太原公共交通集团公司（以下简称太原公交公司）是一个有着60多年历史的国有企业，坚持走有特色的科学发展之路，趟出了一条国有公交可持续发展的新路，使太原公交事业呈现出了前所未有的兴旺局面，十多年来，太原公交公司先后获得“全国模范职工之家”、“全国文明单位”、“全国五一劳动奖状”等荣誉。

一、风云变幻，“三个坚持”创新业

在很长的一段时期，太原公交公司和全国众多城市的公交公司一样，在发展中显示出很多“国有病”：人浮于事、吃大锅饭、缺车少站。从1995年以后，在市财政紧张而各种费用全面上涨的日子里，太原公交公司每年得到的财政补贴一直是3970万元，公司的资金一直很紧张，由于捉襟见肘，多年没钱买新车，即便再破旧不堪的公交车，站在站台上等车的乘客仍然是望眼欲穿。

20世纪90年代中后期，国内一些城市的公交行业进行了改革，一些地方把“市场化”看成解决公交积弊唯一的出路，将公交公司分拆、重组后推向市场，有的公司甚至被分裂为几十家小公司。跛脚的改革造成了严重的后遗症，泛市场化的负效应很快显露出来，公交的公益属性被资本的逐利性逐步侵蚀，公交布线冷热不均，资源被浪费，热线争着跑，冷线没有车，公交人员服务粗糙，态度恶劣。实行完全市场化的所谓改革实际上已经失败，最终不得不以“政府重新收回”的结局尴尬谢幕。

困境中，太原公交公司也在探索改革之路。不同的是，他们思维清晰，没有把“市场化”看成公交向前发展的唯一出路，而是走出了一条富有特色的科学发展之路。时任公司党委书记、总经理的高潮认为，我们要做的是国有产权的形态转变，而不是出售。因为城市公交应该具有很强的社会公益性，社会效益必须放在首位，企业无论多么艰难，也要承担越来越多的社会公益性支出，而这就决定了公司微利甚至无利的行业特性。

在改革的进程中，太原公交公司党委做到了三个坚持：坚持公交国有主导、规模经营的正确发展模式；坚持把企业的社会效益放在第一位；坚持在困难条件下的自主发展，通过融资、集资、入股等方式筹集资金购置车辆。这种国有主导的科学发展模式，避免了企业在发展中无

序竞争的现象。

科学而富有特色的改革带来了良好的效果。通过国有参股、职工持股的方式，太原公交公司先后成立了同航、同业公司，8000多名职工同心协力，集资买回了一批批新车，使公交车从495台迅速增加到1700多台。车多了，线多了，新难题又出现了——缺乏停车场。为此，公司领导走出去，与城郊村镇及大企业的负责人商议合作共赢的新路。很快，小东流等村镇和企业为公交公司建起了停车场，当公交车开进了这些曾经颇为冷清的地方后，原本滞销的商品楼成了抢手货。就这样，太原公交公司在全市先后建了17个停车场。

▲2010年开始，太原公交公司连续3年新增车辆2013标台，驶入发展快车道

2008年，企业实施改制，在国家未出一分钱的情况下，组建了国有控股的太原公交集团。

改革使太原公交人尝到甜头。他们没有满足，继续开拓创新，勇于承担责任，坚持科技兴企。2009年6月1日，太原公交公司在乘客中大面积推行使用IC卡，比全国公交行业平均提早使用5年，在方便乘客的同时，节省人力成本3亿元。他们积极构建绿色工程，在全国最早建成了7个公交煤层气加气站，为企业降低运营成本1.2亿元。

2009年，在政策性严重亏损、政府补贴又不到位的情况下，太原公交公司将票价调至全国省会城市最低票价，以吸引更多的人在出行时乘坐公交车，减轻城市交通压力。成人手持IC卡，用五角钱就可以高高兴兴地坐上车出行，而学生卡更可以打2.5折。实施低票价策略后，日运营趟次、客运量大大增加。

二、温暖如春，微笑服务铸品牌

这些年来，到太原市的外地人乘坐公交车时都能看到，当老弱病残孕及抱小孩乘客乘车时，驾驶员或者乘务员会提醒乘客让座。更多的时候，还没等驾乘人员提醒，很多乘客已经主动站起来让座了，有时会有多个乘客不约而同主动站起来。记者观察多日后得出的结论是，太原市民在公交车上的让座率超过95%，遥遥领先于国内其他城市。太原市良好的乘车环境氛围已经形成了良性循环，促进了社会风气进一步好转。

事实上，很多细节最初是从硬性规定做起的。为做好服务，太原公交人在如何服务好乘客方面作了很多硬性规定，比如，乘客上车时，驾驶员要微笑着说：“您好，欢迎乘车。”亲切地为乘客送上贴心的问候，看上去微不足道，但这样富有人情味的细节会带来良好的社

会效益。

太原公交公司坚持“以人为本、微笑服务”的发展模式已经为全国同业瞩目。为将以人为本、公交优秀的宗旨贯彻到底，太原公交公司向全社会开展“有奖征集乘客意见和建议”活动，这种花钱买投诉，多听乘客的抱怨，从抱怨声中找不足，提高服务质量的举措受到了市民的好评。

公交人对乘客的热情服务，不只是挂在脸上的微笑，更多的是化为尽心竭力为乘客排忧解难的自觉行动：夏日，为乘客准备“需要时拿走、方便时送回”的爱心伞；冬季，在车厢里安装扶手套和暖坐垫；打工仔遭难，驾驶员倾囊相助；车辆遇大雨搁浅时，乘务员把乘客背过“河”；因为路堵等原因，大量的乘客回不了家，公交人临时延迟收车时间，最晚时到家已是凌晨。在平凡的岗位上，一大批优秀的驾驶员涌现出来：有党的十八大代表安建香，有劳动模范马云风、郭建荣、高翠莲、武昌锐、牟寿德、张智慧等。在省城，市民或记者在各新闻媒体上刊载夸赞公交车驾驶员的报道屡见不鲜。

在太原公交公司，有一支由集团公交团委倡议成立的“我为驾驶员当帮手”活动志愿者服务队，几年来，他们实际参加人数达600多人，为驾驶员提供帮助3000多次，成为太原公交公司培养职工团队意识的一个有效载体、企业行为和品牌工程。监票员逄志霞上街购物时，看到驾驶员刘汶在中暑的情况下仍坚持上班，就主动承担起监票工作，回到场里得知没有备用人员时，又接连跑完了后面的三趟车；汽车三公司3路成立“学雷锋路队”后，在上下班途中和业余时间积极为驾驶员当帮手；汽车四公司团总支在节假日，组织志愿者到客流较大的线路上服务；保修厂的一名志愿者坐834路车时，遇到车辆变速杆脱落，主动上前帮助修车，确保了车辆的正点运营；结算中心的点钞员对残币、假币深恶痛绝，参加这一活动后，主动帮助驾驶员查验票证，有效地减少了票款流失。为表彰“我为驾驶员当帮手”活动志愿者服务队，团中央等授予他们“中国百个优秀志愿者服务集体”的殊荣。

全力做到公交优秀，精心打造服务品牌，“微笑服务”已经成为太原公交公司文明服务的标识，成为全省乃至全国公交行业的学习典范。太原公交公司党委书记、董事长周齐认为，国有企业提供的公共服务并不必然意味着低效率、低质量，市场化的服务也并不一定就是高效率、高质量。公交是公益性事业，哪怕只有一个乘客，公交车也要按时按点发车运营。

三、凝心聚力，管理构建生产力

科学的企业管理，良好的干部素质，职工的微笑服务，凝聚成不一样的动力，使市民感受到了别样的温暖。

在太原公交公司，工会主席牵头的工资联审制度很受人关注。每个职工自己干了多少活、该挣多少钱，最终就能实实在在拿到多少钱。“工会联审现场会”由各分公司工会主席统一于每月17日组织各分公司经理、书记、劳资科长、运营调度科长，各车队队长、车间主任以及工会主席、劳资员参加，在各车队（车间）之间随机抽取、逐一审查其他单位的工资表，发现问题当场提问、当场解答，并当场提供相应依据。周齐说，公交车驾驶员分散在外工作，管理难度大，容易导致这样那样的问题。工会把关职工工资发放，约谈受罚职工，不仅让职工放心，也化解了企业管理的潜在风险。工会召集联审工资，通过各车队之间的竞争，从多方面对职工工资进行更彻底、更透明的公开，防堵了车队做工资表时的“可操作”空间，效果非常好，职工满意了，工作好干了，提升了企业管理水平。

在企业发展中，太原公交公司始终关心和爱护职工，没有向社会推一个人，职工都是工作到法定退休年龄才回家。当然，公司也没有养一个懒人。公司制定了严格的服务标准和监督、考查、考核、奖惩等配套机制，职工的服务质量与其工资挂钩，使职工的工作积极性及主人翁精神提升到了一个空前的水平。他们在全市率先实行了厂务公开，将服务理念、服务机制贯穿在整个运营过程中。充分尊重职工的知情权、参与权、选择权和监督权。实行了基层工会主席直选，使企业走向民主办企业的道路。

太原公交公司一线职工特别是驾驶员的工资奖金和福利比较丰厚的。不过，机关干部的表现也是可圈可点的。大雪突袭时，城市交通整体放慢了“脚步”，城市公交系统压力骤增，经常几十分钟发不出一班车，大雪考验着城市的公共交通，也把公交人推到了风口浪尖。对此，各分公司加大了对重点路段和重点线路的隐患巡检力度，增加了配车数量，管理人员全部按预定计划分配岗位，到火车站、大南门等人员密集的大站点疏导客流，维持秩序。风雨阻挡不住城市的脚步，更阻挡不住公交人的脚步，公交人为人们留下一幕幕温情，带来一丝丝暖意，温馨的画面感动着所有的路人。

四、公交都市，美景在前高歌行

随着公交优先观念的深入人心，在共同的期待中，太原市“公交优先”的战略步伐加快了。

为了支持公交的发展，市财政加大了对亏损的补贴力度，增加流动资金贷款，支持这一民生工程的顺利进行。新车到位后，一大批旧车“退休”，现在，全市公交车总数达到3354标台，高峰车距由6至8分钟缩短至4至6分钟，车厢拥挤的状况有了缓解。市民说，太原公交公司惠民和发展绿色交通的决心和魄力已经不容置疑。

2012年，在太原市办好的大量民心工程中，最让市民交口称赞的是上万辆公共自行车如雨后春笋般闪亮在大街小巷。橙红色的车身，果绿色的“尾翼”，公共自行车以一袭亮丽、活泼、动感的“装束”，让过往市民纷纷驻足。“你买公共自行车卡了吗？”成为老百姓街头巷尾、茶余饭后关注的热点话题。

一道亮丽的风景线，展示着太原市向“公交都市”迈出了新的一步。

为建好这一艰巨而系统的工程，周齐带领有关人员制订施工方案，测试产品性能，奔赴北京、上海、杭州、武汉等地，认真考察，亲自骑行体验，建成了全国一流的公共自行车租赁系统。在不到4个月的时间里，太原公交公司在约62平方公里范围内，建成开通了496个服务点，安装锁桩2万多个，投入1.2万辆自行车。目前，国内30多个已经开通公共自行车的城市中，太原市是唯一一个24小时运行的城市。为保证市民有车可借、有位可还，在科学设置锁桩数量的基础上，公司进行智能化管理，对自行车进行实时动态配送。由于及时合理的调度和搬运人员的密切配合，每辆自行车的日均周转率保持10租次左右，最高达到14次，超出国内平均水平一倍以上。

按照规划，太原公交公司未来几年将在全市建城区具备条件的220平方公里区域内，建成1285个服务点，安装约5.8万个锁桩，投入4.1万辆自行车。

幸福不会从天降，成功是留给有准备的人的。2012年10月，太原市成为我国首批与交通运输部签署共建国家“公交都市”的示范城市之一。令人兴奋的是，太原市将在近几年投入813亿元，用于包括轨道交通系统、公共汽车系统、公共自行车系统在内的“公交都市”建设，城市公共交通被动适应城市发展的局面有望得到扭转，公共交通在城市交通中的主体地位也将得到确立。

无疑，太原公交公司和这座城市的明天将会更美好。

加强车队精神文明建设　实现乘客职工双满意目标

——记全国五一劳动奖状获得者、全国工人先锋号天津市公交集团公司5路车队

5路车队是天津市公交集团公司所属的一个中心车队，1949年建线，1952年建队，现有5路和649路两条运营线路，运营车辆32部，职工96名，党员24名。建队60多年来，先后涌现出了四代共九位劳动模范，车队连续七届被评为“天津市劳动模范集体”；2008年荣获“全国五一劳动奖状”；2009年被授予“全国工人先锋号”光荣称号；2010年被天津市委组织部命名为市级“五个好”企业党组织。近几年来，5路车队更新观念，积极创新，以乘客和职工的需求为工作的出发点和落脚点，先后推出《十项人性化服务举措》和《十项人性化管理举措》，促进了服务运营水平的不断提升，促进了两个效益的同步增长，实现了乘客、职工的双满意。

一、提高认识、明确任务，推进车队精神文明创建活动的深入开展

公交作为百姓出行的主要载体，是城市建设的重要组成部分，更是践行和传播精神文明的窗口和阵地。近几年来，车队上下把精神文明创建活动作为车队工作的立队之本、作为车队发挥引领示范作用和实现车队可持续发展的重要工作。在创建工作中，车队成立了领导小组，做到党政齐抓共管，每年都要结合车队实际确定车队的精神文明创建目标。在制定创建目标时坚持围绕两个中心，突出四个重点，实现两个提升。即坚持以乘客和职工为中心，突出优化环境、规范管理、强化服务、培树典型的四个重点，实现车队运营服务水平和文明形象的新提升。

为确保创建目标完成，车队把精神文明创建工作量化为服务、投诉、清洁、安全等具体工作内容，做到管理人员人人有指标、有任务，全体员工人人有责任、有考核。为了把精神文明创建活动和车队运营服务实际有效结合，支部每月开展一项精神文明创建的特色活动，例如：春节营销服务活动、三月份学雷锋做奉献活动、四月份党员先进卫生大清整活动、六月份走进社区征询意见、九月份和养老院及农民工子弟学校开展共建活动等。同时车队注重引导，通过开展“传承四代劳模精神，争做优秀职工”和“优质服务大讨论”等培训教育活动，不断提高职工的思想道德素质、服务意识和自我约束能力，保证精神文明创建活动有效的开展。

二、抓实载体，搞好结合，实现乘客职工双满意目标

近几年来，紧扣公交集团的创建主题，结合车队实际，以创建促发展，实现了车队工作的一次次新的跨越。

在2010年集团开展的“奋战300天，创建天津市文明行业”活动中，集团向社会提出“五文明承诺”，为了进一步践行“五文明承诺”，五路率先推行了对乘客的“十项人性化服务举

措”，建立了终点站上车必有序、特需乘客必有座、残疾人上下必搀扶、整钱乘车必换零、咨询投诉必答复的“五必须”服务制度；工作中，全体驾驶员签订了服务零投诉、安全无事故、清洁必达标的工作质量责任书。针对老年人乘车问题，车队研究推出了老年乘客从走出家门到安全下车的“六步走”的服务提示等内容并在车队推广，5路车队没有出现一起老年乘客客伤事故。“十项人性化服务举措”获得了当年集团公司唯一的创新服务奖。

在2011年车队以集团公司开展的“十城双创”活动为载体，把服务水平的提升，建立在用真情服务职工群众上，努力营造支部服务一线、一线服务乘客的良性服务循环。支部通过征求职工意见、不断改进和完善管理工作，针对职工期望和公交发展要求创新管理，推出了服务职工的“十项人性化管理举措”，车队把会议室改造成职工减压休息室，对职工进行有效的心理疏导；车队加强小食堂建设，每月定额贴补，保证质优价廉；车队为职工发放生日礼金、定期开展文娱活动，使职工在工作中舒心满意，从而更好地为乘客服务。

▲天津市卡通限高标尺亮相公交车

2012年以来，5路车队以公交集团开展的“创优在岗位、满意在公交”活动为主题，提出“服务零缺陷”的工作理念，车队引导职工注重服务细节，查找服务工作和管理工作的问题，制订整改计划，抓好落实。例如：针对乘客反映的临时场站能不能建立候车走廊的建议，车队马上成立攻关排难小组，仅用两天时间就设计、搭建成了一条长13米，宽1.5米的遮阳候车廊。搭建过程中，职工冒着高温，顶着烈日连续奋战，许多职工也利用业余时间协助建设，公交职工的辛勤劳动得到了乘客的高度赞扬。职工也从车队着眼服务细节的举动上，进一步感受到了车队人性化服务的理念，提高了全心全意为乘客服务的意识。

三、强化措施，加强管理，促进精神文明创建活动取得实效

一是强化了车队标准化服务管理制度。2012年，5路车队被集团确定为服务标准化工作的试点单位，车队抓住这个契机，开展了标准促规范，规范促提高的管理升级活动，按照标准要求，进一步夯实了基础管理工作，在运营管理中执行了“八项常态化管理”，例如：管理定岗、定时上车上线，特别是在宽、清、闲路段，总能看到管理人员的提示和引导，让职工时刻保持安全行车意识；车队举办队办班，加强对重点人的教育；每周五定为车队清洁亮车日，党政工团齐抓共管，使车辆清洁保持高标准。

二是完善了车队先进典型培养选树制度。车队把抓精神文明创建工作与车队人才建设工作紧密结合，建立了人才培养规划，对入党积极分子和管理后备进行针对性的培养，今年评选了党员示范岗、管理标兵岗和“八大青年标兵”，创建了6个示范班组，组织职工开展“比技能、比安全、比清洁”竞赛活动等活动，带动职工进行岗位创优。2012年五一期间，支部为了放大劳模效应，在集团率先成立了王新、傅刚劳模创新工作室，建立会员制度，制定攻关课题，成为车队职工学习创新的课堂和基地，形成了车队“干有目标、行有准则、评有标准、比有榜样”的良好氛围，深入推进了精神文明创建活动的开展。

三是建立了车队文化建设的保障制度。5路车队有着建队63年、四代劳模、先进辈出的深

厚文化底蕴，形成了车队精神文明建设的宝贵财富。在加强车队文化建设中，车队首先大力弘扬和传承四代劳模精神，每年都要选树一批精神文明建设的先进车组、先进岗位和先进个人，给职工营造积极向上的工作和成长氛围；其次注重总结和提炼车队的先进经验，编印了5路车队工作画册，每名职工人手一册；印制了便民服务宣传单，发放给乘客；同时，公司和车队对文化建设活动给予充足的资金保障，车队每年都组织全体职工旅游度假，定期开展文娱活动，给先进职工创造外出学习培训机会，使职工在车队健康成长、快乐工作；另外，车队加强对精神文明建设工作的宣传力度，加强对职工好人好事和车队服务创新举措的宣传是体现车队精神文明创建效果的重要工作，几年来，车队抓住先进事迹和先进经验的闪光点，每年都要在声、屏、报、网络等主流媒体上投稿几十篇，这些报道提高了车队的知名度和美誉度，更是作为一个典型以点带面展示了天津公交精神文明的创建成果和良好的社会形象。

两年来，通过开展精神文明创建活动，车队基础管理和运营服务水平有了新的提升，精神文明创建成果显著。

一是支部服务职工更加自觉。支部建立创争连心网，向职工发放职工、管理连心卡，实施人性化管理模式，形成管理为职工、职工为乘客、后勤为一线的链式服务体系。支部主动帮助困难职工和党员，让职工感觉车队就是一个大家庭。2011年年初，职工王凤鸣因突发大面积脑溢血生命垂危，支部派出人员轮流守候，并动员职工为他捐款，不到两天的时间1万多元救命钱就送到了医院。党员张宝广做心脏搭桥手术，考虑到他家庭困难，支部又组织职工为他捐款8000多元，帮他度过了难关。

二是党员五带头作用更加突出。通过党员分类定级和自查整改，党员干好本职、服务乘客的积极性和责任心更强了。2012年3月，结合5路车队更换混合动力新车型，支部组织职工开展学技能，比节油活动，党员带头攻关排难，支部指导王欣、张春喜等职工积极研究新车型节油操作技巧，并创作成快板形式在职工中进行表演和推广，得到了宇通厂家和集团专业领导的高度肯定。在10月23日集团开展的节能减排驾驶员技能大赛中，王欣夺得第一名，5路车队的一趟车节油操作法被评为最佳操作法。

三是职工整体素质不断提升。在基层组织建设年活动中，支部把党员争优秀与带动群众争优秀结合起来。积极分子张美玲利用业余时间编写了车厢服务案例并编排成情景剧，成为职工规范服务的鲜活教材；还差几个月就退休的职工尹丽莎，拾到巨额财务上交车队，完璧归赵，展示了天津公交车驾驶员良好的职业道德。特别是2012年7月份的两场特大暴雨，5路车队的党员起到了很好的表率作用。下着大雨的凌晨，上早班的职工4点半按时到岗，保证首班车不误，在佳园里居住的几名职工趟着齐腰深的水，赶到车队保证出车，队长带领管理人员在水里泡了几个小时指挥运营；王欣、傅刚等党员开着5路车支援因积水断线的37路，表现出了公交职工高度的责任意识和大局意识。

四是社会满意度进一步提高。车队实现了无违法、无违纪、连续五年获得集团无投诉线路，乘客满意率达到99%以上，驾驶员五严禁执行率达100%。车队先后与欢庆里小学、天颐和养老院、五号路小学等单位结成共建单位。王欣、傅刚等先进职工成为共建单位的校外辅导员和志愿服务者，展现了公交职工的社会责任感和无私奉献精神。2011年春节前夕，黄兴国市长亲临5路车队慰问公交一线职工，并为5路车队题词“公交5路，劳模辈出”，给车队上下带来巨大鼓舞。

在今后的工作中，5路车队将巩固精神文明创建成果，不断创新、不断超越，以更好的服务面貌展示天津公交的文明窗口形象，让市民满意在公交。

线路有终点　服务无止境

——记全国工人先锋号安徽省蚌埠市公交集团107路

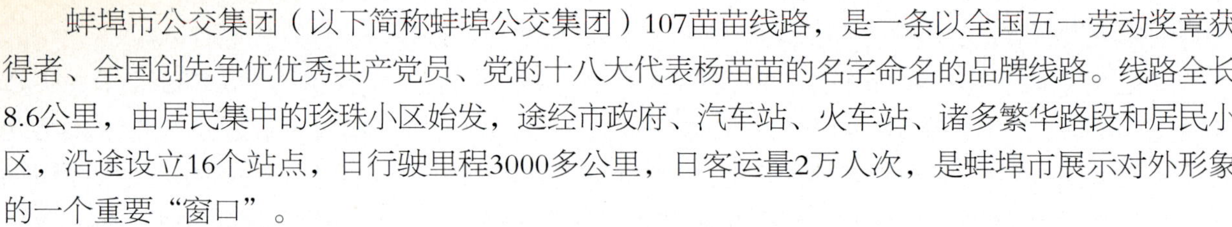

蚌埠市公交集团（以下简称蚌埠公交集团）107苗苗线路，是一条以全国五一劳动奖章获得者、全国创先争优优秀共产党员、党的十八大代表杨苗苗的名字命名的品牌线路。线路全长8.6公里，由居民集中的珍珠小区始发，途经市政府、汽车站、火车站、诸多繁华路段和居民小区，沿途设立16个站点，日行驶里程3000多公里，日客运量2万人次，是蚌埠市展示对外形象的一个重要“窗口”。

2009年，改制组建的蚌埠公交集团新班子上任后，针对当时公交硬件基础设施落后、服务满意率偏低的现状，提出了“新公交、心服务、创品牌、树形象”的理念，选树优秀驾驶员杨苗苗为典型，开展了“推行苗苗服务规范，创建苗苗班（车）组、苗苗线路”活动，收到“众苗成林”的良好效果。至2010年年底，各层级苗苗车组已达260多个，成为珠城一道亮丽的风景。蚌埠公交集团趁热打铁，选定社会影响面较大、市民满意度较低的107路，为首条苗苗线路，打响了一场高品质创优战役。

107路始建于1987年8月，过去因车况差、陋习多，乘客投诉不断。为使线路全面改观，美化提档，蚌埠公交集团将线路所有车辆全部更新为新型环保燃气车，通过本人申请、所在单位考核推荐、集团领导和职能部门综合考评的严格流程，从全公司苗苗模范车组中，挑选了以杨苗苗为代表的40名优秀驾驶员（男女各20名），经过服务礼仪、文明用语等十个方面的系统培训，实行统一着装、准航空式服务、智能化调度、人文化管理，于2011年1月8日正式挂牌。

107苗苗线路作为蚌埠公交第一条品牌线路，在蚌埠公交品牌建设中，起着重要的示范引领作用。线路员工深知自己肩负的责任，创造性地开展各项工作，精益求精、优上创优。

苗苗线路调度室里有一幅“全家福”，40多名员工的照片汇集成一个团队组合。每个人发自肺腑的服务心语，表达出统一标准下的各自服务特色。杨苗苗“服务从心开始，真情奉献社会”；朱琪“服务需要细心、耐心，更需要坚持”；高辉“用我百分努力，换您十分满意”等心语，既是对乘客的承诺，也是对自己的激励。

鉴于该线路驾驶员都是苗苗模范车组人员，为了进一步提升服务水平，线路开展了创建“微笑服务标兵岗”、“规范操作标兵岗”活动，高标准、强监督、严管理，实行动态考核一票否决，不搞下不为例。进一步细化苗苗服务规范内容，充分考虑每一个环节和每一个细节的服务，定期点评活动成果，分析存在的问题，启迪员工开动脑筋、创新服务，持续创优不松劲。

为进一步增强驾驶员安全意识，107苗苗线路推行了驾驶员轮流担任值班安全员制度，所有驾驶员都参与，任职当天负责监督检查线路车辆的“三检”情况，记录当天的运营情况、安全情况，收集各方面反馈的信息，对出现的问题或事故进行分析，提出整改意见，并要在调度室小黑板上拟写一条安全警示语，做到警钟长鸣。

为了更好地发挥苗苗线路引领示范作用，蚌埠公交集团从2011年10月起，将107苗苗线路作为员工学习和接受再教育的基地，组织新员工和违章肇事人员，到苗苗线路参观学习，面对面聆听苗苗的服务体会，观摩苗苗线路的规范服务。苗苗线路驾驶员则在向别人传经的同时，汲取经验教训，自警自省，提高自身服务。

苗苗线路的驾驶员们不负众望，在“领头雁”杨苗苗的带领下，爱岗敬业、好学善研、团结互助、无私奉献，以全新的服务诠释着“线路有终点，服务无止境”的理念。

“爱车如家”是苗苗线路驾驶员共同坚守的标准。每天早晚的例行大清扫从不间断，每个发车间隙都会对车辆认真保洁，连车轮轮毂都擦得干干净净。车上设置便民服务箱，备有便民雨伞、方便袋、常用药品、针线包等物品，随时为乘客提供方便。

微笑服务、热情服务、规范服务、体贴服务、用心服务，苗苗线路驾驶员对服务深钻细研，不断延伸内容，升华质量。每次发车，他们都会用亲切的话语向乘客表示问候和欢迎：“各位乘客您好，欢迎乘坐苗苗线路车，我是××号车驾驶员×××，很高兴为您服务。”让乘客宾至如归；行车途中，他们不时提醒乘客“车辆转弯，请站稳扶牢”、“前方上下桥，请拉好扶手”等；他们还会搀扶行动不便的老年人、残疾人上下车，为他们安排座位，提醒路上注意安全；秋冬季节，他们为所有座位贴心地装上棉坐垫，定期清洗更换并保持整洁；业余时间，他们走街串巷，了解沿途主要商场、学校、居民小区、企事业单位地理位置，满腔热情地为乘客当向导。整洁的车厢环境、温馨的乘车提示、真诚灿烂的微笑、热心周到的服务，这一切都使乘客如沐春风。

1061号车驾驶员王清云，一心一意为乘客着想，一举一动对乘客负责，一点一滴解乘客所难，一言一行温暖乘客的心，荣获“安徽省巾帼标兵”、省交通运输系统“文明服务之星”称号，捧回省“五一劳动奖章”。杨苗苗的搭档朱琪，甘当绿叶衬红花，规范操作一丝不苟，体贴服务细致入微，脸上时时洋溢着快乐的微笑，悉心照顾特需乘客，热情为乘客排忧解难，像杨苗苗一样，无私地奉献着自己的光和热。一位残疾人常年乘坐107路车，张梅等驾驶员热情关照，每次都迎上扶下。一位老人心脏病突发晕倒在车厢，杨苗苗紧急救助，车子一路不停直送医院，挽救了老人的生命。107路途经火车站、汽车站，提行李包裹的乘客较多，驾驶员主动等一等、提一提，让乘客十分感动。107线路上，拾金不昧更是蔚然成风，财经大学一位学生不慎将价值6000余元的物品遗忘在车上，驾驶员王雷多方联系失主，使之完璧归赵。两年来苗苗线路为乘客寻回失物118件次，总价值近5万元。

苗苗线路的驾驶员全心全意为乘客服务，蚌埠公交集团的各级领导努力为他们创造良好的工作环境。驾驶员休息室配备沙发、空调，让驾驶员短暂的班间小憩能得到舒适的休息；内容丰富的“职工书吧”为驾驶员更好地了解时事信息、创新服务方法、提高车辆保养技能提供了资料支持；专人制作的冷饮、绿豆汤、随时冲泡的菊花茶是公司为驾驶员提供的消暑降温饮品；品种多样的免费早餐，体现了企业的人文关怀；贴心配置的个人储物柜，避免了驾驶室衣物杂乱摆放，也为驾驶员提供了安全的私人空间。公司还不断完善激励机制，工资、奖励向苗苗线路倾斜，鼓励支持苗苗线路创优创新，提升服务水平。

辛勤的耕耘收获了累累硕果，苗苗线路组建两年来，安全行车237万公里无事故，服务乘客1563万人次零投诉，营运收入较创建前同期，增收99.9万元，增幅25%，节约燃气9.5万立方，价值30余万元，并赢得乘客和社会各界的广泛好评。苗苗线路先后收到感谢信、表扬电话

300多件，每辆车的意见簿上，都密密麻麻记录着乘客的心声，字里行间充满了乘客对苗苗线路的理解、支持和关爱。80多岁的李彦君老人，亲自送感谢信到苗苗线路，感谢陈素云、曹云两位驾驶员日复一日热情体贴地帮助老人，并留下了自己的住宅电话和手机号码，表示永远支持苗苗线路；一位来自上海的乘客在《蚌埠日报》发稿表达自己乘坐苗苗线路后的感受说："我对蚌埠公交十分满意，乃至钦佩！"大多数乘客都能主动让座、主动投币刷卡、主动配合驾驶员工作。有的乘客还会细心准备小礼物送给驾驶员，一副手套、一个鸡蛋、一瓶饮料、一本书……礼轻情意重，让苗苗线路的驾驶员们在感恩中更加充满激情地工作。

全国三八红旗集体、全国巾帼标兵岗、全国工人先锋号、安徽省文明窗口、省道路运输系统"温馨之家"、省交通运输系统"微笑服务示范窗口"……一块块奖牌、一本本荣誉证书，记录着苗苗线路奋斗的足迹，闪现着苗苗线路的服务精神，展示出蚌埠公交苗苗品牌的强大效应，体现出各级组织和市民群众对公交优质服务的认可。

▲蚌埠市公交集团107路职工风采

线路有终点，服务无止境。为市民提供快捷、安全、方便、舒适的出行服务，是公交永恒的追求；用真情服务乘客、让温馨洒满车厢，是苗苗线路永远的承诺。蚌埠公交集团将继续丰富完善苗苗服务规范体系，深入开展文明创建活动，打造更多的苗苗线路，提升公交整体服务水平，群策群力创建市民满意的优秀公交。

坚持优良传统　创新工作方法　促进服务上水平

——记全国工人先锋号北京公交集团公司103路

103路，隶属北京公交集团公司电车客运分公司，组建于1957年，是北京市第一条无轨电车线路。103路所在的车队共有2条线路，分别是103路和102路，均途经北京中心城区、多处名胜景区和重要商业区，其中103路西起北京动物园，东至北京站，途经北海、故宫、景山、王府井；102路北起动物园，南至北京南站，途经阜成门、西四、西单、陶然亭。两条线路共配车80部，日运行1.2万余公里，运送乘客5.5万人次。

1995年以来，103路车队先后被北京市总工会授予“工人先锋车队”和“北京市模范集体”荣誉称号；车队党支部先后7次被北京市委、市国资委评为“先进基层党组织”，1996年被中组部授予“全国先进基层党组织”；2008年，103路被全国总工会授予了“全国工人先锋号”荣誉称号；2011年103路车队的“党员火种工程”荣获北京市委、国资委“优秀基层党建工作创新项目”。几十年来，103路车队不断加强自身建设，努力提高干部和职工队伍综合素质，不断提升整体服务水平，树行业文明形象，在近年来的各项重大政治任务保障和企业改革发展中，充分发挥了荣誉线路的示范作用。

一、坚持发扬“五好”传统，增强车队党支部战斗力

“坚持一个好宗旨、建设一个好班子、带出一支好队伍、建立一个好机制、营造一个好氛围”是103路车队党支部总结的“五好”经验。多年来，103路的“五好”传统始终激励着各届车队班子不断与时俱进、锐意进取地开展工作。

近年来，车队新的班子从实际出发，始终坚持以提高领导班子的引领力、带动力和凝聚力为工作重心，以建设学习型党组织为切入点，切实做好班子成员和党员干部的理论学习教育。一是建立了学习交流制度。车队党支部每周向干管人员推荐一篇理论文章，在自学的基础上利用例会时间进行集体学习讨论。二是每月组织一次集中学习。车队班子成员结合理论学习，每月撰写一篇与本职工作相关的心得体会，张贴到支部园地，与车队全体干部职工交流。三是每季度由一名班子成员为全体党员上一堂党课。进一步增强了学习的主动性和互动性。在学习的过程中，车队党支部一方面注重学习的全面性，另一方面更强调学以促干，学以致用。特别是面对企业发展的新形势、新任务和新要求，车队班子统一思想、提高认识，分析车队的优劣势，采取灵活有效措施提高管理水平，经过多次讨论、分析，支部一班人充分认识到班子是一个整体，一荣俱荣、一损俱损，只有团结才能出力量、才能提高效率。

在加强思想政治工作、确保职工队伍稳定上，每名干部都成为了思想政治工作的行家里手；在经营管理上，车队班子人人懂经营、会经营，树立了一盘棋的思想；在运营生产上，所

有管理人员人人有想法、有措施，能出实招、见实效，互相支持不推诿。例如：为提高效率，增强车辆使用的灵活性，车队采取铰接车、单机车混编的运营组织方式，促进了车队运营效率的提升，减少了乘客候车时间，提高了乘车的舒适度，促进了服务质量的进一步提升。

一支强有力的领导班子带出的是一支劳动模范辈出的先进集体。20世纪80年代，103路车队涌现出“四有青年模范”王桂荣，她的人生虽然短暂，但她那热爱岗位、献身公交的“露珠精神”，却深深地感染了广大乘客，也激励了更多驾乘员工全心全意为乘客服务。近年来，103路车队相继涌现了北京市劳动模范王霄云、武丽梅、程来生、祁艳、白玉梅、杨雪梅、周学广、李春阳等一批先进典型，8个车组先后获得市级以上先进称号，总结推广了针对老年乘客的温馨型服务、针对外埠乘客的引导型服务、针对特殊乘客的亲情型服务等特色车厢服务，车队整体服务水平有了显著提高。

二、把“党员火种工程”向“党员火种传递工程”拓展延伸

2001年，103路车队党支部在党员中开展了“党员火种工程”活动，并根据党员相对集中在先进车组的情况，号召党员走出荣誉，让出利益，到力量薄弱的车组去，像火种那样在职工当中发挥自身的光和热，用榜样的力量带动职工创建更多的先进车组。新时期，103路车队党支部如何继续传承多年来形成的优良传统，继续成为首都公交的一面旗帜，是摆在车队党支部面前的新任务和新要求。为此，车队党支部班子进一步统一思想，将“党员火种工程”进一步拓展延伸为“党员火种传递工程”。

“火种工程”要求每名党员都要发挥光和热，是要求自己优秀；而“火种传递工程”则要求每颗火种不仅要自己发光，更要点亮周围，形成灿烂“星光”。为使党员释放出更多的光和热，车队党支部从关心党员和职工入手，推出了“关怀党员，组织用心；关心职工，温暖人心；热情服务，一片爱心；团结互助，形成核心；听取意见，要有耐心”的“五心”工作法。同时，坚持做到对党员“两关注”，一是关注党员的生活；二是关注党员的生产指标。党员生活上有了困难，支部及时提供帮助；党员生产上出现问题，支部有针对性地做工作。

——为了拓展“火种传递工程”的影响范围，车队党支部要求班子成员做到“进百家门、识百家人、知百家情、解百家忧、暖百家心”。每年春节，车队管理人员都主动放弃休息，分6组对车队300多名职工进行家访，通过家访为住家远、交通不便的同志调整了班次，为经济特别困难的职工申请补助，进一步促进了职工队伍的总体和谐。如：党员孙红梅爱人因病去世，母亲身体有病没有工作，孩子又刚上高中。车队党支部了解情况后，及时为她申请了生活补助，为她的女儿申请了“金秋助学金”，车队党支部书记还经常找她谈心，使她逐渐走出痛楚，工作状态有了显著提高。孙红梅说：“虽然我的生活有些不幸，但车队党支部的关怀让我感到了温暖，我会把领导给予我的爱奉献给乘客，在工作中发挥一名党员的作用。”

——为了增强“火种传递工程”的推动力，党支部在职工中开展了“一个年代、一段历程、一个奖牌、一个故事”的主题宣传思想教育活动。以“珍惜荣誉、构建和谐、打造特色、共创品牌”为题材，讲述了103路历经的风雨路程和峥嵘岁月，接待兄弟单位职工参观103路荣誉室，为他们讲述了一个个奖牌背后的故事。

——为了提升“火种传递工程”的亲和力，每逢传统节日，车队党员们总是把第一锅出锅的饺子或是腊八粥送到临近线路的调度室；每逢新春佳节前，车队党员们又会主动帮助临近线路打扫调度室，营造和谐的节日氛围。

——为了提升“火种传递工程”的引领力，103路车队党支部先后选调8名党员到兄弟线路的普通车组开展工作，使该线路的党员车组增加了2倍，“火种”精神迅速播撒到新集体的每一个角落。这些虽然都是一件件普通的小事，但是“火种传递工程”带来的却是以人为本、热情、亲情、温馨的服务氛围，更是营造了干部真诚服务、职工心情舒畅、车队稳定和谐的良好环境。

三、充分发挥党员先锋带动效应，促进整体服务水平提高

“星星之火，可以燎原”。通过传递“颗颗火种”，扩大了车队骨干队伍，增强了党员的力量，提高了职工素质。“颗颗火种”如同耀眼的“星光”一般，时刻指引着党员前进，释放着党员的光和热。从“党员火种工程”到“火种传递工程”，既是根据车队党建工作实际，在不同时期的创新实践，同时也是车队支部深化创先争优活动成果的有效载体。103路车队党支部把争创政治引领力强、推动发展力强、改革创新力强、凝聚保障力强的领导班子，争当政治素质优、岗位技能优、工作业绩优、群众评价优的共产党员，融入了“党员火种传递工程”之中，产生了较大的带动效应。

“80后”是一个特殊的群体，是伴随着改革开放进程成长的一代，他们既叛逆又传统，既娇气任性又充满活力，他们的健康成长更是寄托了企业未来发展的希望。为了鼓励他们政治上进步，103路车队党支部为青年员工们开辟了“心情驿站”，与他们拉近距离，沟通思想。党支部书记在讲党课中，为青年员工们讲述身边老职工皮桂芝三十年如一日始终坚持入党信念的故事，使他们深深体会到“政治生命”是如此珍贵。为了关心青年员工们的学习，车队党支部为青年员工们创造条件，鼓励他们参加党校大专班的学习，使他们的基本素质不断得到提高。为了发挥青年员工们的才智，车队成立了宣传报道组、合唱队和小蜻蜓乐队，团员王国良、张聪这两个小伙子充分发挥自己懂电脑、爱好摄影的优势，经常利用业余时间拍摄身边的好人好事，帮助车队拍摄线路行车指南并制作幻灯片和DV片，在调度室、休息室中播放，为车队提供了许多有价值的资料。

随着社会对公交服务的要求和标准日益提高，职工在工作和生活中也面临着双重的压力。为了及时了解职工思想动态，有效缓解职工的思想情绪，党支部在职工休息室设立了“倾诉角”，发现职工情绪不佳或在车上受到委屈，马上把职工请到“倾诉角”，与职工谈心，倾听职工的倾诉，缓解职工的压力和情绪，不让职工把坏情绪带到岗位上。一次，职工孟祥君冒雨来到车队，一进门就哭了起来，还说不想上班了。当时看到这种情况，工会主席连忙安慰她，让她把委屈说出来，原来是小两口闹别扭，因为爱人嫌她做乘务员工作辛苦、挣钱又不多，觉得她还不如在家带孩子。孟祥君很要强，认为爱人不理解她，非常伤心，就到车队来倾诉。了解她的情况后，车队干部开导她说：“公交行业的确辛苦，爱人是因为心疼你，才会说出了让你伤心的话，我们一定帮你做好家属的工作。”她的情绪舒缓以后，车队班子成员立即到她家中与她爱人沟通，化解了矛盾。

通过开展“火种传递工程”，103路车队全体党员干部人人以身作则，入党积极分子队伍逐步扩大，进一步提高了党员在群众中的威信，树立了良好的形象。通过开展“火种传递工程”，党员车组增多了，干群关系更加融洽了，车队管理更加有针对性了，职工的心情更加舒畅了，进一步强化了车队管理。通过开展“火种传递工程”，为青年人搭建了成长平台，一大批青年走进了文礼车组，一大批骨干刻苦钻研服务技能，一大批同志在政治上和业务上取得

了优异成绩，车队先后有2名同志被评为劳动模范，有7名同志走上了领导岗位。通过开展“火种传递工程”，车队整体服务水平得到了显著提升。近十年来，车队共收到乘客送来的锦旗66面，表扬信354封，电话表扬940余件次，得到了社会各界乘客的一致好评。

▲在103路车队“倾诉角”车队管理人员与职工谈心

智慧公交　铺就百姓出行幸福梦

——记全国工人先锋号广东省广州市一汽巴士有限公司5路

成立于1952年9月的广州市第一公共汽车公司（现为广州市一汽巴士有限公司，以下简称广州一汽巴士）的发展史，是一部融合了不同阶层、不同身份、不同年代百姓故事的“民生字典”，也是近现代广州发展的缩影。60年来，广州一汽巴士坚持一种信念，实践一份梦想，公交，在追求中蜕变；幸福，在脚下延伸。

“明亮的车窗、干净整洁的车厢座椅、清晰的线路运行图，文明、温馨的提示标语……坐着这样的车去参加或观看亚运赛事，真是别有一番风情。”2010年，在广州亚运会中，一位会讲华语的泰国记者坐在广州一汽巴士的车厢里感叹地说。在环市路假日酒店的旁边，外观色彩明快、活泼的广州一汽巴士的媒体包车专车上，既有亚运吉祥物“乐羊羊”的身影，又有作为广州新地标“小蛮腰”图案，昂首展示着“绿色亚运、激情盛会、环保交通”的主题。在广州亚运会期间，它每天24小时恭候着来自世界各地的媒体工作者。广州一汽巴士结合亚运精神、亚运项目，将“友爱在车厢”文化以及广州岭南文化艺术融合起来，向乘客传播春天般的关怀，提供亚运相关信息，并帮助来自世界各地媒体工作者进一步了解、认识广州。激情盛会，和谐亚洲。为全力做好亚运公交服务保障任务，广州一汽巴士开通了18条媒体专线和8条观赛市民专线，媒体专线共发出2930多车次，运送媒体6400多人次。广州一汽巴士承载着文明和谐的魅力，为在穗的来自各国的媒体记者和观赛市民提供宾至如归的友爱服务。2011年，广州一汽巴士被交通运输部评为“亚运交通运输保障先进集体”。

如今，广州一汽巴士已走过了60个春秋。真可谓，沧桑巨变一甲子，峥嵘岁月60载。历经了无数艰辛，无数辛酸，无数牺牲，她真真切切地以低碳和智慧为广州市民打造了“看得见、摸得着、享受得到”的幸福生活。这样一些荣誉注定将镌刻在广州一汽巴士的发展史上——

广州市2006—2007年度道路交通安全先进单位；

从2009年起，广州一汽巴士跻身广州最具竞争力服务企业20强；

2009年度广州地区道路春运工作先进单位；

2010年，广州一汽巴士被评为“广州市劳动用工守法企业”；

2011年，广州一汽巴士被广东省委、省政府授予“广东省文明单位”称号；

2012年，广州一汽巴士被评为“广东省优秀企业文化突出单位”；

2012年，广州一汽巴士被评为“广州市和谐劳动关系AAA级企业”；

连续9年广州一汽巴士荣获广州市“创建全国文明城市标兵”称号；

……

一、60年前诞生　全部家当四辆车

诞生于广州解放初期百废待兴环境下的广州一汽巴士，公司开张的全部家当只有一辆残破的旧交通车和三辆由“老道奇”拼装成的木结构载客车。由此，老一辈广州一汽巴士人经历了私营、公私合营到国家经营管理的变迁，开启了艰苦跋涉、不懈奋斗的创业历程。

60年前，广州一汽巴士随着时代召唤应运而生。广州一汽巴士的发展与广州城市建设、广大市民出行的需求紧密相连，坚持便民、惠民、利民服务，以“友爱在车厢”活动为平台，构建友爱和谐的公交环境，为公交和市民搭建起了一座双向互动与理解沟通的桥梁。敢为人先的广州一汽巴士人，在经营上不断创新，在发展上追求卓越。无论是创业的筚路蓝缕，还是发展的高歌猛进，广州一汽巴士人都没有忘记自己的神圣使命——服务为民；无论是艰难曲折的“文革”时期，还是充满挑战的改革时期，广州一汽巴士人都胸怀理想——铺就出行幸福梦。

二、跨越式发展　低碳智慧奔小康

公司成立初期，公交营运车辆和线路相当稀少，资源严重紧缺，车厢狭窄运力不足，只能形单影只地穿梭在南方古城狭窄的街头。公交线路只有14条（其中市区线路9条，郊区线路5条），线路总长度147.8公里。公交车型主要是木制车厢道奇、引进的“依卡路斯”等破旧残损的杂牌车，载客量和安全性能都不适应城市建设要求。

广州一汽巴士人不甘心这样的局面，他们开始探寻一条腾飞之路。1957年，首批2辆用解放牌汽车底盘组装成的公共汽车参加营运，从此，广州走上了使用国产汽车的道路。

1958年大跃进时代，开始使用挂车，由主车拖挂载客运行，提高了载客量。1963年，广州汽车修配厂装配的首批钢架铁皮车身结构的越秀牌8.7米客车投入营运。该车型根据南方城市气候特点制造，具有通风良好、色调美观的特点。

▲广东省广州市一汽巴士有限公司服务广州亚运会

改革开放初期，广州一汽巴士人在十一届三中全会春风的鼓动下，踏上了改革发展之路。

20世纪80年代，广州一汽巴士人敢为人先。1984至1985年，由于财政投入不足，公司通过向银行贷款、员工集资购买公交车组建全新的专线车队。

1986年11月，公共汽车5路线和12个沿线单位共同发起的“友爱在车厢”活动，通过公交员工与乘客、沿线共建单位的双向互动，唱响了羊城文明之歌，带出了一个又一个友爱活动的延续。26年来，“友爱在车厢，真诚为乘客”确立了广州一汽巴士的优质服务品牌，成为广州市精神文明创建活动最有光彩的品牌之一。

1987年，利用广告补偿形式引进双层巴士投入公交运营，此举开创了公交新的管理模式，成为全国公交同行瞩目的大事。双层巴士的投放运营为缓解市民“乘车难”起到了很大作用。

20世纪90年代，广州一汽巴士人勇于创新。1993年开始，202辆空调公共汽车专线和月票通用13路线在广州率先实行无人售票。至1996年年底，仅用3年多的时间公司全面实施了“无人售票”，成为全国公交同行的典范。

1994年12月，13路线率先试行接触式IC卡电子收费系统，揭启了公交票务的智能化新篇章。

1995年7月，由广州锦城花园至番禺广地花园的129路线开通，开创了两地公交互通的先河。

1997年11月，公司12路线探索试用液化石油气作燃料，为改善城市环境、推广环保绿色公交作出了有益的尝试。

跨入21世纪，广州一汽巴士人再铸辉煌。2000年，广州市首条公共汽车投标线路138路线（东莞庄—珠江新城）正式开通。

2002年，与市残联合作，在133路线上试用低地台无障碍公共汽车，并在133路、7路、24路等公交路线推广应用盲人导乘系统，标志着广州公交人性化服务水平进一步提升。

2003年，广州首条珠江两岸游公交线路开通，成为城市宣传的流动窗口。

2004年年底，广州市第一公共汽车公司整体改制为广州一汽巴士有限公司，这是广州市公交系统第一家实现现代企业制度改制的国有企业。为积极响应广州市委市政府和市交委大力发展绿色交通的号召，广州一汽巴士积极探索试用清洁能源车辆，至2005年年底公司属下的2000多辆公交车全部使用了清洁能源。

2005年，广州一汽巴士开通首条广州市公共汽车与地铁接驳专线——地铁公交专线1。同年，开通了360路等5条南沙区公交线路，掀开广州南沙区交通建设史上的新篇章。

2007年6月，广州一汽巴士开通广州首批“村村通公交”小公共汽车线路400、410路线，至今共开通了58条村巴线路。

2008年，广州一汽巴士实现调度智能化，打造了国内最大的智能公交调度平台。

2009年，广州一汽巴士积极投入BRT运营，为打造广州的东部彩虹贡献力量。

2010年，在广州亚运会、亚残运会交通保障中，广州一汽巴士更是全力以赴，以安全舒适优质的服务迎接了世界各地朋友。踏实的广州一汽巴士人没有停留脚步，公司在2010年成功通过ISO质量三项认证与厂务公开、党务公开质量认证体系，并付诸实施。公司通过进一步整合资源，实行养用合一，流程再造，搭建起网络化管理平台。公司继续推进安全、技术、营运调度等工作的精细化管理。如今，广州一汽巴士的经营和管理正迈向新型城市化发展道路的时代。

三、关爱集一身　策马扬鞭再奋蹄

岁月的年轮记载着一部广州一汽巴士人“服务人民、奉献社会”的历史。回顾60年光荣历程，每一个广州一汽巴士人，都感恩广大市民的厚爱。行业的特殊性决定了我们一年365天，迎着星星出，伴着月亮归。主营中心城区线路的广州一汽巴士自成立之日起，就背负起公交月票发售、开行夜班线路等社会公益性的公交服务，2001年起更是主要承担了广州中心城区众多老人、残疾人、伤残军警、盲人、学生等特殊群体的免费或优惠乘车任务。仅2009年至2012年9月，广州一汽巴士已运载各类优惠人群近10亿人次。广州一汽巴士的发展始终得到了市委、市政府、市交委及有关部门的关爱和支持。2012年，值广州一汽巴士60周年之际，广州市政协副主席、中共广州市交通工作委员会书记、广州市交通委员会主任冼伟雄为广州一汽巴士题词："公交传友爱，羊城展风采"。原广州市市长黎子流为广州一汽巴士题词："友爱魅力誉羊城，文明公交在一汽"。中国香港书画会会长、著名书画家岑文涛教授为广州一汽巴士题词："传承大爱"……

在党和政府需要的时候，广州一汽巴士总能主动积极配合市委、市政府、市交委决策部署，承担企业的社会责任。面对2008年的低温雨雪冰冻灾害，在政府的统一协调指挥下，广州一汽巴士主动为滞留旅客送茶水、送温暖，安全输送乘客7万多人次，让乘客平安返乡。2010年春运期间，疏运近20万客流至广州火车站、西站、南站，并独自承担了琶洲会展中心的春运客流的安全转移。而"爱心送考"、"抗震救灾"、"扶贫济困"、"抗击非典"、"抗洪抢险"、"九运、亚运交通保障"……同样引起了社会各界的广泛关注和肯定。不仅如此，"5·12"汶川大地震后的慷慨解囊和义务献血，为玉树灾区青少年儿童在穗的"感恩之旅"、"送温暖、献爱心"、"慈善一日捐"，拥军优属，军警民共建，"学雷锋系列活动"无不展示了良好的企业形象，培养员工发扬中华传统美德，关注、关心社会弱势群体、奉献爱心。

公司涌现了一批全国、部、省、市劳动模范、道德模范和优秀员工代表；5路线成为"全国精神文明创建活动示范点"，荣获"全国五一劳动奖状"和"工人先锋号"，"广东省职工职业道德建设先进班组"、"广州市文明优质服务窗口"；13路线成为全国十大城市公共汽（电）车"优秀服务线路"；133路线成为省"文明窗口单位"、"广州市文明优质服务窗口"；14路线被中共中央宣传部、解放军总政治部授予"军民共建社会主义精神文明先进集体"等先进线路。

关山初度尘未洗，策马扬鞭再奋蹄。60年的星光灿烂镌刻着历届市委、市政府、市交委带领着全体广州一汽巴士人的共同奋斗和拼搏，记载着所有广州一汽巴士人的共同开创与坚守，描绘着低碳公交、智慧公交、幸福公交的兴起与发展，更凸显着高耸于广州一汽巴士人心中的精神脊梁——友爱相伴，一心为民，为广州公交铺筑幸福之路，为小康梦想铸造明日辉煌。

团结奋进的集体　靓丽夺目的线路

——记全国工人先锋号河南省郑州市公交总公司104路

在郑州市200多条公交线路中，有一条闪耀着青春火光的线路——巾帼线路104路。迎着朝阳，伴着星光，春夏秋冬，迎来送往，25年来104路职工在这8公里长的运营线路上，用真情和爱心铸就了一个响当当的服务名牌，在创先争优活动中谱写了一曲曲辉煌的乐章。

104路开通于1988年，从第一辆车起动的那一刻起，就把目标和终点定为“乘客最满意”，25年始终如一。在全程只有8公里的道路上，穿越了千百万乘客满意的心桥；15辆油电混合动力空调车，见证着郑州公交飞速发展的历史；群英荟萃、虹起星升的28位星级女车长，升跃为郑州公交中耀眼夺目的星辰。在一代又一代104线路姐妹们的不懈努力下，她们一步步攀登上荣誉的制高点，赢得赫赫荣名。104路先后被郑州市公交总公司授予“规范化服务示范线路”、“规范化服务先进线路”，连续12个月被评为“三无线路”；被共青团河南省委授予“青年文明号”线路；2004年2月，104路开上了荣誉的“珠穆朗玛峰”——赢得“全国用户满意服务明星班组”称号，是当时全国公交第一个、也是唯一一个获此殊荣的集体。2008年获得全国妇联、第29届奥林匹克运动会组织委员会、全国妇女“巾帼建功”活动领导小组联合颁发的“巾帼文明岗”……现河南省副省长，原郑州市委副书记、市长赵建才在视察104路工作时赞誉到：“巾帼不让须眉，公交玫瑰竞芬芳。”

所有的奖杯，都凝聚着104路全体姐妹的心血与汗水；所有的桂冠，都不是意外和幸运。“台上一分钟，台下十年功”。104路姐妹们在同台“献艺”中，哪怕是超乎他人的一点点出新、出奇、出彩，背后都有苦心修炼的深厚的内功做支撑。

▲河南省郑州市公交总公司104路驾驶员微笑服务培训

一、内强素质，构建学习型团队

近年来，随着市民对公交服务要求的不断提高，郑州市公交总公司各单位、各线路服务创新手段层出不穷，很多特色线路脱颖而出，104路全体姐妹深知，如果只停留在原来的荣誉上停滞不前，很快就会被淘汰。为了能够长足持续发展，104路通过一系列培训不断提高综合素质。为了达到“出车行动军事化、迎送乘客礼仪化、行车服务规范化、工作程序标准化、服务用语文明化”的工作标准，104路班组到军校学习军人的风范；邀请空姐做服务示范；请大学里的外籍教授教她们英语……

许多乘客把104路的车长们誉为“活地图”、“问不倒”，却很少有人知道，车长们利用业余时间走街串巷、详查细访、弄清楚沿线街道的现名旧称、厂矿、企业、机关、学校的地址和新建小区的换乘线路。更让人讶然的是：她们不只是104路沿线的活地图，还能对本市百条公交线路的发车时间、线路，对答如流。

为了保持和传承104路线“起步稳、行驶稳、进站稳、转弯稳”的高超技艺，一有机会，大家就把一碗水摆在驾驶台上，检验起步、行驶、转弯、制动、进站时，是否有一滴水溅出的“一碗水”硬功。

榜样的力量是无穷的，而以身边模范人物的先进事迹来打动人心，进行教育，更能使职工看得见、摸得着，令人感到真实可信，也更有利于职工去学习、对照和仿效。104路利用业余时间专门到205路观摩学习全国五一劳动奖章获得者、郑州市劳动模范徐亚平的先进事例，用典型引路，在班组中营造“学先进、赶先进”的氛围，使职工身边学有榜样，赶有目标。

另外，线路还邀请线路服务明星讲工作中的服务技巧和经验，提高新入职员工的服务水平。例如：104线路的客流特点就是老年乘客特别多，老年人喜欢坐104路，因此她们在行车服务中必须多一些耐心和热心，线路老职工会对每一个新入职员工特别交代，传授经验，要她们学会调整自己的心态，不急不躁，对老年人特殊照顾，做到行车三稳，既让老年人坐着舒心又保障了行车安全。通过培训，线路驾驶员树立了勤于学习、善于学习的理念，提高了文化技术素质和业务技能，为线路的服务品质起到了明显的促进作用，为把104路打造成为一支高素质的职工队伍奠定了良好的基础。

二、外树形象，构建服务型团队

104路以“创建人民满意窗口，做乘客的贴心人”作为工作的努力方向和目标，“行车有终点，服务无极限”的追求和理念日渐提升，并在驾驶员的声音、笑容和车貌的不断变化中，得到鲜活的体现。

104路线路成员时刻把服务工作想在先、做在前，即：服务始于乘客上车之前，搞好环境卫生，做好各种宣传和服务设施的准备；在乘客开口之前主动询问，了解需求给予帮助；在乘客下车之前给予提醒和照顾。

上车前道一声：“您小心，慢慢上，我等您。”车行中嘱两句：“您放心，下车我提醒您。”“有困难请找我，为您导乘、指路、帮忙，都是公交人的责任。”这样洋溢着浓浓人性化、人情味的语言，像春风细雨，滋润着每一位乘客的心田。

准点，是整个交通行业的“基础课”，也是运营秩序的首要环节。104路的运营准点率使人叹服，郑州市公交总公司曾连续两个月对104路进行准点率考核，她们交出的答卷无愧于全国服务明星称号，月平均误点率仅有0.63分钟/趟。

温馨感人的人性化服务用语，不时回响在装饰着各色花朵、活泼可爱的卡通娃娃、栩栩如生的各种小动物，清新洁净、赏心悦目的车内。车厢画廊、报筒、代买IC卡等创新服务，也无声地营造出“真情伴你行”的暖人氛围。可供乘客随时取用的线路介绍、急救药品、针头线脑、纸巾等小物品，不仅方便了乘客的各种需求，也见证着驾驶员的所行如言。这样的乘车环境，无疑使乘客在短短8公里的旅途中，体验到更多人文关怀，感受更美好和谐的人际关系。

2012年3月的一天，驾驶员侯红岩像往常一样驾驶车辆回到紫荆山始发站，她发现有3名乘客仍坐在车上没有下去，她便主动上前询问，得知3人是来自西安的游客，于是她便主动充当了业余导游，向3名乘客详细地讲解了郑州的美食和旅游景点，以及需要乘坐的线路和价格，使3位初到郑州的乘客都激动地伸出大拇指称赞“郑州公交真棒”。

2012年8月，驾驶员徐军红在打扫车内卫生时，发现角落里有一台笔记本电脑，她立即意识到是粗心的乘客遗失的。她立即将笔记本电脑交到调度员手中，一方面通知总公司热线，另一方面通过电脑资料与失主联系。当正在到处找寻失物的失主拿到遗失的电脑时，激动地说：“真没想到还能找回来，感谢你们，感谢郑州公交培养出这么优秀的职工。”当失主要拿出一部分钱感谢她们时，驾驶员婉言谢绝了。

一个患痴呆症的人，坐上车就把车当成了“家”。他不知道自己从哪里来，到哪里去。104路的驾驶员们费劲周折，跑派出所、跑站点、跑社区，在派出所协助下把以车为家的老人安全送回他的家人身边。

一个50多岁女乘客在紫荆山终点站突发心脏病，痛得捂着心口下不了车。幸亏车上常年备有各种常用药和急救药，由于患者及时服用了速效救心丸，使她有幸与死神擦肩而过……

像这样的事例在104路线运营过程中还有许多，她们以小小的车厢为阵地，用自己平凡的工作谱写出一道道美丽的音符。

三、加强沟通，构建和谐型团队

104路作为一条巾帼线路，女驾驶员们个个都很能干，但是“一花独放不是春，百花齐放春满园”，只有把大家的力量都凝聚起来才能打造出一条“招之即来，来之能战，战之能胜”的队伍。所以，104路确定了自己的线训，那就是：“团结、和谐，共同进步”。

线路职工在平时工作中广泛开展“互传、互帮、互带”的传帮带活动，让每个人都融入到集体中，有事大家帮、有劲一处使，充分调动和发挥团队精神。

比如：哪位驾驶员的孩子临时没有人带了，下班的驾驶员就帮着照顾孩子，以解除她的牵挂，让她能安心工作，保证了运营工作的安全行驶和服务质量；有时因为堵车，有些驾驶员回来后无法吃一口热饭，上一趟厕所。这时候，调度员往往已经把饭提前热好，并代替站立监票的工作，让大家在紧张的运营工作中赢得时间做暂时的调整，也提高了下一趟的安全运营效率。

另外，必要的沟通和交流还可以树立集体观念，提高团队凝聚力。而调度室既是大家工作之余休息的地方，也是大家交流、交心的地方。因此，每当有新职工加入，线路老职工就会在调度室给新职工讲104线路的成长历程，讲几代104线路人团结奋进、爱岗敬业的精神，以增强她们的荣誉感、责任感和使命感。此外线路领导还经常组织线路职工座谈会，分享学习好的工作方法和经验，交流探讨工作中遇到的难题、困惑，总结出最好的应对方法，再出现同类情况时少走弯路。

作为郑州的文明窗口，人们只看到了她的风光亮丽，却少有人知道这窗口是怎样擦亮的。在104路女驾驶员们“永恒微笑”的背后，谁看到过她们委屈的泪水……

车已开出站点，有人从后边追上，死死扒住车门。停车开门，违反交通规则；遵守规章制度则要挨骂。有人把一元钱撕成两段，把“半元”钱塞进投币箱，被驾驶员看破，要求重新投币时，作弊者反咬一口，扬言名声无辜受了伤害，要投诉驾驶员……当她们躲进调度室宣泄委屈时，老调度员、老大姐尹成芳，或抱抱她，或为她擦去泪水，或剥好一块糖塞到她嘴里……

从调度室里出来，泪水打过的梨花，会向乘客绽放更加灿烂的笑颜。

104路是一个团结向上的集体，是一个勇于开拓的集体，是一个无私奉献的集体，是一个富有激情的集体。女驾驶员们踏踏实实，任劳任怨，以理服人，得理让人，以兢兢业业的工作责任心，体贴入微的优质服务，将丝丝暖意、缕缕温馨送入每一位乘客的心中，深受广大乘客的好评。绿城女子线路的姐妹们正用优质的服务、执着的追求、纯朴的情操书写着新的城市文明。在她们心中，永远装的是乘客，公交线路延伸到哪里，真情与和谐注定就会延伸到哪里。她们用自己辛劳的汗水为城市精神文明建设划出了一道美丽的彩虹，成为郑州这座城市一道流动的亮丽的风景线。线路有终点，服务无止境，大爱无疆的郑州市公交总公司104路的巾帼英雄们，一定会载来更加美好的人间春色！

新速度　智能运营模式引领出行变化
心服务　温馨便民理念诠释大爱情怀

——记全国工人先锋号河南省郑州市公交总公司快速公交公司

2009年5月28日，初夏的中原绿城郑州，悄然矗立起古朴靓丽的封闭式公交站台，在城市中心的二环线上，盈然驶来了浑身洋溢着浑厚中国红颜色的铰接式大容量公交车，她就是被称为“绿城郑州红丝带”的郑州快速公交，郑州市公交总公司快速公交公司（以下简称快速公交公司）也正式成立。快速公交公司建立伊始就高举“新速度、心服务”品牌，坚持“方便、快捷、经济、舒适”目标，以先进的智能化调度运营模式，以首创的环线“三点六向”发车模式，以人性化的温馨关怀服务模式，以节能高效绿色环保的特质不断引领着郑州市民的出行选择，书写一个又一个的绚丽篇章，打造了绿城郑州一张崭新靓丽的城市名片。

一、“创新、智能”，打造科学运营先机

快速公交公司拥有线路13条，包括首创国内第一条在市中心环线上设置的快速公交线路主线B1路，线路全长31.8公里，设置站台38对，另有12条支线呈环射线型布局，分布在市区东西南北，实施快速公交同站台同向免费换乘模式，通过“一主十二支线”的灵活运营组织方式，得到了国内外同行的认可和市民的欢迎。

创造新颖的发车方式。环形线路具备较高的开放性，利于支线网的布局，但运营组织难度较大，在国内没有成功的先例，为了保障线路的高效运营，经过认真研究和遴选多套方案，快速公交公司首创了环线“三点六向”同时发车的运营模式，即每日早6:00开始，通过GPS调度的远程遥控，从3个发车场区同时向内外环对发，使30分钟内整条环形线路即可形成车辆大密度的投放，平峰发车间隔2~3分钟，高峰平均间隔在1分钟以内，再加上区间车、定点车的投放，大大提高了准点率，缩短了乘客候车时间，从而开创了郑州公交史上“车等人”的先例。

配备完备的硬件设施。快速公交公司在车辆、站台和调度室都安装了3G硬盘监控系统，与GPS智能调度系统实现了无缝连接，可随时在线获取车内、站台各类图像资料。车内3G监控系统和GPS车载终端的事故键、报警键、堵车键关联融合，车长触摸GPS车载终端按键时，数据库自动实时接收并保存车辆内部图像资料，并自动显示于调度终端，为事故分析及事故预防提供重要依据，更为运营调度提供了第一手的现场资料。

在每个候车区都安装有LED显示屏，及时准确地播报各线路车辆运行情况、到站信息、服务宣传语和天气预警等温馨提示；站台内的液晶电视屏直观地显示出线路的走行实时信息；线路车辆和站台语音自动播报设备对乘客的提醒和预报及时准确无误；乘客出行遇到困难或需求

助时，调度人员可通过与运营车辆的“在线”联系实现救助和帮助。

推行人性化的调度系统。采用GPS调度与现场调度“合二为一”的方式，实现了调度与车长的直接通话，既弥补了现场调度无法观测车辆运营情况的弊端，也弥补了GPS调度与发车现场管理脱节的情况，方便运营生产的组织，最大限度地缓解突发客流影响。

采用“主支结合”的开放式运营模式。根据客流变化和需求，快速公交路线随时实现自我调配和支线支援。自我调配即3G视频随时监控客流和路况变化，及时从3个发车区调配车辆，疏散大客流和保证车辆运营间隔。支线支援即当支线出现运营间隔或突发客流时，发挥18米车辆的大容量和四开门的快速上下的优势，迅速解决支线的突发问题。

2010年10月，中央电视台、人民日报、新华社、光明日报、经济日报、科技日报、新华网等10余家新闻媒体专门针对快速公交智能化系统的应用情况进行了体验、采访和报道。快速公交B1线清洁能源项目也取得了突破性的进展，获得国家发改委正式批复，在联合国成功注册，并顺利通过了联合国核证机构对该项目数据的核查。

▲郑州快速公交

二、“扩容，便利”，让市民享到更多民生实惠

扩容—增长。为了让市民更多地享受到快速公交的快捷服务，2009年以来，快速公交公司通过实地调研、科学分析客流走向，尽最大能力调整、扩容快速公交的运营网络，不断为乘客提供更加便利的乘车环境。先后6次进行扩容，使快速公交车辆由220台增加到现在的460台，线路由“一主八支”增加到“一主十二支”，并将部分线路进行延伸，极大地方便了广大市民的出行，日均运送乘客由9万人次增加到51.48万人次。截至2012年年底，快速公交公司运营线路13条，线路总长度208.3公里，职工总人数1243人，车辆460台，约占郑州公交车辆总数的8%，但其日均客运量占郑州公交日均客运量的18%。

便利—惠民。结合自身专用道、站台、线路和公司发展的实际，通过GPS实行“三点六向”发车模式，适时监控车辆运营、站台及车辆客流情况，适时调配车辆，完成主支线车辆最佳配合，BRT电子地图、LED电子屏、自动报站等各种导乘系统的实施，为乘客候车、乘车提供了更多的便利，市民纷纷称赞：公交服务越来越人性化了。

坚持通过LED电子屏、电子地图、GPS定位显示屏等及时提供各条线路的行车信息：距本站的距离、哪路公交车即将进站等，方便乘客随时了解车辆所在位置，合理安排候车时间，导乘系统已经成为市民的电子交通窗口。坚持印制网络线路导乘图，标注了每条线路的经过站点、每个站点上的换乘站点，并以郑州市区交通图为背景显著标识了快速公交线路的实际位置，同时配有清晰的站台乘车示意图和每个站点定制的乘车指南。实施温馨提示，在国内快速公交系统中开创性地利用站台上的电子显示屏温馨提示气象信息等民生信息。配备爱心雨伞，在B1路公交沿线，乘客可以在任何一个站台上借到爱心雨伞。在站台配备“郑州公交换乘查询系统”触摸屏，乘客可以通过触摸屏点击查询换乘线路，更好地安排出行线路，节省出行时间。配备了“无线城市WIFI”信息机，乘客在候车之余可查询天气、阅读新闻，既方便也有趣。

积极参加各项公益活动。快速公交公司成立了“阳光助残小分队”、“志愿者服务小分队”、“党员奉献小分队”等，利用业余时间进社区、养老院、福利院等场所奉献爱心。为庆祝新中国成立60周年，邀请了革命老干部，体验快速公交、与年轻职工座谈。为了迎接祭祖大典，快速公交公司各站台全面推行双语服务，营造“无障碍”乘车环境，方便国际友人来访。每年高考，开通“高考直通车”，全部车辆统一张贴“爱心送考”的LOGO，悬挂绿丝带，并在大的考点配备铅笔、像皮、纸尺等，在高考期间为考生提供免费服务。积极响应总公司党委号召，踊跃参加“阳光慈善、温暖郑州”慈善日爱心捐款活动，以实际行动唱响“郑州慈善日”的主旋律。

三、“优质、温馨”，心血浇铸快速服务品牌

快速公交公司始终坚持乘客至上，积极推行人性化、规范化、标准化服务模式，打造快速公交“新速度、心服务”品牌。

坚持开展星级服务评比公示制度。结合郑州公交星级服务评比制度，快速公交公司不断完善和延伸星级服务评比模式，将每位职工获得的表扬、工作中发生的好人好事等列入星级评比，实行车厢内挂牌公示制度，随时接受乘客的监督。为职工灌输得星为荣、失星为辱的观念，每月职工的上星上榜率不断攀升，B1路职工上星率达到了90%以上，促进了服务质量的大幅提升，在服务满意度调查中，乘客对快速公交公司综合满意度达到了95%。

坚持推行规范化服务。结合职工服务中的言行举止，制定印发了人手一册的《快速公交规范化服务手册》，包含职工仪容仪表规范、服务礼仪规范、微笑服务模式，常用服务用语、驾驶员规范化服务用语、站务长规范化服务用语、调度员工作标准等内容，明确了工作中的“十个不能”、“八个怎么办”，并定期组织检查督导、评比排序，收到良好效果。

坚持推行特色服务。结合规范化服务工作开展了“优质服务十大特色驾驶员”评选活动：雷锋驾驶员、安全驾驶员、热心驾驶员、和谐驾驶员、环境驾驶员、“活地图”驾驶员、“双语”驾驶员、微笑驾驶员、先锋驾驶员、礼让驾驶员。先后有219名驾驶员入围评审范围，他们以自身优质的服务行为，为广大职工树立了榜样和典范，从而带动快速公交公司整体服务提升。同时定期在各个岗位开展“在岗一分钟创优六十秒”活动。全体调度员、驾驶员和站务长将自己融入到比服务、比清洁、比安全、比秩序中，将自己的责任心、上进心融入到工作中的每一分每一秒，用服务业绩评判自己的岗责，用乘客的满意为自己打分。实施定制服务，以支部为单位与沿线企业或学校开展校企共建等活动，根据实际情况采取定点发车、定时发车、直达车、区间车的形式，为特殊客流的特殊需求提供更加灵活多变的定制服务，提高了公交服务的能动性，更提高了乘客对公交的满意度。

坚持推行温暖服务。每年冬季，郑州市民都会熟知快速公交公司的“温暖计划”。“温暖候车”：车次加密，间隔缩短，缩短市民等车时间，并为座椅穿上“棉衣”；“温暖车厢”：工作人员根据天气变化，随时启用空调系统；“温暖出行”：做好恶劣天气应急预案，融雪剂、除雪工具准备齐全，人员定点定位；“温暖服务”：驾驶员首站站立，逢站迎词，做到上

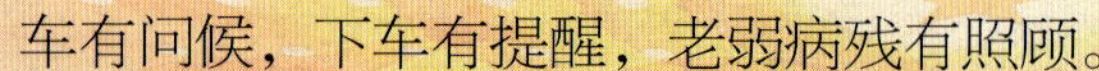

车有问候，下车有提醒，老弱病残有照顾。

四、“学习、提升”，不断融炼团队综合素质

“火车跑得快，全靠车头带”。郑州快速公交倾注了郑州全体公交人的殷殷深情，承载了几代公交人的厚望，成立之初，快速公交公司即确定了以管理团队的质量提升作为促进各项工作开展的基准。为了强化管理团队每名成员的责任使命意识，相继制定下发了《快速公交公司管理人员行为规范》、《快速公交公司部门工作标准及岗位职责》，将每个岗位、每个部门、每名人员的岗位职责、权限、义务、任务明细化，并统一制作岗位职责标牌悬挂公示，让全体管理人员一言一行有坐标，一举一动有规矩。

为全面激发管理人员的先锋模范带头作用，公司党委率先提出“四个冲锋在前”和“两个甘当”的管理理念，即：“运营生产冲锋在前、突发事件冲锋在前、恶劣天气冲锋在前、紧急情况冲锋在前，甘当职工的出气筒、甘当职工的知心人”。把“依靠群众、解决问题、坚持长效”作为重点，管理人员每周下基层，把发现的问题、解决的问题、需协调解决的隐患在每周一例会上进行总结汇报，通过每周例会、每月总结会对全体管理人员履行职责情况进行总结讲评，逐步巩固和营造全体管理人员敬业爱岗、努力奉献的氛围。

结合管理团队年轻人多、易接受新型事物和新理念的特点，快速公交公司制订翔实的学习培训计划，将管理人员的学习提升作为重点，定制度、定目标、定角色，每周例会领导班子带头分享工作、生活中的学习体会，每月开展管理人员培训会，设立“大讲堂”，邀请专家传授心态调整、道德礼仪、服务方法和管理创新等知识。同时让一线的优秀职工上台，让管理人员做学生，为管理人员讲述自己的感同身受，讲述自己的建议和经验，更好地促进管理与一线的有效沟通和互动。

五、“典型、表率”，文化带动赢得市民赞誉

抓典型、做表率、展风采，一直是快速公交公司坚持的目标。在公司的文化长廊中，每年的劳动模范、标兵、先进的事迹和照片都有光荣的印迹，在快速公交公司的企业文化活动室中，独有的站台、专用道设计模式和六大文化展示模块诠释着快速公交的风雨历程，一个个可歌可泣的快速公交人，默默奉献不计得失的影像总是让来参观访问的人津津乐道。他们当中有河南省五一劳动模范、与乘客结交朋友、被郑州市电视台称为“爱心车长”的B17路车长张小平，有郑州市五一劳动奖章获得者、机智救助乘客的B1路车长陈壮天，有面对10万巨款不动心、及时归还失主的公交拾金不昧第一人王志亮，有拿出自己的工资给丢失证件的乘客免费邮寄证件、为特殊乘客实施特殊服务的“公交一线的铿锵玫瑰”，荣膺“河南省巾帼建功标兵”、“郑州市三八红旗手”的站务长吴静等，他们的事迹都先后被多家省市媒体争相报道，为企业争得了荣誉。

一路走来风雨兼程，快速公交公司以“为民敢于践诺、奉献不求索取”的工作干劲，以一连串的运营数据逐渐引领和改变着城市人群的出行选择，以自身辉煌的业绩得到了上级的认可和市民的赞誉，先后荣获了“郑州市五一劳动奖状”、“郑州市学习型单位”、“河南省工人先锋号”、“河南省青年文明号”、“全国工人先锋号”等多项荣誉，并吸引了国内外200多个城市同行前来学习交流。

展望未来信心满倍，在党的十八大精神的指引下，在总公司的领导下，快速公交公司将持续发扬勇于开拓、勇于进取的精神，用敢于争先、敢于创优的意志，继续着“新速度、心服务”品牌积淀，在为民服务的道路上阔步前行！

岗位作贡献　真情为乘客

——记全国工人先锋号河南省郑州市公交总公司9路线

郑州市公共交通总公司9路线自1959年11月组建以来，经过几代公交人的不懈努力，像一条亮丽的风景线贯穿于市区的东北与西南部。全线共有运营车辆35辆，驾驶员、调度员共61人，其中党、团员占90%以上，人员整体素质较高，全线职工以饱满的工作热情，一流的服务质量，过硬的岗位技能，为广大乘客热情服务。1997年被郑州市团委命名为市“青年文明号”线路；2001年被评为“规范服务先进线路”，2002年被郑州市军分区命名为“民兵号”线路，这也是河南省乃至全国唯一一条“民兵号”线路；2007年又被共青团河南省委评为“省级青年文明号”线路；9路线成为郑州市唯一一条集“省级青年文明号”、“精品线路”、“民兵号”以及“全国工人先锋号”四重荣誉于一身的公交线路。

一、诚实守信打造“优秀公交线路”

9路线途经市区繁华地带，经常服务各类乘客。全线职工深感自己的一言一行都代表着郑州公交、省会郑州的形象，因此她们凭着“视乘客为上帝至诚的服务精神，视乘客如亲人温馨的情感精神，提出“想在乘客需要前、做在乘客需要时”的服务理念和工作态度，让乘客一踏进公交车厢，面对的不仅是优美的乘车环境，更有公交人亲切的微笑、温馨的话语。在看到乘客需要帮助时，他们总是主动等一等、拉一把、搀一搀、扶一下，让每位乘客都切实感受到公交人如亲情般的温暖。

2007年7月份的一天，天气特别热。当9路线驾驶员许广州驾车行驶到陇海路终点站时，他巡视车厢时发现车厢后部一位中年妇女半躺在座位上痛苦呻吟。许广州急忙跑上前，关切地询问这位乘客哪儿不舒服。当得知这位乘客心脏不舒服后，许广州怕这位乘客有什么意外，急忙掏出自己的手机拨打120急救电话，并通知了她的家人。许广州还为乘客买来冰镇饮料，解暑降温。120急救车很快抵达，许广州又帮医护人员将这名乘客小心翼翼抬上救护车。由于抢救及时，那位妇女摆脱了生命危险。

二、苦练基本功

“打铁必须自身硬”——这是9路职工常说的一句“口头禅”。他们深知光有为乘客提供优质服务的良好心愿是不够的，还必须具备扎实的服务技巧，使服务工作规范、艺术化。为让广大乘客有良好的乘车体验，9路职工们常利用业余时间彼此交流行车及服务经验，以丰富自己的语言知识和语言表达能力，苦练基本功，更好地为乘客服务。现在，他们不仅熟练掌握普通话，还掌握日常的哑语、英语的运用，能熟练同外宾以及聋哑乘客对话。

三、心系乘客甘愿辛劳

9路线每月客运量近百万人次，月运营里程达20余万公里，相当于绕地球5圈多。多年来的行车体会使9路驾驶员们深深知道，车况不好就很难为乘客提供优质服务。因此，提前上班、推迟下班，认真做好车辆日常维护，已成了全线驾驶员多年的一贯作风。出车前，职工们总要花上半个小时认真检查转向、制动和轮胎气压，仔细检查发动机燃油、机油、冷却液储量及事关行车安全的车辆部位；晚上收车后，总是对自己的"爱车"照顾有加，认真检查车辆各部位是否有异常，管路接头有无松动。他们还给自己定了个规矩：晚上无论进场多迟，车有故障不修好不回家。因此9路的车辆技术状况一直很好。为了给广大乘客营造温馨舒适的乘车环境，职工充分发挥自身的想象力和创造力，他们自筹资金购买纱帘、拉花、卡通装饰品，将车厢装点得各具特色，使乘客们一抬头就能看到花朵，闭上眼睛可以聆听优美的乐曲，这种感觉、听觉、视觉上的享受使短暂的旅途变得更轻松、愉快。9路线在车厢服务、卫生合格率方面一直在全公司名列前茅，安全责任事故、乘客投诉率也是全公司最低。河南电视台3套的记者在紫荆山采访时，曾遇到这组镜头：一位妇女带着5岁左右的小男孩在候车，见到9路车驶来，小男孩非拉着母亲的手要上车。那位母亲说："咱们今天不是坐9路车的。"小男孩不依不饶："我就要坐'花车'，'花车'漂亮。"最后母子俩登上了9路车。笑谈中，大家都为9路线整洁、美观的形象所感叹，"郑州市区一道亮丽的风景线"、"郑州市的明信片"也是当之无愧。

四、爱岗敬业、无私奉献

9路职工在10米车厢内展示着自己的人生价值，默默奉献着公交人的热情。他们无愧于自己的岗位，无愧于众多乘客，却有愧于自己的亲人。逢年过节，客流倍增，加班加点服务市民出行已成为9路驾驶员的传统。一次元旦临近，线路驾驶员缺人急需加班，9路驾驶员赵红的孩子却发着高烧，需要住院治疗。当赵红把孩子送到医院正输液时，已到加班时间。一边是病重的孩子；一边是心爱的岗位。赵红毅然决定赶回单位加班出车时，孩子的哭声、喊声震撼着赵红的心，也感动了护士。当赵红跑完车赶到医院时，孩子已蜷曲在椅子上睡着了。赵红的眼泪不禁流淌下来。

五、创新服务凸现特色

9路职工不仅在服务、车厢卫生上精益求精，同时还用电脑、标语、口头积极宣传国防知识，对乘客进行爱国主义教育；他们还把维护社会治安作为自己义不容辞的责任，使路线上盗窃案发案率几乎为零。人们都说坐9路车"安全、放心、更舒心"。有一次，一位外地老大娘在包袱里装了2000元要到医学院为自己身患重病的女儿看病，没想到在下车后却发现自己的包裹不见了。好心的驾驶员刘金航在行车时看到了一名男子悄悄走到这位大娘座位旁拿起包裹就走，连忙停车上前查问，心虚的男子丢下物品跑下了车。最终，在多方寻找后将这2000元救命钱交到了老大娘手中。还有一次，一名外来打工妹的数千元钱在车上被小偷偷走了，女驾驶员田玉婉知道后，非常气愤，赶紧关闭车门，一边用话筒警告小偷把钱交出来，一边驾车向警亭开去。隐藏在乘客当中的小偷害怕了，警告田玉婉不要多管闲事。面对恐吓，这个平时看起来有几分柔弱的女驾驶员临危不惧，毅然将车开到了警亭，最终使打工妹被盗的数千元钱失而复得，窃贼也受到了公安机关的惩罚。像这样的好人好事在9路线上比比皆是，不胜枚举。据统计，近两年来省会新闻媒体对9路线的先进事迹表扬报道达70余篇次。

思乘客之所思，为乘客之所为。通过自己的言行去影响乘客，创造出优美和谐的车厢环境，建立起新型的人际关系，折射出公交人全新的精神风貌，努力把公交建成省会大都市最美的流动风景线，正是9路人孜孜不倦的追求。为了更好地为乘客服务，车组人员自觉地苦练基本功。先后百余次利用下班时间了解沿线工厂、商店、学校、医院分布情况，采取看手表、数步子、记门牌和门前特色等方法，使自己成为郑州“活地图”。用心去做，为乘客提供方便，正是9路的服务原则。“夏天到来，给车座上拴上小扇子，送给乘客丝丝清凉；冬季来临，给扶手穿上绒外套，给乘客送去温馨；方便了万千乘客，换来了市民对公交的赞语。正是由于对乘客需求的理解，正是由于对乘客需求的不断探索，9路实现了三次大跨越，精品线路上升到省级青年文明号，省级青年文明号线路上升到全国工人先锋号线路，设立的便民爱心提示板虽小，却密切了公交与乘客的关系，使车厢倍感温馨。看着爱心提示板上“爱护车厢卫生，改陋习树新风”的提示，乘客自觉规范了自己的行为，将果皮纸屑等杂物扔进纸篓；看着爱心提示板上“车厢是个家，温馨你我他”的提示，乘客们变得和善了许多。爱心提示板成为友爱的桥梁，把车厢你我他紧紧连在一起；爱心提示板成为文明的使者，使车厢小社会的文明程度明显提高。

▲河南省郑州市全国工人先锋号9路公交车

9路职工用真诚服务，播种着文明的种子，传送着文明的春风。他们常说：“公交服务工作没有最好，只有更好。只要我们都献上一份爱，把乘客的满意变为我们的追求，公交车厢就会更靓丽，更温馨，我们的社会也会更美好。”

创文明优质服务　建和谐舒适公交

——记全国工人先锋号吉林省长春公交集团巴士公司1车队

长春公交集团巴士公司1车队负责管理62路、363路、362路三条公交线路，横跨长春市朝阳、南关、宽城三个行政区和商业区，贯穿市区多条主要道路，共配车105台，职工276人，日客流量近7万人次。

车队全体职工秉承工人阶级的光荣传统，发扬“不惧艰险，创造非凡”的企业精神，践行“诚信、奉献、优质服务”的社会承诺，遵循“热爱祖国、贡献长春、服务乘客、忠诚企业”的企训，牢固树立“内强素质、外树形象”的信念，努力为乘客和市民提供安全、快捷、舒适的出行环境。

为适应城市建设飞速发展，为百姓出行提供优质服务，车队按照集团“星级服务”的战略部署，以“创品牌服务，树行业新风”为宗旨，向“科学经营管理为根，建文明和谐环境为本”的目标迈进。车队全面实施《目标管理岗位责任制》，不断尝试机制和体制的改革及创新，相继推出创意服务新项目，推动了运营一线的规范服务，使文明优质服务水准迈向新台阶。

自建队以来，车队坚持以“八项抓好”为纲。即：抓班子带队伍；抓党员带群众；抓干部促管理；抓职工树形象；抓机务包车质；抓安全压事故；抓服务求效益；抓联建树品牌。同时，还制定了管理规章，在夯实基础上下功夫，确保安全生产；在源头治理上下功夫，加强队风建设；在执行标准上下功夫，提升服务质量；在增收节支上下功夫，完成指标计划；在逐级负责上下功夫；在关爱民生上下功夫，制定为职工办实事的《六项管理目标》。这就使各级管理者的工作变得看得见、摸得着，更具可操作性，使车队工作走向了良性循环的轨道。

企业管理要靠一个成熟的体系。为探索和建立这样一个体系，车队利用“技术介入”和“行政干预”的手段，陆续实施了“班组建设工程”、“民主管委会制度”、“义务线长工作职责”等各具针对性的管理办法。还及时地设立单项奖励机制，以表彰“打假状元”、“节约能手”的业绩，激励职工的进取精神和争创潜能。

为了能给车队职工营造一个公平、公开、公正的竞争环境，本着以人为本的原则，实施人性化管理，车队先后出台了《管理干部岗位责任追究》、《受处罚职工申诉办法》等政策性管理规定，使车队各层面的工作都能有章可循，有法可依，既解决了推诿、扯皮、责任不清、影响工作的问题，又维护了职工的合法权益，起到了疏塞导淤、缓解矛盾、增进沟通、融洽关系的作用，营造了和谐氛围。

企业发展离不开人才。所谓人才，不是全才，在职工队伍中，只要他在某一领域、某个方面、某项专长领先于别人，那就是人才。本着这一观念，为激励职工钻研各自擅长的技能，为企业作出贡献，车队于2005年10月制定了《首席职工制度》。每季度评选一次，不受名额、资历、学历限制，采取升降制，不搞一贯制。凡当选者，每月享受车队发给的200元奖励津贴。以此调动职工发挥自身特长参与竞争的积极性，推动各项劳动竞赛活动的深入开展，现在车队已有5名职工获得过此项奖励。一个比、学、赶、超的进取氛围已经形成。此项措施的有效实施，为车队挖掘人才资源夯实了基础。

不断提升职工队伍的整体素质、岗位技能和服务水准，是车队主抓的基础工作，这不仅是为了保证“精品线路”的质量，而且也是塑造长春公交社会形象的基础工程。为担负起窗口行业的职责，彰显公交行业的职业道德，践行优质服务的承诺，满足城市建设对公共交通的需求，车队认真遵照执行集团“星级服务”标准不走样，并制订了《岗位技能培训方案》和《驾驶员“星级服务”实施办法》。全面实施对司乘人员的业务培训，并对他们的服务工作进行跟踪考核，促使驾驶员不断掌握和提升业务技能水平。除此之外，车队还有意聘请长春市公关学校的老师，为司乘人员讲解相关的专题知识，结合服务工作的实际，传授解决实际问题的经验，收到了非常理想的效果。

车队还通过举办“百姓公交，百姓评”等活动，利用每年“3·15消费者权益日”的机会，向乘客和市民开展“有奖征询”，并积极听取他们的意见和建议，改进服务工作，使“全新投入、用心服务、倾心交流、爱心永驻”成为车队司乘人员的座右铭。

巴士车队为向兄弟单位和同行业的先进单位学习取经，充实自己的实力，与集团服务标兵电车公司54路车队结成优质服务联建对子，与长铁Z61/62包车组结成服务共建单位，实行互动组合，搭建服务平台，共同探讨切磋服务技能，交流经验，取长补短。经常组织岗位技能对抗演练和擂台赛，使岗位技能训练具有趣味性和吸引力，激发了职工的求知欲望和竞争意识。引导全体职工与时俱进，创新服务特色，提升“星级服务内涵”，使62路、362路成为长春公交形象的代言线路。

几年来，车队在长春公交行业内率先推出了“公交服务铁路化”模式，坚持实行统一着装上岗，做到仪表端庄，语言文明，服务规范，实现了公交车服务的标准化、规范化。率先在长春站公交站点设立“礼仪导乘岗”。为外来人员和本市乘客提供咨询、导乘、维持乘车秩序等多项服务，深受广大乘客的欢迎，同时成为长春站前的一个靓点景观。

车队还推出“阳光专线”服务项目。27台车的驾驶员均由复员军人、党员、团员自愿优化组合，他们发挥自己的特点和优势，设计了“一车一景观”的主题公交车，为“精品线路”增加了“含金量”，比如“音乐车厢”的旋律，“法律车厢”的严谨，“二人转车厢”的诙谐、幽默等，现在，又涌现出“党建工作车厢”、“吉林八景车厢”、“世博会车厢”、“足球主题文化车厢”等，使主题文化车厢达到61台，占车辆总数的70%。时任长春市市长崔杰曾亲笔批示：“主题公交车形式很好，希望能多看到一些这样的创造。”驾驶员，乘务人员用心与乘客进行交流、沟通，让乘客在短暂的乘车中享受轻松，得到收获，产生留恋之情。“阳光专线”的主题公交车与原有的“党员责任车”、“青年文明号”“爱老助残车”、“礼仪示范车”等样板车、先进车、典型车一道打造了线路的“团队风格”，每位驾驶员都借助电子报站器或用耳麦报站，或用手语、英语为乘客服务。自2002年至2012年，车队始终保持服务零投诉的好势头，为塑造长春公交的形象作出了应有的贡献。车队的许多事迹和创意均被省、市媒体进行宣传和报道。同时长春公交又推出“一票两乘”服务项目，宗旨是“方便乘客，优质服务”，达到吸引乘客、曲线增收的目的。

车队的干部职工不仅恪尽职守地做好本职工作，还参加社会公益活动。自2002年起，他们通过自愿捐款的形式，资助东北师大附中的赵慈、冯安丽、吕莎莎三名贫困学生，直到2005年这三人考上大学。全车队职工一直参加市慈善协会的捐款活动。曾为数十名聋哑人提供车辆，免费游览市区，参观街景；每年为城西敬老院的老人送去节日的祝福和慰问品。2005年3月5日，车队派车陪同接送龙兴社区60多名残疾人和孤儿参观了航天展。车队党支部在城西敬老院建立了尊老、敬老、爱老基地，节假日经常组织党员、星级人员慰问孤寡老人，为他们送去慰问品，陪老人聊天，帮助打扫卫生、理发、剪指甲等。2009年10月26日重阳节，车队领导班子一行来到城西敬老院，并询问老人需要什么，有什么困难，同时为老人们送去购买的日用品与大米、白面等，与孤寡老人一同包饺子，温馨的氛围感染了每一位老人，老人们说：谢谢你们来看我们，惦记着我们，你们就像我们的孩子一样，希望你们都健康、工作顺利。五星级驾驶员张国栋把领导奖励的1200元钱全部捐给了敬老院，把公交人的真诚和奉献精神辐射向社会。车队党支部积极开展向社会送温暖、献爱心活动。车队全体职工捐款4万多元，为汶川地震、西南旱灾和玉树地震等地送去长春公交人的一片爱心。

车队党支部被职工称为“职工110”，党支部坚持“冬送温暖、夏送凉爽”，每到炎热的夏季，书记、队长带领管理人员到营运一线为驾驶员和乘务人员送西瓜、绿豆汤、冰镇水、凉毛巾等解暑降温物品；冬季为职工添棉衣、发暖手炉、为职工送去贴心服务。职工吴立南家中不慎失火，家里烧得一干二净，车队食堂送来了可口的饭菜；班子成员和党员带头捐款，仅一天时间吴立南就收到职工的捐款一万多元，帮助他装饰了房子、购买了生活用品。吴立南和家人十分感激，几次要请车队领导吃饭表达心意，都被队长和书记婉言谢绝了，并告诉他，好好工作就是对车队和同事们最好的回报。

服务只有起点、满意没有终点。由于62路公交车沿线途经南湖公园、胜利公园等旅游景点，而且线路还经过省中医学院、省医院等市内几家重点医院。乘坐62路的老年乘客较多，车队独创了“绿色通道”服务模式，在62路设置了四台“老、幼、病、残、孕”优乘车，为老年乘客和弱势群体提供特殊服务。以“创文明优质服务，建和谐舒适公交”为准则，倡导关爱社会弱势群体，弘扬尊老爱幼的中华民族美德，让他们得到了来自长春公交人的尊重和关爱。

▲吉林省长春公交集团巴士公司1车队为老年乘客服务

为了全面提高职工安全防火意识，完善预防措施，车队每年都要举行消防演练，同时请消防队人员进行现场教学和考核，使全体职工提高防范意识，懂得预防措施，掌握扑救方法。

业绩是点滴付出的积累，成功是坚韧执着的过程。巴士公司车队正是经历了这样的历程：

2002年，获得中国质量协会、全国用户委员会“服务信得过单位”的荣誉称号。

2004年4月，共青团长春市委授予“长春市青年文明线”。

2005年2月，共青团长春市委、市经委、市科技局、市人事局授予青年职工技能“优秀成果奖”。

2007年1月，被中共长春市委、市政府授予“精神文明窗口”单位。

2009年12月，被全国总工会授予“全国工人先锋号”荣誉称号。

2011年12月，被长春市慈善会命名为长春慈善义工联盟，公交星级联盟会分队。

2011年12月，“绿色通道”被共青团长春市委、长春市志愿者联合会评为优秀志愿服务项目。

2012年11月62路“绿色通道”已经通过吉林省“敬老文明号”评选活动，现由省老龄委正在向中央申报“全国敬老文明号”。

多年来，巴士公司一车队的全体职工爱岗敬业、真诚奉献，为长春市的城市建设和社会文明、为长春公交的发展努力工作，取得了较好的社会效益和经济效益，积累了正能量，创造了财富，培养了人才，历练了队伍。目前车队正在党的十八大精神的指引下，按照城市公交企业的发展方向，努力打造成熟的管理体系，不断创新服务模式，为行业树新风，为城市增光添彩，为企业创效益。

展线路新风　树品牌形象

——记全国工人先锋号辽宁省大连公交客运集团快轨三号线

大连快轨三号线是我国东北第一条轨道交通线路，是大连人引以为豪的一张亮丽名片。现今的大连快轨三号线，已拥有二动二拖运营车辆28列，一动一拖运营车辆8列，日均客流量达14.5万人次。大连快轨，已经成为全市最便捷、最舒适的交通工具，成为大连一道最美的流动风景和城市现代化的重要标志。

一、线路概况

大连快轨三号线于2002年10月1日试通车，11月8日投入试运营，2003年5月1日正式投入运营。快轨三号线包括主线和支线，共建有18个车站，2座车辆段和1座控制中心。主线起点位于大连火车站，终点至5A级国家风景区金石滩，线路全长约49.04公里；支线起点位于开发区，终点至金州九里，线路全长约14.288公里。快轨三号线目前参加运营车辆36辆，每日运营车辆29辆，日均运营1.1万公里，377个车次，日客流约14.46万人次，采用分段计价方式，1元起价，既有线路全程8元，续建线路全程7元。

二、线路与时俱进

大连快轨三号线秉承以人为本的现代化企业管理理念，把职工的思想工作放在首位，并将服务质量作为企业的重要产品，定期组织职工学习，引导职工树立正确的世界观、人生观、价值观，并制定出一整套规范化的服务、礼仪标准，承诺“安全、正点、舒适”。

三、发挥党员的先锋模范作用

近年来，快轨三号线党委始终围绕全市交通事业发展大战略，把党建工作融入到经营管理的全过程，以积极创新的党建工作推进线路改革发展，促进国有资产保值增值，不断提升党建工作的科学化水平。

快轨三号线坚持融运营、安全、服务为一体，以“工作争先、服务争先、业绩争先”为目标，广泛开展“打造一流线路，描绘大连最美流动风景”创先争优载体活动，健全党建工作目标管理体系和工作机制，使党建工作更加系统化、规范化、科学化，使党员队伍成为线路长远发展的优秀人力资源；推出快轨三号线《党建工作目标管理考核办法》，签订了党组织《党建工作责任书》；在抓好基础建设、完成共性任务、完善长效机制的同时，开展了创建“特色”党支部竞赛活动，形成了快轨三号线独具特色的基层党建生态环境，使创先争优活动更加鲜活、生动、有效。

为做好职工的思想政治工作，快轨三号线党委始终坚持“五个必谈”，并多次组织职工思想动态调查，了解职工对快轨三号线发展的态度、想法、疑虑和要求，及时反映职工的思想情况，并给予职工满意的答复，将思想政治工作真正落到实处，做到思想政治工作服务于线路的改革和经营发展，从而保持了职工队伍的稳定。

四、开展增收节支、创新创效活动，为各项工作奠定基础

快轨三号线始终把开展增收节支、创新创效活动摆在工作的重要位置，认真部署，精心组织，采取切实措施，逐步深入，落实到位。注重增收节支成果，把着眼点放在提高经济效益上，保证活动扎实开展。通过开展活动，快轨三号线实现了部分进口设备备件国产化，完成了次序免检、大连站折返信号系统改造、车辆制动系统旁路开关改造、车辆空调定时起停改造、车辆双弓运行改造等多项技术革新，为线路运营和发展节约了成本。

五、弘扬企业文化，细微之处更显真情

快轨三号线职工姜文凯同志家境困难，又因其患有再生障碍性贫血急需接受治疗，三号线工会组织全体员工为姜文凯同志捐款共计31110元。此外，为给特困、患重大疾病、家庭意外、子女上学的职工提供一定的帮助，快轨三号线全体职工积极参与爱心互助资金筹集活动，在爱心互助资金的帮助下，困难职工杜雪、卢梅、孙锡明、张存瑞、于文武、于建君、沈应安、宫秀斌等9位同志获得了不同程度的救助，使用救助款共计12.5万元。爱心互助资金活动是贯彻落实“三个代表”重要思想的具体体现，是促进线路改革发展稳定的有力保证，是保障职工群众切身利益的迫切需要。爱心互助资金充分体现了“以人为本”，关心人、爱护人，倡导了“人人助我，我助人人”的互助友爱精神，增强了职工凝聚力，创造了和谐的线路营运氛围，受到了职工的一致好评。

关爱社会弱势群体，是快轨三号线工会工作的延伸。快轨三号线开发区车站（市巾帼文明岗）与普兰店市杨树房镇西沟村（巾帼文明村）结成了岗村帮扶对象，经常开展帮扶活动，每年到西沟村慰问，为他们提供救助金。

为丰富职工的业余文化生活，增进职工、家属、企业之间的了解，构建和谐企业，快轨三号线工会自2006年起每年于4月、10月分两次组织职工及其家属参加“畅游发现王国”活动，受到广大职工及职工家属的一致好评。

针对三号线职工年轻人较多、业余文化生活需求高的特点，快轨三号线工会与大连多家电影公司联系，为职工随时购买优惠电影票提供便利。

生日对中国人来说相当重要，为了使每名员工都体验到家的温暖，快轨三号线工会每天为过生日的职工准备了生日贺卡和生日饺子，由工会干事通过电话向员工致以生日的祝福，并由专人将生日水饺送到员工的工作岗位。

六、主要荣誉

回首过去，快轨三号线在各级领导的大力支持下，通过科学的管理和职工的不懈努力，逐步实现了物质与精神文明的双丰收，在取得良好经济效益的同时，也取得了显著的社会效益。

截至2012年年底，快轨三号线已实现连续安全运营3533天，安全行车约2201万公里，运送乘客约25522.9万人次，相继荣获2003年大连市“人民满意标兵线路”、2004年共青团辽宁省委“青年文明号线路”、2005年共青团中央“青年文明号线路”、2006年大连市“十佳创新型青年文明号线路”、大连市“服务品牌线路”、大连市“巾帼文明岗”、辽宁省“工人先锋号”、辽宁省“学雷锋号”等荣誉称号，全国“工人先锋号”、全国“巾帼文明岗”、2008年

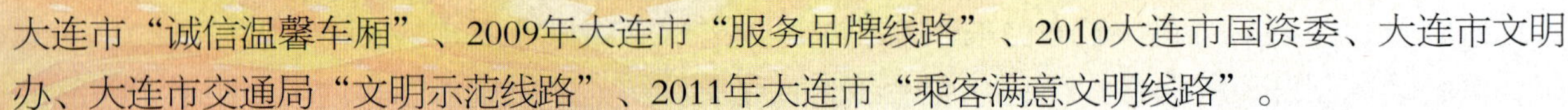

大连市“诚信温馨车厢”、2009年大连市“服务品牌线路”、2010大连市国资委、大连市文明办、大连市交通局“文明示范线路”、2011年大连市“乘客满意文明线路”。

快轨三号线是大连市第一条建成并已投入运营的轨道交通线路，也是轨道交通的一员新兵，虽然时间短，但快轨人有决心、有信心创建“品牌服务”，弘扬“职业文明”，创造“一流业绩”。

展望未来，快轨三号线将本着“以人为本，安全第一，服务第一”的理念在广大乘客中树立良好口碑，以创新的精神不断提升服务竞争能力，将服务逐步推向规范化、标准化，创造更好的明天。

▲大连快轨三号线

用青春和热情谱写别样的公交人生

——记全国工人先锋号陕西省西安市公共交通总公司公交旅游专线306路

西安市公共交通总公司公交旅游专线306路，是一条有着18年光荣历史的品牌专线，多年以来，306路以最优质的服务、最佳的窗口形象塑造着西安公交旅游的金字品牌。先后被中宣部、中央精神文明委等部门命名为"全国文明服务示范窗口单位"，同时获得了省委、省政府授予的"省级文明单位"荣誉称号，2011又被评为"全国工人先锋号"。

一、是古城公交线上的一张烫金名片

公交六公司7车队306路创建伊始，全体驾乘人员就树立了"人人是窗口，个个是形象"的观念，在"星级管理、星级服务"中，开展"创先争优、争做公交先锋"，"温馨公交系乘客、微笑服务铸品牌"等活动。为了打造最舒适的乘车环境，他们率先在西安公交行业实行了"高星级航空式的服务"，让乘客从身体上、心理上真正享受到了"头等舱"的优质服务待遇。为此，他们曾聘请空姐进行礼仪、容貌等方面的培训，从站姿、坐姿、手势、行走、着装方面进行了全方位的严格训练；之后又邀请了外国语学院的老师培训英语，成为西安市最早也是目前唯一的一条双语报站、双语服务、双语介绍景点的旅游线路。

在18年的成长历程中，306路旅游专线得到了总公司、六公司等各级领导的重视和大力支持。车队在日常工作方面，坚持高标准、严要求，以带一流职工队伍为目标，抓好职工的综合素质建设，有计划地进行安全服务等环节的培训。在此之前，车队根据公交旅游线路上的特点和实际情况，编写了驾驶员、乘务员、调度员、站务员、值班干部等安全服务、安全规范、仪容仪表等工作标准手册，在车上设有《乘车意见本》和车组《行车日记》，随时随地地收集乘客对306旅游线路的工作意见和建议，最大限度地为乘客提供细化的服务。

在《行车日记》中有不少驾乘人员写下了对公交安全及服务的认识。有位驾驶员在《行车日记》中写了一首名为《和谐》的诗，诗中这样写到："和谐是轻风，拂去狂燥的尘土；和谐是雨露，滋润善良的禾苗；和谐是天空，放飞梦想的风筝；和谐是暖阳，溶解仇恨的冰霜。"还有一位乘务员在行车日记中也写了一段《今天，你微笑了吗？》的心语，用来提醒自己对待乘客要面带微笑、文明礼貌，用规范的航空式高星级标准为广大的中外宾客服务，取得了良好的效果。

在争创星级线路、高星级驾乘服务中，涌现出了以张晓艳、于丹、王蒙、吕欢、崔艳花、代文娟、郭佩等为代表的曾经多次获得过高星级称号的"明星式"的司乘人员，她们用火热的激情为公交事业奉献着自己靓丽的青春，以出色的服务、口碑赢得了广大中外游客的赞誉。而作为西安市公交系统唯一的一名乘务长，张晓艳更是公交旅游线路上的一位杰出的代表。

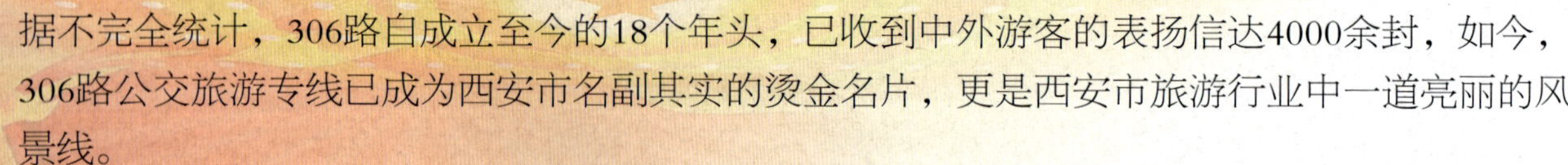

据不完全统计，306路自成立至今的18个年头，已收到中外游客的表扬信达4000余封，如今，306路公交旅游专线已成为西安市名副其实的烫金名片，更是西安市旅游行业中一道亮丽的风景线。

二、是一支素质高、凝聚力强的团队

西安公交六公司旅游专线车队，全路职工84人，35个车组，其中男职工42人，女职工33人，平均年龄40岁，党员10人，团员28人，工会会员50人，中级工3人，初级工30人，大专10人，高中（中专）65人。近年来，在西安市委、市政府和市交通运输局、市文明委的正确领导下，在公司有关部门和社会各界的关心、支持与帮助下，306路车队以争创“文明示范窗口形象”活动为载体，以提高公交服务管理水平、建设人民群众满意公交为目标，努力打造文明、绿色、科技公交，取得了显著成效。为此，车队专门成立了以队干部为组长、路长为副组长、网络小组长为成员的“服务示范窗口”创建工作领导小组。每7辆车为一个网络小组，共设有5个小组。组长分别是：王西会、刘王振、张莉、高昕、李涛。另设两名路长：韩益民、任旭东。专设一名乘务长：张晓艳。同时他们制定了路长、乘务长、网络组长岗位责任制，明确责、权、利的细化分工，制定出了量化的考核办法，结合306路的自身工作特点，定期组织路长、网络小组长对全线路的小组成员进行安全服务检查，发现安全隐患、服务质量、卫生清洁等方面的问题及时纠正，从而使306路这个优秀团队多年来一直保持着一流服务、安全稳定及车辆卫生的整洁；除此之外，他们还积极地组织网络小组活动、开展小组竞赛和高星级人员“传帮带”等活动。经常加强驾乘人员的业务培训、学习以及业务交流。

在2012年“五一”节前夕分别组织线路上的职工观摩景点、进行“模拟讲解练习”等，对驾乘人员做好景点服务用语、双语口语方面的训练和宣传。特别是每年的“国庆节”之前他们都会和旅游景点的工作人员进行业务互动，通过互动交流，他们增长了知识，提高了业务技能。而争创星级线路和“航空式”的服务，则成了306路长期以来的奋斗目标。

306旅游专线在车队干部和路长、小组长的带领下，不定期地进行着装评比、行车纪律检查及“五比”活动“大比拼”：比安全行车、服务质量、车辆卫生、行车纪律等，此项活动得到了全路职工的热烈响应，收到了良好的效果。

2012年全年，306路累计星为31颗，名列六公司第一。而高昕、张晓艳、张莉、于丹、王蒙、姚旬等高星级别的驾驶员和乘务员则是其中的佼佼者。特别是高星级驾驶员高昕和乘务长张晓艳，他俩经常利用业余时间，在车上和线路上进行现场演示，实行一对一、手把手地帮教，并且耐心地解答徒弟们工作中出现的一些问题。通过这种“传帮带”的方式，使业务差、底子薄的驾乘人员都有了很大的进步和收获。

乘务员张娜通过“帮教”及“带徒弟”活动，被总公司考核评定为特级乘务员；王世喜、刘锦阳、平冰心、郭婷婷、郭鹏飞、罗薇等乘务员也都被评为了三星级乘务员；驾驶员阳光、马妮娜、贾腾等人被评为三星级驾驶员。

在安全服务生产中，306旅游线路月月能按时完成各项任务和指标，受到了广大乘客的称赞。平时，他们还积极地组织形式多样的劳动竞赛，广泛征求意见、建议，结合公交的特点和工作性质，306团队还开展了“一杯水安全行车活动”和“为乘客做好事、规范服务行为”等活动，比行车安全，比服务规范，且通过乘客代表座谈会的形式，虚心听取乘客代表对306路在提高公交服务水平等方面的意见、建议。定期召开车队干部职工专题动员会，明确工作要求，使全体驾乘人员意识到，开展创建“文明服务示范窗口”活动是落实科学发展观的有效形式，是进一步塑造公交优质服务形象的需要，更是全面提升公交服务水平的有效途径。为了让旅游者和乘客们有一个舒适的乘车环境，他们还在车上配备了垃圾袋、水壶、针线包等温馨、贴切的细化物件，以备乘客们使用。

三、是一支以航空服务为标准的高标准服务团队

多年以来，306路驾乘人员勤勤恳恳为中外游客服务，涌现出了不少的好人好事。

2010年4月，乘务员王蒙在车厢内发现了一个女士提包，里面装有大量的现金和身份证等物品，为了寻找到失主，她费尽周折四处联系。失主最初以为是遇到了骗子，经过王蒙多次耐心、细致地解释，对方这才相信了她。当失主拿到失而复得的东西时，他感激地对王蒙说：“别的东西丢了都不要紧，但身份证要是丢了，那结婚证肯定是领不成了，婚期就要受到影响，真是太谢谢你们了……”

▲全国工人先锋号陕西省西安市公共交通总公司公交旅游专线306路

国庆长假期间，从四川来西安游玩的王先生，由华山归来途中，丢失了自己的手机、证件等贵重物品，正在酒店一筹莫展时，接到了306路路长韩益民打过来的电话，告诉王先生，他捡到了王先生的物品且悉心保管着。

还有一名游客丢失的物品价值高达3万余元，当他发现自己东西不见了，正焦急地不知如何是好时，忽然听到了临潼兵马俑广播里传来寻找失主的消息，这位游客激动得一颗心都飞了起来，他马上跑到306路的调度站，看到自己的物品完好无损地呈现在他的面前时，这位游客喜极而泣，拉住驾乘人员的手连连致谢！

一位306路的调度人员告诉笔者，许多游客因为急于赶路，往往将自己的东西遗落在车上，其中不乏贵重物品，但只要是被306路的驾乘人员发现，都能够“完璧归赵”。

而像这样的场景，几乎每天都在306路旅游专线“上演”着。据不完全统计，18年来，306路驾乘人员捡到并归还给失主的就有相机40余部、笔记本电脑2部、手机20余部、现金2万余元，其他物品400余件。让306路驾乘人员想不到的是，他们还经常会“捡”到与游客失散的儿童，将孩子妥善地照顾好，直到那些儿童与粗心的家长团圆。

截至2012年，光收到的中外宾客表扬信就多达300余封，锦旗10面。

四、是一支能担当社会责任具有大爱的团队

“5·12”的汶川大地震抗震救灾工作，更是彰显了306路旅游专线职工的高风亮节。2008年5月12日，四川汶川发生了8级特大地震，306路的全体职工第一时间伸出了援助、友爱之手，为了前往四川绵阳支援灾区，为了护送灾区的乡亲们，大部分车辆的驾驶员一路上辛勤奔波，三天两夜未曾合眼。路途中，甚至有很多的驾驶员都只吃了一顿饭，但他们却把自己有限的食物和瓶装水全部送给了那些急需要救助的苦难的同胞们。为了安全行车，306路的驾驶员强忍着疲惫，困了他们就拍打几下自己的脸、狠掐自己的腿来提神，就这样一路兼程、昼夜不停歇地奔赴在通往四川的道路上，直到将灾区的同胞们安全地送达目的地——

绵阳，他们才撤回。此善举得到了当地政府领导的表扬，同时也被陕西省委、省政府授予了“抗震救灾先进单位”称号。然而，从其他线路临时调往306旅游专线上的那些“替补”车辆，却由于没有空调、车速又慢而遭到乘客的非议，甚至有不少的乘客还讲一些难听的话。“五星级”的乘务员兼乘务长张晓艳便用自己真切而又深情的话语对着大家一一做着解释：“各位乘客，大家好！四川汶川发生了大地震，灾区的同胞们受了灾，有的人在地震中失去了家园，失去了亲人。我们的司机师傅们都开着最好的306路车到千里之外的灾区支援同胞去了，途中，他们夜以继日地赶路，吃不上喝不上。为了不影响大家乘车，就是现在这些临时跑在306路线上的车辆还是从其他线路上借调过来的，希望大家为受苦受难的同胞们献上一片爱心，也请理解我们的难处……”当张晓艳动情地讲这段话的时候，她自己先忍不住地哭了起来，而车上的一部分乘客也被乘务员那段真情的话语感动得流下了眼泪！

五、是一支以真诚赢得天下游客广泛赞誉的团队

2007年冬季的一天，车辆由火车站始发，行至西临高速时，张晓艳突然闻到了车里一股臭味，她立即起身巡视，发现有不少的乘客捂着鼻子离开座位。由于《高速路交通管理办法》第7条规定：“机动车在行驶过程中，乘车人不准站立，不准向车外抛洒物品。”于是张晓艳马上要求乘客找座位坐下。这时候她发现一位老先生尴尬地坐在原处，便走近老人小声问道：“老人家，您怎么了？”老先生很难为情地说：“实在对不住，我……我大便失禁了，年龄大了，哎……”张晓艳一听这话，马上明白了。接着她便快速拿来一些纸巾和报纸帮着老先生清理秽物。老先生不知所措，脸立刻一红，写满了歉意，连声说着：“对不起！对不起！”但张晓艳却依然微笑着对老人说：“没关系！没关系！”这一举动让所有的乘客目瞪口呆，大家都纷纷地竖起了自己的大拇指，就连刚开始有些抱怨的乘客也渐渐地展露出自己的笑容。

有位到西安来旅游的上海大学老师连声赞叹地对张晓艳说：“我们走遍了大江南北和全国各地，西安的306路服务一流，在全国是最好的，驾乘人员工作认真负责、文明礼貌而且还站站介绍景点知识，真是太好了！感谢你们的热情服务周到……”

也曾经有人对张晓艳说：“你们的工作挺单调的，也挺苦的，连出去玩的机会都没有。你工作了这么长时间，不觉得累吗？”张晓艳回答：“我虽然没有做过什么惊天动地的大事情，但是我知道，苦并不是我们博得别人同情的资本，奋斗才是最重要的，每个人都一样，只要我们自己不小看自己，不放弃自己，就没有人敢小看你和放弃你……”这就是张晓艳，一个普通的乘务员兼乘务长，一直在默默地工作，长期坚守，不放弃，从简单到繁杂，由平凡到杰出，始终面带着微笑，用自己的真情为广大乘客服务。

其实在306路这个集体团队里，像这样可歌可泣的事例还有许多许多，不仅仅是306路，不仅仅是张晓艳，还有无数的公交人都共同肩负着社会的责任，承载着乘客的寄托，他们用自己无悔的青春和热血谱写了一曲曲公交人的和谐赞歌和华彩乐章！

迎风飘扬的文明旗帜

——记全国工人先锋号天津公交集团公司8路车队党支部

天津公交8路——这个有着38名党员的坚强集体，带领145名干部职工，驾着60辆流动的文明车厢，先后被中华全国总工会、交通运输部等授予“社会主义劳动竞赛先进班组”、“工人先锋号”、“全国交通运输行业文明示范窗口”殊荣；被中共中央组织部命名为“全国先进基层党组织”，先后10次荣获天津市“特等劳动模范集体”、14次荣获天津市“劳动模范集体”等一系列殊荣，仅2007年以来，安全行驶里程达1500万公里，收到社会各界送来的锦旗188面、表扬信1420封，让我们透过这一串串数字，一起探寻骄人成绩背后的感人故事。

一、一名党员一面旗

如果说8路车队是天津公交战线一面流动的文明旗帜，那么车队党支部就是优秀的旗手团队。多年来，8路车队党支部“一班人”换了一茬又一茬，但“展示文明、追求卓越、永争第一”的理念却历久弥坚。用现任党支部书记凌晓雯的话说，他们发挥党支部战斗堡垒作用和党员先锋模范作用的路数和招法是：“立规矩、做表率、暖人心”。

“立规矩”是固本之策。8路党支部坚持党务公开制度，开设“创先争优专栏”，积极开展支部点评，公开支部承诺、党员承诺、党员车组承诺。设置“支部书记信箱”，拓宽党员群众联系渠道，把支部“一班人”言行始终置于党员群众监督之下，使其永葆先进本色。

“做表率”是无声号令。由于8路车队紧临天津奥体中心，急活多、累活多、险活多，不能出半点差错。每当奥体中心有大型活动时，车队党支部班子成员先上，一线在哪里，党支部成员就站在哪里。带头加车运营、维护秩序的都是党支部成员。仅奥运会比赛期间，8路党支部带领全体党员人人放弃公休义务奉献达745小时，多次受到市领导表扬。春节元旦等节假日，跑最早几班车、最后几班车的也都是党支部成员；遇到夏天大雨、冬天大雪等特殊天气，在站区站台坚持到送走最后一名乘客的，仍然是党支部成员。新职工杨志桐佩服的说：“我们8路党员干部人人都是一面旗，真正做到了“五带头”，我们的事业有奔头。”

“暖人心”是力量源泉。在8路车队，用人情味去感染人是党支部做职工思想工作的又一大特色。炎炎夏日，他们为一线职工煮绿豆汤、送凉西瓜，用湿毛巾为汗流浃背的驾驶员降温。职工家中如出现婚、丧、病、工伤、家庭不和等情况，党支部成员更是第一个到家中探访。2012年3月，8路站务员赵云芳的爱人突患白血病，她的女儿已在8年前不幸离世，连续的打击几乎使她失去了生活的信心。车队得知消息后，第一时间赶到了她的身边，派人陪她处理家务不说，还积极帮她多方联系募捐，一周内就筹款3万多元，缓解了她的燃眉之急。在8路，类似的实例还有很多，浓浓的人情味儿，把100多号职工凝聚成一个敢打硬仗、敢啃硬骨头的坚强集体。8路车队队长罗晓熙自豪地对记者说："有些车队的驾驶员最怕临时加班，但我们车队不仅不存在这个问题，有了临时情况，大家都抢着来！"公交8路已经成为不用"加班动员"的车队。一到节假日或遇上特殊天气等临时任务，早上保出库，晚上保收车，很多歇班的职工都会主动赶回车队，坚守岗位，甘愿吃苦，默默奉献。

二、行车安全当天职

多年来，公交8路车队把确保乘客的乘车安全当作每位驾驶员的天职。采取多种措施，把运营安全指数提到最高，把防事故预案做到最细，连续5年实现无责任事故、无责任投诉、无责任坏车。然而，真正做到这"三无合一"，绝非一日之功。8路车队组织驾驶员潜心研究隐患发生规律，用心体味车辆运营动态，确保万无一失。

面对面宣讲安全常识。在8路车队，每天出车前的"面对面"安全宣讲已经坚持了多年。安全员每天都要对驾驶员安全上岗"提个醒"。除此之外，车队还经常邀请公交集团安全专业人员、奥体中心附近交通民警以及兄弟车队的安全专家和优秀驾驶员来队指导，给职工上安全教育课，让"行车安全"成为全体驾驶员脑海里绷得最紧的一根弦。

熟记安全行车路径。围绕安全出行，他们对全线行驶道路进行了细致调查，制作出公交8路运营安全防范示意图，对8路车队沿途经过的8所医院、24处转弯、38个路口以及沿线十几所学校复杂路况进行了详细分析，对各个安全风险点进行了标注。例如新兴路路段，行车道路变窄，要防止剐蹭；鞍山道与新兴路交口，由于逆行设立存车处，车辆堵塞严重，许多车辆不按规定车道行驶，要严格遵守各行其道制度；下行百货大楼站线路密集，候车乘车较多，应提前降速，平安入站；总医院门口，人员来去匆匆，病人行动不便，要注意观察行人动态等。让每名驾驶员对沿途道路安全情况做到"心中有数"，增强了防事故能力。

关注特殊群体。针对8路沿线客流出现的"五多"，即残疾人多、老年人多、外地人多、学生多、看病人多特点。尤其2010年天津实行65岁以上老年人免费乘车后，经过多家医院、公园的8路车队，"银发族"乘客明显增加。平峰时段，车厢内的乘客一半以上是持敬老卡乘车的老年人。老年乘客特别容易发生客伤事故，为了防止万一，车队给驾驶员制定了"老年乘客安全提示"。时时刻刻、年年月月，驾驶员车动必讲，车停必查，常备不懈，确保了老年乘客出行安全。"老年乘客安全提示"发布以来，8路车队没有出现过一起老年乘客碰伤事故。许多老年乘客都说："坐8路的车他们最放心！"

三、优质服务创品牌

"乘客至上、信誉第一"，"运营一分钟，服务六十秒"是8路车队永恒的服务宗旨，"爱心铸8路，心系乘车人"是8路人共同奋斗的团队精神，一代又一代8路人用自己辛勤的汗水，自觉践行着这些难能可贵的精神。这些年，8路涌现出全国和市级劳动模范11名，天津市道德模范、身边好人、优秀志愿者8名，国家级青年文明号成员2名及市级青年文明号成员4名。8路车队党支部注重发挥"明星效应"，全力打造"好人方阵"。全国劳动模范张建生、市级劳动模范丁禄峰都是公交一线响当当的明星。为了让他们产生"一加一大于二"的效应，车队每年都要精心组织举办拜师会，发挥传帮带的师承作用。目前，张建生已经带出了104个思想、作风、技术、纪律"四过硬"徒弟，他们个个都是流动的文明骨干。8路车队的车厢服务是公交行业远近闻名的品牌，但支部"一班人"却永不满足。他们追求卓越、追求完美的脚步从未停顿过。2008年，公交8路率先倡导奥运主协办城市北京、上海、青岛、沈阳、秦皇岛

启动了“六城连五环、公交迎奥运”活动，在车厢内推广英语服务和手语服务，让外国朋友、残疾朋友都能体会到8路公交的贴心服务。2010年，公交8路结合老年人免费乘车，推出了专门针对老年乘客的30种贴心服务方法，在车厢内专设了12个老年人专用座位。2011年，公交8路又延伸服务触角，探索出驾驶员先主动向让座乘客道谢，再引导被让座乘客道谢的“双谢”让座服务法，使老年人上车保证有座。并推出了“爱国号、文明号、雷锋号、名居号、美食号”等42部主题文化车厢，向乘客宣传文明行为，展示津城美景，把公交车厢变成了流动的文明展示平台。2012年，8路车队与市红十字会联系，对车队全体驾驶员进行了应急救护培训，成为全国公交客运服务行业首条执行“急救员”上岗的车队。同时还率先推出天津公交《公共汽车服务标准》，进一步促进了车队服务质量的提升。多年来，他们第一个开通了方便农村市民出行的支农车；第一个对高校学生开通支教车；第一个在站区实现全运时换钞服务；第一个在不同季节、天气，针对车厢内情况及时变换乘客提示语……无数个公交服务第一，铸就了公交8路这块天津公交战线名副其实的“金字招牌”。

▲天津公交三公司8路车队班子研究车队服务新举措

四、文明花香传万里

一花独放不是春，万紫千红春满园。8路车队不仅自身过硬，广大职工还通过善行义举，去帮助别人、影响别人，让更多的人分享文明阳光。

成立“爱心铸8路，心系乘车人”志愿服务队。天津市阳光老人院的老人们因出行不便，试探着找到8路车队，请求关键时候租用车辆。8路车队的职工们二话没说，便承担起义务接送老人的重任。这“一接一送”一下就坚持了十年。他们每年为老人们组织3次以上的游览活动，为了让老人们玩得开心，一路上公交志愿者们又唱又跳又讲故事，逗得老人们开怀大笑。每年重阳节，志愿者们就会到阳光老人院探望，给老人们演节目，和老人们一起猜谜语做游戏，给老人们送去久违的欢乐。在关爱老年人的同时，8路车队的志愿者们也一直在关注着孩子们的健康成长。2011年，车队在志愿服务小分队基础上，成立了“手拉手，心连心，助学帮困基金”，帮助河西区尖山小学的外来务工人员子女完成学业，志愿者们

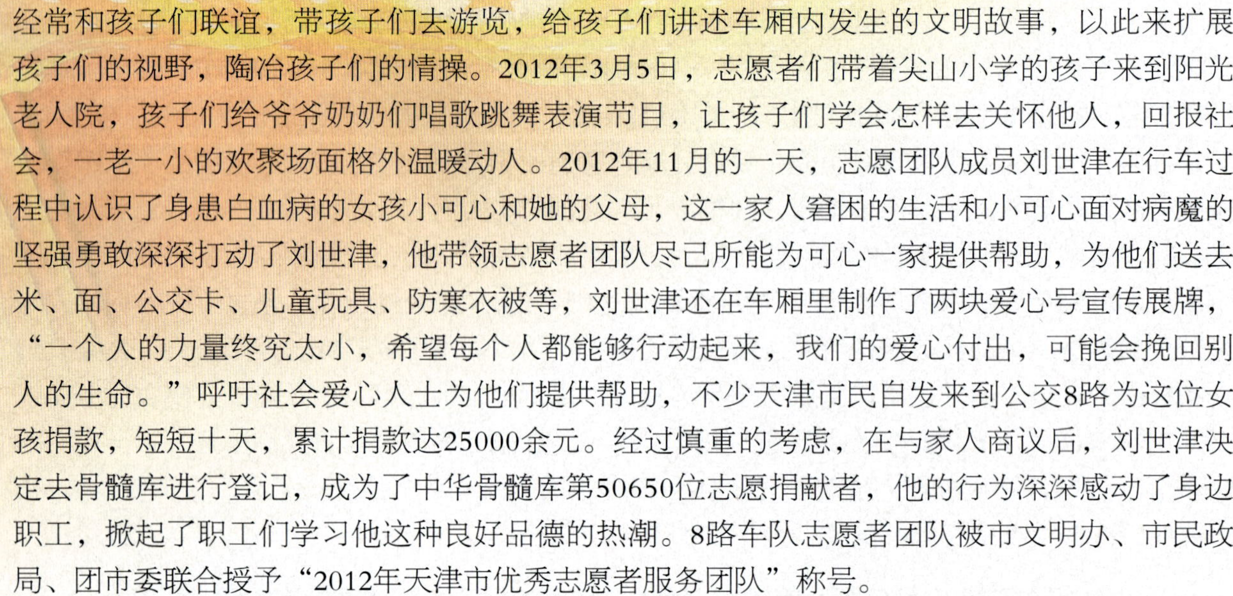

经常和孩子们联谊，带孩子们去游览，给孩子们讲述车厢内发生的文明故事，以此来扩展孩子们的视野，陶冶孩子们的情操。2012年3月5日，志愿者们带着尖山小学的孩子来到阳光老人院，孩子们给爷爷奶奶们唱歌跳舞表演节目，让孩子们学会怎样去关怀他人，回报社会，一老一小的欢聚场面格外温暖动人。2012年11月的一天，志愿团队成员刘世津在行车过程中认识了身患白血病的女孩小可心和她的父母，这一家人窘困的生活和小可心面对病魔的坚强勇敢深深打动了刘世津，他带领志愿者团队尽己所能为可心一家提供帮助，为他们送去米、面、公交卡、儿童玩具、防寒衣被等，刘世津还在车厢里制作了两块爱心号宣传展牌，“一个人的力量终究太小，希望每个人都能够行动起来，我们的爱心付出，可能会挽回别人的生命。”呼吁社会爱心人士为他们提供帮助，不少天津市民自发来到公交8路为这位女孩捐款，短短十天，累计捐款达25000余元。经过慎重的考虑，在与家人商议后，刘世津决定去骨髓库进行登记，成为了中华骨髓库第50650位志愿捐献者，他的行为深深感动了身边职工，掀起了职工们学习他这种良好品德的热潮。8路车队志愿者团队被市文明办、市民政局、团市委联合授予“2012年天津市优秀志愿者服务团队”称号。

在党的十八大精神的引领下，公交8路党支部“一班人”，正按照市委市政府的要求和各级领导的嘱托，带领全体员工，在“文明和谐、安全快捷、优质高效”的征途上阔步前行！

创公交特色品牌　展优质服务新貌

——记全国工人先锋号重庆市公共电车有限公司465路

公共交通作为城市文明的“窗口”，其服务质量能直接折射出一个城市和公交企业的形象。重庆市公共电车有限公司一分公司465路，自1998年组建以来，随着城市建设的飞速发展，精神文明的日益进步，不断迈步前进。465路现拥有中级客车43台，日载客量3.5万人次，全程15.1公里，线路跨越渝北区、江北区、渝中区，担负着广电大厦至解放碑中心商业区沿线的重要运输任务。465路现有职工185人，其中党员14名，团员13名，党团员占职工总数的15%。具有大专以上文化程度的职工13名，占职工总数的7%。35岁以下职工111名，占职工总数的60%。465路是一支具有大局意识、团队精神，富有活力、充满朝气、成效显著的公交生力军。

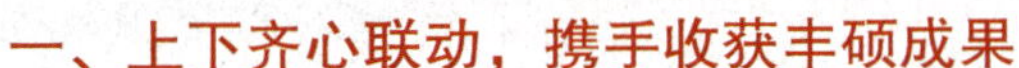

一、上下齐心联动，携手收获丰硕成果

电车公司465路始终坚持“两个文明一起抓，两个成果一起要”，以“安全就是生命、服务就是效益”为宗旨，以全面提升服务质量为动力，以“安全、运行、服务、效益”为主体，以创建优质品牌线路为载体，建立了党政工团齐抓共管的文明建设体系，积极参与、策划、制定一系列的措施和政策，做到组织健全、分工明确、责任到位、制度完善，有效推动了各项工作的顺利开展。2001年荣获“重庆市市级文明单位”称号；2002年4月，荣获“重庆市交通系统示范窗口”称号；2002年5月，被命名为“重庆市十佳青年文明号”；2003年6月，荣获“全国青年文明号”称号；2003年，荣获重庆市第四届职工道德建设“十佳班组”称号；2005年，荣获交通部交通行业“文明示范窗口”称号；2008年12月，荣获重庆市交通建设系统“工人先锋号”称号；2009年，荣获“重庆市工人先锋号”称号；2012年，荣获“全国工人先锋号”称号，重庆市交通行业创先争优“群众满意窗口”称号。除此之外，465路积极争创星级标准化文明线路，于2004年被评为首批集团公司标准化文明线路。

二、加强基础学习，坚持“四注重”提高

（一）注重提升全员职工政治素养

465路始终坚持以邓小平理论和党的基本方针为指导，教育广大干部和职工，引导职工树立“爱岗敬业、诚信服务、团结向上、再造辉煌”的企业精神。塑造企业形象，结合时事政治加强创建工作，在全路开展了形式多样的爱国主义教育，注重提高党员、管理人员的思想政治素质，从而带动职工队伍整体素质的提升。

（二）注重培养全体职工职业道德素质

分公司制定了“乘客至上、服务至优、车容至好、车况至佳、管理至严”的“五至”工作方针。把乘客的满意作为永恒不懈的追求，树立为乘客排忧解难的服务意识，要求以优质、标准、规范的服务在竞争中赢得客运市场。同时把抓好思想教育作为全面提高全路整体素质的关键，坚持以思想教育、职业教育为重点，重点培养“四有”职工队伍。认真按照“思想政治工作不断创新”的要求，努力使思想政治工作紧扣职工所思、所想、所求，增强教育内容和时代感，力求在教育形式上大胆探索和创新。

（三）注重抓好全体职工的文化知识学习、社会公德教育

465路按照建设学习型企业、知识型班组的要求，以自培和外请的形式，积极开展各岗位专业技术培训，同时积极支持和鼓励职工参加各种业余函授的学习。

（四）注重倡导全体职工文明新风尚

465路组织多种形式的思想教育活动，积极倡导“驾乘人员为乘客提供优质服务，后勤管理人员为一线驾乘人员服好务”的思想。通过强化优质的服务意识，营造良好的服务氛围，不断提高全路整体服务水平，努力在客运市场的竞争中以礼仪、诚信、文明的服务，展示出465路“工人先锋号”的品牌服务形象。

▲重庆市公共电车有限公司465路“全国工人先锋号”授牌仪式

三、健全管理制度，奠定安全“零风险”基础

“安全是最大的效益”，这是465路一贯的安全工作思想。465路将安全工作同创建工作相结合，牢固树立“安全无小事，人人讲安全，事事做安全”的思想。强化各级安全责任制，深化安全工作管理，加大全线管理人员及驾驶员的考核力度，实施重奖、重罚。通过强化全路“人、车、路”三级管理，坚持做到“四不放过”、“四个一样”，认真分析事故案例，教育广大驾驶员严格遵守交通法规及各类规章制度。同时，严格执行运行纪律，确保准

点运行。坚持开展每季度“百日安全行驶爱车”活动，“六大”风险辨识及防控规则知识竞赛等活动，树立起“人人争当安全先进，开好安全文明车”的好风气。近三年来，465路未发生重大有责安全事故。

465路积极探索、努力进取，坚持思想更新、实事求是的观念，建立健全各项规章制度，以制度强管理，以管理促发展。先后制定了《驾驶员跟踪调查表》、《新车管理办法》等制度。确保各项工作向标准化、规范化方面发展。

分公司本着对“有问题不放过、小问题不错过、没问题不跳过”的原则，积极加大对465路的周检力度，提高车辆性能。同时对重点路段和事故多发路段的道路进行实地考察、拍摄照片，以PPT的形式适时地分析、讲解，强化驾驶员的安全意识、规范操作方法。

四、提升服务质量，构建文明和谐大环境

465路注重提升职工服务质量。经常性开展“三个一”（一个微笑、一声问候、一句引导）服务培训、文明礼仪培训、操作规程培训以及英、哑语对话、旅游景点及服务质量标准、星级管理、星级服务等培训。培训要求驾乘人员不但要做到“三个一”服务，还要对重庆市内的各大景点和乘车路线了如指掌，使每个驾乘人员都成为重庆的“指示牌”。日常管理严格依照星级标准，规范着装，仪表端庄大方，对乘客的态度热情诚恳，遇到乘客询问耐心解答，做到文明服务，用心服务，定期对乘务员进行服务技能展示考评。

465路积极将培训与劳动竞赛相结合，通过“乘务员服务技能大赛”、“一帮一”拜师学技等形式，大力开展岗位练兵，以“三个一”为内容，坚持微笑服务、文明行车、礼貌待客，以满足广大乘客的要求与期望，坚持不懈地依靠其优质服务赢得乘客支持和信赖。分公司不定时组织人员上线检查，对“三个一”服务、运行秩序规范、车容站貌等进行检查，有效保证整体服务质量的提升。

五、树立特色品牌，打造“红姑娘”客运班组

465路坚持以树立先进典型为抓手，用榜样的力量带动全线职工，为全面提升服务形象，打造465路特色服务亮点，465路于2012年2月21日组建465路“红姑娘”客运班组。1959年11月，在全国“群英会”上，以张明素为代表的电车人以优秀的业务素质和良好的服务态度缔造的享誉公交的“红姑娘客运队”、获得国务院授予的“全国先进集体”荣誉称号，成为当时全国客运战线的三面红旗之一。老一辈电车“红姑娘”坚持以全心全意为人民服务为宗旨，安全行车指标、服务指标都名列前茅，她们的口号是“一齐二亮三无”，即车内外整齐，车身车窗明亮，车内外无油污、无瓜皮纸屑、无尘土。现如今，465路继承光荣传统，重建“红姑娘”客运班组，传承“红姑娘”精神，升华“一齐、二亮、三无”的服务标准。新组建的“红姑娘”班组，秉承“服务乘客、奉献社会”的宗旨，以优质、文明、诚信的服务薪火相传老一辈“红姑娘”精神，在这条北大门通往市中心的“黄金主干道”上，流动着一条现代“红姑娘”的文明风景线。

电车公司465路荣誉层出不穷，亮点纷呈，先后培养出了蒋代娟、吴平、柯艺等先进代表。原465路乘务员蒋代娟，创新服务方式、提升服务技能，首推“三语”服务，荣获2007年全国五一劳动奖章，2008年被选为北京奥运会火炬手、第十六届团中央委员。465路驾驶员吴平将10万元现金完璧归赵，受到重庆电视台《天天630》栏目以“公交的热心驾驶员”为题的专题报道；2011年她作为全国唯一的女选手参加全国交通运输行业机动车驾驶员节

能技能大赛，荣获三等奖，交通运输部授予其“全国交通技术能手”荣誉称号。465路90后女乘务员柯艺，朴实勤奋、积极向上，用自己的行动诠释着别样的青春，2010年被评为渝中区“优秀共青团员”和公交集团“青年岗位能手”，2012年荣获集团“十佳乘务明星”称号。

“乘风破浪会有时，直挂云帆济沧海”。465路将秉承电车“红姑娘客运队”精神，弘扬真诚、奉献、求实、创新的企业精神，以昂扬的精神状态和饱满的工作热情，积极投身到公交改革发展的浪潮中，团结一致、齐心协力，继续深化服务内涵，努力提高服务质量，不断创新服务方式，全面推动三个文明建设，力争以良好的服务形象认真践行“责任赢得信赖，服务创造价值”的公交核心价值观。为早日实现“政府放心、乘客满意、企业发展、员工乐业”的目标而扬帆起航！

青春献公交　文明献社会

——记全国“青年文明号”线路江苏省徐州市公共交通有限责任公司11路

徐州公交11路线，隶属徐州市公共交通有限责任公司新区巴士分公司，由铜山新区总站开往徐州火车站，线路全长17.6公里，停靠站点27个，营运间隔3分钟，运营时间为早5时50分至夜间23时20分。途经淮海战役烈士纪念塔、彭祖园、中国矿业大学、江苏师范大学、金鹰购物中心等旅游景点、知名院校及多个商业网点，也是徐州人流量最大的路线之一。11路线现有LNG新型能源空调大客车40辆，员工平均年龄30岁。

自20世纪90年代开始，徐州公交11路线就积极开展“青年文明号”创建工作，全体员工积极参与，认真恪守“真情待客不掺假，优质服务到永远”的服务理念。20年如一日，成为徐州公交的一面旗帜。1996年，11路286车组被共青团中央授予“全国青年文明号”车组；2001年，11路线被命名为国家级“青年文明号”线路，并且在每次“青年文明号”复核中，11路总是以优异的成绩和过硬的品质赢得检查团的高度赞誉；2004年，11路获“徐州市十大杰出青年文明号集体”；2005年，获江苏省城市公交优质服务竞赛优胜线路奖；2012年，获“城市公交十佳文明线路”称号。10年来，11路先后培养了以江苏省“劳动模范”夏敬纯、满婧；徐州市“劳动模范”吴静等为代表的一大批优秀员工。2002年，全国公交车厢文化建设研讨会在徐州胜利召开，与会人员集中观摩了11路车厢文化建设成果，《人民日报》刊发了“透视徐州公交文化”，大篇幅报道了11路的文化建设，在全国同行业中产生强烈反响。

一、打造一流团队，争创一流业绩

如何增强广大员工参与“青年文明号”创建的主动性，是摆在11路面前的一项重要工作。创建伊始，11路就响亮提出了“青春献公交，文明献社会”的创建口号。通过动员会、现场会、座谈会、创建检查等多种形式，反复宣传，使大家充分认识创建工作的重要性和紧迫性。同时，利用黑板报、宣传栏等形式，在员工中宣传爱企、爱岗、爱乘客的精神理念，把“真情待客不掺假，优质服务到永远”作为线路全体员工的服务理念。线路内部每年坚持开展优质服务竞赛、导师带徒、示范表演和技术交流等活动，营造你追我赶、争先创优的良好氛围。

创建工作开展以来，11路在营收、服务、机务、安全等各项工作中取得了骄人的成绩，多次获得全国、省、市级荣誉称号，优秀典型也是层出不穷，先后培养出了“使劲拧也拧不出水分”的江苏省“劳动模范”、省党代会代表夏敬纯，被誉为“乘客贴心人”的江苏省劳动模范满婧，以及徐州市“劳动模范”吴静、江苏省“十佳客运之星”刘佳玉、徐州市“五一劳动奖章”获得者高健等。在劳模先进的表率作用下，11路全体员工爱岗敬业，团结一心，互相帮

助，形成了热爱企业、热爱集体、热情服务的良好风尚。10年来，11路获得徐州公交有限公司及上级部门表彰、嘉奖的标兵、先进人员达96人次，真正成为公交行业的排头兵。

二、完善管理体系，提高服务技能

公交的产品是服务，优质的服务离不开高素质的员工队伍。为保持荣誉，11路注重从加强员工培训、健全管理制度、完善监督机制等方面入手，认真执行服务规范化操作标准。

（一）坚持业务培训

公司每年抽出时间，对11路全体驾乘人员脱产轮训一遍，培训内容包括服务、安全、营运、机务等专业知识。每个季度，开设一堂职业道德教育课，宣传爱岗敬业理念，教育员工务力做到8个“一点”：微笑多一点、理由少一点、嘴巴甜一点、效率高一点、脾气好一点、观察细一点、度量大一点、开车稳一点。8个“一点”，真诚亲切，易记易行，企业的目标，在不经意间化为员工的自觉行动。为提高员工的专业技能，每年“五一”前后，11路都会积极参加总公司举办的“技术比武”、“节能竞赛”、服务示范表演等活动，不断发现、培养和锻炼优秀员工。

（二）提高服务标准

按照《青年文明号线路工作标准》，11路把准点发车、安全运营、文明服务、宣传报站、车辆整洁等作为基础服务标准，在此基础上进行了细化、分解，建立了服务工作“四个流程”（服务用语流程、车辆卫生流程、检查监督流程和激励奖惩流程），对坚持使用普通话，讲好首站问候语、安全宣传用语、卫生宣传用语、文明宣传用语及保持车辆卫生等各个工作步骤进行了分解细化，并编印成册。2012年，11路线在公司开展的创建“共产党员先锋岗”活动、“服务质量提升年”活动、“斑马线让行”活动、“爱车节能”活动中，一直做好表率，展现出国家级“青年文明号”线路的风采。

（三）改善车厢环境

2004年以来，11路线已更换了三批车辆，现在使用的车辆是2012年5月更新的恒通LNG空调车，低碳环保，车型美观。同时，11路率先在全公司启用GPS全球卫星定位系统，车内安装了车载电视、摄像头，设置了“老弱病残孕”专座。为了确保车辆卫生整洁，每天早晨出车前，驾乘人员全面打扫卫生，趟次间，哪怕只有两分钟，也要扫一遍地或擦一遍窗，坚持做到车厢卫生“五净一亮”、“一趟一清扫”。在11路车上，几乎没有卫生死角，就连轮胎也刷洗一新。

（四）完善激励机制

完善的激励机制是增强员工主动性、责任心的有效手段，11路不断细化星级服务管理体系，把驾乘人员的服务标准量化为3个等级，用1~3星代表服务水平，按照正激励原则，达到不同的标准，享受不同的奖励。线路全体员工积极响应，争做表率，掀起了“争当高星级驾乘人员”的热潮。在2012年开展的星级评定工作中，11路3星级比率高达81.7%。此外，11路对社会有系统的承诺，比如：首末班准点率100%、班次执行率100%、正点趟均准确率95%以上。推行了“乘客无过错”、“首问责任制”、“有责投诉一次下岗”等制度。教育员工做到有理让三分，打不还手，骂不还口，对得理让人、顾全大局、忍辱负重的员工，颁发“委屈奖”；对见义勇为、拾金不昧、优质服务的员工颁发“精神文明奖”。

三、创新服务举措，真诚奉献乘客

11路坚持以“弘扬先进文化，争做文明先锋，创造一流业绩”为主题，积极创新服务举措，使服务工作更加贴近社会、贴近乘客。

推进车厢文化建设。2000年以来，11路以打造“亮丽城市风景线”和“流动的文明窗口”为目标，不断创新车厢文化建设载体，提升公交服务内涵。40辆运营车辆中，车车装有线路运营图、乘车须知，制作了以“道德格言”为主题的车厢文化宣传牌。有些车组成员还自费为乘客备置了便民箱、指路卡、方便袋、晕车药、创可贴、针头线脑等便民设施。每到一站，电脑报站器里便传出中、英文双语报站声音。老人、孕妇和抱小孩的乘客上车，驾驶员总是反复播放文明让座宣传用语，为需要帮助的乘客送去温暖。

▲服务督导队员指挥11路公交车出站

多年来，11路驾乘人员秉承“乘客所需，公交所为”的经营宗旨，想乘客所想，做乘客所需。

——江苏省劳动模范、省党代会代表夏敬纯，对乘客总是笑脸相迎，以诚相待。乘客的米袋子破了，她拿出针线及时缝好；乘客的乘车卡坏了，她拿出透明胶带粘好；小宝贝哭闹，她拿出糖果玩具把他哄好；老年乘客上车，她主动扶一把，帮助找好座位；业余时间，她和爱人自费制作了徐州风景旅游牌悬挂在车厢里；更难能可贵的是，为了维护乘客财产安全，她不顾自己的安危，多次勇擒小偷，受到社会广泛赞誉。优质的服务换来乘客真诚的回报，一位中学教师根据她的名字送来一副装裱好的墨宝“敬待乘客，纯心为民”。

——2011年冬天的一个晚上，天寒地冻，驾驶员李克林下班时，发现一位40多岁患有间歇性精神病的女乘客仍在车上，他放弃休息，送乘客回家。后来，在约好的交接地点足足等了50分钟，李克林才与乘客的家人会合。

——一位拄着拐杖的老人在中医院站台候车，驾驶员韩非远远看见后，缓慢地将车开到老人面前停稳，可老人上车非常吃力，韩非迅速起身，扶老人走进车厢，等老人坐稳后才起动车辆。

——乘客不小心将装有3万元现金的包遗落在公交座位上，匆匆下车。坐在其旁边的女乘客欲占为己有，被机警的驾驶员秦连键识破。失主拿出500元钱表示感谢，被秦师傅婉言

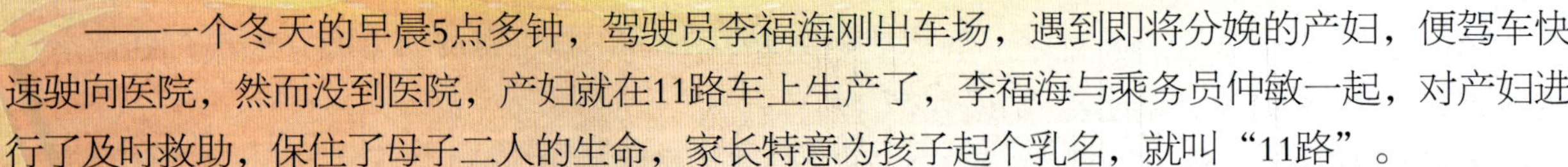

谢绝。

——一个冬天的早晨5点多钟，驾驶员李福海刚出车场，遇到即将分娩的产妇，便驾车快速驶向医院，然而没到医院，产妇就在11路车上生产了，李福海与乘务员仲敏一起，对产妇进行了及时救助，保住了母子二人的生命，家长特意为孩子起个乳名，就叫“11路”。

——女乘客刚跨上11路公交车投币时，一扒手趁机偷走了她羽绒服口袋里的手机，驾驶员许爱夏看到后，立即站起来，猛拍了一下扒手的肩膀，一把夺过手机，还给了女失主。

——2012年除夕，11路286号车组驾驶员李奇功和杨建文，因为争着上夜班，而吵了起来，车上乘客非常感动，特意为他们演唱了歌曲《为了谁》。

……

11路驾乘人员拾金不昧、见义勇为、优质服务等好人好事层出不穷，市委一位老领导上书徐州市文明办，夸11路线是“优质服务的楷模”；全国、省、市各大新闻媒体每年报道11路优秀事迹约50篇次。2012年乘客满意度调查中，11路乘客满意率达到98.3%。

四、丰富活动载体，推动青年文明号文化建设

为使“青年文明号”创建工作不断推向深入，11路充分发挥青年人朝气蓬勃、勇于争先的优势，开展多种形式的学习、交流、竞赛及志愿活动，在员工中营造比、学、赶、帮、超的创建氛围，进一步激发员工的劳动热情和创造活力，培养11路员工奋勇争先、团结协作的团队精神，在企业管理和发展中彰显先进示范作用。

（一）开展交流、竞赛活动

为提高业务技能，11路在新老员工中开展了“一帮一、一带一”导师带徒活动。以车组为单位，开展驾驶岗位练兵、技能比武、节能竞赛等，大家互相较劲、苦练技能，业务素质不断提高，形成了争先创优的良好氛围。在总公司开展的各项技能比赛中，11路总是名列前茅。2010年，在徐州市创建“全国文明城市”工作中，11路全体驾驶员向全市发出倡议：开文明车、讲文明话、做文明事、当文明人，新闻媒体进行了追踪报道，在全市引起良好反响。此外，为提升服务水平，11路还分别与南京公交国家级青年文明号9路线、中国矿业大学采矿系、徐州市农业银行等先进集体结对学习，交流取经。

（二）开展争创“节约型”员工活动

结合公司开展的建设节约型企业活动，11路开展了“我为企业降耗增效献良策”主题活动，通过小窍门、小创造、小发明，不断推动油料及其他材料的节约。另外，线路人员还制作了“饮料瓶收集箱”，对乘客丢弃的饮料瓶集中收集，换购成洗衣粉、水桶等工具；部分驾乘人员及时修复损坏的拖把、长刷。由于车厢个别卫生死角不好打扫，驾乘人员自己动手制作了专用工具。这样既保持了车厢的卫生，又为企业节约了资金。

（三）开展“文明乘车日”活动

公交车是城市文明的窗口，为引导乘客自觉遵守社会公德，共建和谐文明车厢，2009年起，11路开展了以“文明乘车，文明服务”为主题的“文明乘车日”活动，成立了“公交青年服务队”，每周放弃半天休息时间，带着小红帽、身披绶带，在公交站台引导乘客有序乘车，劝阻、制止个别乘客的不文明行为；对老、弱、病、残、孕乘客提供力所能及的帮助；督导公交车驾驶员文明、有序进站，营造出“文明行车、文明停车、文明乘车”的良好氛围。

（四）开展“献爱心”活动

11路每年组织开展“青年文明号扶贫济困”公益活动，积极为社会一些弱势群体捐款、捐物，得到了社会的好评。在开展的增强团员意识教育活动中，11路团员青年以“特殊团费”的形式，开展捐资助学活动，2012年8月，11路线全体员工慷慨解囊，资助失学儿童重返校园，短短两天时间内捐款达2000余元。

一件件，一桩桩，都兑现着11路员工“青春献公交，文明献社会”的服务承诺；闪烁着新时期的青年文明号精神。徐州公交11路线，已然变成了城市亮丽的风景线、便民的流水线、互动的感情线、服务大众的连心线，一朵享誉全城的“文明花”在古彭大地上盛开。承载着辉煌的过去，11路全体员工决心在党的十八大精神指引下，继续以饱满的热情、无私的奉献投入新时期公交发展的大潮，为建设美丽徐州、便捷市民出行贡献自己的最大力量。

畅通北京——让首都更美好

——记交通运输部通报表扬的城市公共交通企业北京市地铁运营有限公司

北京市地铁运营有限公司(以下简称北京地铁公司)是国有大型技术密集型企业，目前共有员工26008人，运营管理14条地铁线路，231个运营车站、39个换乘站，运营里程393公里，共有电动客车2340辆，日均开行列车4700余列，最小行车间隔2分钟。2012年客运量达21亿人次，日均575万人次，最高日客运量达到720万人次，地铁客运量占全北京市公共交通客运量的比例达到32.86%，为建设公交城市作出了突出贡献。

一、完善法人治理结构，依法、科学、民主决策水平不断提高

依据公司章程正确处理好董事会、经理层、监事会以及公司党委会、职代会之间的关系，充分发挥公司治理结构的作用，按程序依法、科学、民主决策。

（一）高度重视加强董事会建设

董事会对企业的发展目标、经营计划、投资方案、公司管理机构的设置、高级管理人员的聘任、基本规章制度等重要经营活动作出决策。公司加强董事会组织建设和制度建设，设立了董事会4个专门委员会，制定了专委会管理办法和实施细则，建立了派出董事监事管理制度等，努力致力于董事会规范运转与正确履职，依法依规科学决策。

（二）充分发挥经营层对公司日常经营活动的管理职能

公司经营层根据董事会授权，主持生产经营工作，通过经理办公会、经理专题会等方式对具体业务经营活动和企业的日常管理进行决策，并组织落实董事会决议，执行公司年度经营计划和方案等，并定期向董事会报告阶段性行政工作。

（三）坚持职工代表大会制度

开展企业民主管理，公司每年年初召开职工代表大会，对企业年度工作、财务预算决算以及重大改革改制工作等涉及员工切实利益的事项进行审议，发挥民主监督作用。

（四）充分发挥党委在国有企业的政治核心作用

公司党委紧密结合企业中心工作，坚持“融入中心抓党建，强化管理起作用，保障大局促发展”，坚持“参与决策、带头执行、有效监督”，积极参与企业重大决策，支持董事会和经理层依法行使职权。

（五）强化企业内控体系

公司通过各项管理标准、规章制度和工作流程等，规范日常运作和生产经营业务过程，实现防范风险、有效监管的内控目标。

二、以“十二五”发展规划为引领，全面推进“六型地铁”建设

（一）确立了公司“十二五”发展规划

“十二五”时期，是北京地铁公司大有作为的重要战略机遇期。为紧抓发展机遇，实现协调可持续发展，公司以邓小平理论、“三个代表”重要思想、科学发展观为指导，结合建设世界城市的新形势和新要求，准确把握发展环境和发展基础的新变化，对内外部政策环境进行了深入的分析研究，明确总体思路和发展目标，确定了业务布局和六项重点工程，并制定了保障措施。

▲北京市地铁运营有限公司列车

公司定位为“地铁专业运营企业集团”，使命为“畅通北京，让首都更美好！”以优秀的人才、先进的技术设备和科学的管理“三轮驱动”，努力打造高水准的世界一流地铁。围绕一个目标(国内领先、世界一流地铁)，打造三个业务板块（运营业务、新线业务和关联业务），推动六项重点工程（建设“六型地铁”，即建设平安型地铁、人文型地铁、高效型地铁、节约型地铁、便捷型地铁、创新型地铁），实现北京地铁又好又快发展。

（二）标本兼治，强基固本，建设“平安型地铁”

公司始终坚持“安全第一、预防为主、综合治理”的工作方针，始终坚持“抓小防大、安全关前移”、“安全运营、管理是关键”等一系列安全管理思想，始终坚持由人、机、环、管四大要素和治、控、救三道防线构成的矩阵式安全控制体系，践行“以人为本创平安，永远追求零风险”的安全理念，通过管理固安、科技强安、文化兴安，提高安全管控能力，建设“平安型地铁”。

2011年，北京地铁延误5分钟以上列车事故间隔公里为266万车公里。截至2012年年底，达到314万车公里，安全可靠性指标在国际地铁协会成员中排名第一，继续保持世界领先水平，北京地铁已成为世界最安全可靠的地铁。

（三）持续提升运营服务水准，建设“人文型地铁”

公司始终以顾客需求为导向，出台服务规范，统一服务标准，强化过程控制，规范执岗仪表和行为，持续提升运营服务水准。面对大客流冲击，坚持“客流服从安全”的原则，切实做好客运组织；按照“先外围线路后骨干线路、先远端车站后中心车站”的路网限流原则和“限站外保站内、限本站保换乘”的车站限流原则，严格落实限流规范，确保了地铁客流的安全可控。2011年乘客满意率达到95.6%。

（四）千方百计提升线网运力，建设“高效型地铁”

近年来，地铁客流持续增长，连创新高，运力与运量间矛盾突出。为此，公司坚持内涵式发展，千方百计提升线网运力。自2007年以来，公司已连续29次缩小行车间隔。通过创新行车组织，在部分区段实现了大小交路套跑，并在13号线和八通线实施了“四改六扩编”，地铁运

力持续提升。

奥运前，经过五年艰苦奋战，高质量完成了总投资高达85亿元的既有线更新改造工程，并实现了更新改造和安全运营两不误，创造了世界地铁运营线上大规模成功改造的先例。为进一步提高既有线运力和安全服务水平，2010年又启动了12大项、总投资达45亿元的新一轮改造工程，目前正在全面推进实施。

（五）增收节支，挖潜节能，建设“节约型地铁”

公司在确保安全和服务水平的前提下，通过技术进步和管理创新，按照CoMET指标体系，努力提升各项效率和效益指标。一是持续提升运营服务水准，客运收入实现较快增长。二是采取多种措施，努力降低成本。三是加强能源管理，试点实施了LED照明改造并适时推广；建立节能降耗考核管理机制，有效降低了生产能耗。

（六）科学筹划精心组织，高水平开通新线，建设“便捷型地铁”

面对首都轨道交通大发展，公司一是提前介入，积极参与新线可研、设计、建设全过程，努力实现地铁建设与顾客需求、运营管理之间的无缝对接；二是科学筹划、精心组织，与建设单位团结协作、攻坚克难，连续高水平开通新线。2007年开通了5号线；2008年开通了10号线一期、奥运支线和机场线；2010年开通了房山线、亦庄线、15号线一期和昌平线一期；2011年开通了8号线二期北段、9号线南段、15号线一期东段、房山线郭公庄至大葆台区段四条新线。2012年底开通了6号线一期、8号线二期南段、9号线二期、10号线二期四条新线，网络化运营格局初步建成。运营里程从2007年的114公里增加到393公里；车站数由70个增加到231个；日均客运量由210万人次增加到700万人次；年客运量由7.6亿人次增长到21亿人次。

（七）积极推进体制机制改革，建设“创新型地铁”

为适应地铁的快速发展和管理幅度的扩大，按照集团化和内部市场化的思路，公司大力推进管理体制机制创新，组建了4个运营分公司，完成了5个设备公司项目部制改革，实施了增值服务事业部制改革，成立了调度指挥中心、运营技术研发中心、信息服务中心、资金管理中心，构建起适应大规模网络化运营需要的运营管理、维修管理、调度指挥、增值服务、科技创新、信息和资金管理平台。

创新运营和维修管理模式，大力推进乘务制式改革，全面实现单司机制；完善站车一体化模式，实现综控室集中监控，优化设备值守方式；行车组织方式由三级改为调度员、司机两级管理模式；维修管理模式由单一的计划修转为计划修、状态修和故障修。

与此同时，公司着重强化管理创新，不断完善战略管理、运营和维修管理、安全管理、ISO 9001质量管理、全面预算管理、人力资源开发和管理、绩效管理、企业文化管理、法律风险防范管理和信息化建设。

三、安全运营、优质服务成效显著，树立了良好的品牌形象

多年来，公司以实际行动赢得了政府信赖、乘客满意、社会好评和同行称赞，树立了良好的品牌形象。2006年，获得ISO 9001质量管理体系认证，成为国内首个通过ISO 9001质量管理体系认证的地铁企业。2007年，荣获“首都文明行业”称号，成为北京市交通行业中首个通过市文明行业验收的达标企业。2008年，我们出色地完成了奥运保障任务，被中共中央、国务院授予“北京奥运会、残奥会先进集体”荣誉称号。2009年，我们以超奥运标准圆

满完成国庆60周年服务保障任务，得到了胡锦涛总书记和北京市委市政府的高度评价；同年还荣获“全国企业文化建设百家贡献单位”和“北京影响力——影响百姓经济生活的十大企业”称号。2010年，被交通运输部授予“全国交通运输文明行业”称号。2011年，被国家安监总局评为“全国安全文化建设示范企业”。

公司2008年加入国际地铁协会（CoMET），该协会有纽约、莫斯科、巴黎等27家成员单位。在连续3年的KPI指标对标中，公司在安全可靠性、能耗、维修成本等方面保持领先，综合得分排名第二，处于世界一流地铁行列。

以服务社会发展、满足市民出行需求为己任 推进企业又好又快发展

——记交通运输部通报表扬的城市公共交通企业天津市公交集团公司

天津市公交集团公司（以下简称天津公交）始建于1904年，是中国内地第一家从事城市客运交通的企业，是全国首批被命名为“全国文明单位”的公交企业之一。近年来，随着国家优先发展公交政策的不断推进，天津公交立足全国发展、定位自身发展，坚持把自身发展融入天津城市发展大局，秉承企业宗旨，主动承担服务社会、服务百姓的公益性责任，全力提升运营服务水平，精心打造企业品牌形象，天津公交已成为全国最具影响力的公交企业。

一、形成独具特色的天津模式

随着城市化建设的快速发展，天津公交以打造“公交都市”为主题，主动对接城市总体规划和空间发展布局，主动服务城市加快发展大局，逐渐形成了独具特色的天津模式。

（一）立足全国发展大局定位自身发展

国家“十二五”规划把推动服务业大发展作为产业结构优化升级的战略重点，大力发展服务业将进一步成为拉动城市经济增长的重要引擎。特别是随着天津城市建设和城市经济的快速发展，天津公交作为服务型行业，立足全国发展大局、定位自身发展，提出了专业化向产业化迈进，产业化向高端化延伸的战略发展思路。通过着力做强核心圈公交客运产业，不断提高客运市场占有率；着力做专支撑圈服务保障产业，不断提高服务保障运营主业发展能力；着力做精延伸圈市场创效产业，不断提高企业增收创效水平，形成了以运营主业为核心，带动支撑保障产业和延伸创效产业的整条产业链向上游延伸、向市场延伸的发展模式，天津公交一业为主、多业并举的产业发展格局初见成效。

（二）着眼城市发展前沿谋划高端战略

党中央国务院将天津定位为国际港口城市、北方经济中心和生态城市。“十二五”期间，天津将形成“一轴两带、三区联动”的市域空间布局，城乡一体化建设全面推进，现代综合交通体系建设全面提速。天津公交坚持把自身发展融入天津城市发展大局，不断增强城市载体功能，通过加快推进中心城区高端服务网络、滨海新区公交国家队、社会主义新农村公交网络三大发展战略，实现了全市各区县公交线路的全覆盖，形成了以国有公交为主体的天津中心城区、滨海新区、远郊区县相衔接的城乡一体化的公交服务网络。目前，天津公交拥有运营线路360余条，线路长度近9000公里，运营车辆7200余部，年行驶里程约3.6亿公里、运送乘客近10亿人次，充分发挥了国有公交的骨干保障作用。

（三）发展社会民生事业彰显公益责任

以民心工程带动民生建设是天津工作的特色，天津市委、市政府连续6年每年实施20项民心工程，优先发展城市公交也是每年列入的重要工程项目之一。长期以来，天津公交始终把民生公益和社会效益放在首位，认真履行政府交办的社会福利性和指令性任务，坚持为学生乘车、成人持卡乘车提供优惠，为离休老干部、残疾人、伤残军人等特殊人群提供免费乘车服务。2010年，为落实市政府65岁以上老年人免费乘车惠民工程，天津公交集团每年投资500万元为乘车人投保了意外伤害险，同时通过增车扩班提高运力，全力做好老年人免费乘车工作。自2010年4月份实行65岁以上老年人免费乘车以来，月均服务老年乘客550万人次，老年人乘车日最高人次超过25万，累计安全运送老年乘客突破1.5亿人次，占到市场份额的95%以上，国有公交公益性惠民作用更加突出。

二、打造全国一流公交企业

多年来，天津公交始终致力于打造一流的现代公交企业，瞄准全国公共交通先进水平，不断提高运营服务质量，不断提升服务水平，为乘客提供方便快捷的出行服务。

（一）服务水平一流

以提高出行分担率和利用率为目标，在优化线网资源上，通过裁弯取直、消密补疏、填补空白等方式，加快完善中心城区公交线网功能，加快发展与卫星城镇区域、与轨道交通等其他交通方式的衔接线路，加快BRT快速交通示范线路建设，不断满足市民群众的出行需求。在空间布局调整上，搭建连接中心城区、滨海新区、卫星城镇及郊县的公交走廊，完善城际衔接网络，携手轨道交通共同打造天津国际化大都市的立体交通空间。在车辆资源配置上，不断优化运能运力，建设设施先进、指挥灵敏、覆盖全市线网的三级运营调度指挥体系，加强运质跟踪考核，公交准点率、公交运营速度逐年提升，服务投诉不断减少，市民对公交运营服务满意率达到98.5%。

（二）服务硬件一流

大力推进绿色环保车辆应用，更新和升级国Ⅲ排放标准运营车辆5000部，新增压缩天然气（CNG）、混合动力等新能源车辆400余部，40部纯电动公交车投入运营。建成国内领先的车辆修保基地，修保能力达到年高级保养4000台次，发动机大修2000台次，车身翻新500部。改造了4个维修保养厂，规划并建设了具备专业化车辆清洗、车辆临修、车辆低保、车辆续油四项功能的运营支持保障中心，形成了以保养厂为基地、支持中心为支撑、驻站修理为基础的临修抢修体系。启用了70座形象突出、功能齐全、设施先进、可供乘客候车和休闲的新型公交综合枢纽场站，公交硬件服务设施不断优化升级。

（三）科技应用一流

全面提升智能调度水平，建成了集现代化的运营指挥调度系统、功能完备的96196乘客服务系统、运营监测系统于一身的天津公交运营指挥中心。先后在36个重点公交场站、300余个市区主要路口、90条线路2116部运营车辆上安装了卫星定位系统（GPS），运用3G视频和硬盘记录实时监控设备，强化了对运营现场和中途的监控管理，有效地提高了车辆资源的使用效率，极大地增强了运营服务和方便百姓出行的能力。加快信息化建设步伐，初步形成了天津公交网站和自动办公（OA）、财务管理、人力资源管理、修保管理、技术管理、车辆管理软件为核心的信息化管理体系。

（四）企业管理一流

逐步建立现代企业管理制度，不断完善预算制、薪酬制、考核制等“三制”管理，着力提升精细化管理水平。通过严格企业重大事项管理，规范了企业经营管理行为，提高了依法治企水平；通过签订经营目标责任书、落实预算管理责任，进一步增强了预算管理的严肃性和约束力；通过坚持经营例会制度，强化了对经营和资金情况的监督调控，保证了经济的平稳运行；通过加强各产业之间的协调机制建设，进一步理顺了各产业间的经济往来关系，保持了企业经营的正常运转；通过完善综合业绩考核，强化经济指标和重点工作管理，促进了经济健康发展；通过调整薪酬分配结构，坚持每月薪酬发放审批和分析制度，保持了职工收入持续增长、职工队伍稳定。

▲2012年天津市公交集团新车投放场景

（五）安全保障一流

牢固树立安全发展理念，健全两级安保领导机构，全面落实领导责任制，企业群防群治队伍健全。组织开展专项治理活动，全面强化现场监管，集中消除安全隐患。严格落实道路安全防范责任制，出台了驾驶员安全行车奖励考核办法，完善了安全长效管理机制。加快突发事件应急管理体系建设，健全综合预案与各专项预案，加强应急教育培训和演练，不断提高应急处置能力。严格落实定期排查分析、领导接访和包案等制度，完善安保维稳体系建设，有效维护集团和谐和社会稳定。天津公交先后被授予“天津市参加和协办北京奥运会、残运会先进单位”、“天津市2009年度国庆维稳安保先进集体”、“2006—2010年天津市普法依法治理工作先进单位”等荣誉称号。

三、创建全国文明单位

近年来，天津公交紧紧依托文明创建这个有效载体，不断深化精神文明建设，深入推进品牌文化建设，提高了整体工作水平，提升了天津公交的全国影响力，得到社会各界的广泛认可。

（一）文明创建成果丰硕

多年来，天津公交把开展文明创建活动作为一项长效机制，做到年年有主题、年年有新

意。从2008年的“五城联创迎奥运”、2009年的“迎保国庆60周年”活动到2010年荣获“天津市创建文明行业先进单位”荣誉称号，通过连续不断地开展文明创建活动，使文明创建促进企业发展的理念植根于每一名员工的心中，取得了年年有突破、岁岁有进步的良好成效。特别是2011年，天津公交牵头发起并成功组织了由华北10个城市公交共同参与的“玉柴杯‘创先争优、创建文明单位’优质服务竞赛活动”，同年被中央文明委授予“全国文明单位”荣誉称号，天津公交在全国的影响力和知名度不断扩大，进一步发挥了在引领行业精神文明建设、服务城市发展大局、保障和改善民生中的主力军作用。

（二）员工素质不断提升

提升员工的综合素质是文明创建活动的根本目的。因此，集团把提高队伍综合素质摆在突出位置，围绕增强服务意识、提高职业技能下力量，分层次狠抓全员培训，拟定了专业培训教材，拍摄了培训教育系列光盘，编写了关于65岁以上老年人免费乘车的培训提纲，研究制定了《服务老年人乘车规范程序》和《服务老年人乘车28个怎么办》。万余名干部职工走进课堂“再充电”，集中学习公交职业道德、安全行车规范、文明行业标准、汽车新技术、班组长素质提升与职业能力修炼等课程，并先后于2010年、2011年组织开展了以“提素质、比技能、讲奉献、树形象”、“2011城市公交客车节油技能大赛”为主题的全员练兵比武活动，广大职工特别是驾驶员的服务意识、职业技能水平得到显著提升。

（三）典型引领先锋示范

在创建过程中，天津公交先后培养出以党的十七大代表、海河骄子、天津市最具影响力的全国劳动模范范霞，以全国劳动模范、全国城市公共交通先进个人、天津市职工职业道德建设十佳标兵、天津市道德模范张健生为代表的一大批在全国公交行业产生极大影响的服务工作先进典型。天津公交连续五年举办“无投诉线路暨‘感动社会、温暖乘客’先进集体、先进个人”颁奖典礼，弘扬先进典型事迹，激发全员创建热情。在公交基层单位中推广了“双十”人性化服务和人性化管理举措，推出了适应乘客需求的文明礼仪36个环节标准以及建家育人的12个规范流程，各一线车队也纷纷推出了“服务老年乘客小分队”、“老年人乘车六步工作法”、“为双层车阶梯加装扶手杆”等一系列针对老年乘客的人性化服务新举措，有效地引领了天津公交整体服务水平的提升。

（四）品牌融入推动发展

多年来，天津公交秉承“服务百姓、奉献社会”的发展宗旨，不断提炼品牌元素，指导和服务文明创建，使集团各项工作稳步推进、持续发展。结合实际规范了运营车辆标识的使用，重新修订了《公交文明线路创建工作标准》、公交行业《职业道德规范》和《重点岗位人员行为准则》，新增了“充值员、话务员、物管员”三大重点岗位人员的行为准则。通过落实五项文明承诺，开展“创优在岗位　满意在公交”优质服务活动，建立运营服务的长效考核管理机制，实行驾驶员上岗公示制度，全面推行服务标准化管理，有力带动了品牌服务创新和服务升级，促进了公交运营服务工作上水平，推动了天津公交又好又快发展。

站在新的发展起点上，天津公交将坚持外抓形象、内强管理，坚持以适应城市发展需求、改善市民出行环境、提高运营服务质量为己任，加快建设与天津城市定位相适应的、覆盖城乡的现代化交通体系，为不断推进和落实“公交优先、公交优秀”，作出新的更大贡献。

国家文明城市中的流动风景线

——记交通运输部通报表扬的城市公共交通企业山西省长治市公共交通总公司

长治市公共交通总公司（以下简称长治公交），根扎太行老区，历经40多年的发展，由小到大、由弱变强，不断发展壮大，与长治这座国家文明城市共成长。

有人说，长治公交就如街头一道亮丽的风景线，在方便人们出行的同时，传递着文明与友善。

一声声“您好”，一句句真情的问候语。

有人说，长治公交就像流动的音符，为这方英雄而光荣的土地平添了无尽的活力和灵动的神韵。

长治公交一切本着“公交优先，必须优秀”的思想，以服务乘客和乘客满意为最终目标，积极探索和改进服务模式，将温馨送到了每一位乘客心中。

2006年以来，长治公交荣获山西省“五一巾帼奖”，被评为“山西省思想政治工作优秀单位”、“山西省优秀企业”；荣获山西省“公共电汽车客运行业龙头单位”等多项省级荣誉。

2009年4月29日，长治公交被授予“全国五一劳动奖状”。

荣誉见证着文明，每一块奖牌背后都倾注着公交人真诚的服务和辛劳的汗水。

一、线网布局四通八达：长治公交成为国家文明城市最亮丽风景

长治市公共汽车公司初建于1968年，于2000年正式更名为长治市公共交通总公司。2012年4月更名为长治市公交有限责任公司。公司下设20个职能处室，10个营运分公司和汽修厂、供气公司、广告中心、城镇职工医疗保险定点医疗机构、出租汽车公司、公交旅行社、商务有限公司等一批经济实体。现有职工2820人（其中离退休人员378名）；公交车辆678部；营运线路118条（市内线路13条，矿郊线路23条，通勤线路20条，村村通线路62条），线路总长度2685公里。截至2011年年末，长治公交总资产1.9亿元，2011年统计数据显示，年客运量10870万人次，年营运收入1.3亿元，总收入突破2亿元。

2007年，公司开通20路、21路两条线路，将城区西部和南部的大街小巷连接起来，占市区近1/3的居民不但出行更为便捷，而且可以乘坐公交到达老顶山国家森林公园和市区的相关文化广场、商贸中心街区。

2008年，公交恢复停运10年之久的公交7路线，开通了309路、311路等线路，使城区的内环和外环融为一体，人口众多的淮海社区居民不再为乘坐公交拥挤担忧。

1路、9路线的延伸，则使居住在住宅区、学校和中心活动场所的人们能便捷地到达城南生态苑广场和体育中心休闲。市区的人们乘坐长治公交车，还可到达周边的工矿区和部分县城。

如今，118条营运线路和678辆运营车辆将城市新区和旧区、市区和矿郊紧紧地连在一起。长治市的公共线路密集度在山西省各地市位居前列，特别是市区的1路和2路干线交通，发车间隔时间仅有3分钟，大大缓解了城市交通压力，方便了人们的出行。2009年，长治公交长治县分公司成立，实行免费乘车，此举开创了山西省先河，反响强烈。

在完善线网布局的同时，不断提升公交运营层次，在市区内增开了双层公交观光客车和天然气空调车，填补了长治公交历史上的空缺，为城市增添了一道新景。

2009年，长治公交加大新技术的应用力度，在政府财政的大力支持下，积极引进了131辆新型环保公交车，并在市内公共交通全部实现了节能环保双燃料公交车和IC卡电子收费系统。目前，整个公司的车辆完好率达到95%，这在全省乃至全国都可圈可点。

▲山西省长治市公交车大规模更新换型

40多年来，尽管车辆逐步更新，环境日益改善，但长治公交的服务理念始终未变。靠着这种优质的服务，长治公交先后涌现出了两名全国劳动模范、1名全国五一劳动奖章获得者、4名山西省劳动模范、8名公安部表彰的优秀驾驶员、22名省级先进个人、8名长治市劳动模范、22名省级先进个人、8名长治市劳动模范。

目前，长治公交每天运行9.6万公里，运送乘客29.3万人次，以优质服务让乘客满意在公交，长治公交人成为城市传承文明的纽带，成为全国文明城市最亮丽的风景。

二、真诚服务至上：长治公交成为中国十大魅力城市中最美的名片

城市公交是一个城市文明的窗口，公交人的形象直接代表着一个城市文明的水准。

每年春节、元宵节、五一节、国庆节等重大节日，公交职工都以牺牲小家换来大家的团圆和欢乐。

每年高考期间，市内及矿郊线路运营的所有公交车全部参加"爱心送考"活动，所有考生只要持准考证，就可免费乘坐公交车。每年的清明节，市民则可以免费乘坐公交开设的文明祭扫专线。

长治公交连续多年为每年被高等院校录取为研究生、本科生的职工子女发放奖学金、助学金，此项活动开展以来，共计发放奖学金、助学金257000元，受奖、受助学生64名。

细节决定成败，流动的车厢就是流动的文明宣传窗口。公交公司在营运的600多辆公交车厢内，设置公交线路图、乘车须知、爱心专座提示等各类便民图识与标牌，提高公交文化的文明程度和服务层次。

三、班组建设特色鲜明：长治公交成为上党老区最响亮的文明品牌

火车跑得快，全凭车头带。

多年来，在加快公交发展中，长治公交始终将班子建设和发挥党员干部的模范带头作用作为凝聚全体干部职工的核心，全力为公交又好又快发展提供坚强的组织保障。

在推进班子建设中，公司以加强党性为基础，以制度建设为保障，以能力建设为内涵，以党内生活为重点，加强制度建设、组织建设、作风建设，以领导班子的和谐引领公交和谐，以各级党组织和广大党员的先锋模范带头作用促进公交和谐。

与此同时，他们以保证廉洁从业为目标，推进廉政文化，健全防范腐败的体制机制，强化对领导干部的监督，用人公开竞聘上岗、大额款项支出集体决策、大宗物资采购实行公开招标，营造了良好的党群干群关系，先后成为全市“先进基层党组织”、“厂务公开民主管理工作先进单位”，连续8年被评为长治市政风行风评议先进单位。先后举办职工运动会、书画摄影展活动，并集结成册编制《书画摄影作品集》；举办跳棋比赛、象棋比赛、羽毛球比赛、登山比赛、游泳比赛， 普及太极拳、瑜珈；组织职工外出考察，参观学习，通过文艺表演、演讲比赛，鼓励职工自编自演文艺节目，提供发展机会，激发职工求知、求美、求乐的精神文化需求，陶冶职工情操，调动职工的工作学习热情，增强企业凝聚力，以比赛促学习、促发展、促和谐，体现公司上下团结和谐、奋发向上的精神风貌。

《长治公交报》连续两年被业界评为“精品展示奖”。与当地的主流媒体《上党晚报》合作协办每周一期的公交专版；每天20分钟《公交伴你行》让市民有更多的机会了解公交，对进一步提升公交优质服务、树立企业形象、体现城市“窗口”行业起到了积极作用。

工作中，长治公交通过充分发挥全体职工的特长，开设“职工大讲堂”，鼓励有一技之长的职工登台授课，在广大干部职工中反响强烈，营造了良好的学习氛围，参训职工达2000余人次。同时，公司还不定期邀请名人名家前来授课。通过开设“道德讲堂”的形式，以“身边人讲身边事、身边人讲自己事、身边事教育身边人”为主题，在潜移默化中不断提升职工的文明素质，受到了全体干部职工的广泛欢迎。

城市公交是城市文明的“窗口”，是城市文明的载体。如今的长治公交正以“大服务”为宗旨，将文明播散在城市的大街小巷，成为上党老区最响亮的文明品牌。

服务民生　让百姓安全便捷温暖出行

——记交通运输部通报表扬的城市公共交通企业黑龙江省哈尔滨市公共汽车总公司

哈尔滨市公共汽车总公司（以下简称哈尔滨公汽总公司）是黑龙江省内最大一家国有城市公交企业，1989年晋升为“省级先进企业”，1990年晋升为“国家二级企业”，年客运总量占哈尔滨市公交市场份额的40%以上。现有营运车辆1840辆，营运线路57条，线路总长度1298公里，年总行驶里程为6187万公里，年度客运总量2.2亿人次，2012年客运总收入达到19700万元。企业曾荣获了“黑龙江省交通系统文明单位”称号，连续多年被评为黑龙江省“安康杯”优胜单位。

多年来，哈尔滨公汽总公司始终把让百姓满意出行作为一切工作的出发点和落脚点，以规范化的管理、科学化的运营、人性化的服务，为百姓提供安全、便捷、温暖的出行环境。

一、建立安全监管机制，加强安全教育培训，让百姓安全出行

安全生产是企业一切工作的前提和发展的基础，保障百姓安全出行则是公交企业一切工作的重中之重。哈尔滨公汽总公司首先从建立安全管理长效机制入手，重点突出制度化、规范化、科学化、长效化，有力地推动了以《哈尔滨公汽总公司安全管理规章制度》为核心的安全运营长效机制的建立，形成了一个健全完善的安全管理体系、规章制度体系、源头控制体系、日常监管体系和宣传教育体系。同时结合企业的实际情况和新形势的要求，完善和修订了《应对突发事件应急工作预案》，形成了突发安全事件统一领导、分工合作、职责清楚、机动精干的体系，提高了指挥协调和整体应急能力。

为做到人人都是责任人，人人都有责任岗。哈尔滨公汽总公司按照“谁主管、谁负责”的原则，逐级签订安全生产责任状，把安全工作层层分解，形成了一级抓一级，一级对一级负责的纵向到底的安全责任体系。建立了领导包片、一般干部包点、包线（车组）的“包、保、挂”制度，将安全生产责任落实到具体部门，任务落实到具体人员。各级安全管理机构以“压事故、保安全”为工作重点，根据不同时期、不同季节、不同道路条件以及营运车辆的实际情况制定出有针对性的安全防范措施，实行了“二、二、四”路检制度，即总公司、分公司每周各路检两次；车队每周联检四次。此外，还组织安全管理人员不定期在运营线路的“繁、险点”及高危路段测车速、压高速、纠违章，对检查中出现的违章现象，除给予当事人批评教育、罚款、停班、上线站岗等不同处理外，还对“包、保、挂”责任人进行责任追究。形成了“制度上卡住、措施上预防、过程中控制、落实上监督”的安全工作局面，企业安全管理工作实现了落实有指导，执行有计划，检查有标

准，处罚有依据的良性循环。

多年来，哈尔滨公汽总公司非常重视职工的安全意识教育和业务技能培训工作。仅2012年，总公司举办大大小小、不同层次范围的安全培训共62期，培训量达7522人次。各车队建立了“驾驶员发车前一分钟谈话”制度，当班调度在发车前都要和驾驶员进行谈话，提示驾驶员安全行驶，增强安全意识。调度指挥中心还利用GPS定位系统每天对车辆的运行情况进行跟踪，随时纠正个别驾驶员的不安全操作状态，控制车速。结合安全工作任务和形势，组织开展“安康杯”、“安全生产月”、“夏、冬季百日安全竞赛”等活动，引起职工对安全工作的重视，掀起关注安全的热潮。通过实施“1226”素质提升工程（即：巩固一个基础——安全教育培训；促进两个提升——安全意识和业务技能；建设两个阵地——宣传和安全例会；做好六项重点工作），为保证乘客生命财产安全构筑了一道钢铁防线。

二、规范运营秩序，拓展服务领域，让百姓便捷出行

哈尔滨公汽总公司结合实际情况，科学制订运营计划，并将工作车率、周次完成率等指标纳入了车队考核指标，确保企业营运计划全面落实。2012年，运营指标完成情况良好，工作车率达到93.1%；车辆完好率达到94%；行车周次完成率达到96%；发车准点率平均为91%，均达到行业要求标准。

为适应城市的快速发展和满足人们日益增长的乘车需求，哈尔滨公汽总公司自筹资金5亿余元，先后更新大容量、低碳环保（CNG）公交车辆1300余辆，清洁能源车辆占营运车辆总数的78%，居全国同行业领先水平。随着城乡一体化建设步伐的加快，从2009年至今，总公司共开辟运营线路7条；调整33条线路走向，方便城乡居民乘坐公交出行。总公司调度指挥中心还利用GPS车载设备及时掌握线路客流状况，科学调配运力，增加高峰车次、缩短高峰间隔，随时调整开通区间车、直达车及大站快车，有效解决了行车间隔大、准点率低、早晚高峰时段和客流聚集地段乘客乘车难问题。又在市区线路开通了区间车和直达快车，缩短运营间隔；在公交2路、5路、6路、10路和14路5条主干线路上增设了大站快车；在15路、16路和20路3条线路上开通了“学生定时服务班车”；在332路、337路、341路、335路、338路和343路6条线路上开通了“村娃班车”，辐射60多个村屯；率先在2路和11路公交线路增开夜班车；寒暑假期间，率先开通了“学子返乡车”直达专线，直接将车开进东北林业大学、黑龙江大学、哈尔滨工业大学等十多所高校，一站到达火车站。仅2012年，就运送高校师生达4万余人次；在2012年中、高考期间，根据考生流动情况，先后投入226辆公交车辆开通至26所考点学校与考生比较集中地点的专线直通车，以最大限度地方便考生出行。通过采取灵活多样的运营模式，极大满足了市民出行需求，受到了社会的普遍赞誉。1996年，公交2路被团中央命名为“全国青年文明号线路”；1999年，公交2路被全国总工会命名为“全国工人先锋号线路”；2005年，公交8路被全国妇联命名为“全国巾帼文明示范岗线路”。

三、创新服务方式，提升服务质量，让百姓温暖出行

几年来，哈尔滨公汽总公司先后制定和完善了595项岗位规范和岗位标准，制作了《规范化服务》光盘，用以规范驾驶员和站务人员的言行；同时对所有职工进行了包括职业道德、家庭美德、社会公德、企业宗旨、服务理念、行为规范、服务技能等内容的系统化、全方位培训。通过书面、口头考试、实景模拟训练、服务观摩等，使职工熟练掌握必备的知识和技能，

牢固树立“乘客至上，服务为本”的服务意识。

全面实施共产党员先锋岗引领的“五统一”和星级管理。先后创建了9个先锋包车组、2个先锋班组和9个处科室党员先锋岗，形成了人人争做时代先锋、公交事业楷模的浓厚氛围。冬运期间，总公司组织433名党员干部深入到53个公交站点，维持站台秩序、引导公交车辆进出站台，受到市民一致好评。开展了“五统一”（即：统一着装、统一标识、统一规范、统一设施标准、统一外观形象）和星级驾驶员评选活动。2012年，评定五星级驾驶员3名；四星级驾驶员12名；三星级驾驶员116名。广大从业人员以端庄的仪表以及文明礼貌、热情周到的服务赢得社会广泛赞誉。2012年，总公司党委被省委命名为“先进基层党组织”；公交3路驾驶员谭湘被省委授予“共产党员先锋岗服务标兵”。先后涌现出全国五一劳动奖章获得者郝传晶，全国城市公共交通行业十佳先进个人、哈尔滨市劳动模范谭湘，黑龙江省劳动模范李少军，哈尔滨市劳动模范杨林玉等一大批先进典型。

为接受群众监督，全面提高服务质量，建立了4001666315客服中心，实行受理投诉首接负责制，热情接待、认真调查处理群众投诉和乘客举报，及时沟通反馈处理情况，邀请市人大、政协、新闻媒体和乘客代表等担任乘客监督员，定期召开乘客监督员座谈会，听取意见建议，接受多方面的监督，通过这些评议工作构建多层次、全方位的乘客满意评估系统，确保服务对象满意度达到较高水平。2012年，哈尔滨市总公司在全市公交行业开展的“关注民生，让百姓满意出行”安全优质服务竞赛活动中，被评为“优秀公交企业”，公交1路、2路、31路、32路4条线路被评为“市民最满意公交线路”，该4条线路的车队长被评为“优秀车队长”，公交348路、30路、14路、25路、9路、10路、27路、343路8条线路被评为“市民满意公交线路”。

多年来，哈尔滨公汽总公司始终坚持以人为本的服务理念，紧紧围绕着乘客需求，在“精细化、特色化、人性化”服务上，不断地探索与创新，推出了一系列服务新举措。首先，将所有车辆电脑报站器的服务内容全部更换，输入温馨、人性化的服务用语，让乘客坐上公交就能听到公交人真诚的话语；其次，在一些线路上试安装了车载电视，将新闻、交通、文艺等频道办在公交车上。通过安装专用车载机，使乘客在乘车过程中随时可收看到包括“新闻”、“为您服务”、“乘车指南”、“生活常识”、“健康顾问”、“音乐说唱”等雅俗共赏、老少皆宜的电视节目，使乘客在旅途中真正感受到轻松和愉快。

对于各种乘客的不同需求，一些车队在车厢设置了宣传袋、取纸袋、导线图、小药箱、针线盒，在宣传板上做好社会主义荣辱观、生活小常识等宣传内容。此外，车队还自费购置了窗帘、拉花、沿途的风光景色图片简介来布置车厢，用整洁的车厢环境愉悦人，达到了“绿色环保伴您行”的目标；一些车队在车厢里张贴了哈尔滨市主要旅游景点的简介，增添了哈尔滨的风土人情、特点、景观景点和社会文化生活状况的宣传，使乘客坐在车厢中，就能感受到哈尔滨独特的韵味，用浓郁的车厢特色文化，个性化的车厢装饰，温馨的服务用语，方便的设施，为乘客营造了安全、舒适、快捷、温馨的乘车环境。在今年哈尔滨市“公交工人节”期间，哈尔滨公汽总公司展示的温馨车组、巴士文化车组、共产党员号车组、劳动模范车组、预备役车组、雷锋号车组、文明号车组、安全标兵车组、和谐号车组、绿色环保车组、乘客之家车组、巾帼文明号车组、友谊号车组、工人先锋号车组、爱心驿站车组等十几个车组得到市、局领导的认可和公交同行们的广泛关注。

为了有效解决市民冬季候车寒冷问题，让市民冬季出行乘上“暖车子”，哈尔滨公汽总公司对新购置车辆明确提出了“在车外环境温度-30摄氏度时，保证车厢内平均温度不低于12摄氏度”的技术要求，并围绕这项要求，对各类型公交车辆的采暖系统结构、采暖热源形式、保温结构、壁挂型散热器数量等技术参数进行了详细规定。2011年以来更新的846辆公交车辆均严格执行了该规定。2012年，总公司又投入6万余元资金，为104辆公交车辆加装了暖风机，确保车厢温度达到12摄氏度以上。保修公司成立4支“共产党员抢修小分队”，深入到生产一线，抢修抛锚车辆，确保车队运力。今年冬季，总公司在公交首末站建立98个“温暖候车室”，让乘客到屋内候车，又在17条线路236辆公交车上放置1000个“热宝”，为“老、幼、病、残、孕”等特殊乘客送去冬日里的温暖。

▲哈尔滨市公共汽车总公司总经理孙卫时

广大驾驶员立足岗位，严格按照“服务十耐心、五好五规范”要求八大系列服务标准、12项社会承诺内容，从车厢、站区“八有”便民措施到车厢扶手套、防滑垫等设置，从特殊天气请乘客到室内候车，到免费为乘客提供晕车药和防暑药，都为乘客献上一片真诚。例如：14路驾驶员王艳萍拾到3万元巨款归还失主；8路驾驶员勇救昏迷老人；10路驾驶员李峰十年如一日照顾残疾乘客张永顺等感人事迹。2012年，受新闻媒体表扬212次，受到乘客表扬306次，乘客满意率达100%。

服务是立行之本，创新是发展之路。哈尔滨公汽总公司将在今后工作中继续探索新时期公交管理和服务乘客的新思路和新方法，全力抓好运营服务工作，不断增强服务能力，全力提升服务水平，用实际行动，为积极推进“公交都市”示范城市建设和哈尔滨市经济社会更好更快发展作出新的更大的贡献！

管理求进　服务创优

——记交通运输部通报表扬的城市公共交通企业 上海巴士二汽公共交通有限公司

上海巴士二汽公共交通有限公司是上海巴士公交（集团）有限公司下属的国有独资公司，主要承担上海西南地区地面公共交通客运任务。公司下辖10个营运分公司和1个汽车修理厂，经营区域覆盖黄浦、卢湾、徐汇、闵行、长宁、闸北、浦东、松江等区，是上海公交行业的骨干企业之一。截至2012年12月，公司经营线路76条（含B线和区间线），线路总长度998.489公里（不含B线、区间线），车辆数为1162辆，在职职工人数为5546人。

一、以点带面，确保服务质量稳中有升

公司牢记行业宗旨，始终把搞好服务作为工作目标和各项工作的重中之重，把乘客满意作为衡量整体服务工作水平的重要指标。2012年，公司获得上海公交行业社会评价第一名，在上海市公交行业委托质量协会开展的乘客满意度测评以及巴士集团内部第三方满意度测评中双双进入前三。公司目前被命名的上海公交品牌线路数量在行业各家公司中最多，其中49路、43路、56路、189路4条线路荣膺“四星级上海公交品牌线路”称号，占全市12条“四星级上海公交品牌线路”的三分之一。

基础管理：形成服务质量评估体系，明确现场管理岗位职责，形成责任分解，确保层层落实，切实加强营运一线的服务管理，强化检查，注重整改。公司抓专项培训和专业管理，努力提高检查员的工作能力和水平，把乘客投诉作为强化基础管理的一项重要抓手，严格责任认定口径，规范投诉处理流程，不断克服服务工作中的短板，在正常供应、服务态度、车况车貌、规范停站、文明行车等方面力求做得更好。同时广泛开展岗位练兵、基层班组优质服务讨论等活动，积极参加由集团、行业协会、市交管局举办的劳动竞赛活动。2012年，公司在集团“驾驶员、乘务员、调度员、行管员、票务员、修理工”六大工种岗位技能比武中勇夺两项团体第一、三项团体二等奖、一项团体三等奖，并有12人获得个人奖项。

品牌塑造：公司重视培养先进、树立典型的工作。49路和马卫星同志作为先进集体和个人的标杆，已成为上海公交行业最具影响力的代表，在提升公司整体服务水平、引领行业服务质量的提高上发挥出了积极作用。2012年，连获5届市劳模集体、7届市文明单位荣誉称号的49路连续推出“乘49路、感受城市变化”和“你赶我等、你行我让”等服务新举措，为49路品牌注入新的活力。《解放日报》头版、《新民晚报》、《劳动报》、上海电视台新闻综合频道等主流媒体，以及东方网、搜狐网等新兴网络媒体纷纷进行专题报道。随后，巴士集团要求在下属各公交企业的一、二等级线路中全面推广49路的“你赶我等、

你行我让”服务举措。

▲上海巴士二汽49路在全市公交行业首推“你赶我等，你行我让”服务新举措，受到乘客的好评

二、重在预防，确保安全管理落实到位

2008年至今，公司未发生过特大道路交通事故和重大工伤事故，各类交通事故数量逐年减少。2012年，公司累计百万公里事故频率为4.5次；市交警平台抄报的巴士二汽违法率在全市公交行业中排名最低；公司获得“市安全管理先进单位”、“市安全行车先进单位”、“市三星级交通安全资信单位”等荣誉称号。在强化安全管理的过程中，公司坚持将重点放在预防上。

一是加强各级安全责任制的落实和路线安全操作细则的执行力度，公司执行正常安全例会制度以及班子成员每日两人早夜上路线巡查、公司及基层每月三轮安全服务大检查的制度，形成高压严管态势。二是在控制好绝对车速的同时，密切关注相对车速，特别是路口车速、转弯车速、进出场站车速和复杂路段车速。通过设定科学合理的车速标准、运用GPS监控系统实时监控车辆运营状况、管理人员路口测速等手段，使车速管理为安全行车提供更多保障。三是严格控制交通违法率。公司在交警平台反馈的交通违法信息基础上，保持清醒认识，进一步扩大统计口径，把各类检查中发现的交通违法都纳入教育和考核的范围。2012年，公司出台《关于对闯红灯等严重交通违法行为的处理规定》，对闯信号灯等行为予以严厉打击。四是加强对车载DVR录像监控功能的开发和利用。通过定期采集DVR信息和不定期抽查，加强对行车人员安全行车、规范操作的监控和对管理人员的跳车检查质量的监督。五是加大宣传教育力度，增强驾驶员的安全意识，提高驾驶员遵纪守法和规范操作的自觉性。

三、有效调控，确保经营效益稳步增长

2008年至2012年，和集团下达的预算计划相比，公司累计减亏达到18400多万元。为保持良好的经营效益，公司在承担社会公益性、完成政府各项指令性任务、满足市民出行需求的同时，高度重视预算管理工作。

每年四季度起，就及早启动次年的公司经营预算编制工作，并进一步加强统筹协调，完善各基层、各部门工作计划与预算分解，夯实执行基础；在营运中充分挖掘现有资源的潜力，

通过优化线网、调整行车计划和营运班次、提高计划执行率、关注重点线路和关键节点、加大特约车业务承接力度等方式，增加线路营收，降低营运成本，优化经营结构，确保资源配置到位，资源利用合理化、最大化；严格控制各类成本，规范资金的使用管理。

四、规范流程，确保管理水平不断提高

落实规范管理是公司近年来坚持开展的一项重点工作，公司要求构建起科学规范的管理制度和工作流程，依托制度进行规范化管理，以避免管理随意性、盲目性和因此带来的巨大资源浪费。公司着重强调营运管理、机务管理、人力资源管理以及内控审计管理四个方面要落实得规范。营运管理方面，公司建立了3个规范的调派室，完善了每日出车率、高峰班次完成率、头末班车汇报和特约车汇报制度，启动了调度员检查考核和双月例会制度，进出场管理和营运现场动态进一步处于受控状态。机务管理方面，公司依托机务系统信息化建设，健全单车档案，对车辆报修、保养、生产、报表、材料管理、查询分析六方面实施规范管理，优化管理流程，减少人为因素的影响和干扰。根据工资和岗位绩效紧密挂钩的原则，规范工资管理，强调计划性与合理性，减少随意性和主观性。2012年，公司制定出台《职工各类假期办理规定》，在劳动力使用上进一步规范流程，通过公司范围内的平衡、班式结构调整、减少短期病事假、提高升工率等手段，努力解决劳动力偏紧的问题。内控审计管理方面，将原先单纯的内部经济审计逐步转化为经济审计与管理审计并重，通过查错防弊，努力形成严格规范依法办事、按章依法经营管理的良好工作习惯和作风。

五、提升质量，确保机务管理持续改进

机务管理是企业运作的重要环节。公司机务系统在保障车辆设备完好方面取得明显绩效。一是在改善生产环境和硬件设施，继续加强安全生产、文明生产的同时，通过加大培训、组织竞赛等方式，提高修理工的综合素质和修车技能。二是推进实施抽车复验制度，及时发现车辆维修中存在的问题，对多次报修仍不能解决的问题加强质量解剖及技术攻关，确保各项技术机务指标全面完成，公司车况车貌保持良好状态。三是畅通与营运分公司的沟通联系渠道，切实增强服务意识。如面对车载电子设备发生故障较多，对路线等级评定及修理厂竞赛造成一定影响的现状，公司机务系统勇挑重担，克服困难，将车载电子设备纳入维护范畴，有效解决了供应商维修力量不足、修复迟缓被动的问题。四是加快信息化建设进程，充分利用现有的信息设备，为营运管理服务，为安全监理服务。

根据集团下达的百公里油耗及油耗总量的指标，公司在节油工作上，结合“爱车节能”专项竞赛，充分发挥了汽车修理厂、各营运分公司及相关职能部门的团队协作性。加强数据分析，推进分班量油，落实节能管理措施。公司职能部门按不同线路、车型制订燃油百公里油耗指标，分解到各分公司，然后按月进行油耗数据统计分析，并在节油工作专题会议上，公布各分公司燃油消耗情况，及时提醒督促油耗指标超警戒线的基层。

六、关心职工，确保员工队伍整体稳定

公司致力于改变公交职工多年来平均收入低于市职工平均工资水平的状况，采取积极有效的措施，切实提高一线职工的工资收入水平。从2008年至2011年，公司连续四年实现一线在岗驾驶员年收入比上一年度增长10%以上，其他工种岗位年收入相应增长的目标。2012年，一线在岗驾驶员年平均收入在2011年5.78万元的基础上，上升到6.37万元。

与此同时，公司继续加大关心职工工作的力度，不断增强企业凝聚力和吸引力，确保职工

队伍整体稳定。具体措施包括：①构建公司“三级”关心网络，开展爱心“一日捐”、节日帮困慰问、世纪巴士基金发放、实施投保理赔等帮扶工作。②投入67万元，为职工用餐站点配备“延中饮用水”装置，让职工能随时喝上放心水。③开设二汽卫生所，实现与市医保系统的联网，可平价配售一般常见病的常用药，并为职工提供血压测量、血糖测试，小外伤换药和微波理疗等医疗服务。④针对职工近年来反映较突出的食堂问题，公司引进招投标机制，强化对食堂服务和餐食质量的评估管理，使就餐环境、菜色供应等方面有了明显改善，得到了广大职工的一致好评。⑤高温来临前提早部署有关工作，发放防暑降温用品和每人200元的高温费。遇到35度以上天气，公司班子人员不论是工作日还是双休日，都下基层、到站点、进车厢、进工间慰问职工，让职工切实感受到企业的关心。⑥组织开展一年一度的体检和疗休养活动，2012年有4499名职工参加了健康体检，受检率达到94.8%；另有包括大龄职工、有毒有害工种职工、各类先进及献血职工在内的820名职工参加了公司组织的疗休养活动。

七、正向激励，确保企业文化健康向上

为充分调动广大干部职工的积极性、主动性和创造性，公司关注全员素质提高。每年开展一次全员培训，人手一册针对不同工种岗位特别编制的《岗位培训资料》。2012年，各级培训更强调专业性和针对性。如驾乘调人员教材用简明的语言、典型的案例例举营运服务中可能遭遇的各类突发情况和解决方法。二是健全长期激励机制，拓宽正向激励渠道。公司面向全体职工设立“精神文明奖”和“突出贡献奖”，2012年共表彰在精神文明建设中作出表率的职工20名、在企业经营管理中成绩突出的职工两名。三是搭建企业宣传平台。公司在坚持发挥好原有《二汽简报》、《二汽讯息》、《营运动态》等内宣载体作用的基础上，从2012年3月份起印发每月一期的《巴士二汽报》。通过这张定期张贴到各站点的企业报，管理人员多了一个明确工作目标重点、交流经营管理经验的平台，普通职工多了一个了解企业整体工作，展示个人风采的舞台。

公共交通事业涉及千家万户老百姓最基本的出行问题，直接关系民生利益，是一项重要的民生工程。为此，公司各级管理人员和全体职工努力做好各项工作，打造一家规范、高效的公交骨干企业，全面提升安全行车、规范服务操作水平。

紧跟时代步伐　做好民生保障

——记交通运输部通报表扬的城市公共交通企业江西省南昌市公共交通总公司

历史的脚步铿锵作响，改革的大潮风涌浪高。南昌，这座具有悠久历史的文化名城，正在以她的大手笔、大气魄，书写着飞速发展的鸿篇巨制。南昌市公共交通总公司（以下简称南昌公交）历经60多年风雨沧桑，见证了“故郡变新府”的奇迹，实现了企业的飞跃与辉煌。

南昌公交成立于1950年7月。60多年来，南昌公交紧随时代步伐，在江西省、南昌市政府和行业主管部门的坚强领导下，认真履行社会责任，以为广大人民群众提供安全、便捷、舒适、价廉的公共服务为己任，经过一代又一代公交人的艰苦奋斗，历经艰难的创业之路、曲折的改革之路和稳健的发展之路，由成立之初的两条线路、十几个人、几辆木炭车的公共汽车管理所，现已发展成为一个以经营城市客运为主，兼营出租车、汽车维修、广告传媒、旅游、加油站、汽车租赁、新能源、一卡通等相关产业的国有独资大型综合性企业。截至2011年年底，南昌公交拥有员工9000人，拥有营运车辆3129辆，营运线路163条，线路总长3764.7公里，公交线网已全面覆盖南昌市行政区范围内的四县五区和各开发新区，日客运量155万余人次，年客运收入5亿元，总资产达到18.2亿元，年产值约10亿元。

南昌公交行政上隶属市国资委所辖南昌市市政公用集团。2010年根据国家大部委制调整，行业上归为市交通运输局管理。在市委、市政府坚强领导下，面对全国一些城市在发展过程中把公交完全市场化的情况，南昌公交顶住压力和诱惑，坚持以民生为重，保持公益性不变，牢牢把控城市公交发展方向，通过整合城市客运资源，做强做大企业规模，突出企业社会效益，形成了今天“国有主导，规模经营，有序发展”的良好格局，成为全国为数不多的国有资产独家经营公交的省会城市，避免了走一些城市公交因片面市场化造成公益性缺失的弯路。从而使南昌公交在相对稳定的环境中，按照市政府要求积极深化企业改革，通过引进企业内部竞争机制，加强企业各项基础管理，保障安全，提升服务，大力发展相关产业，不断适应市场经济的要求，通过“争取政府政策支持补一块，自身努力开拓市场挣一块，增收节支降低成本省一块”等措施，从而求得生存和发展，取得了良好社会效益和经济效益，成为全国公交行业的佼佼者。企业先后荣获了“全国五一劳动奖状”、“全国公交十大文明企业”、“全国模范职工之家”、“江西省特级诚信企业”等光荣称号，并连续多年获“江西省优秀企业”荣誉。

随着城市化进程的不断加快，新一届市委、市政府空前重视公交事业发展，提出了“公交优先、公交优秀、公交优惠”的殷切期望，南昌公交又迎来了一个新的发展春天。自2010年以来，南昌市政府投入公交发展经费近3亿元，购置公交车辆1300余辆，其中高品质空调车和新能源车1100余辆；2012年10月，南昌公交实现了南昌市主城区的公交车全面空调化。南昌公交通过自身努力，在城市边缘地带建设红谷客运配套中心、高新公交停车场、望城新区公交枢纽、白水湖公交停车场一批公交基础设施，启动公交营运中心建设的基础上，市政府又新规划了朝阳新城、江电、城南、天祥路、象湖新城等多个公交枢纽场站；在阳明路、八一大道、红谷滩新区等道路配套建设一批港湾式站台和新颖的公交候车亭；开通了南昌市首条“一纵一横”公交专用道，开启了南昌市公交路权优先的里程碑；2013年1月1日，南昌市青山路首条路中式公交专用道正式投入运行，路权优先理念取得新突破，公交车运行效率大大提升，乘客出行更加便捷；2011年11月南昌至安义县公交线路和2012年5月南昌至进贤县公交线路的开通，实现了南昌市“四县五区”公交线路的全覆盖；2012年7月开通的南昌至塔城乡公交线路，率先实现了南昌县“镇镇通公交”，标志着南昌城乡公交一体化迈上新的台阶。

2011年，南昌市出台了《关于促进城市公共交通优先发展的意见》，确立了南昌市优先发展城市公共交通的重大意义、总体要求、发展目标、政策措施和组织领导等大政方针；重新编修《城市公共交通专项规划》，并纳入城市总体规划，研究制定了《南昌公交企业成本规制》，通过建立法规政策把城市公交纳入法制化、规范化管理轨道。市委、市政府的一系列重大举措，使城市公交的社会地位不断提高，为促进南昌城市公共交通健康持续发展打下了坚实的基础。

南昌公交狠抓内部管理，致力于城市公共交通高起点规划、高标准建设、高品位发展，坚持科学技术就是第一生产力，不断提高城市公共交通科技含量，公交智能调度系统、IC卡收费系统、3G视频监控系统、自动化洗车机等高科技的应用，给南昌城市公交带来日新月异的变化。2012年，公司引进ISO 9001质量管理体系，使南昌公交的管理趋于规范化、标准化、程序化。同时，以打造“文明公交、平安公交、时尚公交、温馨公交”为理念，相继推出了2/22路（纯女子驾驶员）、5路（纯男子驾驶员）、3/4路（纯退伍军人）、10/11路（中英文双语）、228/229路（工人先锋号）公交精品线，树立公交优质服务标杆，使城市公交车辆档次明显提升，从业人员素质逐步增强，公交服务品牌进一步强化，群众满意度不断提升，南昌公交日益成为城市精神文明的窗口和一道亮丽的风景线。在为广大市民群众提供安全、便捷、舒适、优惠的出行服务同时，对70岁以上老年人、现役军人、伤残军人和警察、盲人等6类群体实行免费乘公交车，把党和政府对特殊群体的关怀落到实处。在南昌市举办的“七城会”等大型活动客运组织、地铁施工建设、城市道路维修改造中，充分发挥了大容量公交车安全、快速、有效的集散疏导功能，体现了城市公交的公益性和社会责任，从而吸引更多的人选择乘公共交通出行，破解城市道路拥堵的难题。

▲2012年南昌公交首次推出公交精品线，提升服务水平和百姓满意度

近年来，南昌公交在承担着市民出行重任的同时，也积极探索走低碳环保的绿色发展之路。2007年，南昌公交开始引进国III排放标准的公交车；如今，南昌公交车辆总数的80%均为国III标准的公交车。同时，为了响应国家“十城千辆”号召，南昌公交于2009年开始对新能源公交车进行调研和试用，自2010年开始引进新能源公交车起，截至目前已拥有新能源车共257辆，其中采用油电混合动力的247辆，纯电动车10辆。此外，南昌公交着眼于新能源资源的开发。2011年4月，南昌公交与煤气公司、液化石油气公司、出租汽车公司共同出资组建南昌公用新能源有限责任公司，主要致力于发展清洁能源，促进公交车天然气的开发和利用。同年11月，高新站获得省能源局核发的全省第一座CNG加气子站项目核准批复，并于2012年5月正式破土动工，目前已投入试运行；2012年7月，位于红谷滩客运配套中心的碟子湖大道CNG加气站也获得省能源局批准。今后几年，南昌公交将加大新能源项目的推进力度，为城市发展和百姓出行作出积极贡献。

城市公共交通事业是惠民众、得民心、助发展的民生工程。按照市委、市政府“公交优先、公交优秀、公交优惠”的要求，到2015年，南昌市万人拥有公交车达到15标台以上；市区公交车全面实现空调化，公交车调度达到GPS全覆盖；公交车平均运行速度达到20公里/小时以上，准点率达到90%以上；公交出行分担率年均增长两个百分点，达20%以上；建成区任意两点公共交通可达时间不超过50分钟；公交车辆进场率达到80%以上，三年基本实现“车进场，人进站”，使公交车成为广大市民出行的首选方式。

路漫漫其修远兮，吾将上下而求索！南昌公交有信心、有决心在市委、市政府的坚强领导下，致力提升南昌公交营运品质和服务水平，促进城市经济社会发展。打造“文明公交、平安公交、时尚公交、温馨公交”，构建公交特色、南昌特点企业文化，不断优化公交线网，巩固城市客运市场，大力营造主业稳健发展、一花独放满园春、相关产业竞相齐发争斗艳的浓厚氛围，开创南昌公交事业更加美好、更加灿烂辉煌的明天！

肩负使命　争优服务　科学发展

——记交通运输部通报表扬的城市公共交通企业湖北省宜昌市公交集团

宜昌公交集团属国有独资企业，是城市基础服务功能不可或缺的重要部分，是彰显城市文明与品位的流动名片，是老百姓出行共有的“家”。近年来，在市委、市政府和市国资委、市交通运输局及相关部门的正确领导、大力支持下，秉承“以公交优秀促公交优先”的工作理念，始终以“打造城市文明窗口，建设乘客满意公交”为目标，勇担责任，科学发展，倾力在文化引领上创先，在为民服务上争优，企业管理能级和服务水平不断提升，市民乘车环境不断改善，公交便捷度及市民对城市公交的满意率不断提高，社会知名度和影响力不断加强，树立了与宜昌城市发展相匹配的公交文明新形象。

一、勇担责任，在为民服务上争优

服务是公交的立业之本。多年来，宜昌公交集团始终把服务、方便市民出行放在工作的首位，彰显了国有企业履行社会责任的示范作用。

优化线网布局，便捷市民出行。宜昌公交集团着眼宜昌建设大城市的目标，立足公交规划，以便民为原则，结合市民建议、意见和出行需求，根据宜昌城市拓展、道路改造实际，积极优化公交线网布局，大力实施高峰大容量公交战略，不断拓展节日专线、旅游专线、学校巴士、企事业专线等新的运营模式，最大限度便捷了市民出行。近三年来，先后新开通了20条公交线路、3条季节性公交专线，延伸并调整了16条公交线，新增了30多个公交站和便民站点，延长了18条公交线的收班时间。并在2012年7月1日汉宜高铁开通时，对始发和途经火车东站的公交运行线路增加了车辆和班次，开通了1路通宵夜班车，开通了火车东站至三峡人家旅游景区的中转车，极大地便捷了旅客和市民出行。截至目前，宜昌公交集团所辖公交线路已达68条，公交线网遍及宜昌市现辖的5个城区。

加大车辆更新力度，改善市民乘车环境。在市委、市政府的大力支持下，特别是2011年和2012年，市政府先后投资1000万元和1900万元，确保了公司每年投资2000万元，对公交车进行提档升级。近三年来，宜昌公交集团先后购置新型、环保公交车272台，其中仅2012年就购置了131台公交空调车，提升了车辆档次，使市民的乘车环境得到有效改善。特别是2010年7月在2路线投入营运的两台残疾人无障碍公交车，填补了湖北省无障碍公交车的空白。2012年，宜昌公交集团又在1路公交线上新投入了一台残疾人无障碍公交车，受到各级领导和广大残疾人的高度称赞。截至目前，公交集团拥有公交营运车辆798台（折算993.8标台），其中：空调车181台，占22.68%。

忠实履行社会义务，优质服务惠及市民。宜昌公交集团始终长期坚持为65岁以上老年人、残疾人（全盲、下肢残疾）、革命伤残军人、现役军人等特殊群体提供免费乘车服务，为全市中小学生提供68%的优惠乘车服务，仅此每年就为社会贡献2000多万元。为更好地服务市民，先后投资300万元，统一设计、制作、更新了服务标识、线路牌，对公交候车廊进行了美化，在车厢内安装了安全拉手、爱心座椅，张贴了票价表，公布了投诉电话，并一次性投资110万元，购置了车辆自动清洗机，坚持“趟保洁、日清理”制度，定期进行大规模的车容车貌整治，确保了车容车貌终保持“六净一亮”。2010年7月公司还将儿童免费乘车身高线由1.1米调增至1.2米，出台了残疾人、革命伤残军人、现役军人免费乘坐空调车惠民措施，建立了“乘客委员会”，首推了“首站站立式微笑服务”，并在99路首开了一年内免费乘车先河。同时将“6855118”公交服务热线与GPS智能调度中心和市长专线、政风行风热线紧密对接，有效减少了乘客的服务投诉，目前有责投诉率相比2009年下降了61.82%，车厢服务合格率由97%上升至98.5%，市民满意率达90.1%。

▲干净、整洁的公交候车廊

二、科技引领，提升企业管理水平

科技是第一生产力。细心的宜昌市民发现，公交车不仅准点，而且高峰时段公交车加密后也很少拥挤。这是宜昌公交集团应用科技，努力提升管理能级的结果。

启动GPS智能管理系统，建立ERP信息平台。2009年，宜昌公交集团率先在湖北省同行业中启动安装GPS智能调度系统并投入运行，真正做到了运营车辆“看得见、听得到、找得着”，记录、收集的线路运营数据“全面、准确、及时”，有效提高了公交车辆的运营、安全效率和效益，使车辆正点率达到99%以上。同时，宜昌公交集团还将运营调度管理、人力资源管理、车辆档案、机务仓储等逐步纳入ERP综合信息平台建设中，目前智能运营调度、工资、统计核算、燃料考核、营收管理、机务、仓储已全部实现ERP管理，公交管理真正进入智能化时代。

启动点亮工程，实施“电子眼”全覆盖。宜昌公交集团不仅在车厢内安装车载电视，还在公交车头、尾部安装了LED电子路牌，启动了公交车“点亮工程”，市民不论白天、黑夜均可在500米以外看到公交车的线路情况。同时，还实施了DVR“电子眼”全覆盖，它好比给GPS

安上了眼睛，不仅能公正地规范司乘人员的服务行为，更能真实记录乘客的一举一动，是企业管理、打击违法犯罪的最有力帮手，使公交车上安全状态做到可控和有效预防。运行三年来，DVR“电子眼”设备协助公安机关打击公交车上各类违法犯罪人员50多人，锁定证据70余起，为乘客挽回经济损失20多万元，解决服务纠纷、为交通事故取证和查证违章行为400多起，有力地震慑了各类违纪和违法犯罪行为，保护了乘客财产安全。

拓展公交IC卡功能，创造效益“双赢”。宜昌公交集团坚持以公交IC卡为主体，积极推进公交IC卡城市“一卡通”建设，目前正在进行公交IC卡由M1卡向CPU卡的转换及与旅游年卡的对接工作，对公交车载机进行升级，努力朝着实现公交IC卡的异地互刷互通迈进。同时，宜昌公交集团还将积极与金融机构紧密联系，开发兼容公交、旅游、金融消费等为一体的IC卡电子商务技术合作平台，努力实现跨行业、跨系统、跨城市使用的小额支付卡，增收增效。

三、靓丽品牌，在文明建设上创新

文化是企业的兴业之魂。近年来，宜昌公交集团博采众长，睿智创新，成功打造出“乘客流动之家”和“文化进车厢”两大行业服务品牌。

乘客流动之家。一是文明示范，建温馨之家。先后创建出了18路国家级“青年文明号”、23路国家级“工人先锋号”、103路市级“学雷锋志愿服务示范线”等一大批各具特色的示范精品线路。23路开展预约式服务，与三峡大学开展校企共建，练就了“活地图”、“问不倒”的服务本领；1路与宜昌陆军预备役高炮旅开展军民共建，打造出了全国规模最大的城市公交预备役军人文明示范线。103路线50名驾驶员10年爱心接力，帮扶接送盲人乘客，被誉为新时期的雷锋团队。二是创新服务，建和谐之家。我们以“和谐公交、快乐出行”为主题，大力推行“笑脸相迎、文明用语、主动帮扶、热情相送”微笑服务四步法，设立了“委屈服务奖”，使市民对城市公交的满意率不断提升。三是安全出行，建平安之家。我们技防人防并举，实行“深入一线，关口下移，责任到人，明确重点地段、时段”工作法，将晨检、门检、路检、夜检常态化。并广泛开展“无扒窃车辆”活动，保障了乘客的出行安全，被评为全国见义勇为先进单位。

文化进车厢。一是打造文明集结号。2009年，宜昌公交集团在全市中小学生中开展“大手拉小手，安全文明一起走，共建流动市民学校”主题实践活动。活动采取“一个学校承包一条线路，一个班级承包一台公交车”的形式，将征集到的富有创意和极具睿智的学生画报统一制作成精美的画贴，让学生亲手张贴在公交车玻璃窗上进行集中展示，让文明之花在车厢绽放。二是争当城市文明人。在宜昌市率先启动“劝导文明·志愿者在行动”主题实践活动，向社会公开招募200名青年志愿者，定期开展文明出行、文明乘车、文明行车劝导活动，引导乘客自觉争做文明人。三是让文化走进车厢。2010年，按照“一线一特色，车车有文化”创建思路，将独具三峡特色的历史文化、传统文化、道德文化等20多种特色文化元素搬进公交车车厢，以精美的“挂旗”形式，图文并茂地向乘客展示。“文化进车厢”活动，被评为湖北省第三届精神文明创建十大创新品牌，并在湖北省公交行业推广。湖北省交通厅领导评价说：宜昌公交文化进车厢，让老百姓夏天感到了清凉，冬天感受到了温暖，是社会文明的缩影、交通窗口行业的旗帜。

无饮食车厢。2012年，为捍卫全国文明城市这一金色招牌，宜昌公交集团关口前移，把准细节，强化劝导，全方位开展了打造“无饮食车厢”活动。新制作了“无饮食车厢”标识，加贴了“请不要在车内饮食”宣传语和宣传漫画，在车载电视上滚动播放爱护车厢卫生公益广

告，用GPS报站器每站播报提示语，倡导乘客保护车厢环境。同时，还联合市内各大媒体及有关部门启动了“无饮食车厢”的倡议活动，通过媒体向社会发出了“请别在公交车上吃流食”倡议，并连载刊登市民对车内饮食现象的讨论，为控制公交车内饮食、优化乘车环境营造良好的舆论氛围。特别是公司的干部管理人员每天定点定时开展线上巡查和文明倡导活动，并在夷陵广场推出了乘客排队候车示范点，有效推动了活动向纵深开展。

“积跬步以致远，纳百川而自华”。宜昌公交集团“无饮食车厢”活动有效开展后，宜昌市文明办专门下文，要求全市各窗口行业及单位积极学习宜昌公交集团的做法，由此在全市掀起了“请别在公共场所吃流食”文明行动，很好地提升了公司的声誉和地位。近三年来，宜昌公交集团先后荣获全国“军民共建精神文明先进单位”、全国“城市公共交通行业先进集体”、湖北省“先进基层党组织”、湖北省“劳动关系和谐企业”、湖北省“老年优待工作先进单位”、宜昌市“全国文明城市创建先进单位”、宜昌市第三批“宜昌市廉政文化建设示范点”等荣誉称号，还连续四届获得宜昌市“万名消费者评诚信”诚信单位和湖北省首届“百万消费者评诚信”诚信单位殊荣，树立了与宜昌城市发展相匹配的公交文明新形象。

围绕“三个满意”　推进“五个突破”

——记交通运输部通报表扬的城市公共交通企业湖南巴士公共交通有限公司

在长沙公交改革大潮中应运而生的湖南巴士公共交通有限公司（以下简称湖南巴士公司），经过8年的市场经济洗礼，实现了观念更新，企业也实行了管理变革。全公司员工围绕“乘客满意、员工满意、政府满意”的工作目标，着力推进“车辆装备、员工收入、服务质量、企业管理、凝聚人心”等“五个突破”的工作思路，使企业步入良性发展轨道。2012年3月，长沙国有资本控股湖南巴士公司，为湖南巴士公司的发展提供了更大、更好的平台，同时为长沙公交行业的深化改革奠定了基础。

作为长沙公交业唯一国有控股企业，湖南巴士公司现有员工3711名，营运车辆1132辆，营运线路54条，线路总长度720公里。湖南巴士公司倡导环保公交，努力谋划可持续发展的绿色公交战略，荣获“全国交通运输节能减排优秀企业”称号。

8年多来，湖南巴士公司着力推进“车辆更新有突破，服务质量有突破，员工收入有突破，企业管理有突破，凝聚人心有突破”的“五突破”工作思路，为企业的发展注入了生机与活力。

一、车辆更新有突破，建设绿色公交

为建设“两型”社会，改善市民乘车环境，推进城市文明化进程，湖南巴士公司先后投入3.82亿元，更新了1014辆新车，率先在长沙客运市场引进了欧Ⅲ、欧Ⅳ排放标准的高档环保客车（其中649辆空调车），实现了营运车辆89.58%的更新。

国家“十城千车”新能源汽车推广示范项目中最大的一笔订单来自于湖南巴士公司。2009年11月，湖南巴士公司与南车时代电动汽车公司签订了126辆混合动力公交车的订购合同，交易金额达1.8亿元。随后，又与比亚迪公司签订了50辆纯电动大巴合同，为长沙实施国家新能源战略发挥了示范作用。

二、服务质量有突破，建设满意公交

湖南巴士公司以“服务社会，追求卓越”为己任，为提高乘客满意率，推出了系列举措。

湖南巴士公司为提升服务质量制定了“线路上等级，人员上星级”的评定标准和奖励考核细则，目前，星级员工达到2196人，占一线员工总数2277人的96%。其中，三星级以上的星级员工达到1135人，占星级员工总数2196人的51.68%。

为促进服务质量的提高，湖南巴士公司还推出“三五工作日”制度。每月的5号为无投诉日，15号为无事故日；25号为无抛锚日。通过这些制度的推广应用，引导并促使员工减少服务投诉，减少营运违章，减少车辆抛锚，降低事故发生频率。

2008年以来，湖南巴士公司首末班车准点率均达到了100%。2011年至2012年，长沙公交行业服务质量考评，湖南巴士公司累计15次名列第一。市政府和市交通局领导称赞湖南巴士公司先进的管理和优质的服务引领了长沙公交行业的发展。

湖南巴士公司勇于承担社会责任，冷线服务到位。为填补公交空白，满足市民出行，开通了长沙市第一条“穿梭巴士”。尽管每年有120多万元的营运亏损，但坚持不少一个班次，不丢一个乘客，确保营运供应质量，得到高新区管委会与沿线单位及乘客的赞誉。为倡导文明新风，湖南巴士公司邀请长沙市文明办并联手媒体和品牌企业打造“潇湘文明号”，在所属的159线投放了600把潇湘文明伞供乘客免费借用。

如今，湖南巴士公司实现了可喜的“三多、三少”，助人为乐、拾金不昧的多了，服务投诉的少了；乘客来电、来信表扬的多了，行车违章的少了；媒体赞誉的多了，媒体曝光的少了。

三、员工收入有突破，建设和谐公交

企业有效益，员工有笑脸，这是对湖南巴士公司企业文化的最好诠释。湖南巴士公司每年开展一次工资集体协商，保障员工的核心利益。在要求员工忠于职责、承担责任的同时，坚持员工收入向一线主体工种倾斜，向劳动强度大、风险高的岗位倾斜。员工收入平均每年以8%~12%的速度增长。2012年一线驾驶员人均年收入达到52000元。

湖南巴士公司强调“善待员工就是善待乘客”的理念，对合同工、劳务工，一视同仁，坚持同岗、同酬、同福利。并在全省公交行业中率先成立了“困难员工帮扶中心”，中层以上干部坚持每月捐款50~100元。至2012年6月，湖南巴士公司已先后投入278.44万元，救助困难员工8427人次；对员工子女考上大学的，给予世纪巴士的奖励，几年来，已先后投入65.52万元，奖励考上大学的员工子女1092人次。

▲湖南巴士公司董事长许琦

四、企业管理有突破，建设一流公交

湖南巴士公司坚持遵循“绿色巴士，服务到家”的宗旨，既以满足市民出行，提供优质服务为己任，又以企业成本规制、线路盈亏平衡为抓手，在经营上推进精细化管理。分公司坚持每月生产讲评，一条线、一个车队地分析，查找经营、管理上的问题，有针对性地提出改进措施，从而取得了良好的经济效益。

湖南巴士公司坚持对员工进行素质培训，聘请专家或业务精英主讲相关课程，提高员工思想素质和业务技能；坚持开展客流调查，优化车辆配置。高峰时段调度员坚持车边调度，优化发车间隔，确保供应质量和营运秩序，改善了市民的乘车环境，增加了线路的营运收入。

根据现代企业管理的要求，湖南巴士公司建立了办公自动化系统和客运信息管理系统，开发了机务管理系统、人力资源管理系统与财务管理系统，并率先在312线、314线等6条线路上配置了国内先进的3G车载视频监控系统和GPS，对营运过程进行动态管理。

坚持“三变、三为”，即变粗放型为精细化，变被动型为主动型，变突击型为常态化。百公里油耗、千公里修理费用、万公里事故费用、百万人次投诉率、高峰班次执行率、优质服务线路评比均运用目标管理，进行月度考评，年度考核。2011年，通过目标管理和劳动竞赛，节约燃油费用396万元。

五、凝聚人心有突破，建设阳光公交

开放包容的海派文化与敢为人先的湖湘文化，在湖南巴士公司得到有机的融合，并得以延伸，广大员工在具鲜明特色的企业文化的熏陶下，体面劳动、尊严生活、快乐工作。

关注民生办实事。为让员工心情愉悦地工作，湖南巴士公司努力改善员工的生产和生活环境，为每个车队（线路）添置了空调、冷柜、微波炉。夏季高温，湖南巴士公司领导坚持到生产一线送清凉；百年一遇大冰冻，车队干部开出第一班车，为驾驶员探路。

设立新风奖、委屈奖。表彰见义勇为、拾金不昧、得理让人的优秀员工。对连续3年无行车事故、无有责服务投诉、无交通违法及违章行为且出勤达到98%以上的驾驶员予以表彰；对累计行驶达到25万以上安全公里的驾驶员排头兵或安全标兵给予出国（出境）考察旅游的奖励。

注重运用企业报凝聚团队力量，制定了员工写、写员工的办报原则。湖南巴士公司领导经常亲自撰写稿件，并认真审核报纸校样，得到同行和上级领导的肯定。

建设绿色、阳光、和谐的公交，是湖南巴士公司的不懈追求；建设满意的一流公交，更是湖南巴士公司的使命所然。湖南巴士公司员工的优质服务，为历史文化名城增添了一道亮丽的风景线，使得湖南巴士公司，成为长沙市民出行的首选。

用良心铸造责任企业

——记交通运输部通报表扬的城市公共交通企业广东省广州市第二公共汽车公司

广州市第二公共汽车公司（以下简称广州二汽）组建于1977年10月，注册资本7.65亿元，主营城市公交、道路客运、汽车客运站等业务，经营区域立足广州、横跨广佛、遍及珠三角，是直属于广州市交通委员会的大型国有独资交通运输企业。

建司35年来，广州二汽深化内部改革、积极整合资源，加大企业收购并购力度，迅速发展成为以城市公交、道路客运、汽车客运站为主业的大型国有道路运输企业。如今，公司投资控股的子公司共有8家，经营区域从广州延伸至珠三角；拥有近7000台客运车辆、600多条公交客运线路，员工总人数20000余名；年营业收入突破30亿元，年客运量超10亿人次，成为广州地区日常旅客运输、节假日疏运和重大活动运输保障的重要力量。公司多次荣获省、市“文明单位”和“春运工作先进单位”、省“创争活动先进单位”称号；2007年被中国道路运输协会核定为“旅客运输一级企业”，2010年获评广东省“亚运会、亚残运会先进集体”；2011年跻身广东省企业500强（第152名）和广东省服务业百强企业（第39名）；2012荣登“2012中国道路运输百强诚信企业（第13名）”榜，并荣获“2010—2012年度广州市思想政治工作先进单位”称号。

广州二汽的成功，经验之一是在员工中树立了“做一个更加负责任、更加有良心的交通人”的核心文化理念，并使之成为了全体员工共同的价值观，贯穿于企业安全文化建设，全方位渗透到企业的生产组织、经营管理、企业文化等方面，从而有效增强企业的核心竞争力，保障了企业步入可持续发展的快车道。

一、把安全文化提升到新的层面和高度

随着企业的持续发展，广州二汽领导班子清醒地意识到：作为运输企业，安全生产和安全运输是企业的根本，它既关系到千家万户的幸福，更关系到企业的发展，若事故不断，赔偿多多，企业再大再强也会受到掣肘，更谈不上对社会多作贡献。基于此，广州二汽多年来建立了包括《交通安全管理制度》、《安全事故报告和调查处理规定》、《安全生产事故责任追究制度》、《突发事件应急处置预案》等一系列安全管理制度。2009年，公司总经理李在生更是明确提出了“做一个更加负责任、更加有良心的交通人”的安全文化理念。他告诫：“只要我们的干部都抱着保护自己家人的心思去管理安全工作，本着管理不善可能会导致自己的亲人成为交通事故受害者的思想去加强管理；我们的驾驶员抱着保护自己家人的心态去开车，本着违章驾驶可能会导致自己失去亲人的态度去驾驶，那会降低多少不该发生的交通事故惨案？”他朴素而创新地将安全运输与亲人免受伤害联系起来，把抓好安全运输提高到个人责任、企业责任和社会责任的高度来认识，并贯彻到实践中，从而在企业形成 以“责任、良心”为核心的安

全文化氛围，把“做一个更加负责任、更加有良心的交通人”核心价值观落实到制度建设的层面、贯穿于生产的过程、渗透于员工的思想意识之中。

实施区域安全联保制度。为了增强团队协作能力，广州二汽在建立和实施了安全生产、维稳及综治责任管理工作挂钩制度的基础上，于2009年建立了“安全服务区域联保机制”，即每个驾驶员以线路或行车小组为联保单元，以不发生有责交通或客伤事故，不发生交通违法、违章行为作为主要考核内容，形成“自己善于管自己，用良心约束自己的行为；自己勇于管别人，做到对企业、对同事负责；乐于接受别人管自己，履行接受管理的义务”（概括为自保、互保、联保）的横向管理模式。同时，实行“同奖共罚”，促使驾驶员之间互帮互助、安全行车。

实施安全应急联动制度。广州二汽在2010年制定实施了“交通事故与突发情况应急联动制度”。该制度要求，一旦发生交通事故，公司下属单位将按其责任区域尽力配合事故单位做好救援和善后处理工作，以为处置突发事件赢得时间和主动权。此机制经过多次演练，取得较好效果。如2012年7月26日，公司模拟一台公交车执行营运任务，途经一灯控路口时被追尾，发生3车连环相撞的交通事故，造成车上6人轻伤。“事故”发生后，各单位（部门）迅速启动联动机制，有关部门及时上报情况、并到达现场抢救伤员、清理现场……从抢险到现场处理的演练都在有条不紊中进行。市客管部门充分肯定了广州二汽联动处置安全事故的做法及其形成的机制，并在全市公交企业中推广。

开展万人安全大宣讲活动。为调动职工建设安全文化的参与热情，广州二汽在2011年开展了“责任良心伴我行”案例征文演讲比赛，发动员工撰写案例并上台宣讲，用亲身经验及工作体会去诠释“安全行车从自我做起”、如何以实际行动构建“幸福交通”。由于内容好、形式新，演讲活动吸引了大批驾驶员参与。公司还编辑出版了《“责任良心伴我行”征文集》，组织优秀演讲人员到各单位巡回宣讲达10场次，超过10000人次参加，形成了人人争当二汽安全生产“责任、良心”代言人的热潮，使“做一个更加负责任、更加有良心的交通人”的核心理念在广州二汽落地生根。

开创安全管理新模式。针对传统安全学习大、小会多为领导讲、员工听的做法已收效不大的状况，广州二汽大胆创新安全学习的方式。在2012年3月底开展了“互动式驾驶员安全行车技能”教学比赛活动，各营运、站场、后勤单位分别举行座谈会，发动员工谈体会、出对策、比教案。在8月中旬的教学比赛决赛中，公司全体领导以及600多名职工到场观赛。决赛后，公司组织优秀教学队伍到企业各单位巡回教学，使每一位驾驶员都受到安全生产的再教育。活泼的形式，生动的教学，有效地提高了全体驾驶员安全行车的意识和操作技能。

二、在企业文化中营造“安全文化”氛围

“精诚共进”是广州二汽企业精神的高度概括。35年来公司不断发展壮大，期间始终坚持以企业文化建设引领职工共进步、同成长。近年来更注重将“做一个更加负责任、更加有良心的交通人”的理念贯穿于企业文化活动之中，使安全生产、优质服务成为员工的自觉行动，也使“精诚共进”的企业精神深入人心。

大力打造群众性文化活动平台。一年一度的“二汽之春”春运慰问晚会是广州二汽的“品牌晚会”，也是公司表彰先进、激励员工积极向上的重要平台。职工在活动中自编、自导、自演文艺节目，在自娱自乐中受到教育，因此，深受员工喜爱，至今已举办了21届。在2011年的第21届“二汽之春”主题活动中，公司赋予晚会丰富的内容，其中，表演歌曲《司机大哥》反映了驾驶员的生活，歌颂了一线员工爱岗敬业、安全行车、忘我工作的高尚情操，在公司甚至

广州交通系统内广为流传，被评为广州市第十二届精神文明建设“五个一工程”优秀歌曲作品。由于职工对21届“二汽之春”反响热烈，最后又加演了一场。

除“二汽之春”外，公司还开展了“迎亚运、创文明，我们与你同行”系列活动、“感动二汽”人物评选活动、“唱司歌、颂党恩”大合唱比赛、“三八”节时装表演等群众性活动，让来自不同地区、不同岗位、不同文化背景的员工在参与活动中，迅速融入到二汽的大家庭中来，在同一价值观中与企业共进。

多措并举提高全员技术文化素质。“让合适的人在合适的岗位上工作，实现个人与企业的共同发展”，是广州二汽一直坚持的用人方针，以及企业精神的具体化。为企业可持续发展建设一支结构合理、素质精良的人才队伍是广州二汽不断追求的目标。公司招聘员工，注重人才素质；进入公司后，鼓励员工积极参加各种学历、技术、文化业务的学习；企业内积极探索寓课堂教学、示范实践、生产经营、素质训练为一体，融政治理论教育和实用技术、岗位职务、学历培训为一炉的素质培训体系。近年来，公司多次组织管理骨干进行封闭式军训，以增强管理层的企业责任感。去年，公司创办了二汽人才大学堂，激发了企业人才管理工作的生机和活力。尤其是实施了竞岗制度，为公司中层管理队伍输送了一批专业能力强、综合素质高的优秀人才。2011年，竞岗流程改原来的单一面试答辩为“笔试考文字、面试考应变”，综合考察候选人素质，增强了竞岗制度的公平和严谨性，带动了比学习、比工作、比才干、比贡献的良好气氛。目前，公司管理层大专以上学历人员已达799人、高级技工达3161人，安全行车超百万公里驾驶员达200多人，全员文化素质领先于公交行业水平。此外，公司通过工会组织的多种文体及经济技术竞赛活动，也在员工中发掘和培养了大批各类文化、技术骨干。

选树身边楷模，创先争优出典型。多年来，广州二汽十分注重先进典型的选树和培养，通过全方位宣传日常生产和工作中涌现出来的先进人物，广泛开展学先进、赶先进活动。在公司成立35周年之际，他们将公司涌现出来的一批先进人物的事迹汇编成《身边的楷模》一书，印发到广大员工手中。市劳动模范陈伟霖、黎锦聪，市见义勇为好市民曾宪杭、廖承捷，奥运火炬手漆小兵等同志的先进事迹和感人故事，为职工树立了精神标杆。2012年7月份，公司550路司机吴志宏在营运途中突发心肌梗塞，他强忍身体不适，稳妥地靠边停车、疏散乘客，保护了全车几十名乘客的人身安全，避免了交通意外事故的发生，被媒体和广大市民、乘客誉为“最美广州公交司机”。公司抓住时机，广泛宣传吴志宏司机的责任精神，使“做一个更加负责任，更加有良心的交通人”的企业核心理念更加具体、形象地深入到干部员工的心中。据统计，仅在2012年7、8月份，广州二汽被驻穗主流媒体宣传报道的好人好事就达40宗。

三、勇挑重担，积极践行企业责任

这些年来，广州二汽始终不忘肩上重担，以积极践行社会责任为已任，时刻展现国有企业的魄力和担当。

抓好一条主线——出色完成创建文明任务。广州市创建全国文明城市经历了“十年磨一剑”的锤炼。而作为大型公交、道路运输企业的广州二汽公司，既是创文明的主体，又是创文明的窗口。在持续的创建文明活动中，公司把全市创文明部署的工作与企业的实际相结合，把“责任、良心”的价值理念融汇到企业具体创建文明的各项工作中。通过深入宣传、层层发动，以及“一车一档”、“一站一档”的载体，让企业全员参与创建活动；又通过“严抓细抠”、狠抓整改，强化一线督导，攻克了创建中的难题。在冲刺阶段，广州二汽实行区域包干、条块结合、巡察监控、网络布局，把好源头关，实现“人、车、线”管理三位一体，并实施问责和奖励结合的奖惩机制，把各项创建的考核指标分解落实到底，排查整改到位。直至成功接受国检，全公司共派出出站人员21830人次，有效监控车辆187131车次，检查站场7846次，整改解决各类问题1014个，完善管理制度和服务措施278项，出色地完成了市政府、市交委下达的创建工作，被评为“广州市交通行业创建全国文明城市工作先进单位”。经过创建文明的系列工作后，公司的综合服务水平得到了进一步提升。

打好两大战役。2010年初，广州BRT开行在即，广州二汽承担了15条BRT线路的承运任务。面对全新的运营方式，公司领导亲自挂帅，靠前指挥，对BRT线路实行定岗定人管理，重点抓住高峰期重要站点空车切入、快线、短线的计划落实，日均发班3044班次。在这场攻坚战中，原二汽新福利二分公司经理梁耀棠为衔接好开线各项工作呕心沥血、殚精竭虑，整整几个月未休过一个完整的休息日，病倒在BRT指挥台上，最终离世了。但他的努力得到了回报，在2010年春运防护期内，二汽新福利公司是唯一一个在BRT通道内没有发生车辆故障的单位，受到市交通主管部门的表扬。

▲广州市第二公共汽车公司的快速公交车

在广州举办亚运会、亚残运会期间，广州二汽同样承担了光荣的疏运工作，公司领导运筹帷幄，科学组织运力，共派出3000多人的保障队伍，为近两万名运动员提供了优质的交通服务，实现了开幕式运动员交通疏散时间45分钟、闭幕式交通疏散时间25分钟的佳绩，用最短的时间，疏散了亚运会历史数量最多的运动员，疏散速度甚至赶超了北京奥运会。在服务这场盛会期间，公司领导常驻亚运城小板房坐镇指挥，与员工一起吃了几个月的泡面和盒饭；工作人员中，有人一再推迟婚期，有人在孩子出生一个多月后才见到第一面，有人没赶得及送去世的父亲一程……他们用舍小家为国家争光的精神，为成功举办广州亚运会、亚残运会作出了贡献。

破解三大难题。“早晚高峰乘车难”、“夜班车准点运营难”、“城乡结合部居民乘车难”是广州市公交服务的三大重点问题，为了切实解决“三大难题”，广州二汽不遗余力地做好以下工作：一是通过实施应急保障方案、加强夜班线路驾驶员培训、建立公司内部运营监管机制等措施，狠抓夜班车准点运营服务问题，先后增加了9条夜班线路，从运力安排上为确保准点运营创造条件。二是实行早晚高峰期常态化监控、责任包干、自查自纠、实时调度等措施，切实缓解公交早晚高峰期拥挤问题。三是投入新运力，设立新站点，为城乡结合部的市民提供公交服务。仅2011年就先后开通了30条城乡结合部线路，为有效提高城乡结合部公交覆盖面及其配套服务水平作出不懈的努力。

广州二汽在35年发展中形成并经提炼的“责任、良心”核心价值观，已渗透于职工的思想和企业制度建设、文化建设的各个层面，成为公司良性发展、持续发展的强大动力。在未来的发展中，广州二汽人将继续秉承“责任、良心”的理念，再创佳绩、再续辉煌。

让公交姓“公”

——记交通运输部通报表扬的城市公共交通企业 四川省成都市公共交通集团公司

成都市公共交通集团公司（下称成都公交集团）成立于1952年，是隶属成都市国有资产监督管理委员会管理的国有大型公益性公交企业。企业注册资本135471.7万元。现有员工2.1万人，其中：博士生4人、硕士生98人，正高职称1人、副高职称37人。截至2012年年底，拥有公共汽车8915辆，其中：电动及混合动力车300辆、LNG车300辆、CNG车8315辆；国Ⅳ空调车7701辆，占比86.4%。公交线路269条，线路总长4519公里。公交场站75个，占地1626亩。2012年，公交车辆总行驶里程3.33亿公里，总载客量15亿人次，总营业收入15.6亿元，公交占总出行分担率为26.1%。

“公交优先，就是百姓优先；发展公交，就是发展民生。”这是四川省委常委、成都市委书记黄新初对成都公交的定位。成都公交集团将其作为鞭策自己不断改革、创新的动力，在寻求城市公交从准公共产品向公共产品属性提升的实现途径中，进行了成功的探索与实践，得到社会各界的高度重视和广泛关注。中国质量协会将中国质量奖的最高荣誉——“中国用户满意鼎”授予成都公交集团；国务院发展研究中心《经济要参》专题刊登“我国城市公交优先发展‘成都模式’调研报告”；四川省人社厅批准成都公交集团设立“博士后创新实践基地”。《人民日报》、《经济日报》、《文汇报》、《参考消息》、《中国企业报》、《管理学家》等重要报刊，都曾刊文报道成都公交集团的组织变革和改革发展实践，产生了良好的社会影响。

一、“网运分离”开启成都公交公益之路

为有效解决公交线路多家经营造成资源浪费、一家经营难免服务低下的两难问题，成都公交集团将铁路系统的“网运分离”概念引入城市公共交通领域，创造了具有公交特色的“网运分离”管理新模式。

成都市将公交线路特许经营权与营运生产权相互分离，将线路特许经营权统一授予成都公交集团，由其统筹线网规划，统一负责票款收银、确定车辆档次及发班计划，满足市民需求、体现城市形象、发挥社会效益；营运生产权则交给专业的营运生产企业，具体负责安全营运生产，通过市场化运行，锁定服务成本、规范合理运作、体现经济效益，实现公交既满足市民出行又成本可控的可持续发展局面。

按照“网运分离”管理模式，成都公交集团进行了组织变革，构建起了精干、高效、专业、扁平化的现代公交系统的组织架构。按照“特定区域公交单一线网主体”经营战略，通过

股权与资产收购实施了中心城区公交市场主体整合，组建了5个规模相当的国有营运子公司，实现了公交线路分区域集中管理，建立起良性"竞合"关系；推行内部专业化分工和市场化运作，实施了对票务、保修、场站等11类60个单位的同业归并整合，将物资采购、广告经营权出让等经营活动进行公开招标或拍卖，对车辆清洗、场站安保等非核心业务实行外包，从而大幅提升了企业经济效益；在成都公交集团公司本部形成线网优化中心、智能调度中心等7个业务中心，按照市民出行需求开行线路与制订发班计划，切实保障公交社会效益。

成都公交"网运分离"管理模式，使"网"和"运"的各主体权利义务得到明确界定，建立起了科学有效的业绩考核体系。成都公交集团负责集中统一收银，按照营运公司符合要求的GPS里程向运营公司支付公里服务费用；营运公司公里服务定价通过市场竞争确定，实现公平和效率的兼顾；营运公司的成本费用通过规模经营、精细化管理加以控制。从而，实现了公交线网资源的最优化配置和营运生产成本的最低化运作。此外，由于"网运分离"使得公交企业收入和成本的构成实现信息对称，可以对公交获得社会效益需要的经济投入进行有效的测度，从而进一步增强了政府对公交领域加大投入的信心和决心。

二、政策保障助推民本公交一路前行

近年来，成都市委、市政府高度重视公交优先发展，从资金、路权和土地等方面全方位加大支持力度，推动成都公交实现了追赶型、跨越式大发展。

一是增加公交财政资金投入。成都市拨给成都公交集团的财政资金，由2006年的8246万元快速增加到2012年的117405万元，累计新购公交车近8000辆，为不断扩大公交覆盖面提供了充足的运力保障；2013年还将投入财政资金新购公交车2000辆，而且全部为国Ⅴ排放标准。

二是保障公交路权优先。成都市积极推动改善公交运行环境，从2008年5月开始，到2012年底已划定了总长度761.94公里的公交专用道，在中心城区主干道覆盖率达95.7%，公交专用道内公交车的平均时速达到18公里。由于在公交专用道上安装了固定电子眼，在公交车上安装了移动抓拍系统，有效保障了公交专用道的使用效果。当前，成都市在中心城区"两快两环两射"快速路网的建设中，同步建设大容量快速公交系统，进一步为城市公交提速。

三是加大公交用地供给。为提高公交车进场率，成都市总体规划了公交场站用地2200余亩。2010年至2012年，已落实并移交成都公交集团土地48宗、面积976亩。与此同时，将公交用地性质由行政划拨变为出让，夯实了公交土地资产，不仅有效增强了企业融资能力，还为公交土地综合利用打下了良好基础。

三、惠民票制改革让市民共享幸福公交

成都公交以实现"同城同价，一卡通行"为目标，按照"降低票价、提高分担率；优化线网、方便换乘、降低运营成本；调整车型结构、增加营运收入"的改革思路，实施了一系列惠民票制改革，不断降低市民出行费用，大幅提升了公交吸引力。

从2007年6月开始进行优惠卡多面值票制改革，从每月充值50元乘坐100次，调整为每次可按10元整数倍灵活充值，减少乘客每月的固定支出，实现组合经济消费；2010年9月，又进一步实行优惠卡1元起充值，彻底解决了月末IC卡剩余次数跨月作废问题，一月内无论乘坐次数多少，都可完全享受成人5折、学生2折的优惠政策，实现按需选择、经济消费。2007年底，成都公交推出老年人免费乘车惠民政策，成都市五城区70周岁以上老年人每月持老年卡可免费乘坐50次公交车；到2012年10月，又将老年卡免费乘车次数由原来的每月50次调整

为每月75次，截至2012年年末，已发行老年卡27万张，每月惠及老年人达350万人次。2008年5月，在国内首创刷公交IC卡2小时内免费换乘的更为优惠的票价政策，进一步减少了市民公交出行的总支出，还引导乘客依据车辆满载程度和出行时间长短来选择公交线路，减少了线路运载不均的现象，提高了乘车舒适度和出行效率。2012年10月，为配合成都二三环之间区域小汽车尾号限行的交通管控措施，推出44条免费公交线路，更是受到市民交口称赞。

一系列惠民政策的实施，不仅让更多的成都市民选择公交出行，而且还逐渐养成了理性消费的习惯。市民排队乘车，自觉投币、刷卡已蔚然成风，不会因公交免费而骤然出现大量的无效出行，从而保障了成都免费公交的平稳运行。目前，成都市每天享受优惠票价的乘客近300万人次，惠民让利金额一年超过12.8亿元，公交出行量由2006年的7.76亿人次增加到2012年的14.98亿人次，增长93.06%。

▲成都市人民公交百姓车

四、科学管控确保运力有效供给

成都公交集团坚持以研促用，以用促建，研、建、用紧密结合，于2010年全面建设和集成应用了智能调度、视频监控、电子站牌等公交智能管理和服务系统，实现了营运模式和调度管理模式由传统经验型、粗放式向现代科学型、精细化的大转变，迅速提高了运营管理和服务水平。高峰时段车辆投放率由2006年的不足75%，提高到目前的90%以上；千车公里载客量由2006年的3800人次，提高到现在的4890人次；GPS智能管理系统的使用，减少了无效重复投放，并杜绝了人工虚报里程，一年节约营运成本上亿元。

免费公交线路开行初期，通过视频监控等多种手段密切关注线路客流变化，在客流增长较大及客流特别集中的线路通过更换大容量车型、增加车辆、加密班次等方式，及时增加运力供给，有效保障了市民顺利出行。

五、在“还权于民”中提升人性化服务水平

成都公交集团秉承“以人为本、以客为尊”的服务型企业文化精神，敞开大门办公交，在“问需于民、问计于民、问效于民”中，努力提升公交优质服务水平。

开通公交热线、开办服务大厅、开设互动网站，进社区、听民意，充分听取市民关于新线路开行、线网优化、公交服务等方面的意见建议。在认真调研、科学制订新线路开行基础方案

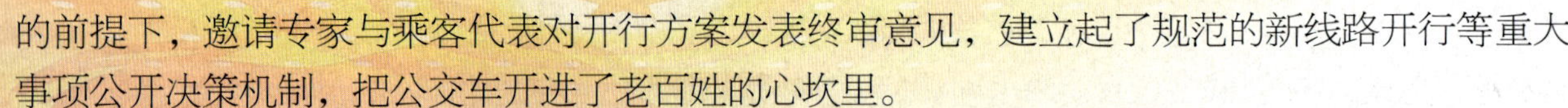

的前提下，邀请专家与乘客代表对开行方案发表终审意见，建立起了规范的新线路开行等重大事项公开决策机制，把公交车开进了老百姓的心坎里。

在司乘人员着装、文明用语、安全驾驶、车容车貌等方面实施标准化服务，企业人性化服务水平不断提升，公交社会满意度超过90%。先后涌现出了感动百万市民的“雨伞哥”赖小刚、“公交好人”安向辉、“感动四川十大人物”蓝学东、“出租汽车行业的形象领军人物”赵国成等一大批先进模范员工，集中体现了成都公交为民服务、无私奉献的伟大精神。

六、积极投身社会公益性服务

成都公交集团积极发挥城市重要基础设施的服务功能，充分展示城市公交公益性社会形象。面对汶川特大地震，成都公交集团万众一心、不畏艰难，与生命竞速、与时间赛跑，出动公交车2990台次、出租汽车557台次、专业人员4144人次奔赴灾区，有力地保障了抗震救灾人员及物资的运输需求。企业先后荣获了抗震救灾重建家园全国工人先锋号、全国职业道德建设先进单位等数百项国家和省、市级荣誉及称号。2012年，中国质量协会陈邦柱会长与成都市葛红林市长一起，共同为成都公交集团授予了“中国用户满意鼎”。

七、全力推进城乡公交一体化

当前，成都市提出以“交通先行、产业倍增、立城优城、三圈一体、全域开放”五大兴市战略为抓手，奋力打造西部经济核心增长极。其中，把“交通先行”作为五大兴市战略之首来抓。作为“交通先行”战略中公交优先发展重任的承担者，成都公交集团主动作为、只争朝夕，全力构建高效衔接、城乡一体的西部经济核心增长极公交运输体系。

按照“公交都市”发展方式，在天府新区建设过程中前瞻进行公共交通规划，变被动适应为主动引领；配合放射状城市快速路网建设，实施大容量城乡快速公交走廊规划与建设；按照“一区一运营主体”的原则，积极推进城乡公交融通，由市、县各占50%股比组建国有合资公司，负责县域内及跨区线路运营，目前融通试点工作已在郫县取得成功，温江、双流、龙泉、新都等近郊区（县）正陆续跟进。更多的城乡群众将享受到“同城同价、城乡一体”的公交出行服务。

在国家优先发展城市公交的政策指引下，在成都市委、市政府的大力支持下，成都公交的公益之路必将不断向前，越走越好……

履行社会责任　彰显公交风采

——记交通运输部通报表扬的城市公共交通企业 贵州省贵阳市公共交通（集团）有限公司

贵阳市公共交通（集团）有限公司（以下简称贵阳公交）属国有大型企业，成立于1951年8月3日，贵阳公交现有14个分公司，6个参、控股子公司，1个全资子公司。截至2012年，有职工9443余人，资产总额达9.88亿元，各种运营车辆3300辆，运营线路165条，年运营里程达2.31亿多公里，客运量达6.69亿人次，票款收入6.9亿元。

贵阳公交以贯彻落实科学发展观为统领，坚持“全心全意为人民服务”核心价值观，转变发展观念、创新发展模式，“保民生、稳增长、求转变、促发展”，创先争优，稳中求变。

一、加强领导、机制健全、落实有力

（一）以“四好、四强、四优”创新争优活动为载体，促企业全面发展

坚持以市场为导向，以有效提高生产经营效果为抓手，按照“四好、四强、四优”工作标准，积极有效开展基层组织建设年创先争优主题实践活动，突出基层党组织能力建设，强化党员素质能力提升，坚持民主科学管理，通过“立足本职作贡献，建功立业当先锋”一系列劳动竞赛活动的开展，坚持“月评季选年度奖励制度”，有效调动了全体党员的积极性和创造性。

（二）创建好机制保证企业有序发展

突出重点，研究制定和完善《党委议事规则》、《党建目标考核制度》，贯彻落实《“三重一大”工作制度》，以开展“正风强企、做廉洁自律表率”主题教育活动为契机，加强了集团公司重点关键岗位廉洁风险点的管控，规范企业人、财、物、产、供、销等管理制度的建设，帮助企业构建和巩固预防职务犯罪防线，健全《党务公开制度》，积极营造一种民主、团结、务实、和谐的良好氛围。

（三）团结和依靠职工做好做强企业

几年如一日坚持按照《党委成员定期下基层工作制度》和《经理接待日制度》等做好工作，积极深入广大职工之间，收集各类工作建议和意见，及时解决各类难事热事，积极通过开展各类企业文化品牌建设、班组建设、各类劳动竞赛等，增强了职工的主人翁能力和爱岗敬业意识。完善并理顺了公司职工工资薪酬分配体系，逐年提升职工工资水平、调整职工社会保险缴费基数等，进一步加强职工队伍建设，汇集人心，增强凝聚力。目前上岗驾驶员人均年收入由2005年的2.21万元提高到2011年的4.27万元。

二、关注民生，全力保障

坚持“公交优先、公交必须优秀”为经营理念，把握市场发展机遇，以为乘客提供“安全、快捷、文明、舒适”的乘车环境为切入点，拓展服务范围，提高服务手段和质量，加强运力调控，优化线网配置，内抓管理，外树形象，大力实施“公交优先”工程，加大科技投入，加强运力组织，支线、干线合理配置资源，完善公交线网优化改造。仅2011年新辟公交线路17条，增加行驶里程380.06公里，客运量652万人次，调整、延伸公交线路24条，优化中心城区核心区公交站点71个，在城市一环线外增设公交站点29个。线路平均准点率逐年按4%递增，运营速度按3%~5%比例逐年提高。结合部分居民住宅小区道路狭窄，大型公交车不具备通行条件的实际情况，新辟线路7条，共投入48台5.9米长迷你公交车上线运营，较好地解决市民的出行所需。

逐年提高公交车配置等级，其中2011年新购中级以上车辆281辆，2012年新购豪华新能源（LNG）车辆150辆，2013年新购气电混合新能源车辆200辆，进一步提高了乘客出行舒适度。拓展公交车信息化功能，普及应用CPU银行卡，开通中国银行、工商银行、建设银行、交通银行及贵阳银行的银行卡刷卡乘车功能，让乘客刷CPU银行卡就能乘坐公交车，更加方便市民乘车，2011年刷银行卡乘车共135.19万人次。

提升公交服务水平，加强服务行风建设，每年聘请“社会义务监督员”100名，参与公司的文明服务监督和建设工作，2011年，向市民发放《乘客满意度调查表》8万余份，收到市民合理化建议60条，乘客满意度达到95.91%。投入100余万元对公交客户服务系统进行全面升级换代，将原来的单一电话接听功能打造成多功能的综合性服务平台，更大限度地为便民利民出行提供了信息渠道。

三、安全生产，保障运营

以贯彻落实国家及省市安全管理法律法规条例，开展全国“安康杯”安全劳动竞赛为中心，强化“安全第一、预防为主、综合治理和一岗双责”为主体的安全管理责任和各项安全预防制度的落实，健全完善《安全行车预案》、《路检路查预案》、《隐患排查预案》、《突发公共事件应急预案》，坚持每半年举行一次《安全生产法》、《道路交通安全法》等法律法规及相关案例专题讲座，加大月检月评工作力度，有效提高全体安全管理人员及驾驶员的安全意识和技能，为贵阳公交连续7年被评为全国和贵州省“安康杯优胜企业”，2011年获得全国总工会颁发的“连胜杯”荣誉发挥了作用。

为全天候提升安全动态管理力度，2008年4月，贵阳公交率先在全国推广了GPS远程调度和安全监管工作，经过3~4年的努力，在建立健全各项安全考评机制的同时，对智能公交“市民电子”站牌、手机公交信息查询系统、GPS安全智能系统、车载视频监控系统进行推广升级使用，贵阳公交2011年又投入4000余万元资金开展“3G”智能远程无线监控系统建设工作，加大安全技术设备购置和管理力度，为在各公交停保场站、油气库站、各重点对外服务示范窗口的3239辆公交车和出租车均安装了车载GPS卫星智能调度系统和安全监控设备，通过科技投入、科学规范管理，实现了“安全第一、预防为主、综合管理”的目标。

四、节能减排，低碳公交

为积极响应省委省政府、市委市政府“循环利用、节能减排、生态文明”的环境保护理念和建设目标，贵阳公交以倡导“绿色出行、低碳公交”为理念，从2004年1月开始，就一直致力于汽车清洁能源的开发利用，在“无研发数据资料，无实际操作经验”的情况下，不怕苦不怕累，风餐露宿，攻坚克难，通过反复试验、调试，将燃用汽油、柴油车改造为燃用天然气，从压缩天然气到液化天然气（LNG），又用M15甲醇燃料在公交运营车辆上进行改装试用，到M85及最终使用的M100甲醇燃料能源试用推广，不仅取得了较好的社会效益，实现了环境优美，节能减排，更降低了企业运营成本。就目前贵阳公交的使用情况来看：①使用天然气燃料的车辆与使用汽、柴油的车辆相比，每年为企业节约燃料成本3000万元；使用醇基燃料与使用汽油比较，每年节约燃料成本约1300万元。②使用清洁能源的车辆与汽油、柴油车辆相比，降低了车辆尾气中的烟度、颗粒物排放和噪声污染。2011年液化天然气车辆的尾气污染物减排量，按1500辆公交车行驶总里程10778.61万公里计算，一氧化碳（CO）减排1887吨，碳氢（HC）减排1632吨，氮氧化物（NO_X）减排1000吨，年节约燃料费用约3000万元。按2011年615辆醇基燃料出租车计算，醇基车与汽油、柴油车比较，每年可减排二氧化碳（CO_2）约2940吨，每月每车可节约燃料费用1200~1500元，每吨可为企业创收1000元。

▲贵阳公交集团董事长李涌泉

贵阳公交“油改气”工程实现了“六个全国第一”：一是建成国内第一座天然气加气站；二是成功地建成了全国第一座利用合成氨放空气和驰放气生产液化天然气（LNG）的工厂；三是建成全国第一座天然气（LNG）地面标准式、地埋式、半地埋式加气站；四是成为全国第一个掌握将柴油发动机改造成液化气发动机的单位；五是全国第一个成功开发M100甲醇燃料在化油器式发动机运用的单位；六是成为世界上使用天然气（LNG）车辆数最多的城市。这些成绩被行业内称为“敢为人先”的贵阳精神，“讲求实效”的贵阳作风，“有所创新”的贵阳技术，为广大市民创造了一片碧水蓝天，实现了市委市政府提出“绿色低碳出行、建生态文明市”的战略目标，同时为贵阳公交的可持续发展奠定了坚实基础。

五、企业文化建设，彰显公交风采

贵阳公交紧紧围绕“创建文明城市、构建和谐社会”这一主线，坚持“乘客至上，服务为本”的服务宗旨，积极组织开展了文明服务礼仪、企业文化、心理咨询等专题讲座，向职工倡导健康文明的生活方式，引导职工崇尚科学，在企业内部形成了“学先进、讲文明、树新风、创一流”的良好风尚。讲文明、除陋习、树新风，以争创星级文明线路、文明班组、工人先锋号、青年文明号、共产党员车组、三八红旗车组、雷锋班，争当文明员工为抓手，多形式、多方法，拓展精神文明建设内容，涌现出了79条一星级文明线路，28个一星级文明班组，全国“巾帼文明示范集体”公交15路，全国“工人先锋号”、国家级“青年文明号”集体公交16路，出租公司青年车队、全国学雷锋先进集体出租公司“雷锋班”，全国青年志愿服务先进个人、全国劳动模范陈宏，“全国见义勇为司机”、“全国道德模范”提名奖的刘国红，“贵州省道德模范”郑宏等先进个人。通过在公交车内设置“老弱病残孕”专座，制作和安装服务承诺牌、乘车指南、名人名言、警示警句、文明用语等各类宣传牌，在每月22日“让座日”、全市的“畅通工程”、“创建

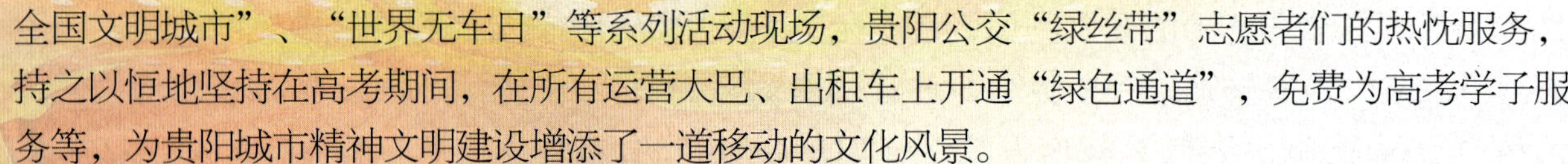

全国文明城市”、“世界无车日”等系列活动现场，贵阳公交“绿丝带”志愿者们的热忱服务，持之以恒地坚持在高考期间，在所有运营大巴、出租车上开通“绿色通道”，免费为高考学子服务等，为贵阳城市精神文明建设增添了一道移动的文化风景。

六、履行社会责任、促进企业又好又快发展

城市公交属公益性企业，它决定了公交企业与生俱来的使命和社会责任，贵阳公交于2010年、2011年连续两年向社会发布了企业社会责任报告，以理念促共识，推广责任意识，主动肩负起“服务社会、诚信为民”的社会责任，坚持“公交优先、公交必须优秀”为经营理念，服务创优，经济创收。2005年国务院办公厅转发了《关于优先发展城市公共交通的意见》，2006年建设部、国家发展改革委员会、财政部、劳动保障部等四部委印发了《关于优先发展城市公共交通若干经济政策的意见》，2005年9月15日，贵州省政府办公厅转发省建设厅等部门《关于优先发展城市公共交通实施意见》，交通运输部2011年11月9日发布《关于开展国家公交都市建设示范工程有关事项的通知》，从国家层面大力推进“公交都市”建设，2012年10月11日温家宝总理主持召开国务院常务会议，提出了扶持公共交通优先发展，并出台八项扶持措施，让全国公交行业实现可持续发展，也为贵阳公交加快转型、快速发展带来了契机，贵阳公交将在2012年1月12日国务院下发的《关于进一步加强贵州经济又好又快发展实施意见》2号文件指导下，建立具有国内先进水平的“多模式、一体化”公共交通，确立公共交通在城市客运体系中的主导地位。按照“公交都市”政府主导、市场运作、政策扶持、优先发展的建设模式，以贵阳市道路“三环十六射”的建设为切入点，在整个“公交都市”建设过程中，加大绿色低碳交通改善工程、提高清洁能源公交车辆比例，提高公交分担率，加快自身如场站枢纽、停保场站等硬件设施的建设，提高云贵明珠、贵阳国际大都市的形象。

落实公交优先政策　提升运营服务水平

——记交通运输部通报表扬的城市公共交通企业陕西省西安市公共交通总公司

如果把城市比作人体，那么公交系统就是人体内的血管，而乘客就是人体内的血液。只有血液在血管内正常流动，才能使人体各项机能正常的运作。

西安公交在半个多世纪的历程中几经波折，发展成为全市屈指可数的国有大型城市客运企业，凝聚了一代又一代公交人的心血与汗水，承载着前辈公交人无数的期望与祝福。“开拓、创新、无私、奉献”已成为21世纪西安公交的企业精神。

斗转星移，我们奉献青春；寒来暑往，我们燃烧生命；骄阳似火，我们从未退缩；冰天雪地，我们依然前行。两万余名公交职工，是西安公交的改革、发展和西安城市建设的见证者和参与者。回首我们走过的足迹。让我们感到欣慰的是，我们西安公交人无愧于这个伟大的时代，无愧于西安这座文明古城。

荣誉、成绩，都已成为了过去，脚下的路还在延伸。往后的日子，我们西安公交人将继续努力，以“政府放心、乘客舒心、员工开心”为理念，按照国际大都市现代化公共交通的标准，坚持观念创新、体制创新、技术创新、服务创新，努力为广大乘客提供更为周到满意的服务。

西安市公共交通总公司（以下简称西安公交总公司）隶属于西安城市基础设施建设投资（集团）有限公司，行业管理归属西安市交通运输局，是陕西省最大的交通客运企业，现拥有职工18621人，营运车辆6179辆，营运线路205条，线路长度4627.7公里，年客运量11亿人次，公交分担率36.6%，土地面积800.075亩，资产总额15.43亿元。总公司下属12家单位，另外，参股控股11家企业，投资领域主要涉及城市客运、投资类企业、交通信息产业、物资供销，现已初步形成了以城市客运为主业的多元化产业体系。2011年，总公司完成客运量10.8342亿人次，总收入8.4177亿元，行驶里程2.9095亿公里，在岗职工人均年收入3.7万元；驾驶员人均年收入4万元，职工工资福利待遇稳步提升。

2007年9月，西安市政府颁布了《西安市优先发展城市公共交通实施意见》，5年以来，在市政府各部门的大力支持下，西安公交总公司转变经营理念，全面提升安全服务水平，不但使政府相关惠民、便民政策得以有效贯彻和落实，市民对公交满意度进一步提升，也使公交的行业形象有了明显的改观。

一、政府大力支持公交发展，企业经营环境明显改善

2011年累计收到各类财政补贴6.28亿元，其中：IC卡专项补贴23496.89万元，公用事业附

加费返还5900万元，亏损、贴息补贴3030.15万元，天然气专项补贴1200万元。政府对公交的财政支持力度居西部省会城市前列。

二、公交惠民政策成效显著，市民满意度进一步提升

作为城市文明形象的一个展示窗口，西安公交不仅是城市文明程度的缩影，更是西安市政府落实公交优先政策的践行者。

（1）在西安市政府惠民政策的推动下，5年来公交客运量快速增长，日均客运量已从2007年的270万人次增至目前的380万人次，增幅达40.7%；公交分担率从23%增至36.8%；跻身全国前列。累计发售公交IC卡442万张，日均刷卡240万人次，已使22.25亿人次享受到了这一惠民政策，让利于民超过11亿元。根据相关媒体调查，2008年全市每个家庭由于享受到乘车打折优惠，平均每月少支出76元。累计办理老年公交IC卡20万张，乘车范围由原来的56条线路扩大至所有可刷卡线路共98条，目前，老年卡日均刷卡量已达8.6万人次。

（2）在政府每年为企业购置的300辆公交车的基础上，为缓解市民乘车难问题，公交公司还自筹资金3.22亿元，按照“大采光、大容量、低地板、低排放”的要求，更新采购车辆974辆，使全公司目前运营的车辆总数达到6179辆，车辆档次明显提高，空调车辆比例逐年增加，现拥有空调车820辆，占总车数的13.3%，市民乘车的舒适度进一步提高。据西安市统计局城调队调查，市民对公交的满意度连续3年保持在85%以上。

三、着力转变经营观念，提升公交安全服务水平

公交企业的公益性定位和优先发展政策的实施，极大地推动了公交经营理念的转型，5年来，公交经营思路逐步实现了从经营效益型到安全服务型的转变，企业在强化内部基础管理的同时，更多地关注如何优化公交线网布局、方便市民出行，如何提升安全服务水平、规范运营秩序，从而更加安全、方便、环保、便捷地服务广大市民。

（1）在提升服务水平方面。从2008年上半年开始，首先从一线驾驶员和乘务人员中，全面推行公交安全服务“星级管理”模式，把驾驶员、乘务员的安全服务分为5个“星”级标准，通过“星”级个人、“星”级线路评定和考核分配的激励机制，进一步规范和提升了一线驾驶员、乘务员安全服务水平。开展星级服务4年来，广大市民对公交的认知度、满意度普遍提高，有责投诉率低于1.6件/百万人次。

（2）在公交安全生产方面。我们始终坚持“安全是公交的命脉”理念，坚持做好安全生产营运工作，2009年被评为陕西省安全生产先进单位。2011年，总公司根据“海恩里希”法则加大安全隐患防控力度，强化对安全行驶情况的检查和违章率、事故率的分析，把“海恩里希法则”和公交实际结合起来，通过大小事故的起数统计分析，寻找出安全事故发生的内在规律，用科学的方法对安全形势进行评估，持之以恒地抓好安全管理，当年行车事故率较上年度大幅下降36%。

为进一步方便广大市民对公交安全服务的监督，从2011年开始，我们在全国公交行业中首创“驾驶员实名制”制度，在各主要营运线上通过车载电子显示屏公开驾驶员姓名，并在全国公交行业率先实行鼓励市民对公交“四种”不文明驾驶行为的有奖举报活动，对规范公交文明服务起到了积极的推动作用。

（3）积极倡导文明乘车。为提升城市文明形象，从2007年开始，我们开始倡导“公交乘车跟我排”和“车厢让座”活动，目前市民乘车排队站已发展到57个站点，文明排队乘车蔚然成

风，“乘车跟我排”活动也被授予2008年西安市精神文明建设十大创新奖。

四、不断创新企业管理，职工福利逐步提升

自2008年以来，西安公交总公司不断建立健全企业内部管理制度，在安全管理、服务管理中逐步引入科学管理理念，不断提升营运生产效率。2012年，总公司确定为“管理创新年”，全面推动管理创新工作，针对各单位（部门）在经营管理工作中一些行之有效的好办法、好措施，按创新成果进行评估、奖励和推广；开展全员创新行动，针对干部职工在公交内部管理、营运生产、安全服务等方面的技术创新、细节创新、安全创新等个人岗位创新行为和成果进行奖励和推广，充分调动员工积极性，实现员工和企业的共同发展，得到员工的大力支持。各级领导班子团结协作、廉洁勤政，带领全体员工切实做好各项生产服务工作，增强了企业凝聚力，干群关系和谐，职工收入逐年稳步增长，2012年被授予“陕西省劳动关系和谐企业”等荣誉称号。

五、加强新技术应用能力，建设智能化公交

2011年，市政府决定投资1.5亿元，用两年的时间建设西安公交智能调度系统，首批850辆车全部采用GPS智能调度系统，平均每辆安装智能调度系统车辆比非智能调度系统的车辆运行效率提升32%，极大地提升了公交车辆运行的经济和社会效率，获得世园会游客和市民的一致好评。2012年，总公司为2000辆车辆安装智能调度系统，力争在2013年实现智能调度系统全覆盖，实现公交智能化，更好地为乘客服务。

在清洁能源车辆方面，西安市公交总公司在2009年已实现全部车辆使用清洁能源（CNG）。2011年，为进一步减少车辆碳排放，响应“低碳排放，绿色出行”的号召，我们采购50辆比亚迪纯电动公交车辆，开启西安市公交车辆零噪音、零污染的新时代，获得广大乘客和市民的高度评价和喜爱。

六、打造具有特色的公交企业文化，加强职工培训

西安公交总公司长期重视企业文化发展，致力于打造符合公交企业实际的、具有特色的企业文化，编撰《西安公共交通总公司企业文化手册》，打造由“三家”迈向“三佳”的具有西安公交特色的企业文化，并且被纳入西北大学MBA课程作为教学案例。在推广中得到广大公交职工的一致认可和好评，增强了职工凝聚力和自信心。

在职工培训教育方面，我们在2000年已经成立职工教育培训中心，近年来不断整合培训资源，2011年打造公交培训师队伍，规范培训教材，逐步建立健全全员培训体系，完善培训考核流程，评估培训效果，切实提高培训质量。自2008年至今，每年职工参加培训率均达到100%；2011年，我们与长安大学建立起校企合作平台，打造两个基地（公交作为长安大学的实习基地，长安大学作为公交的研究基地），并且有针对性地组织不同岗位职工，开展技术、安全、管理等方面的专项培训；通过联合长安大学举办本科班、硕士班等联合办学形式，鼓励在职人员参加高等学历教育以及专业技术资格职称培训，提高干部的管理水平和综合素养。

七、全力以赴服务西安世界园艺博览会

2011年西安承办第三十届世界园艺博览会，这是建国以来西安所承办的档次最高、规模最大、时间最长的国际性盛会，为了圆满完成世园会保障任务，西安公交总公司上下全力以赴投

入工作。一是开展了万名驾驶员、乘务员大练兵，编辑10余万字培训教材，组建了“驾龄3年以上、服务三星以上”的驾驶员世园公交保障团队；二是精心设计14条公交线路，满足世园会游客出行需要；特别是世园专线一夜更名，500余名公交人连夜奋战，彻底扭转了主入口停车场乘车混乱的局面，得到了市委、市政府及世园会执委会的高度赞扬；三是预案制订严密，经受住了历次极端客流的考验，保证了客流安全有序的疏散；四是克服冬春季不利施工的困难，40天建成辛家庙、半坡、十里铺三大公交枢纽站；五是世园4号巾帼线路创新服务展新姿，赢得各方青睐；六是每日1200名机关干部、公交青年志愿者做好维持秩序工作。

正是由于以上努力，世园会期间西安公交总公司累计安全运送中外乘客2043.6万人次，世园会公交分担率达65%。西安总公司被评为世园会执委会先进单位，总公司党委被评为陕西省创先争优服务世园会先进基层党组织。

▲陕西省西安市公共交通总公司获得“全国五一劳动奖状”

八、认真履行社会责任，为政府排忧解难

多年以来，西安公交总公司高度重视企业社会责任，2008年1月，我国南方发生特大冻雪灾害，电力设施遭到严重破坏，宁夏130名电力抢修人员千里迢迢赶赴云贵抢险救灾，途经西安，因为租不到去火车站的车辆而犯难，西安公交总公司获知情况后，主动联系，予以无私援助，确保抢修队伍顺利出发，赶赴灾区。

2008年5月12日，汶川发生8.0级特大地震，5月14日，陕西省及周边地区闻讯赶往家乡的灾区民工源源不断地聚集在西安火车站，希望尽快赶回家乡，但因四川部分铁路地震被损而大量滞留在火车站，市政府果断决策：立即从西安公共交通总公司调集100辆大客车，无偿运送灾区民工返乡。总公司接到指令后，立即调配100辆大客车，圆满完成运送灾区民工返乡任务，彰显出公交企业高度的社会责任意识。

每一次，在政府和社会最需要的时候，西安公交总公司总是挺身而出，无私奉献。夜送上访群众回家，紧急运送维稳警力，流感疫情发生后坚持每趟次消毒制度让政府放心等……每当紧急关头，公交都能迅速响应，不打折扣，不讲条件，不辞辛苦，得到了西安市政府各级领导和社会各界的信赖和高度肯定！

以微笑服务为核心　促规范服务再上新台阶

——记交通运输部通报表扬的城市公共交通企业
西藏拉萨市公共交通总公司

拉萨市公共交通总公司（以下简称拉萨公交）是西藏自治区唯一一家国有公交企业，至今已有40余年历史。多年来，在西藏自治区、拉萨市党委和政府的领导与支持下，立足自治区区情，自力更生、艰苦创业，牢固树立“全心全意为人民服务”的思想和坚持解放思想，实事求是，与时俱进，树立科学发展的理念，为扎实做好城市公共交通贡献了自己的力量。目前，企业先后荣获“拉萨市先进企业”、“自治区先进企业”、“自治区和平解放60周年大庆先进集体”、“西藏自治区吸纳高校毕业就业先进集体”、“全国工人先锋号”、“全国公交行业先进企业”等多项荣誉，拉萨公交以优质、微笑服务赢得了拉萨市民的好评和政府的信任与支持。

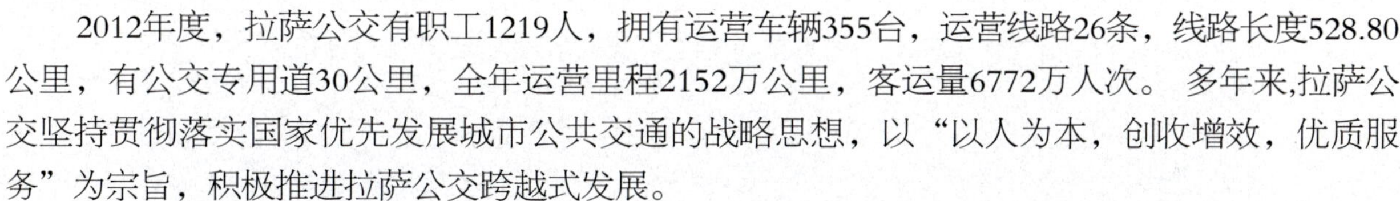

2012年度，拉萨公交有职工1219人，拥有运营车辆355台，运营线路26条，线路长度528.80公里，有公交专用道30公里，全年运营里程2152万公里，客运量6772万人次。 多年来,拉萨公交坚持贯彻落实国家优先发展城市公共交通的战略思想，以“以人为本，创收增效，优质服务”为宗旨，积极推进拉萨公交跨越式发展。

一、紧扣微笑服务核心不放松

微笑服务是拉萨公交为不断提升服务水平，为政府,为百姓排忧解难的重要举措,其核心内容是以规范服务，笑迎乘客，语言文明，举止大方，车容整洁，服务周到为标准，努力在车厢营造和谐愉悦的氛围，使乘客有一种宾至如归、如沐春风的美感。近年来，拉萨公交坚持倡导微笑服务，坚持以典型引路，大力推广普及微笑服务，践行以“爱国、团结、和谐、发展、文明”为内容的社会主义核心价值体系。目前，经过努力已使拉萨公交80%的车组达标。现在，无论何时何地，只要你登上公交车，就会看到窗明地净的车厢，都会感受到公交人创造的一流服务，无不赞扬拉萨公交取得的长足进步，运营服务从根本上跳出了“检查时变个样，检查完了老样子”的怪圈。

二、紧抓车厢服务质量上水平

近年来,拉萨公交严格实行规范化管理和规范化服务，通过制度管理，使运营服务做到标准化、普通化，让每条线路在每一时刻都能按制度要求提供标准服务。做到事事有人管，人人有专责，办事有标准，工作有检查，奖惩有依据。首先是规范服务标准，拉萨公交从管理的实际状况出发，提出了“提倡优质服务，坚持规范服务，克服劣质服务，杜绝恶性服务”的要求，通过对劣质服务实行否决制来达到规范服务。其次是规范检查考核，检查考核的要害在一个“实”字。为了落实一个“实”字，拉萨公交提出了“检查查到最下层，责任追到上一层”的管理方法，要求所有的检查都必须到场站，到线路，到单车，到最易发生问题的路段，到最容易发生问题的时间。

微笑服务即优质服务，是在规范服务基础上更高档次的服务，不是短期行为，不是竞赛活动，而是通过广泛学习雷锋和李素丽，从整体上提高服务质量的日常制度。通过各种形式的教育活动，不断提高全体干部和司乘人员对微笑服务重要性、迫切性的认识，抓住从根本上解决司乘人员对待乘客的态度这一关键，用发自内心的微笑，真诚地为乘客服务。具体要求是：佩证上岗，笑迎乘客；平稳行车，停站靠边；车厢内外，整洁干净；请字当头，不说忌语；报站清楚，有问必答；照顾特需，主动为老、弱、病、残、孕及抱小孩的乘客让座，营造了团结友爱、互相帮助的气氛。

三、成效来自耕耘与管理

自“微笑服务活动”开展以来，拉萨公交以“保稳定、促发展、推进企业文化建设”为出发点，加强政治思想工作，加强车厢管理，规范服务标准，践行社会主义核心价值观，用实际行动回馈社会,大大改善了拉萨市的客运市场。拉萨公交服务质量和服务水平不断提升，五星级驾驶员人数逐月递增，服务合格率达96%，乘客对公交的满意度平均达92%，微笑服务活动的开展还得到了西藏新闻媒体的肯定，使得“微笑服务示范岗”成为展示拉萨窗口行业服务新形象的亮丽名片。期间涌现出了不少先进典型事例，如“心系乘客，情洒车厢”的公交13路，先进驾驶员其米次仁，以及许许多多促进民族团结进步的服务明星。

▲富有西藏民族特色的公交车辆“整装待发”

四、拉萨公交的成功经验

（1）必须牢固树立公交优先发展的思想,公交企业要把服务优秀当成企业发展的根本任务来抓,始终坚持“乘客至上,服务第一”的行业宗旨,千方百计增加公交客运量,为缓解城市交通拥堵,提升人民群众生活品质而努力。

（2）始终坚持“以人为本”的用人原则。对有创新意识、谋求发展、身心健康、作风端正、廉洁奉公、勇于奉献、同甘共苦的员工委以重任，选拔到经营管理层来。同时建立健全人才激励机制，激励职工的工作热情，培养企业开拓创新氛围。根据拉萨公交的有效资源和配置，采取因事制宜与因人制宜相结合的灵活原则和措施，实行优化组合，充分调动职工工作积极性，激励干部职工发挥各自的专长，共同促进企业发展。

（3）按照科学发展观的要求，建立健全现代化企业管理规章制度。拉萨公交明确各部门的工作职责与经营目标，彻底转变过去人管人的落后模式，实行科学有效的用人管理制度和监督约束机制。拉萨公交按照目标责任制管理原则，权力下放，加强监管，有利于各下属公司在总公司有效监管下，加强目标经营，充分发挥各部门的主动性和积极性，形成独立核算、自负盈亏、有效衡量管理人员成绩和工作效率的标准。同时注意各种人才的培养与选拔，大胆改革用工制度，严格考核上岗，形成能者上、平者让、庸者下的用人机制，努力培养一支高素质的职工队伍。

（4）实行科学管理，采取公开、公平、公正、竞争上岗效益工资制度，彻底打破传统的档案工资管理体制，实行以按劳分配为主体，效率优先、兼顾公平的收入分配原则，对全体职工的工资制度进行改革，将工资与生产经营与效益全部挂钩，使干部职工明确自身承担的义务和责任，极大地调动了广大干部职工的工作主动性和积极性。

拉萨公交实行规范管理和微笑服务以来，取得了好的成绩，总结出了经验，将微笑服务工作推上了新水平。目前拉萨公交正以党的十八大精神为指导，全面贯彻落实“公交优先”政策，以经济增长，技术进步为发展动力，加强文化建设，行风建设，科学管理，微笑服务，努力为广大市民创造一个安全，便捷、经济、舒适的乘车环境，为实践拉萨公交的跨越式发展而奋斗！

走近“女子线路”

——记交通运输部通报表扬的城市公共交通线路

山西省太原公共交通控股（集团）有限公司849路

近日，我们采访了849路“女子线路”，将这篇满含深情和敬意的文章，送给每天奔波在运行一线的女驾驶员们，并祝她们节日快乐，健康美丽，全家幸福！——题记

这是一条年轻线路——2011年4月13日正式组建。全线配车26部，从胜利桥东出发，途经滨河东路、南内环街、长治路，坞城路等22个站，终点财经大学。

这是一条省内唯一的“女子线路”——全线52名驾驶员，清一色娘子军，平均年龄37岁，年龄最大的45岁，最小的只有28岁。

这是一条屡获殊荣的线路——先后获得省、市“五一巾帼文明岗”、“工人先锋号”等殊荣。今年3月5日，又被授予“山西省十大杰出女子班组”光荣称号。

这是一条发生了许许多多动人故事的线路——夜色下，一位老大娘坐错了方向，焦急之中，王完平掏钱帮老人打了辆出租车；大雨中，一位乘客下车时想起没带雨伞，迟疑之时，林保萍为她撑起了一把爱心伞；一路上，一位乘客陶醉于标准而甜美的服务用语，感动之余，把张慧称为“太原最美的公交女司机”；站台上，一位行动不便的老大爷候车，徐丽君把他搀扶上车，并落实了座位，乘客们说：“这也算‘空姐式’服务吧！”

翻着一摞摞荣誉证书，读着一封封乘客来信，听着一个个感人故事，我不禁想问——是什么力量把职工的心凝聚在了一起，打造了这样一个优秀团队！走近849路，了解她们背后的故事，让我们一同来寻找答案……

一、微笑，用真情来练就

还在“女子线路”组建之初，四分公司就聘请了专业人员给大家讲解女性礼仪和处理服务纠纷的方法与技巧，并让大家在全景式车厢服务模拟训练室进行现场演练。为了让乘客体会到微笑的魅力，她们还自发组织起来，每人一根筷子，以露出八颗牙齿为标准，苦练“基本功”。

平日里，因为时常能听到有的同事开车不稳而引发乘客投诉或车内事故，所以在运营中她们就格外注意平稳行车。为了提高驾驶技术，她们在机器盖上放置了一杯水，以不漏出水为标准来检测自己的驾驶水平，人人过关，让乘客在整个运行过程中都感到又好又稳。

当她们注意到经常有聋哑学生乘车时，就主动到聋哑学校学习哑语，学会与特殊乘客交流；她们到全国劳模安建香的车上观摩学习，感受用情服务的真谛；她们还到昔阳县大寨村参观，学习“铁姑娘”能吃苦，肯奉献的工作精神。

二、美丽，从更衣室出发

为了展示“女子线路”的风采，四分公司专门为大家设计了制服。她们穿在身上感觉特好，一上车更显巾帼风采。但新的问题随之产生，主要是在男女混杂的调度站里换衣服太不方便。于是车队腾出一间办公室，为她们改成了更衣室。

她们非常高兴，亲手布置这个温馨的“家”。她们从二手市场买来一个旧梳妆台，尽管镜子一角有道裂痕，但心灵手巧的女同志们用彩色的桃心形贴纸点缀，不但裂痕不见了踪影，还使得梳妆台更加漂亮。经她们装饰出的更衣室温馨无比，大家每天从这里开始投入工作，身心无比舒畅，工作起来也特别开心。

她们是女人，她们也爱美丽，并且在仪容仪表上也有了新的标准，每天她们都为自己化上淡淡的红妆，让公交司机变得更加美丽。“我们从这里出发，把快乐带给乘客”。她们把对乘客的爱写在了展板上，也送给了沿线乘客。

▲太原公交849路“女子线路”开通

三、队歌，由她们来谱写

“清晨，踏着第一缕晨光，我驾着公交车已经起航……”一曲《快乐的公交驾驶员》让我们认识了“女子线路”上的“超级女声”。多才多艺的女驾驶员们比起舞台上的“超女”毫不逊色。

这还得从队歌的源头说起。一次，公司领导提出849路“女子线路”应该有一首队歌，想法得到了大家的一致同意。几经商议，好不容易由党办的王晋丽作好了词，可是谱曲却成了个难题。正在大家为此发愁时，849路的驾驶员杜鹃自幼学习钢琴，参加工作后也一直没放弃心爱的音乐，她抱着试试看的想法，为新歌谱了曲。一试听，歌词朴实纯朴，旋律简洁明快，从公司到车队，所有人听了都说好。

因为有了队歌，一有空，她们就聚在一起高唱一曲，感受团队的力量；一上车，他们就忘却了所有的疲劳，把微笑与快乐带给每位乘客。

四、团队，在关爱中形成

为了便于管理与沟通，她们推举出了线路的班组长。平日里，在工作中，大家都十分尊重班组长的意见；如果遇到什么烦心事，班组长也会把大家的事放在心上。

2011年底，小李家里有事请了几天假。细心的班组长打听到小李的母亲患病住了院，就立即组织大家前去探望，她们自己凑钱买了慰问品，让老人好好养病，并告诉小李安心照顾母亲，缺的班次由大家一块补上。

一次集体探望，让小李一家人感动得不知说什么好，因为以往的车队慰问，只看望生病职工，不包括患病家属，而且这项工作大多由车队干部代表，从未有过这么多人。说到此事，班组长林保萍有她自己的见解："我们是一个团队，而只有爱才能打造出一个真正团队！"

五、明星，在评比中产生

2011年10月，为了让"女子线路"能始终成为一个服务标杆，四分公司开始在这条线上推出挂牌服务，实行五星级考核，主要内容有平稳行车、安全意识、服务态度、车辆保养、乘客表扬及投诉等。乘客一上车，就能从驾驶员臂章上看出驾驶员的星级。

已近中年的张艳红性格内向，平时除了说迎客语外，不愿再多加宣传。车队干部曾经将大家自创的一些宣传用语打印好交给她，可用不了几天就被她弄丢了。而当星级考核实行后，她主动找到车队干部，要求增加特色宣传。和以前的生硬服务相比，现在她的服务更加贴心、更加温暖。

实行星级考核以来，849路先后有多名驾驶员获得了省、市荣誉，如："山西省五一劳动奖章"获得者张海燕；"太原市'三八'红旗手"林保萍；"全市道路运输行业先进个人"王完萍等。她们说："电视上有这星那星，我们也要当明星！"

六、奉献，靠亲人的支撑

作为公交车驾驶员，她们和男同志一样，遇早班，每天凌晨5点多就得到岗。轮下午班，晚上回家大多在10点钟左右。她们肩负着家庭重任，却由于工作的特殊性把自己的"分内事"推给了家人。尤其是逢年过节，她们更是坚守在运营第一线。

刚成家不久的张娜，一家四口都在公交系统工作，母亲原来是车队的调度组长。到了退休年龄，由于调度人手紧缺，车队领导对她一再挽留。经过再三考虑，她还是决定退下来，帮张娜带孩子，好让女儿没有后顾之忧，一心用在线路服务上。

走出调度站，再次上车，用心去感受"女子线路"独有的温馨、贴心、真情的服务。看着一个个朴实、美丽和辛勤的身影，就会明白老一辈公交人经常说的几句话：选择了公交就是选择了责任，就是选择了付出，就是选择了奉献。849路的女驾驶员们正在用实际行动，实践着"以人为本、微笑服务"的理念，正在用满腔热情实现着"人人当典范，车车是名片"奋斗目标。愿汾河侧畔的这朵巾帼之花未来更加绚丽多姿，更加美丽动人！

创品牌线路　树行业新风

——记交通运输部通报表扬的城市公共交通线路内蒙古呼和浩特市公共交通总公司63路

内蒙古呼和浩特市公共交通总公司63路是呼市公交的一条品牌线路，全线共有驾驶员37名，营运车辆25台。近年来，该线路以它特有的服务方式赢得了社会各界和广大乘客的赞誉。63路是呼市公交总公司所属第五汽车公司管辖的一条主要线路，途经首府主要地段。为了创建文明公交线路，第五汽车公司党政领导高度重视，从线路人员、车辆和劳动纪律到服务、卫生及车次、正点到达，面面俱到，毫不放松。尤其是在创新服务上，有了新的突破。按照总公司“加强管理，夯实基础，稳中求进，再创辉煌”的工作方针，63路一方面继承文明服务传统，抓管理、抓服务、抓队伍建设，不断强化线路人员、车组成员的综合素质；另一方面注重驾驶员职业道德和业务技能的提高，用自己的实际行动努力为广大乘客提供“安全、快捷、方便、舒适”的乘车环境。63路全体驾驶员把创建“工人先锋号”和“品牌线路”活动转化为工作动力，在实际工作中以对公交事业的无比忠诚和责任感，积极主动服务，奋力拼搏、自强不息、甘于奉献，以出色的工作、一流的服务和一流的业绩诠释了“品牌线路”的深刻内涵。

一、努力学习，增强素质

当来到首府呼和浩特市中心，便会看到一辆辆整洁干净的公共汽车不时穿梭而过。假如第一次乘坐63路公交车，驾驶员一句“您好，欢迎乘坐”的迎客语，便会使人有一种宾至如归的感觉，拉近了与乘客间的距离。下车时，除了电脑报站器报站外，驾驶员往往还要说上一两句“请您携带好随身物品，注意安全，请慢走”的提示语，使乘客感到特别温馨。63路是一条贯通首府东西的公交主干线，沿线21.4公里，分布41个站点。37名驾驶员就在这平凡的岗位上，用他们自己日复一日的辛勤劳动给人们带来笑脸和欢乐。他们以“岗位作奉献、真情为他人”为精神支柱，实践着“服务第一、乘客至上”的宗旨，向市民展示着首府公交的风采，给广大乘客留下了难忘的印象。63路近年来先后被中国海员建设工会和自治区总工会评为“全国工人先锋号”，被市交通运输局和总公司评为“优质服务线路”，并在总公司“创先争优，双增双节”劳动竞赛中被评为“优胜线路”。

63路全体驾驶员始终遵循“以学习促进工作，以工作促进学习”的理念，大家将学习和实践有机地结合起来，在工作中互帮互学、相互鼓励、共同提高。他们把日常生活中的服务工作当成了提高自身素质的一个课堂，同时注重学习效果和学习知识的实际应用，并且把职业道德和业务技能的提高作为自身进步的前提，常年坚持，养成了良好的职业习惯。63路全体员工将线路、车厢当做自己另外的一个家，用心去构筑和维护。在工作中，他们互相帮助，共同营造家庭式的温馨。公司下发的文件，运营线路上的安全警示图、安全警示语以及线路重大事项都公布在调度室墙上的宣传栏内，使职工能随时随地学习交流工作技巧。在这个集体里，平时谁有高兴的事情都愿意带到线路、车组来说，谁有困难的事情，大家也一起帮助出主意、想办法。来到63路，人们总会感觉到一种强烈的凝聚力和向心力，体会到线路成员之间那种互相帮助、互相支持的和谐氛围。也正是这种向心力让这个集体中的每一名驾驶员都把工作当作是一种享受，把为乘客服务视为一种快乐。他们爱岗、敬业、乐业，每个人在自己的岗位上都有着自己的一套专项技能和本领。该线路自组建以来，先后涌现出了10个优质服务、安全生产、节能降耗、拾金不昧的先进车组以及20多人次优秀驾驶员。

二、文明服务，礼貌待客

公交是社会服务窗口行业，驾驶员的言行举止不仅代表了企业和城市的形象，而且良好的社会风气也是通过流动的公交车厢来传播的。小小车厢就是社会的缩影，也是倡导人们尊老爱幼的场所。63路驾驶员深知这一道理，他们义不容辞地担当起了城市传播精神文明的使者，在工作中实践着为乘客热情服务的承诺。他们在平凡的工作中，坚持细心周到地接待每一位乘客。遇到个别乘客无理取闹时他们也会以平和的心态耐心给予解释，当别人提出批评建议时他们耐心倾听，虚心接受。服务工作中，他们始终做到一言一行暖乘客心坎，一心一意为乘客着想，一举一动为乘客负责，一点一滴解乘客所难，用爱心感动每一位乘客。在小小的车厢，把爱献给所有乘客，用自己的爱心为企业的提升服务贡献自己的力量。

为了给南来北往的乘客营造一个舒适的乘车环境，她们想方设法为乘客提供方便可用的物品，在车厢内布置了拉花，添置了时钟、线路指南册，挂起了放有针、线、药、报纸等物品的便民袋。在炎热的夏季，他们自费安装了窗帘；在寒冷的冬季，他们在座位上加装了小棉垫，他们这一点一滴的行为融入了真情，感动了市民，受到了广大乘客的一致好评。

一心一意为乘客服务是公交职工职业道德的核心，也是公交职工爱岗敬业的具体体现。他们还把“您好，欢迎乘坐63路公交车，请您下车后靠边走，注意安全”，“小朋友请不要把手伸出车窗外，会车时容易发生危险。各位乘客上车后请您扶好站稳”，“内蒙古医院到了，请大家携带好随身物品，注意安全……”乘坐63路公交车时，总会听到驾驶员给乘客送来一个个贴心的提醒和问候。这些简单的话语，归纳成日常文明服务用语，并在全线路普及。为了提高服务质量，他们积极参加上级和公司组织的各项培训学习，不断增强自身素质。63路广大驾驶员非常注重摸索和积累日常工作中各种与服务相关的知识，把服务工作做得细致入微、有声有色。平时乘客有什么困难，他们总会在工作允许的情况下尽最大努力给予帮助。当老人上车时问候一声“大爷！大娘！当心慢走，哪位乘客给老人让个座？谢谢！”；靠站时看到有乘客从远处跑来，他们都会主动示意乘客不用急，车会等一会儿；雨天进站时选择一块没有积水的地方停靠……这些看似不经意间的一个眼神，一个小动作，在广大乘客看来，却是63路整体服务水平高的具体体现。

三、安全行车，方便乘客

安全是公交行业的生命线，63路驾驶员们更理解安全行车的分量和含义。63路每天往返于呼市金隅时代城和东乌素图村口，途经主要街道和繁华闹市，特别是近两年市政道路建设较多，路况复杂，他们却总能做到对运营线路心中有数，宁停三分，不抢一秒，文明驾车，安全

行驶。所以63路以其平稳、舒适而被广大乘客称作“放心车”。为了确保行车安全，在日常工作中，63路驾驶员们严格遵守公司的各项规章制度，爱护车辆，熟练掌握车辆性能知识，始终保持车容整洁、车况良好，认真对车辆进行检查和日常保养，扎实做好“三检”工作。一次，63路96号车驾驶员和其勒图在日常检查中，用铁锤轻轻敲打轮胎，听声音不太正常，但却找不出毛病，细心的他没有就此放过，又放下铁锤，侧耳倾听，隐隐约约有“嗞、嗞、嗞”的漏气声，原来是一枚铁钉扎进轮胎，虽然是个小问题，但高度的责任心使他及时排除了事故隐患。

为了提高广大驾驶员的安全意识，增强安全素养，63路驾驶员们认真参加总公司和分公司举办的各项安全教育培训活动，认真做好学习笔记，全部以优异成绩结业。并且他们能够从事故案例中吸取经验，引以为戒，防患于未然。公交车每天行驶在路上，做着重复而单一的工作，这就要求驾驶员谨慎驾驶，来不得半点马虎。所以63路驾驶员只要坐到驾驶室内，就提醒自己时刻要保持良好的心态，做一个有心人，一定要用心开车，无论遇到多乱的路面，多复杂的车厢环境自己都不能乱、不能急，遵纪守法，安全礼让，不开斗气车，加强自我控制能力，自觉做到“你违章我避让”，“你快我慢”。他们按照“确保安全靠自身，控制车速是根本”的要求，严格执行公司正负八分钟的规定，中速行驶，安全第一，保持了全公司安全行车的最好水平。正是由于63路的每一位驾驶员都具有良好的安全素养和强烈的责任心以及一丝不苟的工作态度，4年来，这条营运线路上没有一名驾驶员发生过一起重大交通事故和责任性事故，成为全公司驾驶员学习的榜样。

▲内蒙古呼和浩特市公共交通总公司63路

四、比学赶帮，争当服务先锋

“人民群众有困难，我们不能不管”。在63路这个集体中，互帮互学、争当服务先锋已经形成一种风尚，工作中拾金不昧、乐于助人的好人好事层出不穷。去年6月，武警总队的官兵给五公司送来了一封感谢信，同时讲述了一件拾金不昧的感人事迹。武警士官王利军带母亲去内蒙古医院就诊后，由于携带物品较多，又要搀扶行动不便的母亲，在公安厅下车时，不慎将一个手提包遗失在车厢座位下，包中放有银行卡、数千元现金和军官证、票据等许多重要物品，回家发现手提包丢失后非常着急，他觉得找到遗失物品的可能性太小了，可就在此时，他却意外地接到了63路车队长通知他认领遗失物品的电话。原来，98号车驾驶员马永红在收车后打扫车辆卫生时，发现座位下有一个手提包，便立即交给了车队长。车队长怀着与失主同样焦

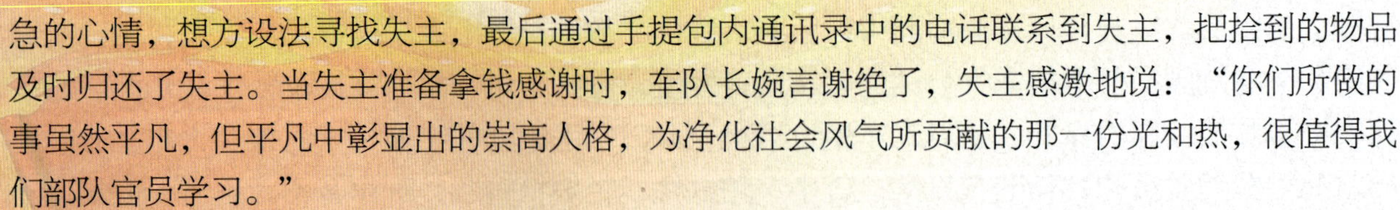

急的心情，想方设法寻找失主，最后通过手提包内通讯录中的电话联系到失主，把拾到的物品及时归还了失主。当失主准备拿钱感谢时，车队长婉言谢绝了，失主感激地说："你们所做的事虽然平凡，但平凡中彰显出的崇高人格，为净化社会风气所贡献的那一份光和热，很值得我们部队官员学习。"

63路全体驾驶员在公交这平凡的岗位上，尽职尽责，爱岗敬业，踏踏实实地工作着，充分施展着驾驶员的聪明才智，实践着以"奉献社会为己任"的社会承诺，为企业的发展，为首府创建"公交都市"和"全国文明城市"作出了积极的贡献。2012年，63路共完成运营里程180.46万公里，票款收入371.51万元，客运量371.52万人次，没有发生重大责任性事故，取得了"两个效益双丰收"。

2013年，随着党的十八大的胜利召开和"公交优先"政策的进一步落实，呼市公交总公司63路全体员工信心百倍，干劲十足，他们决心在本职岗位上继续努力，再接再厉，再创佳绩，不断提升服务水平，为企业和首府经济、社会发展不断作出新贡献。在这里我们也祝愿63路文明之花越开越艳，在新的一年里，结出更加丰硕的果实！

拥有全国劳动模范的28路　追求同样品位的服务

——记交通运输部通报表扬的城市公共交通线路 浙江省杭州市公交集团公司28路

作为一条连接杭城交通枢纽（天城路公交站，即原火车东站）和西湖景区（玉泉）的一条主干线路，杭州公交28路已经走过了20多年的风雨历程。20多年来，28路全体司乘人员高起点、严要求，努力实践"有全国劳动模范的28路就要追求同样品位的服务"的理念和行动，得到广大乘客的认可，也取得了较好的社会效益和经济效益，28路先后被授予省市和全国级"巾帼文明示范岗"、"全国三八红旗集体单位"、"全国工人先锋号"等荣誉称号。

▲浙江省杭州市公交集团公司28路获得"全国工人先锋号"称号

一、加强学习，提升素质

28路，目前配车共有28辆，驾驶员58名，调度员3名，线路全长12公里，单程行驶时间40分钟。沿途经过住宅区、商业区、高校区、风景区等，日运送乘客2万余人次。一直以来，28路全体司乘人员将"乘客满意"作为服务工作的出发点和归宿点，自觉做好安全服务、准班准点工作。

二、夯实基础，争创佳绩

一直以来，28路全体司乘人员坚持以“公交服务　真情伴您行”为宗旨，认真负责地为市民乘客提供安全、方便、有序的公交服务。通过全体员工的共同努力，2012年线路安全行驶144.8万公里，运送乘客640.08万人次，票款收入643.89万元，节油10.84万升，减少二氧化碳排放量285.09吨。全年无一般以上事故，轻微事故间隔达到48.27万车公里/起；全年无有责投诉，较好地完成了公司下达的各项生产目标和任务。

2010年，分公司对28路车辆全部进行更新，采用双能源车辆，既节能环保减碳，又为乘客提供了舒适的乘坐条件。由于市政建设需要，28路只能采取单边调度的形式，但线路途经主城区最繁忙的商贸区、风景区，沿途道路情况复杂，路阻严重，经常会造成车子断档，影响了线路整体服务形象。为此，28路所属车队对线路实施了精细化管理，车队党员们带头上路线，蹲站点、看路况、摸客流，特别是早、晚高峰，经常在沿线主要站点查看路面通行情况、客流情况和驾驶员准班准点情况，及时掌握客流信息，做到心中有底。线路调度员在当班中也加强了对行车人员的准班准点的考核，督促行车人员严格控制车速，自觉做好准班准点，同时利用DIMS智能调度系统及时掌握路面车辆情况，克服道路路阻严重的现象，采取灵活机动的调度方法及严格的管理手段，确保车辆班次间隔投放均匀。通过线路全体员工的共同努力，28路的车辆间隔里程、发车均衡率均达到95%以上。

三、党员带头，示范引领

28路线上共有党员5名，党员责任车4辆。为充分发挥党员的示范引领作用，线路围绕创先争优活动、党员“闪光言行”展示、“每月一星”评比、党员“三亮”等工作，开展了“我是党员我带头”、“先锋车组”等主题实践活动，主动亮身份、亮承诺、亮形象，党员佩戴党徽上岗，在所有党员责任车前张贴“党员责任车”标志，驾驶员党员上岗时在驾驶室左侧上方悬挂活动式标牌，在站内设置党员身份牌，线路调度员党员放置亮相台签，车队支部设置党建园地，将承诺内容公开，党员工作业绩等按月公布，接受职工群众监督。通过大家的努力，线路所在支部多次被公司评为月度示范党支部，1个车组被评为“党员示范车”，2个车组被评为“星级责任车”，3个车组被评为“先锋车组”，党员孔胜东被评为浙江省优秀共产党员，2012年又被评为全国创先争优优秀党员，并作为基层党员代表光荣地出席了省第十三次党代会。

四、民主管理，促进生产

为更好地抓好线路管理，车队在28路建立了线路民主管理工作小组，由线路员工民主选举班组长，并制定了28路《巾帼文明岗管理制度（试行）》、《文明岗考核实施办法》，落实工作职责和活动内容，民管委成员直接参与线路安全服务管理，定期组织开展活动，上路线检查，及时掌握线路行车动态。如在安全方面严抓驾驶员五条规范操作，特别在开展的“见人必让、让必彻底”活动中，28路全体驾驶员都能做到人行横道主动停车礼让，驾驶员金月芳文明行驶、主动礼让的事迹被《都市快报》报道。

五、立足本职，优质服务

乘客坐上公交车后，需要的是个体服务。驾驶员服务态度的好坏，直接影响整条路线的声誉。28路驾驶员、全国劳动模范孔胜东同志，安全标兵潘幸花、徐勤峰始终坚持“四多、六到”特色服务，坚持用普通话为乘客服务，使车上每一位乘客倍感亲切。省级“巾帼建功”活动先进工作者、集团公司十佳员工沈钰，刻苦钻研业务，努力学好本领，做到“二知、三勤、三不”，即知路况、知车况；勤检查、勤保养、勤量油，不开带病车，不开“赌气”车，不开冒险车。被乘客誉为“准点车”、“放心车”的驾驶员、公司节油能手裘伟红，针对不同的乘客对象，坚持礼貌用语，做到“请”字当头，“谢”字收尾，语气婉转，让每一位乘客都感到称心和满意。此外，28路老、弱、病、残乘客较多，遇到这些行动不便的乘客，驾驶员们都能主动给予照顾，或者主动扶他们一把，或者帮忙找座位，特别是能做到二次停靠，把方便让给乘客，在客流量大的站点，她们都尽量做到停站长一点，开关门动作慢一点，遇到赶车的乘客时，做到耐心等一等，对待乘客询问，做到耐心解答，以诚相待，使乘客感到满意。在提升服务质量方面，她们总结出了“四要、四多”，即“对老弱病残要贴心，对孕妇、儿童要细心，对外地乘客要关心，对挑剔乘客要耐心；为乘客多提供一点方便，向乘客多讲一句文明用语，帮乘客多解决一点困难，给乘客多送一份温暖。

在做好优质服务的同时，28路还开展了特色便民服务活动，他们在每个车厢内都配备了乘客留言簿、便民包、地图、抹布等便民服务设施，在发车总站投放便民伞等，供乘客需要时使用，使乘客有宾至如归的感觉。

六、服务群众，展示形象

28路是一条深受广大市民及外地乘客欢迎的路线。尤其是居住在沿线小区的一些老年乘客，他们每天需要到黄龙洞、玉泉、曲院风荷去晨练，为此，28路特地在线路头班车前再增加一班区间车，较好地解决了老年乘客的乘车需求，被老年乘客亲切地称为“晨练班车”。老人们每天都准时在公交总公司站等候，并自发地维护秩序，相互照顾，排队上车，配合驾驶员做好服务工作。区间车从开通至今已坚持了16个年头，从无一天缺席，得到了老年乘客的普遍赞扬，至今已安全运送老年乘客三十余万人次。此外，28路是一条骨干线路，客流量一直比较大，尤其是杭州黄龙体育中心启用以来，“西博会”的举办，各大型演唱会、体育比赛的举行，使28路客流倍增，因此，每逢重大活动或黄金周，28路全体司乘人员都紧密团结，拧成一股绳，坚决服从调度指挥，只要一声令下，就立刻投入到客运服务工作中，一切以乘客利益为重，以乘客满意为标准，主动放弃休息，加班加点，每次都出色完成客运任务，受到上级领导和广大乘客的一致好评。

正是28路全体员工的共同努力，使28路不断进步，也取得了较好的业绩。但成绩只能代表过去，工作需要长期坚持。随着杭州建设“生活品质之城”步伐加快，28路作为杭州公交一条重要线路，唯有不断创新，不断发展，才能更好地为杭州经济发展作贡献。28路全体员工将坚持以优质服务为基础，以安全行车为重任，以乘客满意为前提，努力提升服务品质，精心打造品牌形象，为深入推进“品质公交”建设而努力奋斗。

在引领城市发展中勇当先锋

——记交通运输部通报表扬的城市公共交通线路安徽省合肥公交集团公司BRT 1号线

合肥是安徽省省会，全省政治、经济、科教、文化、信息、金融和商贸中心，全国重要的科研教育基地，国家级皖江城市带承接产业转移示范区的核心城市。2011年8月，随着原巢湖市撤销并纳入合肥市管辖后，全市总面积11408.48平方公里，市区总面积838.52平方公里，建成区面积360平方公里，市区常住人口335万人。2011年全市生产总值达3636.61亿元。近年来，在安徽省委省政府的坚强领导下，合肥市加快了融入长三角、实现"中部崛起"的步伐，全面实施"把合肥打造成为长三角地区继沪宁杭之后的现代化新兴中心城市和在全国有较大影响力的区域性特大城市"的发展战略。合肥市委市政府将优先发展城市公共交通作为引领城市发展的重要举措，加大公共交通基础设施的投入，重点发展快速公交和干线公交，逐步形成"干支协调、互为补充、高效快捷"的一体化公交体系。作为连接老城区与合肥市"141"组团之一的滨湖新区的BRT（快速公交） 1号线，正是在这样的背景下应运而生，并已成为引领合肥从"环城"走向"滨湖"的重要支撑，成为合肥市乃至安徽省公共交通行业的知名服务品牌。

一、承载政府重托与引领发展的双重职责

滨湖新区是合肥市"141"发展战略的核心组团，位于巢湖之滨，距市中心约20公里，以前属典型的城市远郊乡村。2006年以来，合肥市掀起以推进大建设、大发展、大环境为主题的新一轮跨越赶超、加快崛起的热潮，短短五六年，一个大气现代、宜居宜业的合肥新城初具雏形，个中原因离不开公共交通的带动引领。早在滨湖新区启动区建设期间，时任安徽省委常委、合肥市委书记的孙金龙同志便多次强调，滨湖新区要尽快集聚人气，要优先发展公共交通。正是在这样的背景下，BRT 1号线横空出世。它由市中心通过硬隔离式公交专用道通往滨湖，全长18公里，配有18米长BRT车8台、双层大巴20台，全线职工总数70人，其中驾驶员60人、站务员3人、保洁工6人。近年来，BRT 1号线不仅因其设施豪华、服务优质以及从中走出的全国劳动模范享誉省内外，更为重要的是，它作为合肥市优先发展城市公交，以城市公交的发展引领城市发展的成功案例，一直成为市委市政府和行业主管部门向外推介的一张名片和知名服务品牌。

二、安全运营多项指标持续"领跑"

BRT 1号线是合肥公交名副其实的"安全线"。2008年至今，全线路安全运营里程、平均千公里事故费、有责事故率、行车故障率、车内客伤率等多项指标在集团公司处于领先水平。

安全行车公里60万以上的驾驶员达30余人，90万以上的就有4人。学习安全行车知识、强化安全行车技能、总结安全行车经验，已在全线路蔚然成风。驾驶员吴航是合肥公交小有名气的"安全行车状元"，安全行车里程早已超过90万公里，为了保持成绩，吴航暗暗与比他安全行车里程高的同事较劲，试图超越。他经常利用休息时间和保修车间的修理工一起探讨车辆出现机械故障的原因和预防措施，一些机械故障在他手里几乎都是"手到病除"，他所总结的安全行车"三不抢"、"三提前"经验已经被全线路以及全公司驾驶员争相效仿。为了维护集体的荣誉，保障运营安全，在线委会的倡导下，他们自发成立了5支突击小分队，每逢双休日，"陆峰小分队"、"瞿皖宁小分队"全体成员便分头赶赴一中、市府广场等沿线客流较大的公交站点，开展应对客流高峰的疏导任务，他们分工有序，一边指挥车辆按序出站，一边维持乘客秩序。据不完全统计，每个周末，此项活动均平安输送乘客近6000人。

三、优质服务、节能降耗成绩斐然

今年7月，BRT 1号线在集团公司"星级服务"活动中，以文明服务有表扬、遵章守纪无事故、爱岗敬业创佳绩的全方位优异表现，一举夺得三星级线路称号，成为公交集团首条获得最高星级线路。线路出勤率为99.9%，营运公里完成率为98.5%，零配件材料消耗月节3350元，驾驶员营运操作规程合格率、车辆卫生合格率、日常例保合格率均为100%，首末站点管理质量平均得分为100分。在集团的星级服务活动中，98.3%的驾驶员获得集团星级驾驶员称号，是通过评比获得星级驾驶员比例最高和获得高星级驾驶员人数比例最多的线路，其中共产党员叶云红还是集团首批五星级驾驶员。在历次乘客满意度测评中，BRT 1号线平均达98%以上，位居集团公司130余条线路前列；在节能降耗方面，全线路驾驶员以节约油料为荣，坚持例保，让车辆机械始终保持良好状态；行车时精力集中，保持中速，留足车距；缓用油门，轻踩刹车，巧用滑行；注意细节，熟习道路和行人状况，合理利用红绿灯，不浪费每一脚油等。2008年至今全线共节约燃料164550升。

▲合肥公交BRT 1号线

四、民主管理与文化引领并重、创先争优示范效应显著

在集团党委和基层车队的关心下，BRT 1号线的全体职工自觉开展线路民主管理和文化建设。在线路管理上，民主选举了线长和线路管理委员会，经常性地召开线委会，广泛听取线路职工意见建议，制订线路工作计划。针对驾驶员、监票员、站务员等不同岗位，组织学习驾驶与服务规范、职工奖惩条例、基本待客礼仪、哑语技能等，开展安全和服务案例分析；在首末站设立宣传栏，及时宣传线路职工应知应会的法律法规、政策规定等，努力提高职工自身素质和服务乘客、服务社会的理念。日常工作中，线委会成员率先垂范，形成崇尚先进、学习先进、争当先进，爱岗敬业、乐于奉献，"干一行，爱一行"、"专一行，精一行"的良好氛围。

为了不断提高服务质量，在为沿线居民服务中他们确立快速、及时、高效的目标，根据滨湖新区的客流特点，制订应急预案。依据客流变化，灵活调度，打破传统的根据季节性制订路牌计划的模式。建立了与合肥一中、四十六中等中小学和滨湖世纪城、观湖苑等大型小区及工地等人流集中区的应对突发事件沟通机制，在注重社会效益的同时，最大限度地降低运营成本，以达到社会效益和经济效益的双赢。

BRT 1号线是合肥市唯一一条“创先争优活动示范线”。2010年8月27日，市国资委主任朱明峰、党委书记张琪亲自为该线路授牌。在创先争优活动中，他们向社会公开8项承诺：①首末班车准点率100%；②准点出站、中速运行、规范停靠；③不甩站、不滞站等客、依次进站、按序出站；④灵活调度，确保运力；⑤坚持文明用语，杜绝服务忌语；⑥耐心解答每位乘客的问询；⑦车辆到站时，监票员实行站立式迎客、服务；⑧保持车容车貌干净整洁。BRT 1号线成为合肥公交创先争优活动的一大亮点，党员肖亚东、郑德武、彭道周等同志成为大家学习的榜样。

五、锻造先进模范的“熔炉”

近年来，全线职工你争我赶，积极向上，涌现了全国劳模和全国道德模范李祥斌、“中国好人”张建军、中国好人候选人——见义勇为平民英雄徐志稳等先进模范人物；现任线长瞿皖宁，多次荣获集团优秀党员、优秀线长称号。发生在他们身上的故事更是感人至深。

2011年6月10日下午，驾驶员张建军行车至终点站打扫车厢卫生时，看见空无一人的车厢里有一个透明塑料袋，隐约看见里面有大量现金，便立即报告了车站负责人。张建军急人所急，根据塑料袋内的发现的电话簿，将上面的电话一个一个拨打询问，终于联系上了其中一个叫李勇的人。通过李勇查找到失主是一位名叫李世聪的外地老人。当日下午3点左右，这位67岁的李世聪老人由长丰县来合肥看望女儿，随身携带着三件行李。在卫塘站乘坐BRT 1号线公交车至滨湖世纪城下车时，误把一只装有身份证、老年证、存折和7万多元现金的塑料袋丢失在车上。到了女儿家后，正为丢失七万元巨额现金而痛不欲生的李世聪老人，得知有人归还他丢失的钱物时感觉喜从天降，第二天一大早就赶到张建军所在车队，领回失而复得的巨款。在拾金不昧好司机张建军坚持不要酬谢金的情况下，李世聪老人不顾年高体弱的困难，请人制作了一面锦旗送给张建军的车队，以表谢意。

2012年3月27日《合肥晚报》一篇题为《公交车里捡到钱包》表扬稿，赞扬了该线驾驶员叶运红拾金不昧的先进事迹：3月26日，叶运红将车开到终点站时，在座位底下发现了一个黑色钱包，立刻交给了当天的值班队长和站长。三人将钱包打开后发现里面有三千多元现金和一些证件，经身份验证后将包归还于失主。原来失主是一名下岗工人，这些钱是借来治病的，对他来说十分重要，收到丢失的现金后，失主万分感谢，为当面感谢叶运红本人，在滨湖站点等了两个小时，还欲酬谢驾驶员，被叶运红婉言谢绝了。

2012年8月16日《安徽商报》一篇题为《拉手刹，跳公交，捉贼堪比007》，报道了该线驾驶员朱仁贵帮助乘客追回被偷手机的感人事迹。

2008年至2011年，BRT 1号线收到较有影响的媒体表扬60余起，乘客来信表扬300余起，共拾到并及时归还乘客丢失的手机、笔记本电脑、钱包等贵重物品价值10万余元。

历经风霜雪雨和酷暑严寒的锤炼，合肥公交BRT 1号线正逐渐成为一个素质优良、能打硬仗、先进层出的公交团队。今后，合肥公交集团将进一步弘扬BRT 1号线优质服务的精神，进一步打造更多的公交服务品牌，为引领合肥市现代化滨湖大城市和区域性特大城市建设作出新的更大的贡献。

“青年服务线”永远是春天

——记交通运输部通报表扬的城市公共交通线路 山东省青岛公交集团公司6路

青岛公交集团电车分公司六路队6路线，现有车辆6辆，驾驶员12名，自1955年4月15日被青岛团市委命名为“青年服务线”至今，已走过了57年的岁月。50多年来，6路人在不同的时期创造着富有特色的服务，以“青年服务线永远是春天”来诠释“服务乘客、奉献社会”的服务宗旨，成为青岛市一道流动的风景线。2003年7月被交通部、团中央授予全国“青年文明号”荣誉称号。

一、优质服务美名扬

6路线是一条途经栈桥、鲁迅公园、海水浴场、中山公园等青岛著名景点的旅游线路。老一辈6路人以“业务一流，服务一流”作为工作标准，把不断提高职工为乘客服务的业务技能作为路线基础工作。20世纪50~60年代，6路线的驾乘人员在为乘客服务中经常开展技术练兵，练就了“一碗水”、“老秒表”等技术绝活。驾驶员每到一站的时间与计划时间分秒不差，被誉为“老秒表”。为保证车辆在运行中的平稳，驾驶员的驾驶台上摆上一碗水，以车辆运行中碗中水不洒出来为准，检验驾驶员的驾驶水平，这就是“一碗水”的来历。

20世纪70年代，为使车厢成为与乘客情感交流的场所，成为社会文明的窗口，6路线的驾乘人员针对服务中所发生的纠纷进行认真分析探讨，发现多数矛盾的发生，是因为在与乘客的交流中语言不当引起的。为此，他们成立了“语言艺术小组”，把服务工作中遇到的一些事拿到小组活动中讨论，不断提高乘客对服务工作的满意度。在车厢里设立意见簿，征求乘客意见和建议。那时的“服务经验交流车”“服务比武车”经常出现在岛城的街头。

20世纪80年代，六路线的乘务员开始学英语和哑语，他们请来军民共建单位的老师为大家讲授英语，请来聋哑学校的老师讲授哑语，不断提高为乘客服务的技能。他们将天气预报、首末车时间等与市民生活息息相关的内容制作成“车厢板报”挂在车厢里，形成以“车厢板报”、“文明导语”为主体的“车厢文化”。

20世纪90年代，公交实行无人售票后，以全国劳模张丽霞为代表的6路线职工不断探讨服务工作的新特色，率先提出了“无人售票，有情服务”的理念，开创了新时期服务工作的新特色。为方便乘客，6路线在站头设立了“乘客候车椅”“失物招领提示板”“方便雨伞”等一系列服务措施，在车厢里设立了“服务格言”，使乘客一上车就有一种亲切感。

经过几代人的潜心钻研和实践，6路人形成了一整套自己的服务体系，不同的历史时期，不同的乘车环境，不同的乘客需求，不同的服务内容，成为6路“青年服务线”驾乘人员的

"拿手好戏"，奠定了"青年服务线"这个青岛公交的服务品牌。

二、优质服务，做乘客的贴心人

6路"青年服务线"作为青岛公交的服务品牌，先后涌现出3位全国劳动模范，1位全国"五一劳动奖章"获得者，6位省市级劳动模范。高秀霞是6路线的一名老驾驶员，参加工作20多年来，用心工作，不断总结经验，探讨服务艺术，她坚持从细小之处为乘客服务，她总结的"四个一"服务法，为乘客乘车提供了方便。她先后收集出青岛市50多个星级宾馆、66所大中学校、29个公交IC卡的售卡地址以及换乘线路；她能熟记青岛市100多条公交线路的首末车时间、起始站点。2005年，在青岛市"双学三创"活动中，被青岛市委授予"公交线路一口清"绝活称号。她是集团公司第一批获得技师职业资格证书的驾驶员，曾在集团公司组织的女职工技能比武中，获得总分第一名的成绩。被中华全国总工会授予"五一劳动奖章"，2008年当选为奥运火炬手。

青岛市"服务窗口十大笑脸"服务明星王艳，以自己的微笑和过硬的业务技能赢得乘客的好评。她能准确说出青岛市所有旅游景点的位置、所乘公交线路，以及景点建筑的特点、建筑年代等内容，被称为"景点通"。为了熟记岛城旅游景点的位置和历史背景，王艳工作之余亲自到各个景点了解有关历史，同时通过上网查阅有关资料，整理出这些景点的介绍词，进行强化记忆，在公交服务中融入"导游式"服务。随着公交线路的增加，不少乘客在乘车过程中会向驾驶员打听如何换乘更方便。于是，王艳给自己提出了新的目标，掌握岛城公交车的换车点。她利用业余时间走街串巷，沿着公交站点徒步查看，搜集线路走向，换乘位置，方便乘客。成为职工学习的榜样，追赶的楷模。

郑婷婷是现任6路线的班组长，作为全国"青年文明号"的一员，郑婷婷深知自己肩上的担子有多重。在服务工作中，设身处地为乘客着想，想乘客所想，急乘客所急，为乘客提供优质满意的服务。六路线上的老年乘客比较多，为给他们提供优质的服务，她在工作中细心观察，不断尝试，总结出"四个一"服务法，受到老年乘客的好评。去年春天，有一老一少从栈桥上车，孩子上车就不停哭闹，嚷着不去幼儿园。小孩子先期对幼儿园的不适应，是再普遍不过的现象。想起儿子当年第一次去幼儿园的情景，郑婷婷不禁哄了小女孩几句。孩子倒也乖巧，在爷爷和郑婷婷的安抚下，很快就停止了哭闹。事情虽然不大，却让她从此与这位老人结下了友谊。老人和孩子有事没事就等郑婷婷的车，只是为了几句简单的问候。在每天迎来送往的日子里，郑婷婷与乘客也成为了朋友。天热了乘客会送来解暑茶，天冷了有乘客给她送围巾、棉手套。2012年8月的一天，一位半年多没坐郑婷婷车的老人，在大沽路车站等了整整半个小时，才等到郑婷婷驾驶的555号车进站，老人上车表现得有些激动，郑婷婷也赶紧问候了他。问起这么久没见的原因，老人说，自己是位工程师，前一段时间到西藏指导工作了。说着老人拿出一个盒子送给郑婷婷，郑婷婷打开一看，里面竟是一条洁白的哈达。老人笑着说，他要用象征着吉祥如意的哈达，表示对6路驾驶员的感谢。

三、创新服务内涵，拓展服务领域

新一代的6路人，以"服务乘客、奉献社会"为己任，不断创新服务内涵，拓展服务领域，把"让每一位乘客满意"的精神贯穿到整个服务中。2005年，他们成立了以驾驶员高秀霞名字命名的"高秀霞礼仪服务小组"。他们邀请青岛旅游学校的老师传授礼仪知识，自己对照光盘学习服务礼仪，将车厢礼仪、服务礼仪和日常礼仪结合起来，从上车的第一声问候到乘客下车时的送客语，不断揣摩，不断创新，打造出全新的公交服务形象。礼仪小组先后参加各种展示50余场，为提升公交员工素质，展示文明服务，作出了贡献。

6路线驾驶员在工作中总结出“五心”、“三到位”工作法，“五心”即：细心、关心、舒心、暖心、放心。“三到位”即：观察到位、语言到位、照顾到位。他们将自己的服务格言和全国“青年文明号”的牌匾摆放在车厢醒目的位置，方便乘客监督。结合无人售票车驾驶员工作的局限性，他们成立了“导游团队”，业余时间走进车厢宣传青岛的风土人情、名胜景点，让外地乘客感受到青岛公交的热情服务。他们成立手语团队，大家从网络上下载有关手语视频对照学习，买来手语扑克，装在口袋里，利用工间相互交流学习；他们还到青岛手语角向聋哑学校老师学习手语，参加由残联举办的活动，与聋哑人进行交流，提高手语水平。

4月15日，是青岛团市委命名6路“青年服务线”纪念日，6路人把这一天当作自己的生日。几十年来，每年他们以不同的形式来纪念，无偿献血、看望孤寡老人、义务植树，为贫困儿童义卖……不同的活动形式，展示了6路人的爱心和共同的社会责任感。据不完全的统计，截至2012年，6路人无偿献血达20万毫升，将车厢服务延伸到社会服务。6路人在做好本职工作以外，利用业余时间参加各种社会公益活动，以此回报广大乘客的厚爱。自2007以来，6路人连续3年甘当全国十大民俗活动——海云庵糖球会志愿者，为广大市民提供会场服务，清理垃圾，为乘客提供导乘服务。他们与莱阳路的孤寡老人闫大娘结为帮扶对子后，每月到老人家看望老人，帮助老人打扫卫生，无儿无女的闫大娘觉得，6路线的驾驶员就是自己的孩子，每当得知6路线的驾驶员要来时，大娘在家中买好水果，拄着拐杖早早地来到车站，等着她眼中的这些亲人们的到来。他们每月去看望芙蓉路敬老院的老人们，主动为老人做一些有意义的事情，母亲节为老人送去鲜花，端午节为老人送粽子，陪老人聊天，受到老人们的欢迎，敬老院的院长感动之余将锦旗送到路队。同时，他们还参加青岛早报、晚报组织的义卖活动，为贫困儿童募捐学费，为灾区捐款捐物。

▲山东省青岛公交集团公司6路职工义卖报纸

四、公交线路有终点，为人民服务无终点

“想乘客所想，急乘客所急”这是6路人在服务工作中展现的良好职业道德。他们“宁肯

自己麻烦千遍，不让乘客一时为难”，设身处地为乘客着想。走进6路的车厢，你会看到为乘客提供细心温馨服务而准备的各种小物件。方便袋里，有夏天用的清凉油、风油精，有为晕车乘客准备的晕车药，有为乘客打包用的捆扎绳、胶带，有为外地乘客准备的青岛地图，有针、线、衣扣、别针，还有哄孩子用的小玩具等。从冬天车座上的小棉垫，夏天的竹凉席，雨天的“爱心伞”，雪天的“擦脚垫”，这些便民小措施，架起了6路线驾驶员与乘客相互理解和沟通的桥梁。作为旅游线路，他们经常邀请沿线的老乘客到车厢里为驾驶员提意见，通过开展模拟服务，换位思考，使小小的车厢成为为乘客服务的大舞台，展示着公交员工的风采，演绎着“天天进步，年年创新”的服务理念。

6路人以自己的行动践行着红飘带精神，为乘客服务的细微之处，体现着用心服务的真谛。6路人用自己的真情诠释了“真情伴您行”的服务理念，优质的服务受到岛城市民的好评。在集团公司开展的“市民满意公交线路”评比中，6路线连续多次荣获第一名，成为青岛市“为民服务创先争优示范窗口单位”。

五、手握转向盘，心系万家，为百姓开好安全车

作为青岛公交的排头兵，6路线的驾驶员无论在为乘客服务还是安全生产上，始终走在前列。自2008年以来，6路线驾驶员安全行驶里程1331317公里，他们开展技术比武，探讨驾驶技能，为乘客提供舒适、安全的乘车环境。全队共节约燃料16262升，节约车辆小修费62821元，万公里事故率为零。各项经济指标一直处于各路队前列。连续17年无责任投诉。

时光荏苒，岁月蹉跎，“青年服务线”的累累硕果凝聚着几代人的辛勤汗水，凝聚着几代人的智慧结晶。“而今迈步从头越”，新的起点、新的目标正在激励着“青年服务线”的新一代人。穿梭在茫茫人海中的6路人，脚踏一方热土，时刻牢记着自己肩负的责任，面对着乘客的期望和信任，默默奉献，辛勤耕耘，谱写着“永远是春天”的崭新篇章。

流动的党旗　路上的家

——记交通运输部通报表扬的城市公共交通线路
湖北省襄阳市公共交通总公司27路

这是一条普通的公交线路。从襄阳市中心人民广场开往近郊安迈电气公司，全长20公里，设置站点40个，现有营运车辆15台，驾驶员30名，党员19名，连续8年，总计运营860万公里，服务3400万人次乘客，做到"零投诉、零违章、零事故、零减趟"！这就是襄阳公交27路线。2010年9月以来，《湖北日报》连续用三个整版登载了她的事迹，并发表《创先争优重在行动贵在坚持》的评论员文章，《襄阳日报》连续发表三篇评论和近五万字的报道，百度、新浪、网易、中国文明网、荆楚网、汉江传媒网等众多媒体也纷纷转载，在省、市引起重大反响。

一、重规范，创造"五心"工作法

（一）规范创建机制

27路实施"五个统一"、建立"三项机制"，有力提升了线路的软硬件水平。"五个统一"即：统一车辆标准，定期对线路车辆进行集体更新；统一建造沿线站棚、站牌，达到美观大方、整齐划一；统一车厢内部装饰，营造浓厚党群共建氛围；统一驾驶员选拔标准，确保整体素质；统一驾驶员服务形象，提升服务品质。"三项机制"即：出台《文明示范线路考核细则》，明确奖惩标准，调动驾驶员创建的热情；出台《示范线驾驶员选拔标准》，定期末位淘汰；健全监督机制，采取管理人员包点、线路互查等举措，实行"月度考核，季度淘汰、年度评比"的动态创建，保证27路茁壮成长。

（二）规范线路管理

路队达标活动与文明创建活动相得益彰、相互促进，涵盖线路营运、安全、服务等六大类工作，由分公司在所属线路中组织，总公司监督实施。对《路队达标活动考核标准》、《线路长管理制度》进行修订，将27路线路长的待遇由最初每月100元提高至550元，组织驾驶员参加各类培训和拓展训练。在每月的路队达标活动中，27路始终名列前茅，线路百公里收入由210元提高至420元，过硬的业绩得到了公司上下的交口称赞。同时，线路坚持"二访三会三册"制度：定期进行员工家庭互访、适时走访沿线乘客；定期召开全体驾驶员会、开展员工活动聚会、召开沿线乘客座谈会；建立员工个人情况手册、乘客服务需求手册、线路成长册等。

（三）规范文化建设

襄阳公交以"讲感情、讲规矩、讲实干"为核心价值观的企业文化体系滋养了27路独特的亲情文化。27路驾驶员工作时遵循“五好”承诺：爱岗敬业，遵章守纪好；谨慎驾驶，安全行车好；文明待客，优质服务好；讲求实效，节能增效好；勤擦勤洗，车容车貌好。2005年至今，27路共产生线路长11名、值班员2名、机务员1名，涌现出了全国交通运输部劳动模范、湖北省创先争优优秀共产党员、湖北省第十次党代会代表朱建伟；湖北省公交服务明星邹再兴；襄阳节油大王柳有地；襄阳扶残助残先进个人杨杰；襄阳道德模范宣讲员胡枫等一批先进典型。

二、抓特色，把服务做到百姓心坎上

（一）像善待父母一样努力把服务做到最细

驾驶员们深知，只有真心诚意为乘客着想，实实在在地做好服务，才能得到乘客们的肯定与认同。27路线老年乘客占到总客运量的62%，针对老年人生理特点，27路驾驶员制定了一整套服务规范，停靠车辆时严格遵守“一步上车”的标准，方便老人上下车；坚持三级报站，及时口头提醒，确保老人不坐错车、不坐过站；熟悉掌握应急救护措施，做好对老年病员的救助。

（二）像照顾子女一样努力把服务做到最全

根据季节特点，夏天在车厢内挂上扇子，冬天在座椅上铺设棉垫；高考期间，准备好文具供学生免费使用，每年总有马虎的孩子感动万分；对及时提醒单独出行的小学生注意安全，为他们上好人生的安全课；组织驾驶员到沿线学校广泛征求班次安排和营运工作的意见和建议，及时改进服务中的问题，受到师生和学生家长的一致好评；在车厢装配音响设施，给让座的乘客点歌；把沿途的标志性建筑印刷成便民卡片，周到的服务让乘客意外而惊喜。

（三）像对待朋友一样努力把服务做到最好

27路驾驶员在工作中创造了三个“第一”：第一个实行“首站微笑站立服务”的线路，即：在起点站站立在驾驶室旁微笑迎接上车乘客，礼貌周到，主动招呼，使用敬语，帮助特需；第一个推行“三语”，即：普通话、手语、英语服务的线路；第一个在企业内实施“车厢结对帮扶”活动的线路，即：开展“一帮一”活动，将线路管理和服务工作中的经验与做法传授给其他线路驾驶员。三个“第一”有力提升了27路的服务品质，社会褒奖不断，感谢信件如雪片般飞来，司乘亲如一家……《湖北日报》称赞“27路把服务做到了很高的境界”。

三、促和谐，打造党和群众连心线

多年来，27路驾驶员在十米车厢内锤炼党性，把车票当请柬，视乘客为亲人，真情为民的故事在沿线乘客中口耳相传。乘客们邀请记者去采访，他们谈及车队服务、奉献的事例，感动得直流泪：“27路的好人好事十天十夜也说不完。”

2009年11月10日，襄阳主流媒体报道的《一位绝症患者的特殊遗嘱》感动了古城襄阳，这是27路党员驾驶员朱建伟与一位老人的故事。2009年4月的一天，朱建伟在行车中遇到患有肾衰竭的刘大爷和老伴去医院做透析，当得知每次去医院都是大妈独自陪伴的情况后，朱建伟便承担起接送老人的义务。炎炎夏日，即便老人小便失禁，她都坚持陪送；三九寒冬，她跪在车门前背老人上车，一幕幕情景感动了许多乘客，他们纷纷加入到帮扶行列中来。大爷弥留之际，留下一句遗嘱：“替我好好谢谢朱师傅，一定要把这件事告诉报社。”朱建伟用爱心陪伴萍水相逢的绝症老人走完人生最后的180天，演绎了一名共产党员的赤诚与一名公交车驾驶员的大爱，被老年乘客称为“咱们自家的闺女”。

2010年10月上旬，因患骨肉瘤做了右脚截肢手术，每隔一天都要到中医院换药的乔正傲坐着轮椅，由父亲推着出现在27路公交站台时，立即引起了27路驾驶员的注意。在线路会议上，大家决定，不论是谁，遇到乔正傲，都要把车后门正对着他打开，以方便乔正傲和他的轮椅被抬上车，令乔家父子倍感温暖。这样，一直坚持到今年6月，因病情恶化，乔正傲又做了第二次截肢手术，在家疗养。此后，27路的驾驶员们隔三差五地来到乔正傲家，为他送衣送物，嘘寒问暖，并买来励志书籍，鼓励他坚强起来，战胜病魔。27路驾驶员的爱心接力，仿佛给了乔正傲一双隐形的翅膀。面对媒体及镜头，乔正傲显得从容而自信，满怀憧憬地说：“我要练好吉他，参加星光大道，到时候请27路的叔叔阿姨陪我一起去！”

▲湖北省襄阳市公共交通总公司27路驾驶员合照

27路每位驾驶员身上都承载了平凡却感人的故事，党员李明全两次挺身而出，挽救了两位在车上突发疾病的老年乘客的生命；党员周义军在夜班结束时，帮助迷路的孩子寻找父母；党员胡枫坚持“到达一站微笑一次”，每天展露的240次笑容让乘客如沐春风；线路长杨杰把27路沿途的标志性建筑和路线图印制成便民卡片，方便乘客出行；线路长余世海利用绘画特长，将手绘的“尊老爱老”、“文明乘车”的漫画挂在车厢内，营造文明氛围……

2010年以来，27路相继荣获全国公路交通系统“优秀五型班组”、全省“先进基层党组织”、全省“工人先锋号”、全省交通运输系统“创先争优文明示范线”、全省交通运输行业“文明示范窗口”、省运管物流局“学创建活动文明示范班组”7项省级荣誉和“感动襄阳十大道德模范”、市“五一劳动奖状”、市为民服务创先争优“十佳示范窗口”3项市级荣誉称号。

穿行于湖北襄阳中心城区的27路公交车，已成为一面面流动的党旗，一个个温暖的家。27路驾驶员将不负重托，不辱使命，再接再厉，让流动的党旗更鲜艳、让乘客路上的家更温暖！

公交风景线　城市新名片

——记交通运输部通报表扬的城市公共交通线路重庆市公交集团一汽巴士公司118路

重庆市公交集团一汽巴士公司118路成立于1992年10月，是邓小平南巡讲话后在全国第一支以共青团命名的客运专线。全线长39.5公里，共有46个站点，拥有中级营运车36台，担负着重庆市渝北区、江北区、渝中区和高新区城市主动脉的客运任务，年载客1200万人次。118路现有员工150人，平均年龄31岁，党员15人，团员58人，党团员人数占该线路员工总数的49%。

在20年的风雨历程中，经过全体员工的不懈努力，118路先后荣获了全国“青年文明号”、全国“工人先锋号”、全国“女职工建功立业标兵岗”、重庆市首条“四星级标准化文明线路”等荣誉称号。涌现出了全国“青年文明号”、“工人先锋号”、“巾帼文明示范岗”和“百家示范窗口”的四个全国级称号的11120号车组，全国五一劳动奖章获得者汪霞、交通运输部交通行业精神文明先进个人、重庆市第四次党代表刘超等先进集体和个人。

一、夯实基础管理、锻造安全基石

安全是公交的基础，是118路发展的基石。118路成立以来本着对员工负责、对企业负责、对社会负责的态度做好安全工作，始终坚持“安全第一，预防为主，综合治理”的方针，从细节抓起，落实安全生产责任制；以管理为先，落实适应线路营运生产发展的安全对策；以教育为主，落实层层安全培训教育制度。118路制定了《118线运行规则》、《118路队准点考核办法》，并强化安全管理人员和驾驶员两支队伍建设，做到管理精细化、考核标准化。线路以安全部门为主，其他职能部门为辅，建立健全安全防范措施，做到安全检查不留死角，安全整改不留隐患，落实安全责任不留空当，违章处罚不留情面，各职能部门齐抓共管，共同营造人人讲安全、人人管安全、人人保安全的氛围。

118线配备专职的安全值班人员，他们的工作从车辆开收班时的例保、安全部位的监督检查到观察驾驶员的操作技能、心理状态；从关注每天的天气状况到全天候监守线路的运行堵点、风险节点、危险路段，并利用GPS系统监控驾驶员的运行速度和运行线路。同时，118路以安全巡查和固定岗点相结合的形式全方位掌控全线驾驶员的安全动态。在员工的安全教育培训上，118路每月至少组织两次全体驾乘人员的安全学习，并适时召开重点人员、违规人员的谈心谈话、家属座谈会等，建立“一帮一”的安全教育模式，并创新培训方式，开创了以“我来谈安全”为主题的普通员工讲坛。

118路以贴近实际、贴近员工的多种安全措施提高了员工的安全意识，从2008年以来，118路安全运营里程达970万公里，实现了安全运行“零”事故，各种安全指标在重庆公交首屈一指。

二、精心分析部署、淬炼运营质量

提高车辆运营质量，不但是市场的需要、市民出行的需要，更是118路发展的需要。118路把“准点、快捷”作为运营质量高低的标尺，秉承“决策紧盯市场、服务紧盯乘客”的经营理念，强化线路的运营质量。

118路横跨主城四区，日客流量较密集，沿线客流变化复杂，特别是在118路途经重庆4个著名堵点的情况下，如何实现车辆的科学合理间隔，保障沿线市民的出行，是摆在118路面前的一大难题。为此，118路组织管职人员坚持做好早晚高峰客流调查的同时，率先在重庆公交调度中实行GPS智能调度系统。运用科学监控，有效均衡线路车辆运行间隔，根据GPS智能调度系统提供的科学数据和客流调查数据，合理科学地安排早、晚高峰的发车密度。实现了118路36辆车运行在近40公里的线路上，准点时间用分来计算。一名长期在大坪路段执法的李警官在了解到118路只有36台车后曾感叹说：“118路真不简单，车不多，但却能做到高峰时段每隔三四分钟就过一辆。”

通过制度、科技、实地调查分析的三管齐下，118路以高质量的营运品质，赢得一大批忠实粉丝乘客。现在，118路每日运营公里数达到了8532公里，计划班次执行率99%，出车率100%，高峰班次执行率100%，综合服务合格率98%以上，节油率在80%以上，各项运营指标名列公司前茅。

三、深化民主管理、搭建信任平台

118路按照“路队的事大家热心、员工的事路队关心”的思路，健全民主管理制度。一是凡涉及员工利益的重大问题实行队务公开、党务公开，每月的经费开支、生产任务、员工分配、成本考核、争先评优、员工奖惩等指标数据按时上墙，及时公布。二是线路的管理规章制度，如《驾乘调人员星级服务考试办法》、《管理人员考核办法》及阶段性的考核措施出台一律交队委会、支委会和职代会讨论决定，消除员工的疑惑，增强线路管理的透明度，真正让员工“参政议政”，赋予员工民主管理路队的权利。三是实行周例会制度。每周一上午召开管理人员周例会，对安全服务、生产运营、员工热点、难点问题进行集体商议，妥善解决每周出现的各种问题。四是实行公开民主的用人制度，全面推行党群干部公推直选产生。118路团支部书记、分工会主席、党支部书记及委员一律实行民主选举、民主投票产生。五是线路每年评选的先进个人由队委会研究后投票产生，再对全体员工进行公示，增强评选的透明度。

118路把以人为本的管理理念融入到各项工作当中，为了更好地与员工进行交流，倾听员工的意见和建议，每月召开一次职工代表座谈会、一次先进车组成员座谈会、一次党员组织生活会，同时，各个业务部门每月至少与一名职工进行谈心谈话。在处罚教育时不忘站在员工角度，关注员工发展，更加注重教育人性化。例如，为了让所有员工在工作场所使用好普通话，118路在调度室设立了普通话“快乐基金”，哪个员工违反规定，就罚款1元，并把这个基金作为本班组的活动经费。又如，线路员工遇到生病住院、婚丧大事，党政班子成员都要第一时间到场慰问，哪位员工家庭出现突发事件，经济困难，线路都要号召员工捐款。

通过与员工之间的这些面对面、心连心的人性化交流方式，线路管理人员与员工之间关系更加融洽，信任度提高，凝聚力也得到了增强。

四、注重文化牵引、树立先进典型

118路把文化建设融入到各项工作当中，建立起了以“让员工幸福、让乘客满意”为核心价值观、以“拼搏、奉献、创新、和谐”为精神的118路文化体系。118路第一个制作了重庆公交线路的标徽，出版了重庆公交首个路队文化手册，通过对线路精神的提炼和总结，激发了员工的工作积极性和创造力，提高了路队的服务水平和整体形象，全队上下形成一种“队兴我荣、队衰我耻”的集体荣辱观。

118路“把路队当成家来建设，而不是来管”的理念，用亲情关怀感染每一位员工，激发他们的自觉性、团队精神和感恩思想，员工才会用亲情的方式对待工作、对待乘客，才会增加对线路的归属感。118路正是以文化引领带动各项管理工作，才让线路在安全与生产、安全与服务、个人利益与集体利益、局部利益与整体利益这些管理方面的难题迎刃而解。在这一理念的指导下，118路从员工的根本需求出发，在管理过程中尊重员工、信任员工、理解员工、关心员工、激励员工，让员工价值得到最大体现。

同时，118路注重先进典型的引领示范作用。在先进典型的树立上，118路确立了抓好领头羊的工作思路。乘务员队伍中以五星级乘务员刘超为典型，驾驶员队伍中以十佳驾驶员黄建勇为典型，开展向先进学习、争创五星驾乘人员系列活动。通过典型带头、示范引路活动的开展，各种好人好事层出不穷。118路优秀共产党员刘超看到白血病遗弃儿童的遭遇，亲自到医院去看望小朋友，并捐献了刚领的2575元工资的感人故事得到重庆电视台《重庆新闻》的报道。党员李自鹏坚守岗位，亲自搀扶盲人乘客上下车的事迹受到《重庆时报》建党90周年“我的入党时刻”的专题报道。驾驶员兰勇面对乘客将茶叶水泼在身上的无理举动，顾全大局，不以非对非，安全地将全车乘客送到目的地的行为，被网友称为“稳重公交哥”……他们的故事充分展示了公交员工的良好品质，赢得了乘客及市民的赞扬。

五、创新培训模式、提高服务意识

118路加强培训，创新培训方式，有针对性地对驾乘人员开展以普通话、礼仪、乘客心理学等为内容的培训课程，提高员工的综合素质。在培训方法上开展了“情景模拟教学”、“员工讲坛”、“普通党员微型党课”等能产生互动的培训方法，以员工教育员工的方式，以贴近员工、贴近一线、贴近工作的“三贴近”教育模式，让驾乘人员掌握服务知识，在工作中能熟练运用服务技巧。并且在线路党工牵头下组建“普通话兴趣小组”、“舞蹈队”、“快板队”、“青年志愿者服务队”等，丰富员工业余生活，增强路队向心力，提高员工综合素质和创造力。

118路以抓住两头（先进和后进）、带动中间、促进整体的点面结合的工作思路提高员工整体服务意识，从而达到以点带面的蝴蝶效应。

在特色服务打造上，118路的11443号车组将11120车组的“亲情式服务”进行升华，在全线中提出“让一个座，暖一颗心”的口号，对特殊乘客进行特殊服务，他们在车厢服务宣传形式上大胆创新。12341号车组在全线提出行车中“三稳三勤”的操作技能，“三稳”即起步稳、停车稳、行车稳；“三勤”即勤检查、勤保养、勤紧固，在全线得到普及。11442号车组在服务中率先提出“以我真心、细心、耐心换您放心、安心、舒心”的服务口号，总结出“一心一意为乘客服务，一点一滴想乘客所想，一举一动让乘客满意”的“六个一”工作法。12220号车则在服务中倡导“关爱老人就是关爱自己的父母”的服务理念，遇到老人上车时，起步慢一点、行车稳一点、停车缓一点的操作方法，受到沿线老年乘客的多次赞扬。

六、打造公交品牌、提升线路形象

118路把服务视为自己的生命，把乘客满意作为一切工作的出发点和落脚点，谨记“线路有终点、服务无止境”的服务理念，以高质量的服务构建和谐车厢，不断深化和拓展优质服务的内涵和外延。

为营造和谐的乘车环境，118路在车厢服务中创新了“亲情服务”、“导游式服务”、“微笑服务”、“双语服务”，开展了“爱心奖乘卡”活动、“快板队宣传”活动。真情的问候、浓浓的亲情时刻填满着118路所有车厢的每一个角落，他们每天微笑迎送每一位乘客，细心周到的服务让乘客感受到家的温暖。一个不经意的搀扶，让老人们感觉到了亲人般的温暖；一句简单的“您好，请注意安全”，让红领巾倍感亲切；一次耐心的引导，让外地乘客感受到山城的文明……一名叫杨康君的乘客在表扬诗中写道：“工人先锋示范好，公交订制有规章。先下后上秩序好，微笑服务暖心肠。年轻乘客高德尚，爱心专座主动让。文明风气大家扬，山城掀起新风尚。”2008年118路被网友评为“最温馨的公交车”。近年来，118路以过硬的服务品质，实现了服务“零”有责投诉。

▲重庆市公交集团一汽巴士公司118路导游式服务

另外，118路还拓宽服务的外延，走出车厢，走向社区，奉献爱心，以开展形式多样、内容丰富的活动为平台，展现118路员工的新风采、新面貌。他们在节假日设立服务宣传台，搭建起与乘客交流的平台，通过统计分析反馈信息，不断改进服务工作；他们还建立了青年志愿者服务队，在节假日走上街头，走进小区，开展各种便民活动，宣传公交企业文化，宣传安全文明乘车知识；他们与敬老院、市老年大学建立共建关系，每年雷锋日、重阳节为他们送去特殊服务……

2008年来以来，118路在市级媒体、中央媒体上的宣传表扬达90余次。2008年10月，中国海员工会的方继孝部长莅临118路考察后赞道：“实至名归”。同年12月，湖北恩施公交代表到118路观摩交流，在体验驾乘人员的优质服务后伸出大拇指说道：“一流的管理、一流的服务。”重庆公交118路服务质量、整体形象得到了社会各界的肯定和赞扬。

百舸争流、千帆竞发，118路在继承发扬重庆公交优秀品质的基础上，通过自己特色队伍的打造、特色服务的创新、特色管理模式的创建获得社会效益和经济效益的双丰收，结出累累硕果。如今的118路在树立重庆公交客运服务新形象、展示公交员工新风采、新风貌的同时，正逐渐成为重庆公交行业优质服务的一面旗帜；成为青年员工建功立业的一个平台；成为企业选育人才的一方沃土；成为展示企业形象的一个窗口；成为不断创新、频出经验的一个阵地。

“104路”化作彩蝶耀公交

——记交通运输部通报表扬的城市公共交通线路
新疆乌鲁木齐市公交集团有限公司104路

乌鲁木齐市公交集团有限公司104路是一个由维、汉、回、蒙、哈等多民族组成的线路，有128名职工，其中党员8名，有运营车56辆。多年来，该线路涌现出了全国劳动模范赵延昌；荣获1个自治区“青年文明号”车组、1个市级“青年文明号”车组，2个集团公司党员先进车组称号；出现了大批公交集团的先进个人和生产标兵。2008年，该线路被乌鲁木齐市总工会命名为首批“乌鲁木齐市工人先锋号”，多次获得集团公司先进线路，2010—2011年获公交集团“双零”服务（安全零事故、服务零投诉）先进线路称号。

104路是一条特殊的线路，担负着由水磨沟温泉发往六大市场的运输任务，沿途28个站，起终点为郊区，途经闹市区，沿途居民复杂多变，语言多样化，有南方语言、维吾尔语、普通话等多种语言。面对这种特殊的环境，104路的干部职工把细心服务放在首位，用热情服务四海宾客。

长期以来，在这个多民族组成的集体，大家团结在一起，处处体现着不是亲人胜似亲人的友好氛围，建立了深厚的民族兄弟情谊。车队班子成员能严格履行自己的职责，把关心职工、爱护职工、帮助职工作为一项重要工作来抓，对职工提出的难点、热点问题只要能解决的立即解决。104路驾驶员吐尔洪长期患病，班子成员带去慰问品上门探望，并根据他的特殊情况上报，在单位领导的关心下，将其调入后勤工作，使他深深感受到大家庭的温暖。职工郭刚的家人去世，车队班子成员送去花圈和困难补助款，帮助他度过了生活难关，车队班子的举动深深地打动了职工。不仅如此，驾驶员之间更是情深意切。2011年，新定车的驾驶员乔丽潘，因为未参与过冬季运营，对班驾驶员艾尼娃尔·艾海提顶着严寒每天早进场为其发动车后再回家休息，下午接着上班。每当汉族同志过节日时，少数民族同志主动加班，让汉族同志休息，遇少数民族节日时，汉族同志又主动加班。2012年春节，家住奇台的赵菊萍因家中有事急需回家，在人员紧缺的情况下，少数民族女驾驶员茹孜万古力主动要求加班，缓解了车队缺员现象。这一件件看似平凡的小事，体现了104路这个大家庭的温暖，再现了民族团结之花开满在104路的每个角落。

在开展“创先争优，创公交文明企业”活动中，104路以微笑服务为主题，在每辆车前风挡玻璃前张贴微笑服务标志，时刻督促驾驶员为市民服务的热情并接受市民监督。通过开展此项活动，极大地提高了车队服务质量。在2011年“百日安全生产无事故”活动中，车队领导班子不断创新服务，实行驾驶员自我约束、自我管理的方法，调动集体的力量，民主管理线路，提高服务水平，全方位为市民提供出行方便。

在开展义务监督车上岗服务时，车队推选6名安全服务表现突出的驾驶员担任义务监督员，监督线路运营情况，做到“三稳、五不”（起步稳、行车稳、停车稳；起步不闯、挂挡不响、转弯不快、行车不猛、不滑行上下乘客），杜绝事故隐患。在实行义务监督员自我管理中，发现运营中出现的窜车、飙车、压站违章行为，车队立即进行整改，对违章人员调岗学习、恳谈，每月平均恳谈10人，使他们从思想上认识安全的重要性。这一举措有效地推动了安全运营，确保了线路安全无重大事故，实现了2010年安全行驶340.3万公里、2011年安全行驶353.1万公里的好成绩。

在中国–亚欧博览会期间，104路充分发挥“工人先锋号”的模范作用，以党员车组为先锋，派出优秀车组参加摆渡车任务。驾驶员们始终把乘客放在第一位，嗓子干哑了，喝口水；吃饭时间过了，啃口馕，努力克服车厢内闷热等困难，坚守岗位、服务市民。车队干部顶着炎炎烈日，指挥着来往车辆，解答乘客的询问，用他们的话讲，能保证安全运营秩序、能让乘客乘车满意是他们最大的欣慰。在执行摆渡任务中，有的驾驶员身患重感冒，为了不影响摆渡任务，将医院开的病假条装进口袋，依然坚守在自己的工作岗位，车队干部更是以运营一线为家，全天守候在工作岗位，践行服务承诺，为各族乘客提供热情、周到的服务，用公交人的热情，留住八方来客。尤其在首府“田”字路建设期间，针对104路改道频繁运营，104路干部职工首先是把市民需求放在第一位，不间断地到运营一线为市民出行介绍换乘线路，赢得市民好评，一度被称赞“公交服务热心、贴心”。

104路典型的先进个人事迹影响着身边每一个人。2010年被评为全国劳动模范的赵延昌就演绎着公交人平凡岗位做奉献的点点滴滴。他于2005年获自治区级劳动模范称号，2007年获乌鲁木齐市首届“十佳”公交车驾驶员称号，2010年获全国劳动模范称号并受到胡锦涛主席亲切接见，他把看似简单的公交岗位演绎出七彩人生。

赵延昌同志原系104路0502号共产党车组的一名驾驶员，他用细心打动乘客。有一次，郭女士乘车时出现青霉素过敏症状，赵延昌同志得知后，立即与车上乘客商量，把患者送往了兵团医院，因抢救及时患者得救，后来患者的儿子对赵延昌同志说：“我妈妈晚15分钟就可能失去生命，非常感谢你，送给你一套高档茶具，留做纪念。”但被赵延昌同志婉言谢绝。他说：“我做的还不够。”这句简朴的话语，似乎代表着他为乘客服务永远没有终点。诸如车内乘客吵架，他就会去调解，看到乘客脸色不好他会去问候。时间久了，走在马路上，乘客都亲切叫他“104路”，他成为公交群体的代表。

由于公交人特殊的工作性质，见乘客的时间比见父母的时间长。见同事时间比见妻子、丈夫的时间长，这就是公交人，他们舍小家、顾大家，为公交的发展尽心尽力，为市民服务无怨无悔。在赵延昌的影响下，104路涌现出了荣获2004年公交总公司标兵称号的驾驶员袁红梅；2005年荣获公交总公司标兵称号的驾驶员金胜；2008年荣获公交集团公司标兵称号的驾驶员陈辉；2010年荣获公交集团公司标兵称号的驾驶员郭刚等众多的先进人物典范。在公交平凡的岗位上，各族职工甘心化作红花和绿叶，让线路变得五彩耀眼。

2011年1月7日5时，女驾驶员哈尼克孜·克依木驾驶104路公交车行至温泉终点站，发现一名维吾尔族小男孩没下车，坐在座位上哭泣。她赶紧过去询问，小男孩很紧张地说：“我叫艾力亚司，和妈妈一起坐的车，妈妈现在不见了，我害怕。”哈尼克孜·克依木一边安慰孩子、一边将孩子送到调度室，将孩子的情况告诉当班队长梁已泉。梁队长当即决定先和孩子的家长联系，由于紧张害怕，孩子忘了父母的电话，只知道自己家在七道湾住。想到父母丢失孩子焦急的心情，梁队长立即拉上孩子驱车赶往七道湾住宅区，经过两个多小时的找寻，终于将孩子送回了家。孩子的父亲司拉木江说：“公交领导亚克西，帮我找回孩子，我们全家都非常感谢，遇到了好心的公交人，太感谢了！”这就是公交人把乘客当亲人的情怀。

2012年6月19日下午13时，女驾驶员茹孜万古力·依明驾车由温泉驶向六大市场。当车行驶到南湖移动公司时，车上一名乘客突然晕倒。听到喊声，驾驶员茹孜万古力·依明当机立断，将车靠边停稳，把晕倒的乘客平稳地放在车内地板上，又买来矿泉水，看到患者稍有好转，茹孜万古力·依明询问和她一起坐车的同伴，得知他们是从南疆来乌市的，下午就要回南疆，患者以前有过类似的情况。听到这一情况，驾驶员立即与车内乘客商量好，并将患者送到医院后，她才放心地离开。当患者苏醒时，患者的同伴打电话给二部信访办，感谢公交车驾驶员热心助人的高尚品质。

2012年3月5日早10时左右，玛丽亚女士从十七户乘坐104路车在人民广场下车时，发现手提包丢失在车上，她焦急万分，包里装有现金2000元、身份证、银行卡，还有单位员工的协议书等重要凭证。她当时就急哭了，抱着试试看的态度找到了104路温泉调度室。正当她向站员讲述丢包经过时，驾驶员刘曜恺手捧着一个手提包走进调度室，将包交给站员说："不知是哪位乘客将包丢在我车上，你打开包看有没有联系方式，失主一定很着急。"简单朴实的话语，让玛丽亚女士感动万分，她上前紧紧握住刘曜恺的手说："包是我丢的，我没想到这么快就找回我的包，太谢谢你了，要没有你对我们乘客的责任心，我不知道要费多少精力去补办这些证件呢。"失主玛丽亚当即写了一份感谢信，感谢公交车驾驶员面对金钱不动心的高尚品德。

▲交通运输部通报表扬的线路新疆乌鲁木齐市公交集团有限公司104路

公交车驾驶员的岗位不起眼，正是这些小事汇聚着公交人演绎文明的服务窗口，给乘客留下了深刻的印象。

温泉调度站作为乌鲁木齐市公交集团有限公司一个调度站的缩影，凝聚着公交人对社会的关爱和责任。驾驶员们每跑完一趟车后，回到粉刷一新的调度站，看到"一定要平安回来，因为家里有爱的呼唤"为主题的图片贴在墙上，看到职工的合家欢、夫妻结婚照、孩子快乐童年、感恩父母等照片，都有一种回家的感觉。

小小的温泉站点，一张张可爱的照片让企业文化深入人心，情和爱让职工们多了一份牵挂，安全多了一份保障。有位驾驶员行车中，遇到乘客刁难，一时心情极度不好，可是当他回到站点，望着全家福中孩子天真的笑脸，又开心地投入到工作中。就是这样一处犹如温暖泉水的小站，把104路广大驾驶员的心紧紧连在一起。如今，104路的干部职工以"安全、快捷、便利、贴心"的服务理念，内强素质、外塑形象，共同打造104路全新的形象。

为乘客服务是她最大的快乐

——记交通运输部通报表扬的个人河北省唐山市公交总公司2路驾驶员郑玉晓

郑玉晓今年34岁，是唐山公交2路国家级“青年文明号”1160车组驾驶员。她曾荣获河北省“优秀共产党员”、河北省“妇女创先争优先进个人”、唐山市“劳动模范”、唐山市“巾帼建功立业标兵”和“巾帼建功明星”等荣誉称号。

在平凡的工作岗位，郑玉晓把为乘客服务作为自己最大的快乐。她用亲情服务感动着每一名乘客，她用满腔热情和辛勤劳动书写着公交人最华美的篇章……

一、智障儿童称她“驾驶员阿姨”

郑玉晓所在的2路线，途经一个培智学校，许多智障儿童每天都要坐车上学。郑玉晓注意到，车进站时，孩子们总是习惯地蜂拥而上，很不安全。这也是孩子家长和学校老师最担心的事，为此她总是格外小心，每次都是慢慢地进站，看着孩子们一个个安全地上车，她才缓慢起步。但她很担心孩子们坐其他车是否也安全，她放心不下，就逐个跟本路线其他驾驶员说。而且她还专门利用休息时间与学校联系，亲自给孩子们讲解安全乘车常识，她的努力渐渐有了成效，孩子们不再追着车跑了。郑玉晓总是把一届一届的智障学生当做亲人一样地照顾着他们。这些智障儿童现在都亲切地叫她“驾驶员阿姨”。每当郑玉晓听到这样的称呼，心里总是甜甜的，暖暖的。这是孩子们发自内心的喜爱！也是郑玉晓心中最沉甸甸的情。

她的行为深深地赢得了培智学校老师和学生家长的感激。一天早晨，外面刮着犀利的寒风，培智学校的吴老师，手里拎着一个大大的生日蛋糕站在了2路的启新站点旁。当郑玉晓的车驶入站台打开车门时，吴老师笑着走上车对她说：“小郑，今年是你的生日，祝你生日快乐！今天我特意代表孩子们来感谢你对孩子们的照顾。”吴老师边说边走上车来，将生日蛋糕递到郑玉晓手里，顿时一股暖流涌遍郑玉晓的全身，此时车上也响起掌声，乘客对一个普通公交车驾驶员给予了最高的褒奖！

二、把责任放在第一位

作为公交车驾驶员，郑玉晓很少能照顾到家里，对家人有很多亏欠。父母住院时，身为独生女儿的她，从来没有时间很好地陪护过老人。而更让郑玉晓终生不能忘记的是当亲爱的丈夫突发疾病，在生死别离的时刻，因工作离不开而未能见上丈夫最后一面。那天正是大年三十前一天的晚上，她正要发线路的最末一班车，突然她接到信儿，丈夫突发脑溢血，已被送往医院抢救，情况危急，让她赶紧去。可此时末班发车时间已到，现找人替已来不及了。当时郑玉晓的心里也在做着激烈的思想斗争，一边是生命垂危的丈夫，一边是在寒风中焦急等待着末班车回家的乘客，在亲情与职责面前，郑玉晓最终选择了后者，这是痛苦的选择，但这痛苦的选择却淋漓尽致地诠释着公交人"乘客第一"这个承诺永远不是一句空言！

她含着眼泪驾车上路了，一站又一站，那天她感觉时间过得很长很长，但郑玉晓把焦急和痛苦强压在心底，一站又一站，安全地送走了每一个乘客。下班后，她急匆匆赶到医院，可此时等待着她的却是与丈夫永远的别离，面对着白纱蒙面的朝夕相处的爱人，那一刻，郑玉晓忍不住失声痛哭……

丈夫去世前，郑玉晓是幸福的。那时不管她下班多晚，丈夫都会做好饭菜等她回家。有时寒冬的早晨，特别是下雪的时候，他会陪她到车场帮忙把汽车水箱的水加好，帮她打扫车辆卫生。在生活上丈夫给了她最贴心的关爱；可在他们生死离别之时，她却没能见上丈夫最后一面，这成了郑玉晓终生的心痛……

但郑玉晓没有让痛苦击倒，7天后，她带着对丈夫的深深思念又回到了工作岗位。她想，对爱人最好的慰藉就是自己更加努力地去工作，她要把对丈夫的爱全部融入到为乘客服务中。

▲河北省唐山市公交总公司2路驾驶员郑玉晓

三、关键时刻勇当乘客卫士

郑玉晓体会到，服务工作无止境，干好工作除了要有热情外，还要机智勇敢，特别是当乘客利益受到侵害时，要勇当乘客卫士。那是一个下雨天，一位女乘客上车后站在了车门口，这时两位年轻人也站在了她的身边，而且正窥视她的手提包。郑玉晓意识到这位乘客是被小偷盯上了，她想，在自己的车上决不能发生乘客被偷窃的事情。这时郑玉晓对那位面临危险的女乘客说："大姐，我帮您拿着包，您替我擦擦风挡玻璃好吗？"可这位乘客没理解她的意思，却说："我没那义务！"郑玉晓就又开玩笑地说："我每天都为你服务，今天就算你帮我了！"此时旁边的乘客都看得明白，郑玉晓又对身边的另一位小伙子说："来，你也帮大姐擦一下！"小偷一看郑玉晓是在坏他的事，没有机会下手，到站气急败坏地下了车，下车前恶狠狠地对郑玉晓说："你敢坏了老子的事，你等着！"此时那位女乘客才恍然大悟，不好意思地赶忙上前来给她道歉，车上的乘客纷纷夸奖郑玉晓。后来这位乘客大姐成了郑玉晓车上解决问题的好帮手和好朋友。类似的事情还有许多，郑玉晓的车被乘客称为"安全的港湾，温馨的家"。

四、奉献就是快乐

有一种追求看似平常渺小，它却成就了不凡的业绩；有一种追求，看似朴素无华，它却能照耀整个人生，那就是——在平凡的岗位上奉献！

每一个清晨，无论是酷暑严冬，还是阴晴雨雪，郑玉晓总是提前一个小时到岗，做好车辆安全检查和发车前的各项准备工作。晚上，跟她一样年轻的朋友们可以经常相约着去聚餐，去影院，而郑玉晓却很久都没有享受过这样的生活了。她总是在晚上收车后把整个车厢打扫一遍，这是她坚持多年的习惯。当拖着一身疲惫的郑玉晓回到家时，有时甚至没有力气掏出家门钥匙，母亲总是在听到她脚步声的第一时间，打开房门，接她进去。老人有时候会责怪玉晓，但她心里知道，妈妈是心疼自己患有腰椎间盘突出的身体。可郑玉晓总觉得每一份工作都应该认真地去做，都应该全力地去做好。她感到自己所付出的一切劳累，只要能让乘客都满意，那就值得。

作为一名共产党员，她始终以高标准严格要求自己，时时处处起模范带头作用。每当节假日，人们都沉浸在与家人团聚同享天伦欢乐的时候，她都会主动到路队要求替其他职工跑车。父母虽然年老体弱，但非常理解她，总是说："女儿工作好就是对我们的孝顺。"

作为一名公交车驾驶员，她也明白自己仅有为乘客服务的热情是不够的，还必须有过硬的驾驶技能和车辆维修技术，为了做好安全行车工作，她始终坚持"思想不松，标准不降，要求不变"的"三不"标准，细心维护车辆，确保车况完好。每天她都会做好车辆发车前、行驶中、收车后的检查工作，发现车辆有了故障，宁可不吃饭、不下班，也要和修理人员一起找到原因、修好车，确保车辆处于最佳工作状态。为了提高驾驶技术，她虚心向老驾驶员请教，熟记2路沿线道路、人流情况，不断提高应对突发事件的处理能力。在驾驶中，她始终保持精神高度集中，坚持中速行驶，提前处理情况，避免紧急制动，乘客都反映乘坐她的车，放心舒服！

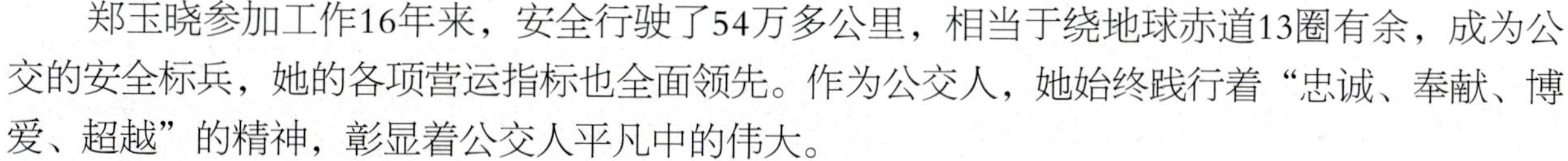

郑玉晓参加工作16年来，安全行驶了54万多公里，相当于绕地球赤道13圈有余，成为公交的安全标兵，她的各项营运指标也全面领先。作为公交人，她始终践行着"忠诚、奉献、博爱、超越"的精神，彰显着公交人平凡中的伟大。

80后新一代公交青年的好榜样

——记交通运输部通报表扬的个人上海巴士电车有限公司丁勇

2012年6月27日这一天，以收视率较高而闻名的东方卫视开播了一档公交车驾驶员冠军赛节目——《劳动最光荣》，巴士电车公司921路驾驶员丁勇在所有参赛选手中脱颖而出一举夺冠。

S弯道障碍赛、侧方停车、百米加速赛等比赛项目，每一个都是对驾驶员基本功的考验，只有具备非常扎实的基本功，才能在这样的比赛中游刃有余。尤其是最后争夺总冠军的节油终极障碍赛，更是包含了所有在正常驾驶中可能碰到的道路情况，完全是一个现实版公交线路营运的缩影，丁勇同志在驾驶申沃客车的情况下，竟然仅耗油639毫升就完成了3.21公里的比赛路程，换算一下他驾驶该车的单耗仅为18.26升/百公里，这绝对是一个非常优秀的单耗成果。

丁勇用自己的实际行动诠释了80后新一代公交青年有责任、有义务响应上海巴士集团“文明行车、安全节能”竞赛活动，特别是对收看节目后的公交车驾驶员是一个很好的启示，使他们完全相信：三百六十行，行行出状元，在平凡的生产劳动岗位上，只要努力工作，都能达到“卖油翁”那种熟能生巧的境界，在平凡的工作中创造出自己的奇迹。

丁勇在市级劳动技能比赛中取得优异成绩并非偶然，而是多年以来勤奋学习、刻苦钻研、努力拼搏的结晶。丁勇2004年9月进入上海巴士电车有限公司，担任公交921路驾驶员。几年来，他在领导和同事们的关怀、帮助下，坚持以邓小平理论和“三个代表”重要思想为指导，深入落实科学发展观，以“服从领导、团结同志、认真学习、扎实工作”为准则，不断提高思想水平，努力丰富政治理论和学习业务知识，结合营运生产实践，不断总结探索服务乘客的工作方法，充分发挥了一名共产党员的岗位技能引领作用，在2010年中获得“巴士集团世博功臣”、“久事公司先进个人”荣誉；在2011年中又先后荣获“交通港航感动世博十佳好事”、“上海全民满意服务明星”，“全国公交优秀个人”等荣誉。

2010年是世博之年，全中国人民都在为成功举办上海世博会而努力，丁勇和921路的同事们也同样为世博在本职岗位上作着贡献。

为了更好地服务大家，开好安全车，做好文明驾驶员，丁勇根据从事公交车驾驶员工作8年积累的经验制作了一份《“四平八稳”操作服务守则》。时刻提醒自己和大家应尽的义务和使命。何为“四平”：平等对待每位使用老年卡和需要重点照顾的乘客，不能因为对方身体残缺不便或者行动迟缓而产生厌恶情绪；平等对待农民工乘客，不能因为对方衣着外表脏、乱、差而歧视对方；平等对待每位外籍乘客，不能因为和对方的语言不通而对对方的询问不理不睬；平心静气地回答乘客的问询，耐心解决每位乘客的需求。何为“八稳”：起步稳，进站稳，转弯稳，雨雾天稳，过路口稳，高峰重车稳，过桥过坡稳，进出场稳。通过这些努力，他的驾驶技术和服务实践日趋娴熟，而且得到了沿线众多乘客的好评。

上海世博会正式开园之后，丁勇把精力专注于怎样让乘坐公交车的乘客满意。他所驾驶的路线每天都会遇到许多外地来沪观光乘客的问询，这些乘客参观了世博会后对上海的过去、现在和将来都产生了浓厚的兴趣，他们迫切希望在最短的距离和最有限的时间里更多地了解上海。于是丁勇在心中萌发了一个更好地服务乘客的想法，即：想把我所熟悉和知道的线路、景点多告诉他们一点，然而边开车边聊天是违反工作规定的，而且非常危险，于是他就思考着做一本服务手册，让游客一看就能明白，让公交921路变成一条自己会说话的“活路线”。经过2个多月的努力，丁勇同志终于成功地绘制出了这本《921路服务世博导乘手册》。他希望这本手册能像世博会的“海宝”一样给外地乘客带去快乐。

▲上海巴士电车有限公司丁勇

2010年7月12日，新闻晨报、世博每日快报以较大篇幅报道了丁勇同志《“80后”公交司机自制世博导乘手册》的先进事迹。如：“本月，一本20多页的《世博服务导乘手册》开始在921路公交车上陆续‘上岗’。而这本手册的制作者是一位普通的‘80后’公交司机——921路公交司机丁勇。”

由于丁勇在工作中的突出表现而获得很多荣誉。面对这些荣誉，他深深地感到，周围的很多老师傅们比自己做得更好，他们一样付出很多努力，作出很多贡献。为此丁勇倍感压力，然而这更是他的动力。

在2012年公司开展的节能减排竞赛中，丁勇又总结了三项节油操作法：一是起步平稳适时换挡节油法；二是轻踩油门逐步加速节油法；三是根据路面情况适时空挡滑行节油法。此三项节油操作法在他的驾驶实践中取得了明显的效果。丁勇在分公司节油分析会上交流发言中说：“如果我们空调车驾驶员能合理使用车厢空调，做到适时开、及时关、不浪费，能掌握操作技能及时换挡适时滑行，不做无谓刹车的话，是能够达到节油目的的。创建节约型企业事关每位职工和每天的工作，我们的日常生活都离不开能源，只要我们‘人人从我做起’，时刻关注、杜绝身边的各类浪费现象，就能积少成多、聚沙成塔，就能为创建节约型企业作一份贡献。”

丁勇多年以来始终严格要求自己，把默默奉献、努力工作作为自己的准则，把作风建设的重点放在严谨、细致、求实、脚踏实地埋头苦干上，做到了干一行、爱一行、钻一行，具有较强的责任感、服务意识和协调能力。在工作中，他始终保持了端正的工作态度，严守工作纪律，树立了不骄不躁、扎实肯干的工作作风，不断增强工作的主动性和积极性，做到了“眼勤、嘴勤、手勤”，以高度的责任感、使命感和工作热情，积极负责地开展驾驶工作。同时，能够以制度、纪律规范自己的一切言行，严格遵守企业的各项规章制度，尊重领导、团结同志、谦虚谨慎，主动接受来自各方面的意见，不断改进工作，时刻保持一名青年驾驶员的优秀形象，为塑造上海巴士公交的良好形象作出了积极的贡献。

一片真情献乘客

——记交通运输部通报表扬的个人江苏省无锡市公共交通股份有限公司11路驾驶员邵坚林

邵坚林同志系无锡市公共交通股份有限公司中南分公司11路31238车组驾驶员，自进入公司以来，他怀着对党的无限忠诚，在工作中倾注满腔热情，任劳任怨，精益求精，团结同志，助人为乐，在平凡的驾驶员岗位上取得了不平凡的成绩，他用自己的实际行动和辛勤汗水实践着一个共产党员的铮铮誓言："乘客满意，就是我的最高追求。"

一、换位服务，出自一颗真心

公交11路线贯穿于无锡市的南北城区，沿线经过多个居民小区和商业繁华地段，客流量大，路况复杂。为了给乘客提供满意的服务，他利用下班后和休息日的时间，到沿线各站点观察客流动态、熟悉路段情况、记录交叉路口红绿灯变化等。并将观察到的情况进行细致的梳理，做好笔记。在休息的时候，他还以普通乘客的身份乘车，感受公交服务的过程，查找差距，以此指导自己更好地为乘客服务。

学生乘车活泼好动，由于赶着去上学，对公交车的准点要求较高。邵坚林为此制定了一套特色的服务方法：碰到学生上学乘车时，总是提醒他们注意安全，不要吵闹；在出站时遇到追赶来的学生，他尽量多等一等；在多车到站的情况下，他认真执行二次停站制度；每次停站他都要前后看一看还有没有赶来的乘客，尽可能地让他们乘上车。

对于年老体弱的乘客，邵坚林总是格外细心，用他的话说，"他们是最需要关爱的群体。"一日，邵坚林行驶到中联新村站时，看到一位老太太招着手，却迈着缓慢的脚步朝车走来，邵坚林连忙拉好手刹，跑下车将老太太搀扶上来，安排在身后的第一个座位坐好。车刚起动，老太就要站起来往后门走，说是下一站就要下车。邵坚林连忙让其他乘客劝阻她，并嘱咐她："车停稳了您再下车。"到站后，邵坚林小心地搀扶着她下车并送到人行道上。一时间，老人激动得直夸公交车驾驶员是活雷锋。

来无锡市办事和观光旅游的乘客，他们大多人生地不熟，还有的背着大包小包，行动不便。邵坚林总是尽量帮助他们，不厌其烦地解答乘客提出的问题，特别是对待农民工兄弟也一视同仁。一次，一批农民工兄弟带着大小行李乘车，因怕带着这么多行李，驾驶员不让上车，其中一位农民工走到车门处问询，得到邵坚林肯定的答复后，返身去招呼身后的兄弟们上车。"呼啦"一下，农民工兄弟提着行李争相上车时却把车门堵住了。邵坚林没有责怪他们，而是起身进行疏导，并帮助他们堆放好行李。这些农民工没想到能够享受这样的服务，一个个憨厚地笑着。

遇到特殊的乘客，邵坚林在服务上更加“用心”，使乘客更加“省心”。11路沿线有个聋哑学校，很多聋哑孩子的家长对这位“驾驶员叔叔”十分放心，孩子上学从不用接送。为了更好地服务外宾、外地和聋哑乘客，邵坚林利用业余时间自学了英语、手语和一些方言，同时向分公司提出了组织学习英语、手语的建议。2011年3月中旬，中南分公司服务示范团成立，手语演示及日常英语对话是示范团示范基本内容之一。

二、率先示范，发挥党员作用

随着创先争优活动的深入开展，身为先进劳动模范、优秀共产党员的邵坚林始终以身作则，对自己高标准、严要求，处处起到模范带头作用，并带领大家积极地投入到活动中去。2010年，邵坚林被授予全国五一劳动奖章。荣誉面前，邵坚林思考：如何才能在服务中更好地体现出党员和先进工作者的先进性呢？为了更好地服务乘客，他在车内设置了便民箱，买来饰品装饰车厢，把沿线情况，市内各大景点等信息制作成小贴士布置在车厢内。同时，根据各个时期特点，及时更新车厢文化内容。如2011年6月，11路延伸至中央车站后，邵坚林制作了线路站点分布图张贴于车厢内，大大方便了不熟悉线路的乘客。每逢“七一”，他制作庆祝党的生日的横幅悬挂在车头，体现了一个公交人热爱党、奉献公交的朴素情怀。

“党员示范岗”对邵坚林来说是荣誉，更是一种监督、鞭策、激励。记得一次，在稻香新村站出站起步时，邵坚林从后视镜中看到一名男子从后面赶过来，便将车缓缓停下等待。谁知那人上车便向邵坚林打过来一拳。邵坚林本想发作，但看到鲜红的“党员示范岗”牌子，马上意识到自己的一举一动代表着公交的形象、党员的形象。邵坚林强压怒火，问他为啥打人，那人反过来责问邵坚林为啥不停会儿等他。邵坚林用平和的语气解释说，出站起步时，在后视镜中看到了他，但刚上车的老太太还没坐好，不能立即刹车。那人根本不听，按住邵坚林的肩膀还欲动粗。车上乘客见状纷纷说要报警，老太太也对那人说不能怪驾驶员。那人见惹了众怒才不吭声。邵坚林受了委屈，但他用实际行动维护了党员的形象。

在工作之余，邵坚林也积极发挥着党员的先锋模范作用。2011年年初，随着分公司线区管理的改革，员工的顾虑和想法很多，邵坚林时刻注意员工们的思想动态，利用下班后的时间，向他们宣传改革的重要意义，发挥了一名共产党员应有的作用。在分公司2012年全年开展的党员奉献日活动中，大家都能看见邵坚林身披绶带在公交三场路口倡导文明出行、回答路人问讯、扶老携幼的身影。他的一言一行，一举一动影响着周围的驾驶员，大家纷纷要求参加到这个活动中来。在他的感召下，11路线区已有多名驾驶员递交了入党申请书，成为党支部发展培养对象。

作为一名党员驾驶员，邵坚林同志助人为乐的精神受到了大家的一致好评。有一次下班回场经过火车站的时候，他看见同事驾驶的车抛锚，便主动上前，帮助同事及时排除了故障，使同事的车辆投入正常营运。前几年中南路进行翻修，阴雨天气时道路泥泞不平，晚上又没有路灯照明，路况较差。在一个雨天，他下班回家的时候，在公司停车场门口看见同事的车陷在泥潭里驶不出来，他把下班回家放到脑后，随即与抢修工一起投入到抢修救援中，经过三个多小时的忙碌，终于将被陷车辆拖回车间进行修理。

三、工作创新，拓展服务内涵

邵坚林认为要做好服务工作，不仅要服务好乘客，服务好同事也很重要，这样才能发动他们为乘客提供更优质的服务。他坚持尽己所能，帮助和引导身边的同志一起进步。他经常利用休息时间，不断总结工作中的得失，并与同事们一起总结出了以他的工作经验为蓝本的《劳模工作法》，为大家做示范。2011年8月底，分公司智能化驻点集中调度开始试行，考虑到驾驶员们都很茫然，不熟悉新的智能化操作方法，他又和线路上的积极分子制作了图文并茂的《智能化公交一日操作法》，张贴在各调度站，帮助其他驾驶员熟练地掌握智能化操作方法。此外，他还依托劳模工作室、服务示范团进行优质服务示范，把自己的服务绝活"零距离"地传授给其他驾驶员，从而全面提升线区的整体服务水平。邵坚林的做法，其他驾驶员们看在眼里，触动在心。在他的影响下，整个线区掀起一股学标兵、学业务的热潮。

▲无锡市公共交通股份有限公司11路驾驶员邵坚林获得"全国五一劳动奖章"

对乘客无私的奉献和深沉的爱意，在邵坚林的人生路上铺就了一串串闪光的足迹：多年来，他先后荣获了"无锡市青年岗位标兵"、"无锡市五一劳动奖章"、"无锡市群众性经济技术创新能手"、"江苏省城市公共服务标兵"等荣誉称号。2012年，他又被评为"省劳动模范"，成为无锡公交的一个标杆。而这些荣誉在邵坚林的人生旅途中只是一个站点。他在平凡的岗位上，展示着公交人的风采和新时期公交人的新形象。

“娜”一片阳光照车厢

——记交通运输部通报表扬的个人浙江省宁波市公交总公司819路驾驶员陈霞娜

陈霞娜，宁波市公交总公司819路驾驶员。全国五一劳动奖章获得者，获2012年度全国城市公共交通行业通报表扬，浙江省劳动模范，浙江省第十三次党代会代表、宁波市第十二次党代会代表，2012年6月成立陈霞娜党代表工作室。

从1994年参加工作十几年来，陈霞娜在公交服务岗位上兢兢业业，一直把“乘客的满意”作为自己在服务工作中追求的目标，在平凡的工作岗位上，用心做事，诚实做人，用真诚的服务态度、严谨的工作作风赢得沿线乘客的一致好评。

一、“五心”服务暖人心

从事公交工作十几年来，陈霞娜以党员的标准严格要求自己，始终坚持全心全意为人民服务的原则，想乘客所想，急乘客所急，并在多年的服务工作中总结出一套“细心、耐心、关心、爱心、热心”的“五心”服务法：即对待老年乘客热情细心、对待外地乘客真诚耐心、对待儿童乘客爱护关心、对待特殊乘客照顾爱心、对待公司同事互助热心，为不同群体的乘客提供细致周到的服务。这“五心”归结到一点就是：爱心。而爱心是建立在无私的奉献精神上的，为这“五心”服务法，陈霞娜自己也说不清放弃了多少个休息日，观摩先进线路、先进个人的实际操作；探寻所驾驶线路沿线的学校、工厂；熟记宁波主要景区、商业区的地理位置及乘坐线路等。陈霞娜说，掌握了这些技能才能为乘客更好地服务。

为更好地搞好服务工作，陈霞娜常阅读心理学方面的书，针对理解型、挑剔型、文雅型、粗鲁型四类不同乘客，采取换位思考的方法，提供不同的服务。当受乘客无端指责或遇到蛮不讲理乘客的谩骂、刁难时，她会采取沉默来稳定情绪，调整好心态，确保安全行车。819路线是城区的主要线路，老、弱、病、残、孕等特殊乘客较多，为让他们体会到大家庭的温暖，陈霞娜总是视乘客为亲人，努力为他们提供最优质的服务。一位老年乘客李师傅聊起驾驶员陈霞娜更是赞不绝口，他眼睛不好，十多年来，出门都是坐公交车，她亲眼目睹了陈霞娜许许多多平凡却感人的事迹：主动搀扶老人、残疾人上下车以及帮助他们找座位，帮农村来的乘客提包，为外地来的乘客指路等。

公司规定驾驶员在开车时不能与乘客闲谈，但如何了解这部分乘客对公交服务的意见和建议，如何更好地提高服务水平，使公交的服务更接近乘客的需求，这是陈霞娜常常思考的问题。2011年3月6日，陈霞娜专门制作了“五心服务卡”，在卡片上公布了她的电话、博客地址及QQ号，摆放在车上明显的位置，以便上车乘客抽取、填写，为驾驶员与乘客之间搭建了一个交流沟通的平台，这是陈霞娜践行细心、耐心、关心、爱心和热心的公交“五心”服务法的创新举措，通过这种方法让乘客提意见和建议，了解乘客的需求，以便进一步提升自己的服务水平，改进服务方法。“五心服务卡”投放两年以来，已收到乘客留言几百条，填写意见卡的乘客涵盖了大部分群体。在留言中，乘客们对陈霞娜的热心服务给予了高度评价。

▲陈霞娜为宁波公交的新入职驾驶员讲解服务技巧

二、安全行车记在心

工欲善其事，必先利其器。作为一名公交车驾驶员，陈霞娜明白，自己仅有驾驶车辆的技能和为乘客服务的热情是不够的，还必须有过硬的驾驶技能和车辆维护技术。因此休息时，车间里总能见到满身油污的陈霞娜，她虚心向修理人员请教，钻车沟，清洗油箱，调修油电路，如今她的维修水平大幅度提高，她驾驶的车辆从未因车辆故障影响过营运生产。此外，她经常利用业余时间找来相关专业书籍，并在实践中不断提高自己的驾驶技能和维修技术。她爱护车辆，就像爱护自己的眼睛一样，每天坚持做好车辆的维护工作，发现问题及时维修，使车辆始终保持良好的技术状况。

陈霞娜所在的819路，沿途经过多处商业繁华地段，客流量大，道路情况复杂，819路是无人售票车，一人要身兼驾、乘两职，用陈霞娜的话说，行车中除了眼观六路、耳听八方，思想高度集中外，还必须时时调整自己的工作情绪。陈霞娜深深懂得：每天都要运送成千上万的乘客，责任可谓重大，只有做到行车安全，才能为优质服务提供保证。因此，在日常的操作中，她严格执行驾驶员安全行车操作规程，谨慎开车，礼让三先，坚持做到“四个一样”：即人多人少一样、天气好坏一样、路况优劣一样、班次早晚一样。平时车辆有小的故障，陈霞娜都尽量自己排除，线路上其他驾驶员车辆出现故障，她也会主动帮忙。

问起陈霞娜驾车十几年安全行车无事故有何秘诀，她说：“勤做例保、中速行驶，吸取别人的事故教训，引以为戒，这是我安全行车的诀窍。”现在道路情况复杂，社会车辆多，人流量大，但她始终保持良好的心态，“宁可停三分，不去争一秒”，哪怕是开末班车，也不急不躁。她常常告诫新驾驶员：我们手握方向盘，首先要把安全放在首位，十次事故九次快，没有安全就等于什么都没有。

三、班组建设放在心

陈霞娜在班组工作中坚持以身作则，搞好班组团结，带领全班共同进步，作为一名党员，陈霞娜始终都能做好表率作用，每次班组搞活动，她都号召大家人人参与，充分调动起同事们的积极性和热情。

为了更好地做好传、帮、带，2010年5月，陈霞娜在新浪博客上开始撰写自己的服务心得，无形的课堂将陈霞娜的服务经验传播得更远，在广大驾驶员当中引起了极大的反响。

由于陈霞娜上的是早连班，所以每次她只能下了班忙班组的建设，比如线路驾驶员生孩子或是生病等事，她都是利用业余时间和休息日，亲自代表班组去看望，从不考虑个人得失，总是亲力亲为，真正起到党员示范带头的作用。同时，陈霞娜在班组中全线推行“五心服务法”，带动819路全体成员提高服务质量，2012年获得“宁波市工人先锋号”荣誉称号。

四、无私奉献显真情

陈霞娜不光在工作上、班组建设中无私奉献，八小时之外，也无时不在奉献着。2008年5月12日下午，陈霞娜作为省第十二次妇女代表正在杭州之江饭店开会，忽然感到强烈的震感，之后就通过电视知道四川发生了大地震，陈霞娜当即就和与会的代表们一起为灾区举行捐款活动，随后这笔捐款就和浙江省第一笔赈灾款一起发往灾区，回到宁波后，陈霞娜刚好赶上单位的募捐活动，她没有二话就再一次为灾区人民捐款，先后三次，收入不高的她共捐出了300元。2008年北京奥运会，陈霞娜还作为志愿者承担了宁波火炬传递用车驾驶员的工作。

2011年5月18日，陈霞娜看到宁波市妇联组织结对助学活动，她第一时间打进热线电话认养、结对。5月28日，结对仪式在宁波市儿童公园举行，陈霞娜早早赶到现场，见到了来自象山单亲家庭、父亲多病的12岁女孩黄嘉茹，陈霞娜心疼地抱住女孩，嘘寒问暖，给她家庭的温暖和母爱。随后，陈霞娜带领自己的儿子和黄嘉茹手拉手游遍海洋世界，黄嘉茹看到从没看过的珍稀动物，露出了久违的笑容。随后，陈霞娜又陪着黄嘉茹去商场，给她购买了节日礼物和学习用品，鼓励她要好好学习，做一个对社会有用的人。现在，陈霞娜说起“女儿”总是一脸幸福。

每年的暑假和寒假，陈霞娜都将黄嘉茹接到宁波家中小住几日，辅导她的学习，买上几件新衣，并将下学期的学习用书和用具准备好，给她母亲般的温暖。

陈霞娜的“五心”服务法成为一个响亮的服务品牌，被推选为宁波市第二批青年文明号十大优秀品牌之一，以及宁波市总工会以妇女名字命名的先进服务法。在中国共产党宁波市第十二次代表大会的会场上，出现了陈霞娜的身影，并代表公交行业上台发言；2012年6月4日，陈霞娜代表宁波交通系统参加了浙江省第十三次党代会，这是社会给予她辛勤劳动的高度认可。

十米车厢大舞台　铿锵玫瑰献芬芳

——记交通运输部通报表扬的个人福建省福州市公共交通集团有限责任公司驾驶员梁丽娟

有一种敬业让人感动，有一种关爱超越责任，有一种平凡近乎完美。福州公交二公司K1路9001车组（原265车组）梁丽娟就是一位满含爱心、17年坚守岗位，用常人无法做到的坚持，在一个平凡的岗位上绽放青春、挥洒辛苦汗水的公交车驾驶员。

一、风雨兼程17年，安全保障千万家

“每次发车都要轻声告诉自己，车厢内市民的安全和车厢外市民的安全，都是我的责任。”这是梁丽娟的工作信条。17年来，她就是用这个信条提醒自己，虚心向老师傅请教，练就了一手娴熟的驾驶技术，哪怕像是K1线行驶在最繁华的街区，车水马龙，她也能做到安全行车，保障万千市民的安全，从未发生过一起有责任的交通事故和客伤事故。

梁丽娟知道，公交车驾驶员责任大于天，从走上工作岗位的第一天起，她就刻苦钻研驾驶技术。她是公交战线上一朵奋力绽放的花，处处浸透着她奋斗的汗水。1995年她第一天上岗，公司为她安排的是一辆破旧公交车和崎岖不平的小道线路。当时她非常担心：“这么破的车，这么难走的路，我怎样才能保障市民的安全？”于是她虚心地向多位老师傅请教，这样的路况要注意哪些细节，怎么能将驾驶技术练得更好。老师傅们告诉她：“心里要稳、集中精力、琢磨经验，慢慢就能行好车。”对此她记忆犹新，17年始终如一日，细心钻研技术，用爱心和责任心保障乘客的安全。

如今的梁丽娟已经是福州公交公司中最出色的、拥有娴熟驾驶技术的“老师傅”，她坚持“三稳五不”，集中精力，中速行驶，路口、斑马线前减速让行，平稳进站，规范停靠；同时，为做好环保和节能减排工作，她还总结出一套“定点定段滑行，进站提前滑行，会车时，礼让滑行，弯道减速滑行，遇障碍以滑代刹，全线中速行驶”的节油方法，安全行车几十余万公里，在节油的同时确保了乘客的人身安全。

二、真情接待四方客，爱心无价满车厢

在梁丽娟的车厢里有一个特别的香囊，那是一位老乘客送给她的。今年春节时，坚守在岗位上的梁丽娟，行车到工业路车站时，看见一位70多岁的老人颤抖抖地上车。她连忙将老人扶上来，并帮忙找了一个座位让老人坐稳。老人担忧地说：“我要去五四路国医堂看病，一会到屏东站还要转车。”梁丽娟告诉老人：“您放心，到时我会提醒您，您就安心坐车吧。”到了屏东站，梁丽娟将老人扶下车，并告诉他要坐哪路车，到哪一站下车。老人非常感动，从兜里

掏出一个香囊硬塞给她，说："孩子，你是我见过最有爱心的师傅，这个是藿香香囊，会提神保平安，你一定要留下。"

其实，对于梁丽娟来说，这只不过是她平常工作生活中再平常不过的事，扶老人在车上坐稳、帮忘记到站下车的孩子找到家人、细心耐心为乘客指引路线……多年来，她立足平凡的工作岗位，始终如一地履行"文明用语暖客心，一心一意为客想，一点一滴解客难"的服务宗旨，竭尽全力为乘客出行提供便利，广受乘客称赞。

在做好车厢服务的同时，梁丽娟还继承和发扬车组前辈敬老爱幼的光荣传统，将爱心向社会延伸。每逢节假日，她和车组姐妹都会前往儿童福利院去看望那里的孤残儿童，为他们送去节日礼物和生活用品，被孩子们亲切地称为"爱心妈妈"；利用业余时间前往洪山敬老院照顾孤寡老人，让他们体会到亲人般的关爱和温暖；时常看望"结对子"老人林桢墉并听取他的意见和建议，提高服务水准。她还经常和"工人先锋号"志愿者们共同利用班前班后时间在火车站、公交枢纽站开展维持秩序、扶老携幼、回答乘客问询、帮助乘客提行李等志愿者活动。

三、家庭工作难两全，宁对家人怀歉意

面对乘客梁丽娟总是笑靥如花，其实她的内心却怀着对家人深深的内疚。公交人早出晚归，日复一日，年复一年，她把举家团圆的天伦之乐带给乘客，将家人倚门等待的心酸苦楚留给自己，在车厢与家庭的天平上，梁丽娟将砝码更多地倾注于车厢。

前年，梁丽娟的老父亲因脑中风和胃萎缩先后五次住院，她却没有请过一天假，只是班后马上赶到医院去替换劳累的母亲，照顾病中的父亲。女儿现在上六年级了，长期都是由年迈的爷爷奶奶照顾。女儿最大的心愿是跟爸爸妈妈一起出去旅游一趟，但忙碌的她一直难以满足女儿的心愿。每天早班，她凌晨四点多就要起床赴岗，中班，要到凌晨一点多才能到家休息，她实在腾不出更多的时间照顾孩子。

"因工作而产生对家人的愧疚也许只有将来才能够弥补，但我想，所有的付出都是值得的。因为乘客的需要更重要，乘客的安全责任更大。"梁丽娟如是说。她的一颗拳拳之心，更多地系着乘客，她用行动诠释着公交人的伟大。

四、先进集体领头羊，兢兢业业成模范

常言道"一枝独秀不是春，百花齐放春满园"，梁丽娟就是荣获"全国青年文明号"、"全国三八红旗集体"、"全国工人先锋号"的265车组（现因车辆更新，为9001车组）中的优秀代表。她和姐妹们一起严以律己，以热忱服务和无私奉献的爱心，赢得沿线乘客的一致好评。

265车组组建于1961年，曾先后获得全国、省、市"先进班组"和全国"五一劳动奖状车组"称号。49年来，不论是车型转换，人员调动，还是线路变更，"服务第一，乘客至上，团结奋斗，贵在坚持，永不满足，不断创新"的车组精神不断激励着车组姐妹们。奉行265车组"爱心献乘客，奉献在车厢"的宗旨，确定了"一人一车代表公交形象，一言一行事关公交声誉"、"公交线路有起点，服务无终点"的服务理念。2008年在"迎奥运、创建文明城市，创四优"活动中，荣获"省优秀车组"称号，2009年被省总工会授予"工人先锋号"……

265车组的荣誉是车组里每个姐妹共同努力的结晶，而梁丽娟正是这个优秀团队里的领头羊。她在平凡的工作岗位上，兢兢业业、勤劳踏实，处处起模范带头作用，积极参加集团公司开展的各项技能竞赛和创先争优活动，全面完成车队下达的各项生产指标。十几年来，她以安全行车的优秀业绩、优质服务，赢得了乘客的好评和各级领导的肯定。当选为福建省党代会代表，先后荣获“福州市第三十二届劳动模范”、2000—2002年“福州市女职工成才达标先进”、2001—2004年“福州市女职工标兵”、2007年“福州市女职工技术能手”、2008年“福建省公交优秀驾驶员”、2009年“福州公交第四届二十佳驾驶员”、2010年“福州市公交温暖司机”，近期又被推荐为福州市委宣传部、市文明办、《福州日报》等联合举办的“感动福州十大人物评选”的候选人。

▲梁丽娟的微笑让人舒心

五、十米车厢大舞台，铿锵玫瑰献芬芳

公交作为窗口服务行业，驾驶员的言行代表着企业与城市的形象。在日复一日的工作中，梁丽娟始终坚持“服务第一、乘客至上、团结奋斗、贵在坚持、永不满足、不断创新”的265车组精神和“辛苦我一人，方便千万人”的服务理念，做到规范服务，让广大乘客感受到文明，体会到真情。逢年过节，她和车组人员一起在车厢内布置精美小挂件营造喜庆氛围，让移动的车厢温馨似家，她的车上备有药箱、方便袋、乘车指南、开水壶等人性化服务设施，在服务质量上突出一个“优”字，在业务本领上强调一个“硬”字，在体贴乘客上力求一个“细”字，在服务方法上体现一个“新”字，满足不同乘客的需求。

梁丽娟将十米车厢作为实现人生价值的舞台，用自己的言行为“公交窗口代表城市文明形象”这句话做了最生动的诠释。她的热情和微笑使她在公交车驾驶员这个平凡的岗位上焕发出别样的美丽和风采。

乐于奉献　见义勇为　争当行业先锋

——记交通运输部通报表扬的个人广东省中山市公共交通运输集团有限公司12路驾驶员邹光

他爱岗敬业、乐于奉献，以忘我的工作精神和诚挚的服务态度为乘客提供优质的服务。

他见义勇为、锐意进取，为建设活力和谐公交、幸福和美中山奉献力量。

他就是广东省中山市公共交通运输集团有限公司12路的“共产党员示范岗”驾驶员邹光，他于2009年8月入职中山公交集团担任驾驶员以来，一直在平凡的驾驶岗位上默默工作，虽然每天的工作辛苦而单调，但他面对乘客依然充满微笑，兢兢业业工作着，用自己的行动践行着“辛苦我一人，方便千万人”的公交人精神，用真情赢得了乘客的赞誉。他也因此受到交通运输部通报表扬并荣获了“中山市劳动模范”、“中山市城投集团先进个人”、“中山市公共交通有限公司先进个人”等荣誉称号。

一、恪守职责，做遵章守纪表率

邹光所在的12路（中山汽车总站—珠海下栅检查站）全程34.9公里，设47个站点，11个临时站点，连接东部镇区及珠海公交，途经中山汽车总站、紫马岭公园、孙中山故居和中山纪念中学等市民主要出行集散点，行驶道路路况复杂，特别是上下班高峰期非常容易堵车。为了保证行车安全及班次准点，邹光时刻警醒自己要遵守公司各项规章制度和交通安全法规，每天早上都提前半小时到岗，认真做好车辆“三检”工作，确保车辆轮胎、刹车、方向、灯光等均无异常，车上灭火器、逃生锤设施设备齐全。12路车首班车6:05时发车，一年365天，只要是上班时间，不管是刮风下雨，还是严寒酷暑，邹光都能坚持下来，从来没有因其他原因耽误发车时间，做到了车辆技术状况良好和发班准点。

在营运过程中，邹光仔细观察行人、车辆的动态，做到眼观六路，耳听八方，及时发现征兆，预防在先。他始终把乘客的安全摆在第一位，牢记驾驶员安全行车规范，熟知全线的安全隐患点，讲文明、重礼让，对外树立了良好的形象，行车时遇到横冲直撞的行人或车辆，他总是宁停三分，不抢一秒，并时常提醒他人注意安全。每天近10小时的工作很容易疲劳，为保证以最好的精神状态坚持服务，他每完成一趟营运任务到达终点站后都到车厢外活动筋骨，放松精神，因为他时刻把乘客和路人的安全记在心上。在营运中，邹光每年实现安全行车里程8.7万公里，从未发生任何违章行为和交通事故。

二、体贴入微，做优质服务表率

在服务中，邹光始终牢记用心服务乘客的理念，正言行、优服务，努力为乘客提供优质的公交服务。通过细心观察，邹光现在已经对12路全线的道路交通状况了然于心，哪里是事故易发危险地段要注意，哪里学童出入要谨慎，他都能提前做好心理准备，保证车辆行驶平稳、安全。在站点上下客时，他都能耐心停车等候，特别是有老人、小孩、孕妇、病人上下车时，更是慎之又慎。每一次车辆还没到站，看到有老人站起提前走到中门等候下车时，邹光都能细心地提醒老人："老伯，你先在座位上坐好，等到站了我会叫你，车辆还没有停稳很容易摔跤的。"并主动放慢车速，做到车辆平稳靠站。

除了保证车辆行驶安全、舒适，邹光还时刻注意自己的言行举止，在服务中始终保持精神抖擞，面带笑容，在乘客上车时都能做到点头微笑示意，需要乘客配合时不忘说："请往车厢后面走，谢谢！"这些细节，让不少乘客倍感温馨。2011年，邹光服务乘客近12万人次，服务零纠纷、零投诉。

三、锐意进取，做实干创优表率

目前，市民对公共交通的服务的要求越来越高，公共汽车的制造技术和智能系统也越来越先进，为了适应车辆新技术运用的要求，邹光积极主动学习服务技能、维修技术及节能降耗技术，提升服务水平和车辆驾驶技术。为了适应新的服务要求，他积极参与公共汽车车厢6S（整理、整顿、清扫、安全、清洁、素养）管理，以身作则，每天出场前、回场后及到首末站都能积极配合乘务员打扫车厢卫生，把车厢内物品摆放整齐，为乘客营造一个干净舒适的乘车环境。踏进邹光同志服务的车厢，干净整洁，车内设施设备摆放井然有序，服务操作也程序化、标准化。同时为了更好地使用车辆，邹光经常利用空余时间虚心向维修技工们请教车辆维修和智能系统使用技术，并将所学运用到日常车辆维护和保养中。在邹光看来，车辆就如同驾驶员的战友，哪怕出一点点小毛病，都会搁在心上。做好了日常车辆维护和保养，就可以避免车子坏在路途中，就不会耽误乘客的时间。因此，多年来，邹光从没有开"带病车"上路。此外，邹光还把自己在营运过程中收集到的安全隐患点及路况等信息与大家共享，协助公司制定了12路车的安全行车指南。

▲邹光认真检查车辆安全情况

四、见义勇为，做维护正气表率

由于12路客流较大，线路经常成为小偷等不法分子活动的场所，为此，邹光除了保证公交服务质量，还以高度的责任感捍卫乘客的生命财产安全。

2011年11月10日，邹光驾驶的12路公交车行至富洲酒店时，有4个年轻人神情鬼祟地从后门趁人多挤上了车，分别把持在各自的位置，邹光凭着职业警觉一眼辨出该伙人为惯偷。车辆起步后，他多次按下播音键提醒乘客："车上人多，请注意保管好自己的财物。"当车辆行至紫马岭公园附近，一声大喊突然划破了车内的沉寂，"还我钱包！有小偷！抓小偷！"一名坐在中间的年轻小伙子突然站起身来拉住一名急速走向后门的男子，这时其他3名年轻人突然急速靠拢过来，手中晃着明亮而锋利的刀片。看到被盗乘客已经被推倒在地，大腿内侧被刀刺

中，鲜血直涌，邹光急忙刹住车辆，关紧后门，一边叫车上乘务员报警，一边扑上去和歹徒斗成一团。做贼心虚的小偷一边挥动着刀子，一边打开后门的应急开关，分路逃跑，邹光奋不顾身紧追其后，经过一番追赶，终于将其中一名歹徒抓获，并用领带把歹徒捆在车上交给了赶来处理的警察。虽然当时的情况很危险，但邹光没想那么多就挺身而出，事后邹光说："其实犯罪分子不是那么可怕，在正义面前，所有的邪恶将无处遁形，只要这个社会多一分正义，就会少一分邪恶。"

除此之外，邹光还先后多次拾金不昧，将乘客遗失的手机、钱包等归还失主，屡次受到乘客表扬。

五、乐于奉献，做服务承诺表率

作为一名基层共产党员，邹光时刻按照优秀共产党员的标准严格要求自己，积极参加党组织的各项政治学习和组织活动，他关心时事政治，不断提高思想素养。在工作上服从单位安排，主动参加政府应急用车需求或重要营运任务。在中秋、春节等团聚的传统佳节，邹光主动放弃了与家人团聚的机会，带头坚守岗位、坚持服务，平安、及时地将走亲访友、购物旅游的市民送回家，并动员公司其他驾乘人员发扬"一家不圆万家圆"的奉献精神，以积极的心态共同投入营运服务，确保公司顺利完成营运任务。邹光还主动顶班、加班，并在有驾驶员不舒服或有急事，找不到其他人顶班时，他主动请缨上线，减少了许多失班，为乘客减少了候车时间。

同时，邹光还注重发挥驾驶员与队长的"纽带"作用，一方面及时向企业反馈企业一线员工的思想动态，只要12路车队有同事情绪不佳，思想有波动，邹光都能主动深入了解，以同事的身份关心其工作和生活上遇到的困难，并帮助解决问题，需要公司车队解决的，能及时向公司车队反映。另一方面主动学习公司规章制度相关文件，向驾乘人员传达公司的各类决策意图，加强企业和员工的沟通联系，为促进企业和谐及员工稳定发挥了积极的作用。

一滴水能反射出太阳的光辉，邹光就是以这种一滴水的精神，以饱满的热情在平凡的岗位上谱写了一曲公交人的奉献之歌。

"一花独放不是春，百花齐放春满园"，在邹光的影响下，中山公交集团也涌现出了不少爱岗敬业、见义勇为、拾金不昧的驾乘人员，一辆辆公交车也因为有了他们，变成了温馨流动的家。

平凡的岗位　不懈的追求

——记交通运输部通报表扬的个人重庆市巴士有限公司820线驾驶员罗洁

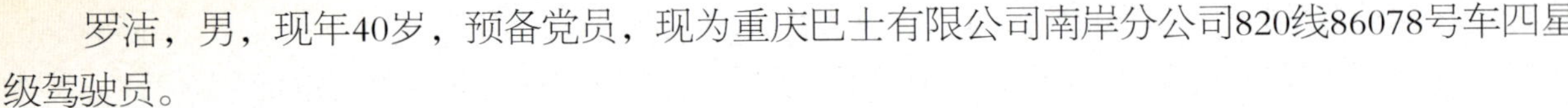

罗洁，男，现年40岁，预备党员，现为重庆巴士有限公司南岸分公司820线86078号车四星级驾驶员。

罗洁同志因为在安全和服务工作中的突出表现，曾多次受到各种表彰，2006年荣获巴士公司二路队优秀员、安全生产者；2008年荣获“巴士公司生产标兵”；2009年被评为“巴士公司夏季百日安全竞赛活动先进个人”；2009年荣获“巴士公司生产标兵”；2010年荣升“四星级驾驶员”，被评为“重庆市道路运输行业客运服务明星”，被评为“公交集团百佳驾驶员”，荣获“公交集团第五届岗位奉献奖”，被评为“巴士公司先进员工”；2011年被评为“重庆公交首届十佳驾乘服务明星”。当然，这些荣誉都源于他对公交工作的热爱和不懈的努力。

一、捧出十分真情，播撒一路文明

自走上公交驾驶岗位以来，罗洁同志在这个普普通通的驾驶工作岗位上一干就是10年，从一个初出茅庐的小伙到成家立业为人父亲，从一个公交行业的新兵到业务娴熟的骨干，他始终坚持公司“捧出十分真情，播撒一路文明”的服务理念，用真心换真情，把乘客当亲人，将流动的车厢打造成充满温暖的家。

做“残疾人的拐杖，老人的子女，外地客人的向导，青年人的朋友”是罗洁服务工作的“座右铭”，将每一分关爱渗透在每天的服务工作中，体现于细节之处。他时刻关注乘客的需要，遇上老、弱、病、残、孕和抱小孩的乘客，他总是热心地为他们找座位，待乘客坐定后才起步行驶，他及时向配合自己工作的乘客表达衷心的感激之情；每当停车上下客，他总是全神贯注地关注着前后车门，提醒乘客不要拥挤，还主动帮助上车有困难的乘客。流感季节，不时送上关怀的话语，提醒乘客注意开启车窗，保证车内空气流通；碰上不讲理的乘客，罗洁同志也从不以非对非，而是耐心解释，末了报之一笑。用一位乘客的话来说：“本来遇上堵车心情就烦，难免要拿驾驶员‘出出气’。他不仅不责怪，反而微笑着耐心劝导，叫人很不好意思，堵车的气也消了。”这样的事例，在罗洁的车上每天都在发生，对此，罗洁归纳为一句话：乘客坐我的车，他们心情愉快了，我也愉快了。

二、安全理念牢记于心，用心驾驶付诸于行

罗洁同志始终严格执行“预防为主，事故为零”的安全理念，将为乘客提供安全、便捷的公交服务作为工作的标准，一心一意为乘客服务。

罗洁同志一直坚持以安全优质的公交服务赢得乘客的信任，在行车过程中严格执行公司“八不操作”和“十严禁”的要求，他坚持准点运行、安全行车不赖站、遵章守纪、到站停车

等规范服务，赢得了乘客和公司的一致好评。

多年来，罗洁坚持从每一件小事做起，从点点滴滴做起，在平凡的驾驶岗位上以勤奋、踏实、肯干的作风严格要求自己。为了使车辆运行保持在最佳状态，掌握乘客对公交服务的需求，他一直坚持写行车日记，详细记录车辆的行驶情况。他说车辆的故障往往都是一些小毛病导致的，记录车辆每天的情况，好便于车辆维护管理，什么时候维护、换油，什么时候换的什么零件，出现问题及时查找原因，将车辆的一些动态情况和现象及时反馈给修理师傅，让修理师傅能够根据车辆状况维护到位。10年来，他所驾驶的车辆从未发生过机械事故或行车责任事故，安全行驶里程达50多万公里。

三、行车日记天天记，用心服务得好评

罗洁同志说："无论干什么工作，只要用心就能做到最好，公交工作，服务是永恒的主题。"为了让乘客满意，工作中他不断积累经验，完善服务技能。比如说对待不同的乘客就要采用不同的方法，对待不同的情况就要采用不同的服务语言。记得2009年一个炎热的夏天，石门大桥换铁拉锁和返修路面，造成交通堵塞十分严重，车从龙头寺开往杨家坪，车到大庆村就堵上了，这一趟他们走了两个半小时。14点30分，车刚到终点站上江城，"罗洁，罗洁，快点走了，已经脱节20几分钟了"调度员喊道。他们从早上6点30分开始工作就一直没有停过，因为担心乘客会在路上等得着急，所以他顾不上上卫生间，就又出发了。14点50分车到达陈家坪站时，还是聚集了很多人在等候，刚一开门一中年男子挤上车，大声质问："820怎么回事，等了40几分钟车才来，你们搞什么……"乘务员的耐心解释他完全不理，一直质问着，罗洁实在听不下去了，笑着对乘客说："大哥，对不起，让您久等了，石门修桥太堵了，我们所有的车都堵在路上，对不起。"这时那男子又转过身来质问罗洁，还说："我不管堵车不堵车，我只知道我等了40多分钟，我要投诉……"他一直不停地吵。看着没有能让乘客理解，没有让乘客满意，罗洁心里十分难过，把车停了下来。"大哥我给您看样东西，也许您会理解。"然后他从一个口袋里，拿出来一盒牛奶两个蛋糕说："大哥这是我的早饭，还有，"他又从口袋里拿出一个盒子，"这是我的午饭，现在已经是14点50分了，为了您们的出行……"罗洁强忍着眼中含着的泪水。这个举动让整个车厢里的人突然出奇地安静了下来，大约有6秒钟吧！这6秒钟的寂静，让罗洁感动、更让罗洁感到欣慰。之后车厢里又沸腾了起来，有的说那个石门大桥又换拉锁又修路，也不能怪他们驾乘人员。旁边的大姐说："小伙子，不吃饭还是不行，一会到了站还是先把饭吃了。"

这也是在罗洁行车日记中记录的一件事，罗洁在10年的公交服务工作中，坚持将车厢内的点滴记录下来。用罗洁的话说，是一种自我提醒，一种自我进步。通过记录，看得到自己每天在服务工作中的心情，在对待不同问题上的进步，也使自己在每天的服务工作中更有乐趣，有更大的提高和进步。有一位乘客曾这样说道："这个车的驾驶员真好，同样的事，用他的话一说，我们很容易接受，上了他的车，有一种亲切感。"这也是源于罗洁不断地归纳总结和自我提升。

四、自我管理出成绩，互帮互助共提高

在日常工作中，罗洁同志作为820线的一名车组长，他总是提前到岗做好车辆例行保养、车辆出车前的各项准备工作和车辆清洁。他主动团结和协调同事间的关系，主动帮助有困难的同事，他们经常定时聚在一起协调工作中的各种问题，互相交换意见，虚心听取同事的意见，

发现问题及时纠正，努力营造出一个平等、融洽的工作氛围。他在安全、服务、节约成本和业务技能方面的成绩是有目共睹的，这些成绩积极影响着公司驾驶员在工作中积极学习、共同提高。车组人员在他的带领下，在节气、节能方面有一套好方法，每月能超额完成公司下达的节约任务。

罗洁同志作为公司的一名优秀驾驶员，用自己的实际行动赢得了公司的信任，靠实干实绩树立了良好的形象。虽然他曾获得过很多荣誉，但在荣誉面前他从不骄傲自满，显示了一名优秀员工的谦虚胸怀。他还通过各种形式与同事们一起交流和沟通工作经验，传授自己的先进经验。在工作之余，利用休息时间写出学习、工作笔记，不断提高自身的政治素质和业务素质，还常利用休息时间协助分公司加强现场管理，充分发挥了一名优秀驾驶员的带头作用。

▲重庆巴士有限公司820线驾驶员罗洁

五、温馨小家，温暖大家

生活上，最让人羡慕的是，罗洁同志有一个幸福、温馨的家。双胞胎女儿今年12岁，很懂事，孩子们知道爸爸工作辛苦，主动承担家里的清洁工作，帮助分担家务，家里没有大人的时候，姐妹俩还可以自己做饭，番茄炒蛋、回锅肉等都不在话下，姐妹俩还曾参加过太太乐食品有限公司举办的“小小神厨俱乐部”厨艺比赛，取得了优胜奖。姐妹俩学习成绩也不错，今年9月，以优异成绩被育才小学保送重庆95中最好的班级。孩子们常说：“要学习爸爸的自我管理。”

罗洁同志夫妻恩爱20年，妻子王静非常贤惠，是重钢职工。由于重钢搬迁至长寿，被迫单位、家庭两边跑。妻子王静说：“要支持他的工作，罗洁是驾驶员，担负着成千上万的乘客的人身安全，平平安安才能让我们家庭幸福，不能让他分心，我要做的就是把家里安排好，让他一心一意地去面对工作。”罗洁同志的家，虽然只是一个平凡而普通的家庭，但是这个家庭的每一位成员都有一颗平凡的爱心，他们互帮互助，用自己的方式携手走过了人生的风风雨雨，用各自的爱心，构建了一个令人羡慕的和谐家庭。

罗洁同志说：“每天看着别人的脸色，但绝不能给别人脸色看，这就是我的工作。微笑地面对每一位乘客，从乘客的微笑中得到快乐，这就是我的追求。”作为一名普普通通的公交车驾驶员，罗洁没有惊天动地、可歌可泣的动人事迹，但是，就在这平凡的背后，却展现出新时期公交人的伟大，诚如一位名人说过：将一件平凡的事做到极致就是不平凡。罗洁同志是公交行业的佼佼者，他用自己的实际行动，十年如一日安全出行，为乘客服务，把个人对社会的责任、职业操守和做人的准则完美地融合在一起，形成一种独有的、坚实的人格魅力，给身边的人以感动和教育，是新时期公交行业的楷模，是每一位公交员工学习的榜样。

用真诚与爱心书写美丽人生

——记交通运输部通报表扬的个人陕西省西安市公共交通总公司k43路驾驶员王曼利

眼睛是心灵的窗户，看着西安公交k43路驾驶员王曼丽的眼睛，你一定会被她那双清澈见底、善良纯情的眼神所打动，在她的眼神里，你看到了真诚、善良和美丽。从她的眼神里，你也似乎读懂了许多你想知道的东西。

王曼丽从事公交车驾驶员工作20多年，连续13年被评为西安市公交总公司特级驾驶员；她是1994年被团中央命名为全国“青年文明号”357号车组的成员，并赴北京接受嘉奖授牌。她多次荣获公交总公司“驾驶员标兵”、“共产党员标兵”称号，荣获西安市国资委“四优共产党员”称号；新城区“百名优秀女职工标兵”称号；2010年荣获“西安市劳动模范”、“全国交通运输行业文明职工标兵”；2012年当选西安市第十二次党代会代表，陕西省第十二次党代会代表，荣获“陕西省劳动模范”等荣誉称号。2012年6月荣获“全国创先争优优秀共产党员”称号，受到党和国家领导人的亲切接见。被广大乘客誉为“盲人的眼睛、病人的护士、乘客的贴心人、老百姓的亲闺女”。

一、爱岗敬业争当排头兵

2009年4月，西安公交总公司实施了“星级线路”评定工作，这不仅有助于个人素质、服务技能的提高，而且更有助于线路整体服务水平的提高。人常说“一花独秀不是春，百花齐放春满园”。一条线路光靠几个高星级驾驶员是不行的，它需要大家的共同努力和进步。为了配合路队争创“星级线路”工作，王曼利经过深入学习研究和思索，以说好“三句话”为切入点，在班组中开展“一帮一”活动，让大家在工作中相互学习交流，取长补短。她还经常利用站停休息时间与同事们相互交流服务经验，帮助同事们辅导英语、哑语，进行口语交流和手语练习，使大家共同进步与提高。在公交二公司举办的星级服务培训会上，王曼利还经常与同事们分享日常工作中如何保持平和的心态，对待车上的老弱病残孕特殊群体应如何重点照顾，怎样运用语言技巧当好车厢里的“指挥官”，营造和谐宽松的乘车氛围的一些具体做法和体会，与同事们相互学习和交流，由此，她所在的二公司荣获高星级驾驶员的数量成为公交总公司的榜首。2011年，在总公司开展的“高星级带头人授技艺活动”中，王曼利以全年星级颗数55颗的成绩被总公司聘任为星级带头人，看似简单的带教工作，但是要带出成绩并非是一朝一夕的事情。她说：“既然接受了这份任务，就要能担当，一定要带好这个头。”一个班下来的她已经精疲力尽，但是王曼利下班后总是简单吃一点饭，就到其他的站点去看带教徒弟的工作情况，最少要跟一圈车，一个徒弟最少要用两个小时的时间去交流。就这样一个徒弟一个徒弟地跟车指导，找出他们身上存在的问题，并总结出自己的一套带教方案。王曼利从乘客心理、驾驶员服务质量十条标准、安全操作规程等方面进行辅导培训；组织徒弟与徒弟间进行讨论，互相取长补短，借鉴好的服务方法。在组织辅导的同时，她还将自己日常工作中积累的知识及工作中的体会讲给大家，如工作中微笑服务的意义，使用语言的技巧，细心观察的细节，不同乘客采取针对性服务等服务方法，使徒弟们受益匪浅。经过不懈的努力，十名徒弟在原来的基础上服务意识有所提高，星级也有不同程度的上升，三星人数越来越多。其中，徒弟李峰已连续五次达到四星；张剑波已连续三次达到四星，通过共同的努力，张剑波和李峰也以突出的成绩被聘为2012年二公司的星级带教人。

二、用真诚和爱心创造优质服务

“微笑、热情、耐心、周到”是王曼利的服务特色，主动照顾“老、弱、病、残、孕”更是她义不容辞的职责。她对老年人用心照顾，对小学生关心爱护，对残疾人细心帮助，对外地乘客耐心热情。车厢里总是不断传出她的声音：“请哪位师傅给这位老人让个座，谢谢！”“师傅，你慢点下车，不要着急……”遇到乘客询问，她总是不厌其烦，耐心解答，整个车厢里充满着和谐与温馨。她常说：“我既然选择了公交，选择了服务行业，那么我的工作就是尽心尽力为每一位乘客提供最佳的服务。”她就是凭着一颗关爱的心，视乘客为朋友和亲人，时刻把乘客的利益放在心上，用语言传播着文明，用行动播撒着爱心，用微笑感动着每一位乘客，使他们高兴而来，满意而去。

一次在车上，无意中听到两名老年乘客交谈中说，车上的座位太冰冷了。她当时就想到要是有个坐垫就会好点，其后她自己掏了600多元定做了38个棉坐垫。2012年元月，王曼利的“爱心坐垫”就一一铺在座位上，使车厢充满了温馨的气息。自从车上布置了棉坐垫后，车上的乘客留言本上好评不断，不少乘客都被这个服务细节感动。一位86岁的老者手拿着《华商报》头版头条刊登的报道，慕名来到43路调度站等候了1个多小时，终于见到了王曼利，送给她一本自己著作的《陕西名胜概览》，并且还亲笔赠言于王曼利，还特意坐了一圈车感受着“爱心坐垫”带给人们的温暖。

▲王曼利在公交车上布置爱心坐垫

王曼利善于运用语言艺术和发挥微笑的魅力。常常一句巧妙的语言，能使服务达到最佳；

一个微笑，便会传递出发自心底的真诚。工作中，她最常使用的话语是“您好、请、谢谢、麻烦您”，遇有老年人上车时她会说：“老师傅，您扶好，慢点上。”快到站老年人准备起来，她便提醒：“别着急，等车停稳再下。”在车上疏导或请乘客让座，她就用商量的口气，言词委婉，语调亲切自然，贴近乘客，这样便会赢得乘客的理解和尊重。王曼利工作中很细心，比如：乘客问路暗暗记在心里，到站提醒；进站时注意观察，有无老、弱、病、残、孕特殊乘客，尽量将车门对准他们，照顾他们优先上车。

有一次，她在万寿路正要发车，见一位盲人师傅拄着拐杖摸索着走到门口，她急忙上前：“师傅，您慢点，我来扶您。”原来，这位盲人师傅要转乘27路到翠华路去。对于一位盲人来说，处于一个陌生的环境中，要独立完成转、乘车活动，无疑是一件很困难的事情。于是，王曼利将盲人师傅安排到紧靠后门的座位上坐好，并说：“师傅，别担心，到站我会提醒您的。”车到金花路站时，她缓慢地进站，让车尽可能贴近路边，将后门对准站牌，拉紧驻车制动器手柄，走到盲人面前：“师傅，您到站了，我来送您下车。”并对旁边等车的乘客说道：“师傅，如果27路车来了，麻烦您关照一下这位师傅好吗？拜托您了，谢谢。”这位盲人师傅感动地拉着王曼利的手说：“太感谢您了。”

三、无私奉献彰显美丽心灵

助人为乐服务群众，把优质服务延伸到工作时间以外。2009年6月的一天早晨，43路公交车上来了一名坐轮椅的乘客，这名坐轮椅的特殊乘客叫王萌萌，她在生孩子时，因缺氧引发脑出血，造成身体偏瘫，生活无法自理。在父母的陪同下，乘坐43路到西安电力中心医院进行康复治疗。经常往返于西门和西安电力中心医院，43路的40多名早班驾驶员便开始了长达1年10个月的爱心接力。无论43路的男女驾驶员，每天都以同样的关爱把王萌萌扶上抱下，让身处困境的一家人倍感温暖。但由于身心受到巨大打击，王萌萌虽经过几个月的治疗，病情有了好转，但她始终不说一句话，内心非常忧郁孤独，不愿意与人交往，如何让她走出阴影，开口说话是康复治疗的一个关键。王曼利就经常利用业余时间到医院看望王萌萌，鼓励她树立战胜病魔的信心和勇气，配合治疗。2011年的元宵节，王曼利买了汤圆看望王萌萌，在病房给她煮汤圆吃。三八妇女节那天，她又和同事们带着鲜花、水果到医院看望王萌萌，给王萌萌带去节日的祝福。在王曼利和同志们的不懈努力下，王萌萌终于打开心扉开口说话了，性格也开朗起来，身体康复的进度也快了起来。现在王萌萌已经能自己慢慢走路了，她还亲切地称呼王曼利“大姐姐”。

在日常工作中，王曼利发挥党员先锋模范带头作用和生产骨干作用，作为43路的党小组组长，在夏季到来之际，组织党员开展“党员奉献日”活动，将线路所有营运车辆的风扇进行拆洗，被职工称之为“及时雨”。在公司开展的“共产党员示范岗”活动中，组织43路的“共产党员示范岗”人员开展党员“一帮一”结对子活动，发挥党员模范作用。在每年的圣诞节平安夜，带领党员主动加班加点，义务奉献，确保平安夜营运生产安全完成。在大年三十这一天，为了让线路上家住外地的职工能早点回家过年，就号召和带领党员主动上延点班和末班延点班，此举深受职工好评，也让职工感受到党的关怀和党员的无私奉献精神。

2009年8月16日下午3时许，西安多日的阴霾终于化作细雨纷飞，逐之转成大雨滂沱，顷刻间，大街小巷雨水横流，交通严重受阻。家住在西北工业大学的两位退休教师陈柳、乔欣华夫妇出门没带雨具，躲在西门里车站附近的一家银行屋檐下避雨，等候乘坐43路公交车返家。好不容易盼来王曼利的车，他们急忙上车，真是雨中救难！那一刻老人深切感受到驾驶员对乘客的温暖和关怀……车到达终点站时，大雨仍倾下不止，老人难以行走。这时，王曼利并没有催促乘客下车，而是走到两位老人面前说："老人家，雨这么大，你们先别下车，暂时留在车上避避雨吧"，还用她自己的手机和老人的家人联系前来接人，对老人的关怀、爱护不是亲人胜似亲人，令人感动。

2009年的一天下午，58岁的乘客王建文匆匆抱了两床拆洗的被褥从水司上了车，这时，她接到了远在上海工作的儿子打来的电话："妈妈，祝您生日快乐！"王建文愣了一下："啊，今天是我的生日啊！我竟然忘记了……"是啊，今年八旬身体欠佳的母亲时不时地拉起了病危的警报，王建文整天在医院和水司穿梭往返，已经精疲力尽，更记不得今天是自己生日。刚挂掉儿子的祝福电话就听见："劳驾哪位师傅给这位老人让个座，谢谢！""师傅，今天是您的生日呀，我代表公交职工祝您生日快乐！"一句来自毫不相识的公交车驾驶员的祝福顿时让王建文感到意外和惊喜，这时，她发现王曼利右胳膊上佩戴着五颗星的标志，她说："今天是我的生日，能接受五星级的服务，真是太幸运了！"事后，乘客王建文将乘车的感受写成一篇文章用一首歌的名字命题为《遇上你，是我的缘》。

2012年5月王曼利获得了"陕西省劳动模范"荣誉称号，"七一"前夕，又获得了"全国创先争优优秀党员"的称号，王曼利并未因此而停步，她说所有成绩的获得都离不开企业和43路这个集体搭建的平台，离不开各级领导的关怀和培养，也离不开身边同事们给予的支持和帮助。怎样来回报党组织和同志呢？今年3月份43路全线换成了空调车，45部车的窗帘、座套、空调滤网都需要拆洗，工作量特别大，成了路队一件头疼的事情；她想到，如果有个洗衣机，利用业余时间自己动手洗，既省钱又帮助路队解决了难题。于是，她再次拿出1000块钱给站房购买了一台洗衣机和一部梯子，组织党小组成员会同班组长开展"党员义务奉献日"活动，用了3天时间将45部车的窗帘全部拆洗并安装好。

"一粒砂中看世界，一滴水中见人生"。王曼利用她的行动证实了自己的价值取向是正确的，自己的职业是崇高的。她一直在平凡的岗位上忘我地工作着，虽然经常劳累过度，但能为自己所热爱和追求的事业默默奉献，再苦再累也觉得心甘情愿；虽然默默无闻，但只要能把对事业的情、对岗位的爱奉献给党的事业，只要能使公交企业蒸蒸日上，充满活力，就是她最大的心愿。用王曼利的话说："每辆车都有终点，但共产党员为民服务没有终点。"这句话一直是她前进的动力。

王曼利同志20多年如一日，像一棵朴实无华的小草默默地奉献着，在平凡的岗位上用崇高的职业道德迎送着南来北往的乘客，为广大市民提供更优质的服务，用真诚与爱心在10米车厢中书写着美丽人生。

用青春书写精彩人生

——记交通运输部通报表扬的个人甘肃省兰州市
公交集团公司4路5220号车驾驶员魏本富

魏本富是兰州公交集团第五客运公司4路5220号共产党员车组驾驶员。38岁的他虽然驾龄只有10多年，但在客运公司近千名驾驶员中却是小有名气的人物！由于驾驶技术过硬、对公交事业的执着以及对乘客的热爱，他受到了同事们和广大乘客的广泛赞扬，用自己的青春书写了一笔笔精彩的人生。

一、爱岗敬业，忘我工作

1998年他从部队退伍来到公交公司当上了驾驶员，凭着自己的钻劲与韧劲，苦练出了过硬的驾驶及车辆维修技术。同时作为一名共产党员，多年来，他爱岗敬业，勤奋工作，无私奉献，热心为乘客服务。在平凡的工作岗位上，作出了不平凡的业绩。连续多年被集团公司党委评为“优秀共产党员”，2004年被集团公司团委评为“‘公交杯’十大杰出青年”荣誉称号。2005年被共青团兰州市委评为兰州市“青年岗位能手”等称号。2009年荣获兰州市“十大杰出工人”。2010年荣获甘肃省“青年岗位能手”，2011年荣获兰州市“五星级驾驶员”，2012年再次荣获兰州“‘公交杯’十大杰出青年”等荣誉称号。

当驾驶员10多年来，他安全行驶40多万公里，各项生产指标始终名列公司的前列，他支持车队工作，每当车队其他驾驶员有事有病时，他就主动上完早班后下午接着到线路跑车，缓解线路运营压力。他还是客运公司的节油标兵，与行业标准相比，每年节约天然气1600立方米。他所在的4路5220号车组被第五客运公司党总支授予“共产党员车组”称号，充分发挥了党员先锋模范作用。

二、勤奋好学，钻研技术

魏本富爱惜车辆如同爱惜自己的眼睛一样。2003年由于企业体制改革，4路率先实行了无人售票。这就意味着安全行车、优质服务的重任全部落在了驾驶员一个人身上，他为了给乘客提供一个安全、方便、准点的乘车条件，让乘客高高兴兴乘车，安安全全下车。他非常注重对车辆的维护，每天早晨4点就开始工作，首先对车辆进行认真细致的检查和清洁，然后补充车辆燃料；帮助离厂区较远的驾驶员加气；并将车开到路边，避免早晨加气和出厂高峰堵车，影响线路的正常运营。每天出车前坚持做好“三检”工作，发现毛病不放过，决不让车辆带病行驶，为了不耽搁第二天的运营生产，他常常修车到深夜，真正达到了出满勤跑满圈。

为了提高自己的驾驶技术，他以能者为师，不懂就问，利用业余时间与技术好的师傅切磋技艺并虚心请教修理技术，还买来大量技术书籍充实自己，并且学以致用。通过长期的实践和摸索，他总结出了一套节气驾驶的诀窍：起步时踩下加速踏板要缓慢，脚下轻一点；在行车时选择好合适的挡位，少用低速挡，多用高速挡；在行驶中做到看远顾近，该滑行时就滑行；勤检查轮胎气压、勤加注润滑脂维护好转动系；做好日常维护，定期更换空气滤清器芯，调整好发动机混合气比例。通过这一系列的驾驶小窍门，他所驾驶车辆的气耗下降了21%。

2011年10月，4路公交车更换为宽体空调车，车辆档次提升了，为了尽快掌握新车的性能和驾驶技巧，他仔细研究新车产品说明书，在自身实践的基础上还向其他同类型车辆线路的同志咨询交流驾驶经验，很快掌握了新车的驾驶技能，使车辆始终保持最佳运营状态。同时为了提高自己的文化水平，他还报考了成人高考，不仅学完了专科文凭，还进行了大学本科的成人学习，通过学习为企业管理献计献策，为企业的发展作出了自己的贡献。

三、真情奉献，诚信服务

魏本富是个热心厚道、善解人意的好青年。多年来他始终坚持视乘客如亲人，做到了急乘客之所急，想乘客之所想。凡是乘坐他的车的乘客都有到家的感觉。由于4路是一条贯通市区东西主干道上的大线路，冬天，每当傍晚高峰时段，在每个站点上都有很多等待乘车的乘客，这时他就把车辆缓缓驶入站点，停稳车打开车门让乘客上下车，主动疏导乘客，还向车内的乘客宣传“大家都急着回家呢，请相互理解一下，让车下的乘客在严冬少待一会。”每当说到这，乘客们纷纷行动起来向车内走去，不由称赞道“这位师傅真不错”。当遇到年龄大的、残疾的或拿东西多的乘客上、下车时，他就主动上前扶一把。天冷路滑时，他就做好宣传工作，提醒上下车乘客注意安全，避免乘客摔倒。

在服务好乘客的同时，他还不忘做好事。记得在一个冬季的晚上，他开最后一班车，车上只坐了三四名乘客。到东升饭店站时，一名约50多岁的男子忽然下了车。就在车到终点东岗镇后，细心的他发现乘客座位上放着一个公文包，情急之下打开公文包一看，里面装有1000多元现金、身份证和一张开往成都的火车票。他想失主一定急坏了，接着他又发现包里还有张名片，便拨通了电话，接电话的正是失主本人，电话那端传出失主激动的声音。魏本富说：“先生请你到东升饭店站等我，马上给您送过来。”说完他就赶到东升饭店站，此时已经在那里焦急等待的失主便说：“驾驶员师傅太感谢您了，我今天要去成都，谁知不小心将钱包丢在您的车上。”失主拿到公文包后紧紧拉着魏本富的手说：“实在是太谢谢您了。”并掏出包里的200元现金作为酬谢，魏本富婉言谢绝了，他只说了声：“同志这是我们应该做的，以后请您下车时带好自己的随身物品！”说着他便开着车缓缓驶去……

2012年3月17日，在4路公交西关什字车站，一位50多岁的男子上车后，来到魏师傅跟前低声问道：“师傅，我的钱包丢了，能不能把我捎带到皮革厂车站？”得到同意后，他便坐到车门旁的座椅上，魏本富掏出一元钱，替他购买了车票。这位姓李的乘客不时唉声叹气，经询问，得知他来自榆中连搭乡，当天到市里采购东西时不小心将钱包弄丢了，正为回家的路费发愁。魏本富听后立即掏出20元钱递给他。李师傅接过钱后连声道谢，一定要魏本富留下姓名和电话，魏本富淡淡地说：“不用客气，出门在外，谁都会遇到难处。”几天后，李师傅专程来到调度室感谢魏本富。

车厢如同社会的一个缩影，魏本富每天会接触到各种各样的人，遇到有些无理乘客，他总是表现出良好的职业道德和高尚的品格。一次，他驾驶的车已经驶出十四中站点百余米远，突然一名酒醉的青年砸车门硬要违章上车，按规定魏本富没有给他开车门，谁知那名男青年被拒绝后，一气之下打了一辆出租车追赶，上了正在金城宾馆站上人的魏本富的公交车，出言不逊，还大打出手。为维护企业形象，魏本富想到也许这位乘客心情不好，宁可自己受委屈，没有还手，也没说一句脏话，此时车上的乘客都谴责那位男青年。事后当人们问起他时，他感叹地说道："说心里话有时碰到不讲理的乘客自己也很气愤，可那只是瞬间的事儿，大多数乘客还是很理解和支持我们的工作的。自己能在节假日里为市民提供方便、安全、快捷的乘车条件感到非常欣慰，在我的脑海里公交就和我的家一样，没有公交也就没有我的美好今天，所以我要为这个家做一点自己应该做的事。"确实如此，他说的都是最朴实的话，在平凡的工作岗位上干着平凡的工作，谱写着我们公交人的春秋。

▲甘肃省兰州公交集团4路5220号车驾驶员魏本富

四、公交世家，言传身教

几个春夏秋冬，使魏本富体验到了做一名公交车驾驶员的辛酸不易，可是他却始终深爱着自己的岗位，总是那么敬业。这些年来，他坚持出满勤，干满点，从不迟到早退。当然这也和他家人的支持与理解是分不开的。他的妻子对他的工作非常支持，她深知公交行业的特殊性，所以从来没有一句怨言。魏本富的父亲和他的姐姐、弟弟都是公交职工，可以称得上"公交世家"。父亲虽然已经退休但管教子女很严格，逢年过节都监督他，不让他喝酒以及贪玩熬夜，怕影响第二天出车。平时老人家中大小事情就尽量自己解决，为的就是让魏本富安心开好车，为公交事业多作贡献。

魏本富常说："做一名驾驶员，工作很辛苦。可是自己既然选择了这个职业就应无怨无悔！为乘客服务好，这样我心里才踏实欣慰。"确实如此，他是这样想的也是这样做的。

文明车厢添光彩　公交岗位见真情

——记交通运输部通报表扬的个人新疆乌鲁木齐市公交集团有限公司104路驾驶员郭刚

郭刚是乌鲁木齐市公交集团有限公司104路一名普通的公交车驾驶员，2012年31岁。他1999年11月参加工作以来，工作勤奋、任劳任怨，在平凡的岗位上留下了不平凡的业绩。连续多年获得企业先进个人、优秀共产党员等荣誉；2010年获得“乌鲁木齐市城市客运行业优秀驾驶员”、“乌鲁木齐市服务质量规范年服务之星”称号；2010年获得“乌鲁木齐市公共交通集团标兵”称号；2011年获得“乌鲁木齐市公共交通集团安全明星”称号；2012年获得全国城市公共交通行业个人通报表扬。

郭刚的每一个荣誉的取得，都有着他不辞辛苦的付出。他所驾驶的104路公交车起点为温泉，终点是六大市场，途经六道湾检查站、市政府、南湖广场、人民广场、二道桥28对站点，往返需要2小时。

104路少数民族乘客较多，他主动利用业余时间学习维吾尔语言，提高与乘客的沟通能力，经常为少数民族乘客释难解疑，提供周到的服务，用自己的真诚和行动去感化乘客，与乘客相互理解、相互尊重、相互帮助、相互服务，营造了一个和谐文明的车厢。

“师傅，你的车去二毛吗？”“不好意思，您去乘坐61路、63路或306路吧！”“上车的乘客请您往车内走……”听着驾驶员不停地招呼着乘客上下车，笔者也上了104路11—1004号车。上车后，遇到了537路驾驶员贾瑞平。贾师傅一听是体验坐郭刚的车，便不停地介绍着他与郭刚的点点滴滴。“你知道吗？去年在全国城市公共交通工作会上，郭刚受到交通运输部通报表扬，他称职啊！作为公交驾驶员，心态好非常关键，郭刚的心态就是好，遇到堵车、不讲理的乘客，他居然能露出微笑，我做不到。”贾师傅滔滔不绝地讲述了郭刚服务乘客的感人事迹。“有一天晚上，郭刚在完成最后一趟出车任务时，一位少数民族老太太，手提一大袋东西，很困难地上车，郭刚赶忙下车帮忙提上来，并把老太太搀扶上车安排好座位，到站后又帮忙把东西提下去。老太太感动地落泪了。还有一次，他在座位下捡到一部手机，立即交到公交调度站归还了失主，失主那个激动啊！别看他每一次做的事情不大，却实实在在感动着众多乘客。”

车行驶到电信公司站时，郭师傅对上车的乘客说道：“因路滑，车距大，请大家谅解！别着急，我等着你们都上车。”车行驶到市政府车站，郭师傅车前停着302路、34路，只见他非常耐心地等着前面车出站，才缓缓地将车停到站台上，让乘客们安全上下车。

“前方是灭火处车站，要下车的乘客请往后门走……”车厢里传来了郭师傅的报站声，原来，由于受乌鲁木齐市“田”字路修建，灭火处车站调整后，电脑报站器不同步，于是，郭师傅每天在车行驶到这里都会口头报站。在车辆行驶中，郭师傅时刻把车辆服务工作做到细微处。在温泉康复医院门前，有几位老人横过马路，郭师傅立即把车停下，等几位老人过去了，他才慢慢起步。这一举动，使车上的乘客体会着郭师傅的细心服务，更多的是体会到热情服务乘客的诚心。

乘坐郭师傅的车，看到他每次都是缓慢平稳地进站。用他的话说："车速越快，乘客越跟着车跑，这样很不安全。"他还总结运营中车辆进出站的"三个手势"，以服务市民乘车。即：进站时，他用右手做一个向右摆手的姿势，示意站在路基石下面等车的乘客靠边注意安全；在前方有车无法进站时，他会提前用右手向前方作一指示，示意乘客在车站等车不要追车；车辆出站后，他会向后到乘客摆手示意，不能违章再开门。三个简单的手势，拉近了与乘客的沟通和理解。

▲交通运输部通报表扬的个人新疆乌鲁木齐公交集团公司104路驾驶员郭刚

15点56分，郭师傅车辆回到温泉终点站，此时正是郭师傅吃午饭的时间。可他却没有去吃饭，而是擦着前风挡玻璃。他说："上一趟换了水胆，防冻液喷到玻璃上，我把它擦干净，下一趟再吃饭。为了防止再出现这种情况，我今天用一个管子一头插在瓶子里，另一头插在水箱里，这样就不会把防冻液喷到玻璃上了。这种情况夏天就好了，现在主要是为了车厢热起来，才造成水箱高温。"

与郭师傅交流，在他身上有着太多公交人吃苦耐劳的精神。郭师傅说："公交岗位很特殊，常常会遇到路堵、堵车等情况，不能按时吃饭很正常，我都患胃病好多年了。其实，我身边大多数人都患有胃病。"的确是这样，工作在公交一线的广大干部职工，工作性质是顶着星星上班，踏着月亮回家。郭师傅感慨地说："只要市民满意我们的服务，辛苦点没有什么，就是对孩子内疚，记得我女儿1岁以前，见到我就哭。因为2010年以前我常常加班早出晚归，很少和孩子一起玩。现在孩子快2岁了，常常等我下班，听着孩子叫爸爸，我心里甜甜的。每当回到终点站给孩子打电话，听着孩子叫爸爸，真的是忘记了疲劳。"

短短的十几分钟休息，没有看见郭师傅闲着，一直车内车外地忙碌着。深入到郭师傅的工作中，通过车队领导的介绍，我更多地感受到了郭刚师傅的先进事迹。

郭刚为自治区级"青年文明号"车组的一名普通驾驶员，他在公交车驾驶员岗位上踏实工作、任劳任怨，自2008年至2011年连续三年安全行驶15万公里，没有发生过一起安全事故。尤其在2011年开展"百日安全生产无事故"活动中，车队实行驾驶员自我约束，民主管理线路，郭刚作为监督车的驾驶员，他不仅严格要求自己，还承担起安全监督的管理。只要谈起郭刚，大家都会翘起大拇指夸赞"在运营线路上郭刚从来不飙车，只要跟在他前后行驶车辆，不用看时间，到终点站绝对是准点"。的确，在郭刚的工作册上，安全事故是"零"，服务、卫生是一百分，GPS超速为"零"，这彰显了他的良好工作形象。

郭刚不属于能言善辩的人，但他绝对属于头脑灵活、工作踏实认真、为人热心的人，在驾驶员的工作岗位上，无怨无悔地"演"好自己的角色。"敬业"就是"爱一行、钻一行、尽心尽力"这是他的座右铭，也是他对待工作的"标准"。他从参加工作至今，工作中从未与对班闹过意见，逢年过节，总是替对班着想，提前接对班驾驶员下班。在外人看来，公交车驾驶员是平凡的岗位，没有耀眼的光环，只是在重复的线路上，做着重复的工作。但是，这平凡的工作岗位，却凝结了公交人的艰辛。郭刚从事驾驶员工作以来，他没有把驾驶员这个职业看成是普通职业。在他心中，公交车驾驶员担负着市民出行的重任，关系到千家万户，牵着政府，牵着市民。工作中，他始终把乘客的利益放在首位，严格执行安全操作规程，注意做到平稳驾车，中速行驶，并且严格遵守交通法规，服从交警指挥。在站台遇到跑来乘客，他总是要等等，从不甩客。新疆的天气寒冷路滑，遇到老人、上下车不方便的乘客，郭刚就搀扶老人上下车，受到乘客一致称赞。

作为一名党员，他严格按照“青年文明号”车组考核标准，结合创先争优工作，更是高标准、严要求，安全营运、文明服务。在车队驾驶员短缺的情况下，主动要求加班，缓解了车队人员紧张的压力。

驾驶工作不仅仅是一个操作工种，还要求驾驶员要会保养、维修车辆。为了提高技术水平，他积极参加公司举办的各类培训，遇到问题及时向老师傅或懂行的师傅请教，很快适应了工作需要，成为了一名多面手。在平常的工作中，同事们经常可以看见他躺在车底修车。为了保证运营趟次，车辆有故障，他就利用休息间隙解决或晚上收车后再报夜班维修，并且常随夜班修理工一道修车。

郭刚爱护车辆是出了名的。发车前、行驶中、收车后，他都会对车辆的油路、气路、电路、轮胎气压进行检查，发现车辆有故障马上维修，确保车辆处于最佳的工作状态。由于他对车辆的精心呵护，他的车耗油低、节约材料，他所在车组成为车队领先车组。当车队里的年轻驾驶员向他求教时，他谦虚地说：“驾驶技术有学不完的东西……”说完，他还帮助同事修理，边修理边讲解。

在搞好车厢服务上，郭刚始终坚持把乘客的需要，作为自身车厢服务工作的着力点，总结到了服务技巧——微笑，微笑是最易沟通的语言，只要把乘客当作自己的朋友，车厢服务就充满爱。他以“诚信化相处、人性化服务”的服务理念，营造“和谐环境式”的车厢服务氛围。背书包的小朋友上车，他会主动提示“别挤！慢上车”；特需乘客乘车，他会主动地上前搀扶、帮其找座。他不断改进完善服务工作，为乘客提供最佳的服务，让公交文明从细节上得到体现。郭刚付出了辛勤的汗水和百倍的努力，他被乘客誉为“天山脚下盛开的‘微笑雪莲’”。正是他对工作的精心经营，在他身上从未发生过服务投诉事件。

郭刚的先进事迹曾在新疆各大媒体刊登，工人时报记者曾乘坐了郭刚驾驶的车。她在报道中描述道：“与郭师傅谈话，他告诉我们许多服务技巧，尤其是遇到不讲理的乘客，他说：‘少说一句心平气和，我把车就当是我经营的店铺，到了我的店里都是上帝，生活要经营，工作也要靠经营，上班就要有好心态，高高兴兴上班。’正是他执着的追求，在公交平凡的岗位上，他演绎了光彩的人生。面对荣誉，他没有骄傲，依然努力工作。他还自学了法律专业大专课程，力争做一名新时代有文化、有创新思想的年轻人。”

展望未来，郭刚感慨万分地说：“为乘客服务是我的职责，也是我人生价值的体现，做一件好事并不难，难的是持之以恒。我将在自己平凡的驾驶员工作中安于其职、精于其业，像珍惜自己的眼睛一样珍惜民族团结，为公交发展添砖加瓦。”

政策篇

国务院关于城市优先发展公共交通的指导意见

国发〔2012〕64号

各省、自治区、直辖市人民政府，国务院各部委、各直属机构：

近年来，我国城市公共交通得到快速发展，技术装备水平不断提高，基础设施建设运营成绩显著，人民群众出行更加方便，但随着我国城镇化加速发展，城市交通发展面临新的挑战。城市公共交通具有集约高效、节能环保等优点，优先发展公共交通是缓解交通拥堵、转变城市交通发展方式、提升人民群众生活品质、提高政府基本公共服务水平的必然要求，是构建资源节约型、环境友好型社会的战略选择。为实施城市公共交通优先发展战略，现提出以下指导意见：

一、树立优先发展理念

深入贯彻落实科学发展观，加快转变城市交通发展方式，突出城市公共交通的公益属性，将公共交通发展放在城市交通发展的首要位置，着力提升城市公共交通保障水平。在规划布局、设施建设、技术装备、运营服务等方面，明确公共交通发展目标，落实保障措施，创新体制机制，形成城市公共交通优先发展的新格局。

二、把握科学发展原则

一是方便群众。把改善城市公共交通条件、方便群众日常出行作为首要原则，推动网络化建设，增强供给能力，优化换乘条件，提高服务品质，确保群众出行安全可靠、经济适用、便捷高效。

二是综合衔接。突出公共交通在城市总体规划中的地位和作用，按照科学合理、适度超前的原则编制城市公共交通规划，加强与其他交通方式的衔接，提高一体化水平，统筹基础设施建设与运营组织管理，引导城市空间布局的优化调整。

三是绿色发展。按照资源节约和环境保护的要求，以节能减排为重点，大力发展低碳、高效、大容量的城市公共交通系统，加快新技术、新能源、新装备的推广应用，倡导绿色出行。

四是因地制宜。根据城市功能定位、发展条件和交通需求等特点，科学确定公共交通发展目标和发展模式。明确城市公共交通的主导方式，选择合理的建设实施方案，建立适宜的运行管理机制，配套相应的政策保障措施。

三、明确总体发展目标

通过提高运输能力、提升服务水平、增强公共交通竞争力和吸引力，构建以公共交通为主的城市机动化出行系统，同时改善步行、自行车出行条件。要发展多种形式的大容量公共交通工具，建设综合交通枢纽，优化换乘中心功能和布局，提高站点覆盖率，提升公共交通出行分担比例，确立公共交通在城市交通中的主体地位。

科学研究确定城市公共交通模式，根据城市实际发展需要合理规划建设以公共汽（电）车为主体的地面公共交通系统，包括快速公共汽车、现代有轨电车等大容量地面公交通系统，有条件的特大城市、大城市有序推进轨道交通系统建设。提高城市公共交通车辆的保有水平和公共汽（电）车平均运营时速，大城市要基本实现中心城区公共交通站点500米全覆盖，公共交通占机动化出行比例达到60%左右。

四、实施加快发展政策

（一）强化规划调控。

要强化城市总体规划对城市发展建设的综合调控，统筹城市发展布局、功能分区、用地配置和交通发展，倡导公共交通支撑和引导城市发展的规划模式，科学制定城市综合交通规划和公共交通规划。城市综合交通规划应明确公共交通优先发展原则，统筹重大交通基础设施建设，合理配置和利用各种交通资源。城市公共交通规划要科学规划线网布局，优化重要交通节点设置和方便衔接换乘，落实各种公共交通方式的功能分工，加强与个体机动化交通以及步行、自行车出行的协调，促进城市内外交通便利衔接和城乡公共交通一体化发展。

（二）加快基础设施建设。

提升公共交通设施和装备水平，提高公共交通的便利性和舒适性。科学有序发展城市轨道交通，积极发展大容量地面公共交通，加快调度中心、停车场、保养场、首末站以及停靠站的建设，提高公共汽（电）车的进场率；推进换乘枢纽及步行道、自行车道、公共停车场等配套服务设施建设，将其纳入城市旧城改造和新城建设规划同步实施。鼓励新能源公共交通车辆应用，加快老旧车辆更新淘汰，保障公共交通运营设备的更新和维护，提高整体运输能力。

（三）加强公共交通用地综合开发。

城市控制性详细规划要与城市综合交通规划和公共交通规划相互衔接，优先保障公共交通设施用地。加强公共交通用地监管，改变土地用途的由政府收回后重新供应用于公共交通基础设施建设。对新建公共交通设施用地的地上、地下空间，按照市场化原则实施土地综合开发。对现有公共交通设施用地，支持原土地使用者在符合规划且不改变用途的前提下进行立体开发。公共交通用地综合开发的收益用于公共交通基础设施建设和弥补运营亏损。

（四）加大政府投入。

城市人民政府要将公共交通发展资金纳入公共财政体系，重点增加大容量公共交通、综合交通枢纽、场站建设以及车辆设备购置和更新的投入。“十二五”期间，免征城市公共交通企业新购置的公共汽（电）车的车辆购置税；依法减征或者免征公共交通车船的车船税；落实对城市公共交通行业的成品油价格补贴政策，确保补贴及时足额到位。对城市轨道交通运营企业实施电价优惠。

（五）拓宽投资渠道。

推进公共交通投融资体制改革，进一步发挥市场机制的作用。支持公共交通企业利用优质存量资产，通过特许经营、战略投资、信托投资、股权融资等多种形式，吸引和鼓励社会资金参与公共交通基础设施建设和运营，在市场准入标准和优惠扶持政策方面，对各类投资主体同等对待。公共交通企业可以开展与运输服务主业相关的其他经营业务，改善企业财务状况，增强市场融资能力。要加强银企合作，创新金融服务，为城市公共交通发展提供优质、低成本的融资服务。

（六）保障公共交通路权优先。

优化公共交通线路和站点设置，逐步提高覆盖率、准点率和运行速度，改善公共交通通达性和便捷性。增加公共交通优先车道，扩大信号优先范围，逐步形成公共交通优先通行网络。集约利用城市道路资源，允许机场巴士、校车、班车使用公共交通优先车道。增加公共交通优先通行管理设施投入，加强公共交通优先车道的监控和管理，在拥堵区域和路段取消占道停车，充分利用科技手段，加大对交通违法行为的执法力度。

（七）鼓励智能交通发展。

按照智能化、综合化、人性化的要求，推进信息技术在城市公共交通运营管理、服务监管和行业管理等方面的应用，重点建设公众出行信息服务系统、车辆运营调度管理系统、安全监控系统和应急处置系统。加强城市公共交通与其他交通方式、城市道路交通管理系统的信息共享和资源整合，提高服务效率。“十二五”期间，进一步完善城市公共交通移动支付体系建设，全面推广普及城市公共交通“一卡通”，加快其在城市不同交通方式中的应用。加快完善标准体系，逐步实现跨市域公共交通“一卡通”的互联互通。

五、建立持续发展机制

（一）完善价格补贴机制。

综合考虑社会承受能力、企业运营成本和交通供求状况，完善价格形成机制，根据服务质量、运输距离以及各种公共交通换乘方式等因素，建立多层次、差别化的价格体系，增强公共交通吸引力。合理界定补贴补偿范围，对实行低票价、减免票、承担政府指令性任务等形成的政策性亏损，对企业在技术改造、节能减排、经营冷僻线路等方面的投入，地方财政给予适当补贴补偿。建立公共交通企业职工工资收入正常增长机制。

（二）健全技术标准体系。

修订和完善公共交通基础设施的建设标准；规范轨道交通、公共汽（电）车等装备的产品标准；建立新能源车辆性能检验等技术标准；制定公共交通运营的服务标准，构建服务质量评价指标体系。研究公共交通技术政策，明确技术发展方向。

（三）推行交通综合管理。

综合运用法律、经济、行政等手段，有效调控、合理引导个体机动化交通需求。在特大城市尝试实施不同区域、不同类型停车场差异化收费和建设驻车换乘系统等需求管理措施，加强停车设施规划建设及管理。发展中小学校车服务系统，加强资质管理，制定安全和服务标准。“十二五”期间，初步建立出租汽车服务管理信息系统，大力推广出租汽

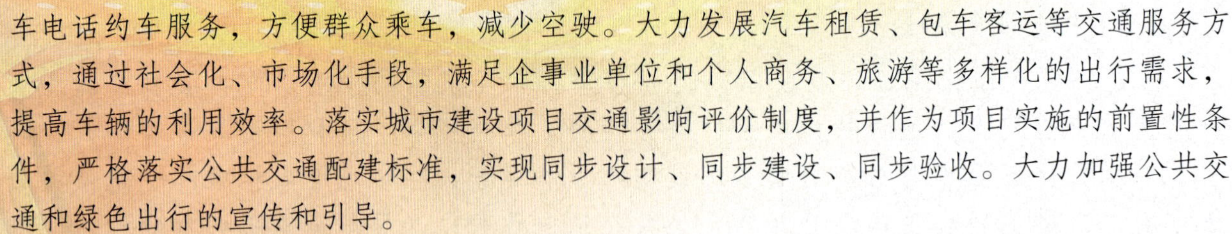

车电话约车服务，方便群众乘车，减少空驶。大力发展汽车租赁、包车客运等交通服务方式，通过社会化、市场化手段，满足企事业单位和个人商务、旅游等多样化的出行需求，提高车辆的利用效率。落实城市建设项目交通影响评价制度，并作为项目实施的前置性条件，严格落实公共交通配建标准，实现同步设计、同步建设、同步验收。大力加强公共交通和绿色出行的宣传和引导。

（四）健全安全管理制度。

强化安全第一、质量为本的理念。城市人民政府要切实加强公共交通的安全监管，完善安全标准体系，健全安全管理制度，落实监管责任，加大安全投入，制定应急预案。重大公共交通项目建设要严格执行法定程序和工程标准，保证合理工期，加强验收管理。城市公共交通企业作为安全责任主体，要完善各项规章制度和岗位规范，健全安全管理机构，配备专职管理人员，落实安全管理责任，加大经费投入，定期开展安全检查和隐患排查，严格实施车辆维修和报废制度，增强突发事件防范和应急能力。规范技术和产品标准，构建服务质量评价指标体系。要高度重视轨道交通的建设、运营安全，强化风险评估与防控，完善轨道交通工程验收和试运营审核及第三方安全评估制度。

（五）规范重大决策程序。

推进城市公共交通重大决策法制化、民主化、公开化。研究出台公共交通优先发展的法规规章，地方人民政府推动配套制订和完善地方性法规，为城市公共交通的资金投入、土地开发、路权优先等扶持政策提供法律保障。规范城市人民政府公共交通重大决策程序，实行线网规划编制公示制度和运营价格听证制度。建立城市公共交通运营成本和服务质量信息公开制度，加强社会监督。

（六）建立绩效评价制度。

加快建立健全城市公共交通发展绩效评价制度，国务院有关部门研究制定评价办法，定期对全国重点城市公共交通发展水平进行绩效评价。各城市要通过公众参与、专家咨询等多种方式，对公共交通企业服务质量和运营安全进行定期评价，结果作为衡量公交企业运营绩效、发放政府补贴的重要依据。

发展城市公共交通，城市人民政府是责任主体，省级人民政府负责监督、指导，国务院有关部门要做好制定宏观发展政策和完善相关法规规章等工作。各级人民政府、各有关部门要按照职责分工，主动协调、密切配合，推动城市公共交通实现又好又快发展。

中华人民共和国国务院

2012年12月29日

杨传堂部长在全国城市公共交通工作会议上的讲话

（2012年10月30日）

同志们：

这次全国城市公共交通工作会议，主要是深入学习贯彻国务院关于优先发展城市公共交通的决策部署，总结交流发展公共交通的经验和做法，细化实化落实加快城市公共交通优先发展战略。这在我国交通运输现代化建设中具有重要的意义，希望各地各部门认真抓好落实。

昨天上午，正霖同志作了一个很好的报告，肯定了大部制改革以来城市公交发展取得的成绩，也标志着开创了交通进“城”的新阶段，分析了当前面临的形势，部署了重点工作。这些意见我都赞成。这次会上有7个单位作了交流发言，他们的经验和做法都很好，值得各地学习借鉴。刚才宣布了公交都市示范工程的第一批15个创建城市，希望这些城市在发展城市公交方面不断创新管理方法、创造新鲜经验、创建便捷城市，为全国树立榜样。这次会上表彰命名了全国十佳公交企业、十佳优质服务线路、十佳先进个人，我代表部党组向他们表示祝贺。希望受到表彰的单位和个人珍惜荣誉，再接再厉，不断创造新的佳绩，也希望全国公交行业向他们学习，努力争创一流，共同为城市公交发展作出积极贡献。

下面，我讲几点意见。

一、深刻认识优先发展城市公共交通的重大意义

推进城市公共交通优先发展，是深入贯彻落实以人为本执政为民理念、顺应人民群众出行新期待的重大战略决策，也是立足我国实际、符合世界交通运输发展趋势和规律的重大战略选择。近年来，在以胡锦涛同志为总书记的党中央领导下，国务院及有关部门和地方人民政府切实加大支持公交优先发展的力度，公交企业创新进取，广大公交职工辛勤工作，有力地推动了城市公共交通健康发展、科学发展，基本适应了人民群众的出行需求。同时，我们也要清醒地认识到，城镇化水平快速发展，交通出行需求快速增长，加之城市规划考虑不充分等原因，使得当前我国城市公共交通发展总体还比较滞后，城市交通拥堵日趋严重，城市公交普遍服务能力不足、发展方式粗放、服务质量不高等问题比较突出，与经济社会发展需求和人民群众期待还有较大差距。面对新形势新任务，我们要从党和国家事业发展全局以及推进现代交通运输业发展的战略高度，深刻认识优先发展城市公共交通的重要性和紧迫性。

第一，优先发展城市公共交通是践行执政为民理念、保障人民群众基本出行的迫切需要。城市公共交通是为社会公众提供基本出行服务的公益性事业，是关系人民群众“衣食住行”的重大民生工程，是衡量各级政府执政为民的重要体现。实行“公交优先”，就是让“百姓优先”；推进城市公共交通优先发展，就是优先满足人民群众“行有所乘”的交通运输基本公共服务需求。树立公共交通优先发展理念，让更多的人享受到平等的交通出行，为群众提供快捷、安全、方便、舒适的出行服务，关系国计民生和社会和谐稳定，关系人民群众的根本利益，对于更好地保障和改善民生，深入推进基本公共服务均等化具有重要意义。

第二，优先发展公共交通是加快转变经济发展方式、推进生态文明建设的迫切需要。加快转变经济发展方式是我国经济领域的一场深刻变革，推进生态文明建设是涉及生产方式和生活方式根本性变革的战略任务，关系到改革开放和社会主义现代化建设全局，关系到实现和提高城市文明程度和品位。交通运输作为转变经济发展方式、建设生态文明的重要领域，其石油消耗占到全社会消耗总量的36%以上，污染物排放量占到大城市空气污染物总量的60%左右。而城市公共交通具有容量大、能耗低、污染小等诸多优势，其空间布局对于城市节约土地资源具有重要的引导作用。优先发展公共交通，倡导人本、集约、绿色、高效的交通运输发展模式，用有限的资源来满足人民群众不断增长的交通运输需求，有利于从根本上推动交通运输发展方式的转变。

第三，优先发展公共交通是保障城市正常运转、提升城市综合竞争力的迫切需要。城市公共交通作为现代城市重要的基础设施和交通系统的核心，是联系社会生产、增进经济流通和方便人民生活的“主动脉”。发达的城市公共交通系统能够有效缓解城市交通拥堵，提高城镇居民特别是广大中低收入群体的生活质量，提升城市综合竞争力。同时，公共交通投资具有经济社会效益回报率高的特点，研究表明，每增加1元公共交通投资，将产生4元的综合经济收益，同时带动相应工作岗位的增加。可以说，优先发展城市公共交通，对于增长经济社会发展短板、有效扩大内需、拉动经济增长和促进就业都具有积极影响，也将为我国城镇化持续健康发展发挥重要作用。

二、全面推进实施城市公共交通优先发展战略

实施城市公共交通优先发展战略是关系全局的重大紧迫任务。要科学规划、完善政策，统筹兼顾、突出重点，把优先发展、科学发展的理念贯穿落实到城市公共交通发展的全过程，加快建立安全便捷、经济高效、节能环保的城市公共交通体系，全面提高城市公共交通的服务能力和水平。

一是要坚持规划先行。科学谋划城市公交发展与城市功能布局，推动建立以公共交通为导向的城市发展模式，实现以快速、大容量的公共交通走廊引领城市的发展。要按照“方便群众、综合衔接、绿色发展、因地制宜”的原则，结合城市规模、地域特点、经济水平和人文特征等因素，科学确定城市公共交通发展目标、发展模式和发展重点，优化公共交通设施结构和服务网络，促进公共交通服务与城市建设和城市经济社会的协调发展。要将城市公共交通规划纳入城市总体规划，并与城市综合交通规划、土地利用总体规划等相衔接，保障规划的严肃性，确保规划落实到位，促进城市科学发展、有序发展。

二是要加大扶持力度。国务院第219次常务会议提出了城市政府要将公共交通发展资金纳入公共财政体系的明确要求，确定在“十二五”期间，对城市公共交通企业实行减免税收优惠政策，落实对城市公共交通行业的成品油价格补贴政策，对城市轨道交通运营实行电价优惠等一系列扶持政策。各地交通运输主管部门要积极争取政府财政支持，使得各项政策落到实处。要建立健全城市公共交通补贴补偿机制，从设施建设、市场融资、税费扶持等方面加大对公交企业的支持力度，加快推进城市公共交通优先发展。部将通过专项试点和示范工程的方式，给予城市公交必要的资金和政策支持。各地要积极借鉴福建等省的经验，加大对公交事业的支持力度。经研究，部决定实施公交都市建设示范工程，树立30个公交发展的样板城市。对公交都市创建城市，部将从公交基础设施建设等方面加大资金补助力度，并在政策、技术等方面给予支持和指导。各有关省份交通运输主管部门要加强对公交都市创建城市的指导，加大资金和政策的支持力度。城市人民政府要积极落实公交发展在规划、资金、土地、路权、财税、技术等方面的支持政策，为公交优先发展创造良好环境，确保按期建成高标准的公交都市。

三是要促进安全发展。城市公交运营线路长、站点多、服务面广、载客量大、客源成分和运营环境复杂的特点，决定了其在安全防范和应急管理上压力较大。做好城市公共交通安全应急管理工作责任重大，要建立城市人民政府负总责，公安、交通、安全监管、建设、质检等部门明确职责、各司其职、配合主动、齐抓共管的安全监管体系。要督促公交企业落实安全生产主体责任，设立安全生产专项经费并纳入运营成本，加强从业人员安全和应急知识培训，定期开展安全检查，加强动态监管，消除事故隐患。要加强城市轨道交通运营安全管理，定期组织开展城市轨道交通安全评价和安全认定工作。要制定和完善城市公共交通安全事故应急预案和防范措施，加强应急演练，提高事故防范和应急处理能力。要加强对公众文明安全乘车的宣传教育，增强公众防范个人极端暴力犯罪、恐怖袭击和自救互救的意识和能力。

四是要加强队伍建设。城市公交企业职工是城市公共交通服务的直接提供者，提高公交职工队伍素质对于促进城市公交优先发展至关重要。广大公交职工，特别是公交车驾乘人员长期奉献在公交服务第一线，十分辛苦，让人敬佩，也让人心疼。由于各方面原因，许多城市公交职工的收入远低于社会平均工资水平，劳动强度、个人奉献与社会认可度、个人待遇严重失衡，导致公交职工行业队伍不稳定，部分地区发生了城市公交驾驶员罢运事件，给人民群众的日常出行带来许多不利影响。各级交通运输主管部门要积极争取当地政府支持，会同有关部门建立完善公共交通企业职工权益保障制度，研究制定公共交通职工收入管理规定，规范驾驶员、乘务员的作息时间和职工的劳动报酬，维护职工合法权益，让公交职工体面工作、愉快工作，确保行业队伍稳定。要加大对从业人员的培训、考核，实行岗前培训、持证上岗、优胜劣汰的用人机制，不断提高城市公共交通从业人员素质。

三、切实加强对优先发展城市公共交通的组织领导

推进实施公交优先发展战略，关键在于加强组织领导。各级交通运输部门要切实增强责任感和紧迫感，把国家关于优先发展城市公共交通的决策部署落实到行动中，体现在成效上，让人民群众“出行更便捷、乘坐更舒适、换乘更方便”。

一是坚持政府主导，形成工作合力。城市人民政府是公共交通发展的责任主体、投入

主体和管理主体，为人民群众提供公平普惠、便捷高效的公共交通服务，是城市人民政府的重要职责，也是交通运输主管部门的重要任务。各级交通运输部门要将城市公共交通管理工作作为当前的一项重点工作，坚持一把手亲自抓、主动抓。要提请当地人民政府制定出台贯彻落实国务院第219次常务会议精神的具体实施意见，细化发展目标、工作任务和保障措施，抓紧研究解决公交发展的重大问题，在队伍建设、资金投入、政策扶持、部门协调等方面给予倾斜和支持，逐步形成政府主导、政策扶持、分工负责、齐抓共管的工作格局。

二是深化改革创新，完善体制机制。要加快城市公共交通管理体制和机制改革，积极争取当地政府及有关部门支持，按照大部制改革要求理顺管理体制。要在当地党委政府的领导下，推动建立完善主要领导负总责，分管领导具体负责，主管部门和相关部门分工协作的联合工作机制。要推动省、市政府建立由人民政府牵头的城市公交跨部门联席会议制度，加强协调配合，完善工作机制，共同推进城市公共交通优先发展。要加大对社会公众的宣传引导，争取理解和支持，为公交优先发展营造良好的舆论氛围和外部环境。

三是加强绩效考评，提高服务质量。实施城市公共交通发展的绩效考评制度是提高公交服务质量、推进公交优先战略落实的重要手段和有效途径。部将组织制定城市公共交通发展水平评价准则和服务质量评价方法等相关标准，研究制定针对城市公共交通发展水平的评价办法，以及针对公交企业的服务质量考核办法，并定期发布全国重点城市公交发展水平绩效评价结果。各级交通运输主管部门要研究建立适合自身特点的城市公共交通发展水平评价指标体系及评价办法，会同有关部门加快建立完善城市公共交通绩效评价制度，定期开展考评工作。要将考评结果作为发放政府补贴、配置线路资源等工作的重要依据，形成有效的激励约束机制。要完善乘客投诉受理制度，畅通乘客和社会公众的投诉渠道，形成公众参与、企业自律、政府考评三位一体的行业综合监管体系。

同志们，推进城市公共交通优先发展任务艰巨、使命光荣，我们要深入贯彻落实科学发展观，开拓创新，扎实工作，推动城市公共交通优先发展再上新台阶，为人民群众提供更加优质安全高效的出行服务，以优异成绩迎接党的十八大胜利召开！

冯正霖副部长在全国城市公共交通工作会议上的讲话

（2012年10月29日）

同志们：

10月10日温家宝总理主持召开第219次国务院常务会议，审议通过了关于实施城市公共交通优先发展战略的指导意见，确定了优先发展城市公共交通的八大重点任务，这使我国城市公交发展站在了新的起点上。今天我们组织召开全国城市公共交通工作会议，主要任务是全面贯彻落实党中央、国务院关于城市公共交通发展的重要指示和国务院常务会议精神，总结我国城市公共交通发展取得的成绩，分析存在的主要问题，明确发展目标和工作重点，推动公交优先发展战略全面实施，更好地服务人民群众的出行需求。

下面，我讲三方面意见：

一、充分肯定近年来我国城市公共交通发展取得的成绩

按照党中央、国务院部署要求，在地方各级党委、政府特别是城市人民政府的领导下，近年来城市公共交通发展迈出了坚实步伐。城市公共交通优先发展理念得到普遍推广，公交优先发展的政策环境逐步改善，场站基础设施建设逐步完善，车辆装备技术水平不断提升，服务质量水平明显提高。主要体现在以下几个方面：

（一）优先发展呈现新局面

党中央、国务院对城市公共交通优先发展高度重视，胡锦涛总书记、温家宝总理等中央领导同志多次就加快落实城市公共交通优先发展战略作出重要批示，胡锦涛、习近平等中央领导同志亲自乘坐公共交通工具，体现了党中央、国务院领导同志对切实解决人民群众出行这一民生问题的高度关注。《国民经济和社会发展第十二个五年规划纲要》中明确："实施公共交通优先发展战略，大力发展城市公共交通系统"，并提出将"城市建成区公共交通全覆盖"纳入国家基本公共服务体系，首次将公交优先发展战略上升为国家战略。近期国务院常务会议对城市公共交通发展进行了专题研究，强调必须树立公共交通优先发展理念，将公共交通放在城市交通发展的首要位置，为公交优先发展进一步指明了方向。地方各级人民政府积极出台支持城市公交优先发展的政策措施。福建、湖北、山西等省人民政府制定了优先发展城市公交的实施意见。北京市明确将城市公交补贴纳入公共财政预算，2011年对城市公共交通补贴资金占全市财政收入比例将近4%。福建省设立了省级公交发展专项扶持资金，2010年以来共安排6.61亿元，用于支持公交场站建设和车辆购置更新。江苏省建立了全省城市客运工作联席会议制度，形成跨部门协调推进机制。上

海市将机动车牌照拍卖收入全部用于城市公交发展。杭州、昆明等城市明确从城市土地出让收入中抽取一定比例资金专项用于城市公交发展。哈尔滨市出台政府规章，规定公交基础设施与城市建设项目主体工程同步规划、同步设计、同步建设、同步验收、同步交付使用。这些做法和措施有力地推动了城市公交基础设施建设和公共交通的优先发展。

（二）服务水平迈上新台阶

各地积极加快城市公交线网优化和设施建设，创新服务方式，提高服务品质，多层次、一体化的公共交通服务体系基本形成，城市公交服务覆盖面不断扩大，公交出行分担率稳步提升。目前北京市公交出行分担率已达到42%。2011年，全国城市公共交通系统客运量达787亿人次，比2008年增长28%，相当于将全国城市居民每年运送100多次，其中轨道交通完成客运量71亿人次，比2008年增长一倍。北京、深圳、西安、济南等城市因地制宜地开通了上下班高峰通勤班车、商务快巴、旅游专线、社区接驳公交、学生专线公交等多种形式的公交服务，得到了社会高度认可。各地积极落实对老年人、残疾人乘坐公交车的减免票措施。城市公交电子支付卡快速普及，全国平均使用率达到37%。江苏溧阳、浙江嘉兴、河南新乡、山东邹平、福建尤溪等地积极创新城乡客运运营模式，推进城乡客运一体化发展，“市民下乡、农民进城”更加便捷。许多城市积极开展公交行业优质文明服务活动，“星级服务”文明线路、“青年文明号”先进班组和模范个人不断涌现，济南公交推行的“公交论语”进车厢、北京“神州第一街、领先大1路”等一大批公交优质服务品牌赢得了社会广泛赞誉。这次会议将对全国城市公交十佳先进企业、十佳优质服务线路、十佳先进个人进行表彰，他们的事迹集中体现了我国公交企业和广大干部职工的风采，代表了近年来城市公交行业精神文明建设的新形象，是全行业学习的榜样。

（三）设施建设取得新进展

通过规划、项目和资金引导，各地加快了城市公交基础设施建设步伐，公交线网密度、站点覆盖率不断提高。截至2011年年底，全国公共汽电车运营线路达到3.4万条，运营线路总长度达67.3万公里，比2008年增长了3.5倍，全国公共汽电车站场面积达5231万平方米。轨道交通建设稳步推进，全国共有13个城市开通轨道交通线路58条，运营线路总长度1700公里，比2008年翻了一番，北京、上海、广州、深圳等城市轨道交通网络初步形成，西安、长春等城市建成了轨道交通主骨架，25个中心城市轨道交通项目获得立项审批，已批准项目总投资约8000亿元。全国10多个城市相继建成了城市快速公交（BRT）系统，运营线路里程近1000公里，比2008年增长1.4倍，济南、常州、郑州等城市初步建成了快速公交网络化运营系统，乌鲁木齐、广州、枣庄等城市建设开通了快速公交走廊，在城市交通系统中的主骨架作用日益显现。全国26个省份开通了公交专用车道，总里程4400多公里。北京、大连等城市探索设置了公交优先通行信号。上海虹桥枢纽、深圳福田枢纽、南京南站枢纽等一批集多种运输方式于一体的综合客运枢纽相继建成，群众换乘更加方便。

（四）车辆装备得到新提升

各地不断加大车辆技术改造和更新步伐，近几年平均每年购置新型公交车辆7万多辆，淘汰老旧车辆4万多辆，乘车环境、排放水平和安全状况明显改善。截至2011年年底，全国公共汽电车运营车辆达到45.3万辆，比2008年增长27％；轨道交通运营车辆9945辆，比2008年增长1.4倍。全国空调公交车辆达到19.8万辆，占全部运营车辆的43.6％；安装车载卫星定位终端的公交车辆23万辆，占全部运营车辆的51％。各地积极加快大容量、新能源公交车辆的推广应用，2011年底，全国新能源公交车辆总数近1万辆，国Ⅲ以上排放标准的公交车辆达到26.3万辆，占运营车辆总数的58％。北京市所有公交车辆达到国Ⅳ排放标准，深圳新能源公交车占公交车辆总量的比例超过20％，成为全国新能源公交车使用量最多的城市。

（五）运营管理取得新成效

各地积极探索城市公交特许经营制度和服务质量招投标制度，加快推进经营主体结构调整，城市公交运营管理制度化、规范化程度显著提高。北京等城市将公交经营业务从上市公司剥离，上海市将全市40多家公交企业整合成为7家公交公司，深圳市将30多家公交企业整合成为3家公交企业，为公交企业做大做强、实现集约化经营创造了条件，有效消除了企业数量多、规模小、逐利性强和不良竞争的弊端，更好地体现了城市公交的公益属性。一些城市积极创新城市公交运营管理模式，深圳的成本规制、济南的星级服务管理、成都的“网运分离”、佛山的公交联合体经营模式等，都为规范公交市场经营和服务质量管理积累了宝贵经验。北京、广州、深圳等部分城市建立了城市交通运行监控中心，实现了对城市轨道交通、公共汽电车的一体化监控和管理，提高了运营监管效率和应急处置能力。此外，各地还按照大部制改革精神深入推进城市公交管理体制改革，全国所有省份以及绝大多数地市级城市，基本建成了城乡客运一体化管理体制，为推进城乡公共服务均等化和现代综合交通运输体系建设提供了体制保障。

回顾近年来我国城市公交发展实践，我们认为有五条基本经验：

第一，必须坚持公交优先。“公交优先”本质上就是“百姓优先”。推进城市公共交通优先发展，是贯彻落实执政为民方针、顺应群众出行新期待的重大战略决策，是提高我国城市活力、转变城市发展方式的重要手段，对于促进经济社会发展、改善民生、应对资源环境挑战等具有十分重要的意义，是城市交通发展必须长期坚持的重大战略方针。

第二，必须坚持政府主导。城市公共交通是重要的社会公益性事业和重大民生工程，是政府应当提供的基本公共服务。城市公交发展必须发挥政府在资源配置、政策保障、服务监管等方面的主导作用，加大政府投入，强化行业管理，努力扩大城市公交的覆盖面，提高吸引力，让更多的人享受更高质量的公共交通服务。

第三，必须坚持改革创新。改革创新是推动城市公共交通优先发展的持久动力。城市公交的快速发展离不开良好的体制机制保障和政策制度环境。必须加大改革创新力度，理顺管理体制和运行机制，强化部门责任落实，健全完善规划建设、资金投入、安全监管和运营服务等基本制度，加快科技创新和先进技术装备的推广应用，提高公交发展的质量和效益。

第四，必须坚持因地制宜。除部分发展较早的区域外，我国城市节点总体分散，城市规模、经济发展水平、自然地理条件等情况各异。城市公共交通发展必须坚持因地制宜的原则，准确把握不同区域、不同规模、不同经济发展水平城市之间的差异，科学确定城市公共交通系统结构，合理制定公共交通发展目标，实行分类指导和差异化管理。

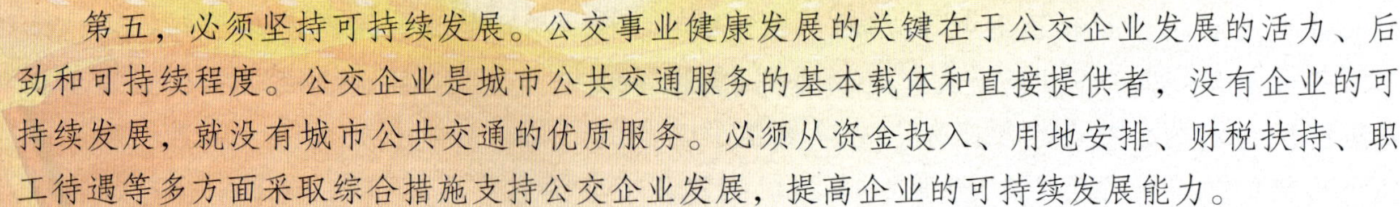

第五，必须坚持可持续发展。公交事业健康发展的关键在于公交企业发展的活力、后劲和可持续程度。公交企业是城市公共交通服务的基本载体和直接提供者，没有企业的可持续发展，就没有城市公共交通的优质服务。必须从资金投入、用地安排、财税扶持、职工待遇等多方面采取综合措施支持公交企业发展，提高企业的可持续发展能力。

上述这些经验是我国城市公共交通长期发展实践的积累，也是今后需要继续坚持和遵循的基本原则。我国城市公共交通发展取得的显著成绩，是认真贯彻落实党中央、国务院战略部署的结果，是各级党委政府正确领导的结果，是发改、财政、公安、住建等各部门关心支持的结果，更凝聚了广大公交行业干部职工艰苦奋斗、无私奉献、努力拼搏的心血和汗水。在此，我代表交通运输部向国家有关部委、向各城市人民政府表示衷心的感谢，向辛勤奉献在城市公交第一线的广大公交企业干部职工表示崇高的敬意和慰问。

二、准确把握城市公共交通发展面临的新形势新任务

城市公共交通是城市经济发展的“动脉”，是联系社会生产、流通和人民生活的纽带，是城市功能正常运转的基础支撑和提升城市综合竞争力的关键。城市公共交通发展水平体现了一个城市的发展质量和文明程度，从一个侧面也反映了一个城市政府的执政能力和居民幸福指数。各级交通运输主管部门要深刻认识优先发展城市公共交通的重要性和紧迫性，以服务城市经济社会发展为目标、以满足人民群众基本出行需求为宗旨，主动适应城市公共交通发展的新形势，积极应对城市公共交通发展的新任务，推动建设人民满意的城市公共交通系统。

与国际化大都市公共交通发展水平和我国经济社会发展需求相比，我国城市公共交通发展仍然比较滞后，与城市经济社会快速发展、群众生活水平不断提高的要求还有一定差距。主要表现为：一是公共交通的主体地位尚未确立。全国大部分中心城市公交出行分担率平均不足30%，中小城市平均约10%，与国外同类城市相比差距较大。我们了解到，管理较好的发达国家城市公交分担率一般在60%以上。公共交通的比较优势尚未得到充分发挥，在缓解城市交通拥堵、降低能源消耗和空气污染等方面的重要作用未能充分体现。二是公共交通吸引力不强。公共汽电车准点率较低，换乘不便，信息化、智能化水平不高，路权优先、信号优先等保障措施不到位，“等车时间长、行车速度慢、乘车环境差”等问题仍较为突出。三是基础设施建设滞后。公交站点、场站、枢纽等设施建设历史欠账较多，不少地区用地指标长期得不到落实，站点覆盖率不高，全国主要中心城市公交车辆进场率不足60%。四是行业发展政策不完善。公交发展缺乏稳定的资金来源，补贴补偿“一事一议”现象较为普遍，企业经营困难，职工待遇偏低，队伍不够稳定，行业可持续发展能力较弱。这些问题，需要我们高度重视，认真研究，努力加以解决。

在客观分析我国城市公共交通发展存在问题的基础上，我们也要看到当前我国正处在全面建设小康社会的关键时期，经济社会快速发展，城乡、区域一体化迅速推进，城镇化和机动化程度不断提高，城市公共交通发展也面临难得的发展机遇。一是经济社会快速发展和城镇化进程加快为城市公共交通发展提供了广阔空间。近年来，我国经济持续稳定增长，目前人均GDP已超过5000美元。与经济社会发展相适应，居民出行需求也快速增长。据预测，到2015年我国城市公共交通年需求总量将达到1100亿人次，群众出行要求也越来越高，从“有车坐”向更加“便捷、顺畅、绿色、安全、人性化”的服务要求转变。此外，近年来我国城镇化率以每年近一个百分点的速度增长，每年约有1000多万人口从农村转入城市生活，2011年我国城镇人口占总人口的比重首次突破50%。随着经济社会快速发展和城镇化进程加快，城市公共交通必须按照“适度超前”的原则，在加快提高覆盖广度和深度的同时，进一步提高服务能力和服务质量，实现公共交通服务“量”和“质”同步提升，为城市经济社会发展提供基础支撑。二是小汽车快速增长和汽车社会提前到来为城市公共交通发展提供了新的需求。从2000年到2011年，我国民用汽车保有量从1609万辆增长到1.06亿辆，增长了5倍多，目前我国千人汽车拥有量已超过70辆。按照国际通用标准，一个国家100个家庭拥有20辆汽车视为进入汽车社会，我们是在尚未做好公共政策储备和公民意识养成中就迈过了汽车社会的门坎。伴随着机动化的快速发展，不少城市交通拥堵范围日益扩大，居民平均上下班通勤时间不断延长，资源供应紧张、核心功能区秩序混乱、环境恶化等成为很多城市面临的社会管理问题。城市交通决定着城市的未来，在机动化快速发展的形势下，必须超前谋划城市交通发展战略和规划，充分发挥公共交通的比较优势，提高吸引力和竞争力，加快确立公共交通在城市交通体系中的主体地位，降低小汽车使用强度，给未来城市发展“省下一点空间、留下一片蓝天”。可以说，这个新需求是符合社会公众意愿的，必须引起我们的高度重视。三是能源资源节约和生态环境约束更趋强化对城市公交发展提出了紧迫要求。交通运输行业是国家实施节能减排战略的重点领域之一。据统计，交通运输业所消耗的石油占全国石油消耗总量的36%以上，机动车排放的污染物占大城市空气污染物总量比例达60%，给城市经济社会可持续发展带来了严峻挑战。按照人均能耗和人均污染物排放水平比较，公共汽车分别是小汽车的10%和15%左右，轨道交通和电车则更低。我国城市人口总量大、居住密度高、土地资源匮乏，随着能源资源刚性需求持续上升，生态环境约束进一步突出，对加快城市交通发展方式转变、推动公共交通优先发展形成了“倒逼机制”，城市交通发展必须走以公共交通为主体的集约化发展道路，大力发展低碳、高效、大容量的公共交通系统，加快推广新技术和新能源装备，倡导绿色出行。否则，就会陷入小汽车使用越来越频繁的恶性循环。四是现代交通运输业和综合运输体系的加快推进要求充分发挥城市公交的比较优势。城市公共交通在与道路客运班线、铁路、民航、水运等其他客运方式的有效对接中具有不可替代的关键作用，在城市交通基本需求和特殊需求的分类供给中扮演了重要角色。城市公共交通作为城市交通系统的核心和各种运输方式中转换乘的重要支撑，直接决定着综合运输体系的运行效率和总体功能的发挥。综合运输体系的发展，要求城市公共交通既要加快建设由轨道交通网络、公共汽车、有轨电车乃至出租车等组成的城市机动化出行系统，不断完善内部衔接机制，构建一体化的服务保障系统，又要主动加强与其他交通运输方式的统筹衔接，努力实现管理系统之间的信息共享和资源整合，为其他交通运输方式的高效运转提供重要保障。

城市公共交通优先发展，公共是基础，发展是前提，优先是保障。推动城市公交优先发展，要把握好“一个属性”，发挥好“三个作用”。

要突出城市公交的公益属性。城市公共交通是解决人民群众基本出行需求的交通保障系统，具有覆盖范围广、受益群体多、前期投入大等特点，相比于特殊出行需求，城市公共交通具有重要的基础支撑和兜底作用，是典型的社会公益事业，也是国家基本公共服务体系的重要组成部分。城市公交虽然采取企业化经营，但具有特许经营的属性，经营内容、经营范围以至于票制票价等都由政府确定。城市公交的公益属性定位，是确立公共交通在城市交通中的首要位置，树立城市公交优先发展理念的基本前提。要按照方便群众、综合衔接、绿色发展、因地制宜的原则，积极构建安全可靠、经济高效、便捷舒适的城市公交服务体系，把城市公共交通服务作为公共产品向全民均等提供，不断提升人民群众的生活品质。

要充分发挥城市公交在城市规划布局中的引领作用。根据发达国家经验，解决城镇化过程中人口快速集聚带来的土地资源紧张和城市管理难题，实现城市可持续发展，关键在于科学处理城市公共交通规划与城市整体规划布局的关系。新加坡、香港等一些国际大都市都把构建以公共交通为导向的发展模式作为城市交通发展的核心理念，通过一体化规划和综合开发建设，积极构建立体交通网络，引导城市功能布局和产业结构调整，促进了城市土地资源的高效利用。国内的深圳、厦门等不少城市也在进行积极有益的探索。借鉴国际先进经验，总结国内先行试点实践，在当前我国城镇化进程加速推进过程中，中心城市特别是后发展城市必须通过科学规划和系统建设，推动建立以公共交通引领城市发展的新模式，改变城市公共交通被动适应城市扩张的局面，破解城市发展难题，转变城市发展方式，实现公共交通与城市发展的良性互动、协调发展。

要充分发挥城市人民政府在公交优先发展中的主导作用。城市公交优先发展是一个复杂的系统工程，涉及到发展理念的转变、体制机制的创新和一系列配套支持保障政策的制定出台。这次国务院常务会议明确了城市人民政府是城市公交优先发展的责任主体，会议通过的优先发展城市公交的八项重点工作中，强化规划调控、加快基础设施建设、加大财政性资金投入、拓宽融资渠道、保障路权优先、强化安全监管等，都需要在城市人民政府的统一领导下，各有关部门按照职责分工形成工作合力，才能加快推进。在公交优先发展战略推进实施中，各级交通运输主管部门要积极在城市人民政府领导下并会同有关部门，加强组织协调，合理配置资源，优化线网结构，增强供给能力，着力提升服务品质，更好地服务人民群众出行需求。

要充分发挥城市公交企业在公交优先发展中的主体作用。城市公交企业是城市交通基本公共服务的直接供给者，是人民群众检验城市公交优先发展成效的重要窗口，是城市公交优先发展战略的具体实施者，也是受益者。城市公交企业一方面要承接政府优先发展公共交通政策的组织实施，另一方面要通过遍布城市区域的公交体系向人民群众提供更加可靠、舒适和高效的城市公交服务。城市公交企业要抓住国家推动城市公交优先发展的战略机遇，在企业内部管理、行业精神文明建设和先进文化培育等各方面，充分发挥主体作用，确保优先发展政策落到实处。要健全安全管理机构，落实安全管理责任，加大经费投入，定期开展安全检查和隐患排查，确保车辆技术状况良好和运营安全。要完善服务质量信息公开和社会监督机制，加强服务监督和考核，着力打造优质服务品牌，不断提升服务品质。要大力弘扬爱岗敬业、无私奉献的公交文化，有效降低工作强度，丰富职工精神文化生活，使公交企业真正成为公交职工之家。

三、大力推进城市公共交通优先发展

今后一段时期，我国城市公共交通发展的基本思路是：以科学发展观为指导，认真贯彻落实国务院常务会议精神，进一步实施公共交通优先发展战略，充分发挥公共交通对城市发展的引领和带动作用，大力开展公交都市建设示范工程，让人民群众“出行更便捷、乘坐更舒适、换乘更方便”。当前，要重点抓好八个方面工作：

（一）完善法规政策体系，推动公交制度化规范化发展

部正在积极配合国务院法制办加快推进《城市公共交通条例》制定出台工作，并已着手制定《城市公共汽电车管理规定》、《轨道交通安全运营管理规定》等配套规章，研究修订城市公共交通相关技术标准规范。各地要抓住机遇，加快完善公交法律法规体系和技术标准体系。省级交通运输部门要配合有关部门认真研究，及时提请省级人民政府因地制宜的制定地方管理条例等地方性法规，出台促进公交优先发展的具体实施意见，进一步细化工作目标，完善综合扶持政策，为城市公共交通市场准入、资金投入、土地开发、路权优先、运营管理等提供法律法规保障。要健全公共交通发展规划，加快制定设施建设、车辆配备与更新、服务监管、票制票价、补贴补偿、新能源车辆使用维护及性能检验等标准规范体系，建立协调机制，明确部门分工，确保工作实效。

（二）强化规划编制实施，发挥公共交通对城市发展的引领和带动作用

各地交通运输主管部门要积极争取地方政府和有关部门支持，加强城市公共交通规划的编制和实施工作，充分发挥公共交通对城市发展的引领和带动作用，在新城开发和旧城改造时以公共交通规划为主导，引领城市发展布局；以主要客运枢纽为节点，形成城市综合运输体系的发展格局。一要合理确定规划思路。规范公共交通规划编制的内容和程序，科学规划公共交通线网布局，优化重要交通节点设置，加强与步行、自行车等交通方式的协调，促进城市内外交通便利衔接和城乡客运一体化发展。二要加强公共交通规划与其他规划的衔接。将公共交通纳入城市总体规划和城市综合交通体系规划，加强城市公共交通与城市控制性详细规划的协调，确保公共交通规划落地。三要落实土地综合开发政策。在城市新区、新城的规划建设过程中，在保证交通功能的基础上，按照市场化原则对公共交通基础设施用地的地上、地下空间实施土地综合开发，并将收益用于公共交通基础设施建设和弥补运营亏损。四要加强规划实施过程监管。建立规划落实责任机制，加强规划修编的监督检查，禁止随意修改和变更公共交通规划，确保规划执行到位。

（三）加快基础设施建设，提高公交服务保障能力

各省（区、市）、各中心城市要按照部“十二五”交通运输发展规划要求，结合本地实际，加快推进公交基础设施建设。一要严格落实公交设施用地。将城市公共交通规划确定的停车场、保养场、首末站、调度中心、换乘枢纽、港湾式停靠站等设施用地，纳入城市旧城改造和新城建设规划同步保障，研究制定公交设施用地划拨或者协议转让的优惠政策。加强已投入使用的公共交通基础设施土地监管，不得随意改变用途。二要加快建设公共汽电车专用道和设置公交优先通行信号系统。规范公共汽电车

专用道设置标准，符合条件的城市道路，要争取设置全天或者高峰时段公共汽电车专用道。在城市主要交叉路口，加快设置公共汽电车优先通行的标志信号。加强公共交通优先车道的监控和管理。三要科学有序安全发展城市轨道交通。加快建立轨道交通规划、建设与运营的衔接机制。在轨道交通项目的规划、设计、建设环节，应充分考虑轨道交通运营服务和安全保障，以及与公共汽电车的换乘、衔接，确保换乘和安全设施同步规划、设计、建设与运营。四要加大快速公交系统建设。市区人口超过100万的城市，应当规划建设快速公交系统。市区人口超过300万但暂不具备建设轨道交通条件的城市，应当加快建设快速公交网络化运营系统，发挥其在城市公共交通系统中的骨干性作用。五要加快城市综合客运枢纽建设。部对综合客运枢纽的补贴标准已提高到3000万元至5000万元，各地要加大配套资金支持力度，认真编制城市综合客运枢纽建设规划，统筹考虑城市公共交通与城市对外交通方式衔接并编制相应的交通建设投资计划，给予必要的政策扶持。

（四）建设智能低碳公交系统，引导绿色低碳出行

以综合性和区域性公交信息化工程为典型，建设一批带动性强的重大工程及示范项目，全面提高城市公交智能化、现代化水平。一是组织实施城市客运智能化建设示范工程。加快建设公众出行信息服务系统、车辆运营调度管理系统、安全监控系统和应急处置系统等信息系统，力争到“十二五”末，在300万人口以上的城市建成公共交通智能调度和监控中心。二是加快推广应用城市公交电子支付卡。完善技术标准和密钥体系，建设城市公交清结算平台。有条件的地区，积极推进跨市域公交电子支付卡的互联互通。三是加快建设低碳公共交通系统。实施城市公交车辆新能源改造试点工程，建设完善新能源公交车辆配套服务设施网络，大力推进低能耗、低排放、清洁能源、混合动力、纯电动汽车等新型公交车辆推广应用，加快城市公交车辆的更新改造和升级步伐，力争到“十二五”末，城市公交新能源车辆数在现有基础上翻一番。四是实施城市交通综合管理。积极探索实施市区差别化停车收费、小汽车购置和使用管控、错时上下班、驻车换乘等管理措施，综合运用经济、法律和行政等多种手段，合理引导个体机动化出行需求，缓解城市交通压力。加快建设出租汽车服务管理信息系统，推广出租汽车电话约车服务。五是积极开展多种形式的群众性公交出行文化活动。加强舆论宣传和引导，倡导“低碳交通、绿色出行”理念，营造支持公交优先、践行公交优先的良好社会氛围。

（五）加强运营服务管理，增强公交可持续发展能力

以方便群众日常出行为首要原则，不断强化城市公交运营服务管理，提升服务品质。一是优化公交供给结构。科学规划和调整公交线网结构，大力提高公交站点覆盖率，加大公交运力投放，提升公交车辆档次和舒适程度，灵活发展高峰通勤巴士、商务快巴、社区接驳巴士等多品种、多层次的特色公交服务形式。二是统筹规划城乡客运服务网络和设施建设。促进城市公共交通线路向城市周边地区和农村延伸，对符合条件的农村客运进行公交化改造，不断提高城乡客运一体化水平。三是规范公共交通重大决策程序。实行线网规划编制公示制度和运营价格听证制度，建立城市公共交通运营成本和服务质量信息公开制度。四是实施城市公共交通企业服务质量考核制度。

将服务质量考核结果作为市场准入、企业绩效考核、政府补贴发放的重要依据，鼓励以服务质量招投标的形式配置公交线路资源。部将研究制定城市公共交通发展水平评价准则和服务质量评价方法等标准。五是积极稳妥推进公交行业改革。适度整合公交经营主体，建立完善现代企业管理制度，规范法人治理结构，加强企业内部管理，强化公交企业的社会责任。

（六）强化安全应急管理，提高安全防范水平

城市公交在市区运行、载客量大、线路站点多、客源复杂且上下客在开放的环境等特性，决定了城市公交安全防范难度大，安全监管责任重。一是继续落实安全生产主体责任。督促城市公交企业切实落实安全生产主体责任，建立安全生产管理机构，健全企业安全生产责任制，落实车辆、人员、场站、安全应急等方面的安全生产管理制度，定期开展安全检查和隐患排查，严格实施车辆维修和报废制度。二是加大安全经费投入。加强交通安全技术、设施、装备和运营模式的研究、开发、应用投入。参照有关规定，公交企业可将安全生产专项经费纳入成本核算。各城市交通运输主管部门要提请当地政府完善相应的规章制度，确保安全经费投入到位。三是完善应急处置措施。由城市人民政府组织完善城市公共交通突发事件应急预案，建立涵盖基础设施监控、车辆运行监测和预警、突发事件应急处置等领域的，统一管理、多网联动、快速响应、处置高效的城市公交应急反应系统，并定期组织开展应急演练。四是加强轨道交通运营安全监管。实施城市轨道交通运营安全保障工程，完善轨道交通工程验收和试运营审核及第三方安全评估制度，确保轨道交通在规划建设环节充分考虑安全运营要求。

（七）落实财税扶持政策，改善公交发展的外部环境

国务院常务会议明确，城市人民政府要将公共交通发展资金纳入公共财政体系，“十二五”期间，对城市公共交通企业实行税收优惠政策，落实对城市公共交通行业的成品油价格补贴政策。一是拓宽政府投入渠道。要尽快将公共交通发展资金纳入城市人民政府公共财政体系，在大容量公共交通建设、综合交通枢纽和场站建设、车辆设备购置和更新等重点领域，加大投入力度。二是配合税务部门认真落实免征公共汽电车车购税政策。按照《国家税务总局交通运输部关于城市公交企业购置公共汽电车辆免征车辆购置税有关问题的通知》要求，完善信息交换机制，科学界定免征范围，确保应免不征、应征不漏。加快出台公共交通车船税减免政策。三是进一步规范城乡客运燃油价格补贴制度。严格燃油消耗统计和燃油价格补助资金发放管理，加强专项资金监管，确保燃油价格补助资金及时足额发放到位。四是合理界定补贴补偿范围。对实行低票价、减免票、承担政府指令性任务等形成的政策性亏损进行足额补偿，对企业在技术改造、节能减排、经营冷僻线路等方面的投入给予合理补贴。五是科学确定票制票价。综合考虑社会承受能力、企业运营成本、交通供求状况以及不同交通方式的比价关系等因素，完善价格形成机制，实行群众可接受、企业可发展、财政可负担的公共交通价格，并根据服务质量、乘车距离以及各种公共交通方式换乘等因素，建立多层次、差别化的票制票价。同时，要研究建立公交票价与企业运营成本和社会物价水平的联动机制，适时调整公交票价。六是配合有关部门研究建立公交职工工资收入的正常增长机制。充分体现岗位劳动强度和技术要求，确保公交职工收入与当地经济社会发展水平相适应，保证职工

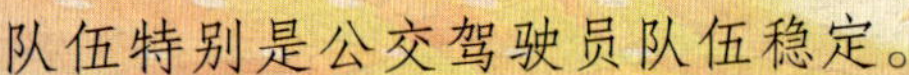

队伍特别是公交驾驶员队伍稳定。

（八）实施公交都市建设示范工程，增强公交引领城市发展的能力

“十二五”期间，部决定选择30个城市组织开展公交都市建设示范工程，并将明确公交都市建设标准、实施范围和支持政策，在城市公交基础设施、信息化建设和节能减排等方面给予支持。各地在公交都市创建过程中，一是要科学编制公交都市示范工程实施方案。结合当地实际合理确定建设目标、建设重点、保障措施、投资预算、融资方案、进度安排和部门职责分工等事项。二是要完善扶持政策。落实城市公交社会公益属性，细化规划、资金、土地、路权、财税、技术等方面的扶持政策。三是要营造良好的创建氛围。加强宣传报道和经验总结，争取社会各界支持。各城市试点工作目标完成后，部将组织专家组，依据公交都市建设评价标准体系和有关协议文件，对创建工作进行考核评价，达到标准的，由部授予“公交都市”示范城市称号。

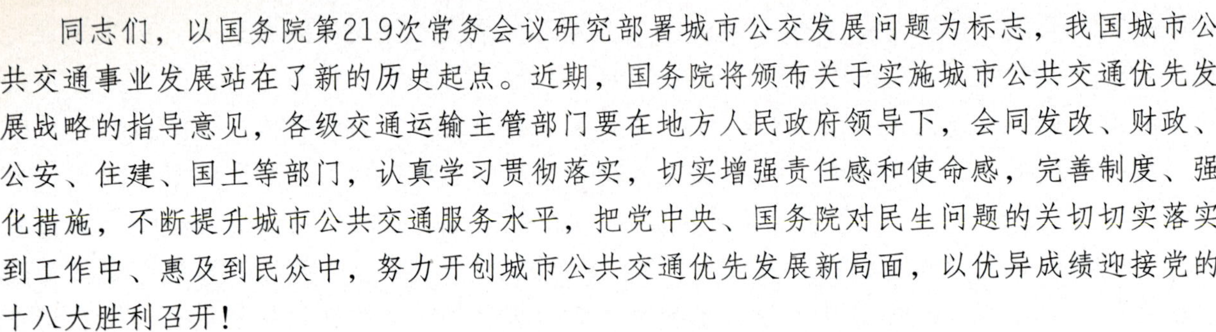

同志们，以国务院第219次常务会议研究部署城市公交发展问题为标志，我国城市公共交通事业发展站在了新的历史起点。近期，国务院将颁布关于实施城市公共交通优先发展战略的指导意见，各级交通运输主管部门要在地方人民政府领导下，会同发改、财政、公安、住建、国土等部门，认真学习贯彻落实，切实增强责任感和使命感，完善制度、强化措施，不断提升城市公共交通服务水平，把党中央、国务院对民生问题的关切切实落实到工作中、惠及到民众中，努力开创城市公共交通优先发展新局面，以优异成绩迎接党的十八大胜利召开！

交通运输部关于表彰全国城市公共交通行业先进集体和先进个人的决定

交运发〔2012〕552号

各省、自治区、直辖市、新疆生产建设兵团交通运输厅（局、委），天津市、上海市交通运输和港口管理局：

近年来，我国城市公共交通战线广大干部职工深入贯彻落实党中央、国务院关于优先发展城市公共交通的战略部署，创新进取，扎实工作，有力地提升了城市公共交通服务水平，为促进经济社会快速发展，保障人民群众出行作出了突出贡献，涌现出一大批先进集体和先进个人。为表彰先进典型，振奋行业精神，进一步调动城市公共交通行业广大干部职工的积极性，部组织开展了全国城市公共交通先进集体和先进个人评选活动。经各省、自治区、直辖市交通运输主管部门推荐，组织专家评选及公示，部决定，授予石家庄市公共交通总公司等10家企业全国城市公共交通十佳先进企业称号；授予北京公交集团公司第六客运分公司1路等10条线路全国城市公共交通十佳优质服务线路称号；授予于秉华等10位同志全国城市公共交通十佳先进个人称号（详见附件1）。同时，对北京市地铁运营有限公司等20家城市公共交通企业、天津滨海新区公共交通集团有限公司518路等21条线路以及刘淑芳等21名同志予以通报表扬（详见附件2）。

希望受表彰的先进集体和先进个人珍惜荣誉，谦虚谨慎，再接再厉，继续发挥模范带头作用，再立新功，再创佳绩。希望全国城市公共交通行业以受表彰的先进集体和先进个人为榜样，爱岗敬业，勤奋工作，切实推进城市公共交通优先发展，更好地服务人民群众安全便捷出行。

附件：1．全国城市公共交通行业先进集体和先进个人名单

2．全国城市公共交通行业集体和个人通报表扬名单

中华人民共和国交通运输部

2012年10月26日

附件1

全国城市公共交通行业先进集体和先进个人名单

一、全国城市公共交通十佳先进企业

石家庄市公共交通总公司
大连公交客运集团有限公司
长春公共交通（集团）有限责任公司
常州市公共交通集团公司
杭州市公共交通集团有限公司
济南市公共交通总公司
郑州市公共交通总公司
深圳巴士集团股份有限公司
重庆市轨道交通（集团）有限公司
乌鲁木齐市公共交通集团有限公司

二、全国城市公共交通十佳优质服务线路

北京公交集团公司第六客运分公司1路
上海浦东新区上南公共交通有限公司786路
厦门市快速公交线路
南昌市公共交通总公司一公司2/22路
常德市公共交通有限责任公司1路
南宁市公共交通总公司一公司5路
海口市公共交通集团有限公司4路
贵阳市公共交通（集团）有限公司云岩分公司15路
西安市公共交通总公司43路
兰州公交集团有限公司1路

三、全国城市公共交通十佳先进个人

天津市公共交通集团（控股）有限公司	于秉华
太原公共交通控股（集团）有限公司	安建香
鄂尔多斯市天安公共交通有限责任公司	李庆普
哈尔滨市公共汽车总公司	谭　湘
蚌埠市公共交通集团有限公司	杨苗苗
济南市公共交通总公司	吴　倩
武汉市公共交通集团有限公司	张　兵
自贡公交集团宇星运业有限公司	朱　红
西宁市公共交通有限责任公司二分公司	宋爱萍
银川市公共交通有限公司	杨秀玉

附件2

全国城市公共交通行业集体和个人通报表扬名单

一、城市公共交通企业（20家）

北京市地铁运营有限公司
天津市公共交通集团（控股）有限公司
长治市公共交通总公司
乌兰浩特市公共汽车有限责任公司
哈尔滨市公共汽车总公司
上海巴士二汽公共交通有限公司
芜湖市公共交通集团有限责任公司
南昌市公共交通总公司
宜昌公交集团有限责任公司
湖南巴士公共交通有限公司
广州市第二公共汽车公司
桂林市公共交通集团有限公司
海口市公共交通集团有限公司
成都市公共交通集团公司
贵阳市公共交通（集团）有限公司
昆明中北公交有限责任公司
拉萨市公共交通总公司
西安市公共交通总公司
天水羲通公共交通（集团）有限责任公司
西宁市公共交通有限责任公司

二、城市公共交通线路（21条）

天津滨海新区公共交通集团有限公司518路
邯郸市公共交通总公司202路
太原公共交通控股（集团）有限公司第四汽车分公司849路
呼和浩特市公共交通总公司63路
沈阳地铁巴士公共交通有限公司214路
长春公共交通（集团）有限责任公司巴士公司62路
大庆石油管理局公共汽车公司西区分公司202路
苏州市公共交通有限公司1路
杭州市公共交通集团有限公司第三汽车分公司28路
合肥公交集团快速公交1号线
厦门公交集团2路

青岛公交集团电车分公司6路
新乡市公共交通总公司1路
襄阳市公共交通总公司27路
自贡市公交集团有限责任公司二公司16路
重庆市公共交通控股（集团）有限公司一汽巴士公司118路
昆明公交集团第六公司84路
拉萨市公共交通总公司13路
西宁市公共交通有限责任公司一分公司9路
吴忠市福安城市公交有限公司32路
乌鲁木齐市公共交通集团有限公司104路

三、个人（21名）

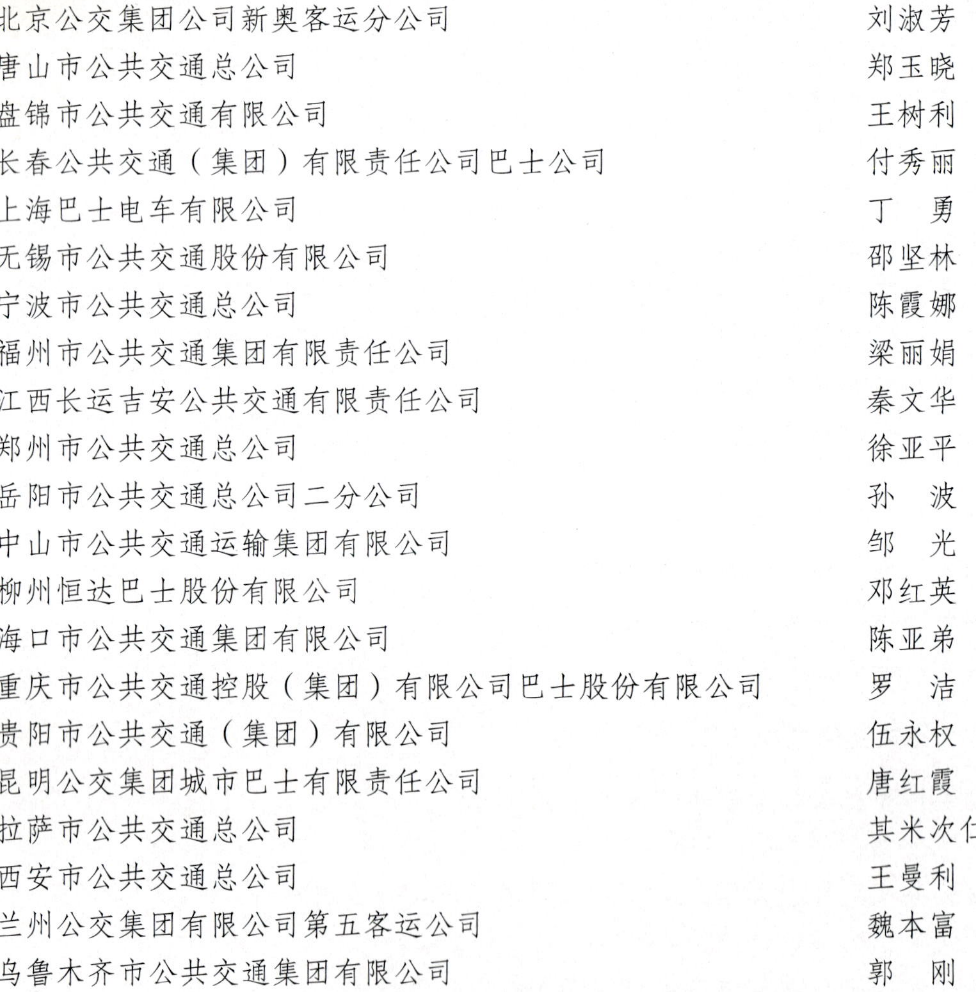

北京公交集团公司新奥客运分公司	刘淑芳
唐山市公共交通总公司	郑玉晓
盘锦市公共交通有限公司	王树利
长春公共交通（集团）有限责任公司巴士公司	付秀丽
上海巴士电车有限公司	丁　勇
无锡市公共交通股份有限公司	邵坚林
宁波市公共交通总公司	陈霞娜
福州市公共交通集团有限责任公司	梁丽娟
江西长运吉安公共交通有限责任公司	秦文华
郑州市公共交通总公司	徐亚平
岳阳市公共交通总公司二分公司	孙　波
中山市公共交通运输集团有限公司	邹　光
柳州恒达巴士股份有限公司	邓红英
海口市公共交通集团有限公司	陈亚弟
重庆市公共交通控股（集团）有限公司巴士股份有限公司	罗　洁
贵阳市公共交通（集团）有限公司	伍永权
昆明公交集团城市巴士有限责任公司	唐红霞
拉萨市公共交通总公司	其米次仁
西安市公共交通总公司	王曼利
兰州公交集团有限公司第五客运公司	魏本富
乌鲁木齐市公共交通集团有限公司	郭　刚

关于开展国家公交都市建设示范工程有关事项的通知

交运发〔2011〕635号

各省、自治区、直辖市、新疆生产建设兵团交通运输厅（局、委），天津市、上海市交通运输和港口管理局：

为贯彻落实国家城市公共交通优先发展战略，提高城市公共交通服务水平，满足人民群众基本出行需求，缓解城市交通拥堵和资源环境压力，根据《交通运输“十二五”发展规划》，部决定在“十二五”期间组织开展国家“公交都市”建设示范工程。现就有关事项通知如下：

一、充分认识国家“公交都市”建设的重大意义

城市公共交通是满足人民群众基本出行需求的社会公益性事业，是城市功能正常运转的基础支撑。近些年来，随着我国城镇化进程的不断加快，我国城市规模迅速增长，人口规模不断扩大，城市居民的出行总量和出行距离呈现大幅增长。同时，城市交通结构也发生了显著变化，机动化出行比例迅速上升，非机动车出行比例持续下降，城市中心区的交通拥堵日益严重，环境污染和能源消耗压力不断加剧。在此背景下，开展国家“公交都市”建设示范工程，是贯彻落实国家公共交通优先发展战略，调控和引导交通需求，缓解城市交通拥堵和资源环境压力，推进新时期我国城市公共交通又好又快发展的重大举措，意义重大，影响深远。一是贯彻落实城市公共交通优先发展战略的重要载体。公共交通优先发展战略实施以来，城市公共交通取得了长足进展，但城市公共交通发展面临的土地、资金等硬约束依然存在，公交供给和需求的矛盾尚未根本消除，公交服务质量和保障能力与城市经济社会快速发展、人民群众生活水平不断提高的需求之间还存在着较大差距。国家“公交都市”建设的中心任务就是充分调动各方面的积极性，为推动公共交通优先发展战略的全面落实提供动力、创造经验，全面提升公共交通的服务质量和保障能力，从根本上改变城市公共交通发展滞后和被动适应的局面。二是保障和改善民生的具体行动。城市公共交通是关系人民群众“行有所乘”的重大民生工程，直接服务于广大人民群众的生产生活。国家“公交都市”建设的重要目标就是保障人民群众的基本出行权利，这是交通运输部门加强和创新社会管理的重要任务。三是转变城市交通发展模式的重要抓手。国家“公交都市”建设的本质，是以“公共交通引领城市发展”为战略导向，通过科学规划和系统建设，建立以公共交通为主体的城市交通体系，扭转城市公共交通被动适应城市发展的局面，实现公共交通与城市的良性互动、协调发展。四是治理城市交通拥堵的有效途径。城市交通拥堵已成为我国大中城市普遍面临的一个突出问题和社会各界广泛关注的热点。世界各国的经验表明，注重城市的科学规划和优先发展公共交通是缓解城

市交通拥堵最根本的途径和最有效的手段。国家“公交都市”建设的核心，就是通过实施科学的规划调控、线网优化、设施建设、信息服务等措施，不断提高公共交通系统的吸引力，降低公众对小汽车的依赖，从源头上调控城市交通需求总量和出行结构，提高城市交通运行效率，从根本上缓解城市交通拥堵。

二、国家“公交都市”建设示范工程的指导思想和原则

国家“公交都市”建设示范工程的指导思想是：坚持以科学发展观为指导，通过政府主导、规划先导、政策引导、试点先行，推动相关城市深入贯彻落实城市公共交通优先发展战略，大力推进城市公共交通发展方式转变，加快建立以公共交通为导向的城市发展模式，促进城市发展与城市交通的良性互动，缓解城市交通拥堵，并为全国其他城市公共交通发展积累经验。在推进过程中，要坚持以下基本原则：

（一）政府主导，政策扶持。坚持以城市人民政府为主体，充分发挥相关部门的职能优势，完善城市公共交通在规划、资金、土地、路权、财税、技术等方面的支持政策，增强公共交通的吸引力，使广大群众愿意乘公交、更多乘公交。

（二）因地制宜，科学谋划。坚持从实际出发，准确把握不同区域、不同规模、不同经济发展水平城市之间的差异，科学论证、因地制宜地确定各试点城市公共交通发展模式和配套政策措施。

（三）统筹规划，协调发展。充分发挥规划的先导和调控作用，统筹城市公共交通与不同运输方式以及与城市经济社会间的协调发展，稳步推进试点城市公共交通建设和管理的各项工作，满足人民群众不断增长的基本出行需求。

（四）以点带面，分步推进。以试点为基础，及时总结和归纳国家“公交都市”示范城市建设过程中的做法和经验，并通过多种形式进行推广，为其他城市提供借鉴，全面推进我国城市公共交通又好又快发展。

三、试点城市的推荐条件和程序

（一）基本条件。

优先选择城市人口较为密集，公共交通需求量大，城市公共交通发展水平较高，城市轨道交通或快速公交系统发展较快，城市人民政府对城市公共交通发展有明确的扶持政策的大中城市。主要条件如下：

1．具备较大规模的城市常住人口。城市市区常住人口原则上应在150万以上，最低不低于100万。

2．编制了相关发展规划。编制了《城市公共交通发展规划》，并纳入《城市总体规划》、《城市控制性详细规划》和《城市综合交通体系规划》。

3．有明确的扶持政策。城市人民政府出台了针对公共交通发展的政策性文件，或制定了促进公共交通发展的专项行动计划。城市公共财政对公共交通发展有明确、稳定的资金投入渠道和保障制度，资金保障到位。

4．公交发展水平较高。城市公共交通发展和管理水平在全省范围内处于领先地位，确立了城市公共交通在城市交通体系中的主体地位，对保障人民群众基本出行和城市发展起到了显著的作用。

5. 原则上应属于国家公路运输枢纽城市。

（二）确定程序。

——城市申请。符合条件的城市人民政府按照本通知的相关要求，认真编制国家“公交都市”建设试点城市申报材料，经省级交通运输主管部门审核后报交通运输部，直辖市的申报材料经直辖市人民政府同意后，由市交通运输主管部门直接报交通运输部。申报材料主要包括：城市公共交通发展情况、建设国家“公交都市”总体思路和工作重点、城市公共交通的有关法规和政府文件及实施情况说明、《城市公共交通规划》及其与城市综合交通体系规划、城市总体规划和控制性详细规划等相关规划的衔接情况。

——省市推荐。各省、自治区交通运输主管部门对申报试点城市的条件进行初步审核，将审核同意的城市（1~2个）向交通运输部推荐，作为国家“公交都市”建设示范工程的试点备选城市。

——择优选择。交通运输部组织有关专家对各申报试点城市进行综合评价筛选，研究确定“十二五”期国家“公交都市”建设试点城市和年度实施计划。2013年年底前，全部启动30个城市的示范工程试点工作。

——签署协议。交通运输部与试点城市人民政府签订《共建国家“公交都市”示范城市合作框架协议》。协议中应明确国家“公交都市”示范工程的建设目标、建设重点、支持政策、保障措施和相关各方的责任分工等内容。

四、国家“公交都市”建设示范工程的考核目标

通过试点，力争在试点城市建成“保障更有力、服务更优质、设施更完善、运营更安全、管理更规范”的城市公共交通系统，公共交通在城市交通系统中的主体地位基本确立，对城市发展的引领作用显著增强，较好地满足广大人民群众的基本出行需求，城市交通拥堵状况得到缓解。到“十二五”末，初步建成1~2个具有国际水准的国家“公交都市”和若干个国内领先的国家“公交都市”。

试点城市在“十二五”末达到以下考核目标的，由交通运输部授予国家“公交都市”建设示范城市称号：

——保障更有力。城市公共交通出行分担率（出行总量含机动化出行和自行车出行、不含步行，下同）年均提升2%，有轨道交通的，城市公共交通出行分担率达到45%以上；没有轨道交通的，城市公共交通出行分担率达到40%以上。公交服务网络不断扩大，线网结构不断优化，初步形成公交快线、干线、支线分工明确、衔接顺畅、运营高效的公交运营网络。城市建成区公交线网密度达到3公里/平方公里以上，常住人口万人公交车车辆保有量达到15标台以上。城乡客运基本公共服务均等化取得明显成效，城市公共交通线网覆盖城市近郊主要中心镇，城市周边20公里范围内城乡客运班线公交化改造率达到85%以上。

——服务更优质。城市建成区公交站点500米覆盖率达到90%以上，实现主城区500米上车、5分钟换乘。公共汽电车平均运营时速年均提升5%以上，公共汽电车准点率较2010年提高10%以上，早晚通勤高峰时段平均满载率在90%以内。公共交通车辆、场站、枢纽的无障碍通行及服务设施基本完善。针对上学、购物、旅游等不同出行需求的特色公共交

通服务基本到位。城市公共交通节能环保水平明显改善，新能源城市公共交通车辆比例达到5%以上，公共交通平均能耗强度（单位车公里燃料能耗水平）下降10%以上。城市公共交通的乘客测评满意度达到80%以上。

——设施更完善。城市建成区内公交停车场、公交站台、候车亭等配套服务设施基本完善，城市公共汽电车进场率和主干道公共交通港湾式停靠站设置比例年均提升5%；新建或改扩建城市主干道，公共交通港湾式停靠站设置比例达到100%。2万人口以上的居住小区配套建设公共交通首末站或换乘枢纽。初步建成公共交通换乘枢纽和集多种运输方式为一体的城市综合客运枢纽网络；基本形成城市轨道交通或快速公共交通网络及公共汽电车专用道网络；建成城市公共交通智能调度及监控中心、公众出行信息服务系统。城市主干道和重要交叉口公交优先通行信号设置比例达到30%以上。

——运营更安全。城市公共交通安全保障水平显著提升，行车责任事故率年均下降1%以上，公共汽电车交通责任事故年均死亡率控制在4.5人/万标台以内。城市公共交通系统应对突发事件的应急反应能力显著提升。有轨道交通线路运营的城市，相关安全管理和应急保障制度基本完善，并落实到位。

——管理更规范。建立体系完整、机构精干、运转高效、行为规范的“一城一交”综合交通行政管理体制。城市公共交通相关规划体系初步形成，衔接更加顺畅。城市公共交通政策和标准规范体系基本完善，城市公共交通市场准入和退出、安全管理和应急保障、财政和土地保障、运营监管、票制票价、行业信息统计、从业人员培训等方面的基础管理制度和城市公共交通车辆技术、安全运营、信息化建设、服务质量考评等方面的标准规范体系基本形成。城市公共交通企业全部实现规模化、集约化、公司化经营；城市公共交通乘车IC卡使用率超过80%；行业更加稳定，公交企业职工平均收入不低于当地社会在职人员平均收入水平。城乡客运管理政策、票制票价、服务标准等逐步理顺，城乡客运一体化管理格局基本形成。

五、推进国家“公交都市”建设示范工程的主要任务和工作要求

（一）完善组织保障。

试点工作需得到各试点城市人民政府的重视与支持，在试点城市人民政府的统一领导下进行，成立由城市人民政府负责，交通运输、发展改革、财政、规划、建设、公安、国土等相关部门共同参与的组织协调机构，切实加大领导力度，完善城市交通管理体制，为共建国家“公交都市”示范城市提供组织和制度保障。

（二）完善扶持政策。

交通运输部将根据试点城市的公共交通发展规划和国家“公交都市”示范工程实施方案以及《共建国家“公交都市”示范城市合作框架协议》，对试点城市综合客运枢纽等重大交通基础设施建设、智能交通运输系统建设、城市公共交通节能减排等，按照规定程序报批后给予必要的资金支持，并将国家“公交都市”建设示范试点城市作为部“城市客运智能化应用示范试点”城市和“城市公交车辆新能源改造试点”城市。同时，将积极创造条件，支持试点城市在落实国家公共交通优先发展战略方面先行先试，创造和积累工作经验，为制定相关制度和标准奠定基础。

省级交通运输主管部门和各试点城市交通运输主管部门要积极争取本级人民政府的支持，建立完善规划、建设、用地、路权、资金、财税扶持等方面的配套支持政策。

（三）加强规划编制。

各试点城市的交通运输主管部门要在当地政府的统一领导下，争取相关部门支持，科学编制城市公共交通的相关规划。一是要认真组织编制城市公共交通发展规划，科学确定公交基础设施和公交线网布局方案，并加强与城市总体规划和城市综合交通体系规划的衔接，争取做到同步编制、修编和实施。二是要积极配合有关部门，做好城市土地利用总体规划、城市综合交通体系规划、城市控制性详细规划中有关城市公共交通部分的研究编制工作。三是要做好规划的落实工作。积极争取城市人民政府和有关部门的支持，将公共交通规划确定的公交基础设施建设、运力投放、服务提升等各项工作落实到位。按规定加大城市公共交通枢纽周边和大容量公共交通走廊沿线土地的综合开发利用，增强公共交通对城市发展的引领作用，促进城市公共交通与土地利用的协调发展。

（四）落实实施方案。

各试点城市交通运输主管部门要在城市人民政府的领导下，认真组织编制本市国家“公交都市”建设示范工程实施方案，广泛征求城市人民政府有关部门意见，经省级交通运输主管部门审核后报交通运输部。示范工程实施方案主要内容包括：示范工程建设目标、建设重点、保障措施、投资预算、融资方案、进度安排、市政府各有关部门的责任分工，以及需要部支持的事项等内容。要坚持因地制宜的原则，科学论证、系统谋划适合城市自身特点的公共交通发展模式，灵活选择城市公共交通发展目标和发展路径。

各试点城市交通运输主管部门要按照本市推进国家“公交都市”建设示范工程实施方案的要求、制定详细的阶段性工作计划，落实好本市示范工程实施方案确定的资金投入、用地保障、路权优先、设施建设、交通管理等方面的扶持政策，按时、保质完成示范工程实施方案确定的各项目标和任务。

（五）加强动态监督管理。

交通运输部建立国家“公交都市”建设示范工程绩效考评制度，组织考评小组对试点城市实施情况进行动态监督和考评。试点工作结束后，交通运输部依据《共建国家“公交都市”示范城市合作框架协议》，组织开展对各试点城市的考核工作，达到规定标准的，部将试点城市确定为国家“公交都市”建设示范城市。

各试点城市及省级交通运输主管部门应加强对国家“公交都市”示范工程实施过程的监督管理，建立示范工程实施年度报告审查制度，并定期开展专项监督检查工作。各试点城市交通运输主管部门要定期对国家“公交都市”示范工程建设进展情况进行总结，并编写年度进展情况报告，经省级交通运输主管部门审核后报交通运输部。年度报告主要内容包括：年度城市公共交通发展状况、存在的问题及解决措施；年度计划落实情况、当年重大公共交通基础设施建设情况；预算资金投入和融资落实情况；以及对下一年度试点工程建设的设想和改进意见等。

各级交通运输主管部门要加强与本级党委、政府宣传及新闻管理部门的沟通，积极利用网络、电视、报纸、广播等媒体，加大对国家“公交都市”示范工程建设工作的宣传报

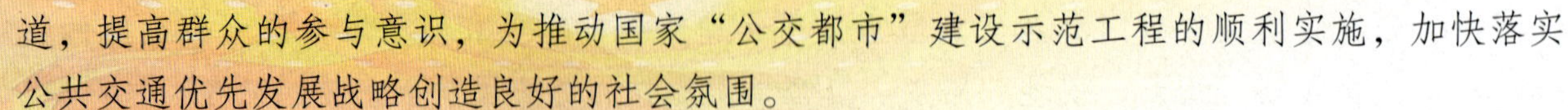

道，提高群众的参与意识，为推动国家“公交都市”建设示范工程的顺利实施，加快落实公共交通优先发展战略创造良好的社会氛围。

（六）建立长效机制。

各级交通运输主管部门要针对国家“公交都市”建设示范工程实施过程中出现的新情况、新问题，及时总结经验、研究制定一系列优先发展城市公共交通和缓解城市交通拥堵的制度、标准，研究出台推进城市公共交通优先发展的长效支持政策和措施，加快提高城市公共交通服务水平，确立城市公共交通在城市交通系统中的主体地位，增强城市公共交通对促进城市经济社会发展和改善城市人居环境方面的保障作用。

中华人民共和国交通运输部

2011年11月9日

后　记

为弘扬城市公共交通行业先进的服务与管理理念，展示城市公共交通行业优秀的道德风尚，促进城市公共交通行业整体服务水平的提升，我们组织编写了《中国公交百面旗帜》一书。本书编写过程中，中国道路运输协会城市客运分会做了大量工作，同时也得到了全国各地城市公共交通企业的大力支持，踊跃投稿，在此一并表示衷心的感谢！

由于本书编写时间仓促，且全国城市公共交通行业先进典型众多，事迹均非常感人，本书的出版只能挂一漏百，存在的疏忽、疏漏和差错在所难免，敬请各位领导、各地城市公共交通企业和广大读者谅解。

本书编写组